민족지리학의 이해

民族地理学 By 管彦波

© Social Sciences Academic Press(CHINA) 2011
All rights reserved. No reproduction and distribution without permission.
This Korean edition was published by HAKGOBANG PUBLISHER in 2025.

이 책은 Social Sciences Academic Press(CHINA)를 통한 저작권자와 독점계약으로
도서출판 학고방에서 출간되었습니다.
저작권법에 의해 한국 내에서 보호를 받는 저작물이므로 무단전재와 복제를 금합니다.

민족지리학의 이해
民族地理學

관옌보 管彦波 지음
이상우 李翔宇 옮김

The korean version was published with financial support from the Chinese Fund for the Humanities and Social Sciences.
이 도서는 중화사회과학기금(Chinese Fund for the Humanities and Social Sciences)의 지원을 받아 번역 출간되었음.

學古房

The korean version was published with financial support from the Chinese Fund for the Humanities and Social Sciences.
이 도서는 중화사회과학기금(Chinese Fund for the Humanities and Social Sciences)의 지원을 받아 번역 출간되었음.

목차

제1장 역사적 연원: 중국 민족지리학 분야의 자료 축적과 발전의 흐름 ... 12

1절 중국 고대 역사지리 자료의 대량 축적과 민족지리사상 14
    1. 선진先秦시대 ... 15
    2. 한위漢魏시대 ... 24
    3. 당송唐宋시대 ... 33
    4. 원명청元明淸시대 ... 41

2절 근대이후 지리학과 민족학의 상호의존과 민족지리학의 발전 52
    1. 근대이후 지리학의 발전이 민족지리학에 미친 영향 ... 52
    2. 변강사지邊疆史地에 대한 고찰 연구와 민족지리학의 발전 ... 58
    3. 근대이후 민족학과 민족사학의 발전이 민족지리학에 미친 영향 ... 72

3절 1980년대 이후 중국민족지리학의 발전 78
    1. 민족지리학의 종합적 연구와 기본적 이론 탐구 ... 81
    2. 역사민족지리: 민족지리학 연구 쟁점 ... 84
    3. 민족문화지리 연구의 현대적 추세와 특징 ... 88
    4. 민족경제지리 및 지역區域민족지리 관련 연구 ... 93
    5. 민족지리분포도, 에스노그라피民族圖志 관련 편찬, 정리 및 출판 ... 96

목차

제2장 민족지리학: 연구 대상, 내용, 개념, 학문 체계 및 방법 … 102

1절 민족지리학의 연구대상 …………………………………………………… 104

2절 민족지리학의 연구내용 …………………………………………………… 109
    1. 민족분포와 지역區域민족 구성의 역사지리적 배경 … 109
    2. 민족경제지리 … 113
    3. 민족취락聚落지리 … 115
    4. 민족문화지리계통 … 116

3절 민족지리학 연구의 개념 ………………………………………………… 119
    1. 민족 및 관련 개념 … 119
    2. 시공간: 시간과 공간 … 123
    3. 지역區域 및 관련 개념 … 126
    4. 민족회랑Ethnic Corridor … 131
    5. 민족 엔클레이브enclave … 138

4절 민족지리학의 학문체계 및 관련 학문분야와의 관계 …………… 141
    1. 민족지리학의 학문체계 … 141
    2. 민족지리학과 관련 학문분야와의 관계 … 145

5절 민족지리학의 연구방법 …………………………………………………… 152
    1. 민족지리학 연구의 기본적 방법 … 153
    2. 민족지리학 연구의 구체적 방법 … 156

제3장 유라시아 민족의 대이동: 민족공동체의 지역적 분화와 공간적 변동 ... 164

1절 유라시아 대륙의 농경세계와 유목세계의 형성 및 병립並立 166

2절 원시 인도유럽인이 농경세계에 준 1차 대충격 172

3절 유목세계가 농경세계에 준 2차 대충격 179
    1. 대월씨大月氏의 서천西遷 ... 180
    2. 중국 내 흉노匈奴·선비鮮卑·저강氐羌 등 유목민족의 남천南遷 ... 183
    3. 북흉노의 서진西進 및 유럽에서의 활동 ... 193
    4. 게르만인의 대이동과 서유럽 민족 분포 구조의 형성 ... 197
    5. 슬라브인의 대이동 ... 198
    6. 아랍인의 이동과 확장 ... 200
    7. 제2차 민족 대이동이 세계문명과 민족역사 발전에 미친 영향 ... 202

4절 돌궐·몽골 세력의 확장과 이동 205
    1. 돌궐 세력의 확장과 이동 ... 206
    2. 몽골 세력의 확장과 이동 ... 211
    3. 돌궐·몽골 세력의 확장과 이동이 세계사에 미친 영향 ... 218
    4. 유라시아 대륙 민족 대이동의 지리 환경적 요인 ... 222

목차

제4장   민족과 자연: 인간-환경의 관계에서 본 민족생태관 … 232

1절   인간-환경간 관계의 변천 및 관련 이론 234
    1. 인간-환경간 관계의 변천 … 235
    2. 인간-환경간 관계 이론 … 238

2절   인종의 환경적 취향(환경관)과 지방 생태계의 인지 241
    1. 민족의 생활환경ethnic habitats와 민족의 생태적 지위Ecological Niche … 242
    2. 수직적 공간과 수평적 공간: 민족의 환경적 취향(환경관)의 두 차원 … 245
    3. 지방적·지역적 환경에 대한 인지 … 253

3절   생태적 환경에의 적응, 유지 및 민족의 발전 262
    1. 생태적 환경에의 적응과 민족의 발전 … 262
    2. 향토지식과 민족생태의 유지 … 268

제5장 민족문화의 형성, 발전 및 변천의 지리적 배경
... 272

1절 민족문화의 지역적 차이 및 특징 ... 274
    1. 음식의 지역적 특징 ... 276
    2. 복식의 지역적 차이 ... 283
    3. 장례喪葬문화의 지역적 특징 ... 287

2절 민족의 취락지리 및 문화적 경관 ... 293
    1. 자연적 요인이 민족취락에 미친 영향 ... 294
    2. 사회문화적 요인이 민족취락에 미친 영향 ... 305
    3. 민족취락의 지리적 유형과 공간적 분포 형태 ... 318

3절 종교와 지리적 환경간의 관계 ... 324
    1. 종교적 신앙의 발생 및 발전의 지리적 기반 ... 324
    2. 종교의 생태적 윤리와 배려 ... 332

4절 지명에 재현된 민족지리 현상 ... 344
    1. 지명에 나타난 민족지리 환경 및 생태적 의의 ... 345
    2. 혈연과 지연의 복합: 씨족부락 혹은 민족 명칭에서 유래된 지명 ... 352
    3. 지명에 반영된 국가 및 지역 민족의 역사적 변천 ... 356
    4. 지명에 반영된 민족 이동과 과경민족분포 ... 366
    5. 지명에 반영된 민족 취거聚居·잡거雜居·산거散居적 분포 상황 ... 372

목차

제6장 중국의 민족지리
... 380

1절 중국 각 민족의 생존 및 발전의 지리적 공간 382
    1. 반폐쇄적인 '대륙-해안형' 지리 환경 ... 383
    2. 황하·장강 유역: 중국 각 민족 생존 및 발전의 핵심지역 ... 390

2절 중화문화의 다원적 기원과 주요 역사지리민족 지역 419
    1. 중화문화의 다원적 기원 및 지역적 경계 ... 420
    2. 중국의 주요 역사지리민족 지역 ... 436

3절 중국 민족 분포의 기본적 구조 489
    1. 대잡거大雜居, 소취거小聚居와 보편산거普遍散居 상황의 공존 ... 490
    2. 중국 각 민족의 생태환경적 분포와 지연地緣적 분포 ... 496
    3. 중국 각 민족의 행정구역적 분포와 민족구역자치民族區域自治 ... 504

참고문헌 ··· 512

1. 주요참고 서적(출판시간 순으로 정리) ·· 512

1) 지리학 분야 ··· 512
2) 역사학 분야 ··· 515
3) 인류학·민족학 분야 ··· 518
4) 문명사·문화사 분야 ··· 521
5) 기타 ··· 523

2. 주요참고 논문 ··· 525

1) 중국어 논문(발표시간 순으로 정리) ··· 525
2) 중국어로 번역한 외국어 논문(발표시간 순으로 정리) ··· 533

부록 ··· 535

부록 1 민족, 종족 관련 ··· 535

1-1 중화인민공화국 56개 민족(일반 명칭/기타 명칭(한자) 순으로 정리) ··· 535
1-2 현 중국 경내 거주한 적 있는 고대 종족/민족 명칭(56개 민족 명칭과 같은 것은 제외) ··· 537

부록 2 지리 관련 ··· 540

2-1 중화인민공화국 자연지리 ··· 540

부록 3 행정구역 ··· 542

3-1 중화인민공화국 행정구역 체계 및 명칭 ··· 542
3-2 중화인민공화국 6대지리구, 성급행정구 및 약칭 ··· 542

부록 4 역사 ·· 544

4-1 중국역사 시대구분 ··· 544

에필로그 ·· 545

제1장

역사적 연원:

중국 민족지리학 분야의 자료 축적과 발전의 흐름

현재 민족지리학은 인문지리학계에서든 민족학계에서든 신흥 학제간 융합학문으로 위치되고 있는데, 독자적인 학문적 기초와 개념이 부족한 상황이다. 그러나 모든 학문의 발전이 그러듯이, 현단계의 민족지리학은 추적 가능한 데이터를 축적하는 역사적 발전과정에 있다고 볼 수 있다. 또한 민족지리학은 역사학, 지리학 및 민족학과 모두 깊은 역사적 연원을 가지고 있다. 이 장에서 필자는 민족학과 지리학의 역사적 연원을 추적하고, 민족지리학의 발전에 연구초점을 맞춰 중국역사 각 시대에서의 민족지리학의 학문적 발전사를 종합적으로 검토할 것이다.

1

중국 고대 역사지리 자료의 대량 축적과 민족지리사상

중국은 유구한 역사 및 문화 전통을 가진 문명고국文明古國이다. 고대 중국의 역사학 및 지리학 문헌에서 세계적으로도 보기 드문 민족역사지리와 관련한 방대한 기록을 찾을 수 있다. 제1절에서는 중국 역대 왕조의 순서에 따라 중국 고대의 '역사지史志'와 '지리지地志' 문헌을 통해 중국 고대의 민족지리사상과 민족지리지식을 살펴볼 것이다. 본 절은 구체적인 논의 과정에서 다음과 같은 두 가지 기본적인 시각에 따를 것이다. 하나는 고대 사상가와 정치학자가 민족문제를 해결하기 위해 지리적 요인을 어떻게 사용했는지, 다른 하나는 고대 역사학자, 지리학자, 그리고 민족학자가 각자의 연구 실천에서 민족 발전에서의 지리적 요인의 역할을 어떻게 표현했는지, 즉 지리적 요소를 민족발전의 일부로 보는 방법이다. 이 두 가지 측면에 대한 체계적인 조사를 통해 중국 고대 민족과 지리간의 밀접한 관계를 종합적으로 고찰할 것이다.

1. 선진先秦시대

선진시대 중국인들은 주변 지리환경 및 세계 지리공간에 대한 이해와 주변의 타민족들에 대한 인식을 통해 많은 지리지식과 민족지식을 축적하였는데, 이른바 "대해사황설大海四荒說", "개천설蓋天說", "대소구주설大小九州說", "오복설五服說" 등 다양한 우주관과 천하관이 형성되었다.

"대해사황설"은 중국 고대의 바다와 육지의 분포와 관련된 학설로서, 세계는 바다의 세계이며 중국 주변은 바다에 덮여 있다고 주장한다. 이 관점을 대표하는 인물은 순자荀子이다. 순자는 "사해 이내는 일가족과 같다四海之內若一家"의 세계관에서 출발해 동·서·남·북해를 확정하였는데, "북해는 말이 달리며 소리치고 개가 짖는 곳이지만 중국이 이를 얻어 가축으로 사육하는 곳, 남해는 깃털 날개, 이빨이 자라는 곳이지만 중국이 이를 얻어 부를 쌓는 곳, 동해는 자주색 가죽 물고기와 소금이 나는 곳이지만 중국이 이를 얻어 의복과 식량을 얻는 곳, 그리고 서해는 가죽과 깃발이 나는 곳이지만 중국이 이를 얻어 사용하는 곳"이라는 것이다.[1] 중국은 네 바다 사이에 자리하고 있는데, 중심 지역은 인구 밀집 지역이고 주변은 인구가 드물고 황량한 지역이며, 그 이외의 곳은 바다로 되어 있다는 것이다. "개천설"은 중국 고대의 우주관으로, 그 핵심은 "천상은 두르고 땅은 판다天象蓋笠, 地法複盤", 즉 하늘은 두른 두루개, 땅은 뒤집힌 판자처럼 생

---

[1] 원문은 "北海則有走馬吠犬焉, 然而中國得而畜使之; 南海則有羽翮, 齒革, 曾青, 丹幹焉, 然而中國得而財之; 東海則有紫皮魚鹽焉, 然而中國得而衣食之; 西海則有皮革, 文旄焉, 然而中國得而用之"인데, 《荀子·王制(第九)》 참조.

졌다는 것이다即天像一頂斗笠, 地像一個反扣的盤子.² "대소9주설"은 전국시대 제나라 사람인 추연鄒衍의 "우공禹貢" 개념을 기반으로 한 일종의 세계관이다.³ "오복설"은 고대 중국인들이 창조한 일종의 세계질서로, 중심에는 왕도王都가 있고 사방으로 500리 간격으로 직선으로 뻗어나가며 "전복甸服", "후복侯服", "수복綏服", "요복要服", "황복荒服" 등 다섯 개의 원형 및 계층적인 지역을 정의하며 각 지역은 다른 지배를 받는다는 것이다.

위에서 언급한 세계지리 개념 중 "대해사황설과 "개천설"을 제외하고 모두 중국 고대의 중요한 지리 저서인 《상서·우공尙書·禹貢》과 일정한 연관이 있다.

《상서·우공》은 중국에서 전승된 최초의 지역 지리 저술로, 구제강顧頡剛의 고증에 따르면, 이 저서는 전국 시대에 만들어졌다.⁴ 이 저서의 첫 부분에서 저자는 당시 각 국가의 정치적 경계를 허무는 대신, 형荊·형衡·대岱·태화太華 등 네 개 산과 하河·제濟·회淮·흑黑 등 네 개의 강과 바다를 경계로 삼아, 당시 국토를 지/기(冀, 즉 오늘날 산시山西, 허베이河北, 랴오닝遼寧 요하遼河 이서), 칭/청(靑, 즉 오늘날 산둥山東 동부), 옌(兗, 즉 오늘날 산둥 서부), 쉬/서(徐, 즉 오늘날 산둥 남부, 장쑤江蘇 북부, 안후이安徽 북부), 양(揚, 즉 오늘날 장쑤 남부, 안후이 남부, 저장浙江 북부, 장시江西 북부), 위/예(豫, 즉 오늘날 허난河南), 융/옹(雍, 즉 오늘날 산시陝西와 간쑤甘肅), 징/형(荊, 오늘날 후난湖南과 후베이湖北), 량(樑, 오늘날 산시陝西 서남부, 쓰촨四川) 등 9개 주로 나누었다. 9개 주의 경계에 대한 후대 학자들의 해석은 다양하지만, 이들이 포괄하는 지역은 대체로 음산陰山산맥 이남 및 요하 중류에서 서남쪽, 티베트고원 그리고 헝돤橫斷산

---

2 《周髀算經》.

3 선진 시대 저서 중 《상서·우공(尙書·禹貢)》, 《이야석지(爾雅·釋地)》, 《주례직방(周禮·職方)》, 《여씨춘추·유시람(呂氏春秋·有始覽)》 등에는 모두 9주 관련 기록이 있는데, 9주 각각에 대한 기록은 동일하지 않다.

4 顧頡剛, "論今文尙書著作時代書," 《古史辯(第一冊)》, 北平樸社出版, 1926.

맥 이동과 난링南嶺 이북의 중국 대륙이다.⁵ 9개 주의 범위를 보면, 당시 사람들은 중국 동부와 중부의 대부분 지역에 대해 비교적 익숙한 것은 물론, 상당한 지리적 지식을 가지고 있었던 것으로 보인다.《우공》의 마지막 부분에서 저자는 "산과 강을 따라 땅을 개간하고 토지를 제공한다隨山浚川, 任土作貢"라고 적었는데, 경기京畿 를 중심으로 한 단계씩 통제 및 관리하는 "오복五服"의 구조를 만든 것이다.⁶ 오복중의 "전복", 즉 왕이 직접 통치하는 핵심지역, 전복을 끼고 있는 "후복"은 왕이 분봉한 공公이나 후侯가 관리하는 화하의 분봉分封국이다. "후복"을 끼고 있는 "수복"은 왕조에 의해 정복된 화하의 여러 소국들로, 혈연이나 지역관계에서 중심부와는 거리가 멀지만 중앙과 같은 문화권에 속한다. 변방에 있는 "요복"과 "황복"은 모두 미개한 "야만" 민족 거주지역이다. 그럼에도 둘은 약간의 차이가 있는데, "요복"은 비록 오랑캐의 땅이지만 중앙 제국과 종속적인 관계에 있는 반면, 최외곽의 "황복"은 중국 중심의 세계질서의 궁극적인 경계에 이르러 중앙제국과 명확한 종속관계가 없으며, 중앙제국에 대한 경외감만 있을 뿐 정치, 경제, 문화적으로 상대적으로 낙후된 지역이다.⁷

5　葛劍雄, "論秦漢統一的地理基礎——兼評魏特夫的《東方專制主義》,"《中國史研究》第2期, 1994.

6　고대 중국에서는 경기(京畿) 밖의 지역을 나누어 5복(五服)이라 하였는데, 전복(甸服)·후복(侯服)·수복(綏服)·요복(要服)·황복(荒服)이 해당된다. 1복은 500리이므로, 5복은 산술적으로 계산하면 2,500리에 해당한다. 황복은 고대 중국의 5복(五服) 중 왕기(경기)로부터 떨어진 거리가 2,000~2,500리에 해당하는 가장 먼 지역에 해당한다.(역자 주)

7　陳劍峰,《文化與東亞, 西歐國際秩序》, 上海大學出版社, 2004, p.29.

<그림 1-1> 《상서·우공尙書·禹貢》의 그림 주圖注: 9개 주 분역도分域圖

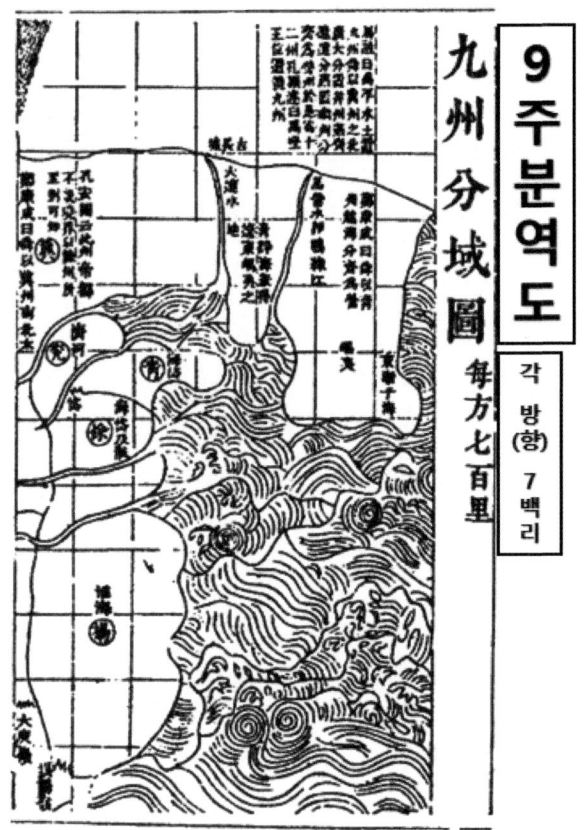

《상서·우공》은 세계를 9개 주로 나눔과 동시에, 공부貢賦 즉 세금 납부의 측면에서 다섯 개의 지역으로 나눈다. 이는 행정구역 구분의 의미뿐만 아니라, 지역의 지위 그리고 민족역사지리 관련 데이터를 포함하고 있다는 점에서 주목할만하다. 《우공》에는 각 주州의 경계, 산맥, 하천, 토양, 농경지, 물산, 도로 등이 자세하게 기술되어 있을뿐만 아니라, "오복" 내의 각 부족 혹은 민족의 지리적 분포와 풍습에 대한 기록도 있다. 예컨대, 지저우冀州에는 피복皮服이 있는 조이鳥夷, 칭저우靑州에는 견직물을 잘 짜

는 내이莱夷, 양저우揚州에는 훼복(卉服, 즉 갈포葛布로 만든 옷)의 도이島夷, 화이저우淮州에는 하얀 명주纖縞를 많이 생산하는 화이淮夷 등이 있다는 것이다. 또 다른 예로, 오늘날 칭하이성 동부 지역은 당시에는 융저우雍州의 일부였는데,《우공》의 기록에 따르면, 그곳에는 쿤룬崑崙, 시즈析支, 취써우渠搜 등 지명을 부락 명칭으로 하는 서융西戎 부락이 있었다. 세 부락이 있는 지역은 오늘날의 고증에 따르면, 쿤룬은 바얀카라 산을 중심으로 하는 지역, 시즈는 한나라 때의 시즈하賜支河, 옛날에는 시즈 강羌족의 유목지로, 오늘날 칭하이 동남부 황하 하곡 지역이다. 취써우는 오늘날 칭하이 남부 궁허共和 분지의 "두슈都秀" 지역이다.[8] 이 세 지역의 부락이 갖는 공통적인 풍습은 가죽과 털을 의복으로 삼는다는 점이다. 따라서 정현鄭玄의《상서주尚書注》에서는 "가죽 옷을 입은 백성은 이 곳 쿤룬, 시즈, 취써우 세 산에서 야생하는 자들로 모두 서융인들이다"고 적고 있다.

《우공》외에도 선진시대를 대표하는 또 다른 중요한 지리 문헌으로《산해경山海經》이 있다.《산해경》은《산경山經》과《해경海經》두 부분으로 나뉜다.[9] 전자는 "산"을 주요 강목主纲으로 하고, 방향과 도리道里를 서로 경위经纬로 하여 당시의 "중국"을 동·남·서·북·중 5대 지역으로 나누어 각각 기술하고 있다. 더불어 각지의 산과 하천, 민속자료를 광범위하게 수록하였다. 한편, 후자는 "바다"를 주요 강목으로 하고, 동·남·서·북 네 방향으로 당시 "중국" 국내외의 지리 및 나라들을 네 가지 범주로 나누어 기술하였는데, 내용은 비교적 기괴하였다.《산해경》에 언급된 지리적 범위

---

8 李文實, "《禹貢》纖皮昆侖, 析支, 渠搜及三危地理考實,"《中國曆史地理論叢》제1기, 1988.
9 《산경》은 일명《오장산경(五藏山經)》이라고도 불리며,《남산경(南山經)》,《서산경(西山經)》,《북산경(北山經)》,《동산경(東山經)》,《중산경(中山經)》등 5권으로 구성되었다. 한편,《해경》은《해외남경(海外南經)》,《해외서경(海外西經)》,《해외북경(海外北經)》,《해외동경(海外東經)》,《해내남경(海內南經)》,《해내서경(海內西經)》,《해내북경(海內北經)》,《해내동경(海內東經)》,《대황동경(大荒東經)》,《대황남경(大荒南經)》,《대황서경(大荒西經)》,《대황북경(大荒北經)》,《해내경(海內經)》등 13권으로 구성되었다.

는 쑨원칭孫文淸이 보건대 "오늘날의 베트남, 라오스, 캄보디아, 태국, 말레이시아, 미얀마, 인도 나가naga, 부탄, 네팔 및 카슈미르, 그리고 구소련 중앙아시아의 우즈벡 및 카자흐스탄의 일부와 시베리아의 다우누울량해, 바이칼과 치타 및 캄차카, 쿠릴 섬과 사할린 섬에서 블라디보스토크에 이르는 대부분의 지역, 몽골과 조선 및 일본 오키나와를 포함한다."[10] 링춘성凌純声은 《산해경》을 두고 "중국을 중심으로 동쪽의 서태평양에서, 남쪽의 남해 제도, 서쪽의 서남아시아, 북쪽의 시베리아에 이르는 '고아시아 지리지'로, 고아시아의 지리, 박물, 민족, 종교 등을 기록한 풍부하고 소중한 자료"라고 평가하였다.[11]

지리 문헌으로서 《산해경》의 두드러진 가치는 《산경》에 있다. 그러나 "중국에서 가장 오래된 세계 민족지"라고 볼 때, 《해경》섹션에는 지역별로 일부 고대 국가 및 고대 민족의 실태가 기록되어 있으며, 내용상으로 이러한 고대 국가 또는 부락의 지리적 위치, 인체 모양과 특징, 민족의 기원 및 생존과 관련된 생산 상황, 생활 자료의 출처 및 생활 방식을 포함하고 있다. 량즈중梁志忠의 통계에 따르면, 위에서 언급한 씨족, 부족, 혹은 국가의 초기형태를 가진 "고대국가"의 구체적인 숫자는 총 135개, 중복된 19개를 제외하면 116개가 된다.[12] 예컨대, 《해내남경》과 《해내경》에 기록된 "삼먀오국三苗国"과 먀오민苗民은 신화 속 남방의 강력한 민족인 "삼먀오"에 대한 귀중한 기록으로 간주될 수 있다. 《해외서경》에 기록된 "여자국"은 모계사회의 굴곡을 반영하는 것으로 보인다. 《해외동경》과 《대황동경》에 기록된 "흑치국黑齒國"과 《해내남경》에 기록된 "조제국雕題國"은 "치아 염색染齒"과 "얼굴 문신文面"의 풍습을 주요 특징으로 하는 고대 국가으

---

10 孫文淸, "《山海經》時代的社會性質初探," 《光明日報》1957년 8월15일, 제3면.
11 凌純聲, 《中國邊疆民族與環太平洋文化(下)》, 臺北聯經出版公司, 1978, p.157.
12 梁志忠, "《山海經》早期民族學資料的寶庫," 中國民族學研究會 엮음, 《民族學研究(第2輯)》, 民族出版社, 1981.

로 볼 수 있는데, 이러한 풍습은 중국 남부의 소수민족 사회에서 흔하게 볼 수 있다. 요컨대,《산해경》은 지리지로서든 민족지로서든 그 뛰어난 가치는 광활한 자연지리와 문화공간, 각종 민족공동체의 생활, 풍습에 대해 비교적 이른 시기의 기록으로서, 중국 민족학과 지리학간의 오랜 상호 의존 관계를 보여준다.

상술한 선진시대의 중요한 지리 저작 및 천하관에 대한 이해를 기초로 "화이오방구조이론華夷五方格局理論"에 대해 다시 이야기해 보자.

"화이오방구조이론"은 선진시대의 중요한 민족지리사상인데, 그 이론적 근원은 두 가지다. 하나는 당시의 천하사상이고, 다른 하나는 종족관族類觀이다.

선진시대의 천하관은 추연鄒衍의 "대소구주설大小九州說"이 가장 체계적이다.《사기·맹자순경열전史記·孟子荀卿列傳》은 추연의 천하관을 전하고 있다. 즉 중국을 기준으로 적현赤縣 내 구주 중 하나인 중국의 공간과 중국의 81배에 해당하는 천하의 범위를 지적하였고, 각 주간 지리적 간격 외에 문화적 소통이 불가임을 지적하였다.[13] 사실, 선진시대의 천하관은 대소 구주의 공간 개념과 화하문화의 중심적 지위를 전제로 형성되었는데, "천하"를 가장 큰 공간 단위로 삼아 중국이 천하 중심에 있고, 하늘의 명을 받은 "천자"를 중국에 두며, 네 이민족四夷은 천하의 가장자리에 있고, 중심과 가장자리가 천하를 구성하며, 중국과 네 이민족은 "천하일가天下一家"를 구성한다는 것이다. 이러한 독특한 세계 질서 속에서 중심적인 위치에 있는 화하와 주변 지역과의 관계는 제도적으로 위에서 언급한 "오복"제도를 바탕으로 확정되었다. 이후 유흠劉歆은 오복제의 원리에 따라 "구기九畿설" 주장하였고, 사람들은 습관적으로 오복제와 구기설을 합쳐 "오복구기"제 또는 줄여서 "기복"제라고 부른다. "기복"제의 원칙에 따라 통

---

13 徐新建,《西南研究論》,雲南教育出版社, 1992, p.39.

일된 다민족 국가 내에 서로 다른 "화이오방구조" 체계가 형성되었으며, 이 체계에서 "천하일통天下一統"과 "화이일체"는 상호 보완관계에 있다. 천하일통이 화이일체를 포함하고 있으나, 화이일체가 없었다면 천하일통에 이를 수 없으며, 반대로 화이일체를 이루려면 천하일통이 이루어져야 한다.

　선진시대의 종족관族類觀의 핵심은 화이관이다. 화이관은 일반적으로 이화관夷夏觀으로 불리는데, 이는 "이하의 구별夷夏之辨" 혹은 "이하의 차이夷夏有別"을 강조하는 의미가 강하다. 사실, 하상주夏商周 이전에는 중국 경내에 다양한 민족공동체가 살고 있었지만, 각 민족공동체 간의 차이가 크게 두드러지지 않았고, 사람들은 아마도 자신의 주위에 다른 민족이 살고 있다는 것을 어렴풋이 의식했을 뿐 명확한 민족의식이 없었기 때문에, 진정한 의미의 이하관은 아직 태동 단계에 있었다. 그러나 하상주 시대, 특히 주나라 때 각 민족의 정치, 경제, 문화 연계가 강화되고 특히 화하족의 점진적인 형성 및 계속된 성장, 그리고 주변 민족과의 차이가 점점 두드러지면서 화하와 오랑캐 사이의 명확한 경계가 나타나기 시작하여 이하의 대립 개념이 점차 형성되었다. 서주 말부터 춘추시대까지 변방의 각 민족이 대규모로 중원으로 이주하면서, 문화적으로 선진적인 위치에 있던 중원의 각 제후국 및 각 화하족들과 뒤섞여 살게 되었고, 화하족은 "남이南夷와 북적北狄과 교류하면서, 위급한(심각한) 상황에 직면南夷與北狄交, 中國不絕若線"하였고,[14] 이는 문화적, 심리적, 종족적으로 큰 차이가 있는 중원 각국으로 하여금 본능적으로 "이하대방夷夏大防"의 "화하의식華夏意識"을 폭발시켜, "이하의 구별" 혹은 "이하의 차이"의 개념이 명확하게 제시되었다. 따라서 "우리 종족이 아니면 마음이 반드시 다르다非我族類, 其心必異"라

---

14 《公羊傳·僖公四年》.

든지,[15] "안쪽은 각 화하족, 바깥쪽은 이적內諸夏而外夷狄"이라든지,[16] "이민족이 중원 화하족의 사무를 무력간섭해서는 안 된다裔不謀夏, 夷不亂華"는 등이 당시 전형적인 화이지변華夷之辨의 주장이 되었다.[17]

선진시대에는 "이"와 "하"를 구분하는데 다양한 기준이 있었는데, 지리적으로 구분하기도 하고, 정치문화적으로 구분하기도 하였다.《예기·왕제禮記·王制》의 다섯 방향五方의 민족에 관한 문자 기록에는 먼저 크게 "중국"과 "오랑캐"로 구분하고, 오랑캐를 다시 동이東夷, 서융西戎, 남만南蠻, 북적北狄의 네 가지 유형으로 분류하였는데, 각 유형은 지리적 위치와 풍습에 상당한 차이가 있다고 적고 있다. 사실 "화"와 "이"는 절대적으로 대립되는 존재가 아니다. 그것은 중원이나 중원 근처에 사는 화하족 역시 하상주 시대, 특히 주나라 때 주변 "오랑캐"를 화하족으로 흡수시켜, 화하족에는 황제를 시조로 숭배하는 민족이 있는가 하면, 화하족에 동화된 융인戎人, 저인氐人과 이인夷人들이 있었기 때문이다. 화하족 주변의 광활한 지리적 공간에 거주하는 "오랑캐蠻夷戎狄"의 분포구조도 상당히 복잡하며, 거의 모든 민족은 내부적으로 다시 구분되었다. 예컨대, "이인夷人"은 다시 "천이畎夷", "위이於夷", "팡이方夷", "황이黃夷", "바이이白夷", "츠이赤夷", "쉔이玄夷", "펑이風夷", "양이陽夷", "화이이淮夷"로 구분되었고, "융인戎人"은 다시 "이취義渠", "다리大荔", "우스烏氏", "취옌즈융朐衍之戎", "린후林胡"와 "러우판즈융樓煩之戎", "동호東胡" 및 "산융山戎" 등으로 구분되어, "칠융七戎" 혹은 "백융百戎"설이 있었다.《이아·석지爾雅·釋地》의 기록에 따르면, "구이九夷, 팔적八狄, 칠융七戎, 육만六蠻을 사해四海라 부른다"고 적고 있는데, 이에 궈푸郭璞는 "구이는 동쪽, 팔적은 북쪽, 칠융은 서쪽, 육만은 남쪽 등 네 쪽에 배치한

---

15 《左傳·成公四年》.
16 《公羊傳·成公十五年》.
17 《左傳·定公十年》.

것"이라고 주석(해석)을 달았다. 즉 중심과 사방의 민족적 분포 관념이 두드러지게 나타난다.

위에서 언급한 천하관과 민족관을 바탕으로 형성된 "화이오방구조" 이론은 중요한 민족지리사상으로서 실제 당시의 민족분포구조에 대해 거칠게 인식한 결과로 보인다. 이러한 사상은 선진시대 이후의 민족사지 편찬, 민족정책의 실천, 민족지역의 개척과 경략내지 동아시아의 국제질서 형성에 일정한 영향을 미쳤다.

2. 한위漢魏시대

한위 시대는 중국이라는 통일 다민족 국가가 통일에서 분열로 나아가던 시대이다. 이 시기 진한秦漢 통일 왕조의 영토가 확장됨에 따라 중원과 멀리 떨어진 지역과의 정치, 경제, 문화간의 연계가 지속적으로 강화되었으며, 한족이 형성되고 주변 민족과의 상호 작용 과정에서 계속 성장하여 오늘날 한족 분포의 기본구조를 형성하였다. 동시에, 각 지리적 지역내 각 민족의 발전이 폐쇄적인 데로부터 점차 개방적으로 변화해 갔다. 특히 위진남북조魏晉南北朝시대 민족의 대이동과 대융합을 바탕으로 소수민족 간, 소수민족과 한족 간의 융합 및 재구성 추세가 점차 강화되었으며, 민족의 지역적 공간 분포가 두드러지게 변화하였다. 바로 이러한 급격한 민족 변동의 과정에서, 각 지리적 지역의 민족역사지리와 관련된 자료가 정사 및 일부 지방지地方志에 기록되었다.

"역사지"의 체계에서 볼 때, 한대漢代 사마천이 《사기史記》를 편찬하여 소수민족에 대한 전기를 만든 선례가 생긴 이후, 이 시기에 편찬된 《한서漢書》, 《후한서後漢書》, 《삼국지三國志》, 《송서宋書》, 《남제서南齊書》, 《위서魏書》 등 역사서에서도 모두 소수민족의 역사 사실과 사건에 대한 기록을 중요시하였고, 따라서 소수민족의 역사지리에 관한 자료가 많이 남아 있다. 예컨대, 반고班固의《한서漢書》는 사마천의 방법을 따라 "열전"을 "전"으로, 그리고《대완열전大宛列傳》을《서역전西域傳》으로 바꾸었다.《후한서後漢書》에는《서역전》,《남흉노전南匈奴傳》,《동이전東夷傳》,《남만서남이전南蠻西南夷傳》,《서강전西羌傳》,《오환선비전烏桓鮮卑傳》등 소수민족의 열전이 들어가 있다.《삼국지》에는 비록 소수민족 관련 별도의 역사 전기가 없지만, 소수민족 인물 관련 전기에는 민족의 사건, 특히 오환, 선비, 동이에 대한 기록이 많다.《송서宋書》에는 토욕혼 등 민족의 전기가 있다. 북제위北齊魏 시기의《위서魏書》는 선비족을 정통으로 하는 최초의 기전체 정사로, 선비 탁발부拓跋部 초기부터 서기 550년 동위東魏가 북제에 의해 대체될 때까지의 역사를 기록하고 있으며, 다른 역사서에 비해 소수민족의 역사 사건에 대한 기술이 풍부하다. "지지地志"의 계통으로 볼 때,《한서》가 정사正史지리지, 행정구역政區지리지, 연혁沿革지리지의 선례를 개척한 이후, 후세의 대부분의 정사 및 많은 지방지들이 기본적으로 이 전통을 따르고 있으며, 이는 자연히 오늘날 우리에게 풍부한 지리자료를 남겨주고 있다. 또한 이 시기에는 전문적인 혹은 지역적인 지방민족사 저서가 등장하였으며, 종합적 혹은 여행기 류의 지리서적의 탄생을 알렸다. 이러한 다양한 유형의 저서는 한위 시대의 역사민족지리를 연구하는데 소중한 데이터와 유의미한 단서를 제공한다.

한위 시대에 편찬된 정사 중 민족지리사상을 가장 잘 반영한 역사서는 단연《사기》와《한서》이다.

위대한 사학자이자 문학가인 사마천은 "산과 강의 지형을 조망하고 풍경을 관찰하며 유적을 찾아내고 전설을 수집하여" 후세에 길이 남을 대작《사기》를 펴냈다.[18]

---

18 《史記·太史公自序》.

이 위대한 저서는 "본기"를 중심으로 하면서 "표表", "서書", "세가世家", "열전列傳"과 같은 부제로 나뉘어져 있는데, 이 저서에서는 중국 민족의 오랜 역사를 생생하게 그려냈다. 사마천은 처음으로 중국 본토에 사는 모든 민족을 자신의 고찰의 시야에 포함시켜, 정사正史 민족전기民族傳의 선례를 만들었고, 당시 주요 소수민족과 중원 간의 교류사의 기본 틀을 구축하였으며, 소수민족의 역사체계를 초보적으로 구축하였다. 《사기》에는 《흉노열전匈奴列傳》, 《남월열전南越列傳》, 《동월열전東越列傳》, 《조선열전朝鮮列傳》, 《서남이열전西南夷列傳》, 《대완열전大宛列傳》 등 6편의 열전이 있는데, 이 6편 열전의 명칭으로 볼 때 단순히 동이·서융·북적·남만이라는 일반적인 관점이 아니라, 주변 민족이나 국가의 명칭을 그대로 사용하였으며, 이는 선진시대 "화이오방구조이론"의 창신으로 볼 수 있다.

민족역사지리에 대한 《사기》와 《한서》의 이해는 중국 서부지역 민족역사지리에 대한 부분에서 가장 두드러지게 나타난다. 선진 시대부터 진한시대 초반까지, 중국 북쪽의 내몽골, 신장에서 남쪽의 쓰촨, 윈난, 티베트에 이르는 수천 리의 광활한 서부 변경지대에는 흉노, 월씨, 오손烏孫, 저氐, 강羌 및 서남이西南夷 등 많은 소수민족이 분포하고 있었다. 이들 소수민족은 가끔 중원지역을 침범하는 것 외에, 대부분 시간은 폐쇄적인 행태를 보이고 있어 중원왕조는 그들이 활동하는 지리적 공간과 다양한 민족의 상황에 대한 완전한 이해가 부족할 수밖에 없었다. 진시황이 만리장성을 쌓아 융적戎狄을 막았을 때, 서부지역 지리적 공간에 대한 이해는 임도(臨洮, 오늘날 감숙 민현岷縣)를 넘어서지 못하였다. 전한이 세워진 이후, 서부지역 민족과의 관계를 처리하기 위해 서부지역 민족의 역사지리에 대한 관심이 강화되었다. 장건을 두 차례 서역에 파견해 월씨, 오손과 함께 흉노를 협공한 것이 대표적인 예다. 장건이 서역을 뚫은 것은 중국역사에 확실한 기록이 있는 서부 탐험으로서, 그는 동서방 교통로의 동쪽 절반을 현지 조사하여 서역 각지의 풍토인정, 중앙아시아 각 지역 및 민족 또는 부족의 역사지리에 대한 많은 정보를 얻었으며, 고대 중국인의 지리적 시야를 크게 넓혔다. 《사기》의 민족 열전 6편 중 《흉노열전匈奴列傳》, 《서남이열전西南夷列傳》, 《대완열전大宛列傳》이 바로 서부지역 민족 관련 전문적 열전이며, 특히 《대완열전》은 아시아의 오지腹地에 관한 최초의 지리서로서, 주로 장건이 서역을 다녀온 후의 여행기록을 바탕으로 쓴 것으로 그 내용이 가장 풍부하다. 이 열전은 대완을 중심으로 주변 국가 및 다양한 민족(부족), 멀리 서아시아, 남아시아, 중국 신장, 쓰촨, 윈난 일부 지역에 이르기까지의 국가와 지역의 지리적 위치, 교통, 이웃, 농업 및 축산 생산, 물산 및 성읍과 같은 역사지리 및 민족실태를 자세히 기록하고 있다. 《대완열전》에서는 "대완은 흉노의 서남쪽, 한나라의 서쪽에 위치하였는데 한나라까지 만리나 된다. 그 토착민은 밭과 밀을 경작한다. 포도주가 있다. 선조가 말이 아닌가 의심이 들 정도로 말을 잘 다룬다. 성곽 옥실이 있다. 관할 읍성은 크고 작은 70여 개, 인구는 수십만 명이 넘는다. 병사들은 말을 타고 활을 쏠 수 있다. 북쪽은 강거康居, 서쪽은 대월씨, 남쪽은 대하(大夏, 즉 북하北夏), 동북쪽은 오손, 동쪽은 자한抵罕과 우전于闐이다."[19] 후한 반고의 《한서》는 사마천의 방식을 답습하여 《대완열전》을 《서역전西域传》으로 직접 바꾸어 서역 지역의 민족과 국가분포를 보다 자세하게 기록하였다. 이후 서역이 "화이華夷"의 오방五方 밖 지역이라는 관념이 후세 학자들의 인정을 받았다. 따라서 주변 국가와 민족에 대한 사마천과 반고의 인식은 "화이오방구조론"의 수준을 넘어섰다고 봐야 한다.[20]

《사기》라는 기전체 역사서의 경우, 변방 각 민족의 전기傳記에 대량의 민족지리 자료가 포함되어 있을뿐만 아니라, 《사기·화식열전史記·貨殖列傳》에는 인문지리사상이 충분히 반영되어 있다. 사마천이 《사기》를 편찬한

---

19 《史記》卷123《大宛列傳》.
20 安介生,《曆史民族地理(上)》, 山東教育出版社, 2007, p.107.

취지를 "자연현상과 인류사회의 관계를 탐구하고, 고금의 사회변천의 과정을 알아내고자 한다究天人之際, 通古今之變"고 밝혔듯이,《사기》에는 인류사회와 자연의 관계를 탐구하려는 강한 염원이 담겨 있다. 사마천은《사기》의 편찬 과정에서 많은 역사적 문헌 자료에 의존하는 것 외에도, 사회를 이해하기 위해 자연의 용광로에 자신을 넣고, 자연 지리적 환경에서 인문학의 정신을 탐구하는 데 중점을 두었다. 예컨대,《사기·화식열전》은 본질적으로 사마천이 산과 하천을 여행하고 9개 주의 상이한 풍습을 직접 체험하고 나서 나열한 편목篇目이다. 사마천은《사기·화식열전》에서 전국을 관중關中, 파촉巴蜀, 룽시隴西, 싼허三河, 옌자오燕趙, 치루齊魯, 양쑹梁宋, 싼추三楚, 강남江南과 링난嶺南 등 10개의 지리적 지역으로 나누고, 각 지역의 자연조건, 인구, 도시, 교통, 지방특산품 등 경제지리 실태를 기술하였다. 그는 각 지역의 인문지리적 특징을 총결산하면서 초월楚越의 풍습에 대해 구체적으로 이야기한 적이 있다.[21]

일반적으로 역사지리학자들이 인간의 활동으로 인한 지리적 경관 변화의 원인을 분석할 때, 항상 생산력과 생산관계의 변화라는 두 가지 큰 측면에서 원인을 찾으며, 서로 다른 민족공동체에는 거의 주목하지 않는다. 즉 자연 환경에 대한 태도, 목적 및 생활 습관의 차이로 인해 서로 다른 민족공동체가 자연 경관을 변화 및 활용하는데 차이가 나타난다는 사실이다. 초나라와 월나라의 지리경관에 대한 설명에서 사마천은 당시 남방지역 사람들을 관찰한 상황을 기록하였다. 즉 남방지역 사람들은 천연자원이 상대적으로 풍부한 환경에서 생활하고 있기에, 생산력 발전 수준에 있어서 그들이 반드시 북방민족보다 낮은 것은 아니지만, 환경이 비교적 안정적이고 더불어 외부의 충격이 적어 일종의 "먹을 것이 늘 만족스럽고食物常足", "만족을 알기에 늘 즐거우며知足常樂", 이러한 생활태도는 자

21《史記·貨殖列傳》.

연을 더 깊이 개조하는 것을 목적으로 하지 않으며, 따라서 인문경관의 형성은 사람들의 생활태도와 일치하다.

《한서》에 포함된 인문지리사상은 민족열전에 반영되는 것 외에도,《지리지》와《구혈지溝洫志》와 같은 편목에서 가장 두드러지게 나타난다.《산해경》,《우공》이나《직방職方》등과 같은 반고 이전의 지리 저서들은 대부분 특정 지역의 산과 하천 및 물산 상황 등에 대한 기록을 주제로 하고 있다. 반대로, 강역이나 행정구역의 현실에는 거의 주목하지 않는데,《우공》의 9개 주 지역지리에 대한 묘사도 사실 주로 소문에 의존한다. 반고가 살았던 시대, 국가의 전례 없는 통일과 강성, 해상 및 육상 교통의 발전, 사람들이 이해하는 지리적 지식은 이전 어느 시대보다 훨씬 풍부하여 반고가《지리지》를 집필할 수 있는 조건을 만들었다.《지리지》는《한서》의 10지 중 하나로, 내용은 세 부분으로 이루어진다. 첫 부분은《상서·우공》과《주례·직방周禮·職方》을 다시 기록하면서, 전대前代의 연혁을 간략히 서술하고, 황제 이후 한나라 초까지의 강역 변천 상황을 총체적으로 논의한다. 두 번째 부분은 전한 말기 103개 군, 국가가 관할하는 1,587개 현급 단위의 자연, 인문 상황과 관련한 기록이다. 세 번째 부분은 유향劉向의《역분域分》과 주간朱贛의《풍속風俗》에 근거하여 각 지역의 경제와 인문 지리 개황을 기술하고, 남해 각 나라 및 항로를 첨부하였다. 기록된 범위는 동쪽의 일본해, 서쪽의 감숙 서부, 남쪽의 베트남 중부, 북쪽의 음산陰山까지의 중국 대부분의 민족 지역을 포함하기에 당연히 많은 민족지역의 자연 및 인문 지리 관련 내용을 포함하게 되었다.[22] 반고가 정사正史 지리지의 기술 전통을 개척하였으며, 그 이후 편찬된 15부의 정사 모두에 지리지(소수민족은 타칭)가 있으며, 또한 반고의 기술 형식을 답습하였다.

한위시대 동진東晉 시기 상거常璩의《화양국지華陽國志》, 법현法顯의《삼십

---

22 艾素珍,《萬水千山總是情──地學芻議》, 遼海出版社, 2001, pp.19-20.

국기三十國記》, 북위北魏 시기 여도원酈道元의 《수경주水經注》도 이 시기의 민족역사지리를 연구하는 데 없어서는 안될 소중한 문헌 자료이다.

한위 시대 남방민족에 관한 "역사지"류 저서에는 한대漢代 원강袁康의 《월절서越絶書》, 조엽趙曄의 《오월춘추吳越春秋》, 양부楊孚의 《이물지異物志》, 오나라 심영沈瑩의 《임해수토이물지臨海水土異物志》와 진晉나라 사람 장화張華의 《박물지博物志》, 혜함嵇含의 《남방초목장南方草木狀》, 간보幹寶의 《수신기搜神記》, 상거의 《화양국지華陽國志》, 배연裴淵의 《광주기廣州記》, 남조南朝 류송劉宋 왕조의 심회원沈懷遠의 《남월지南越志》, 양종름梁宗懍의 《형초세시기荊楚歲時記》 등이 대표적인데, 그 중에서도 《화양국지》의 사료적 가치가 가장 크다. 《화양국지》는 중국 최초의 완전한 지방 역사지로, 4세기 중반 이전 오늘날 서남지역의 역사와 지리를 기록하고 있으며, 상당한 양의 서남 고대 민족에 대한 사료를 보유하고 있어 서남 고대 민족의 역사 문화를 연구하는 데 중요한 문헌이다. 유명한 역사학자인 런나이창任乃强은 이 책이 관방에서 편찬한 《외예열전外裔列傳》을 뛰어넘는다고 평가하였다.[23] 《화양국지》가 《사기》보다 400년 이상 늦게야 완성되었고, 저자는 서남 지역 출신으로 당시 지역의 다양한 소수 민족에 대해 비교적 잘 알고 있었다. 《화양국지》는 총 12권으로 구성되었는데, 책의 정수는 1권 《파지巴志》, 2권 《한중지漢中志》, 3권 《촉지蜀志》, 4권 《남중지南中志》에 있다. 이 네 권은 당시의 행정구역 양梁, 익益, 영寧 등 세 주州의 역사지리, 산천 치소治所, 군현郡縣의 연혁, 민족과 민속, 교통 물산, 명환名宦과 대성大姓 등을 기록하고 있어 상당히 풍부한 소수민족 관련 사료가 보존된 것으로 볼 수 있다.

다수의 민족 생존 및 발전에 있어서 중요한 역사지리지역인 중국 서남지역은 일찍이 고대 역사가의 저술 시야에 포함되었는데, 이는 사마천의 《사기·서남이열전史記·西南夷列傳》에서 시작되었다. 그러나 《서남이열전》

---

[23] 吳國升, "略說《華陽國志》對西南少數民族的記載," 《四川教育學院學報》 제9기, 2001.

은 같은 책의 다른 민족열전에 비해 서남민족에 대한 기록이 상당히 간략한 1,300여자에 불과하고, 또한 이 1,300여자는 대부분 한무제때 서남지역을 경략 개척한 역사적 경위에 대한 서술이다. 민족분포와 사회상을 반영하는 내용은 150여자에 불과해, 서남민족에 대한 기록이 두루뭉술하고 간략하며 혼란스럽기까지 하다.《사기·서남이열전》과 달리《화양국지》에 기록된 소수민족 혹은 부족은 서남지역 대부분 지역의 30개 이상의 소수민족 혹은 부족을 포함하며, 구체적으로 저, 강, 복濮, 랴오僚, 써우叟, 치웅邛, 쩌笮, 부푸布濮, 란망冉駹, 마사摩沙, 지우랴오鳩僚, 신두身毒, 강호(羌胡, 즉 흉노匈奴), 강노(羌虜, 즉 선비鮮卑), 쿤밍, 아이라우哀牢, 월越, 버/북僰, 쓰써우斯叟, 뎬滇, 뤄푸裸濮, 리웨僳越, 민푸閩濮 등이다.²⁴《사기·서남이열전》의 기록에 따르면, 당시 서남지역의 일부 주요 민족의 구체적인 분포 위치와 활동을 정확하게 파악하기 어렵지만,《화양국지》에서 제공한 풍부한 사료에 근거해, 서남지역 소수민족 분포의 기본구조 그리고 일부 민족의 구체적인 분포를 확정할 수 있다. 예컨대,《남중지》의 총 서언은 한진漢晉 시기의 남중지역 소수민족 분포의 전반적인 상황을 고도로 요약한 것으로, 오늘날 윈난과 구어저우 일대는 저강氐羌과 복·월濮越 두 족계族系가 만나는 곳이며, 각 민족과 각 부족이 뒤섞여 거주하는 곳임을 알 수 있다.

　동진시기의 승려 법현은 장건의 뒤를 이어 또 하나의 탐험 정신이 풍부한 지리학자였다. 그는 동진 융안隆安 3년(399년)에 장안에서 출발하여, 하서회랑河西走廊을 거쳐 옥문관玉門關을 나와 산산국(鄯善國, 오늘날 신장 뤄창둥若羌東의 미란米蘭)을 지나 서북의 언기국(焉耆國, 오늘날 신장 옌치/언기)로 도착하였다. 이어 옌치에서 서남쪽으로 우전국(于闐國, 오늘날 신장 허톈和田)까지, 그리고 다시 서쪽으로 가 충링葱嶺을 넘고 우모(于麾, 오늘날 타슈쿠르간), 갈차(竭叉, 오늘날 치트랄)를 거쳐 소설산을 넘어 인도에 도착하였다. 그는

24　吳國升,"略說《華陽國志》對西南少數民族的記載,"《四川教育學院學報》第9期, 2001.

인도, 파키스탄, 아프가니스탄, 스리랑카 등 20여 개국을 여행한 뒤, 동진 의희義熙 7년(411년) 해로로 산동 노산崂山에 상륙해 고국으로 돌아왔다. 귀국 후 그는 10여 년간의 여행경력을 바탕으로《삼십국기三十國記》을 펴 냈다.[25] 지리 내용을 위주로 한 이 여행기에는 중국 서북지역의 각종 자연 및 인문 지리현상이 적지 않게 기술되어 있을 뿐만 아니라, 서아시아, 남 아시아, 동남아시아 일부 지역과 국가의 인문 풍토에 대한 기록들도 있으 며, 높은 사료적·학술적 가치를 가지고 있으며, 고대 서북지역 민족역사 지리 연구에도 일정한 참고적 가치가 있다.

여도원의《수경주》는 중국 최초의 종합 지리 대작으로, 주나라, 진나라, 양한 이래의 많은 역사적 문헌자료를 바탕으로 하였을뿐만 아니라, 많은 현장 조사로 보완되었다. 이 문헌은 하천 수계를 기록하였을뿐만 아니라, 자연지리, 인문지리, 역사 연혁, 풍토인정, 이야기와 전설 등 여러 지역의 내용을 담고 있으며, 역사학, 민족학, 고고학, 언어학 등 많은 분야의 연구 에 있어서 높은 가치가 있다.《수경주》는 주로 전한 왕조의 강역을 기술 범위로 하고 있으나, 인도, 인도반도, 한반도 등 국가와 지역의 상황도 다 루고 있으며, 흉노, 견융犬戎, 갈羯, 뤄월洛越, 위월于越, 삼먀오三苗, 우시만五 溪蠻 등 10여개 민족의 지리적 분포를 지적하고 각 민족의 언어와 풍습을 소개하며, 각 민족간의 상호 관계와 상호 영향 및 상호 교류 상황을 기술 하고 있다. 예컨대,《수경주·황수水經注·湟水》에는 정사正史에 기록되지 않 은 청해 황수 계곡에 대한 일부 역사적 자료가 있어, 특히 한위진漢魏晉 시 대 한족의 정치, 군사, 경제활동 상황과 한족과 강족간의 관계를 연구하 는 데 도움이 된다.

25《삼십국기(三十國記)》는 일명《불국기(佛國記)》,《불유천축기(佛遊天竺記)》,《법현전(法 顯傳)》,《고승법현전(高僧法顯傳)》 등으로 불린다.

32 민족지리학의 이해

3. 당송唐宋시대

당송시대는 중국 변방의 민족과 중원의 한족이 가장 빈번하게 상호 작용했던 시기이며, 변방 민족지리, 특히 서부 지역의 민족지리에 대한 이해가 더 깊어진 시기이기도 하다. 이 시기 동안 민족역사지리에 대한 자료는 주로 다음과 같은 세 가지 유형의 저서로 보존되었다.

첫째는 당송시대에 편찬된 정사로,《진서晉書》,《양서梁書》,《진서陳書》,《제서齊書》,《주서周書》,《수서隋書》,《남사南史》,《북사北史》,《구당서舊唐書》,《신당서新唐書》,《구5대사舊五代史》,《신5대사新五代史》 등이다. 이 책들은 당송 시대 영향력이 비교적 컸던 돌궐, 회홀, 토번, 남조, 거란, 여진, 토욕혼, 탕쿠트 등 민족의 역사적 활동과 중원왕조와의 정치·경제·문화적 교류실태를 비교적 완벽하게 기술하였다. 민족의 역사적 활동은 특정 지리적 공간과 불가분의 관계에 있으며, 이 시기 변방 민족관련 내용들이 위의 정사들에 기록되면서, 소수민족 지역의 자연지리와 인문지리 관련 자료와 데이터가 다수 보존되었다.

둘째는 이 시기에 편찬된《자치통감資治通鑒》,《통전通典》,《당회요唐會要》,《책부원귀冊府元龜》,《태평어람太平禦覽》,《원화군현도지元和郡縣圖志》,《여지기승輿地紀勝》,《방여승람方輿勝覽》,《태평환우기太平寰宇記》,《괄지지括地志》,《원풍구역지元豊九域志》,《여지광기輿地廣記》 등의 대형 저서와 전국적인 지리총지總志 속에도 변방 민족지역의 지리 풍물 및 소수민족역사지리에 대한 기록이 풍부하게 남아 있다. 예컨대,《통전·변방전通典·邊防典》은 동이, 남만, 서융, 북적 각 민족의 분포, 민족의 기원, 역사, 풍습, 중원왕조와의 관계를 자세하게 기록하고 있어, 당나라 민족역사지리의 총결과물로 보는 학자도 있다.《당회요》는 제94권-제100권에 당시 79개 민족과 당나라간의 교류사를 기록하고 있다. 송나라 초반에 완성된《책부원귀》는 윤위閏位, 참위僭僞, 외신부外臣部 등 소수민족 관련 부류部類를 포함한다. 그 중 외

신부는 종족, 조공, 화친, 호시互市, 통호通好, 조국 토벌助國討伐, 맹세, 교침交侵 등 34개 부문으로 나뉘며, 역대 각 민족간에 발생한 중대한 역사적 사건, 역대 민족정책의 변천과 상이한 민족지역의 풍토인정, 상이한 민족의 역사지리 및 문화적 특징을 종합적으로 분류·귀납·결산하여 민족역사지리 연구에 큰 참고가치를 가지고 있다.

셋째는 수당 왕조가 변방의 개척과 경략을 심화함에 따라 변방과 내륙의 정치, 경제, 문화적 연계가 강화되고, 북송과 요나라 그리고 남송과 금나라의 대치라는 정세에 대한 관심으로, 당시 많은 사학자, 학자, 여행가, 사신, 나아가 정부 관료들이 소수민족 지역의 각종 자연·인문적 환경에 대한 고찰을 비교적 중시하였으며, 그들의 연구나 소수민족을 대상으로 한 역사서와 여행기는 과거의 모든 역사적 시기를 합친 것보다 크다고 할 수 있다. 이 가운데 비교적 중요한 것은 배구裴矩의 《서역도기西域圖記》, 달계통達奚通의 《하이난제번행기海南諸蕃行記》, 왕현책王玄策의 《중천축국행기中天竺國行記》, 곽원진郭元振의 《정원안변책定遠安邊策》, 개가혜蓋嘉惠의 《서역기西域記》, 위애韋皋의 《서남이사장西南夷事狀》, 가단賈耽의 《해내화이도海內華夷圖》, 《고금군국현도사이술古今郡縣道四夷述》 및 《황화사달기皇華四達記》, 리번李繁의 《북황군장록北荒君長錄》, 위제휴韋齊休의 《원난행기裴南行記》, 배숙裴肅의 《평융기平戎記》, 리발李渤의 《어융신록禦戎新錄》, 원자袁滋의 《원난기雲南記》, 범전정範傳正의 《서추요략西陲要略》, 고소일高少逸의 《사이조공도四夷朝貢錄》, 방천리房千裏의 《투황잡록投荒雜錄》, 리덕유李德裕의 《서남비변록西南備邊錄》, 《이역귀충전異域歸忠傳》, 여술呂述의 《검하사조공도전黔戛斯朝貢圖傳》, 노구盧求의 《성도기成都記》, 번탁樊綽의 《만서蠻書》, 두방竇滂의 《원난별록雲南別錄》, 서운겸徐雲虔의 《남조록南詔錄》, 단공로段公路의 《북호록北戶錄》, 류순劉恂의 《영표록이嶺表錄異》, 막휴부莫休符의 《계림풍토기桂林風土記》, 육유陸遊의 《입촉기入蜀記》, 범대성範成大의 《계해우형지桂海虞衡志》, 《남기록攬轡錄》, 주거비周去非의 《영회대답嶺外代答》, 송기宋祁의 《익부방물약기益部方物略記》, 량건방梁建方

의《서이하풍토기西洱河風土記》, 주보朱輔의《만계총소蠻溪叢笑》, 방신유方信儒의《남해백영南海百詠》, 조여적趙汝適의《제번지諸蕃志》, 류극장劉克莊의《장주유사漳州諭佘》, 홍호洪皓의《송막기문松漠紀聞》, 왕역王易의《연북록燕北錄》, 조궁趙珙의《몽달비록蒙韃備錄》, 팽대아彭大雅의《흑달사략黑韃事略》, 서몽신徐夢莘의《삼조북맹회편三朝北盟會編》, 리신전李心傳의《건염이래계년요략建炎以來系年要錄》, 고거회高居誨의《우진행정기於闐行程記》, 왕연덕王延德의《사고창기使高昌記》(《서주정기西州程記》도 펴냄), 장순민張舜民의《사북기使北記》, 류기劉祁의《북사기北使記》, 왕증王曾의《상거란사上契丹事》, 노진路振의《승조록乘軺錄》, 송수宋綏의《상거란사上契丹事》, 진양陳襄의《사료어록使遼語錄》, 설호薛皓의《상경기上京記》, 호교胡嶠의《험노기陷虜記》,《석진험번기石晉陷蕃記》, 장체張棣의《금노도경金虜圖經》, 조언위趙彦衛의《어한행정禦寒行程》등이다. 이들 저자의 대부분은 변방의 소수민족지역에서 살거나 일한 적이 있고, 소수민족지역의 자연, 역사, 사회에 대한 깊은 관찰과 이해를 가지고 있었다. 이들 저서들은 우리가 변방의 민족지리를 이해하는 데 없어서는 안될 중요한 저서들이다. 이 저서들의 민족역사지리학적 연구가치는 일일이 소개할 수 없으나, 여기서는《대당서역기》와《서역도기》를 중점적으로 소개하고, 이 시기 서남민족지리에 대한 깊은 이해와 결합하여《만서》,《계해우형지》및《영외대답》등 몇 권을 간략히 소개하겠다.

《대당서역기》는 중국 고대의 학술적 가치가 높은 여행 기록서로, 당대唐代의 승려 현장玄奘이 저술한 것이다. 당나라 태종 정관貞觀 원년(627년), 현장은 장안에서 홀로 출발하여 옥문관玉門關을 넘어 오늘날의 신장, 구 소련의 중앙아시아 지역, 아프가니스탄, 파키스탄 등을 거쳐 북인도로 들어갔고, 지금의 파키스탄, 네팔과 인도 각지를 돌며 불학을 공부한 후, 불경 657권을 가지고 다시 파키스탄, 아프가니스탄을 거쳐, 파미르고원을 넘어 타림분지 남선을 따라 정관 19년(649년)에 장안으로 돌아왔다. 귀국 후 그는 서행의 견문을 구술하였고 제자 변기辯机의 기록에 의해《대당서역기》가 완성되었다. 총 12권, 10만 자가 넘는《대당서역기》는 신장 서쪽에서 이란과 지중해 동쪽 해안을 거쳐 인도반도와 인도네시아 일대에 이르기까지 승려 현장이 직접 경험한 이야기 110개, 전해들은 이야기 28개, 그리고 12개 도시, 지역 및 국가,[26] 그리고 관련된 산과 하천, 토양 식생, 기후 물산, 거리, 영토 면적, 교통 도로, 성읍 및 방어, 민족 풍습, 종교 의례 및 언어 문자, 복식과 식습관 등을 담고 있어 서아시아와 남아시아의 역사, 불교, 중국-서역 교통사 및 중국 서부지역 민족역사지리를 연구하는 중요한 문헌자료이다.

<그림 1-2> 현장법사玄奘法師의 서행西行 노선도[27]

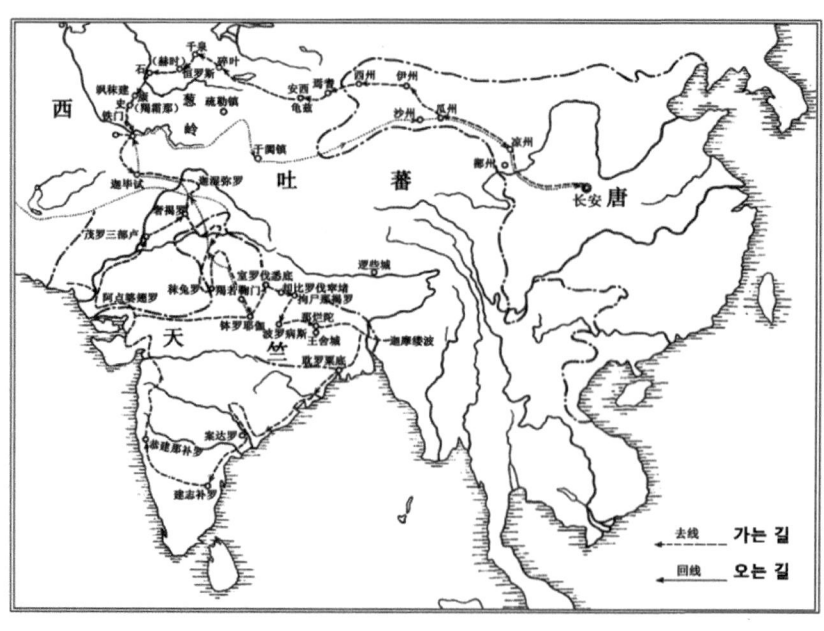

---

26 교점판(校點本)인《大唐西域記·前言》, 上海人民出版社, 1977, p.8 참조.
27 鄒逸麟,《中國歷史地理概述》, 上海教育出版社, 2005, p.352.

《서역도기》는 중국 고대 중국-서역 교통과 서역 역사지리에 관한 중요한 문헌 중 하나로, 배구가 저술한 책이다. 대업大業 3년(607년), 배구는 장액(지금의 감숙)으로 가서 수나라와 서역 여러 나라간의 호시 무역을 관장하라는 명령을 받았다. 부임 이후 배구는 수양제의 이른바 "방근원략方勤遠略"의 의도를 간파하고, 수양제에 영합하기 위해 "호상胡商"과 가까운 지리적 조건을 십분 활용하여 서역 사신 및 상인들과 교제하였고, 그들을 통해 서역의 자연지리, 풍토민정, 산천의 험악險易 등을 백방으로 알아보았다. 또한 관련 도서 다수를 훑어본 후, 직접 만든 《서역도기》 3권을 수양제에게 헌정하였다. 서역 44개국의 산과 하천, 민속풍토를 기록한 이 책은 "본국의 의복과 형태에 따라 국왕과 백성 각각의 모양을 드러내는 단청모사丹青模寫이다.…지도를 만들지 말고, 급소를 구하라."[28] 특히 중요한 것은 돈황(오늘날 감숙 돈황)에서 지중해 동쪽 해안에 이르는 세 가지 중요한 통로가 책 서문에 자세히 소개되어 있다는 점이다. 북쪽 통로는 톈산북로天山北路에서 이오(伊吾, 오늘날 신장의 하미哈密)에서 서쪽으로 포류해(蒲類海, 오늘날 바리쿤호), 철륵부를 거쳐 투르크 카가나테突厥可汗庭까지 가고, 다시 북류하(北流河, 오늘날 명칭 미상)를 건너 비잔틴국(拂菻國, 지금의 터키 이스탄불)에 이르러 서해(지금의 지중해)에 도달하는 것이다. 중부 통로는 톈산남로天山南路의 북쪽 도로에서 돈황을 지나 고창(高昌, 오늘날 신장 투루판吐魯番)에 이르고, 언기焉耆, 구자(龜玆, 오늘날 신장 쿠차庫車), 수러(疏勒, 오늘날 신장 카스喀什)를 지나, 총령蔥嶺, 오늘날 파미르)를 넘어, 그리고 심벌즈칸(오늘날 우즈베키스탄 페르가나 분지 부근) 등지를 거쳐 페르시아(지금의 이란), 서해(현재의 페르시아만)에 도달하는 것이다. 남쪽 통로는 톈산남로의 남쪽 도로에서 돈황을 지나 산산(鄯善, 오늘날 신장 뤄창若羌)을 지나, 우전(于闐, 오늘날 신장 허톈和田), 주쿠보(朱俱波, 오늘날 신장 예청叶城), 갈판타(羯盤陀, 오늘날 신장 타슈쿠

---

28 《隋書》卷67《裴矩傳》.

르간)를 지나, 총링 남쪽 기슭을 넘어 후미(护密, 오늘날 아프가니스탄 동북의 와한), 토화라(吐火罗, 오늘날 아프가니스탄의 북쪽 국경) 등을 지나 베이퍼뤄먼北婆罗门, 오늘날 인도 북부), 서해(지금의 인도양)에 도달하는 것이다.

당송시대 이전, 서북과 동북 새외에 비해 윈난, 구어저우, 광둥, 광시, 하이난 등 지역은 중부 토착민들의 눈에 소위 황무지이자 변방의 땅으로 여겨졌다. 이 지역은 지리적 환경이 상대적으로 폐쇄되어 있고 지형 기후 조건이 복잡하고 다양하며, 열대병에 대한 과도한 공포와 조장으로 인해 사람들은 이 지역을 신비롭고 무서운 곳으로 간주하였으며 이 지역에 대한 지식이 거의 없었다. 당나라 때부터 중원왕조가 서남변방 지역에 대한 정치적 통제를 강화함에 따라 많은 중원 인사들이 벼슬, 혹은 유배, 혹은 변방지역 풍토인정 데이터의 수집 등 다양한 이유로 서남, 영남 등 변방 지역으로 깊숙이 들어갔고, 이곳의 다양한 자연 지리 자원, 이국적인 오랑캐 지리 민속, 독특한 민족 문화가 그들의 관심을 끌었고 점차 그들의 조사와 기록의 대상이 되었으며, 서남 및 영남 지역의 자연지리 및 인문지리에 관한 많은 저서들이 나왔다. 이러한 저서가 전파됨에 따라 중원 사람들은 점차 서남 및 영남 지역이 소위 무모하고 공포스러운 지역이 아니라는 것을 깨달았고, 서남 지역에 대한 사람들의 인식은 개념과 행위의 양 측면에서 모두 큰 변화가 일어났다.[29] 따라서 당송 시대 중원 사람들이 서남의 이른바 "오랑캐 지역"에 대한 지리 조사를 수행한 일부 저서는 서남 지역의 민족역사지리를 연구하는 데 큰 가치가 있다. 다음 부분에서는 중요한 저서 몇 부를 소개하겠다.

당송시대 서남 지역 관련 역사지 중에서 당나라 윈난 자연지리와 인문지리의 대표작으로 알려진 《만서蠻書》는 매우 중요한 책이다. 《만서》는

---

[29] 馬强, "地理體驗與唐宋'蠻夷'文化觀念的轉變——以西南與嶺南民族地區爲考察中心," 《西南師範大學學報》第5期, 2005; 馬强, "論唐宋西南史志及其西部地理認識價値," 《史學史研究》第3期, 2005.

《윈난지》,《윈난사기》,《남만서》 등으로도 불리며, 저자 번탁樊綽은 당나라 의종懿宗 함통鹹通 2년(862년)에 안남경략사安南經略使 채습蔡襲을 따라 부임한 후 남조南詔 깊숙이 들어가 허실虛實, 즉 남조의 국가 내부 상황) 조사하라는 명령을 받았다. 함통 4년 정월, 남조가 교지交趾를 함락시킬 당시 채습이 죽자 번탁은 관인都護印을 들고 도망갔다. 이듬해 6월, 번탁은 기주夔州 도독부 막료가 되었으며, 첸黔·징涇·파巴·샤夏 네 개 읍의 민족지역을 방문하였다. 현지 조사를 바탕으로, 그리고 원자袁滋의 《윈난기雲南記》와 같은 이전 사람들의 저서들을 참조하여 《만서蠻書》를 편찬하였다. 책은 총 10권으로 구성되어 있으며, 그 제목은 각각 《1권: 윈난 경내 여정雲南界內途程第一》,《2권: 산과 하천山川江源第二》,《3권: 육조六詔第三》,《4권: 명류名類第四》,《5권: 육검六瞼第五》,《6권: 윈난의 성진雲南城鎮第六》,《7권: 윈난 경내 물산雲南管內物產第七》,《8권: 만이 풍습蠻夷風俗第八》,《9권: 남만 조교南蠻條教第九》,《10권: 남만 변경 인접 각 번국 명칭南蠻疆界接連諸蕃國名第十》이다. 이 책들은 남조 경내의 산과 하천, 기후 물산, 교통로, 경제 실태, 각 민족 개황, 풍토인정, 인구 및 납세, 남조 행정구역 설치 및 관직 제도 등 다양한 내용을 기록하고 있는데, 이 책은 현존하는 당나라 사람이 펴낸 윈난지역 관련 저서로서는 유일하며, 남조 및 이웃 지역의 민족역사지리를 연구하는데 매우 중요한 자료 가치를 가지고 있다.

광시 지역의 자연 및 인문 지리에 대한 저서는 송나라 이전에 당나라 사람인 막휴부莫休符의 《계림 풍토기桂林風土記》를 제외하고는 거의 없다. 송나라 이후 범성대範成大의 《계해우형지桂海虞衡志》와 주거비周去非의 《영외대답領外代答》이라는 매우 중요한 두 권의 저서가 나왔다.

육유陸遊·양만리楊萬裏·유람尤袤과 함께 남송南宋 4대가四大家로 불리는 범성대는 송나라 건도乾道 9년(1173년)에 정강부(靜江府, 즉 계림) 겸 광남서로 경략안무사廣南西路經略安撫使로 부임하였다. 계림에서 관리로 일한 지 2년이 된 순희 2년(1175년), 범성대는 광남에서 퇴임하여 촉蜀에 들어갔는데,

가는 도중에 광시에서 보고 들은 것을 회상하여 《계해우형지桂海虞衡志》라는 제목의 책으로 남겼다. 책은 원래 3권이었지만 지금은 1권만 남아 있다. 내용에 따라 동굴, 금석, 향, 술, 그릇, 가금류, 짐승, 벌레, 물고기, 꽃, 과일, 식물 및 잡지의 13편으로 나뉘며, 각 편에는 작은 에필로그가 첨부되어 있다. 《계해우형지》는 광시의 자연지리와 풍물 토산물에 대한 기록에 편중되어 있으며, 그 뛰어난 가치는 오늘날 우리가 계림 지역의 생태환경에서 역사지형지리, 역사생물지리, 의학질병지리 등을 연구하는데 신뢰할 수 있는 소재를 제공하고 생태문화사의 인식 가치를 가지고 있다는 데 있다.[30] 동시에 범성대는 "즈만志蠻", "잡지雜志" 등 장절에서 요瑤·만蠻·리黎·담疍 등 민족의 지리적 분포, 발전 역사, 사회 조직 구조, 풍습, 결혼 인구, 거주 환경 등을 기록하고 있어, 광시의 고대 역사지리적 연혁과 민족의 사회생산 및 사회생활을 연구하는 중요한 자료이자 소중한 민족역사지리 문헌이다.

송宋代의 광시 지방지 중 주거비의 《영외대답》은 《계해우형지》에 맞먹는 또 다른 대표적인 "지리지"이다. 송나라 순희淳熙 연간(1174-1178년)에 주거비는 광남서로廣南西路 계주통판桂州通判과 흠주欽州 교수教授로 부임하여 5년간 광시에 머물다가 벼슬을 그만두고 북귀北歸하였다. 북귀한 이후 타인들의 영외 관련 문의에 지친 그는 순희 5년(1178년)에 책을 펴내 대답을 대신하기로 결심하였고, 이것이 바로 《영외대답》이 만들어진 배경이다. 《영외대답》의 원본은 오래 전에 이미 사라졌으나, 《사고전서四庫全書》가 《영락대전永樂大典》에서 관련 내용을 발췌하였는데, 내용은 영남의 풍토인정, 물산, 경국기문經國紀聞에 대한 400여 개의 기록을 위주로 하며, 범성대範成大의 《계해우형지桂海虞衡志》를 참고하여 편찬하였다. 책은 모두 10권으로 지리, 변수边帥, 외국, 풍토, 법제, 재계財計, 기용器用, 복용服用, 식용

---

30 張全明, "《桂海虞衡志》的生態文化史特色與價值," 《華中師範大學學報》 제1기, 2003.

食用, 향香, 악기樂器, 보물寶貨, 금석金石, 화목花木, 금수禽獸, 충어蟲魚, 고적古迹, 만속蠻俗, 지이志異 등 20개의 챕터門으로 나뉘며, 현재 그 중의 19개는 전문全文이 남아 있고, 1개는 목차만 남아 있는데 대체로 군제軍制 호적과 관련된 것이다. 책 중의 "리무산黎母山" 조목, "해외의 리만海外黎蠻" 조목, "야오인" 조목, "딴만蜑蠻" 조목은 주로 송대 광시의 리족黎族, 야오족, 딴인蜑人의 사회적 실태가 기록되어 있다. 또한 "연변병沿邊兵", "토정술변土丁戌邊", "동정술변峒丁戌邊", "전자갑田子甲", "동정峒丁", "채정寨丁", "토정보정土丁保丁" 등 조목에는 주로 송대 황족의 무력武裝力量과 사회 생산관계 실태가 기록되어 있다. 또한 "풍토"문, "만속蠻俗"문, "지이志異"문 등에는 주로 영외 각 민족의 거주, 결혼, 일기, 무복巫卜 등 사회생활 실태가 기록되어 있다. 이 책은 광시의 민족, 인구, 주거 건축, 음식, 군사에 대해 매우 구체적으로 기술하고 있어 송대 영남 민족역사지리를 연구하는 데 매우 가치가 있으며, 후세에 영남의 자연지리와 인문지리에 대한 이해를 풍부하게 하기 위한 귀중한 역사적 문헌을 제공한다.

4. 원명청元明淸시대

원명청시대는 중국 민족사학이 크게 발전한 중요한 시기이자 중국 민족역사 지리 데이터가 가장 풍부하게 축적된 시기 중 하나이다. 이 기간 동안 중국 민족사학의 발전은 주로 다음 네 가지 측면에서 나타났다.

첫째, 원대元代에 편찬한 《요사遼史》, 《금사金史》, 《송사宋史》이다. 《요사》와 《금사》는 각각 거란족이 세운 요나라와 여진인이 세운 금나라를 대상으로, 소수민족사와 소수민족 귀족들이 세운 황조사皇朝史를 유기적으로 결합시켰다. 이는 당시 북방의 많은 민족사회사적 활동상을 반영할뿐만 아니라, 많은 민족사적 내용을 보존한 것이다. 명대에 편찬한 《원사元史》

와 청대에 보충한《요사》,《금사》,《원사》및 새로 편찬한《명사明史》에서 기본적으로 소수민족에 대한 전통적인 전기 작성방식을 따랐다.

둘째, 몽골족, 티베트족, 만주족 등 소수민족들의 역사학도 크게 발전하였다. 원나라가 몽골족이 주체가 되어 세워진 왕조였기 때문에, 원나라 통치자들은 금과 남송을 멸망시키고 전국을 통일하는 과정에서, 한문 역사서에서 배울 수 있는 경험을 얻기 위해 전문번역기구를 설립하여 많은 한문 역사서를 몽골어로 번역하였다. 이에 따라 몽골어로 된 많은 저서도 등장하였는데, 그 중 대표적인 것이 몽골의 3대 역사문헌인《몽골비사蒙古秘史》,《몽골황금사蒙古黃金史》,《몽골의 원류蒙古源流》이다. 청나라가 중원에 입성한 후, 만주족의 공통된 역사적 기억을 강조하고 만주족의 역사적 지위를 높이기 위하여, 청나라 역시 전문기관을 설치해 만주족 역사에 관한 저서를 많이 편찬하였다. 이러한 저서 중에는 청나라 황제의 일기와 실록 외에,《팔기만주씨족통보八旗滿洲氏族通譜》,《팔기통지八旗通志》,《성경사적도盛京事跡圖》,《만주원류고滿洲源流考》,《흠정종실왕공적표전欽定宗室王公功績表傳》 등이 있다. 13세기 중엽 원나라의 영토에 공식적으로 포함된 이후, 티베트 지역은 비교적 안정적인 발전을 이루었고, 티베트인의 사회, 역사 및 문화에 관한 저작들도 끊임없이 등장하였다. 예컨대 달라이 라마 5세의《티베트왕신기西藏王臣記》, 반친 소난차바의《신홍사新紅史》, 콰노 순루부廓諾·迅魯伯의《청사青史》, 다창 죄바 반장부達倉宗巴·班覺桑布의《한·티베트역사집漢藏史集》, 차이바 공가 도지蔡巴·貢噶多吉의《홍사紅史》, 대사도 의죠 꾸족繹求堅贊의《랑씨 가문의 역사朗氏家族史》, 아왕 공가 소난阿旺貢噶索南의《사가 가문의 역사薩迦世系史》, 바워 주라첸와巴沃·祖拉臣哇의《현자희연賢者喜宴》, 송바걸부 꾸북鬆巴堪布·益西班覺 의《여의보수사如意寶樹史》, 순보 의죠바큐孫波·益西巴久의《청해사青海史》등은 매우 중요한 티베트족 관련 문헌이다.

셋째, 명청시기에 나온《평파전서平播全書》,《평번시말平番始末》,《서정석성기西征石城記》,《부안동이기撫安東夷記》,《평만록平蠻錄》,《황청개국방략皇清開

國方略》,《평정삼역방략平定三逆方略》,《평정숙막방략平定朔漠方略》,《평정준가얼방략平定准噶爾方略》,《평정양금천방략平定兩金川方略》,《평정원난회비방략平定雲南回匪方略》,《평정구이저우먀오족비적방략平定貴州苗匪方略》,《평정산시간쑤신장후이족비적방략平定陝甘新疆回匪方略》,《평정광둥비적기략平定粤匪紀略》 등 다수의 방략체方略體 역사서가 등장하였다. 이러한 방략체 역사서는 관방 편찬이든 개인 편찬이든지에 관계없이, 기본적으로 소수민족 지역의 정치, 군사 활동의 역사 기록을 대상으로 하며, 많은 소수민족 역사지리의 중요한 내용을 담고 있다.

넷째, 명나라와 청나라가 편찬한 대형 연대기 사료인《명실록明實錄》과《청실록淸實錄》은 명청시기의 정치, 경제, 군사, 제사, 건설, 파견, 무역, 변강 소수민족의 공물 등 중요사건을 수록하고 있으며, 명청시기의 역사, 소수민족의 역사 및 풍속습관을 연구하는 중요한 역사자료이다.

앞서 언급한 네 가지 다른 유형의 저작은 모두 전문적인 민족역사지리 저작은 아니지만, 많은 지역과 민족의 역사지리에 관련 내용을 다루고 있다.

원명청시대는 또한 중국 지리학이 신속히 발전한 시기로, 구체적으로 다음과 같은 네 가지 측면에서 나타난다.

첫째, 관방 편찬《대원 일통지大元一統志》,《대명 일통지大明一統志》,《대청 일통지大淸一統志》등 전국적인 지방地方 총지總志와, 민족 지역의《서역도지西域圖志》,《성경통지盛京通志》,《광시통지廣西通志》,《윈난통지雲南通志》,《윈난통지고雲南通志稿》,《티베트통지西藏通志》,《티베트도식西藏圖識》,《위장도식衛藏圖識》,《서초도려西招圖略》,《티베트도고西藏圖考》등의 지서志書에는 다수의 소수민족 사회, 역사, 지리 관련 내용이 포함되어 있다. 소수민족 지역이 아닌 몇몇 지방 지서, 예컨대《산시통지陝西通志》,《간쑤통지甘肅通志》,《후광통지湖廣通志》,《쓰촨통지四川通志》및 몇몇 부府, 주州, 청廳, 현縣의 지서에도 소수민족 역사지리 관련 많은 기록이 포함되어 있다.

둘째, 수백 편의 지리지, 지역지區域志, 여행기, 필기류 저서들이 나왔다. 예컨대《장춘진인서유기長春眞人西遊記》,《서유록西遊錄》,《윈난지략雲南志略》, 《대리행기大理行記》,《요동지遼東志》,《전요지全遼志》,《수역주자록殊域周咨錄》, 《주요석화주籌遼碩畫》,《광지예廣志繹》,《서하객여행기徐霞客遊記》,《광둥신어廣東新語》,《뎬하이우형지滇海虞衡志》,《바이이전百夷傳》,《난이서南夷書》,《뎬재기滇載記》,《뎬성이인도설滇省夷人圖說》,《뎬성여지도설滇省輿地圖說》,《뎬성종인전도滇省種人全圖》,《서남이풍토기西南夷風土記》,《쳰기黔記》,《촉중광기蜀中廣記》, 《먀오풍속기문苗俗紀聞》,《먀오만도苗蠻圖》,《웨(광둥)기술粵述》,《웨시제만도기粵西諸蠻圖記》,《뎬고滇考》,《뎬첸기유滇黔紀遊》,《쳰난 직방기략黔南職方紀略》, 《쳰난먀오만도설黔南苗蠻圖說》,《광여승람廣輿勝覽》,《황청직공도皇淸職貢圖》, 《서역도지西域圖志》,《난중잡설南中雜說》,《연양팔패풍토기連陽八排風土記》,《유서견문록維西見聞錄》등은 모두 매우 가치 있는 저서들이다.

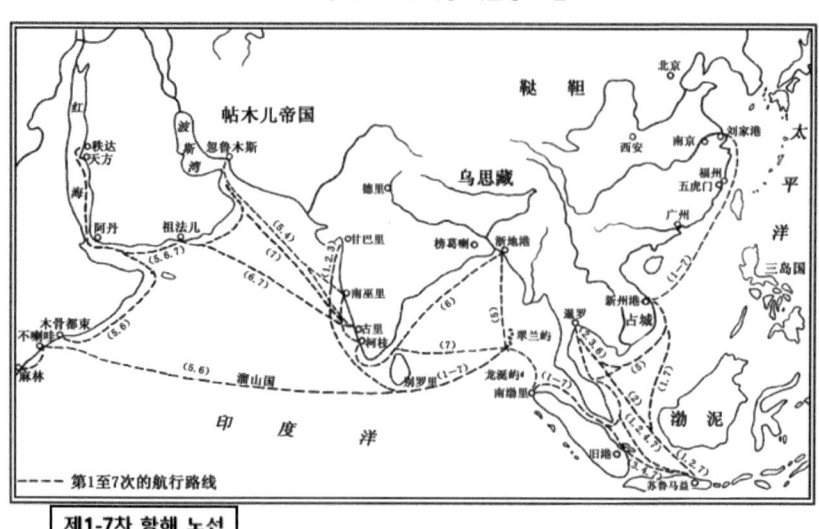

<그림 1-3> 정화鄭和의 서양 대원정 노선도[31]

제1-7차 항해 노선

---

31 鄒逸麟:《中國歷史地理槪述》, 上海敎育出版社, 2005, p.359.

셋째, 명대 정화鄭和가 거대한 선단을 이끌고 일곱 차례에 걸쳐 원정을 떠났고, 마테오 리치利瑪竇로 대표되는 다수의 서양 선교사들이 중국에 왔으며, 네덜란드와 스페인 등 서방 식민지 개척자들이 동남아와 중국 해안 지역을 침범하였기에 많은 사람들이 외부 세계에 관심을 가지기 시작하였다. 《명사》의 《외국열전外国列传》에 기록된 국가만 하여도 70여 개국이 있다. 동시에 중국 학자들은 외부 지리를 조사하기 시작하였고, 타국의 역사를 체계적으로 기록한 민족지 저서들이 나타났다. 예컨대 저우다관周達觀의 《진납풍토기眞臘風土記》, 천다전陳大震·뤼구이순呂桂孫의 《대덕남해지大德南海志》, 왕다웬汪大淵의 《도이지략島夷志略》, 자오루쓰趙汝適의 《제번지諸蕃志》, 마환馬歡의 《영애승람瀛涯勝覽》, 페이신費信의 《성차승람星槎勝覽》, 궁쩐鞏珍의 《서양번국지西洋番國志》, 황성정黃省曾의 《서양공전록西洋貢典錄》 등이 있다.

넷째, 청나라 도광道光·함풍咸豊 연간부터, 열강들의 중국 침략으로, 중국의 국경 지역이 중화민족의 흥망과 안위의 초점으로 부상하였다. 많은 문인들은 나라의 보전을 위해 서재를 떠나 국경 지역의 지형에 대한 조사를 시작하였다. 그들은 국경 지역 민족의 역사지리에 대한 연구에 중점을 두고 다수의 국경 지역의 역사 지리에 대한 저서들을 편찬하였다. 예컨대 《황조반부요략皇朝藩部要略》, 《서취요략西陲要略》, 《서여개지西域釋地》, 《신장식략新疆識略》, 《몽골유목기蒙古遊牧記》, 《삭방비승朔方備乘》, 《성무기聖武記》, 《신장사론新疆私議》, 《주변추언籌邊芻言》 등은 그 중에서 매우 중요한 저서들이다.

"지지地志" 혹은 "지리지" 체계에서 위에서 언급한 네 가지 측면에서 언급된 저서들은 이 시기 민족역사지리를 연구하는 데 중요한 문헌들이다. 이어서 시대별로 간략히 소개할 것이다.

원대의 지리 저작들 중에서 《장춘진인 서유기》는 구처기丘處機의 제자 이지상李志常이 쓴 것이다. 이지상은 1220년-1224년 5년 동안 구처기를 따라 서역에 가서 칭기즈칸을 알현한 경위와 연도를 주로 서술하고 있다. 이 책은 연도沿途의 산천과 길, 풍토인정에 대해 비교적 자세하게 기술하고 있어, 13세기 몽골의 군사와 정치, 서역과 몽골고원의 역사, 지리, 풍물 연구에 중요한 자료를 제공하고 있다. 원대 저서 중 다른 하나의 중요한 저서로 원나라 초반의 정치가 야율초재耶律楚材의 《서유록西遊錄》이 있다. 이 책은 상하 2편으로 구성되어 있는데, 상편에는 저자가 1219년 칭기즈칸의 호라즘華剌子模에 대한 서정을 따라 행군하면서 보고 들은 것을 주로 적고 있다. 내용은 거리 기록記程, 길道裏, 산천山川, 물산物産, 민속民俗 등을 담고 있어 서역의 역사와 지리, 동서방의 교통사 연구에 중요한 참고 가치가 있다.

<그림 1-4> 장춘진인長春眞人 구처기丘處機 서행西行 노선[32]

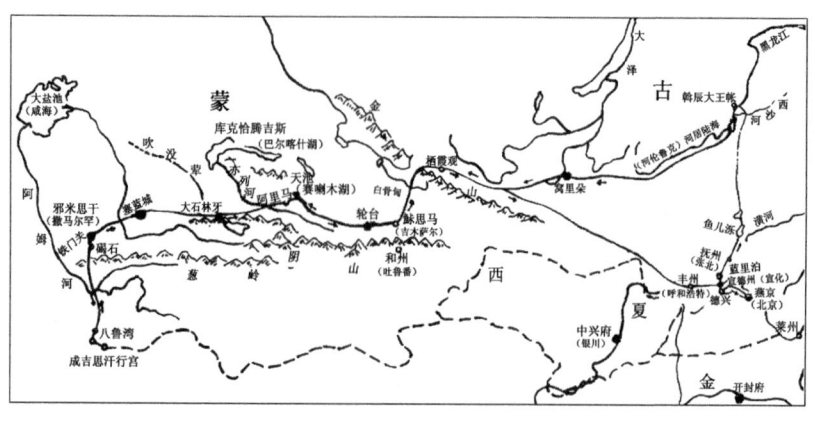

명나라 지리 저서 중 왕상王祥 등이 편찬한 《요동지遼東志》는 지리지, 건

---

[32] 朱亞非 엮음, 《風雨域外行:探尋古代中國人走向世界的足跡》, 山東畫報出版社, 2004, p.122.

치建置지, 병식兵食지, 인물지, 예문지藝文, 잡지, 외外지 등 총 9권으로 이루어져 있는데, 요동 지역의 강역 연혁, 산천 형성, 성곽 촌락, 토산 공부土産公賦 등에 대한 자세한 기록으로 동북역사지리와 소수민족의 역사를 연구하는 데 중요한 역사문헌이다. 취다쥔屈大均의 《광둥신어廣東新語》는 《광둥통지廣東通志》의 기초 위에, 자신이 영남지역 현지조사에서 얻은 대량의 직접 자료를 결합하여 쓴 영남의 역사지리 관련 걸작으로, 내용은 영남지역의 자연, 경제, 문화, 취락, 민족 등 여러 방면에 관련된 것이다. 특히 리족, 요족, 서족 등 소수민족과 하이난 섬의 풍토인정에 대한 기술은 민족지리학 연구에서 가장 중요한 것 중 하나이다. 총 28권 중 13권이 리족을 다루고 있는데, 리족을 이야기할 때 그는 리족의 기원, 지계支系, 분포, 물산, 경제생활, 사회조직, 풍습, 언어 및 지명을 자세하게 살펴보고 있다. 왕스싱王士性의 《광지역廣志繹》 중 윈난 역사지리에 대한 기록과 연구는 명나라 중후반 윈난의 사회생활과 지리적 현상 연구를 위한 귀중한 역사적 자료이다. 명대 및 왕쓰싱과 동시대 또 다른 유명한 지리학자인 서하객徐霞客은 후세에 귀중한 유산을 남겼는데, 그것이 바로 민족지리학 연구에서 가치가 매우 높은 《서하객여행기徐霞客遊記》이다. 아래 부분에서 중점적으로 소개하겠다.

    명나라의 위대한 지리학자인 서하객은 51세에 이른바 "서남만리 원정"이라 불리는 모험을 시작하였다. 그는 생애의 마지막 4년 동안 광시廣西, 구어저우貴州, 윈난雲南 등 소수 민족 지역에서 이전의 "명산대천名山大川" 지리조사와는 다른 조사를 실시하였다. 서하객의 서남지역 조사 경로는 후난湖南에서 광시로 들어간 후, 광시에서 구어저우로, 다시 구어저우에서 윈난로 이동하는 것이었다. 그는 광시에서 조사를 350일간 실시하였으며, 약 2,000킬로미터를 이동하며 광범위한 지역인 광시 북부桂北, 광시 서북부桂西北, 광시 서남부桂西南, 광시 동남부桂東南를 돌아다니며 약 20만자에 달하는 《월서유일기粤西遊日記》를 남겼다. 구어저우에서의 조사는

1,500리 정도를 이동하여, 약 3.2만자의《쳰유일기黔遊日記》를 남겼다. 윈난에서의 조사는 1년 9개월간 진행되었으며, 현재의 윈난성에 속하는 취징曲靖, 쿤밍昆明, 위시玉溪, 훙허紅河, 추슝楚雄, 다리大理, 리장麗江, 바오산保山, 더훙德宏, 린창臨滄 등 10개 지역(주, 시)의 46개 군(현급 행정단위)을 여행하며 약 30만자의《뎬유일기滇遊日記》를 남겼다. 서하객은 후난에서 광시로, 광시에서 구어저우로, 구어저우에서 윈난으로 이동하는 등 서남 지역에서 3년 이상을 조사하였으며, 수 만 킬로미터에 달하는 여정을 이동하는 동안 수십 개 군(현, 시)의 넓은 민족 지역을 돌아다니면서 이彝, 후이回, 먀오苗, 바이白, 하니哈尼, 좡壯, 나시納西, 다이傣, 부이布依, 흘로仡佬, 부랑布朗, 아창阿昌, 더앙德昂, 리수傈僳, 징포景頗, 티베트藏 등 10여 개 민족과 접촉하면서 남긴《월서유일기》,《쳰유일기》,《뎬유일기》는《서하객여행기》전체 약 60만자 중 90% 정도를 차지하며, 명대의 서남지역의 민족자연지리와 인문지리를 연구하는 데 독특하고 소중한 자료가 되었다. 이전의 조사자들과 비교해 볼 때, 서하객의 서남 민족지역 탐방이 가장 돋보이는 것은 지방지를 광범위하게 수집한 것과 더불어, 지방지를 안내자로 삼아 실증적 조사까지 실행하였다는 점이다.[33] 서하객은 여행할 때《대명일통지大明一統志》와《여지기승輿地紀勝》등을 소지하였을뿐만 아니라, 가는 곳마다 지방지를 대조 확인하고 더불어 수집하는 데 중점을 두었다. 여행 중에 수집, 참조하거나 때로는 베낀 자료로 기록된 것만도《백월풍토기百粵風土記》,《광시소기廣西小紀》,《구이고桂故》,《구이승桂勝》,《서사이西事珥》,《광시부지廣西府志》,《다리부지大理府志》,《진닝주지晉寧州志》,《텅융도설滕永圖說》,《융창군지永昌郡志》,《텅월주지騰越州志》,《남원만록南園漫錄》,《요관도설姚關圖說》,《남원속록南園續錄》등 문헌이 있다. 이러한 지방 문헌은 서하객이 조사하

---

33 서하객(徐霞客) 및 지방지와 관련해 周如漢, "論徐霞客與地方志,"《中國地方志》第3-4期, 1996 참조.

는 동안 본인이 보고 들은 내용을 적은 1차 자료로, 현재 일부가 유실되었지만 그 중 많은 내용이《서하객여행기》에 흡수 및 보존되었다.[34]

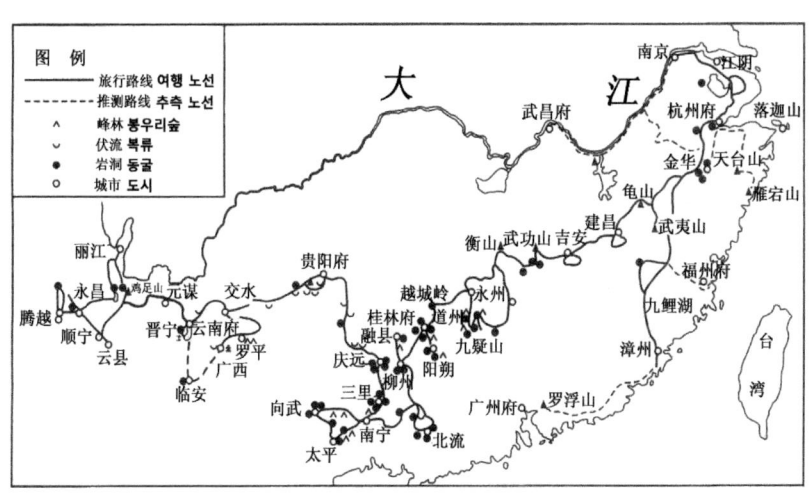

<그림 1-5> 서하객徐霞客의 서남 지역 여행 노선도[35]

청대의 변방사지에 관한 저서 중 기운사祁韻士의 《황조번부요략皇朝藩部要略》이라는 책이 있는데, 총 18권으로 내몽골요략, 외몽골카르카르부요략, 어루트요략, 회부回部요략, 황조皇朝번부藩部세습표 등 다양한 범주로 나뉘어져 있다. 이 저서는 청대의 몽골족, 위구르족, 티베트족 등의 민족사를 연구하는 중요한 문헌이다. 서송徐松의 《신장식략新疆识略》은, 서송이 32세에 죄를 지어 이리伊犁로 유배되었을 당시 신장 남북을 직접 답사하고, 기운사 등이 편찬한 《서추총통사략西陲总统事略》을 바탕으로 저술한 서북 변강지역 역사지리 연구의 기초적인 저서이다. 이 저서는 완벽한 체계와 풍

---

34 管彥波, "論《徐霞客遊記》的民族地理學研究價值,"《遼寧大學學報》第6期, 2006; 管彥波, "徐霞客對西南民族聚落地理的考察,"《貴州師範大學學報》第5期, 2006.

35 謝讓志·馬佩苓 엮음,《人文地理學參考地圖集》, 天津大學出版社, 1991, p.85.

부한 내용, 정밀한 검증과 함께 그림 및 소개가 있다.[36] 이후 서송은 《신장식략》중의 수로 관련 부분을 추출 및 보강하여 《서역수도기西域水道記》라는 책을 펴냈다. 그는 책에서 가욕관嘉峪關 이서의 주요 하천을 표기된 호수에 따라 11개의 수계로 나누고, 《수경주水經注》를 모방하여 각 수계의 수로, 그리고 수계 주변의 건설 연혁, 법전 제도, 교통물산, 풍토인정, 민족 분포, 초소와 군대軍臺 등 서역지리에 대해 특히 자세하게 기록하고 있다.[37] 따라서 《서역수도기》는 신장 민족역사지리 관련 소중한 역사문헌이다. 장목張穆의 《몽골유목기蒙古遊牧記》는 《청회전清會典》, 《대청일통지大清一統志》, 《준가얼평정방략平定准噶爾方略》 및 다수의 지방 역사지리 자료에 근거하여 몽골의 현재와 과거, 산과 하천, 도시의 연혁을 자세히 조사하였다. 또한 내몽골 저리무맹哲裏木盟, 줘쒀투맹卓索圖盟, 자오우다맹昭烏達盟, 시린궈러맹錫林郭勒盟, 우란차부맹烏蘭察布盟, 이커자오맹伊克昭盟의 유목 소재지와 어루트몽골厄魯特蒙古 신구 투르호특부土爾扈特部의 상황을 기술하고 있어 청대 몽골족의 역사지리를 연구하는 대표적인 저서로 꼽힌다. 허추타오何秋濤는 북방 변경에 많은 일이 있고 중러 일대의 접경 역사와 현황에 대해 마땅히 연구해야 한다는 점을 감안하여, 관방 및 민간의 관련 자료, 그리고 지리학, 역사학, 민족학, 문헌학 등 학문의 자료와 방법을 사용하여, 북방 각 민족의 원류, 청대 북방 강역의 연혁 및 중러 관계 등 방면의 내용을 고찰하고 연구하여 《북교회편北徼匯編》 6권을 저술하였다. 이후 그림과 설명, 역외의 지리와 정세가 보충되면서 80권으로 늘어났고, 함풍제로부터 《삭방비승朔方備乘》이라는 책 제목을 하사받았다. 이 책은 특히 역대 북부 변경의 용병, 청나라 초중반 러시아와의 교섭 관련 내용의 기술에 중점을 두었다. 그 중 "요금원북요제국전遼金元北徼諸國傳", "원대 북교제

---

36 《欽定新疆識略序》.
37 군대(軍臺)는 청대(清代)에 설치한 군사정보 전달을 전담한 기구이다. (역자 주)

왕전元代北徼諸王傳", "원대북방강역고 고정考訂元代北方疆域考" 등 장절은 모두 정밀한 고증을 거친 것으로 보인다. "러시아 아메리가 속지고俄羅斯亞美裏加屬地考", "러시아 호시 전말俄羅斯互市始末", "오손 부족고烏孫部族考", "시베리아 등 도로 강역고錫伯利等路疆域考" 등은 러시아의 역사지리 및 중러 관계 관련 내용인데, 이러한 내용은 제정 러시아의 침략 본성을 보다 명확하게 이해하고, "국경의 실태邊情"와 "이민족의 실태夷情"를 이해함에 있어서 진정한 지피지기知彼知己가 될 수 있게 한다.[38]

---

38 侯仁德, "淸道鹹年間邊疆史地學硏究中的世界意識," 《曆史敎學》第2期, 2004.

근대이후 지리학과 민족학의 상호의존과 민족지리학의 발전

근대 이후 중국 민족지리학의 발전은 중국 민족학과 지리학의 발전, 특히 변방의 역사에 대한 심도 있는 조사 연구와 밀접한 관련이 있다.

1. 근대이후 지리학의 발전이 민족지리학에 미친 영향

정화가 명나라의 선단을 이끌고 7차례 원양 항해에 성공하여 중국인의 지리적 시야를 넓혔고, 마테오 리치로 대표되는 서양 선교사가 중국에 지리지식을 보급시키는 등, 일련의 역사적 과정은 중국인의 전통적인 화이관념과 지리관념에 일정한 변화를 가져왔다. 특히 청나라 함풍咸丰·도광道光제 이후 열강들은 잇달아 중국에 침략의 눈길을 돌렸고, 주권위기, 변방위기, 민족위기가 잇따르면서 중국의 일부 예리한 지식인들은 역외 지리에 대한 고찰과 연구를 시작하였는데, 국가와 민족의 운명과 결부시켜 더 넓은 시야로 세계 정세를 살피기 시작하였다. 바로 이러한 국제적 배경에서 전통적인 민족지리사상인 화이오방구조华夷五方格局 이론이 막바지에 이르렀고, 고대 민족관념인 "이하지변夷夏之辨", "이하지방夷夏之防"은 실제로 이미 "중외지변中外之辨", "중외지방中外之防"으로 변해갔고, 화이관념 속의 "이夷"가 가리키던 대상은 주로 중국 예절을 지키지 않은 서양인이었다. 따라서 "홍모이紅毛夷", "백이白夷", "서이西夷", "영이英夷"와 같은 호칭은 당시로서는 서양인에 대한 일반적인 호칭이었다. 화이관념의 근대적 변화와 함께 "보천지하, 모비왕토, 솔토지빈, 보비왕신普天之下, 莫非王土, 率土之濱, 莫非王臣"이라는 "천하天下"관도 변해갔는데, 서양의 "오대륙설", "지원地圓설" 등 선진 지리지식이 중국에 소개되면서 전통적인 중국 중심의 지리관념은 나날이 희미해지고, 대신 새로운 다원적 세계관이 점차 확립되었다.

역사적으로 중국의 고대지리학은 중국 고대 지지地志학, 역사학의 발전을 따랐다. 청대清代에 이르러 특히 아편전쟁 후 중국사회가 유례없는 격변을 겪는 과정에서 세계 정세와 중국 변방문제의 새로운 변화에 따라 많은 지식인들이, 이른바 "구망도존(救亡圖存, 즉 청조 정권의 생존)"을 위해 전통적이고 편협한 "화이관"을 점차 변화시키기 위해 노력하였다. 지식인들은 세계를 내다보고 세계적 안목을 가지고 국경 문제를 검토 및 계획할 것을 주장하며, 국경의 역사와 지리에 대한 조사 연구를 강화하였다. 이러한 역사적 배경에서 중국의 고대지리학은 점차 현대지리학으로 전환되었으며, 20세기 초엽에는 이러한 전환이 기본적으로 완료되었고 일부 신흥 분과학문이 점차 발전의 초기 형태를 보였다.

이러한 학문적 변혁 과정 속에 서양에서 오랜 발전 역사를 가진 인문지리학과 몇 가지 기본 이론 및 방법이 중국에 도입되었다. 예를 들어 리히호펜Ferdinand von Richthofen의 《중국》, 레이클뤼Jacques Élisée Reclus의 《인간과 땅》, 헌팅턴Ellsworth Huntington의《문명과 기후》등은 당시 인문지리학자들의 필독서가 되었다. 서양의 인문지리학 사상의 영향을 받아 중국 학자들의 인문지리학, 특히 문화지리학 연구의 성과들도 나날이 증가하였다. 1904년, 양계초는 자신이 편집장을 맡은《신민총보新民叢報》에《중국지리대세론中國地理大勢論》,《지리와 문명地理與文明》,《지리와 문명의 관계地理與文明之關係》 등의 글을 연속적으로 발표하여, 생산방법, 민족정신, 사회풍습, 학술사상 및 종교적 신념과 같은 문제에 있어서 중국 지리와 역사문화의 관계를 설명하는 데 주력하였다.[39] 사회 발전, 문명 및 지리적 환경의 관계를 논하면서, 양계초는 "지리와 국민은 늘 서로 의지하고, 그 다음에는 문명이 일어나고 역사가 이루어진다. 이 두 가지가 떨어져 있으면 문명도 역사도 없다. 지리와 국민의 관계는 마치 육체와 영혼이 서로 의지하여 성인이 되는 것과 같다"고 주장하였다.[40] 이러한 주장은 지리적 환경이 인류 문명과 역사 발전에 미치는 영향을 지나치게 강조한다는 의심을 받기도 하였지만, 그럼에도 문화와 지역의 관계에 대한 양계초의 통찰력을 엿볼 수 있는 부분이기도 하다.

 1920년대 이후 문화지리 연구의 성과들이 끊임없이 나왔다. 예컨대 리창푸李長傅의 "중국 문화의 기원과 세계 문화의 이동에 관한 연구中國文化起源與世界文化移動之研究",[41] 린후이샹林惠祥의《중국 문화의 기원 및 발전中國文化之起源及發達》,[42] 웨이쥐셴衛聚賢의 "중국 고대문화의 동남쪽에서 황하 유역으로의 전파 中國古文化由東南傳播於黃河流域",[43] 장인탕張印堂의 "중국 고대 문화

---

39 雍際春, "論中國歷史文化地理學的形成與發展,"《天水師專學報》第1期, 1996.
40《飲冰室文集》之六.
41 李長傅, "中國文化起源與世界文化移動之研究,"《東方雜志》第34卷第7號, 1937.
42 林惠祥, "中國文化之起源及發達,"《東方雜志》第34卷第7號, 1937.
43 衛聚賢, "中國古文化由東南傳播於黃河流域,"《江蘇研究》第5~6期, 1937.

의 발전과 지리적 배경在中國古代文化之發展及其地理背景",[44] 두웨이즈杜畏之의 "고대 중국의 지리적 환경古代中國之地理環境",[45] 멍스제孟世傑의 "중국 문화 확장의 지리적 배경中國文化擴展之地理背景",[46] 후이청胡翼成의 "중국문화의 지리적 배경中國文化之地理背景",[47] 옌환원閻煥文의 "중국문화의 지리적 해석中國文化之地理解釋",[48] 웡원하오翁文灝의 "중국 인구 분포와 토지의 이용中國人口分布與土地利用",[49] 후환융胡煥庸의 "중국 인구의 분포中國人口之分布",[50] 장인탕張印堂의 "중국 인구문제의 심각성中國人口問題之嚴重",[51] 장치윈張其昀의 "중화민족의 지리적 분포中華民族之地理分布",[52] 샤광난夏光南의 《윈난문화사雲南文化史》,[53] 쉬쟈루이徐嘉瑞의 《대리 고대문화사大理古代文化史》 등의 논저들이 대표적이다.[54] 물론 이러한 문헌들은 주로 중국문화지리(지역문화지리)의 관계에 대해 논의하였지만, 일부에서는 민족지리 문제를 다양하게 다루고 있다. 예를 들어, 샤광난의 《윈난문화사》는 윈난성 지역의 민족 이동과 통합, 사회 생활 방식의 변화, 윈난 역사의 주요 쿠데타와 외국과의 관계를 구체적으로 탐구하였는데, 이는 윈난 민족문화 및 지리연구의 저서로 간주될 수 있다. 후환융의 "중국 인구의 분포"라는 글은, 지리적 환경이 농업생산에 미치는 영향 등에서 시작하여, 중국 민족과 인구의 지리적 분포의 일부 특성

---

44 杜畏之, "古代中國之地理環境," 《圖書展望》第2卷第1期, 1936.
45 孟世傑, "中國文化擴展之地理背景," 《讀書雜志》第7期, 1933.
46 胡翼成, "中國文化之地理背景," 《北平大學學報·文理專刊》第4期, 1935.
47 胡翼成, "中國文化之地理背景," 《康藏前鋒》第9期, 1935.
48 閻煥文, "中國文化之地理解釋," 《中國學報》第1卷第5期, 1944.
49 翁文灝, "中國人口分布與土地利用," 《獨立評論》第4期, 1932.
50 胡煥庸, "中國人口之分布," 《地理學報》第2期, 1935.
51 張印堂, "中國人口問題之嚴重," 《地理學報》第1期, 1934.
52 張其昀, "中華民族之地理分布," 《地理學報》第1·2期, 1935.
53 夏光南, 《雲南文化史》, 昆明崇文印刷館, 1923.
54 徐嘉瑞, 《大理古代文化史》, 國立雲南大學西南文化研究室, 1949.

을 자세히 분석하고, 중국 최초의 인구 등고선 밀도 지도를 그리는 한편, 처음으로 아이훈璦琿-텅충騰衝 일선線이 중국 동남부 인구 밀집지역과 서북부 인구 희소지역의 경계선이라는 주장을 내세워 후세 학문연구에 큰 영향을 미쳤다. 또한 장치원의 "중화민족의 지리적 분포"라는 글은 중국을 평야, 구릉, 고원, 고산의 4개 지대로 나누고, 각 지대의 지형적 특성과 민족지리 분포 사이의 관계를 구체적으로 설명하였다.

인문지리학의 발전과 변방의 민족역사지리에 대한 심도 있는 고찰로, 많은 학자들이 민족역사지리의 개념을 자신의 연구 실천에 도입하고 학문발전의 높이에서 내용 및 형식에 이르기까지 민족지리학 연구를 종합적으로 고려해야 한다는 것을 깨닫기 시작하였다. 탄치샹譚其驤, 허우런즈侯仁之, 스넨하이史念海, 황성장黃盛璋과 같은 선배 역사지리학자들과 구제강顧頡剛의 주창과 조직 아래 설립된 "우공학회禹貢學會"에 모인 많은 우수한 지리학자들은 모두 다양하게 중국 민족지리 연구에 관심을 갖기 시작하였다. 이 시기의 인문지리학 저서 중《민족지리학民族地理學》,[55]《민족발전의 지리적 요인(民族發展底(的)地理因素)》,[56]《지문학地文學》등은 민족지리학과 직접적으로 연관된 대표저서들이다.[57] 그 중《민족지리학》은 일본어 책을 번역한 것으로 왕윈우王云五가 엮은 "자연과학"총서에 수록되었다. 제목으로 볼 때 민족지리를 다루고 있지만, 사실 책의 내용은 주로 지리적 환경이 인종문화에 미치는 영향, 인종분포와 지리적 조건의 관계, 인종 특징과 지리적 조건의 관계 등을 논하고 있다. 따라서 오늘날 우리가 말하는 민족지리학과는 어느 정도 차이가 있다. 아마도 "인종지리학種族地理學"이라고 부르는 것이 더 적합할 것이다.《민족발전의 지리적 요인》은 지역을

---

55 小牧実繁·鄭震 역,《民族地理學》, 商務印書館出版, 1936.
56 O.D.Von.Engeln·林光澂 역,《民族發展底(的)地理因素)》, 商務印書館, 1939.
57 張相文,《地文學》, 上海文明書局, 1908.

모든 인류와 인류조직에 필요하고 중요한 기초로 간주하는데, 구체적으로 "민족의 차이", "토지와 인민", "민족과 지방", "개인과 민족", "국제분쟁과 국제친선", "민족의 독립 혹은 상호의존", "온대지역의 개발", "열대정복-열대지역의 보조적 지위 환경과 자원" 등 9개 장절로 나누어 민족, 인종, 지리환경의 관계를 분석하였다. 《지문학》은 중국 근대 지리학의 창시자 중 한 사람인 장샹원張相文이 "동서양 대가들의 학설을 참고"하여 국외의 선진적인 지리학 이론을 받아들여 자연지리에 대해 연구한 중국 근대 지리학의 대표저서로, 비록 편폭이 길지는 않지만 기본적으로 현재 자연지리학의 주요 내용을 포함하고, 또한 많은 부분을 할애해 종족의 지리적 분포를 설명하고 있으며, 학계에서 비교적 일찍기 인종을 생머리, 주먹머리, 솜털머리 세 종류로 나누는 등의 업적을 남겼다. 장샹원에 따르면, 생머리 종족은 "높은 생각", 주먹머리 종족은 "'다른 종족에 비해 높은 생각', 솜털머리 종족은 "낮은 생각과 무능력"이라는 것이다. "각 종족의 번영과 쇠퇴는 종종 분포 지역의 기후와 물산의 진퇴와 연관이 있으며, 기후와 물산이 해당 지역 종족 생활수준의 높낮음에 영향을 미친다.[58] 이렇듯 지리적 환경으로 인종 차이를 설명하는 방식은 분명히 서구의 지리적 환경 결정론의 영향을 받은 것이 틀림없다. 그러나 어찌됐든 지리적 환경과 인간집단 간의 관계를 인식하는 것은 당시로서는 매우 드문 일이라는 점은 분명하다.

　전체적인 내용으로 볼 때, 위의 몇몇 저서는 현재 우리가 이해하고 있는 민족지리학의 연구 대상 및 내용과는 다소 차이가 있지만, 그럼에도 민족과 지리적 환경 간의 관계를 다양한 정도로 탐구하고 있기에 당시 지식인들의 민족지리학에 대한 인식 수준을 반영한다는 점에서 주목할 필요가 있다.

58　趙榮·楊正泰, 《中國地理學史·淸代》, 商務印書館, 1998, p.188.

2. 변강사지邊疆史地에 대한 고찰 연구와 민족지리학의 발전

중국 변강의 발전 역사는 매우 길고 변방의 민족사에 대한 고찰도 오랜 역사를 가지고 있다. 아편전쟁 이후 중국의 변강 위기가 발발함에 따라, 경세치용의 목적으로 변강사지邊疆史地에 대한 조사연구가 사람들의 주목을 받았다. 청나라 후반은 중국 변강사 연구가 고대에서 근대로 변모한 중요한 시기이다. 이 시기 변강사지에 대한 조사연구는 앞 부분에서 언급한 저서 외에도 자오팅제曹廷傑의《동북변방집요東北邊防輯要》,《시베리아동편기요西伯利東編紀要》,《동3성여지도설東三省輿地圖說》, 린서우투林壽圖의《계동록啟東錄》, 투지屠寄의《헤이룽장여도설黑龍江輿圖說》, 황웨이한의《호란부지呼蘭府志》와《헤이룽장향토록黑龍江鄉土錄》등이 변방민족 역사지리 연구의 대표적인 저서이다. 또한 청나라 말기에 편집된《황조번속여지총서 皇朝藩屬輿地叢書》(중화민국 건국이후 재출간, 책 제목이《중화변방여지총서中華邊防輿地叢書》로 교체됨) 총 28종 141권으로, 청나라의 변강사지를 광범위하게 집대성한 저서이다. 특히 중국의 변방 중 러시아, 영국, 프랑스 등 열강의 침략을 받은 지역의 민족, 지리 등 방면의 저술을 모으는데 중점을 두었다. 예를 들어, 황페이치오黃沛翹의《티베트 도고西藏圖考》, 시칭西清의《헤이룽장 외기黑龍江外記》, 셰지스謝濟世의《서북역기西北域記》, 장무張穆의《몽골유목기蒙古遊牧記》, 쉬쑹徐松·치윈스祁韻士의《신장식략新疆識略》, 쉬징청許景澄의《파미르도설帕米爾圖說》등이 포함되었다. 위 총서는 이 시기 가장 중요한 변방사지 관련 총서이며, 후세 사람들이 변방사를 연구하는데 일정한 참고와 편의를 제공하였다.

청나라 후반부터 1950년대 이전까지 중국은 변방의 위기를 거듭 겪으면서 나라를 지키고 열강의 침입과 침투에 저항하여 생존을 도모하는 것이 시대의 주제가 되었다. 이러한 역사적 배경에서 중앙정부와 사회 각계 각층은 변경문제에 더욱 관심을 기울였으며, 뤄샹린羅香林, 황궈장黃國

璋, 구제강顧頡剛, 꽝궈위方国喻, 천중몐岑仲勉, 루이이푸芮逸夫, 리지李济, 장샤오위안江紹原, 타우윈쿠이陶雲奎, 커샹펑可象峰, 링춘성凌純聲, 우쩌린吳澤林, 추투난楚圖南, 쉬이탕徐益棠, 런나이창任乃強, 마창서우馬長壽, 양중화杨仲华, 린야오화林耀华, 리안자이李安宅, 쫭쉐번庄学本, 장치윈张其昀 등의 학자들을 중심으로 하면서, 일부 정부 관리와 여행자, 외국의 탐험가 및 선교사 등이 참여하는 중국 변방민족의 역사지리에 대한 광범위한 고찰이 이루어졌다. 또한 중국의 많은 우수한 학자들이 모여 중국변강학회中國邊疆學會, 중국변강문제연구회中國邊疆問題研究會, 중국변정학회中國邊政學會, 변사학회邊事研究會, 신아시아학회新亞細亞學會, 알타이잡지사阿爾泰雜志社, 회교청년월간사回教青年月刊社, 회민교육촉진회回民教育促進會, 국립변강문화교육관國立邊疆文化教育館, 변강문화관邊疆文物館, 오월사지연구회吳越史地研究會, 중국변강학술토론연구회中國邊疆學術討論研究會, 중국변강건설학회中國邊疆建設學會, 한·티베트교리원漢藏教理院, 우공학회禹貢學會, 중화서북학회中華西北協會, 강·티베트연구회康藏研究會, 화서변강연구학회華西邊疆研究學會 등 강력한 변강학술단체를 만들었다. 또한《변정邊政》,《변성邊聲》,《변정공론邊政公論》,《변정연구邊政研究》,《변정월간邊政月刊》,《변정도보邊政導報》,《변사연구邊事研究》,《변강주간邊疆周刊》,《지학잡지地學雜志》,《강·티베트연구월간康藏研究月刊》,《몽·티베트월보蒙藏月報》,《서북월간西北月刊》,《신아시아新亞細亞》,《동방잡지東方雜志》,《굉강월간宏康月刊》,《강·티베트전봉康藏前鋒》,《우공발월간禹貢半月刊》,《천변계간川邊季刊》,《몽·티베트순간蒙藏旬刊》,《국학총간國學叢刊》,《중앙아시아中央亞細亞》,《중앙연구원역사언어연구소집간中央研究院曆史語言研究所集刊》,《서북연구西北研究》,《서북논형西北論衡》,《익세보변강연구주간益世報邊疆研究周刊》,《청화주간清華周刊》,《강로康路》,《서북사지西北史地》,《서북건설西北建設》,《서북언론西北言論》,《서북자원西北資源》,《서북각西北角》,《서북문제계간西北問題季刊》,《개발서북開發西北》,《변강통신邊疆通訊》,《풍토잡지風土雜志》),《민족학연구집간民族學研究集刊》,《변강인문邊疆人文》,《화서변강연구학회잡지華西邊疆研究學會雜志》,

《지방학잡지地學雜志》,《지리학보地理學報》,《지리地理》,《중국변강中國邊疆》, 《서남변강西南邊疆》등의 신문을 발간하였다.

이 시기 변강 고찰과 관련된 학술단체 중 1934년 구제강顧頡剛이 주도하여 조직한 우공학회는 첸무錢穆, 펑자성馮家昇, 위성우于省吾, 웡두젠翁独健, 왕징루王靜如 등 당시 국내 최고의 전문가들과 학자들을 결집시켰다. 학회는 처음에 중국 연혁沿革지리를 주요 연구방향으로 삼고, 중국 민족의 진화 역사를 연구하는 것을 주요과제로 삼았다. 이후 학문적 실천이 발전함에 따라 학회의 연구범위는 점차 민족사, 변강사, 중외 교통사 등의 분야로 확대되었으며, 변강사지에 대한 연구도 학회의 가장 중요한 내용이 되었다. 변강학회는 변강의 상황을 조사하고 변강 건설 계획을 연구하며, 변강 총서를 편찬하고 변방 저널을 발행하는 것을 주요 임무로 하여《중국변강학회총서中国边疆学会丛书》를 출간하였다. 학회의 가장 큰 역사적 업적은, 첫째, 우펑페이吳豐培와 구팅룽顧廷龍이 펴낸《변강총서갑집邊疆叢書甲集》6종,《변강총서속집邊疆叢書續集》6종, 구제강顧頡剛과 스녠하이史念海의《중국강역연혁사中國疆域沿革史》, 샤웬이夏威의《중국강역확장사中國疆域拓展史》, 장쥔장蔣君章의《중국변강中國邊疆史》, 퉁수예童書業의《중국강역연혁사中國疆域沿革史》등이다.

둘째, 변강민족연구 특별호를 만들었고, 조사연구 계획을 설정하였다. 펑자성馮家昇의《동북 역사지 연구를 위한 나의 계획我的研究東北史地的計劃》, 셰이쩌佘貽澤의《서남 소수민족 연구 계획西南少數民族之研究計劃》, 양청즈楊成志의《윈난 뤄뤄족 연구에 대한 나의 계획我對於雲南羅羅族研究的計劃》등이 대표적이다. 또한 신아시아학회新亞細亞學會도 일련의 변강사지 연구를 조직하였는데, 마허톈馬鶴天의《내외몽골시찰일기內外蒙古考察日記》, 런나이창任乃強의《시캉도경西康圖經》, 학회지《신아시아월간新亞細亞月刊》에 게재한 화치윈華企雲의《중국변강 각 민족의 대중국 역사와 제국주의의 피침탈 경과中國邊疆各民族之對華曆史與受治帝國主義的經過》,《중국근대변강 번속지中國近代邊疆藩屬

志》,《중국근대변강경략사中國近代邊疆經略史》,《중국근대변강연혁사中國近代邊疆沿革史》,《중국근대변강실지사中國近代邊疆失地史》,《중국근대변강정교사中國近代邊疆政敎史》,《중국변강의 변경 탐사와 실지中國邊疆之勘界與失地》,《중국 근대 변강민족지中國近代邊疆民族志》,《중국 근대변강 계무지中國近代邊疆界務志》,《중국 근대 변강 외오지中國近代邊疆外悔志》, 장잉량江應樑의《역대 치리와 하이난 이먀오족 개화 연구曆代治黎與開化海南黎苗硏究》,《양일청과 청 및 명대 중국의 서북 변강楊一淸與明代中國之西北邊疆》 등이 있다. 한편, 중화서북협회中華西北協會의 취지는 서북 개발의 추진, 서북 상황의 소개, 서북 소식의 전달, 서북 모든 민족과의 감정 연락, 서북협회 시설의 홍보이다. 협회 회원은 많게는 180여 명에 달하였다.[59] 협회지인《서북반월간西北半月刊》(21일부터 월간)에는 마허톈의《몽고지蒙古志》,《서북지리지西北地志》 등 서북사지에 관한 글이 대거 실렸다. 한편 이 시기 몽·티베트蒙藏위원회, 중앙연구원, 연경대, 영남대, 중산대 등의 기관과 학교에서 조직한 변경 답사 및 개인의 변경 여행 경력 및 답사에서는 링춘성凌純聲의《송화강 하류의 허저족松花江下遊的赫哲族》,《후난 서부의 먀오족 답사보고서湘西苗族考察報告》, 구제강顧頡剛의《서북답사일기西北考察日記》, 판창장範長江의《중국의 서북 모퉁이中國的西北角》, 장쥔장蔣君章의《신장경영론新疆經營論》, 셰빈謝彬의《신장여행기新疆遊記》, 우아이천吳藹派의《신장여행기新疆遊記》, 황무쑹黃慕松의《신장개요新疆槪述》, 펑유전馮有眞의《신장시찰기新疆視察記》, 마허톈馬鶴天의《간·칭·티베트 지역 고찰기甘靑藏邊區考察記》, 저우시우周希武의《영해기행寧海紀行》, 천완리陳萬裏의《서부일기西部日記》, 린펑샤林鵬俠의《서북행西北行》, 천경야陳賡雅의《서북시찰기西北視察記》, 쉬빙창徐炳昶의《서유일기西遊日記》, 위샹원俞湘文의《서북유목 티베트지역의 사회조사西北遊牧藏區之社會調查》, 저우광다오周光倬의《윈난·미얀마 변경의 종족 경계선滇緬邊境之種族界線》, 루이이푸芮逸夫의

---

59 趙夏, "馬鶴天先生對邊疆考察和研究的貢獻,"《中國邊疆史地研究》第4期, 2003.

《서남강 민족과 미얀마 민족西南疆民與緬甸民族》, 일본학자 도리이 류조鳥居龍藏의《몽골과 만주蒙古與滿洲》,《먀오족 조사보고苗族調查報告》,《헤이룽장과 북화태黑龍江與北樺太》, 러시아 학자 세르게이 미하일로브 시로코고노브Sergei Mikhailovich Shirokogorov의《후바이깔 어룬춘민족지後貝加爾鄂倫春民族志》와 팡귀위方國瑜의《뎬서부변경지역고찰기滇西邊區考察記》,《항일전쟁 전서항전 전사편抗日戰爭滇西抗戰戰事篇》(6권) 모두 변강 민족역사 및 민족역사지리 관련 저서이다.

위에서 언급한 변강사지 고찰 및 연구에 관한 저서를 하나씩 소개하려는 것은 아니다. 다만 여기서는 서남지역에 중점을 두고, 관련 민족역사지리 저서를 다음과 같은 범주로 나눈다.

종합적인 민족지리학적 고찰이라는 측면에서 볼 때, 쉬이탕徐益棠의 "시캉 여행기西康行记",[60] 리스진李式金의 "란창강과 노강 사이瀾怒之间",[61] 성징신绳景信의 "과락 및 아와 여행기果洛及阿瓦行记",[62] 딩쮀사오丁作韶의 "천강 변경 고찰기川康边区考察记",[63] 거스歌石의 "서남 티베트 지역 여행기西南藏區遊記",[64] 옌더이嚴德一의 "윈난 변강지리云南边疆地理",[65] 스야펑施雅鳳의 "쓰촨 서부 지리 고찰기川西地理考察記",[66] 리청싼李承三의 "서북 지리환경과 우리 민족西北

---

60 徐益棠, "西康行记,"《西南邊疆》第8期, 1936과《西南邊疆》第9期, 1939 참조.
61 李式金, "瀾怒之间,"《邊政公論》第3卷第7期, 1944;《邊政公論》第4卷第2·3期(합간본),1945;《邊政公論》第4卷第4·5·6期(합간본), 1945 참조.
62 绳景信, "果洛及阿瓦行记,"《邊政公論》第4卷第4·5·6期(합간본), 1945; 第4卷第7·8期(합간본), 1945; 第4卷第9·10·11·12期(합간본), 1945 참조.
63 丁作韶, "川康边区考察记," 1933-1934년 출간《大中國周刊》의 第3卷第2期부터 第4卷第5期까지 참조.
64 歌石, "西南藏區遊記,"《中國邊疆》第3卷第7·8期, 1945.
65 嚴德一, "云南边疆地理,"《邊政公論》第4卷第1期, 1945.
66 施雅鳳, "川西地理考察記,"《地理》第5卷第1·2期, 1945.

地理環境與我民",⁶⁷ 쩡자오룬曾昭抡의 《미얀마 변경 일기緬边日记》,⁶⁸ 커샹펑柯象峯의 "시캉기행西康紀行",⁶⁹ 양화이런楊懷仁의 "민강협곡 지리의 예비적 고찰岷江峽谷地理之初步考察",⁷⁰ 리웨이李伟의 "시캉 지문의 윤곽西康地文之轮廓",⁷¹ 장인탕張印堂의 "티베트 환경과 티베트인 문화西藏環境與藏人文化",⁷² 리이웬李亦園의 "시캉의 지리西康之地理",⁷³ 샤광난夏光南의 "원대 윈난의 지리元代云南之地理",⁷⁴ 장쉐본莊學本의 "강융 고찰기羌戎考察記",⁷⁵ 독일 지리학자 클레트너(W. Credner·린차오林超 역의 "민국 19년 윈난지리고찰보고서民国十九年云南地理考察报告",⁷⁶ 후이성胡一聲의 "변강 지리와 변강 민족邊疆地理與邊疆民族",⁷⁷ 링춘성淩純聲의 "멍딩孟定-윈난 변경 티베트지역瘴區의 지리연구孟定──滇邊一個瘴區的地理研究",⁷⁸ 우비겅吳必賡의 "시캉지정개론西康地政概論",⁷⁹ 천관쉰陳觀潯의 《티베트지西藏志》, 홍디천洪滌塵의 《티베트역사지대강西藏史地大綱》,⁸⁰ 정상셴鄭象銑의 "야다와 변정雅茶與邊政》 등은 모두 서남민족의 역사와 지리에 관한

---

67 李承三, "西北地理環境與我民族," 《邊政公論》第2卷第6·7·8期, 1943.
68 해당 저서의 초판은 1941년 빠진(巴金)이 엮은 "문화생활총간(文化生活叢刊)"에 수록되었다.
69 柯象峯, "西康紀行," 《邊政公論》第1卷第3·4期(합간본), 1941; 《邊政公論》第1卷第7·8期(종합간), 1942; 《邊政公論》第1卷第9·10期(합간본), 1942 참조.
70 楊懷仁, "岷江峽谷地理之初步考察," 《地理學報》第12·13期, 1946.
71 李伟, "西康地文之轮廓," 《史地論叢》第1期, 1939.
72 張印堂, "西藏環境與藏人文化," 《邊政公論》第1期, 1948.
73 李亦園, "西康之地理," 《西北論衡》第9卷第1·2·3·4期, 1941.
74 夏光南, "元代云南之地理," 《元代地方史地叢書》, 1935.
75 莊學本, "羌戎考察記," 《蒙藏旬刊》第10期, 1936.
76 W. Credner·林超 역, "民國十九年雲南地理考察報告," 《自然科學》第1期, 1931.
77 胡一聲, "邊疆地理與邊疆民族," 《蒙藏月報》第6卷第2期, 1936.
78 淩純聲, "孟定──滇邊一個瘴區的地理研究," 《西南邊疆》第1期, 1938.
79 吳必賡, "西康地政概論," 《邊政導報》第2·3·4·5·6·7期, 1947.
80 陳觀潯, 《西藏志》, 正中書局出版, 1935; 洪滌塵, 《西藏史地大綱》, 正中書局出版, 1935.

내용을 다루고 있다.[81] 이 가운데 런나이창任乃强이 1929년 시캉지역 고찰기를 바탕으로 펴낸《시캉도경西康圖經》은 "시캉·티베트 연구의 효시"로 알려졌고,[82] 이후 연구에 광범위한 영향을 미쳤고 티베트학의 발전을 촉진하였다. 그 중 "경역편境域篇"은 총 10만 자 이상으로 부락, 변명辨名, 강역, 성도省会, 경계업무界务, 현의 경계縣界 문제 등의 범주로 나뉘며, 역사서적과 기록자료에 따라 저, 강, 융, 탕구트, 우스짱烏士藏, 티베트西藏, 시캉西康 등의 명사를 해석하여 시캉·티베트康藏의 과거 판도와 분할 상황을 서술하였다. "민속편"은 상·하편으로 나뉘며, 상편에서는 "번족番族"의 의식주, 언어 문화 등 사회생산과 생활실태를 서술하고 있다. 하편에서는 한족과 기타 민족을 고찰하여 "객민방문客民來訪", "객민소전客民小傳", "이민移民 문제", "이족(倮猓, 彝族의 옛칭)" 및 윈난 변경의 "무소麽些", "고종古宗", "민가民家", "율조栗粟", "노자怒子" 등 민족이 포함되는데, 민족지의 저서로 간주할 수 있다. "지문편地文篇"은 자연지리에 관한 책이다. 천관쉰의《티베트지》는 각종 정사, 야사, 지방지에 기록된 자료를 광범위하게 수집하고 체계적으로 정리·삭제·수정하여 31개의 주요 항목으로 나누어 티베트의 산천과 강역, 풍토민정风土民情, 화패물산货贝物产, 병제변방兵制边防 등에 대해 서술하였으며, 티베트의 역사지리, 민속문화에 대해 연구한 비교적 훌륭한 저서이다.《민국 19년 윈난지리고찰보고서》는 1939년 중산대 지리학과 학생들이 당시 중산대 교수였던 독일 지리학자 클레트너의 지도 아래 여름방학을 이용해 윈난성을 탐험한 후 작성한 보고서이다. 그들의 여정은 쿤밍에서 출발하여 대리, 창산蒼山·텅충騰沖·룽촨강龍川江을 거쳐, 북쪽의 고리궁산高黎貢山·노강怒江·루수瀘水·란창강瀾滄江·잉판제營盤街·젠촨劍川·금사강 둬메이金沙江朶美·바이엔징白鹽井·원모元謀 등을 지나 다시 쿤밍으로

---

[81] 鄭象銑, "雅茶與邊政,"《邊政公論》第1卷第5·6期(합간본), 1942.
[82] 당초 11편으로 기획하였으나, 최종 출판된 것은 "경역(境域)", "민속(民俗)"과 "지문(地文)"편 뿐이다.

돌아오는 것이었다. 홍디천의 《티베트역사지대강》은 티베트 역사지리 연구의 개요서로서 티베트의 인문지리환경, 민족사적 기원, 사회역사문화, 제국주의 티베트 침략사를 일일히 서술하고 있다. 정상센鄭象铣의 《아다와 변정》은 "야안雅安, 잉징榮經, 톈첸天全, 밍산名山, 치웅라이邛崍 등 5개 현에서 나는 이른바 "아다"의 생산상황과 운영역사를 간략하게 설명하면서,[83] '천 년 이상 동안 한족과 티베트족 간의 무역은 '아다를 정통으로' 삼지 않은 적이 없었는데, 근대 이후 영국 제국주의의 침략으로 인해 인도차가 점차 중국 시장으로 들어오면서 변정邊政 건설에 영향을 미쳤다. 따라서 아다의 생산 및 운영을 개선하고, 아다의 과거 시장을 복원하며, '한족과 티베트족 간 무역을 강화하는 것이 변경을 경략하는 핵심이다"라는 주장을 펼치고 있다.[84] 한편, 《미얀마 변경 일기》는 중일전쟁기간 쨩자오룬이 곤명에서 윈난 변경지역까지 고찰한 기록을 담은 것으로, 변경지역 민족의 풍토인정, 희귀한 식물, 아름다운 자연을 사실적으로 기록하고 있다.

인간과 환경간 관계 및 민족지리경관 탐구라는 측면에서 볼 때, 리쉬단李旭旦의 "백용강 중류 인문지리 고찰白龍江中遊人文地理考察",[85] 리귀빈黎國彬의 "파이이족의 인문지리擺夷的人文地理",[86] 리스진李式金의 "청강 자연지역의 구분 및 인생에 미치는 영향青康自然區之劃分及其對人生的影響",[87] 장쥔장蔣君章의 "티베트의 자연환경과 인생西藏之自然環境與人生",[88] 펑성우馮繩武의 "전지 서북안 평원지역의 인문풍경滇池西北岸平原區之人文地景",[89] 스티븐슨Stevenson·웬첸

---

83 "아다(雅茶)"는 쓰촨성 야안(雅安)이라는 곳에서 나는 차 이름이다.(역자 주)
84 鄧小詠·王啟龍, "二十世紀上半葉藏區經濟研究評述," 《西藏民族學院學報》第1期, 2002.
85 李旭旦, "白龍江中遊人文地理考察," 《地理學報》第8卷, 1941.
86 黎國彬, "擺夷的人文地理," 《邊疆人文》第4卷(합간본), 1947.
87 李式金, "青康自然區之劃分及其對人生的影響," 《東方雜誌》第38卷第10號, 1941.
88 蔣君章, "西藏之自然環境與人生," 《邊政公論》第3卷第3期, 1944.
89 馮繩武, "滇池西北岸平原區之人文地景," 《地理》第3卷第1·2期, 1943.

源泉의 "티베트 인문지리 약술西藏人文地理略述",⁹⁰ 장양薑羊의 "시캉의 자연환경과 인문西康之自然環境與人文",⁹¹ 장인탕張印堂의 "윈난 샨족의 특징과 지리적 관계雲南擇族之特征與其地理關系",⁹² 예창춘葉長春의 "티베트 지리적 환경이 인간에 미치는 영향西藏地理環境對人的影響",⁹³ 리우언란劉恩蘭의 "쓰촨성 인간-환경 간 관계 검토川省人地關系之檢討",⁹⁴ "지리적 환경이 부족의 사회적 관습에 미치는 영향地理環境對部族社會習俗之影響" 등이 대표적인 논문이다.⁹⁵ 이 중 "백용강 중류 인문지리 고찰"이라는 논문의 영향력이 큰데, 그것은 중국 중앙정부의 지리적 경계선 확정에 기본적인 근거를 제시하였기 때문이다. 즉 "중국의 전통적인 남북 지리 경계선인 진령-회하 선을 티베트고원의 동쪽 가장자리 즉 백용강 중류까지 서쪽으로 연장하였는데, 그 총 길이가 600킬로미터 이상에 이른다. 이는 또한 과학적 논증을 거쳐 이 경계선을 구분한지 14년이 되는 해에 중국정부가 발표한《1956-1967년 국가농업 발전강요(1956年到1967年全國農業發展綱要)》에서는 이 경계선을 기준으로 다양한 지역의 단위 면적당 수확량과 다작 지수를 규정하였다."⁹⁶ 이밖에 "티베트의 자연환경과 인생"이라는 논문은 티베트의 자연환경, 지리적 상황 및 영토, 인문학적 개황, 대외관계 등 많은 내용을 구체적으로 다루고 있다.

민족의 지리적 분포를 탐구하는 데 있어 대표적인 저서로는 링춘성凌純聲의 "윈난 민족의 지리적 분포雲南民族之地理分布"와 "먀오족의 지리적 분포

---

90 Stevenson·源泉 역, "西藏人文地理略述,"《清華周刊》第40卷第7·8期, 1933.
91 薑羊, "西康之自然環境與人文,"《國民日報》1934년 5월 15일.
92 張印堂·李孝芳, "雲南擇族之特征與其地理關系,"《地理》第1卷第2期, 1941.
93 葉長春, "西藏地理環境對人的影響,"《華西邊疆研究學會雜志》第2卷, 1924-1925.
94 劉恩蘭, "川省人地關系之檢討,"《學思》第3卷第6期, 1943.
95 劉恩蘭, "地理環境對部族社會習俗之影響,"《華西邊疆研究學會雜志》第15卷A冊, 1944.
96 孫炳芳 엮음,《中國科技發展史簡明教程》,河北大學出版社, 2007, p.199.

苗族的地理分布",⁹⁷ 양이중楊履中이 펴낸《윈난성 국경 주민 분포 책자雲南全省邊民分布冊》,⁹⁸ 리자오이李肇義의 "윈난성 서남민족의 분포 및 생활실태滇省西南民族之分布及其生活狀況",⁹⁹ 쑨탄셴孫誕先의 "구어저우 민족 분포와 연혁貴州民族之分布及其沿革",¹⁰⁰ 타오윈쿠이陶雲逵의 "어떤 것의 명칭과 분포와 이동에 대하여關於麼些之名稱, 分布與遷徙",¹⁰¹ "윈난 투족의 현대 지리적 분포와 인구의 몇몇 추정치幾個雲南土族的現代地理分佈及其人口之估計",¹⁰² 리안자이李安宅의 "시캉 더거족의 역사와 인구西康德格之歷史與人口",¹⁰³ 천츠쯔陈赤子의 "수이족의 지리적 분포水家的地理分布",¹⁰⁴ 왕제칭王潔卿의 "윈난 각 종족 유형 및 분포 현황雲南各種族之類別及其分布狀況",¹⁰⁵ "윈난 티베트·산족의 분포 및 풍화雲南藏撣兩族之分布及其風化",¹⁰⁶ 장잉량江應樑의 "먀오족 기원 및 이동 지역苗族來源及其遷徙區域" 등이다.¹⁰⁷ 이 중 "윈난 민족의 지리적 분포"는 지형과 기후, 민족의 분류, 지역 분포, 수직 분포의 네 부분으로 나누어 윈난 민족의 지리적 분포를 고찰하고, 동시에 부록으로 윈난지형도, 윈난민족의 지역분포도와 윈난민

---

97 淩純聲의 논문 "雲南民族之地理分布"와 "苗族的地理分布"는 1946년 출간된 《民族學研究集刊》第5期에 실렸다.

98 楊履中의 글 "雲南全省邊民分布冊"은 윈난성민정청(雲南省民政廳) 변정(邊政) 총간(叢刊)으로 1946년 윈난성민정청(雲南省民政廳) 변강행정설계위원회(邊疆行政設計委員會)에 의해 출간되었다.

99 李肇義, "滇省西南民族之分布及其生活狀況," 《軍事月刊》第3卷第8·9期, 1939.

100 孫誕先, "貴州民族之分布及其沿革," 《旅行雜誌》第17卷第8期, 1943.

101 陶雲逵, "關於麼些之名稱, 分布與遷徙," 《史語所集刊》第7本第1分冊, 1940.

102 陶雲逵, "幾個雲南土族的現代地理分佈及其人口之估計," 《史語所集刊》第7本第4分冊, 1938.

103 李安宅, "西康德格之歷史與人口," 《邊政公論》第5卷第2期, 1946.

104 陈赤子, "水家的地理分布," 《社會研究》第27期, 1941.

105 王潔卿, "雲南各種族之類別及其分布狀況," 《西陲宣化使公署月刊》第1卷第9期, 1937.

106 王潔卿, "雲南藏撣兩族之分布及其風化," 《文化建設》第3卷第7期, 1937.

107 江應樑, "苗族來源及其遷徙區域," 《邊政公論》第3卷第4·5期, 1944.

족의 수직분포도 및 영문 설명을 첨부하였다. 윈난 민족의 지리적 분포를 구체적으로 조사한 후 링춘성은 "윈난 민족의 복잡성과 교차 분포의 주요 원인은 한마디로 지리적 환경의 지배를 받기 때문이다. … 윈난 민족은 전부 원주민도 같은 종족도 아니다. 그들은 사방에서 윈난으로 이주해 왔으며, 지리적 환경에 적응하는 능력이나 생활 방식 모두 다르다. 예를 들어, 뤄뤄족羅羅族은 깊은 계곡에 살 수 없고, 파이이족은 높은 산에 살 수 없기 때문에, 두 종족은 같은 장소에 있지만 높이의 차이로 인해 거주지도 다르다. 예컨대 식물의 구분과 같은 수직 분포 현상이 나타난다. 대체로 800미터 미만의 깊은 계곡은 산족 거주지, 800미터 이상-1,500미터 미만은 푸인蒲人 거주지, 1,500미터-2,000미터의 작은 평야는 한족 거주지, 그리고 1,500미터-2,500미터의 산지는 티베트족-미얀마인 거주지이다. 윈난성 여행 시 깊은 계곡으로 내려가면 용수榕树들을 많이 볼 수 있는데, 그곳은 대개 파이이족 거주지이고, 가끔 소수의 보인이 거주하고 있다. 또한 산에 올라가 소나무가 보이는 곳은 뤄뤄족이나 한족 거주지를 볼 수 있으며, 소나무 지대는 윈난 민족의 수직 분포에서 가장 분명한 경계인 셈이다."[108] 《윈난성 국경 주민 분포 책자》는 윈난성 소수민족의 분포에 관한 책이다. 이 책은 상하편으로 나뉘며 상편은 현縣과 종교를 각각 장절 제목으로 하고, 하편은 종족宗族과 종족의 이름, 인구, 분포 지역 이름 등을 각각 장절 제목으로 한다. "시캉 더거족의 역사와 인구"는 상세한 조사 데이터와 문헌을 바탕으로 역사시기별 더거족 인구 상황을 종합적으로 서술하고 있으며, 더거족의 역사지리를 연구하는 고전으로 간주된다. "구어저우 민족의 분포 및 연혁"은 《첸서黔书》,《첸기黔记》,《첸 여행기黔游记》,《첸장의 각종 먀오이도黔疆各种苗夷图》,《첸난 직방기략黔南职方纪略》, 《구어저우 통지贵州通志》에서 기록한 먀오족 관련 각종 데이터에 대해 수

---

108 淩純聲, "雲南民族之地理分布,"《地理學報》第3卷第3期, 1936.

집, 검증, 비교 및 귀납을 통해 얻은 결과를 정리하고 있다.

서남지역 민족의 역사지리와 기원 탐구와 관련해, 정샤오샹鄭嘯癢의 "서남 변강 민족의 기원과 현황西南邊疆民族之來源及其現狀",[109] 펑다린馮大麟의 "한족과 서남지역 민족 동원론漢族與西南民族同源論",[110] 뤄샹린羅香林의 "하민족의 발원지 민강 유역夏民族發祥於岷江流域",[111] 장옌린張延林의 "먀오·이·한족 동원론苗夷漢同源論",[112] "이·한족 동원론 재론再論夷漢同源",[113] 스치구이石啟貴의 "한·먀오족 동원론漢苗同源論",[114] 판이톈範義田의 "화·융의 동종설 및 서남 고원 민족 '쿤밍'·'밍자'·'뎬'·'자오'의 재해석華戎之同種及西南高原族'昆明','明家','滇','詔'之解說",[115] "우와 쓰촨의 관계禹與四川之關系" 등의 글은 한족과 소수민족의 동원同源성에 대해 다양한 측면에서 논의하였다. 판이톈의 "서남이의 종족 유형 및 그 명칭과 지리생활의 관계西南夷之族類及其名稱與地理生活關系"라는 글은 서남이의 고대 및 현대의 지리적 분포, 오랑캐라는 호칭과 지리생활간의 관계를 체계적으로 논증하였다.[116] 딩샤오丁驌의 "서남지역 민족 고증과 해석西南民族考釋", 그리고 "서남지역 민족의 분류 및 이동西南民族分類分布及移動"은 서남지역 민족의 지계支系, 지리적 분포 및 이동을 조사하였다.[117]

민족도지圖志, 사회지리, 경제지리, 취락지리, 종교지리 등에 대한 검토

---

109 鄭嘯癢, "西南邊疆民族之來源及其現狀," 《新亞細亞》第13卷第3期, 1937.
110 馮大麟, "漢族與西南民族同源論," 《中央周刊》第2卷15·16期, 1939.
111 羅香林, "夏民族發祥於岷江流域," 《說文月刊》第3卷第9期, 1943.
112 張延林, "苗夷漢同源論," 《中央周刊》第1卷第33期, 1939.
113 張延林, "再論夷漢同源," 《西南邊疆》第6期, 1938.
114 石啟貴, "漢苗同源論," 《中央周刊》第2卷第34期, 1940.
115 範義田, "華戎之同種及西南高原族'昆明','明家','滇','詔'之解說," 《東方雜志》第40卷第10期, 1944.
116 範義田, "西南夷之族類及其名稱與地理生活關系," 《東方雜志》第40卷第3期, 1944.
117 丁驌, "西南民族考釋," 《邊政公論》第1卷第7·8期(1942); 丁驌, "西南民族分類分布及移動," 《邊政公論》第2卷第3期(1943).

에 있어서, 헬더Held의 "쓰촨서부민족지역지도四川西部民族區域圖",[118] 다이첸허戴謙和의 "중국 서부 변강 약도中國西部邊疆略圖",[119] 가오창주高長柱의 "티베트 종교와 그 세력 분포西藏之宗教及其勢力之分布",[120] 우위녠吳玉年의 "시캉도집록西康圖籍錄",[121] 푸청융傅成鏞의 "티베트 도적 록보西藏圖籍錄補",[122] 쩡원푸曾文甫의 "시캉 경제지리西康經濟地理",[123] 리안자이李安宅의 "시캉 더거족 사회경제 전망西康德格社會經濟鳥瞰",[124] 장쥔더張俊德의 "시캉·티베트 지역의 사회 지리적 기초康藏的社會地理基礎",[125] 주빙하이朱炳海의 "시캉 산지 촌락의 분포西康山地村落之分布",[126] 옌친상嚴欽尚의 "시캉 거주지리西康居住地理" 등 대표적인 논문이 있다.[127]

위에서 소개한 것은 주로 중국 학자들의 조사 보고서와 연구 논문이다. 또한 중화민국 시기에는 많은 외국인들이 서남부 지역에 깊숙이 들어가 다양한 형태의 조사를 수행했는데, 이러한 조사 중 많은 부분이 식민지 침략의 목적을 가지고 있었지만, 서남지역 민족의 역사와 지리에 대한 연구를 위한 자료 축적의 측면 역시 객관적 사실이다. 이러한 외국인

---

118 Held, "四川西部民族區域圖," 《華西邊疆研究學會雜志》第1卷, 1922-1923.
119 戴謙和, "中國西部邊疆略圖," 《華西邊疆研究學會雜志》第4卷, 1930-1931.
120 高長柱, "西藏之宗教及其勢力之分布," 《蒙藏月報》第9卷第1期, 1938.
121 吳玉年, "西康圖籍錄," 《禹貢》第4卷第2期, 1935.
122 傅成鏞, "西藏圖籍錄補," 《禹貢》第4卷第2期, 1935.
123 曾文甫, "西康經濟地理," 《西康經濟季刊》第9期, 1944.
124 李安宅의 글 "西康德格社會經濟鳥瞰"은 상해의 《大公報·經濟周刊》에 1946년10월14일-28일(제7-9기)에 연재되었다.
125 張俊德, "康藏的社會地理基礎," 《蒙藏月報》第6卷第2期, 1936.
126 朱炳海, "西康山地村落之分布," 《地理學報》第6期, 1939.
127 嚴欽尚, "西康居住地理," 《地理學報》第6期, 1939.

들 중에 프랑스인 다비드 나이르Alexander David-Neel,[128] 구데노Francois Gore,[129] 일본인 아오키 문교青木文敎,[130] 우치다 간이치內田寬一,[131] 스웨덴인 스벤헤딘Sven Hedin,[132] 영국인 자브맨F.Spencer Chapman,[133] 룽허펑Francis Younghusband, F.진돈 워드F.Kingdon Ward,[134] 맥고드윈McGodwin, 테이크먼Eric Teichman 등은 다양한 목적을 갖고 서남지역에 가서 고찰 활동을 하였고,[135] 우리에게 10여 종의 여행 기록을 남겼다. 이 가운데 당시 베이핑협화의과대학北平協和医学院에 재직 중이던 스티븐슨은 서남 내륙을 깊숙이 답사하면서 인문지리학적 관점에서 쓰촨-시캉 접경 일대의 민족지리를 고찰하여 "시캉인문지리술략西康人文地理述略"이라는 글을 발표하였다.[136] 이 글은 쓰촨-시캉 접경 지역의 석기시대 문화, 다양한 원시 언어, 부락과 민족, 한족의 경작지, "독립적인 뤄뤄족獨立猓猓", "뤄뤄족의 기원문제猓猓起源問題" 등을 다루고 있어 눈을 번쩍 뜨게 하는 민족지리학 분야의 저서라고 할 수 있다. 아오키 문교의 "티베트 여행기西藏遊記"는 주로 티베트의 인문, 지리, 풍습 및 민속, 특히 종교에 대해 자세히 설명하고 있다. F.진돈 워드F.Kingdon Ward의 "신비

---

[128] Alexander David-Neel·西庭 역, "藏遊曆險記," 《國聞周報》第3卷第23-29, 1926.

[129] Francois Gore·楊華明·張鎭國 역, "邊三十年見聞記," 《康導月刊》第5卷第6期, 1943.

[130] 青木文敎·唐開斌 역, 《西藏遊記》, 上海商務印書館, 1931.

[131] 內田寬一·何建民 역, "西藏探險秘史," 《新亞細亞月刊》第5卷第3·4·5期, 1933.

[132] Sven Hedin·絳央尼馬 역, "西藏," 《禹貢》第6卷第12期, 1937; Sven Hedin·孫仲寬 역, 《我的探險生涯》, 西北科學考察團叢刊, 1933; Sven Hedin·李述禮 역, 《探險生涯亞洲腹地旅行記》, 開明書店, 1934.

[133] 대표작으로 《성지 라싸 여행기(拉薩聖城記)》가 있는데, 이 책은 영국인 벨(Charles Alfred Bell)의 책 《티베트의 과거와 현재(西藏的過去與現在)》이 출간된 이후 또 하나의 티베트사 연구의 거작(巨著)으로 불린다.

[134] F.Kingdon Ward·李金希·龍永弘 역, 《神秘的滇藏河流域》, 中國社會科學出版社·四川民族出版社, 2002.

[135] Eric Teichman·高上佑 역, "西藏東部旅行記," 《康藏前鋒》, 1934-1935.

[136] Stevenson·源泉 역, "西藏人文地理略述," 《清華周刊》1第40卷第7·8期(합간본), 1933.

로운 덴장하 유역神秘的滇藏河流域"은 주로 윈난 서북부와 티베트 동남부의 독특한 자연 및 인문 경관, 지리적 재산, 기후 식생, 그리고 이 지역의 많은 민족을 조사하였는데, 지리학, 민족학, 식물학, 인류학 등 방면에서 학술적 가치가 크다. 프랑스인 구데노Francois Gore의《티베트 변방 30년 견문기藏边三十年见闻记》는 티베트 선교에서 30년 이상 보고 들은 것을 모아 편찬한 것으로, 티베트 전망, 티베트 가톨릭, 한족-티베트족 경계 등 3편으로 나뉘며, 티베트의 역사지리, 문화지리, 정치지리, 민속지리 등 많은 내용을 다루고 있어 백과사전적 저서라고 할 수 있다.

위에서 중점적으로 정리한 중화민국시기 서남민족의 역사지리학 조사 상황을 통해 볼 때, 당시 사회 각계 각층의 중국 변강지역 조사 규모와 범위, 조사의 깊이와 폭이 과거 어느 때보다 컸음을 알 수 있다. 또한 민족 역사지리 자료의 축적, 민족지리학에 대한 일부 시험적 연구는 중국 내 민족지리학 분야의 발전을 촉진하는데 훌륭한 기초를 마련하였다.

3. 근대이후 민족학과 민족사학의 발전이 민족지리학에 미친 영향

민족지리학의 중국에서의 발전은 서방 민족학 이론의 중국으로의 전파와 중국 마르크스주의 민족학의 확립과 떼려야 뗄 수 없다.

모두 알다시피 20세기 초의 이르러 "서학동점" 과정에서 엄복, 임서林紓, 차이웬페이蔡元培와 같은 시대 엘리트 그룹이 도입한 서양의 민족학, 인류학 및 기타 학문적 이론은 점차 중국 학자들에게 받아들여졌다. 특히 5·4운동 이후 마르크스주의의 도입은 중국학계에 새로운 활력을 불어넣었다. 당시 많은 학자들이 민족학의 이론과 지식을 의식적으로 사용하여 변경민족의 조사연구에 투자하였다. 1950년대 이후 중국의 많은 민족 연구자들은 서구 민족학 이론을 비판적으로 흡수하고 마르크스주의 과학을 계승한 민족학을 기반으로, 중국 민족학 학문체계의 구축, 관련 연구 기관의 설립, 중국 소수민족 사회역사의 광범위한 조사연구 등을 진행하였다. 그 중 규모가 가장 큰 것은 1956년부터 시작된 전국 소수민족 사회역사 조사이다. 이 조사는 각 민족의 경제구조와 계급관계를 중심으로 2년 동안 실시되었으며, 각 민족의 사회역사와 지리를 중심으로 많은 수의 민족지학적 1차자료를 수집하였다. 조사자와 후학자들의 노력으로 총 360권 이상의 책과 5,000만 자의 민족사회역사 건설을 위한 거대한 시스템 프로젝트인《중국소수민족총서中國少數民族叢書》,《중국소수민족간사총서中國少數民族簡史叢書》,《중국소수민족언어간지총서中國少數民族語言簡志叢書》,《중국소수민족자치지역개황中國少數民族自治地方槪況》,《중국소수민족사회역사조사자료총서中國少數民族社會歷史調查資料叢書》등 "민족문제 5종 총서"가 출시되었다. 이 5종의 총서 중《중국소수민족언어간지총서》를 제외한 나머지 4종은 중국 소수민족의 사회역사지리학 내용을 다양하게 다루고 있다. 그러나 이 조사는 주로 민족학계와 사회학계에 국한되어 있고, 지리학계는 기본적으로 참여하지 않았으며, 경제구조와 계급관계에 편중되어 있기 때문에, 각 민족의 역사지리에 대한 조사와 연구는 여전히 매우 미흡했다. 1980년대 이후 사람들은 계속해서 민족조사 자료를 정리하는 동시에 많은 민족 연구 기관과 개인이 민족사회지리에 대한 광범위한 조사를 진행하였다. 예컨대 티베트 맘바족, 뤄바족, 미슈미족(僜人, Mishmi people) 및 셰르파족, 윈난 바이족의 한 갈래인 레모인Lemo people, 나마인의 사회역사 조사, 중국서남민족연구학회가 조직한 육강 유역과 구어저우 육산 육수에 대한 종합적 민족조사, 중국세계민족연구학회가 조직한 윈난 국경민족에 대한 현장 조사, 중국사회과학원민족연구소가 조직한 현을 단위로 한 제2차 민족조사 등이다. 이러한 다양한 규모의 조사는 중국민족학의 발전을 위해 풍부한 데이터를 축적했을 뿐만 아니라, 민족지리학의 발전을 어느 정도 촉진하였다.

중국에서 민족지리학의 발전은 중국민족사학의 발전과 떼려야 뗄 수 없는 관계이다.

중국은 역사가 유구한 동방문명 고국이다. 수천 년의 문명 발전과정에서 중국은 민족사 저술의 훌륭한 전통을 형성하였다. 19세기 말, 20세기 초에 서양 학술 사조의 영향을 받아 중국 학계에서는 양계초, 왕국위, 호적, 구제강顧頡剛, 천인각 등의 학자로 대표되는 많은 사학자들이 이른바 "사학혁명史學革命"의 기치를 높이 들고 국외의 실증주의와 진화론의 관점에서 다민족의 중국 역사 과정을 바라보면서, 대량의 검증 가능한 사료로 중국 역사를 연구해야 한다고 주장하여 전통사학의 현대사학으로의 전환을 촉진하였다. 이러한 변화 속에서 중국민족사학은 점차 전통사학체계의 속박을 타파하고 정치사의 부속적 지위를 벗어나 의식적으로 독자적인 학문체계를 수립하는 방향으로 발전하기 시작하였으며, 근대적 의미의 중국민족사학이 등장하였다. 예를 들어, 1950년대 이전에 출간된 장치원張其昀의 《중국민족지中國民族志》,[137] 왕퉁링王桐齡의 《중국민족사中國民族史》,[138] 뤼스몐呂思勉의 《중국민족사中國民族史》와 《중국민족변천사中國民族演進史》,[139] 숭원빙宋文炳의 《중국민족사中國民族史》,[140] 린후이샹林惠祥의 《중국민족사中國民族史》,[141] 리광핑李廣平의 《중화민족발전사中華民族發展史》,[142] 뤼전위呂振羽의 《중국민족간사中國民族簡史》 등 전반적·종합적인 민족사 저작은 현대중국 민족사학의 이론과 방법을 구축하는 데 중요한 영향을 미친 저작으

---

137 張其昀, 《中國民族志》, 上海商務印書館, 1933.
138 王桐齡, 《中國民族史》, 北平文化學社, 1928.
139 呂思勉, 《中國民族史》, 上海世界書局, 1934; 呂思勉, 《中國民族演進史》, 上海亞細亞書局, 1935.
140 宋文炳, 《中國民族史》, 中華書局, 1935.
141 林惠祥, 《中國民族史), 上海商務印書館, 1936.
142 李廣平, 《中華民族發展史》, 正義出版社, 1941.

로 간주된다.[143]

    1950년대 특히 1978년 이후, 중국에서의 민족사 연구는 급속한 발전의 시기에 들어섰고, 민족사 연구의 영역은 계속 확장되었으며 몇 가지 주요한 이론 문제가 심도 있게 논의되었다. 또한 다양한 주제와 지역, 단대斷代史, 민족통사 및 전반적인 민족사 연구 저서가 다수 출간되었다. 그 중 지역연구 저서로는 《윈난민족사雲南民族史》,[144] 《중국서남민족사中國西南民族史》,[145] 《중국중남민족사中國中南民族史》 등,[146] 그리고 민족통사 저서로는 《좡족통사壯族通史》,[147] 《이족사고彛族史稿》,[148] 《먀오족사苗族史》 등이 대표적이다.[149] 이 외 대표적인 단대사 분야 민족사 저서로 중국사회과학원 민족연구소가 집필하고 쓰촨민족출판사에서 발간한 8권짜리 《역대민족사歷代民族史》가 가장 분량이 많다. 또한 전반적인 민족사 저서로 쉬제순徐傑舜의 《중국민족사신편中國民族史新編》,[150] 장잉량이 펴낸 《중국민족사中國民族史》,[151] 왕중한王鍾翰이 펴낸 《중국민족사中國民族史》 등이 대표적이다.[152]

    중국의 소수민족은 주로 변강지역에 분포하기 때문에 최근 몇 년 동안 변강지역의 역사에 대한 심도 있는 연구와 변강학邊疆學의 부상은 어떤 의

---

143 呂振羽, 《中國民族簡史》, 光華出版社, 1948.

144 尤中, 《雲南民族史)》, 雲南大學出版社, 1985.

145 尤中, 《中國西南民族史》, 雲南人民出版社, 1985.

146 張雄, 《中國中南民族史》, 廣西人民出版社, 1989年°

147 《좡족통사(壯族通史)》는 현재 두 가지 판본이 있다. 하나는 黃現璠·黃增慶·張一民 엮음, 《壯族通史》, 廣西民族出版社, 1988; 다른 하나는 張聲震 엮음, 《壯族通史》, 民族出版社, 1997.

148 方國瑜, 《彛族史稿》, 四川民族出版社, 1984.

149 伍新福, 《苗族史》, 四川民族出版社, 1992.

150 徐傑舜, 《中國民族史新編》, 廣西教育出版社, 1989.

151 江應樑, 《中國民族史》, 民族出版社, 1990.

152 王鍾翰 엮음, 《中國民族史》, 中國社會科學出版社, 1994.

미에서 볼 때 중국 민족사 연구의 하이라이트라고 할 수 있다. 중화민국 시대의 변방사지 조사연구의 전통을 계승하여 중국 민족사학계에는 근대사, 지방사, 제국주의 국가의 중국 침략사, 중외관계사 연구 분야에 일부 전문가와 학자들이 포진되어 있으며, 중국 변방사지연구센터中國邊疆史地硏究中心, 중국서남변강민족역사연구소中國西南邊疆民族歷史硏究所, 중국서남변강민족역사연구센터中國西南邊疆民族歷史硏究中心 등 많은 연구기관이 조직되어 "중국변강사지연구총서中國邊疆史地硏究叢書", "중국변강사지연구자료총서中國邊疆史地硏究資料叢書", "중국변강통사총서中國邊疆通史叢書" 등 학술총서와 《중국서남역사지리해석中國西南曆史地理考釋》,[153] 《중국서남변강변천사中國西南邊疆變遷史》,[154] 《중국서남변강개발사中國西南邊疆開發史》,[155] 《영국령 인도와 중국서남변강英屬印度與中國西南邊疆(1774~1911年)》,[156] 《중국북방민족및정권연구中國北方民族及其政權硏究》,[157] 《동북역대강역사東北歷代疆域史》,[158] 《청대티베트개발연구淸代西藏開發硏究》,[159] 《하서개발사연구河西開發史硏究》 등의 저작을 펴냈다.[160] 변강사지 연구의 급속한 발전과 함께, 과경민족에 대한 연구는 이론성이 강하고, 연구 분야가 광범위하며, 학제간 교차연구의 중요한 분야로서 많은 학문분야 학자들이 모였는데, 출간한 책들로 《중국 서남 및 동남아의 과경민족中國西南與東南亞的跨境民族》,[161] 《중국의 과경민족中國跨界民族》,[162] 《중국

---

153 方國瑜,《中國西南曆史地理考釋》, 中華書局, 1987.

154 尤中,《中國西南邊疆變遷史》, 雲南教育出版社, 1987.

155 方鐵·方慧,《中國西南邊疆開發史》, 雲南人民出版社, 1997.

156 呂昭義,《英屬印度與中國西南邊疆(1774~1911年)》, 中國社會科學出版社, 1996.

157 申友良,《中國北方民族及其政權硏究》, 中央民族大學出版社, 1998.

158 張博泉 외,《東北歷代疆域史》, 吉林人民出版社, 1981.

159 成崇德·張世明,《清代西藏開發硏究》, 北京燕山出版社, 1996.

160 吳廷楨·郭厚安 역음,《河西開發史硏究》, 甘肅教育出版社, 1996.

161 申旭·劉稚,《中國西南與東南亞的跨境民族》, 雲南人民出版社, 1988.

162 金春子·王建民 엮음,《中國跨界民族》, 民族出版社, 1994.

남부와 동남아의 관련 민족華南與東南亞相關民族》,[163] 《당대 과경민족과 경외 독품 공급처 제거하기當代跨境民族與境外剷除毒源硏究》,[164] 《중앙아시아 연구-중앙아시아와 중국의 과경민족中亞硏究——中亞與中國同源跨國民族》,[165] 《윈난 과경민족 연구雲南跨境民族硏究》,[166] 《과경민족 연구와 독품 금지 대체 발전 탐색 총서跨境民族硏究與禁毒替代發展探索叢書》,[167] 《과경민족 먀오족 연구跨境苗族硏究》 등이 있다.[168] 위에서 언급한 연구분야의 확장과 연구성과들의 출간은 변강민족 역사지리에 대한 연구를 촉진할 뿐만 아니라 민족 사학의 내용을 풍부하게 하였다.

요컨대, 중국의 민족사 연구에 있어서 비록 고대·당대 민족의 기원과 발전 변천이 연구의 핵심으로 자리 잡았지만, 각종 형식의 민족사 연구 논저에서는 당연히 관련 지역이나 관련 민족의 역사지리, 문화지리, 경제지리 등의 내용을 다루게 되며, 이러한 내용도 민족지리학의 전개와 발전을 위한 기초적인 내용이 되었다.

---

163 範宏貴, 《華南與東南亞相關民族》, 民族出版社, 2004.

164 孫渭 엮음, 《當代跨境民族與境外剷除毒源硏究》, 雲南民族出版社, 2001.

165 馬曼麗 엮음, 《中亞硏究——中亞與中國同源跨國民族》, 民族出版社, 1995年°

166 趙廷光 엮음, 《雲南跨境民族硏究》, 雲南民族出版社, 1998.

167 趙廷光 엮음, 《跨境民族硏究與禁毒替代發展探索叢書》, 雲南民族出版社, 2001.

168 石茂明, 《跨境苗族硏究》, 民族出版社, 2004.

1980년대 이후 중국민족지리학의 발전

앞부분에서 근대 이후 중국 지리학·민족학·민족사학·변경민족사지리학 전반에 대한 고찰을 통해, 20세기 전반에 이르러 관련 학문의 발전으로 중국 민족지리학 연구에 필요한 풍부한 자료가 축적되었으며, 민족지리학 연구 관련 많은 논저들이 등장하였음을 알 수 있었다. 그러나 1950-80년대 중국 학계는 구소련 지리학의 영향으로 경제지리를 제외한 서구의 많은 인문지리학 사상을 외면하였거나 심지어 "사이비과학"으로 취급하였다. 인문지리학의 많은 분과가 관심없는 연구 분야가 되었으며, 민족지리학도 한때 정치적 민감성으로 인해 "금기 학문"이 되었기 때문에, 이 30년 동안 중국 민족지리학의 발전은 사실상 정체된 것이나 마찬가지였다.

1980년대부터 현재까지의 30년은 중국 민족지리학이 비약적으로 발전한 중요한 시기이다. 그 중 1980년대와 1990년대는 중국 민족지리학 발전의 초기 단계로 볼 수 있다. 1988년 3월, 전국대학인문지리교학연구회全國高校人文地理教學研究會 민족지리분회民族地理分會가 설립되었고, 민족지리연구에 뜻을 둔 일부 민족대학교 연구자들이 모여 이듬해에《민족지리논문집(제1집, 民族地理論文集(第1集))》을 펴냈다.[169] 논문집에 수록된 18편의 논문 중 우창카오吳昌考의 "민족경제지리학의 대상, 임무와 방법淺談民族經濟地理學的對象, 任務和方法"과 "민족경제지리의 몇 가지 이론문제에 관한 생각關於民族經濟地理幾個理論問題的思考", 원쥔溫軍의 "중국 소수민족 촌락의 분포특징에 대한 연구試論中國少數民族村落的分布特徵", 쟈오수쳰焦書乾의 "중국민족지역 도시 인구분포의 지리적 고찰中國民族地區城鎮人口分布的地理考察", 양우楊武의 "유라시아 대륙과 신장歐亞大陸和新疆" 등 논문이 민족지리학 이론 관련 논문 혹은 주제논문이다. 또한 일부 간행물에도 민족지리학 관련 글들이 발표되었다. 예컨대 장야잉張亞英의 "민족학과 지리학의 관계에 대한 연구試論民族學與地理學的關係", 어우차오쳰歐潮泉의 "지리적 민족학에 대하여談地理民族學", 이시카와 에이키치石川榮吉와 사사키 다카아키佐佐木高明의 "민족지리학의 학파 및 학설民族地理學的學派及學說", 장윈훙蔣雲紅과 리처진李策進의 "민족지리학이란 무엇인가什麼是民族地理學", 후샤오훙胡孝宏의 "민족지리학의 개척과 중국 동서 양면 발전의 거시적 전략開拓'民族地理學'是中國東西兩翼並展的宏觀戰略", 리무한李慕寒의 "민족지리학의 연구대상 및 연구내용에 대한 연구試論民族地理學的研究對象及研究內容", 양우楊武·친쉐수秦學波·원쥔溫軍·차오레이曹磊의 "민족지리학 소의民族地理學芻議", 양잉楊英의 "민족지리학의 연구대상과 임무에 대한 연구試論民族地理學的研究對象和任務", 인사오팅尹紹亭의 "윈난민족지리에 대한 연구試論雲南民族地理", 한샤오룽韓孝榮의 "동남아 민족의 형성과 분포에

---

[169] 全國高校人文地理教學研究會民族地理分會 엮음,《民族地理論文集(第1集)》, 民族出版社, 1989.

관한 지리적 기반論東南亞民族的形成和分佈的地理基礎"등이다.[170] 이 글들 중 대부분은 민족지리학 연구의 대상, 내용, 방법, 의의 등 기본적인 이론적 문제를 다루고 있다. 이 시기 또 하나의 주목할만한 연구는 1984년에 출판된 《중국대백과전서·지리학中國大百科全書·地理學》인데, 이미 "민족지리학"을 독립적 항목으로 내왔다는 점에서 더욱 그렇다.[171] 이 항목의 저자들은 민족지리학이 "민족과 역사에서 형성된 다양한 인간 공동체의 지리적 분포와 형성 및 진화의 지리적 배경을 연구하는 학문인데, 민족학과 지리학 사이의 경계 학문"이라고 보고 있다. 이 학문의 두 가지 주요 연구과제는 첫째, "한 민족이 일단 형성되면 일정한 안정성을 가지고 장기간에 걸쳐 자신의 민족 특성, 전통, 관습, 언어 및 문자, 종교적 신념, 거주 방법 및 거주 범위, 생산 특성 등을 유지하는 것이다. 외부 간섭 없이 대대로 전해져 오랫동안 유지될 수 있다. 이 모든 것은 특정 지리적 배경과 밀접한 관련이 있기에, 민족지리학에서 민족 연구의 기본 내용을 구성한다." 둘째, "특정 지역 내에서 시대에 따라 민족의 수가 다르고 민족의 크기가 다르며 거주지가 일치하지 않다. 따라서 특성이 다른 민족지리학적 분포도가 형성되었으며, 민족지리학은 이러한 지리적 분포도의 형성과 변화를 연구하는 학문이다." 이러한 해석은 이 학문의 개념과 성격, 주요 연구 내용

---

170 張亞英, "試論民族學與地理學的關係," 《民族學研究(第1輯)》, 民族出版社, 1981; 歐潮泉, "談地理民族學," 《世界地理》第5期, 1983; 石川榮吉·佐佐木高明·尹紹亭 역, "民族地理學的學派及學說," 《民族譯叢》第5期, 1986; 蔣雲紅·李策進, "什麼是民族地理學," 《地理知識》第11期, 1988; 胡孝宏, "開拓'民族地理學'是中國東西兩翼並展的宏觀戰略," 《西北民族學院學報》第3期, 1987; 李慕寒, "試論民族地理學的研究對象及研究內容," 《徐州師範大學學報》第3期, 1990; 楊武·秦學淑·溫軍·曹磊, "民族地理學芻議," 《中央民族大學學報》第6期, 1989; 楊英, "試論民族地理學的研究對象和任務," 《人文地理研究》, 江蘇教育出版社, 1989; 尹紹亭, "試論雲南民族地理," 《地理研究》第1期, 1989; 韓孝榮, "論東南亞民族的形成和分佈的地理基礎," 《東南亞》第2期, 1988.

171 李旭旦 엮음, 《中國大百科全書·地理學》, 中國大百科全書出版社, 1984, p.301.

을 명확히 하고, 민족지리학 연구의 방향을 제시해 주었다. 대백과사전 이후에 출판된 많은 사전류에서도 민족지리학에 관련 정의는 대백과사전의 정의를 기본적으로 따르고 있다.[172]

1990년대부터 현재까지는 중국 민족 지리학이 빠르게 발전한 시기이다. 이 시기 민족지리학은 독립된 학문으로 학계에서 널리 인정받았다. 민족지리학 연구는 주로 민족학, 인문지리학, 역사학 관련 연구자들이 주로 하고 있지만, 기타 분야의 연구자들도 학문적 경계를 허물고 민족지리학에 대한 관심과 연구를 시작하였으며, 이에 따라 민족지리학의 기본 이론에 대한 논의와 구체적인 내용이 크게 촉진되어 많은 성과를 거두었다.

1. 민족지리학의 종합적 연구와 기본적 이론 탐구

가장 먼저 언급해야 할 것은 《중국민족지리학中國民族地理學》과 《중국민

---

[172] 劉錚 엮음, 《人口學辭典》, 人民出版社, 1986, p.356; 吳傳鈞 엮음, 《經濟大辭典·國土經濟·經濟地理卷》, 上海辭書出版社, 1988, p.123; 覃光廣 외 엮음, 《文化學辭典》, 中央民族學院出版社, 1988, p.108; 彭克宏 엮음, 《社會科學大辭典》, 中國國際廣播出版社, 1989, p.355; 倪文傑 외 엮음, 《邊緣學科大辭典》, 勞動人民出版社, 1989, p.541; 張光忠 엮음, 《社會科學學科辭典》, 中國青年出版社, 1990, p.1069; 蔣風 엮음, 《新編文史地辭典》, 浙江人民出版社, 1990, p.571; 左大康 엮음, 《現代地理學辭典》, 商務印書館, 1990, p.727; 張文奎 엮음, 《人文地理學辭典》, 陝西人民出版社, 1990, p.132; 楊展覽·李希聖·黃偉雄 엮음, 《地理學大辭典》, 安徽人民出版社, 1992, p.706; 倪文傑 외 엮음, 《現代交叉學科大辭庫》, 海洋出版社, 1993, p.288; 劉仲亨·陸象淦 엮음, 《社會科學新術語詞典(英, 德, 法, 俄, 日, 漢對照)》, 社會科學文獻出版社, 1995, p.271; 鐵木爾·達瓦買提 엮음, 《中國少數民族文化大辭典·綜合卷》, 民族出版社, 1999, p.397; 王嘉良·張繼定 엮음, 《新編文史地辭典》, 浙江人民出版社, 2001, p.576; 楊發金 엮음, 《漢西分類辭典》, 外語教學與研究出版社, 2002, p.946 등에서는 "민족지리학" 혹은 "중국민족지리학"이라는 조목(條目)을 넣었다. 그러나 민족류(民族類) 사전에서는 "민족지리학" 용어를 찾아보기 힘들다.

족지리中國民族地理》두 저서이다.[173] 전자는 중국 민족지리학 연구의 첫 번째 완전한 학문 체계를 갖춘 저서로 총 5편으로 나뉜다. 제1편 총론 부분에서 민족지리학 연구의 대상, 내용, 방법, 의의 및 중국 소수민족의 지리적 분포와 민족 지역 자치를 체계적으로 제시한다. 제2편-제5편은 각각 민족 지역의 자연 지리, 경제 지리, 인문 지리 및 지역 지리를 연구내용으로 하고 있다. 후자는 중국지리총서의 일종으로, 지리학의 관점에서 중국 민족지역의 자연 지리, 경제 지리 및 다양한 소수민족의 인구 수, 문화적 특성 및 지리적 분포를 보다 자세하고 체계적으로 소개하고 있다. 특히 소수민족의 기원과 지리적 분포, 인구 변화 등을 탐구하고 있다. 위의 두 권의 전문 저서 외에도 이 시기 출판된 관련 지리학 저서로《중국 인문지리개론中國人文地理概論》,《중국 인문지리학中國人文地理學》,《현대지리과학現代地理科學》,《중국의 용맥中國龍脈》,《광둥문화지리廣東文化地理》,《방언과 중국문화方言與中國文化》,《중국 경제지리中國經濟地理》,《인구지리학人口地理學》,《인구지리학 간결 교본人口地理學簡明教程》,《현대 인문지리학現代人文地理學》,《중국 경제지리中國經濟地理》 등이 있다.[174] 이 저서들에서는 민족지리학 관련

---

173 楊武 엮음,《中國民族地理學》, 中央民族學院出版社, 1993; 李志華 엮음,《中國民族地理》, 上海教育出版社, 1997. 중국민족지리를 주제로 한 저서의 경우, 사실 1950년대 말 카이펑사범대학(開封師範學院) 지리학과와 중국과학원 허난성 분원(中國科學院河南省分院) 지리연구소가 공동 펴내고, 상무인서관(商務印書館就)에서 출간한《중국민족지리자료선집(中國民族地理資料選輯)》이라는 책이 있다. 비록 이 책은 일반적인 의미에서 소수민족 지식을 소개일 뿐, 민족지리학 연구에 참고할 만한 가치가 별로 없지만, 그래도 "중국민족지리"라는 개념을 제시하였다는 점에서 주목할만한다.

174 金其銘 외 엮음,《中國人文地理概論》, 陝西人民教育出版社, 1990; 翟忠義·李樹德 엮음,《中國人文地理學》, 山東教育出版社, 199年; 蔡建明·李樹平·於璟 엮음,《現代地理科學》, 重慶出版社, 1992; 李軍 외 엮음,《中國龍脈》, 中國社會出版社, 2004; 司徒尚紀,《廣東文化地理》, 廣東人民出版社, 1993; 周振鶴·遊汝傑,《方言與中國文化》, 上海人民出版社, 2006; 陸心賢 엮음,《中國經濟地理》, 高等教育出版社, 1990; 祝卓 엮음,《人口地理學》, 中國人民大學出版社, 1991; 周之桐·王桂新 엮음,《人口地理學簡明教程》, 華東師範大學出版社, 1992; 李潤田 엮음,《現代人文地理學》, 河南大學出版社,

내용이 포함되어 있으며 민족지리학의 기본적 이론과 연구내용을 다양하게 논의하고 있다.

민족지리학 분야의 이론적인 논의에 있어서 연구자들은 지난 20년 동안 관련 간행물에 많은 이론과 관련된 논문을 발표하였다. 예를 들어, 원쥔溫軍의 "민족 지리학 연구의 몇 가지 문제에 대한 간략한 논의簡論民族地理學研究的若幹問題", 쟈오수첸焦書乾·양우楊武의 "중국 민족지리학 연구에 관한 몇 가지 문제關於中國民族地理學研究的幾個問題", 천야빈陳亞顰·양쥔楊俊의 "민족지리학 연구의 기본 내용論民族地理學研究的基本內容", 관옌보管彦波의 "민족학과 지리학의 역사적 유전적 관계에 대하여論民族學與地理學的曆史親緣關系", "민족지리학의 연구방법에 대하여略論民族地理學的研究方法", "민족지리학의 개념 및 실용가치에 대하여關於民族地理學的概念及其實用價值", "민족지리학의 연구대상 및 내용民族地理學的研究對象和學科內容", "민족지리학의 학문체계 및 관련 학문과의 관계民族地理學的學科體系及其與相關學科的關系", 저우웨이저우周偉洲의 "역사민족지리학 연구에 대한 스녠하이 선생의 공헌史念海先生對曆史民族地理研究的開拓和貢獻", 황성장黃盛璋의 "민족지리학의 기본적 이론문제에 대하여論民族曆史地理學的基本理論問題", 리우시타오劉錫濤의 "중국 민족역사지리학의 몇 가지 이론문제 및 신장의 민족역사지리에 대하여中國民族曆史地理學的幾個理論問題——兼談新疆民族曆史地理", 리빙청李並成의 "서북 민족역사지리연구에 대하여西北民族曆史地理研究芻議", 주성중朱聖鐘의 "민족역사지리학의 몇 가지 문제論民族曆史地理學研究的若幹問題", 쉬창徐強의 "역사시대 민족지리학 연구의 학문적 속성論曆史時期民族地理研究的學科屬性 등이 대표적이다.[175] 이러한 논문들은 민족지

1992; 楊武 엮음,《中國經濟地理》, 中央民族大學出版社, 1997.

[175] 溫軍, "簡論民族地理學研究的若幹問題,"《西北民族研究》第1期, 1991; 焦書乾·楊武, "關於中國民族地理學研究的幾個問題,"《中央民族大學學報》第2期, 1995; 陳亞顰·楊俊, "論民族地理學研究的基本內容,"《雲南師範大學學報(自然科學版)》第3期, 1997; 管彦波, "論民族學與地理學的曆史親緣關系,"《雲南社會科學》第2期, 1995; 管彦波, "略論

리학 연구의 대상, 내용, 학문적 체계, 과학적 관계, 연구 방법, 연구의 학문적 가치와 실용적 가치를 체계적으로 논의하고 민족지리학의 기본 이론에 대한 연구를 크게 촉진하였다.

2. 역사민족지리: 민족지리학 연구 쟁점

중국 역사민족지리에 대해 논의하는 것은 중국 지리학계 및 역사학계의 오랜 전통이다. 많은 선배 연구자들이 일찍이 역사민족지리에 대한 연구를 수행하여 높은 수준의 성과를 내놓았다. 예를 들어, 탄치샹譚其驤의 "웨둥초민고粵東初民考", "버저우양보고播州楊保考",[176] 스녠하이史念海의 "서북지역 종교와 민족문제西北宗教與民族問題", "진한시대의 민족정신論秦漢時代的民族精神", 《서주·춘추 시기 화족과 비화족의 잡거 및 지리적 분포西周與春秋時期華族與非華族的雜居及其地理分佈(上, 下)》, "산시陝西성의 역사민족지리에 대하여論陝西省的歷史民族地理" 등은 이 분야에서 비교적 영향력 있는 글이다.[177] 특히

民族地理學的研究方法",《貴州民族研究》第3期, 1995; 管彥波, "關於民族地理學的概念及其實用價值,"《黑龍江民族叢刊》第2期, 1995; 管彥波, "民族地理學的研究對象和學科內容,"《雲南社會科學》第3期, 1996; 管彥波, "民族地理學的學科體系及其與相關學科的關系,"《寧夏社會科學》第2期, 1998; 周偉洲, "史念海先生對曆史民族地理研究的開拓和貢獻,"《史念海先生八十壽辰學術文集》, 陝西師範大學出版社, 1996; 黃盛璋, "論民族曆史地理學的基本理論問題,"《傳統文化與現代化》第5期, 1995; 劉錫濤, "中國民族曆史地理學的幾個理論問題——兼談新疆民族曆史地理,"《喀什師範學院學報》第1期, 2000; 李並成, "西北民族曆史地理研究芻議,"《甘肅民族研究》第1期, 1997; 朱聖鐘, "論民族曆史地理學研究的若幹問題,"《廣西民族研究》第1期, 2005; 徐強, "論曆史時期民族地理研究的學科屬性,"《貴州民族研究》第5期, 2008.

176 譚其驤, "粵东初民考",《長水集》, 人民出版社, 1987; 譚其驤, "播州杨保考,"《長水集》, 人民出版社, 1987.

177 史念海, "西北宗教與民族問題,"《西北論衡》第8卷第3期, 1940; 史念海, "论秦汉时代的

스녠하이가 1992년 산시인민출판사山西人民出版社에서 출간한《중국역사지리개요中國曆史地理綱要》라는 책에서 "역사민족지리"라는 특별 장절을 만들어 고대와 현대의 다양한 민족이 상이한 지리적 환경 조건에서 형성, 발전, 집합 및 통합의 진화 과정을 체계적으로 논의하여 역사민족지리라는 분과 학문의 건설 방향을 제시하였다. 그러나 객관적으로 말해서 20세기 이전에는 중국 역사민족지리학에 대한 자체 이론적 근거와 학문적 연구체계가 확립되지 않았다.

2007년 안제성安介生의《역사민족지리(상하권, 曆史民族地理(上, 下))》이 공개 출간되었는데, 이 책은 중국 역사민족지리학 체계를 개척한 기념비적 저서라고 할 수 있다.[178] 이 책이 출간되기 전에 안제성은 "'화이' 오방구조론의 역사적 연원과 탈바꿈"華夷" 五方格局論之曆史淵源與蛻變", "중국 고사 속의 '만방시대'- 선진 시대 국가와 민족 발전의 연원과 지리구조中國古史的 "萬邦時代"——兼論先秦時期國家與民族發展的淵源與地理格局", "중국 역사지리학 소의略論中國曆史民族地理學" 등 세 편의 글을 공개 발표하였는데,[179] 중국 고대의 민족지리사상과 역사민족지리학의 일부 기본적 이론에 대해 논의하였다. 예를 들어, "중국 역사지리학 소의"에서는 역사민족지리학의 기본개념, 학문적 성격, 연구가치를 체계적으로 설명하고, 역사민족지리학의 연구현황을 분석하였으며, 중국역사민족지리학 연구의 지리적 범위와 내용을 구분하고, 역사민족지리학 연구의 기본자료, 방법 및 주의사항을 지적하였

民族精神,"《文史雜志》第1期, 1944; 史念海,《西周与春秋时期华族与非华族的杂居及其地理分布(上, 下),"《中國曆史地理論叢》1990年第1~2輯; 史念海, "论陕西省的历史民族地理,"《中國曆史地理論叢》第1輯, 1993.

178 安介生,《曆史民族地理(上, 下)》, 山東教育出版社, 2007.

179 安介生, "'華夷'五方格局論之曆史淵源與蛻變,"《曆史教學問題》第4期, 2000; 安介生, "中國古史的'萬邦時代'——兼論先秦時期國家與民族發展的淵源與地理格局,"《複旦大學學報》第3期, 2003; 安介生, "略論中國曆史民族地理學," 中國地理學會曆史地理專業委員會《曆史地理》編委會 엮음,《曆史地理(第20輯)》, 上海人民出版社, 2004.

으며, 자신의 역사민족지리학 연구구상을 종합적으로 제시하였다. "'화이' 오방구조론의 역사적 연원과 탈바꿈"의 경우, 역사적 관점에서 고대 중국의 전통적인 민족지리사상을 체계적으로 요약하였다. 《역사민족지리》라는 책의 핵심 사상과 이론적 해석은 주로 이 세 편의 글에서 비롯되었다고 할 수 있다. 이 책이 출간된 이후 학계의 광범위한 관심을 받았으며 관련 논평에서는 《역사민족지리》가 중국 역사민족지리학의 첫 번째 체계적인 저서로서 역사민족지리 연구의 기본 개념과 학술체계의 전반적인 틀을 명확히 하였고, 각 시대 민족지리의 주요 연구 주제를 제시하였으며, 서로 다른 역사시기에 각 민족의 특정 지리적 분포와 변화를 완전히 복원하고, 나아가 각 민족의 분포 간의 상호 작용을 탐구하였다고 평가하였다.[180]

지역민족역사지리 연구에 있어서, 귀성보郭聲波의 저서 《역사민족지리의 학제간 연구 - 이족의 역사지리를 중심으로歷史民族地理的多学科研究——以彝族历史地理为例》와 《이족 지역의 역사지리에 관한 연구-당대 오만 및 기타 민족의 기미주를 중심으로彝族地區曆史地理研究——以唐代烏蠻等族羈縻州為中心》가 대표적이다.[181] 이 두 저서에서는 먼저 민족역사지리라는 학문의 속성을 소급하여 생각하였고, 역사민족지리는 역사지리학에서 역사시대 민족실체의 공간분포, 시공간의 변천 및 관련 요소 간의 관계연구를 주요내용으로 하는 분과학문이라고 보았다. 또한 민족역사지리는 역사학, 민족학의 보조학문이며, 특정한 연구내용과 구체적인 연구과제를 가지고 있다. 또한 이족의 역사지리를 중심으로 역사학, 정치학, 법학, 문헌학, 지명학, 고

---

180 鄭維寬, "構建中國曆史民族地理學體系的開拓之作——評安介生著《曆史民族地理》," 《中國邊疆史地研究》第4期, 2008; 牛淑貞, "曆史民族地理研究的第一部系統之作——安介生《曆史民族地理》介紹," 《內蒙古社會科學(漢文版)》第5期, 2008.

181 郭聲波·吳宏岐 엮음, 《南方開發與中外交通》, 西安地圖出版社, 2007; 郭聲波·吳宏岐 엮음, 《南方開發與中外交通》, 四川大學出版社, 2009.

고학 등 여러 학문의 교차연구방법을 사용하여 행정구역과 정치구역 및 기미주羈縻州를 사례로 하여 이족의 역사지리를 비교적 전면적으로 고찰하였다. 이 저서들은 역사시대 민족지역 공간적 분포의 변천 연구에 참조적 가치가 크다.

이 시기에 발표된 민족역사지리 관련 기사를 살펴보면, 일부 학자들은 이미 고대의 일부 민족지, 지방지, 여행기 등에 담긴 독특한 민족지리학적 연구자원의 발굴에 주목하였다. 왕서우춘王守春의 "《목천자전》과 고대 신장의 역사지리와 관련된 문제 연구(《穆天子傳》與古代新疆歷史地理相關問題研究)", 관옌보의 "《서하객 여행기》에 대한 민족지리학적 연구 가치(論《徐霞客遊記》的民族地理學研究價値)", 천궈성陳國生·리팅융李廷勇 의 "《목천자전》에 기록된 선진 민족지리학의 문헌적 가치論《穆天子傳》所記的先秦民族地理學文獻價値", 장취안밍張全明의 "《구이하이노형지》의 생태문화사적 특성과 가치(《桂海虞衡志》的生態文化史特色與價値)", 마창馬強의 "당송 시기 서남사지 및 서부 지리에 대한 인식 가치論唐宋西南史志及其西部地理認識價値", 허지홍賀繼宏의 "《목천자전》의 고대 신장 지리, 역사, 민족 및 기타 문제에 관한 연구(《穆天子傳》中有關古代新疆地理, 歷史, 民族等問題的研究)" 등이 대표적이다.[182] 사실 연구자들이 민족지리학의 관점에서 중국 고대의 많은 민족지와 지역지를 하나씩 해석하고 읽을 수 있다면 민족역사지리학의 발전을 위해 견고한 토대를 마련할 수 있을 것이다.

---

182 王守春, "《穆天子傳》與古代新疆歷史地理相關問題研究),"《西域研究》第2期, 1998; 管彦波, "論《徐霞客遊記》的民族地理學研究價値,"《遼寧大學學報》第6期, 2006年; 陳國生·李廷勇, "論《穆天子傳》所記的先秦民族地理學文獻價値,"《貴州民族研究》第2期, 1999; 張全明, "《桂海虞衡志》的生態文化史特色與價値,"《華中師範大學學報》第1期, 2003; 馬強, "論唐宋西南史志及其西部地理認識價値,"《史學史研究》第3期, 2005; 賀繼宏, "《穆天子傳》中有關古代新疆地理, 歷史, 民族等問題的研究,"《新疆地方志》第1期, 2007.

3. 민족문화지리 연구의 현대적 추세와 특징

1980년대 중반 이후 중국 사회과학계의 이른바 "문화 열풍"으로 민족문화는 연구자들이 앞다투어 연구하는 분야가 되었으며, 많은 연구성과가 출간되었다. 이러한 연구성과에서 각 민족의 문화를 대자연과 역사적 배경에 놓고 각 민족의 문화와 지리적 환경의 관계를 분석하는 방법은 항상 많은 문화지리학자들의 관심의 초점이 되었다. 이에 따라 이 기간 동안 출간된 전국 지역문화총서와 특정 지역문화총서에서는 민족문화지리의 일부 중요한 내용을 다양하게 다루고 있다. 예를 들어 전국적 지역문화총서 중 랴오닝교육출판사辽宁教育出版社가 펴낸 《중국지역문화총서中国地域文化丛书》, 상하이극동문화출판사上海遠東出版社가 펴낸 《중국지역문화대계中國地域文化大系》, 쉐린출판사學林出版社가 펴낸 《중국지역문화연구총서中華地域文化研究叢書》에서 나타난 "만리장성 이북塞北", "오월吳越", "간닝甘寧", "파촉巴蜀", "서역西域", "뎬윈滇雲", "칭짱青藏", "쳰구이黔貴", "링난嶺南" 등은 민족지역에 속하며 연구대상은 자연히 민족지역의 지역문화이다. 특정 지역 혹은 일부 문화총서에서도 유사한 것들을 찾아볼 수 있다. 2008년 윈난교육출판사雲南教育出版社에서 출간한 《중국민족문화회랑총서中國民族文化走廊叢書》속 예슈셴葉舒憲의 "하서회랑-서부신화와 화하 원류河西走廊——西部神話與華夏源流》, 쉬신젠徐新建의 《헝돤회랑-고원 산지의 생태와 민족橫斷走廊——高原山地的生態與族羣》, 펑자오룽彭兆榮·리춘샤李春霞의 《영남회랑-제국 변두리의 지리와 정치嶺南走廊——帝國邊緣的地理和政治》등 3권의 저서는 회랑의 특정 인문 및 자연 공간에서 민족 문화를 고찰한 민족문화지리 저서로 볼 수 있다. 충칭출판사重慶出版社가 발간한 《중국인문지리대발견서계中國人文地理大發現書系》의 "톈산남북총서天山南北叢書", "히말라야총서喜馬拉雅叢書", "장이회랑총서藏彝走廊叢書", "백년삼협총서百年三峽叢書" 속의 일부 저서, 예컨대 스유보史幼波의 《대샹그릴라양인비사-티베트족회랑의 서양탐험자大香格里拉洋人祕

史――藏族走廊上的西方探險者》, 장후이張暉의《통천지지-신장청하 들판 인문기록通天之地――新疆青河田野人文記錄》등은 민족문화지리에 대한 고찰 및 연구와 밀접한 관련이 있다.

총서에 포함되지 않은 지역 문화 연구 저서 중《중국서남역사지리해석(상하권, 中國西南歷史地理考釋(上, 下))》과《서남역사문화지리西南歷史文化地理》는 매우 중요한 저서이다.[183] 그 중《중국서남역사지리해석》은 중국학계 윈난역사 연구의 권위자인 팡궈위方國瑜가 평생을 바쳐 펴낸 대작으로, 서남 다민족 지역 행정구역의 역사적 변천을 체계적으로 해석한 것으로, 책 내용의 대부분은 서남민족의 분포와 관련이 있어 서남지역 역사지리와 서남지역 민족사 연구의 필독서로 불린다. 한편,《서남역사문화지리》라는 책에는 역사 인종과 민족 원류 지리, 교통문화지리 등 13개 부분이 내용에 "서남지역 고대민족 원류, 인종 및 언어족속표西南地區古代民族源流, 人種及語言族屬表" 등의 통계 도표 200여 개와《황청직공도》에 수록된 이족복식(《皇清職貢圖》所載彝族服飾)" 등 그림 300여 점이 포함되어 있어《중국서남역사지리해석》에 이어 서남지역 민족역사문화지리 연구의 또 하나의 중요한 걸작이다. 이 외에《중국지역문화(상하권, 中國地域文化(上, 下))》의 17개 주제 중 "몽골초원", "오월吳越", "티베트藏", "파촉巴蜀", "신장의 오아시스新疆綠洲", "링난嶺南", "윈구이云贵" 등 주제와,[184]《중국문화통지中國文化通志》의 "지역문화地域文化"와 "민족문화전民族文化典" 부분도 소수민족 지역의 문화지리 관련 내용을 담고 있다.[185] 황사오원黃紹文의《노마아미에서 애옥산까지-하니족 문화지리 연구諾瑪阿美到哀牢山――哈尼族文化地理研究》은 단일 민족의 문화

---

183 方國瑜,《中國西南歷史地理考釋(上, 下)》, 中華書局, 1987; 方國瑜,《西南歷史文化地理》, 中華書局, 1987.
184 蔣寶德·李鑫生 역음,《中國地域文化(上, 下)》, 山東美術出版社, 1997.
185 《中國文化通志》, 上海人民出版社, 1998-1999.

적, 지리적 연구 관련 전형으로 볼 수 있다.[186] 이 책은 상하로 나뉘는데, 상부는 역사와 현실, 거시적, 미시적 등 여러 측면에서 하니족 문화의 기원, 하니족의 이주와 문화 전파, 하니족 문화 지역의 형성과 발전, 하니족의 문화 접촉과 변화 등 많은 문제를 논의하였고, 하부는 문화 경관과 문화 생태를 주제로 하니족 문화 연구로 취락, 계단식 밭梯田, 음식, 복식 및 종교 등 많은 내용을 포함한다. 허펑何峯이 펴낸《티베트족의 생태문화藏族生態文化》는 티베트고원의 특정 자연지리적 환경과 인문지리적 환경에 대한 연구로 시작하여 티베트족의 원시적이고 고풍스러운 우주관과 다양한 형태의 생태 및 문화 개념을 심층적으로 분석하였다.[187] 장장화張江華·타이전위揣振宇·천징위안陳景源의《얄룽창포강 대협곡 생태환경과 민족문화 고찰기雅魯藏布江大峽穀生態環境與民族文化考察記》는 생태 환경과 민족 문화를 결합하여 연구하였고, 다양한 자연환경 조건이 민족 문화에 미치는 영향을 조사하였다.[188] 장판江帆의《만주족 생태 및 민속 문화滿族生態與民俗文化》는 생태민속학의 중요한 저서로서, 만주족 민속문화와 민족생태에 대한 다차원적 검토와 심도 있는 연구로 만주족 민속문화와 지리에 대한 연구에 참고가치가 있다.[189] 인사오팅尹紹亭의《문화생태와 물질문화·논문편文化生態與物質文化·論文篇》은 40편 이상의 논문을 수록하고 있는데, 생태 인류학, 생태 환경사, 민족문화지리 관련 연구가 포함되어 있다.[190] 이같이 많은 논문과 저서들이 지역의 민족 문화를 다루고 있으며 객관적으로 민족문화지리 연구를 촉진하고 있다.

---

186 黃紹文,《諾瑪阿美到哀牢山──哈尼族文化地理研究》, 雲南民族出版社, 2007.
187 何峯 엮음,《藏族生態文化》, 中國藏學出版社, 2006.
188 張江華·揣振宇·陳景源,《雅魯藏布江大峽穀生態環境與民族文化考察記》, 中國藏學出版社, 2007.
189 江帆,《滿族生態與民俗文化》, 中國社會科學出版社, 2006.
190 尹紹亭,《文化生態與物質文化·論文篇》, 雲南大學出版社, 2007.

민족문화는 각 민족이 오랜 역사발전 과정에서 창조하고 계승해 온 민족특징의 문화로서 많은 분야를 포함한다. 민족문화는 각 민족의 생산과 생활의 모든 측면을 포함하며, 각각의 다른 유형의 문화는 특정 자연환경 조건과 분리될 수 없다. 따라서 현재 발표된 수천 개의 민족문화 관련 논문에는 민족문화지리체계의 특징, 구조 및 기능을 체계적으로 설명하는 논문들이 많이 있으며,[191] 지역 민족문화와 지리환경의 관계를 탐구하기도 하고,[192] 혹은 특정 민족 문화의 지리적 원인 및 지리적 분포를 구체적으로 제시하기도 한다.[193] 다음 부분에서는 민족 취락과 민족 복식을 예로 들어 중점적으로 소개하겠다.

지난 20년 동안 소수민족 마을에 대한 조사와 연구는 많은 학자들의 공통 관심 분야가 되었으며 이에 따라 민족 마을 문화에 대한 연구 결과가 매우 풍부하다고 할 수 있다. 관련 연구 저서는 대부분 민족학, 사회

---

[191] 伍家平, "論民族文化地理系統的特點, 結構和功能——以侗文化為例,"《經濟地理》第1期, 1991; 劉美安, "試論中國文化的地理系統,"《湖北民族學院學報》第1期, 1992.

[192] 盧建林, "雲南民族文化多樣性與地理環境的關系,"《大眾文藝》第6期, 2008; 馬海龍, "論自然地理環境對曆史上河湟多民族文化的影響,"《青海民族研究》第1期, 2005; 羅春祥, "論地理環境對我國民族文化的影響,"《北京教育》第12期, 2006; 高穎, "自然地理環境與東北民族民間音樂,"《文化學刊》第1期, 2006; 鄂義太·烏圖, "藏族傳統文化對青藏高原地理環境的解說,"《西北民族學院學報》第4期, 2002; 陳新海, "河湟文化的曆史地理特征,"《青海民族學院學報》第2期, 2002; 童紹玉, "雲南稻作民族文化生態,"《經濟地理》第1期, 2002.

[193] 張壽祺, "我國西南民族的'蘆笙文化'及其地理分布,"《社會科學戰線》第1期, 1990; 羅開玉, "古代西南民族墓葬與地理關系研究,"《中華文化論壇》第4期, 2002; 車文輝, "地理環境與文化生成——雲南少數民族生育文化形成與變遷的地理學解釋,"《人口研究》第6期, 2003; 李旭東·張善餘, "貴州高原少數民族傳統生育文化生成的地理背景——從地理環境與文化生成的角度闡述,"《西北人口》第5期, 2007; 楊建設·李建國, "我國民族傳統節日體育文化的地理分布特征及其影響因素,"《上海體育學院學報》第1期, 2007; 吳國升, "民族地理背景, 傳統地理視角與方位文化詞探析,"《安徽警官職業學院學報》第5期, 2003.

학, 문화인류학의 관점에서 촌락문화에 대한 심도있는 조사와 연구를 진행하였다. 민족역사지리의 관점에서 접근한 논저는 많지 않지만, 그럼에도 촌락의 역사지리 연혁, 촌락의 전반적인 환경 구성, 촌락서식지 이론, 촌락의 역사적 변천과 공간변천, 촌락 입지와 공간배치 등의 내용을 다루고 있다.[194] 이에 비해 민족취락과 관련된 논문 중 많은 논문이 민족역사지리학과 문화지리학에 착안하여 민족취락과 지리적 환경과의 관계, 민족취락의 공간분포형태, 민족취락건축에 반영된 생태관, 민족취락의 물질구성요소와 취락경관 등에 대해 보다 심도 있고 세밀한 연구를 진행하고 있다는 점에 주목할 필요가 있다.[195]

문화지리의 관점에서 민족 복식을 연구한 저서에서 가장 먼저 언급해야 할 것은 장잉張瑛의《서남 이족 복식문화역사지리西南彝族服飾文化歷史地理》이다.[196] 이 책과 선행연구의 차이점은 저자가 역사지리학의 시각에서 선진 시대부터 청나라 때에 이르기까지 각 역사시기 이족의 복식 문화의 지

---

[194] 斯心直,《西南民族建築研究》, 雲南教育出版社, 1992; 毛剛,《生態視野――西南高海拔山區聚落與建築》, 東南大學出版社, 2003; 石國義 엮음,《水族村落家族文化》, 貴州民族出版社, 2007; 黃恩厚,《壯侗民族傳統建築研究》, 廣西人民出版社, 2008; 梁琦,《青海少數民族民居與環境》, 青海人民出版社, 2005; 黃臻 엮음,《村落文化》, 雲南教育出版社, 2006; 蔡淩,《侗族聚居區的傳統村落與建築》, 中國建築工業出版社, 2007.

[195] 溫軍, "試論我國少數民族村落的分布特征,"《西北民族學院學報》第1期, 1990; 管彥波, "西南民族聚落的形態, 結構與分布規律,"《貴州民族研究》第1期, 1997; 新田牧雄, "雲南哈尼族山寨的文化地理學研究,"《思想戰線》第4期, 1996; 陳勇·陳國階·劉邵權·王青, "川西南山地民族聚落生態研究――以米易縣麥地村為例,"《山地學報》第1期, 2005; 李錦, "聚落生態系統變遷對民族文化的影響――對瀘沽湖周邊聚落的研究,"《思想戰線》第2期, 2004; 周慧, "貴州傳統民居建築的環境自然生態觀,"《貴州民族研究》第3期, 2007; 肖湘東·陳偉志, "湘西民族建築的生態觀,"《山西建築》第6期, 2006; 李傑·孫明明·王紅, "民族建築與自然環境之交融――以從江增沖侗寨研究為例,"《貴州民族學院學報》第5期, 2005; 龍佩貴, "滇南彝族自然神靈觀念與村落格局,"《貴州民族研究》第2期, 2009; 文忠祥, "土族村落的空間結構及土族的空間觀,"《青海民族研究》第1期, 2007.

[196] 張瑛,《西南彝族服飾文化歷史地理》, 民族出版社, 2005.

리적 특징, 이족의 복식 문화의 내용과 지리적 환경 요소 간의 관계에 대해 체계적으로 연구하였다는 점이다. 따라서 민족 복식 문화지리연구의 중요한 저서라고 할 수 있다. 이 외에 쉬구이샹許桂香의《역사지리학적 관점에서 본 영남의류문화연구曆史地理視野下嶺南服飾文化研究》,[197] 쉬구이샹·스투상지司徒尚紀의《링난 소수민족 복식의 역사적 경관과 지리적 환경관계 초보적 탐구嶺南少數民族服飾曆史景觀及其地理環境關系初探》,[198] 가오진쉰高金鎖·량리나梁麗娜의 "북방 소수민족 전통 의상 문화의 지리적 특성 분석北方少數民族傳統服飾文化地域特徵分析",[199] 양정치웬楊正權의 "지리환경이 중국 서남민족의 복식 문화에 미치는 영향에 대하여論地理環境對中國西南民族服飾文化的影響" 등 몇몇 글도 민족 복식의 지역적 차이를 분석하는 데 중점을 두고 있다.[200]

4. 민족경제지리 및 지역區域민족지리 관련 연구

일찍이 1980년대 중반, 소수민족의 분포지역이 땅은 넓으나 인구가 적고 자원이 풍부하다는 등의 특성을 고려해, 일부 학자들은 소수민족의 사회적, 역사적 발전의 객관적 현실에 비추어 지리학적 관점에서 민족지역의 경제문제를 연구할 것을 제안하였다.[201] 같은 시기 일부 학자들은 이론적·실용적 주제인 민족경제의 지리적 범위에 대해 구체적으로 논의하기

---

197 許桂香,《曆史地理視野下嶺南服飾文化研究》, 中山大學博士學位論文, 2008.
198 許桂香·司徒尚紀,《嶺南少數民族服飾曆史景觀及其地理環境關系初探》,《嶺南文史》第3期, 2007.
199 高金鎖·梁麗娜, "北方少數民族傳統服飾文化地域特徵分析,"《學術探索》第1期, 2009.
200 楊正權, "論地理環境對中國西南民族服飾文化的影響,"《楚雄師專學報》第4期, 1991.
201 閻楊英, "從地理學的角度研究少數民族經濟問題,"《廣東技術師範學院學報》第1期, 1986.

시작하였다.[202] 1990년대 들어 중국 소수민족경제 연구의 전개와 함께 민족경제지리학의 기본이론에 대한 토론, 민족지역의 경제발전에 대한 지역구조 분석, 민족경제의 지역적 차이와 분류에 대한 토론, 특정 경제에 대한 민족지리학적 조사 및 연구, 혹은 새로운 경제지리학 모델을 적용하여 민족지역의 공간구조의 경제적 의미를 재해석한 글들이 지속적으로 등장하였다.[203] 이로써 국가 경제 및 지리학에 대한 연구가 어느 정도 강화되었다. 동시에 이 기간 동안 출판된 소수민족경제에 관한 저서 중 "어시민족경제鄂西民族經濟"편집부의《민족경제학民族經濟學》, 황완룬黃萬綸·타이린邰霖이 펴낸《중국소수민족지역생태경제연구中國少數民族地區生態經濟研究》, 위안번퍄오袁本樸가 펴낸《장강상류민족지역생태경제연구長江上遊民族地區生態經濟研究》, 룽웬웨이龍遠尉가 펴낸《중국소수민족경제연구서설中國少數民族經濟研究導論》등 저서들의 일부 장절 내용에서 소수민족경제지리 관련 내용을 다루고 있다.[204]

민족경제지리 연구에서 주성중朱聖钟의《어·샹·위·첸 투자족 지역 역사

---

202 沈道權, "民族經濟的地理範圍淺析,"《民族論壇》第4期, 1997.

203 吳昌考, "關於民族經濟地理學幾個理論問題的探討,"《中南民族大學學報》第6期, 1991; 尹紹亭, "雲南的刀耕火種──民族地理學的考察,"《思想戰線》第2期, 1990; 陳國生, "雲南刀耕火種農業分布的曆史地理背景及其在觀光農業旅遊業中的利用,"《民族研究》第1期, 1998; 尹紹亭, "雲南的山地和民族生業,"《思想戰線》第4期, 1996; 張海亮, "西北民族地區經濟發展的地域結構分析,"《雲南地理環境研究》第2期, 1997; 石培基, "甘川青交接區域民族經濟地域類型及其分區發展模式研究,"《經濟地理》第4期, 2000; 方遠平·文南薰, "地域民族文化與區域經濟發展的相關性探討,"《雲南經濟管理幹部學院學報》第1期, 2000; 陸寧, "簡論西夏經濟與地理環境的關系,"《西北第二民族學院學報》第6期, 2007; 鄭長德, "新經濟地理學與中國少數民族地區的經濟發展,"《黑龍江民族叢刊》第3期, 2009.

204《鄂西民族經濟》編輯部,《民族經濟學》, 廣西民族出版社, 1990; 黃萬綸·邰霖,《中國少數民族地區生態經濟研究》, 中央民族大學出版社, 1994; 袁本樸,《長江上遊民族地區生態經濟研究》, 四川人民出版社, 2001; 龍遠尉,《中國少數民族經濟研究導論》, 民族出版社, 2004.

경제지리 연구鄂湘渝黔土家族地区历史经济地理研究》와《역사시대 량산이족지역의 경제개발과 환경 변천历史时期凉山彝族地区的经济开发与环境变迁》역시 보기 드문 연구성과이다.[205] 전자는 후베이·후난·충칭·구어저우 등 4성 경계에 있는 토가족 집거지를 연구대상으로 삼고 있다. 이 책은 총 다섯 개 장 및 일곱 개 부분으로 나누어 역사시대에 진입한 이후 토가족 지역의 경제발전 조건을 체계적으로 고찰한 기초위에서 토가족 지역 역사농업지리, 수공업지리, 상업지리를 종합적으로 고찰하였고, 토가족지역 경제발전의 기본적 특징을 도출해 냈다. 즉 변두리에서 중심으로의 확산 발전, 경제 발전 포인트인 축의 확산, 이민 지역의 경제 우선 발전 및 경제발전에 대한 민속적 제약 등이다. 이 책은 단일 민족분포 지역에 대한 역사경제지리 연구의 모범적인 연구라고 할 수 있다. 후자는 다양한 역사적 시기에 량산 이족의 분포 변화와 행정구역의 변화를 조사하여, 량산 이족 지역의 경제 개발, 환경 변화, 경제 발전과 환경 변화의 관계를 탐구하였으며, 지역민 족경제지리 및 역사지리 연구 분야의 중요한 성과물이다.

지역민족지리학 연구의 경우, 리샤오룽黎小龍의 논문 "주·진·양한 시기 서남지역민족지리관 형성 및 변화周秦兩漢西南區域民族地理觀的形成和嬗變"는 사마천, 반고, 상거常璩, 범엽范晔 등 역사가들의 지역민족지리 구분 방법과 사상에 대한 고찰을 통해, 주·진·양한 시기 서남지역의 민족지리관의 태동, 형성, 변환의 객관적인 과정을 정리하였으며, 지역민족지리관 연구의 고전이라고 할 수 있다.[206] 저서의 경우, 마창馬強의《당송시기 중국 서부 지리 인식 연구唐宋時期中國西部地理認識研究》와 덩후이鄧輝 등의《자연경관에서 문화경관으로-옌산 이북 농업목축업 교착지대의 인간-환경간 관계의 변천 및 역사지리학적 검토從自然景觀到文化景觀——燕山以北農牧交錯地帶人地關系演變的

---

205 朱圣钟,《鄂湘渝黔土家族地区历史经济地理研究》, 陝西師範大學博士研究生學位論文, 2002; 朱圣钟,《历史时期凉山彝族地区的经济开发与环境变迁》, 重慶出版社, 2007.
206 黎小龍, "周秦兩漢西南區域民族地理觀的形成和嬗變",《民族研究》第3期, 2004.

歷史地理學透視》가 대표적이다.²⁰⁷ 마창의 저서는 당송 시기에 대한 서부지리학 연구성과를 종합적으로 요약하였고, 당송시기 서부지역을 연구의 시공간 대상으로, 그리고 서부의 광활한 민족지역지리를 역사적 지리 단원으로 인식하여, 동 시기 사람들의 서부지역 자연지리와 인문지리에 대한 고찰, 인식, 특징, 의의를 체계적으로 탐구하였다. 덩후이 등의 저서는 중국 북부의 농업 및 축산 교차 지역 동쪽의 허베이성, 랴오닝성, 내몽골 자치구 접경 지역인 "연북燕北 지역"을 연구대상으로 삼았다. 동 지역은 자연환경이 반건조 및 반습윤 기후의 통제하에 있고, 자연지리적 환경이 과도기적·불안정한 특성을 가지고 있으며, 민족역사지리학과 문화지리학의 관점에서 볼 때 다민족이 충돌하고 교류하며 융합된 지역과 역사적으로 농업과 축산업 문화가 번갈아 확장되고 수축된 지역이다. 덩후이 등은 이 지역을 지역역사지리 연구의 대상으로 삼고 문화생태학의 기본 방법을 사용하여 이 지역의 인간-환경간 관계의 형성, 발전 및 변화 과정에 대해 종합적으로 분석하고 있어 참고할 가치가 큰 저서이다.

5. 민족지리분포도, 에스노그라피民族圖志 관련 편찬, 정리 및 출판

문자가 생성되기 전에는 세계의 모든 민족지리에 대한 지식이 대부분 그림 기호의 형태로 보존되었다. 고대 이집트의 피라미드에 그려진 이집트인, 아시아인, 셈족, 남방 흑인과 서양 백인에 관한 그림과 바빌로니아 문명에 남아 있는 페르시아인, 대월씨인, 인도인, 몽골인 등 다른 민족에 관한 석각상石刻像 등은 우리가 추적할 수 있는 가장 오래된 민족지 자

---

207 馬強, 《唐宋時期中國西部地理認識研究》, 人民出版社, 2009; 鄧輝, 《從自然景觀到文化景觀――燕山以北農牧交錯地帶人地關系演變的歷史地理學透視》, 商務印書館, 2005.

료 중 하나로, 고대 이집트인과 고바빌로니아인의 주변 이민족에 대한 인식을 반영하고 있다. 중국에는 먼 옛날부터 "용마부도龍馬負圖"와 "사황작도史皇作圖"라는 이야기가 전해 내려온다.[208] 선진 시대의 지리지인《산해경山海經》은 우禹가 만든 구정지도九鼎地圖에서 유래했다고 보는 학자들이 있다. 진晉나라 때 지도학자 배수裴秀가 비단 손수건에 "우공지역도禹贡地域图" 18권(후난 장사 마왕퇴 출토)을 그렸다. 당나라 때 가탐贾耽이 만든 "해내화이도海内华夷图"와 "우적도禹迹图"가 있다. 청나라 때 에는 김정표金廷标의 "황청직공도皇清职贡图"와 각종 "먀오만도苗蛮图"가 유행하였다. 이러한 민족 관련 지도 데이터 및 정보는 고대 중국 사람들이 민족의 상황을 반영하기 위해 그래픽 방법을 사용하기 시작하였음을 시사한다.

---

208 "용마부도" 혹은 "용마하도(龍馬河圖)"에서 "용마"는 말과 용이 합쳐진 신비한 생명체를 의미하는데, 이 신화적인 존재는 하늘과 땅을 연결하는 상징으로, 대개 하늘에서 내려온 신성한 존재로 여겨진다. 중국 전설에 따르면, 용마는 고대 중국의 하나라 때 황하에서 나타났다고 한다. "용마부도"는 신화적인 중요성을 가지고 있으며, 주로 고대문헌에서 우주의 이치와 관련된 도식으로 등장한다. 이 도식은 음양오행 이론과도 연결되며, 중국 철학과 점성술, 그리고 풍수지리학에서 중요한 역할을 한다. 한편, "사황작도"는 중국에서 중화민족의 시조로 역사화되고 있는 중국 신화 속 영웅인 황제(黃帝)의 신하가 지형과 물상(物象)을 묘사한 지도를 작성하였다는 내용을 담은 전설이다. 이 전설은 4천년 이전 중국에는 이미 인류사회 초기 사용한 지형과 물산을 묘사한 지도가 존재했다고 점을 강조하려는 것으로 보인다.(역자 주)

<그림 1-6> "화이도華夷圖"

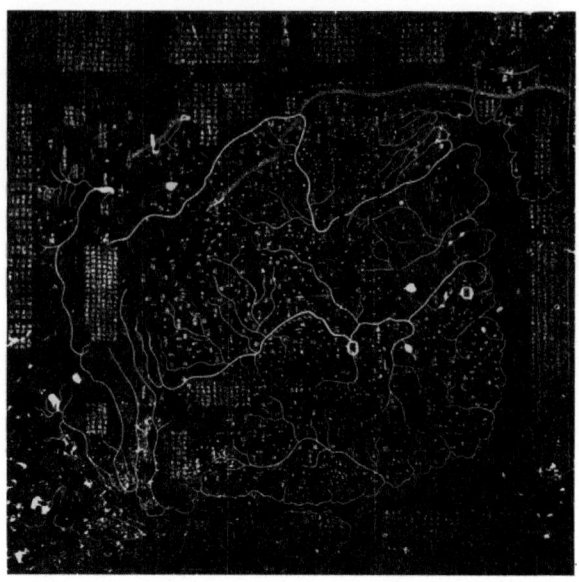

주: 중국 산시성 陝西省 시안西安 비림碑林 박물관 소장

최근 수십 년간 중국 역사지도 제작에서 가장 중요한 것은 탄치샹譚其驤이 편찬한 여덟 권짜리《중국역사지도집中國曆史地圖集》이다.[209] 이 지도집에는 고대 민족, 특히 북방민족의 지리적 분포가 다양하게 반영되어 있기 때문에 오랫동안 사람들이 자주 참조하는 중요한 지도책이 되었다. 그러나 객관적으로 말해서, 이 지도집의 주요 초점은 역대 강역과 행정구역의 변화였기 때문에 고대 민족 분포는 부수적인 내용으로 취급되었다. 특히 남방민족 관련 그림은 매우 포괄적이어서 고대 민족의 분포와 이동 상황에 대한 포괄적인 이해의 요구를 충족시킬 수 없다. 이러한 상황에 대응하여 중국사회과학원 민족학·인류학연구소가 십여 명의 학자들을 모아

---

209 譚其驤,《中國曆史地圖集》, 中國地圖出版社, 1982-1987.

수년간의 노력 끝에 편찬한《중국역대민족분포와이동도中国历代民族分布与迁徙图》가 완성을 앞두고 있는데, 가까운 시일 내에 독자들과 만날 수 있을 것으로 기대된다. 이 책은《중화인민공화국 국가역사지도집中華人民共和國國家歷史地圖集》의 중요한 부분으로,[210] 춘추시대부터 민국시대까지 전국 민족 분포와 이주도总图 21점을 그렸고, 발해, 남조南诏 등 민족정권 내의 여러 민족분포도를 그렸으며, 그림 아래에 간략한 설명이 붙어 있어 출판이 되면 그간 중국이 각 역사시대 민족분포와 이주도를 전면적으로 반영하지 못한 단점을 보완할 수 있을 것으로 기대한다.

현대 중국의 민족 분포, 언어 분포, 종교 분포, 민족 자치 지역 상황과 관련하여, 중국 학계에서 가장 일반적으로 사용되는 지도는 인원청尹文成이 편집하고 그린 책이다. 또한 1999년 천잉추陳英初펴내고 중국지도출판사가 발간한《중화인민공화국 민족분포도中华人民共和国民族分布图》도 중국 민족의 지리적 분포를 이해하는 데 중요한 참고 자료이다. 인원청과 천잉추가 펴낸 책 외에도 한 지역·성·자치 지역이나 혹은 특정 역사적 기간 특정 민족의 분포도를 반영하는 다양한 형태의 도서가 여전히 많은 것으로 알고 있다. 그러나 고대와 현대의 다양한 민족의 지리적 분포를 총체적·종합적으로 연구하고 그린 저작은 여전히 부족하며, 민족지리학의 관점에서 혹은 제도학制圖學 적 시각에서 민족의 분포도를 탐구한 논저는 아직 없다고 본다.

현대 민족 분포도의 편집 및 제작에서 2002년 하오스위안郝时远이 펴내고 중국지도출판사에서 발간한《중국소수민족분포도집中国少数民族分布图集》은 중국 학계에서 독립적으로 완성한 최초의 민족을 테마로 한 지도집이다. 이 지도집은 많은 현장 조사 자료를 기반으로 하며 310개의 크고 작은 그림과 55개의 도표를 사용하여 중국 소수민족의 "인구와 분포", "환경

---

210 이 지도집은 2014년 1월 1일 中國社會科學出版社와 中國地圖出版社가 공동으로 출간하였다.

과 자원", "민족의 기원과 역사", "언어와 문자", "문화예술", "풍습", "종교신앙" 및 "사회, 정치 및 경제 발전" 등을 종합적으로 반영하였기에 학술적·응용적 가치가 상당히 높다.[211]

중국 고대 남조南朝 소연蕭衍이《직공도職貢圖》를 그린 후, 이어 옌리번閻立本의《직공도職貢圖》, 주방周昉 의《만이직공도蠻夷職貢圖》, 리공린李公麟 의《만국직공도萬國職貢圖》, 전선錢選의《서여공여도西旅貢獒圖》, 그리고 청나라 때의《황청직공도皇淸職貢圖》와《먀오만도苗蠻圖》등이 있다. 변방 민족 관련 내용을 담은 이러한 그림은 변방 민족의 역사지리, 사회경제, 풍습과 및 인정风土人情 연구의 중요한 자료이기도 하다. 지난 10년 동안 이러한 유형의 책을 정리하여 출판한 책 중《청대민족도지淸代民族圖志》,《쳰난먀오만도설연구黔南苗蠻圖說研究》,《뎬성이인도설滇省夷人圖說 전성여지도설滇省輿地圖說》, 그리고 양팅숴楊庭碩가 엮은 "백먀오도연구총서百苗圖硏究叢書" 중《백먀오도교석百苗圖校釋》,《백먀오도회고百苗圖匯考》,《백먀오도사본회편(상·하권, 百苗圖抄本匯編)上下卷》,《백먀오도소증百苗圖疏證》등은 매우 중요한 자료들이다.[212] 그 중《청대민족도지》는 중국역사박물관 소장 김정표의《황청공직도》, 장예덕莊豫德의《직공도職貢圖》, 청나라 때 사본인《광여승람廣輿勝覽》과 청나라 때 그린《직공도職貢圖》·《쳰성먀오민도책黔省苗民圖冊》·《서남소수민족도책西南少數民族圖冊》·《중외민족도책中外民族圖冊》·《먀오민도책苗民圖冊》 중에서 가장 대표적인 그림을 선정하여, 그림과 문자 및 역사문헌과의 결합을 통해 해당 민족의 지리적 위치, 역사적 상황, 풍속습관 등을 비교적 완벽하게 기재하였

---

211 揣振宇, "《中國少數民族分布圖集》評介,"《民族研究》第1期, 2005.
212 李澤奉·劉如仲 엮음,《淸代民族圖志》, 靑海人民出版社, 1997; 李德龍,《黔南苗蠻圖說硏究》, 中央民族大學出版社, 2008; 揣振宇 엮음,《滇省夷人圖說滇省輿地圖說》, 中國社會科學出版社, 2009; 李漢林,《百苗圖校釋》, 貴州民族出版社, 2001; 杜薇,《百苗圖匯考》, 貴州民族出版社, 2002; 楊庭碩 엮음,《百苗圖抄本匯編(上下卷)》, 貴州人民出版社, 2004; 劉鋒,《百苗圖疏證》, 民族出版社, 2009.

다는 점에서 더욱 주목된다.[213] 리더룽李德龙은 청나라의 수많은《먀오만도苗蠻圖》문헌 중에서 구어저우성 민족에 대한 기재 종류가 가장 많고 다양한 민족에 대한 정보가 가장 많은《첸난먀오만도설》을 선택하여 다양한 관점에서 종합적인 연구를 수행하였으며《첸난먀오만도설연구黔南苗蠻圖說研究》라는 책을 출간하였다. 이 책은 청나라 때 구어저우 각 민족의 전반적인 상황을 완전히 파악하는 데 참고가치가 높다. 한편,《뎬성이인도설전성여지도설》이라는 책은 현재 변방 소수민족의 역사와 지리, 지도, 서예 및 회화를 소개하는 희귀한 텍스트로, 문헌 가치가 매우 높다. 관련 내용의 재편집 및 출판은 청나라 때 윈난 민족의 역사, 정치, 군사, 지리 및 사회생활의 여러 측면을 연구하기 위한 귀중한 역사적 자료를 제공해준다.

요컨대, 최근 30년 동안, 민족 분포도, 민족 지도의 편찬과 연구는 일정한 성과를 거두었지만, 민족지리학의 다른 방면에 비해, 여전히 민족 지리학의 핵심 내용 중 하나인 고금의 민족 분포도 및 민족 지도의 연구에 충분한 관심을 기울이지 않았다. 특히 지도학의 방법과 수단을 사용하여, 민족지리학·역사학·지리학·민족학 및 기타 학문의 자료와 연구 성과에 따라, 국가 지리 분포도와 경제 문화 지역 또는 특정 국가 문화현상의 공간 분포도를 그리는 것은 여전히 부족하다.

중국의 민족지리학 연구의 진전을 분석한 결과, 독립적인 신흥 학문으로서 민족지리학이 중국 학계에서 인정받고 있으며, 민족지리학 분야의 기초 이론과 기본 내용에 대한 연구가 점차 확산되고 있음을 알 수 있다. 그러나 민족지리학의 학문적 기초나 학문적 개념이 아직 완전히 확립되지 않았고, 일부 주제 연구도 성숙한 이론적 뒷받침이 부족하여 느슨하고 심층적이지 않으며, 특히 민족지리학의 응용 연구는 가장 취약한 부분이라고 할 수 있다.

---

213 李澤奉·劉如仲 엮음,《清代民族圖志》, 青海人民出版社, 1997, pp.4-5.

제2장

민족지리학:

연구 대상, 내용, 개념, 학문 체계 및 방법

당대 과학의 발전에는 두 가지 경향이 있다. 하나는 연구내용의 심화에 따라 각 학문분야가 부단히 분화 및 전문화되는 경향이고, 다른 하나는 과학적 현실에 대한 전면적인 연구의 필요에 따라 인접 학문분야와의 상호 교차와 융합 속에서 학제간 융합학문이 새롭게 형성되고 있는 경향이다. 민족지리학 역시 학제간 융합학문으로서 민족학과 지리학 등 전통 학문의 전문화와 연구의 심화, 연구 내용과 방법 및 성과의 축적에 따라 인문지리과학 분야의 한 분과학문으로 자리잡았다. 민족지리학은 여타 학문과 마찬가지로 특정한 연구대상, 내용, 방법을 갖고 있고, 부단히 발전 및 완성되어 가는 학문 체계를 갖고 있을 뿐만 아니라, 나름의 학술적 가치와 현실적인 의의를 갖고 있다.

1
민족지리학의 연구대상

 민족지리학의 개념은 1950년대 말 민족학자들에 의해 제기되었지만, 이 용어가 처음 등장한 것은 1920년대 일본의 고마키 사네시게小牧実繁의 저서였다. 물론, 해당 저서에 등장한 민족지리학은 인종학적 시각을 중요시하면서 인종과 지리적 환경 간 관계를 고찰하고 있기에, 이 책의 "민족지리학"과는 본질적으로 구분된다. 1950년대말 소련 민족학계는 세계적 범위에서 모든 국가와 지역의 민족 구성, 즉 민족의 자연적 구성, 사회역사적 구성 및 인구적 구성을 확정 짓기 위해 "민족지리학"이라는 개념을 공식적으로 제기했다. 동시에 민족지리학의 연구대상을 "특정지역 사회역사 발전과 경제발전 과정에서 각 민족 인구와 민족 성분成分의 변동 및 변동의 원인"이라고 규정했다.[1] 이러한 개념 정의로부터 볼 때, 민족지리학 최초의 연구대상은 명확하지 않고, 민족인구학의 일부 연구과제를 민족지리학의 특정한 연구내용으로 규정하고 있다는 문제점을 보여주고 있다. 비슷한 시기에 개최된 제7회 국제인류학·민족학대회의 민족지리학 분과 토론에서는 민족인구학의 연구 문제를 여섯 가지로 정리했다. 첫째, 인구의 자연 변동 속에서의 민족 요인의 역할, 둘째, 민족의 이동 과정 및 성분의 변화에 미친 영향, 셋째, 인구조사자료 속 민족 지수에 대한 분석, 넷째, 민족분포지도地圖집의 제작 방법, 다섯째, 민족분포지도집의 제작 원칙, 여섯째, 도시화 및 (도시화가) 민족발전 과정에 미친 영향 등이다. 이러한 연구 문제들을 통해 당시 학계의 민족지리학에 대한 인식과 연구의 한계를 엿볼 수 있다.

　이후 민족학과 지리학 학문 연구의 부단한 심화 및 전문화, 특히 학제 간 교차와 융합의 필요성에 대한 인식이 강화되면서 민족지리학 연구는 '민족-환경'간 상관관계를 중요시하면서 전개되어 왔다. 각 학문분야 및 전공자는 해당 학문분야의 시각에서 출발해 상이한 민족공동체가 의존했던 지리적 환경에 대한 통시적·전문적 연구를 진행했다. 또한 해당 연구의 초점을 민족 활동의 지역적 특징과 지역적 차이에 미친 지리적 환경의 영향에 두었다. 그럼에도 민족과 지리적 환경 간 상호관계가 변화무쌍하기에, 민족지리학자는 민족의 각종 활동의 분포 상황과 각 역사민족지역의 자연적 상황 및 사회적 상황의 차이점을 고찰함에 있어서, 지리적 환경을 주요변수로 해석함과 동시에 민족지리학에 대한 여러 가지 새로운 접근법을 제공해주고 있다. 예컨대, 한 연구에서는 민족지리학이 반드시 각 민족 지역의 분포, 특히 동족 집거聚居지역과 이민족 잡거雜居지역에 대한 연구를 진행해야 하며, 민족의 분산 거주散居 및 이동과 경제, 자연 여

---

[1] 王文慶·李毅夫 엮음,《國外民族學槪況》(上), 中國社會科學院民族硏究所, 1980.

건 등과의 관계에 대한 연구의 필요성을 강조한다. 즉 민족의 지역적·공간적 분포의 차이와 법칙성을 민족지리학 연구의 고유한 연구방향으로 설정해야 한다는 것이다. 이러한 주장의 강조점은 민족의 지역 분포의 특징과 민족 지리의 발전과정 속에서의 공간구조에 대한 분석을 중요시해야 한다는 것이다. 이와 유사하게, 민족지리학은 지역적·공간적 시각에서 민족 및 인구의 특징과 공간적 분포의 법칙을 규명하는 과학이라는 주장도 있다. 또한 민족과 지리적 환경간의 관계에서 출발해, 민족지리학은 "민족의 형성, 변천과 분포 특징 및 자연 지리와 인문 지리의 상관관계를 연구"하는 과학이라는 주장,[2] 혹은 민족지리학은 일정한 사회역사발전의 조건하에서 민족 역사 발전, 민족 구성, 민족 분포, 민족 이동의 지리 공간적 차이, 상관관계 및 특징을 연구하는 학문이라는 주장도 있다. 이러한 주장들은 민족공동체의 규모, 지리적 분포, 구조의 변화 및 상호관계의 분석에 초점을 맞추고 있다. 이 외에도 일부 연구들은 좀더 거시적인 접근을 하고 있다. 즉 민족지리학의 연구대상은 세계 각국 민족의 주거문화, 생활방식과 습관의 지리적 차이, 거주지, 국토 체제, 민족 인구가 환경에 미친 영향 등이라는 것이다.

요컨대, 민족지리학 수 십년 간의 발전과정에 있어서, 지리학자든 민족학자든 모두 각자의 연구시각에서 민족지리학이라는 신생 학문에 커다란 관심을 보여주었다. 이는 민족 인구의 특징, 민족지역분포의 특징, 민족과 지리적 환경 간 상관관계, 민족 지역의 총체적 특징 등에 대한 연구성과에서 나타난다. 연구자가 보건대, 이러한 시각 및 관점을 담은 선행연구들을 비판적으로 검토 정리한다면, 민족지리학의 정의에 대한 전면적인 파악은 어렵지 않을 것이다.

민족지리학이 지리학의 연구방법을 사용하고 민족이라는 특수한 지역

---

2 劉錚 엮음,《人口學辭典》, 人民出版社, 1986, p.357.

지리현상을 통해 지리적 특징과 과정을 연구하는데 적어도 세 가지 특징을 반영해야 한다고 본다. 첫째, 민족 분포의 지리적 위치와 공간적 차이이다. 둘째, 인간과 환경 간 상관관계를 반영하는 민족생태학적 관점, 즉 각 민족과 환경 간 상관관계의 생태학적 분석이다. 셋째, 민족의 공간적 위치와 생태적 관계의 융합 속에서 지역에 대한 분석, 특정한 지역내 환경과 민족적 특징 간의 특수한 관계에서 비롯된 비교적 두드러진 차이점이다. 또한 민족지리학 연구와 민족의 여러 측면이 모두 직·간접적으로 연계를 맺고 있고, 민족은 사회역사적 범주에 속하기에, 민족지리학은 민족의 형성, 분포, 변천과 환경간의 상관관계를 고찰해야 함과 동시에, 민족의 지역적 분포 법칙, 공간적 차이의 형성에 중요한 영향을 미치는 지모地貌, 기후, 수문水文, 토양, 생물 등 자연 환경적 요소와 정치, 경제, 사회, 역사, 문화 등 인문 환경적 요소, 그리고 환경을 통한 특정지역의 인구, 경제, 역사, 거주지, 문화 등의 변화 발전 법칙 등에 대한 해석을 중요시해야 한다.³ 이에 연구자는 민족지리학의 정의를 다음과 같이 내린다. 민족지리학은 지리학의 시각에서 민족 생태적 관점을 사용해 민족의 형성, 구성, 이동, 분포 특징 및 자연지리, 인문지리의 상호관계를 연구함으로써, 민족 지역의 역사, 경제, 인구, 거주지, 문화 등 요소의 지리적 배경과 변화 발전 법칙을 규명하는 과학이다.

 새롭게 떠오르는 '신흥朝陽' 학문으로서 민족지리학은 보편적 의의를 지니는 연구대상 외에도, 상이한 시기와 지역 및 국가의 실제 상황에 따른 연구과제를 확정지어야 한다. 예컨대 중국의 민족지리학은 중국 소수민족지역 특히 변강 지역의 낙후하고 도시화 정도가 낮은 민족 지역의 인문 기구와 활동의 지리적 요소에 대한 분석에 초점을 맞추어야 할뿐만 아니라, 중국의 각 민족 지리의 취집聚集의 형식, 분포, 구조와 비례 관계 등

---

3 지모란 '땅 표면의 생김새. 고저, 기복, 비탈 따위의 상태'를 의미한다(역자 주).

을 체계적으로 연구해야 하며, 소수민족지역의 여러 가지 인문과 자연 자원 실태를 고찰함으로써 각 민족의 공동발전을 추진함은 물론, 소수민족지역의 자원에 대한 평가와 경제개발 요구에 부응할 수 있어야 한다.

민족지리학의 연구내용

일반적으로 특정한 연구대상이 구체적인 연구내용을 결정하게 된다. 학제간 융합 학문인 민족지리학은 연구 내용과 연구과제에 있어서, 학문 체계를 부단히 완성하면서 기초 이론과 응용 과제의 연구를 강화함과 동시에 다음과 같은 연구내용들을 포함시켜야 한다.

1. 민족분포와 지역區域민족 구성의 역사지리적 배경

민족 분포는 범주가 넓은 개념으로, 민족의 지역적 분포뿐만 아니라 민족의 행정적, 생태적, 인종interethnic적, 지연地緣적 분포 등 상호 연관성이 있는 몇 개의 부분 및 측면을 포함한다. 민족지리학에서 주목하는 민족분포는 주로 세계적 범위에서의 민족의 지리적 분포이다. 그럼에도 어떠한 사물의 지리적 분포든 지역적 차이(상이한 지역간의 특징의 비교)와 지역적 연관성(임의의 두 개 지역간의 각종 연계의 총합總和)을 포함하는 것이 일반적이다. 지역적 차이와 지역적 연관성의 모순적 통일체인 민족지리구조는 특정한 운동 법칙과 분포 법칙을 가지고 있다. 일종의 복잡한 지역지리현상으로서 민족 지리적 분포는, 민족의 공간 분포 형태와 민족 인구의 지리적 분포 과정, 즉 민족(인구) 현상이 시공간에서 두드러지게 나타나는 차이점을 가리킨다. 이러한 시공간적 차이는 각 대륙간, 국가간의 차이에서도 나타나지만, 일국 내 그리고 국내 지역 간에도 나타난다. 따라서 민족 인구의 공간분포형태와 지역간 차이의 특징을 종합적으로 분석하여 인구지리분포의 법칙을 제시하는 것은 민족지리학의 핵심 내용의 하나로 볼 수 있다. 즉 민족인구지리는 민족지리학의 주요한 연구 내용인 것이다. 또한 민족지리학이 역사적으로 형성된 각 민족공동체의 형성과 변천의 지리적 배경에 대해서도 고찰하기에, 역사 시기별 민족 분포, 변천 및 그 속에서 나타나는 지역적 차이의 역사적 원인에 대해 연원적 고찰을 해야 한다. 따라서 민족역사지리학 역시 민족지리학의 가장 기본적인 연구내용인 것이다.

1) 민족인구지리

민족인구지리는 민족 인구의 공간적 분포의 차이 및 변화 법칙을 연구하는 학문 분야로서 민족의 지리적 분포를 검토함에 있어서 주요한 출발점이 된다. 이는 일정한 시공간내 민족 인구의 숫자와 지리적 분포가 해당 민족의 크기 및 지리적 분포를 가늠하는 중요한 지표이기 때문이며, 해당 민족의 인구 숫자에 대해 정확히 파악하는 것은 인구지역분포 연구의 기초이기 때문이다.

시간적 특성으로 볼 때, 민족 인구의 지리적 분포는 정태적 분포와 동태적 분포로 구분된다. 정태적 분포는 일정한 지역 범위 내에서 특정 시기 동안의 집거 실태를 가리키는 것이고, 이와 달리 동태적 분포는 일정한 지역 범위 내에서 일정 시기 동안의 집거실태를 가리키는 것이다. 공간적 특성으로 볼 때, 민족 인구의 지리적 분포는 수직적 분포와 수평적 분포로 구분된다. 수직적 분포는 동일한 지역내 특정 시점에서의 상이한 지형의 집거 실태를 가리키고(띠 모양으로 표현), 수평적 분포는 동일한 지역내 특정한 시점에서의 상이한 평면적 집거 실태를 가리킨다(평면형으로 표현). 시간적 특성을 보여주는 정태적 분포든 동태적 분포든, 혹은 공간적 특성을 보여주는 수직적 분포든 수평적 분포든 모두 직간접적으로 자연지리환경의 제약을 받으며, 민족 인구의 지역과 밀접한 연관을 맺는다. 따라서 민족인구지리를 연구함에 있어서 반드시 민족 인구의 지역적 구성에 초점을 두어야 한다.

　세계적 범위에서 민족 인구의 지역적 구성은, 수 천년에 걸친 경제, 문화적 교류, 수 차례의 민족 이동, 융합, 동화 등의 과정, 그리고 인구의 분포와 재분포 과정을 통해 최종적으로 형성된 민족 인구의 역사적 구조이다. 민족거주공간에 따라 민족 인구의 지역적 구성은 행정적 요인에 따른 구분, 도시와 농촌의 구분, 자연 지역에 대한 구분, 집거 지역 혹은 분산 거주 지역의 구분 등으로 나타난다. 이러한 유형들은 모두 민족의 행정적·자연적·생태적·인종적 분포와 밀접하게 연관되며, 민족 인구의 지역적 구성은 민족지리분포에 영향을 미치는 변수로 볼 수 있다. 따라서 민족지역분포의 차이는 한 국가 혹은 지역 민족 인구의 지역 분포 차이와 밀접한 상관관계를 갖고 있다는 사실을 알 수 있다. 이에 민족 지역의 인구에 대한 지역적 계획을 실행해야 함과 동시에, 인구 분포도를 만들어 민족 인구의 업종별 구성 분포, 직업별 구성 분포, 성별 및 연령 구조 분포, 도시화 정도 및 유동 실태 등 다양한 조사 분석을 해야만 민족 인구의 지역적 분포의 차이 및 환경과의 관계를 정확히 파악할 수 있고, 더불어 민족 지역의 합리적인 인구정책과 경제발전계획 마련에 객관적 근거를 제공할 수 있다.

2) 민족역사지리

지리학 분야에서 역사지리학은 역사학과 지리학, 그리고 자연지리학과 인문지리학의 융합학문으로 볼 수 있다. 역사지리학의 연구내용에는 역사 시기별 자연환경의 변천 및 발전법칙을 연구하는 자연역사지리가 포함될 뿐만 아니라, 정치, 경제, 도시, 거주지 등 각종 인문 현상의 발생 및 발전의 역사 지리적 기초 즉 인문역사지리가 포함된다. 민족지리학 시각에서 보는 민족역사지리는 넓은 의미에서 볼 때는 민족의 자연역사지리와 인문역사지리 모두를 포함하지만, 좁은 의미에서는 민족의 기원, 형성과 지리적 분포의 역사적 과정, 지리적 기초, 특히 민족 공동 거주지역의 공간적 변동 과정에 대한 연구에 초점을 둔다.

널리 알려진 바와 같이, 공동 거주지역을 기본특징으로 하는 민족은 특정한 역사발전단계의 산물이다. 현재 세계에 존재하는 200여 개 민족의 분포는 장기간의 역사적 발전과 변천의 결과이다. 정치적, 경제적, 군사적, 그리고 자연 여건 등의 다양한 요소의 영향에 따라 민족분포지역의 규모는 부단히 변화한다. 또한 이러한 변화는 흔히 상이한 민족간의 교차적 분포를 초래하고 상이한 민족간 지역적 연계를 강화시키며 특정한 지역의 민족 구성을 반영한다. 따라서 민족지리학의 연구는 역사학과 지리학의 연구방법, 문헌자료와 지도 등을 활용하여 민족역사지리 면모, 민족의 지역 분포 변천도 등을 보여주면서 민족지역분포 변화의 역사적 과정 및 원인을 제시해야 한다. 역사지리민족지역 내 민족의 집거, 잡거, 분산 거주의 특징과 이동, 융합, 유동, 왕래의 실태를 분석하고, 더불어 민족 지역의 행정건치行政建置 연혁을 복원해 낼 수 있다면, 이는 민족지리학의 연구내용을 풍부하게 할 것이다.[4]

---

4 건치란 '세워서 설치했다'는 것을 의미하는데, 행정건치는 행정구역과 행정기구를 설치했음을 의미한다.(역자 주)

2. 민족경제지리

　민족의 생산실천활동 그리고 자연지리환경과의 관계, 즉 인간-환경 간 관계는 인문지리학의 분과 학문인 민족지리학 연구에서 핵심이 된다. 이는 생산활동이 각 민족의 생존과 의식주 등 물질생활재료를 획득하는 가장 기본적인 활동이기 때문이기도 하지만, 물질 재료를 제공하는 환경이 일종의 노동 대상과 넓은 의미의 노동수단으로서 인류의 생존과 발전의 기본적인 물질적 조건이기 때문이다. 특정한 민족은 특정한 지리 환경 속에서 독특한 생산활동이나 경제생산양식으로 생활한다. 변화무쌍한 지리 환경은 민족 생존에 물, 공기, 토양, 광물, 생물 등 생활 자료 즉, 재생 가능 자원과 재생 불가능 자원을 제공한다. 인류사회가 발전하면서 한 민족은 생존의 수요에 의해 언제나 지리 환경에 대한 개조와 이용을 확대 및 강화해야 하고, 지리 환경에 대한 적응 능력을 부단히 높여야 하기에 지리적 환경을 크게 변화시킬 수밖에 없다. 또한 지리적 환경은 민족 활동의 지역적 특징과 차이에 더욱 많은 영향을 미치고 있다.

　한편, 인류의 생산활동 혹은 경제생산양식은 한 순간도 지리 환경을 떠날 수 없으며, 상이한 경제 생활은 서로 다른 지리 환경에 대한 개조와 적응의 결과이다. 원시사회에서의 생산활동은 주로 채집에 집중되었으며 자연환경에 직접적으로 의존했다. 당시 상대적으로 우월한 자연지리환경은 인간들에게 풍족한 사냥감과 과일 등을 제공해주었다. 대신 상대적으로 풍요로운 자연지리환경은 인류사회의 발전을 더디게 만들었다. 예컨대 현재 아시아, 아프리카, 남아메리카의 열대와 아열대 산림지대 및 열대 초원지대에서 생활하는 피그미족Pygmies, 부시맨족Bushmen, 쿠부족Kubu, 푸남족The deep south people 등의 민족공동체가 그러하다. 이러한 민족들은 단번에 전통적 생활방식을 벗어나기 어려울뿐더러, 자연환경에 대한 개조 역시 거의 찾아볼 수 없으며 자연지리환경에 크게 의존한다고 할 수 있다.

　물론 지리 환경이 역사적으로 각 민족공동체에 미치는 영향력은 가변적이다. 한 민족의 생산력 발전과 경제생활의 발전은 주변 지리 환경에 새로운 것을 요구한다. 예컨대 채집과 수렵을 주로 하는 민족과 유목 민족을 비교해 볼 때, 후자는 전자에 비해 자연환경에 대한 영향과 개조의 정도와 범위가 더욱 크다. 전 세계적인 범위를 놓고 보면, 유목민족의 활동범위는 비교적 넓은데, 열대에서부터 북방의 극지까지 그들의 활동 흔적을 찾아볼 수 있다. 따라서 경제생활에 미친 자연지리환경의 영향, 즉 유목민족의 경제 지리를 연구함에 있어서 관련된 생물 지리 군락群落 분포와 지모 생태 구조를 고려해야할 뿐만 아니라, 동일한 유목민족일지라도 지역적 차이가 크다는 점을 고려해야 한다. 이같이 동일한 경제유형들이 보여주는 지역적 특징과 차이는 민족경제지리 연구에 있어서 소홀히 다루어서는 안 되는 문제들이다.

　현재 전 세계의 각 민족의 주요한 전통적 생계유형에는 '채집과 수렵'형, 유목형, 농경형이 있다. 농경 경제는 내용이 가장 풍부하고 관련된 하위 유형亞型이 아주 많은 생계방식으로, 각 민족의 지력과 체력을 생태 계통에 직접 주입하여 에너지를 섭취하는 자연적 식피植被에서 인공적 식피로 교체되었다.[5] 인간은 노동력 강화와 기술의 개선을 통해 생존 환경을 변화시킬 수 있고, 생태 계통으로부터의 추출 효율을 확대 혹은 증가시킴으로써, 자연계로부터 최대한 많은 에너지를 획득해왔다. 이러한 경제활동방식이 자연환경에 미친 영향과 개조는 그 정도와 범위가 매우 크며 획득한 생활 재료도 매우 풍부하다. 그럼에도 농업생산과 농경경제생활의 세부적인 측면에서 '농경 민족'의 경제 지리를 검토할 때, '화전경작刀耕火

---

[5] 식피란 '어떤 일정한 장소에서 모여 사는 특유한 식물의 집단'인데, 고산(高山), 해안(海岸), 황원(荒原), 삼림(森林) 등으로 나뉜다(역자 주).

種'등 특수한 형태의 독특한 지리, 인문 환경, 지역적 차이와 변천과정을 염두에 두어야 한다. 동시에 '농경 민족' 생활 지역의 각종 자연자원의 종류와 수량 및 개발 이용 가능성과 제한성, 잠재력에 대해 충분히 고려함으로써, 자연환경의 개조와 이용에 대한 경로와 조치들을 찾아봐야 하며, 경제개발과 생산력 분포를 합리적으로 실행함으로써 민족의 생산활동과 환경 간 관계를 조화시켜야 한다.

3. 민족취락聚落지리

한 민족은 주변 자연지리환경에 대한 이용과 개조 과정, 그리고 특정한 생산활동과 생산 과정에서 민족적 특징을 지닌, 그리고 시공간적 차이를 보이는 취락 환경을 만들었다. 취락은 인간이 생산활동에 종사하는 중요한 기초로서, 인구의 거주와 인구 분포의 표현형식이다. 상이한 민족은 생산활동의 내용이 다르고, 또한 거주지의 지리적 위치, 자연환경, 풍속 습관이 다르기에 주거 방식과 특징 및 이에 따른 취락 유형, 취락 분포의 지리적 위치, 주거 건물의 건축양식, 취락 속의 민족 특징을 지닌 공공 건축물 등이 다르게 나타난다.

이밖에 민족 지역의 기후와 자연 여건은 취락 형태를 결정짓는 중요한 요소이다. 이는 과거와 현재의 시간 차이, 남북의 지역적 공간의 차이, 그리고 상이한 건축양식의 차이에서 찾아볼 수 있다.

요컨대, 민족지리학은 민족 취락의 형성, 발전 그리고 환경과의 관계, 그리고 민족 취락 분포 법칙과 특징을 연구함과 동시에, 도시와 향촌의 취락, 취락과 건축의 상관관계에 주목하여 다음과 같은 구체적인 연구내용을 확정해야 한다.

첫째, 민족 지역의 향촌 취락 유형 혹은 향촌취락지역에 대한 연구이다. 향촌 취락의 지역적 차이에 대한 탐구, 상이한 향촌 취락 유형 혹은 향촌 취락 지역의 기원, 형식, 특징, 경계선 및 환경과의 관계 등이다.

둘째, 민족 지역의 집진集鎭과 촌락村莊의 상호 연계와 영향 및 작용 속에서 이루어진 향촌 취락 체계와 규모, 그리고 향촌 취락의 현대화와 도시화의 발전 방향과 전망 등이다.[6]

셋째, 민족 지역 도시 취락의 분포 특징, 기능, 유형, 분포 형식, 영향 요소, 지역적 차이와 지역 체계 등이다.

넷째, 기후, 지형, 수원水源, 식피 등 자연환경, 농경지와 상업 분포 및 교통여건, 정치 행정 능력과 사회 습관 등 생활습관 및 사회문화 환경과 취락 간의 특수관계 등이다.

다섯째, 경제활동의 성격, 취락의 형태와 규모 및 취락의 지역적 차이에 따라, 민족 지역 향촌과 도시의 취락에 대해 각각의 연구를 진행해야 한다.

4. 민족문화지리계통

인문지리학의 발전에 있어서 20세기 초 문화영역이론의 발전을 중심으로, 모르간Lewis Henry Morgan, 보아스Franz Boas, 위슬러Clark Wissler, 크로버Alfred Louis Kroeber 등을 대표로 하는 문화학파가 탄생했다. 이들은 각종 물질적·제도적·정신적 문화와 자연환경간의 관계에 대한 분석에 초점에 두었고, 이를 인문지리학 연구의 중요한 내용으로 간주했다. 또한 이들은 '문화권', '시대영역', '문화경관', '문화요소', '문화영역culture area'등 많은 용어를 제기했고, '지역'의 시각에서 민족이라는 특수한 공동체를 파악하고, 거주 환경에 대한 감지, '형상화', 개조의 생산 및 생활 과정 속에서 형성

---

6 집진이란 '비농업 인구를 위주로 하는 작은 규모의 거주 구역'을 가리킨다(역자 주).

된 지역적 자연지리환경 특징과 선명한 민족 특색을 띤 민족문화지리계통을 파악하고자 했다.

민족문화는 민족이 존재하는 일종의 형식이며, 대표적인 표현 양식이다. 어떤 민족이든 모두 자민족 문화를 갖고 있고, 어떤 문화든 모두 한 개 혹은 여러 개의 민족이 창조, 유지, 발전시켜 왔으며, 어떤 민족이든 자민족의 장기 거주 환경에 지역자연지리 특징과 민족문화를 담은 지역문화를 형성했다. 환경 행동Environment Behavior이 일치하는 지역 내에서 발생하는 행동 일치성 구조는 일종의 독특한 문화와 자연지역이라는 공통의 경계를 갖는 '문화영역'을 형성하였다.[7] 따라서 역사지리민족지역내 각종 문화현상에 대한 연구에 있어서, 문화영역내 자연지리 특징에 근거해 더욱 심도 있고 면밀한 문화유형 연구를 진행할 수 있다. 예컨대 토양, 기후, 식피 등 자연환경에 따라 '초원유목문화', '정글叢林문화', '온대溫帶문화', '한대寒帶문화'로, 지형과 지모에 따라 '유역流域문화', '극지極地문화'와 '위도緯度문화'로, 자원 여건에 따라 '농경문화', '유목문화', '어렵漁獵문화'로 구분할 수 있다. 이는 자연지리환경의 상이한 측면에 근거해 민족문화의 영향을 분류한 것이다. 그럼에도 민족의 전반적인 역사적 운동과 마찬가지로, 역사문화는 '자연의 역사'이기도 하다. 즉 민족문화는 필연적으로 지리적 환경과 상호 의존 및 연관되어야만 부단한 변이와 진화하는 유기적인 민족문화지리계통을 형성할 수 있다. 또한 어떤 민족이든 이러한 유기적 계통 속에서, 자민족 문화의 전통적 기준에 따라, 자연과 생물현상에 영향을 미침으로써 문화 경관이 자연경관에 의존하게 만든다. 또한 환경은 반대로 일정한 자연 자원과 여건을 통해 민족문화지리계통에 작용한다.

요컨대, 환경과 민족문화는 매우 밀접한 상관관계를 가지지만, 문화의

---

7 환경 행동이란 '환경에 의해 행동이 영향을 받는 다는 것'을 의미킨다(역자 주).

발전, 문화 특색의 형성에 영향을 미치는 요소는 여러 가지이다. 동일한 환경일지라도 문화가 다른 민족이 거주한다면 상이한 문화 경관을 만들 것이며, 동일한 지역 내에도 역사 시기별로 상이한 문화의 발전, 흥망, 변천이 있다. 따라서 민족지리학은 민족문화와 지리적 환경 및 생태적 환경 간의 관계, 지역적 차이와 특징 등을 전면적으로 고찰해야 함은 물론, 각종 문화의 지리 환경에 대한 적응 특징에 근거해 다음과 같은 두 가지 내용을 연구해야 한다.

첫째, 상이한 생계 방식을 가진 민족이 서로 다른 생산 도구에 의존해 생존에 필요한 물질 재료를 획득하면서 기후, 지형, 토양, 수원, 식피 및 지역적 동식물 자원 등에 의존해서 창조한 각종 문화 유형에 대한 연구이다.

둘째, 모종의 특수한 기술 수단의 사용을 통한 특정 지역 개발과 관련한 행위 및 문화의 기타 측면에 미친 영향의 정도에 대한 연구이다. 예컨대 에스키모인이 사용하는 생산도구에는 활, 표창, 덫 등 다양한 기술 수단이 동원되지만, 인구가 적고 협업에 비해 획득한 양이 적어 가족 단위로 이동하며 살았고, 따라서 그들의 사회문화 일체화 정도는 낮았다. 반면에 농경 민족의 경우, 많은 사람들이 한 곳에 집거 및 공동체 생활을 했기에, 이에 상응하는 정치조직이 생겨났고 사회문화 일체화 정도도 비교적 높게 나타났다.

요컨대, 민족문화지리계통의 구조, 기능, 특징에 대한 진일보한 연구의 기초 위에서, 각종 자연환경과 인문환경이 민족문화에 미친 영향의 깊이와 범위를 정확히 파악함으로써 민족문화와 지리적 환경 간 관계가 조화를 이루도록 하는 것은 민족지리학의 연구 내용이 될 것이다.

민족지리학 연구의 개념

 신생 학문으로서 민족지리학에는 여러가지 개념이 있는데, 이들 개념의 대부분은 모체 학문인 민족학과 지리학에서 도입한 것이다. 그러나 민족지리학 학문체계의 구축, 연구내용의 확대, 그리고 일부 구체적 현실문제에 대한 주목에 따라, 동일한 개념을 사용할지라도 민족지리학은 모체학문과는 다른 곳에 주안점을 둔다.

1. 민족 및 관련 개념

 민족지리학 연구의 가장 핵심적인 개념은 당연히 '민족'이다. 민족이라는 현상에 대한 인식에 있어서 중국의 고전에서 흔히 찾아볼 수 있는 표헌법은 '민民', '족族', '인人', '종种', '류類', '부部', '족류族類', '종인种人', '종족种族', '유족類族', '부락部落', '부족部族', '종락种落' 등 수 십 가지에 달한다.[8] 중국어漢語에서 '민족'이라는 단어를 완전한 의미를 지닌 명사, 그리고 오늘날 '민족'의 의미와 근접하게 사용한 최초의 사례는 《남제서南齊書》에서 찾아 볼 수 있다.[9] '민족'이란 단어는 19세기 중엽부터 중국사회에서 사용되기 시작한 것으로 기록된다. 서방의 경우, 18·19세기 이전 고대 그리스어, 라틴어, 독일어, 영어, 프랑스어 등으로 된 문헌 속에서 '민족'을 표현함에 있어 가장 많이 사용한 단어는 '족류공동체族類共同体'이다. 18·19세기 이후, 서방 언어 특히 영어에서는 'nation', 'nationality'로 '민족'을 표현했고, 그 의미 역시 거의 확정되었다.[10]

민족이라는 역사 현상에 대한 동서고금의 인식과 이해가 달랐고, 또한 시대별 민족학, 정치학, 법학, 사회학 등 많은 학문분야에서는 해당 학문분야의 시각에서 출발해 민족에 대한 과학적이고 정확한 정의를 내리고자 했다. 그럼에도 국내외 학계에서 보편적 인정을 받는 정의를 내릴 수 없었던 원인은 대체로 다음과 같은 세 가지 때문이다. 첫째, 자연환경과 인문환경의 종합적 작용 하에 형성된 상이한 민족은 각자 역사발전의 과정 속에서 '최초 형태原生形態', '2차 형태(次生形態, Secondary form)', '재생 형태再生形態' 등의 여러 형태를 보여주었기 때문이다. 둘째, 언어, 문화, 경제생활, 종교, 심리, 혈연, 풍습 등에서 나타나는 여러가지 특성 때문이다. 셋째, 민족이라는 현상이 보여준 역사성, 동시성共時性, 지역성, 상대적 안정성, 복잡성, 다양성 때문이다. 중국의 학계도 비슷한 상황인데, 수 십 년간

---

8 韓錦春 외,《漢文"民族"一詞考源資料》, 中國社會科學院民族研究所民族理論研究室, 1985, pp.5-14.
9 《남제서》는 중국 남조(南朝) 양(梁)나라 때인 537년에 소자(蕭子顯)현이 편찬한 것으로, 남조 제(齊)나라(479년-502년)의 역사를 담은 책이다(역자 주).
10 邸永君, "'民族'一詞見於《南齊書》,"《民族研究》第3期, 2004.

보편적으로 인정받아 온 스탈린의 민족 이론(민족의 네 가지 특징)도 최근 들어 여러 가지 반론에 부딪히고 있다.

연구사는 이 책에서 민족에 대한 다양한 정의에 대해서는 평가하지 않겠다. 대신 민족지리학의 '민족-환경'의 모순적 관계를 탐구함에 있어서 민족의 군체성, 집단성, 사회성을 강조할 것이며, 일정한 사회생산활동, 사회생활활동, 사회조직활동 등 실천활동이라는 틀 속에서, 상이한 문화 정도와 조직 정도를 지닌 민족의 군체 혹은 집단을 강조하고자 한다. 즉 개념과 정의의 속박에서 벗어나, 민족이라는 사회적 현상에 대해 민족역사지리 과정의 동태적 변천 속에서 다원적, 변화론적, 상호작용적, 변증법적 시각에서 분석, 파악하고자 한다. 사실상 이 책에서 사용하는 민족의 개념은 넓은 의미의 개념으로, 상이한 발전단계, 형태, 차원, 함의를 가지고 있는 민족공동체를 가리킨다.

중국어에서 '민족'의 함의는 매우 풍부한데, 일반적으로 다음과 같은 몇 가지 차원의 의미를 지닌 것으로 볼 수 있다. 첫째, 넓은 의미에서 볼 때, 민족은 흔히 역사적으로 형성된 상이한 사회발전단계에 속한 인간공동체를 가리키거나, 넓은 모 지역내의 역사적·문화적으로 공통성을 지닌 인간공동체 등을 가리킨다. 예컨대 아랍 민족, 아프리카 민족, 라틴 아메리카 민족 등이다. 또한 '국족國族'이라는 측면에서 한 국가 혹은 지역내 각 민족, 예컨대 '중화민족', '아메리카민족', '영국민족', '독일민족', '프랑스민족' 등이다. 둘째, 좁은 의미에서 볼 때, 민족은 역사상 화하華夏 혹은 한족과 관계를 갖는, 그리고 화하 혹은 한족과 비교되는 족군族群, 즉 춘추전국시대로부터 중국 대륙에서 한족과 함께 생활해온 기타 민족 및 1950년대 이후 민족 식별을 거쳐 확정된 55개 소수민족을 가리킨다. 셋째, 인간과 거주지 간 역사적 연계 및 민족의 경제활동과 지리적 분포 상황에 근거한 토착민족, 외래민족, 과경跨境민족, 잡거와 분산 거주 민족, 농경민족, 유목민족, 수렵민족 등이다. 영어에서 nation, nationalty, ethnic group, people 등 단어의 여러 가지 의미 중 하나는 중국어에서 민족이 갖는 여러가지 의미의 하나와 유사하다. 이 책에서는 넓은 의미의 민족 개념을 사용할 것이며, 이는 앞에서 서술한 여러가지 의미를 포함하는 것이라 볼 수 있다.

과경민족은 '과국跨國민족', '과계跨界민족', '월국越國민족'으로도 불리는데, 두 개 혹은 두 개 이상의 이웃 국가에 거주하는 민족을 가리킨다. 과경민족의 형성에는 여러 가지 원인이 있는데, 전쟁, 자연재해, 민족 억압이나 인구 압력에 따른 이동, 국가 영토의 확장과 축소, 식민주의와 제국주의 등이 그것이다. 일반적으로 과경민족은 상이한 국가에 살고 있어 서로 다른 국가제도, 정책, 역사 발전과 민족문화의 영향을 받았지만, 그들은 기본적으로 공통적인 지역, 언어, 전통문화와 기본적으로 동일한 생산 및 생활방식을 유지하여 왔다. 또한 긴 역사발전의 과정에서 구축된 역사문화적 유대는 국경에 의해 해체되거나 사라진 것이 아니라, 상이한 국가와 상이한 정치적·경제적·문화적 배경하에서도 여러 가지 다양한 연계를 유지해왔다.

중국은 인도, 네팔, 부탄, 미얀마, 라오스, 베트남, 몽골, 러시아, 북한 등 여러 국가와 국경을 맞대고 있고, 중국의 국경지역에는 30여개 과경민족이 살고 있다. 현실적인 지연정치구조 속에서 과경민족은 중국과 주변국 간 상호관계의 발전에서 중요한 교량 역할을 하고 있고, 또한 빈곤문제, 종교문제, 국가간 관계 문제와 기타 사회문제 등이 뒤엉켜 있어, 과경민족에 대한 연구는 이론적 의의와 실천적 가치를 동시에 지닌 과제로 볼 수 있다. 또한 과경민족문제는 매우 민감하고 복잡하며 어려운 문제이기에 민족지리학의 개입이 필연적으로 요청된다.

민족지리학에서 민족의 지리적 분포를 설명할 때 흔히 '집거聚居민족', '분산거주散居민족'과 '잡거雜居민족'이라는 세 가지 개념을 사용한다. 사실 이 개념들은 민족의 거주 형식인 집거, 분산 거주, 교착交錯 잡거라는 세 종류의 형식에 비추어 명명한 것이다. 이른바 '집거민족'은 한 민족이 모 지역에 집중 거주하고 있으면서 이 지역 인구의 일정한 비례수를 차지할 경우, 다른 민족의 유무에 관계없이 해당 민족은 이 지역의 집거민족이 된다. '분산거주민족'은 한 민족의 구성원이 분산 거주의 형태로 다른 민족이 양적으로 우세한 지역 내에 거주할 경우, 해당 민족은 이 지역의 분산거주민족이 된다. '잡거민족'은 두 개 혹은 두 개 이상의 민족이 모 지역에 공동 거주하고 있고, 인구 숫자나 지위에서 일정한 격차가 존재하나, 역사적 기억과 전통 습관에 있어 다른 분산거주민족 혹은 외래민족으로 여겨지는 상황이 나타나지 않는 경우, 해당 민족은 이 지역의 잡거민족이 된다. 물론 상술한 세 종류는 특정 지역에 상응해 설명한 것으로, 동일한 민족일지라도 상이한 지역에서 동시에 '집거민족', '분산거주민족', '잡거민족'으로 분류될 수 있다.

2. 시공간: 시간과 공간

인류는 시간에 의존해 생존하고, 공간적 격리에 의해 분산되어 상이한 그리고 각자 특색을 지닌 집단과 단위로 된다. 인류의 공간은 생존공간임과 동시에 문화공간이다.[11] 어떤 민족의 지리적 분포 및 역사적 변화는 모두 일정한 시공간 속에서 이루어진다. 따라서 이 부분에서는 시간과 공간 개념에 초점을 맞추고자 한다.

지구상에는 상이한 인간 집단이 존재한다. 어류나 조류 등 기타 생물종과 달리, 인간은 문화에 의존해 주위의 자연환경을 인식함으로써 '객관적 공간'에 비교되는 '인지적 공간'을 획득한다. 많은 문화인류학 조사보

---

11 徐新建,《西南硏究論》, 雲南敎育出版社, 1992, p.2.

고서가 말해주듯이, 상이한 민족공동체가 각자의 문화 배경에 기초해 형성한 공간에 대한 인식에는 커다란 차이가 존재한다. 즉 "인류는 '문화'라는 프리즘을 통해 공간을 인식한다"는 점이다.[12] 동일한 공간 속에서 생활하고 있음에도 상이한 인간 집단에게는 서로 다른 인지적 공간이 존재할 수 있고, 또한 동일한 문화 집단에 속할지라도 각자의 목표가 다름에 따라 서로 다른 인지적 공간이 존재할 수 있으며, 한 개인 혹은 집단은 상대적 공간의 교차 속에서 생활하고 있다.

지리학의 핵심개념으로서 공간은 철학적 의미에서의 고도로 추상화된 공간 개념과는 다르다. 지리학 연구에서의 공간은 매우 구체적인데, 한 지방, 지역, 지역 계통 혹은 종합체일 수 있다. 각 지방에서 획득한 지리 지식의 대량 축적과 발전으로 형성된 지역지리학은 실체적 공간에 대해 연구를 하면서 형성된 지리학의 한 학문 분야이다. 또한 공간은 일종의 관계로, 지리적 위치, 입지론location theory, 형식주의와 과학주의의 지역 분석 모두 공간을 관계로 한 기하학이다.[13] 인간과 환경의 관계를 연구함에 있어서 지리학이 주목하는 것은 인간 집단이 시간 서열에서 보여주는 공간 구조, 공간 분포, 공간적 결합spatial coupling, 공간 운동, 공간의 상호작용과 공간의 최적화인데 이를 공간조직문제로 통칭한다. 민족지리학이 주목하는 공간적 지역의 경우, 동북아, 지중해, 북유럽 등 지역적region일 수 있고, 나일강 유역, 타임즈강 유역 등처럼 로컬적地方性일 수 있으며, 특별히 어느 한 국가(의 범위)일 수 있다.

현재 세계 민족의 지리분포적 구조는 장기간의 역사발전의 결과이다. 연구자는 민족지리현상의 공간분포적 차이에 주목함과 동시에, 시간 서열상의 변천에도 주목한다. 민족지리학 연구의 시간적 범위는 지구상 최

---

12 菊地利夫·辛德勇 역, "歷史地理學導論," 《中國歷史地理論叢》第2期, 1987, p.145.
13 李蕾蕾, "從新文化地理學重構人文地理學的研究框架," 《地理研究》第1期, 2004.

초로 인류가 출현한 시기부터 현재까지이다. 즉 민족지리학이 강조하는 시간적 특성은 일종의 동태적인 '과거', '현재'와 '미래'의 삼위일체의 시간이다. 여기서 '과거'는 역사문헌기록 및 그 이전의 역사, '현재'는 목전 현실적 의의를 가지는 시간대時段, 그리고 '미래'가 주목하는 것은 민족지리학 연구의 지속가능발전 트랜드이다. 만약 억지스럽게라도 시간대를 구분해야 할 경우, 중국의 지리학에서 일반적으로 사용하는 3분법, 즉 고지리 시대(선사시대) 민족지리, 역사시대 민족지리, 그리고 현대 민족지리로 구분할 수 있다.

우선, 선사시대의 민족지리 연구내용은 다음과 같다. 선사시대 인간 집단의 활동은 지리적 환경에 대한 영향이 극히 미미했기에, 선행연구들은 역사시대 민족지리에 대한 연구가 대부분을 차지하고 있다. 민족지리학 연구의 상한선에 대해서는 각국 학자들의 주장이 다 다른데, 연구자가 보기에 상한선은 홀로세Holocene까지 거슬러 올라갈 수 있다. 현대 신기술, 특히 고고학과 제4기 환경학Quaternary Environmental Sciences이 큰 발전을 이룬 상황에서 홀로세 즉 선사시대 자연환경 변화와 인간 활동간 관계에 대한 연구는 역사시기별 민족과 환경간 관계 연구의 시발점 혹은 전제가 되어야 한다.

역사시대 민족지리는 민족지리학 연구의 가장 핵심적인 내용이다. 역사시대 민족지리가 주목하는 것은 역사시기별 상이한 민족공동체의 형성, 이동, 변천 및 지리적 환경과의 상관관계이며, 민족의 공간적 분포의 지역적 차이 및 이러한 차이의 변천 과정이다. 중국학계의 경우, 민족역사지리에 대한 연구는 문자 기록이 있는 역사시대에 국한되어 있고, 영국학계는 앵글로 색슨인이 잉글랜드를 점령한 이후의 시기를, 그리고 미국학계는 연구의 중점을 대량의 유럽 이주민이 미주 대륙에 이주한 이후의 역사 시기에 두고 있다.

역사시대 민족지리와 비교해 볼 때, 현대 민족지리는 연구층이 두텁지 못하다. 즉 현실적인 민족문화지리경관, 민족경제지리, 민족취락지리, 민족생태지리 등 다방면에 걸쳐 연구를 진행하고 있으나, 연구의 주요목적은 향후 민족과 지리적 환경간 합리적 관계 수립을 위해 인간과 환경간 관계의 발전을 합리적이고 효과적으로 예측하는데 있다. 물론 이러한 연구 역시 해당 민족지역이 시기별로 보여주는 인간집단과 환경간의 상호작용에 대한 분석을 전제로 해야 할 것이다.

3. 지역區域 및 관련 개념

지리학의 기초가 되는 종합연구방법은 지역에 대한 분석을 통해 이루어진다. 만약 일정한 지역을 벗어난다면 지리학은 진정한 의미의 연구를 진행할 수 없다. 따라서 대부분 지리학자의 연구출발점은 언제나 중심이 되는 지역을 선정하는데서 출발해 자신이 연구하고자 하는 대상지역을 약간의 하위 지역sub-region이나 작은 지역으로 나눈다. 또한 연구의 종착점은 특정한 지리적 요소의 지역적 분포, 지역적 조합과 지역적 차이로 귀결된다.[14] 이러한 점에 착안해, 성숙한 지리학 연구에서 지역 연구는 줄곧 하나의 중요한 전통으로 자리매김 되었고, 심지어 일부 학자는 지리학을 지리 현상에 대해 공간 분석을 진행하는 지역학문으로 평가하기도 한다.

사실 역사학, 정치학, 민족학, 사회학 등 기타 학문 연구에서도 정도의 차이는 있으나 지역 연구를 중시하는 전통이 있다. 예컨대 정치학의 경우, 일부 학자들은 세계 지연地緣구조 변동의 역사적 과정에 대한 고찰을 통해 인류의 초기 혈연관계에 기초한 '소小체제'가 있었다고 평가한다. 이러한 '소체제'의 특징은 지리적 규모가 매우 작고, 존재한 시간도 비교적

---

14 魯西奇, "歷史地理研究中的'區域'問題,"《武漢大學學報》第6期, 1996.

짧으며, 경제 강역疆域·정치 강역·문화 강역이 기본적으로 일치한다. 소체제 이후 나타난 것은 조공 및 이를 기초로 한 '제국체제'이다. '제국체제'의 특징은, 지리적 규모는 소체재에 비해 훨씬 크고, 확장 및 축소의 주기가 존재했다는 점이다. 16세기 이전에 나타난 '제국체제'의 유형은 다음과 같은 세 가지이다. 첫째, 국가를 기초로 한 세계체제이다. 메소포타미아, 중국이 중심이 된 체제 등이 대표적이다. 둘째, 국가에 대한 정복을 통해 제국이 된 경우이다. 고대 이집트 왕국이 대표적이다. 셋째, 제국, 국가와 연변邊緣지역의 다중심 세계체제이다. 근동近東, 인도, 중앙아메리카 등이 대표적이다.[15] 기타 학문과 마찬가지로 민족지리학의 여러 과제 역시 지역 분석을 통해 이루어진다. 대신 민족지리학이 강조하는 '지역성' 원칙은 민족지리계통 총체에 비해 상대적인 것으로, 통일적·민족적인 자연인문지리계통을 벗어난 독자적인 지역이 존재하지 않는다는 것이다. 즉 지역은 총체적 계통 하의 지역이라는 점이 중요하다. 또한 민족 발전과 지연 관계에 대한 분석에 있어서 민족지리학은 유형有形 지역(예컨대 국가의 강역, 행정 구획, 지역 연맹)과 무형 지역에 주목해야 할뿐만 아니라, 지역의 종합적 분석에도 주목해 지역의 각 차원을 유기적으로 연계된 총체로 파악해야 한다.

민족지리와 민족지역지리, 민족발전의 지리와 민족집거구民族聚居區의 지역지리를 연구하는데서, 중국학계는 흔히 민족지역, 민족집거구, 민족잡거구民族雜居區, 역사민족구歷史民族區 등의 개념을 사용한다.

민족지역은 사용 빈도가 가장 높은 개념이다. 일반적 의미에서의 민족지역은 행정구획行政區劃을 기준으로 명확한 지리적 위치와 지역간 경계가 있는 대신, 엄격한 민족 개념을 사용하지 않는다. 해당 지역 내에는 한 개 혹은 두 개의 주요 민족을 중심으로 기타 여러 민족이 분산거주하고 있거

---

15 王正毅,《邊緣地帶發展論―世界體系與東南亞的發展》, 上海人民出版社, 1997, pp.7-9.

나, 혹은 여러 민족들이 광범위하게 잡거하면서 각자 소규모의 집중 분포 지역을 형성하며, 해당 지역내 각 민족 인구의 비율을 엄격하게 제한하고 있지 않다. 민족지역의 민족역사지리, 민족취락지리, 민족경제지리, 민족문화지리 등 인문지리현상을 연구하는데서, 연구의 틀을 특정 지역 내에 한정하고 지역 범위내 민족의 여러 지리적 현상의 공통점과 차이점을 강조하는 것이 일반적인 연구경향이다. 또한 연구 범위에 명확한 지역적 경계를 규정하기 위해, 민족지역이라는 개념 앞에 방위方位나 행정 개념을 의미하는 규정어를 붙이는 것이 일반적인데, 예컨대 윈난雲南 민족지역, 서부 민족지역, 변강 민족지역, 칭하이靑海 민족지역 등과 같은 식이다. 현재 학계와 정부 모두 민족지역이라는 개념에 대한 인식이 명확하지 않기에 흔히 '소수민족분포지역', '민족자치지방', '소수민족집거구' 등 세 개의 개념을 명확히 구분하지 않은 채 사용하고 있다. 어떤 측면에서 볼 때, 이러한 개념들은 일정한 포용성 내지 중첩적인 내용을 갖고 있으나 개념 간 차이는 명확하다. 일반적으로 55개 소수민족의 지리적 분포를 설명함에 있어서, 대체적으로 '소수민족분포지역'이라는 개념을 사용한다. 소수민족분포지역이라는 개념은 실제 거주하고 있는 소수민족인구의 숫자와 비례에 대한 규정이 없이 소수민족의 분포 유무에 따라 사용하고 있다. 전국의 모든 성급 행정단위와 70% 이상의 현縣·시市급 행정단위에 한 개 이상의 소수민족이 거주하고 있다는 실제 상황에 비추어 볼 때, 분산과 잡거는 흔한 현상이며, 따라서 소수민족분포지역은 명확한 지역 경계가 없는 개념이다. 행정구획상 '민족자치지방'은 소수민족 집거를 기초로 성립된 것으로, '민족집거구'와 함께 중국의 다민족 지역을 구성하고 있다. 어떤 관점에 따르면, 민족집거구는 민족구역자치를 실현한 민족자치지역 즉 자치구自治區, 자치주自治州, 자치현自治縣·자치기自治旗를 설립한 민족자치지역이라는 것이다. 그럼에도 "중국에서 민족자치지역 설립의 전제는, 대체로 해당 행정구획내에 거주하는 인구 중 1/3 전 혹은 그 이상의 인구가 소수민족이어야 한다. 이는 민족자치지역에 다수의 한족 혹은 해당지역에서 민족구역자치를 이루지 못한 기타 소수민족이 잡거해 있음을 의미한다. 따라서 민족자치지역을 민족집거구와 동일시하는 것에는 문제가 있다."[16]

'민족집거구'와 '민족잡거구'는 민족지역 구성과 변화 발전에 있어서 상호 연계 및 제약하는 두 가지 분포 유형을 대표하는 지역으로, 지역분포 범위 내에서 흔히 상호 포용과 중첩되는 상대적인 개념이다. 일반적으로 '민족집거구'는 다민족 국가와 지역내 동일한 민족이 상대적으로 집중 거주하는 지역을 가리키며, 특별히 한 소수민족의 집중 거주지역을 가리키기도 한다. 민족집거구는 대집거구와 소집거구로 구분되는데, 지구상에는 한 민족의 크고 작은 집거구들이 모두 존재한다. 세계 각 민족 발전역사를 볼 때, 대집거구에는 일반적으로 서로 대항하는 민족들의 상호작용이 존재하며, 민족의 형성에는 넓은 생존공간, 그리고 전쟁과 평화가 순차적으로 나타나는 민족간 관계가 있다. 또한 민족의 흥망에 따라 민족간 경계 혹은 민족 국가간 경계가 나타나기도 한다.

'민족잡거구'는 두 개 혹은 두 개 이상의 민족이 교착 거주하는 지역이다. 민족이 형성된 이후 시종일관 하나의 고정된 지역에만 집거하는 것은 아니다. 일부 구성원들은 생존과 생활을 위해 타민족 거주지역으로 이동과 이주를 하면서 여러 민족이 교착 거주하게 된다. 지구상 대부분 국가와 지역에는 두 개 혹은 두 개 이상의 민족이 교착 거주하고 있다. 중국의 경우도 마찬가지인데, 한 민족이 한 지역에만 거주한다거나, 혹은 한 지역에 한 민족만 거주하는 경우는 거의 없다. 대신 한족을 주체로 하면서 각 민족이 광범위한 잡거, 분산거주나 소집거의 형태로 거주하고 있다. 세계 역사적 범위에서 볼 때, 잡거하고 있는 민족의 경우 응력(응집력,

---

16 馬戎·周星 엮음,《中華民族凝聚力形成與發展》, 北京大學出版社, 1999, pp.137-138.

tension이 매우 제한적인 것은 물론, 응집된 인구 자원이 제한적이기에 강대한 사회조직을 건립할 수 없었다.[17]

'역사민족구'는 '역사지리민족구歷史地理民族區'로도 불리는데, 구소련의 학자가 최초로 사용한 개념이다. 해당 학자에 따르면, 이른바 '역사민족구'는 "공통적인 사회경제발전, 장기적 교류와 상호 영향에 따라 거주민 속에서 형성된 유사한 문화생활 특징을 지닌 인간들의 거주지역"이다.[18] 중국의 저명한 인류학자 페이샤오퉁費孝通은 중국의 민족에 대해 거시적 연구를 하면서 "역사적으로 형성된 민족지역"이라는 표현법을 사용했다. 또한 다른 연구에 의하면, 이 표현법은 "동일한 지리적 환경에 의해 역사적으로 형성된 대체적으로 비슷한 민족 면모面貌, 문화 전통과 사회유형, 그리고 각 민족간에 존재하는 깊은 연원관계를 보유한 민족지역"을 의미하는 개념이다.[19] 연구자가 보건대, '역사민족구'는 한 개 혹은 여러 개의 민족집단이 장기적으로 활동했고 일정한 역사적 연속성을 지니며, 여러 민족집단의 우수한 전통문화 특징들이 각인된 자연인문환경 지역이다. 이러한 지역은 공간적으로 주변 자연환경과 상대적 독립성으로 나타나며, 시간적으로 각 민족공동체의 빈번한 활동으로 나타난다. 또한 상호간 일정한 문화전승관계를 보여주며, 행정구획상 흔히 한 개 혹은 몇 개의 큰 행정지역으로 나뉜다. 중국 역사상 상이한 민족공동체의 이동, 유동과 생산활동 등의 주요 활동, 현재 중국 소수민족 분포의 자연형태나 문화유형과의 모종의 일치성, 그리고 중국의 행정구획에 따라 중국 각 민족활동의 주요지역을 다섯 개의 비교적 큰 역사지리민족구로 나눌 수 있다. 즉 서남 역사지리민족구, 서북 역사지리민족구, 동북 역사지리민족구, 내몽

---

17 周建新·羅柳寧, "試論多樣性文化互動下的民族認同—以中國西南跨國民族地區爲例,"《廣西民族學院學報》第1期, 2004.
18 H.H.qe Kca peB 외·趙俊智·金天明 역,《民族·種族·文化》, 東方出版社, 1989, p.250.
19 石碩 엮음,《藏彝走廊—曆史與文化》, 四川出版集團·四川人民出版社, 2005, p.17.

고와 만리장성 일대의 역사지리민족구, 중남 및 동남 역사지리민족구 등이다.

4. 민족회랑 Ethnic Corridor [20]

회랑은 일종의 자연지리적 개념인데, 자연지리속에서 인간의 이동에 편리하도록 자연적으로 형성된 좁은 통로로 과도過道라고도 불린다. '민족회랑'의 개념은 페이샤오퉁 선생이 가장 먼저 제시한 개념으로, 다수의 민족이 긴 세월 동안 일정한 자연환경을 따라 이동과 유동을 했던 통로 혹은 협장지대 pan handle 를 가리킨다.[21] 역사상 끊임없이 전개되었던 이민, 난민, 잠식, 침투와 정복 등을 포함한 민족간 유동과 대규모 이동은 주로 민족회랑을 통해 이루어졌다. 민족회랑은 민족왕래의 대동맥과 민족간 인적 교류의 주요 통로로서, 그 속에서 활동했던 역사민족 혹은 집단에게 교통山水交通의 편리를 제공했을 뿐만 아니라, 보호벽山水屛障 역할을 했다. 민족회랑은 이동과 유동을 위한 교통의 요로로서, 혹은 대피와 봉쇄의 피신지로서 민족 및 민족사회문화가 스스로 보존될 수 있도록 도와주었다. 민족회랑에는 민족문화가 오랫동안 누적되고 더불어 민족문화 보존이 가능한 여건이 만들어졌기에 역사문화의 침적沉積지대로 되었다.

중국 고대의 민족이동에 따라 형성된 주요 회랑으로 하서회랑河西走廊, (티베트족-이족彝族의) 장이藏彝회랑, 요서遼西회랑, 알타이阿爾泰회랑, 난링南嶺

---

20 회랑은 주랑(走廊)으로 사용하는 경우도 흔한데, 이 책에서는 '회랑'으로 통일하여 사용한다.(역자 주)
21 중국어로 '狹長地帶'라고 표현하는 협장지대란 '좁고 길게 다른 지역으로 뻗어있는 지역'을 가리킨다. 대표적으로 미국 텍사스로 뻗어있는 오클라호마 지역 등이 있다.(역자 주)

회랑, 우링武陵회랑 등이 대표적이다.

하서회랑은 황하 서쪽 편에 위치해 있는데 길이 900킬로미터, 너비 0.1-1킬로미터로 서북-동남 방향의 협장지대이다. 하서회랑은 주로 감숙성甘肅省 경내에 위치해 있어 감숙회랑甘肅走廊이라고도 불린다. 하서회랑은 동쪽으로는 황토고원, 남쪽으로는 티베트고원, 북쪽으로는 몽골고원, 서쪽으로는 타림분지塔里木盆地와 인접해 있는데, 여러 개의 큰 지리적 단원과 상호 연계된 허브이다. 회랑의 북부는 사해沙海 속의 스양하石羊河, 헤이하黑河 하류의 오아시스에 연결되어 있어, 닝샤寧夏, 오르도스(허타오河套) 및 몽골고원 중심부에 닿는 요도(천연적 요도, 天然要道)이며, 남부로는 치롄산맥祁連山脈의 모든 산 입구를 지나기에 티베트고원의 중심부에 닿을 수 있다. 북부의 사막이나 남부의 고원지대에 비해 하서회랑의 자연환경조건이 월등하기에, 선사시대 고문화가 비교적 발달했던 것으로 보인다. 고고학 발굴 자료에 따르면, 이 지역에서 수 십 곳의 신석기시대 문화유적을 발견했는데, 상이한 문화유형을 나타내고 있다. 총체적으로 중원의 양사오仰韶 문화와 룽산龍山문화가 회랑 전체에 영향을 미쳤으며 주도적 지위를 차지하고 있다. 양사오 문화, 룽산 문화는 룽둥隴東, 룽중隴中과 허황河湟 지역으로 발전되어 갔으며, 현지의 각종 문화유형과 상호 융합되어 마자요馬家窯, 치자齊家 등 각종 문화유형을 형성했다. 신장新疆지역 톈산天山의 남측과 북측은 땅이 넓고, 지리적으로 몽고 인종과 유럽 인종의 접촉선의 동쪽에 위치했기에, 양대 인종이 융합 및 확장된 지역으로 보고 있는데, 이는 고고 문화 유형에서도 드러난다.[22] 역사적으로 하서회랑은 중원 내륙과 대서북이 연결되는 요충지로. 중화 대지에서 중앙아시아, 서아시아와 남아시아 지역으로 나아가고 외부를 향해 개방된 주요 교통 요충지이며, 고대 실크로드의 주동맥일뿐만 아니라 여러 유목 민족과 농경 민

---

22 王宗維, "秦漢及其以前我國西北民族活動的特點,"《西域硏究》第3期, 1995.

족의 진퇴수축進退伸縮과 이동, 교류와 융합이 가장 빈번했던 지역이다. 소무昭武 구성九姓 호인昭武九姓胡人, 후이족回族, 살라르족撒拉族 선조의 동쪽 이주와 둥간족東干族, Dungani의 서천西遷 등이 대표적이다.

장이회랑은 티베트고원 동쪽 변두리에 위치해 있는데 서북–동남 방향의 협장지대이다. 장이회랑은 중국 역사상 민족 유동이 매우 빈번하고 다민족 요소가 가장 많이 누적된 거대 회랑지대이다. 장이회랑은 북쪽의 감숙과 하황 일대에서 시작해, 남부의 민강岷江, 얄룽강雅礱江, 다두하大渡河, 금사강金沙江, 란창강瀾滄江, 노강怒江 등 육강유역이 만든 여러 갈래 회랑통로로 구성되었다. 역사상 민강 상류의 쑹판松潘 일대에서 시작해, 서북쪽으로는 우전于闐, 동북쪽으로는 인촨銀川, 남쪽으로는 윈난에 닿을 수 있으며, 연도沿途의 교통 간선은 실제 여러 갈래의 민족회랑을 만들었다. 이러한 하곡河谷 통로에 의해 천연적으로 만들어진 민족회랑 중 금사강회랑, 얄룽강회랑과 다두하회랑의 세 갈래 회랑이 주로 티베트와 이족彝族 지역을 관통 및 연결시키기에, 페이샤오퉁은 이를 '장이회랑'이라 명명했다. 남북향의 장이회랑은 고대 북방민족과 남방민족간 소통과 교류에서 가장 중요한 통로였다. 장이회랑에서는 오랫동안 민족의 빈번 이동, 교류의 역사가 이루어졌고, 전형적인 복합형 회랑문화를 형성했다. 스쉬石碩는 복합형 회랑문화의 가장 기초에는 다음과 같은 세 가지가 포함된다고 본다. 첫째, 서북은 저氐·강羌 등 부족에 속하는 고대 강인羌人이 남하하면서, 그리고 이러한 외부적 충격이 민족회랑의 민족분포와 문화구조를 결정했고, 이는 오늘날 촨시(川西, 쓰촨四川 서부)회랑의 민족구조에도 영향을 미쳤다. 둘째, 7세기에 시작된 티베트고원의 토번왕조의 굴기 및 동쪽으로의 확장은 천서회랑에 강력한 정치적·문화적 영향을 미쳤다. 이후 티베트 불교의 부흥과 동쪽으로의 전파는 천서회랑 지역의 민족과 문화가 티베트 불교에 의해 침투되고 동화되면서 티베트족의 언어와 문화가 천서 민족회랑 지역에 뿌리를 내리게 되며 해당 지역에서 주도적 지위를 차지하는 문화가 되었다. 셋째, 서쪽으로 발전하면서 전파된 중원문화이다.[23] 현재 몇 갈래의 작은 회랑으로 이루어진 장이회랑에는 전통적으로 동부의 민강 상류 회랑에 거주한 티베트족과 강족羌族이 있다. 티베트족은 민강 상류 북단의 고한지대, 그리고 강족은 민강岷江회랑의 남단에 분포되어 있다. 대도하 상류, 얄룽강과 금사강 상류의 세 갈래 회랑을 보면, 북단北段의 고한지대는 주로 티베트족의 분포지역이고, 남단은 이족, 나시족納西族의 분포지역이다. 요컨대, 민족의 수직적 분포의 특징이 두드러진다. 대체적으로 3천미터 이상의 고해발 지역은 기본적으로 티베트족의 거주지역이고, 3천미터 이하는 대체로 강족, 이족, 후이족 등의 거주지역이다.[24] 장이회랑은 남쪽으로 윈난성 경내까지 닿아 있는데, 상황이 더욱 복잡하다. 윈난성 경내의 이라와디강Irrawaddy River 수계, 노강 수계, 란창강 수계, 금사강 수계, 홍하紅河 수계, 주강珠江 수계 등의 6대 수계에 의해 자연적으로 형성된 하곡통로는 윈난지역 각 민족, 중국 내륙지역과 동남아 국가를 연계시켜 줌으로써, 몇 갈래의 국제적 의미를 지닌 민족이동회랑을 형성했다. 예컨대 "촉신독도蜀身毒道", "남방 육상 실크로드" 등이 대표적인데, 중국과 남아시아 및 동남아시아 국가간 중요 통로로 자리잡았다.

현재 요서회랑이라고 부르는 곳은, 산해관山海關 이북의 바다를 따라 수이중綏中, 싱청興城, 호로도葫蘆島, 진저우錦州 등을 지나 요하遼河 주변에 닿음으로써 요동지역으로 통하는 회랑을 가리키는데, 이는 천 여 년 전의 요서회랑과는 다르다. 고대 중원 사람이 요동지역으로 가려면, 베이징北京 소小평원을 지나 북경에서 요동으로 가는 세 갈래의 통로인 루룽도盧龍道, 구베이커우도古北口道, 방하이도傍海道를 통해야만 했다. 루룽도盧龍道는 베이징→지현薊縣→루룽커우구(盧龍口, 시펑커우喜峰口)→핑취안平泉→링 웬凌

---

23 石碩, "川西民族走廊的曆史變遷與特點,"《天府新論》增刊, 2000.
24 石碩, "川西民族走廊的曆史變遷與特點,"《天府新論》增刊, 2000.

源→다링허大凌河→차오양朝陽→요하遼河 유역의 통로를 가리키고, 구베이 커우도古北口道는 베이징→슌이順義→미윈密雲→구베이커우→롼핑灤平→롼 허灤河, 이쑨허伊遜河를 거쳐 청더承德→핑취안(루룽도와 합쳐짐)→닝청(寧城, 요중경대정부遼中京大定府)→라오하허老哈河를 따라 북상하여 헝수(潢水, 오늘의 시라무룬류허西拉木倫河)에 도착→바린좌기(巴林左旗, 요상경임황부遼上京臨潢府), 여기에서 다싱안링大興安嶺 동쪽 비탈을 따라 송화강松花江, 넌강嫩江 평원에 도착하는 통로를 가리키며, 방하이도傍海道는 베이징→루현(潞縣, 북경 통현通縣)→싼허三河→지저우薊州→위톈玉田→스청(石城, 허베이河北 탕산唐山시 카이핑구開平區)→난주(灤州, 허베이 롼현灤縣)→핑저우(平州, 허베이 루룽)→잉저우(營州, 허베이 창리현昌黎縣)→첸저우(遷州, 허베이 푸닝현撫寧縣)→산해관→라이저우(來州, 랴오닝 수중전위綏中前衛)→시저우(隰州, 랴오닝 싱청현興城縣 둥관역東關驛)→진저우錦州→현주(顯州, 랴오닝 베이전北鎭)→선양沈陽, 혹은 북쪽으로 송화강, 넌강, 헤이룽장黑龍江 유역으로, 혹은 동쪽으로 한반도, 혹은 남하하여 요동반도로 가는 것을 가리킨다.[25] 역사상 조조曹操의 오환烏桓 정벌, 사마의司馬懿의 동쪽 정벌, 모용선비慕容鮮卑족의 중원 입주, 그리고 수당 시대의 고구려 원정 모두 요서회랑을 통해서였다. 요서회랑은 지세地勢상으로 볼 때 서북편이 높고 동남편이 낮으며, 대체적으로 초원-산지-구릉-해안 평원의 지형을 보인다. 요서회랑의 기후는 온대 계절풍형 대륙성 기후에 속한다. 고고학 발굴 자료에 따르면, 청동기시대에 이미 요서회랑지역에는 각 민족의 끊임없는 이동, 유동과 왕래를 통해 농경을 위주로 하면서 유목 색채를 띤 문화를 형성한 것으로 나타났다. 이는 요서회랑의 가장 밑층에 깔린 문화이다. 각 역사시기 한족, 산융족山戎, 동호족(東胡, 나중에 선비鮮卑족와 오환烏桓족으로 분화됨), 거란족, 계족(奚, 거란족의 한 갈래), 여진족, 몽고족, 만주족 등이 모두 요서회랑 지역에서 비교적 활발하게 활동했던 민족들

---

25 李孝聰,《中國區域歷史地理》, 北京大學出版社, 2004, pp.411, 413-414.

이다. 또한 이러한 시공간과 연관된 각 민족과 문화간의 대치, 충돌과 상호 보완, 융합, 동화로 요서회랑의 문화가 최종적으로 만들어졌다.[26]

만리장성의 이북 지역에 위치한 동서 방향의 알타이회랑은 '초원민족회랑'으로도 불린다. 알타이회랑은 동쪽의 다싱안링 및 요하 상류 일대에서 시작해, 서쪽의 알타이산과 톈산 서단西端까지, 남쪽의 옌산燕山, 인산陰山, 하서회랑 북측의 타림하塔里木河 일대까지, 그리고 북쪽의 어얼구나하額爾古納河, 바이칼호Lake Baikal 남측에서 알타이산 일대까지를 포함한다. 알타이회랑의 서단西段의 남쪽 경계가 조금 넓었다면 대체로 페이샤오퉁 선생이 말한 '서북회랑'과 비슷했을 것이다. 역사상 알타이회랑은 알타이어계의 돌궐어족, 몽고어족, 퉁구스어Tungus language족의 각 민족이 활동했던 지역이다. 다른 하나의 상황은, 고대 중국에서 북방 유목사회는 평원농경문명에 대해 강한 흡인력과 충격력을 갖고 있었다. 문헌에 따르면, 가장 늦게는 중국의 춘추전국시기에 이르러, 알타이회랑의 민족집단은 남쪽으로의 움직임을 강하게 보여주었다. 이들의 남쪽으로의 움직임과 만리장성 이남 지역에서 일어난 상호작용을 볼 때, 돌궐어족은 하서회랑과 주변 지역을, 몽고어족은 음산 및 오르도스 근처 지역을, 그리고 퉁구스어족은 옌산 및 롼하灤河지역의 통로를 선택한 것으로 보인다.[27]

난링회랑 혹은 (좡족壯族과 동족侗族의) 좡동壯侗회랑은 난링산맥 중 일련의 동북-서남 방향의 산맥과 구릉 및 대체적으로 동서 방향을 보인 주강 지류를 기반으로 형성된 회랑이다. 난링회랑의 지리적 범위를 볼 때, 동쪽의 민난閩南 우이武夷 산지에서 시작해, 서쪽으로는 주강 지류의 베이판강北盤江, 난판강南盤江 상류지역(오늘날 구어저우貴州, 광시廣西, 윈난의 접경지역)의 우멍산烏蒙山에 닿았고, 북쪽은 난링 북측 일대, 남쪽은 대체로 북회귀

---

26 鄒本濤, "遼西走廊文化特質探察," 《遼寧師範大學學報》第5期, 2005.
27 李星星, "論'民族走廊'及'二縱三橫'的格局," 《中華文化論壇》第3期, 2005.

선에 닿았다. 좡동회랑의 중단中段 북측, 즉 장강 유역과 주강 유역의 분수령인 먀오링苗嶺 남쪽 비탈 일대는 투자土家족-먀오苗족·야오瑤족 회랑과 합쳐진다. 또한 서단西端에서 뻗어져 나간 부분은 장이주랑 남단에서 뻗어져 나온 부분과 만난다.[28] 역사상 한족, 요족, 먀오족, 이족, 서족畲族, 후이족 등의 민족이 난링회랑을 따라 남하했다. 난링회랑 근처의 동족, 수이水족 등의 민족은 '시둥즈민溪峒之民'으로 불리며, 난링회랑을 통해 외부와의 연계를 가졌다. 좡족, 부이布依족, 흘로仡佬족, 무라오仫佬족, 마오난毛南족 등의 대다수는 난링회랑 남과 북에 분포되어 있다. 역사상 이러한 민족들은 이 일대에서 이동을 했음에도 이동 규모가 한족이나 야오족에 비해 적었다. 난링 민족회랑 및 남과 북 근처 지역은 중남中南, 서남西南 민족 역사문화가 누적된 중요한 지역이다. 이 지역 민족의 다양한 원시종교신앙, 언어문자, 민속 등은 중국의 서북, 동북과 서남의 일부 민족의 그것과는 다르다.[29]

우링 민족회랑은 우링武陵산맥과 위안수沅水 등 5대 수계가 서남-동북 방향으로 뻗어나간, 민족의 이동과 유동의 지리적·문화적 통로이다.[30] 범위에 있어 역사상의 우링군武陵郡과 오늘날 우링지역武陵地區과 비슷하다. 우링민족회랑은 주로 위안수, 유수酉水, 펑수澧水, 칭강清江, 우강烏江 등 몇 갈래의 통로로 구성되었다. 고대 우링민족회랑은 장한江漢평원에서 대서남 지역으로 들어오는 통로였는데, 역사상 삼먀오三苗, 백복百濮, 월인越人, 파인巴人 등의 역사민족이 생식번연生殖繁衍한 지역이었다. 무릉민족회랑은 오늘날 중국의 중서 결합부이자, 경제 발달지역과 낙후지역의 분수령이며, 주로 투자족, 먀오족, 동족, 야오족, 바이족 등 소수민족이 집거하는

---

28 李星星, "論'民族走廊'及'二縱三橫'的格局," 《中華文化論壇》第3期, 2005.
29 王元林, "費孝通與南嶺民族走廊研究," 《廣西民族研究》第4期, 2006.
30 무릉민족회랑은 李星星(2005)에서 언급한 투자족-먀오족·야오족 회랑과 대체적으로 일치하다.

지역이다. 또한 한·티베트 어계漢藏語系의 티베트·미얀마 어족藏緬語族, 먀오·야오 어족苗瑤語族, 좡·동 어족壯侗語族 등 제 민족의 중요 집거지역이다.[31]

5. 민족 엔클레이브enclave

'소수민족 집단거주지'는 '엔클레이브enclave'에 상응해 제기된 개념이자 특수한 분포상태를 보여주는 개념이다.[32] 인문지리개념으로서 엔클레이브는 두 가지 함의를 포함하고 있다. 하나는 모 국가의 영토 일부가 다른 국가 속에 있다는 것인데, 이를 엔클레이브 즉 '엔클레이브 영토'라고 한다. 다른 하나는 특정 행정구역의 한 지역이 다른 행정구역 속에 있을 경우인데, 이를 '엔클레이브 행정구역'이라고 한다. '엔클레이브 영토'와 '엔클레이브 행정구역'은 지역 정치구조의 변화에 따라 변화될 수 있다. 예컨대 구소련의 아제르바이잔 공화국, 타지키스탄 공화국, 우즈베키스탄 공화국 등에는 다수의 엔클레이브 행정구역이 존재하고 있다.[33] 엔클레이브 영토와 엔클레이브 행정구역의 형성 원인은 매우 복잡하다. 그 중 정치적 투쟁, 전쟁, 국가의 분리, 행정구역의 변동이 가장 중요한 원인이다.

---

31 黃柏權, "武陵民族走廊及其主要通道,"《三峽大學學報》第6期, 2007. 시노·티베트 어계에는 티베트·미얀마 어족, 먀오·야오 어족, 좡·동 어족(壯侗語族)의 3개 언어집단이 있고, 이외에 중국어(漢語)를 사용하는 소수민족인 회족(回族)과 어족을 정하기 어려운 흘로족 및 징족(京族)이 포함된다. 한·티베트 어계에 속하는 31개 민족은 중국내 가장 큰 언어 집단이다.

32 일반적으로 enclave는 자국 안의 타국의 영토, exclave는 타국에 있는 자국의 영토를 일컫는다. enclave는 월경지, exclave는 비지라고 칭한다. 이 책에서는 이러한 모든 것을 enclave로 말하고 있다.(역자 주)

33 郭聲波, "飛地行政區的歷史回顧與現實實踐的探討," 中國社會科學院文獻信息中心 엮음, 《堅持科學發展觀, 構建和諧社會—黨政幹部理論學習文選》, 紅旗出版社, 2007, p.108.

엔클레이브 영토 중 세계적으로 가장 큰 것은 미국의 알래스카이고, 가장 작은 것은 벨기에·네덜란드 국경지역 바를러-나사우Baarle-Nassau 마을이다. 엔클레이브 영토 크기가 천차만별인 것처럼, 엔클레이브 행정구역 크기도 천차만별이다. 일반적으로 엔클레이브 영토는 지리적 위치, 물산, 국제관계 등에 있어서 특수한 중요성을 가진다. 엔클레이브를 이해하면 해당 국가에 대한 이해가 가능할 뿐만 아니라, 좀더 풍부하게 세계를 이해할 수 있다.

위와 마찬가지로 '소수민족 집단거주지'는 민족지리분포를 인식함에 있어서 중요한 개념이다. 세계의 각 민족은 각종 자연적·사회 역사적 원인으로 인해 상호 잡거, 집거, 산거의 상태에 처해 있다. 해당 민족의 주요 집거지 외의 다른 지역에도 해당 민족이 비교적 집중적으로 분포된 지역이 있으며, 혹은 해당 민족의 집거지에 다른 민족 역시 집중적으로 분포되어 있는 경우가 허다하다. 예컨대 시리아의 아르메니아인 거주지, 구유고슬라비아 경내의 알바니아인 집거지, 세계 각지의 유대인 집거지 등 모두 '소수민족 집단거주지'로 볼 수 있다. 다른 하나의 경우, 도시 혹은 향촌 속 특정 민족의 집단거주지는 '소수민족 집단거주지' 혹은 '소수민족섬'으로 불리기도 한다. 일반적으로 이러한 소수민족 집단거주지에는 그에 상응한 일부 민족적·종교적인 문화 조직이 있어 소수민족 이주민과 모국의 문화를 연계시켜주는데, 이로 인해 소수민족 집단거주지는 문화의 내외적 특징에 있어서 주변지역과 두드러진 차이를 보여준다.[34]

역사적으로 그리고 현재 중국에는 다민족적 분포 구조가 형성되었고, 또한 전국 범위내 크고 작은 소수민족 집단거주지가 존재한다. 역사적으로 볼 때, 당나라, 원나라 당시 윈난지역에 대한 통제를, 그리고 청나라 당시 신장에 대한 통제를 목적으로 형성되었던 소수민족 집단거주지가

---

34 周尚意, "蒙特利爾'民族島'的空間結構," 《人文地理》第3期, 1997.

있었다. 1950년대 이후 신중국은 각 민족의 상이한 집거 정도에 따라 각급의 민족자치구를 설립했다. 그 후 50여 년에 걸친 탐색 및 실천으로 중국은 효과적인 그리고 새로운 소수민족 집단거주지 관리 방식을 구축했다.[35] 개혁개방 이후 민족간 잡거 상태는 더욱 보편적이 되었는데, 다수의 대도시에는 소수민족 사구(社區, 영어표기는 공동체 community를 사용) 혹은 사구社區식의 민족사구가 존재한다. 북경의 '신장촌新疆村', '중화민족원中華民族園', 도시내 티베트인 중학교 등이 대표적이다. 이러한 민족사구는 주변의 기타 사구 및 여타 민족과 광범위한 연계 및 왕래를 가짐에도, 조직, 구조, 기능 내지 종교신앙, 생활습관, 언어문화 등 여러 방면에서 해당 민족 고유의 특징을 보여주는데, 이를 일종의 새로운 형태의 '소수민족 집단거주지'로 볼 수 있다.[36]

---

35 郭聲波, "飛地行政區的歷史回顧與現實實踐的探討," 中國社會科學院文獻信息中心 편, 《堅持科學發展觀, 構建和諧社會―黨政幹部理論學習文選》, 紅旗出版社, 2007, p.108; 馬戎·周星 엮음, 《中華民族凝聚力形成與發展》, 北京大學出版社, 1999, pp.148-149.
36 楊文炯, 《互動, 調適與重構―西北城市回族社區及其文化變遷研究》, 民族出版社, 2007, p.151.

민족지리학의 학문체계 및 관련 학문분야와의 관계

　신흥 학제간 융합학문으로서 민족지리학은 연구의 범위와 깊이, 학문 자료의 축적, 학문 이론의 추상성抽象과 개괄槪括, 연구 내용과 대상 및 방법 등에 있어서 아직 시작단계에 머물러 있다. 따라서 기타 학문분야의 연구시각에서, 그리고 민족지리학을 사회과학의 학문적 배경하에 위치시켜 특정한 내부구조, 학문적 지위와 학문체계 및 기타 학문과의 관계 등을 규명한다면 민족지리학의 연구와 발전은 진일보하게 될 것이다.

1. 민족지리학의 학문체계

　민족지리학 연구는 학문체계로 구축되어야 하지만, 아직까지 공인된 학문분류체계로 존재하지는 못하고 있다. 상이한 학문분야와 영역의 전문가들이 서로 다른 시각과 내용, 방법 등을 사용하기에 도출된 결론은 대체로 연구 문제의 한 측면을 반영하는데 그치고 있다. 연구자가 볼 때, 민족지리학의 학문적 지위와 분류체계를 확립하려면 민족지리학의 발전과정 및 연구 내용과 결부해 전면적인 고찰이 필요한 상황이라 하겠다.

민족지리학의 발전 역사를 살펴보면, 1920년대 민족지리학 용어를 최초로 사용할 당시는 인종학의 시각에서 인간 집단과 환경간의 상호작용을 분석하는데 목적을 두었기에, 현재의 학문적 의미에서의 민족지리학과는 원칙적으로 구별된다. 1950년대말 구소련의 민족학자가 제시한 '민족지리학' 용어는 특정한 지역의 사회 역사 발전과 경제발전 속에서 각 민족 인구와 성분 및 변동의 원인에 초점을 맞추고 있어, 민족지리학 연구가 민족 지도의 제작과 민족인구학이라는 두 가지 내용만 포함하고 있었다. 1950년대 이후 중국학계에서는 민족지리학의 학문적 분류와 체계에 대해 활발한 토론을 진행하였고 다음과 같은 대표적인 주장들이 제기되었다. 《중국대백과전서-지리학 권》의 인문지리학 분권에서는 민족지리학을 "민족과 역사적으로 형성된 각 인간공동체의 지리적 분포 및 형성과 변천의 지리적 배경을 연구하는 과학이다. 민족지리학은 민족학과 지리학 사이에 있는 일종 경계학문이다"고 소개하고 있다.[37] 여기서 민족지리학은 인문지리학에 속하는 것으로 소개하고 있다.

다른 한편, 민족지리학이 지리민족학과 다르지만, 민족을 통해 지리적 특징과 과정을 연구하기에 총체적으로 지리학의 분과학문으로 봐야 된다는 관점이 있다. 예컨대 일본 지리학계는 민족지리학을 종교지리학, 언어지리학과 함께 인문지리학에 귀속시켰다. 중국학자 진치밍金其銘·둥신董新이 펴낸 《인문지리학 입문民族地理學導論》에서는 민족지리학을 사회문화지

---

[37] 李旭旦 엮음,《中國大百科全書》, 中國大百科全書出版社, 1984.

리학 체계에 귀속시켰다.

또 다른 관점에 따르면, 민족지리학의 연구가 특정한 인간공동체인 민족에 초점을 맞추고 있고, 이는 연구내용에 있어 많은 부분이 민족학과 중첩되기에 연구자료와 방법에 있어 서로 참조와 보완이 가능하다는 것이다. 이런 측면에서 볼 때, 민족지리학은 민족학의 분과학문으로, 혹은 넓은 범위의 민족학 범주에 속한다는 주장이다.

또 다른 한편, 지리적 환경의 영향을 받는 민족 활동의 지역적 차이와 특징을 분석해 본 결과, 민족지리학의 본질은 민족 생태문제이며, 이는 다윈의 진화론과 마찬가지로 민족공동체는 '적자생존'의 산물이라는 관점이 있다. 한 민족은 특정 지역에 장기간 생활하는데, 이는 해당 민족이 특정한 자연환경 속에서 일종의 문화지리적 생태 평형을 찾아냈고, 따라서 민족지리학은 문화생태학의 학문 범주에 속해야 한다는 것이다.

연구자가 보건대, 민족지리학은 교차 학문이자 융합학문으로 통합과학 시대의 산물이다. 민족지리학은 지리학의 분과학문이자 민족학의 분과학문이며, 모체 학문에 대한 절대적 의존관계가 존재한다. 또한 종합적·교차적 연구 추세와 특성에 비추어 볼 때, 민족지리학을 단순하게 어느 협소한 학문 범주로 귀속시켜서는 안 된다고 본다. 민족지리학은 특유의 학문 구조를 갖고 있으며, 학문체계의 구축에 있어 여섯 가지 부분環節을 포함해야 한다. 즉 민족지리학의 이론과 방법, 통론通論적 성격의 민족지리연구, 지역민족지리연구, 단대斷代민족지리연구, 단일單一민족지리연구, 영역部門민족지리연구 등이다. 이 중에서 이론과 방법은 학문 발전의 높이를 가리키는 것으로, 기타 다섯 가지 분야에 지도적 의의를 가지는 존재이다. 통론적 성격의 민족지리연구는 '통'과 '론'을 강조하는데, 시간적 범위는 선사시대부터 현재까지 포함한다. 단대민족지리는 특정한 시기에 한정해, 길게는 수 백년, 짧게는 몇 십년으로 한정한다. 지역민족지리에서의 지역은 상이한 공간적 범위에 따라 구분한다. 크게는 세계, 대륙별,

국가별, 작게는 성급, 현급, 향급으로 구분한다. 지역을 단위로 명명한 연구에서 지역 내에는 한 민족의 일부 혹은 전부, 또는 여러 개의 민족이 거주하고 있을 수 있다. 구체적 민족을 연구 단위로 한 연구는 단일민족지리를 연구대상으로, 해당 민족의 공간적 분포는 연속성을 보일 수도 혹은 보이지 않을 수도 있다. 지역민족지리연구든 아니면 단일 혹은 단대 민족지리연구든, 민족의 기원과 이동, 민족과 지리적 환경간 상호작용 관계, 민족의 분포지역 등이 모두 연구의 핵심 내용이 된다. 영역민족지리연구는 민족지리학의 수평적 내용 전개에서 파생한 연구로, 민족지리학 학문 내부의 각 분야를 모두 포함하고 있다. 상술한 내용들을 그림으로 보여주면 다음과 같다.

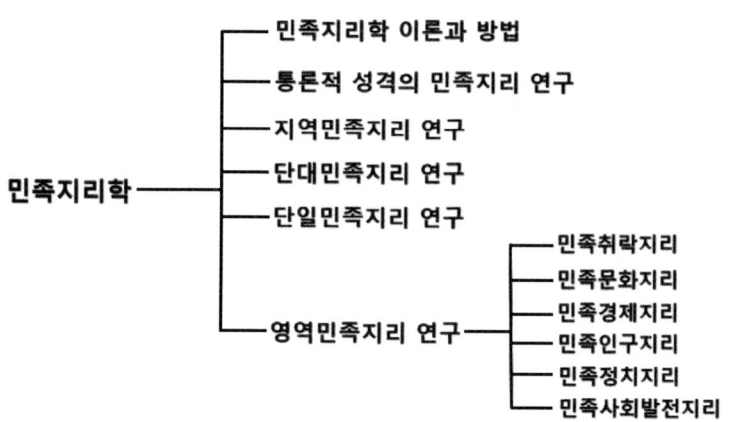

<그림 2-1> 민족지리학의 학문체계도

물론 민족지리학 연구 내용이 다양해짐에 따라, 영역 연구에 있어서 한 층 심화, 확장되고, 이에 따라 민족지리학 학문체계도 부단히 완성되고 있다. 이는 향후의 연구에서 총괄과 귀납을 요구할 뿐만 아니라, 새로운

연구성과로 끊임없이 다양화시키고 발전시킬 것을 요구한다.

2. 민족지리학과 관련 학문분야와의 관계

민족지리학이 지닌 교차적·융합적 학문 속성, 특정한 연구대상, 내용, 방법은 민족지리학이 민족학 및 지리학과 학문적으로 밀접한 연원을 가진 학문임을 결정할 뿐만 아니라, 민족인구학, 민족생태학, 민족경제학, 역사지리학, 인종지리학, 문화지리학 등의 학문 분야와도 매우 밀접한 연관성을 갖고 있음을 보여준다.

1) 민족지리학과 민족인구학

상술했듯이, 1950년대 말·1960년대 초 소련 민족학계는 민족지리학을 독자적인 하나의 학문 개념으로 제시했고, 이는 세계적 범위에서 국가와 지역의 민족 구성에 대한 확정, 민족인구 지도 제작, 민족인구 상황 및 변화 법칙 연구 등의 목적에 따른 것이었다. 당시 민족지리학과 민족인구학은 상호의존적으로 매우 밀접한 연관성을 갖고 있었는데, 민족지리학의 모든 개념은 민족학의 두 부분인 민족지도 제작과 민족인구학만을 포함했다.

이후 민족인구학이 민족학과 인구학의 기초위에서 신흥 학제간 융합학문으로 독자 발전하면서, 인구지표와 각 지역 민족구성의 분석, 민족인구의 자연적·기계적·사회적 변동에 대한 고찰, 각 민족의 문화특징, 풍습, 전통 생활방식과의 연계 속에서 민족요소가 인구발전에 미친 영향 등을 연구 내용과 대상으로 확정했다.[38] 이는 학문체계, 내용, 대상과 과제

---

38 蔣廣學·朱劍 엮음, 《世界文化詞典》-"民族人口學", 湖南出版社, 1990, p.402.

등에서 민족지리학 연구와의 본질적 차이가 있음을 드러내었다. 그럼에도 특정 지역의 민족구성에 대한 판정, 민족인구의 공간적 표현방식과 법칙 즉 민족인구의 재생산, 지도 제작, 지역 유형·밀도·성별과 연령 구성·자연 및 인문 자질 등 많은 과제와 분야는 민족지리학과 민족인구학이 공히 관심을 갖고 연구하는 과제임을 부정할 수 없다. 예컨대, 민족의 지리적 분포를 구체적으로 분석함에 있어서, 민족인구학이든 민족지리학이든 모두 하나의 기본적인 문제에 주목한다. 즉 사회, 역사, 문화 등 인문환경요인과 지모, 식피, 수문, 기후 등 자연환경요인이 민족분포에 미친 영향이다.

민족지리학과 민족인구학과의 학제적 연원 관계는 학과 내용의 교차와 중첩에만 그치는 것이 아니다. 두 학문분야는 상대 분야의 연구성과에서 보여준 데이터와 자료 등을 활용하고 참고한다. 예컨대 민족지리학이 민족인구의 거주 공간에 근거해 민족의 지역적 구성을 고찰할 경우, 민족인구지도, 밀집도, 민족인구 도시화 정도, 민족인구의 구획 및 민족인구의 연령, 문화, 업종, 직업구성의 분포 상황 등 민족인구학의 관련 자료에 의존해야 한다. 즉 민족인구학의 독자적 발전은 민족지리학을 위해 풍부한 자료를 축적 및 준비했다고 해도 과언이 아니다.

2) 민족지리학과 민족생태학

"민족생태학은 민족학과 생태학간 융합적 학문이다. 민족생태학은 민족학과 생태학의 원리를 기초로 민족생태계통의 연구를 핵심으로 하며, 특정 생명 계통 안에서 각 민족의 생리와 심리의 환경에 대한 적응을 연구함으로써, 민족의 형성 및 변천과 생태환경과의 관계를 제시하고, 각 민족이 자연자원에 대한 합리적 이용과 생태적 평형에 대한 효과적 유지의 방법과 경험을 탐구하며, 민족생태계통의 변화발전법칙, 그리고 민족

생계통과 민족경제의 조화로운 발전의 경로를 탐구하는데 있다."[39] 민족생태학은 특정 민족집거지역내 민족집단 및 기타 생물과 환경간 상호 작용을 연구함에 있어서, 환경적·민족적·종합적·역사적인 다양한 속성을 보여주며, 이는 민족생태학과 민족지리학간의 일정한 연계를 결정한다.

민족지리학은 민족분포를 연구함에 있어서, 민족의 행정적 분포와 민족간 분포를 연구할 뿐만 아니라, 이 중 후자는 민족분포지역의 특징적인 경계와 생태적 환경에 상응한 것으로 볼 수 있는데, 구체적으로 민족이 처한 자연환경형태(예컨대 구릉, 하곡, 산천, 초원) 및 이에 따른 민족지역분포의 경계를 가리킨다. 중국의 만리장성 이북의 민족은 초원을 자연적인 경계로 하고 있고, 아프리카의 셈족Semites·함족Hamites은 사하라대사막을 지연적 특징으로 하고 있다. 이밖에 민족의 지역적 분포 경계와 자연환경 상황은 민족의 변화와 발전을 제약 및 결정하고 민족의 자연적 자질, 외모 특징, 지리적 분포, 인구밀도에 영향을 미친다. 민족 연구에 있어서 흔히 사용되는 산지민족, '육산육수六山六水민족', 하서회랑민족, 열대우림민족, 열대사막민족, 댐거주坝居민족, 설역雪域민족 등의 개념은 민족 생존환경의 주요한 자연환경적 특징과 자연적 경계에 따라 확정지은 것이다.

이상에서 알 수 있듯이, 민족지리학과 민족생태학은 '민족-환경'의 모순적 관계에 주목하여 민족의 구조적 변동과 생태환경간 관계를 연구하면서, 지역의 민족성, 민족의 지역성, 민족에 대한 지리적 환경의 영향, 그리고 지리적 환경에 대한 민족의 적응 등에 대해 상이한 연구 시각과 경향성을 보여주고 있다. 또한 민족지리학과 민족생태학은 연구의 내용, 수단, 방법과 자료에 있어서 상호간 보완과 이용이 가능할 뿐만 아니라, 상호간 보충·이용·추진·발전이 가능하다는 장점을 지닌다.

---

39 趙軍 외, "關於民族生態學若幹問題的探討,"《西北民族學院學報》第4期, 1994.

3) 민족지리학과 민족경제학

민족경제학은 민족지역경제의 특징과 구조 및 변화 발전 법칙을 연구하는 학문이다. 민족경제학은 지리학의 중요 내용인 민족경제지리와 내재적으로 밀접한 연관성을 갖고 있다.

널리 알려진 것처럼, 인류의 생산활동과 환경 간 관계 및 양자의 관계를 어떻게 조화시킬 것인지는 민족경제학 연구의 주요 과제이며 민족지리학 연구의 주요내용이다. 생산활동은 인류가 생존하기 위한 가장 기본적인 활동인데, 어떤 민족이든 역사 발전 과정에서 주변환경과 이러저러한 관계를 맺고, 더불어 자연환경 속에서 일정한 생산·생활 자료를 획득한다. 그럼에도 상이한 민족, 상이한 생산력 발전 수준과 생활여건은 상이한 생존방식을 탄생시킨다. 예컨대 중국 윈난의 이족·두룽족獨龍族 등 많은 산지민족은 장기간 '화전경작'의 농업을 주요한 생존수단으로 삼아 왔다. 민족지리학적 시각에서 이러한 생계방식을 고찰해 보면, 베트남, 라오스, 미얀마와 접경한 중국의 윈난 남부와 서부 지역은 아열대 지역에 위치해 인도양의 서남계절풍과 태평양의 동남계절풍의 영향권 하에 있다. 이런 기후는 건조와 습윤의 두 계절이 분명하여 사계절의 온도 차가 적고 식피의 생장이 빠르다. 이러한 자연지리적 환경과 인간이 적은 대신 땅이 많은 객관적 현실은 '화전경작'의 농업에 유리한 자연적 여건을 제공해준다.

이론의 창조는 실천에 대한 적용에 있다. 민족지리학과 민족경제학간 내재적 연관성은 다음과 같은 시사점을 제공해 준다. 변경민족경제의 개발에 있어서 각 민족 사회경제발전의 불균형성, 두드러진 지역간 차이, 생산양식의 다양성 등의 특징에 근거해, 민족지리학의 기술적 수단과 이론 방법을 충분히 활용해 한 민족 혹은 특정 지역의 자연지리 요소를 전면적으로 고찰함으로써, 합리적으로 민족경제를 분포시킴과 동시에 각 민족의 미래발전계획을 기획해야 한다는 점이다. 윈난의 특수지역의 유경(遊耕, shifting cultivation)경제에 대한 생태학적 분석을 진행한 학자에 따르면,[40] 윈난 산지민족은 단일한 유경과 불不정착(반半정착)의 생산·생활 양식에서 점차 벗어나, 농업·임업·부업·어업 등 다양한 경영을 함께 하는 영구 정착의 새로운 생산·생활 양식으로 변화하고 있지만, 여전히 산지민족의 미래 계획과 발전에 있어서 유경 면적을 점차 줄여야 할 필요가 있다. 또한 "산지경제의 발전은 단순한 동식물 자원 보호의 동물생태학 시각에만 그치지 말고, 생태계통 속 인간의 요인에서 출발해야 한다. 윈난의 복잡한 지방지리, 식피의 문화적 특징에 따라, 합리적인 지방경제정책은 반드시 산지민족이라는 인간적 요인을 중심으로 제정되어야 한다. 자연보호구 범위의 확정은 식피에 착안점을 두어야 할뿐만 아니라, 현지 민족의 인구발전, 식량과 에너지 수요량 증가 등에 주목해야 한다."[41] 이는 민족지리학과 민족경제학을 결합한 연구 사례의 하나이다.

요컨대, 민족지리학과 민족경제학간에는 공통적인 연구내용을 포함하고 있으며, 민족지리학의 진일보 된 연구는 민족지역의 경제건설과 개발, 연구자료의 대량 축적에 중요한 지도적 역할을 할 것으로 본다.

4) 민족지리학과 역사지리학

역사지리학은 역사학과 지리학간 융합적 학문이다. 역사지리학은 인류 각 역사 시기의 각종 자연적·인문적 지리현상의 분포, 변천 및 발생·발전·변천의 법칙을 연구하는 학문이다. 민족지리학의 탄생과 발전 과정 역시 일종의 역사적 과정으로, 주요 내용인 민족취락, 문화경제, 인구의 지리적 배경, 민족의 탄생·발전, 민족 생존이 의존하는 자연적·인문적 환경 모

---

40 유경이란 '화전경작의 농경생활(정착)과 이동생활(유목)을 겸행하는 농업 방법'을 가리킨다.(역자 주)

41 莊孔韶, "雲南山地民族(遊耕社區)人類生態學初探," 中國人類學會 엮음,《人類學研究(續集)》, 中國社會科學出版社, 1987.

두에는, 일정한 역사 시기 및 특정 단계의 역사적 흔적과 시대적 특징이 담겨 있고, 일정한 역사발전의 과정이 있으며, 민족과 함께 일종의 사회역사적 범주와 지역지리현상으로서 존재하며, 다양한 역사적 과정에 의해 제약된다. 따라서 민족지리학에서 이러한 주요내용을 연구함에 있어서 역사지리학의 이론과 방법에 대한 차용이 불가피하며, 또한 사료의 고증, 현지조사 등을 통해 한발 더 나아간 연구를 진행해야 한다.

물론 민족지리학과 역사지리학간 가장 직접적인 연관성은 다음과 같은 데서 나타난다. 즉 연구내용에 있어서 민족지리학이 역사지리학과 중첩된다. 예컨대 특정 역사 시기 상이한 지역에서 민족의 기원·발전·이동·변천의 역사적 과정과 지리적 환경간 관계를 검토, 그리고 역사상 상이한 민족공동체가 어떻게 자연환경에 적응·이용·개조했는지, 또한 상이한 민족공동체간 융합과 교류의 지리적 기초는 무엇인지에 대한 검토 등은 중첩된다고 볼 수 있다.

5) 민족지리학과 인종지리학

민족지리학과 인종지리학은 각각 민족 혹은 인종의 형성, 지역 분포, 이동 및 지리환경과의 관계를 연구하는 학문으로, 양자간의 내재적 연계는 민족과 인종의 특수한 관계에서 기인한다.

인종과 민족은 모두 역사적으로 형성된 인간공동체로, 일정한 자연 배경과 특정한 시공간에서 형성된 것이다. 단 인종은 체질적 변화로 환경에 적응하고 환경의 선택적 작용을 통해 환경에 더욱 잘 적응할 수 있는 체질적 특징이 유지되도록 한다. 이와 달리 민족은 일정한 자연지리를 기초로 하고 인문지리조건에 의해 주도되는데, 기술을 기초로 하는 경제생산활동, 정치·사회 조직구조 및 이에 적응하는 사상의식 등을 통해 자연 및 사회환경에 순응하고, 사회의 선택 작용을 통해 환경에 상대적으로 잘 적응하는 민족이 생존 및 발전하게 된다. 그러나 인종적 속성을 가진 민족은 그 형태에 있어서도 인종적 특징을 포함하고 있다. 따라서 민족지리의 연구는 민족 형성에 미치는 환경의 작용과, 거꾸로 환경에 미친 작용 효과 등, '인종-환경'이라는 모순적 관계를 통해 전개될 수밖에 없다. 물론 인종의 지리적 분포, 공간적 변동으로 민족의 지역적 분포 및 차이를 대신한다거나, '민족-환경'간 관계로 '인종-환경'간 관계를 대신할 수는 없지만, 각자의 학문적 시각에서 상대 학문분야에 대해 검토를 한다면 이는 일종의 새로운 연구 시각을 제공한다는 장점을 지닌다.

6) 민족지리학과 문화지리학

문화지리학은 인류문화의 공간적 조합, 인류 활동이 창조한 문화적 기원, 전파 방향과 환경간 관계를 연구하는 학문이다. 문화지리학은 개별문화현상을 연구대상으로 하는 영역문화지리와 지역문화종합체를 연구대상으로 하는 지역문화지리 두 가지를 포함한다. 즉 문화지리학은 인류가 활용 혹은 재활용하는 일체 문화현상, 예컨대 생산과 생활방식, 언어문자, 민족과 민속, 종교와 풍속 등 분야의 지리적 배경을 연구하면서 언어지리, 민족지리(민속지리), 종교지리 등 중요한 분과를 형성한다. 따라서 민족지리학은 문화지리학과 불가분의 학문적 의존관계를 갖게 된다. 다만 지구상의 모든 문화 현상과 문화 자원은 상이한 인간공동체 혹은 민족공동체가 창조·유보(保留)·활용하는 것, 즉 모든 문화는 인류 활동의 창조물이다. 민족은 인간공동체의 일종으로, 민족이 생산 및 생산 실천 속에서 창조한 민족적 특징을 지닌 각종 정신적 재부와 물질적 재부의 총합, 넓은 의미에서의 민족문화라고 한다. 따라서 민족지리학은 민족 혹은 민족 지역의 각종 문화현상의 형성·변천·전파·확산과 지리적 환경간 관계를 연구, 혹은 민족거주환경에 대해 문화적 평가를 진행하는 과정에서 문화지리학과 일종의 상호 보완적·의존적인 학문관계를 형성하게 된다.

민족지리학의 연구방법

 상술했듯이, 민족학과 지리학간의 융합적 학문으로서 민족지리학은 1960년대 이후 점진적으로 발전해 오고 있으며, 현재 연구 내용과 이론 체계를 완성시켜가는 과정에 있다. 현대 실험과학의 시조인 베이컨Francis Bacon에 따르면, "과학은 이성적인 방법으로 감성적인 재료를 정리하는데 있다. 귀납, 분석, 비교, 관찰, 실험은 이성적 방법의 주요조건이다."[42] 따라서 민족지리학의 학문이론체계의 구축과 완성, 민족의 지역적 분포 및 형성·변화·발전 법칙을 연구하는 과정에 있어서, 실행 가능하고 효과적인 연구방법을 찾아내는 것은 해당 학문의 성숙 여부를 가늠하는 관건 중 하나로 볼 수 있다. 연구자가 보건대 민족지리학의 연구실천에서 마르크

---

42 殷正坤 외,《科學哲學引論》, 華中理工大學出版社, 1996, p.4.

스주의의 변증유물주의와 역사유물주의의 인식론과 방법론, 그리고 인간과 환경간 관계에 대한 마르크스주의의 과학적 판단을 가장 기본적인 이론적 지도로 견지함과 동시에, 일련의 연구 기본원칙과 기본방법들을 확립해야 한다. 또한 어떤 구체적인 민족지리현상에 대한 연구에서도 반드시 다원적 시각에서 출발해, 목적이 분명한 구체적인 연구방법을 사용해야 한다.

1. 민족지리학 연구의 기본적 방법

영역간·학문간 교차되는 신흥 융합학문으로서 민족지리학 연구는 학문체계와 연관된다. 민족지리학을 이러한 학문들의 종합적 연구로 볼 수는 없으며, 기계적인 결합으로 이루어진 것은 더 더욱 아니다. 그럼에도 민족지리학은 모체 학문간 연구내용과 연구방법을 상호 보완한다. 즉 민족지리학은 흔히 모체 학문인 민족학과 지리학의 일부 연구방법을 사용한다. 민족학이든 지리학이든 중세기 이전 상당히 긴 시기 동안 지식체계의 구축, 즉 학문 자료의 축적에 있어서 역사학과 내재적으로 밀접하게 연관성을 가졌다. 이런 의미에서, 민족지리학은 역사학에 종속된다고 볼 수 있다. 학문 발전의 역사에 비추어 볼 때, 민족지리학 연구의 기본방법에서 우선적으로 강조하는 것은 역사학 방법이다.

민족지리학의 연구는 반드시 풍부하고 자세하면서도 확실한 역사문헌 자료와 현지조사자료의 기초 위에서 이루어져야 한다. 역사상 각 민족 역사 지리의 자료는 정사正史의 민족지와 지리지, 그리고 각 역사 시기 전문적인 여지輿地 서적 및 각종 기행문·잡록雜錄·비각碑刻 등 역사 문헌과 역사 문물 속에서 찾아볼 수 있다. 이러한 자료들을 찾아 조목별·부문별로 체계적인 연구를 진행하려면 반드시 역사학에 대한 기본 훈련이 구비되어 있어야 하고, 역사 자료와 역사문헌방법을 숙련되게 수집·정리·활용할 수 있어야 할뿐만 아니라, 역사학의 방법으로 문헌 기재를 일정한 지리적 공간 속에서 해독하는 능력을 갖춰야 한다.

민족학에서 총체적으로 민족에 대해 연구하는 방법은 다양하지만 조사방법은 가장 많이 사용하는 방법의 하나이다.[43] 이른바 조사방법이란 민족학자가 민족지역 속으로 깊숙이 들어가 각 민족이 거주하는 자연환경과 사회환경, 민족의 정치·경제·문화풍속에 대해 직접적으로 관찰과 체험 내지 전면적이고 자세히 고찰하는 것을 통해, 대량의 구체적이면서도 확실한 1차 자료를 획득하고 그에 대한 분석과 연구를 통해 법칙적인 것을 총화해내는 것을 가리킨다. 민족학자는 민족지역에 대한 종합적인 고찰에 있어서 흔히 민족의 자연분포상황으로 각 조사지역을 구분하거나 조사지를 선택한다. 그러나 사회발전에 있어 큰 차이를 보이는 민족이 상이한 자연지리환경에 적응하기에, 대체로 상이하고 지역자연지리적 특징이 각인된 민족문화들이 형성된다. 따라서 민족학자가 객관적으로 넓은 의미의 민족문화를 연구함에 있어서 문화가 의존하는 환경 혹은 문화지역내의 자연지리적 특징에 대해 객관적인 분석과 고찰을 하지 않을 수 없다. 또한 구체적 고찰과 연구 실천 속에서 대량의 민족지리와 관련한 자료와 경험을 축적할 수 있다. 이러한 의미에서 볼 때, 민족지리학이 민족의 지리적 특징, 민족의 지역분포법칙과 공간 차이를 연구함에 있어서 민족학에서 이미 축적한 풍부한 자료를 차용해야 할뿐만 아니라, 민족학의 연구방법을 참고해 민족 지역 속으로 깊숙이 들어가 현지의 자연 및 인문

---

43 민족학의 조사방법에 대해, 중국의 민족학자 양곤(楊堃)은《民族學調査方法》(中國社會科學出版社, 1992)에서 거시·미시 결합의 조사방법, 조사회를 개최하는 조사방법, 개발 방문과 관찰을 통한 조사방법, 친속의 호칭에 대한 조사방법, 자전(自傳)적 조사방법, 지도 조사방법, 거주 조사방법, 역사연원법, 통계조사법, 종합조사법 등 흔히 사용하는 10가지 조사방법을 소개했다.

환경에 대해 전면적인 고찰을 진행할 것을 요구한다.

그럼에도 민족학이 민족의 역사발전, 언어문자, 종교신앙, 정치경제, 문화생활을 일정한 지역 공간에 놓고 고찰하기에, 민족의 생산력과 생산관계, 경제적 기초와 상부구조에 연구의 초점을 맞춘다. 따라서 민족의 지역성과 지역의 민족성으로 조성된 **거대 시스템**의 여러 방면에 대해서는 심층적인 연구가 부족하기 마련이다. 즉 민족지리학의 일부 연구내용은 민족학의 연구 수단과 방법을 통해서는 심층 연구가 어렵고, 이에 지리학 및 기타 관련된 학문분야의 연구방법을 통한 상호 보완이 필요한 것이다.

민족학의 연구방법과 마찬가지로, 지리학의 연구방법 역시 다양하다. 그 중에는 자연과학, 사회과학의 일반적 분석과 묘사의 방법도 있지만, 전문 영역의 기술적 난이도가 높은 연구 수단을 차용하는 방법도 있다. 따라서 민족지리학의 모체 학문으로서 지리학은 민족지리학을 위해 일부 효과적인 연구방법을 제공해준다. 예컨대 지리학에서 자주 사용하는 각종 도표법이 대표적인데, 민족의 경제지리, 문화지리, 인구지리를 연구하는 과정에서 나온 일부 도표의 내용은 민족의 행정적 분포, 지역적 분포, 평면적 분포, 수직적 분포, 취락 분포 등을 제작할 경우 가장 직접적이고 효과적인 방법이 아닐 수 없다.

물론 민족지리학 연구의 기본 방법 중에는 역사학, 민족학, 지리학의 일부 연구방법을 선택 혹은 차용한 것 외에, 인접한 학문분야인 민족인구학, 민족생태학, 인종지리학, 문화지리학, 역사지리학, 취락지리학 등의 연구 수단과 방법을 차용할 수 있다. 또한 상고민족지리를 연구함에 있어서, 구석기시대에서 신석기시대에 이르기까지의 인간 그룹과 환경의 상호작용을 고찰하려면, 제4기 환경학과 고지리학, 식물생태학, 화분학 palynology 등 학문분야의 연구 수단과 연구성과를 도입하고 배우면서 인접 학문분야의 새로운 사상과 연구방법을 받아들여야 한다.

2. 민족지리학 연구의 구체적 방법

민족지리학은 민족학과 지리학을 단순하게 그리고 기계적으로 이접移接시켰거나 합친 것이 아니라, 두 학문분야의 기초 위에서 형성된 신흥 학문이다. 민족지리학 연구는 변증유물주의와 역사유물주의의 세계관과 방법론을 전제로 하고, 종합성·지역성·계통성의 기본원칙 및 민족학과 지리학의 일부 기본 방법을 사용하는 것 외에, 다음과 같은 구체적인 연구방법을 사용해야 한다.

1) 역사-생태학을 척도로 한 배경분석법

이 방법은 민족을 통해 지리적 특징과 과정 혹은 '민족-환경'간 관계를 연구할 것을 요구하며, 민족을 광범위한 문화와 지리 환경 속에 두고 어떤 민족의 지리현상이든 모두 상호 연관되고 교차된 각 단원으로 조성된 대계통으로 간주해 각 민족 생존의 역사-생태학적 기초를 규명하는 것이다. 또한 이러한 척도와 배경분석법은 구체적인 연구에서 다음과 같은 두 가지를 강조하고 있다.

우선, 세계 각 민족의 분포 상황의 다양성과 각 민족 생태환경의 복잡성에 따라, 한 민족의 지역분포, 경제지리, 취락지리 등을 연구함에 있어서, 이를 반드시 각 민족과 연관된 큰 지역공간과 범위 내에, 그리고 동일한 자연환경과 인문환경에 위치시켜 인접한 민족과 종적 및 횡적 비교를 해야 한다. 이러한 비교의 과정은 배경분석의 과정이 된다. 구체적으로 보면, 중국 동북지역의 어웡키족鄂温克族, 오로첸족鄂倫春族 등 민족의 생존여건, 경제지리 및 각 민족의 상이한 근대화 경로를 연구함에 있어서 반드시 이런 민족의 공통적인 자연환경과 인문환경에 대해 전면적으로 고찰해야 한다. 이를 기초로 해당 민족들 간의 '문화적 공생 포인트'를 찾아야 할뿐만 아니라, 서로를 비교하여 더 진일보한 연구를 진행해야 한다.

다음으로, 민족은 사회역사적 범주에 속하는데, 발전적·역사적 관점에서 민족의 생태환경에 대해 필요한 분석과 연구를 해야 하며, 이는 배경분석법의 한 척도이다. 예컨대 미국 인류학자 에이단 윌리엄 사우스홀 Aidan Southall은 동아프리카의 누에르족Nuer과 인접 지역의 딩카족Dinka을 연구함에 있어서, 양자를 시공간적으로 명확한 경계가 그어진 부족 실체로 묘사하지 않고, 과거 일정한 시간내 동일한 지역내의 집단으로 간주했다. 대신 나중에 인구와 가축의 숫자가 해당 지역이 수용할 수 없을 정도로 늘어나면서, 집단 중의 한 갈래가 새로운 토지와 수원을 찾아 외부로 이동하는 즉 해당 집단이 두 갈래로 나뉘어 상이한 두 개의 새로운 집단이 형성되는 것으로 간주했다.[44] 또 다른 사례연구로, 다수의 학자들이 보건대 중국 역사상 민족 이동의 총체적 추세는 남→북에서 점차적으로 북→남으로 방향이 바뀌었는데, 이로 인해 형성된 오늘날 민족지역분포구조의 생태학적 근거는 중국 대륙의 기후가 오 천년 동안 따뜻한 기후에서 차가운 기후로 변화하는 전반적 추세와 일치한다는 것이다. 중국 서남지역 민족경제문화발전의 불균형성과 낙후성은 민족분포의 입체성 및 보편적 잡거雜居와 산거散居 및 소규모 집거, 그리고 수직적인 입체식 기후, 상호 격리·폐쇄·복잡한 생태환경과 밀접한 관계가 있다.

2) 필드워크

지리학자든 민족학자든 자신이 연구하는 대상에 대한 필요한 조사, 관측과 현지고찰을 통해야만 1차자료 획득이 가능하다. 마찬가지로 민족지리학이 민족의 경제, 역사, 문화, 인구, 취락의 지리적 배경을 연구함에 있어서, 각 민족의 자연 및 인문환경에 대한 현지 탐사와 심도 깊은 조사가

---

44 Y·N·Cohen & A·Ames·李富强 역,《文化人類學基礎》, 中國民間文藝出版社, 1987, pp.75-78.

특히 필요하다. 이를 통해 대량의 보편성을 지닌 사실과 자료를 수집할 수 있을 뿐만 아니라, 민족지리의 특징 및 법칙에 대해 과학적 결론을 내리는데 편의를 제공한다. 민족지역의 경제에 대해 개발과 합리적 배치를 추구함에 있어서, 해당 지역의 각종 물산과 자연 여건에 대해 반드시 전면적으로 조사해야 한다. 조사대상에는 삼림자원, 초지자원, 석유·천연가스·수력·석탄 등 광산과 자원, 그리고 자연자원 중 지형·기후·해발·식피·토양·수문·강우량·무상기, 인문환경 중 인구밀도·민족구성·업종구성·문화풍속·종교신앙 등이 포함된다. 또한 이러한 조사지표와 탐사 데이터에 대한 종합적 분석이 이루어져야 민족경제의 합리적 배치가 가능하다. 중국의 민족학자가 육강六江 유역의 민족지리 및 종합적 상황에 대해 연구함에 있어서, 전문적인 고찰팀을 조직해 측량, 제도繪圖, 현지에서의 정보자료 수집, 기록, 관찰 등의 수단과 방법을 통해 쓰촨·티베트·윈난 변경 헝돤산맥 지역의 노강·란창강·금사강·얄롱강·다두하, 그리고 민강유역의 티베트족·이족·바이족·창족·나시족·하니족 등 14개 소수민족에 대한 조사를 완성했고, 대량의 민족지리자료를 축적했다.[45]

민족지리학의 조사와 연구의 현지 탐사와 조사에 있어서, 지리환경에 대한 조사방법도 일종의 중요한 조사방법이다. 지리적 환경은 인류 생존의 자연적 기초로 어떤 민족의 생존이든 모두 지리적 환경을 기초로 한다. 또한 민족의 역사지리 과정 속에서 지리적 환경은 흔히 민족사회의 발전을 추진 혹은 저해하는데, 상이한 사회발전단계에 처해 있는 민족에게 각기 다른 제약을 준다. 이는 어떤 지역의 민족지리를 연구하든 해당 지역의 자연지리상황과 생태환경에 대한 기초적 조사가 선행되어야 함을 말해준다. 기초적 조사에는 지형지모, 수문기후, 지질광산, 토양식피, 야생동식물

---

45 육강(六江)은 노강, 난창강, 금사강, 아용강, 대도하 등 여섯 개의 하찬을 가리킨다.(역자 주)

자원, 민족취락환경과 경관, 민족지역의 자연적 경계, 민족지역 혹은 역사 민족지역의 형성과 위치한 자연지리환경과의 관계 등이 포함된다.[46]

3) 정성분석과 정량분석

수학의 정량연구방법의 활용 여부는 사회과학 분야 연구의 전문화, 정확성 혹은 성숙도를 가늠하는 중요 척도이다. 민족지리학은 신생 학문이지만 민족의 지역적 분포, 민족지도·곡선도의 제작과 밀집화 정도의 표시 등에 있어서 일부 기본적인 수치 부호, 밀집화 지표 등 수학의 정량연구 방법을 사용해야 한다. 예컨대 구소련의 민족학계에서는 민족의 지역연구분포를 연구하면서 늘 일부 민족분포지표의 기본수치부호를 확정했다. 구체적 상황은 다음의 표와 같다.

<표 2.1> 민족분포 지표 계산에서 사용한 기본 수치와 부호

절대치(사람 숫자)	상대치(비중)
전 지역 인구 Ni-i 지역 인구 혹은 도시 인구 Na-A 민족 인구 Nai- i 시(도시)의 A 민족 인구	Pi=Ni /N-i지역 인구 혹은 도시 인구가 총인구에서의 비중 Pai=Nai /N-A민족 i시 거주민이 지역 총 거주민 중에서의 비중 Pa=Na /N-A민족의 지역 내 비중 Pia=Nai /Ni-i시 A민족 거주의 비중 Pai=Nai /Na-i시 A민족 거주민이 해당 지역 A민족 인구 중에서의 비중

출처: Ю·В·Арутюняна 외·馬尚鼇 역,《民族社會學—目的, 方法和某些研究成果》, 中央民族學院出版社, 1992, p.204 참조.

위의 표는 구소련 민족학계가 공화국 혹은 주州의 민족의 기본적 분포 지역을 확정할 때 사용했던 정량 지표이다. 이런 정량 지표는 민족지리학의 정량연구에 일정한 참고 가치가 있다.

민족지리학의 정량연구에서 민족인구의 지역 집산集散 특징의 차이 및

---

46 楊堃,《民族學調查方法》, 中國社會科學出版社, 1992, pp.108-121.

변화추세에 대한 정량분석방법인 인구공간 로렌츠 곡선lorenz curve도를 소개하고자 한다. 인구공간 로렌츠 곡선도는 특정 민족지역의 총인구의 공간적 응집상황을 표준 분포상황으로 설정해, 특정민족인구의 공간 집산 상황과 총인구의 분포를 대비시켜 상응하는 인구의 응집도 곡선을 얻어냈다. 그리고 나서 다시 민족지역 총인구 누계 백분비를 횡축으로, 각 민족 인구의 지역 누계 백분비를 종축으로 하였고 표의 대각선을 따라 표준 분포선을 그렸다. 관찰에 따르면, 각 민족 인구의 응집 정도 곡선이 표준 곡선에 근접할수록 해당 민족인구의 분포가 총인구의 분포에 근접하고, 반대인 경우는 멀어진다. 이러한 정량연구방법은 중국 민족연구에서 이미 시도되고 있다. 둥위펀董玉芬 등은 신장 지역공간에서의 민족인구 집중 혹은 분산 정도에 대한 정량연구를 하고 있는데, 로렌츠 곡선에 따라 신장지역 13개 주요 민족의 공간 로렌츠 곡선도를 그려냈고, 해당 곡선도에 대해 분석하면서, "신장 13개 주요 민족 인구의 공간 응집 형태는 대체적으로 세 가지로 구분된다. 한족의 인구 공간 로렌츠 곡선만이 대각선에 근접해 있는데, 이는 인구의 지역 분포가 상대적으로 가장 균일함을 의미한다. 타지크족塔吉克族, 다우르족達斡爾族, 키르기스족柯爾克孜族와 시버족錫伯族 인구의 분포는 동일한 유형으로 분류될 수 있는데, 이들 민족의 공간적 분포 로렌츠 곡선은 대각선에서 가장 멀다. 이는 이들 민족의 공간적 응집 정도가 가장 높음을 의미한다. 기타 8개 민족의 지역적 분포는 차이를 보임에도, 인구의 공간적 응집 정도는 비교적 유사한데, 몇몇 지역에 집중되어 있다."[47]

인구공간 로렌츠 곡선과 유사하게 민족지리 분포에 대해 정량분석을 함에 있어서 비교적 많이 사용하는 방법이 있다. 이는 다민족 국가내 민

---

47 童玉芬·李建新, "新疆各民族人口的空間分布格局及變動硏究,"《西北民族硏究》第3期, 2001.

족지리분포 특징(균일 분포 여부)을 평가하는 방법인 분산화 지수Diversificaiton Index 방법이다. 분산화 지수=1-[Σx^2/($\Sigma x 2$)], 여기서 x는 상이한 지역에서 민족의 숫사를 가리킨다. 분산화 지수의 범위는 0에서 1인데, 0은 민족인구가 전부 특정 지역에 집거함을 대표하고, 1은 민족인구가 모든 지역에 균일하게 분포됨을 대표한다. 0에서 1까지의 상이한 수치는 민족의 상이한 응집상황을 반영한다. 이러한 방법을 어떻게 사용하는지에 관해서는 양팅쉬楊庭碩 등의 《민족문화와 생경民族文化與生境》에서의 설명에 따르면, "묘사할 대상 즉 구체적으로 특정 민족을 설정하고, 해당 민족 구성원이 정확하게 있는 실제 범위를 그린다. 다음으로 구성원의 구체적인 하나의 취락 단위를 확정짓는데, 예컨대 마을村寨, 가구街區 등이다. 이러한 취락 단위를 기준으로 해당 민족의 실제 취락 단위의 숫자를 통계하고, 일정한 비례에 따라 임의로 일정한 수량의 취락을 조사대상으로 선정한다. 이어 선정된 취락의 적응도에 대해 구체적으로 측량하고, 그 결과를 피측량 취락의 실제 위치에 맞춰 지도에 표시한다. 마지막으로 피측량 대상 중에서 적응도가 동일한 취락점을 찾아 지도에서 곡선으로 연결하면 민족문화의 동일한 적응도 곡선도가 완성된다. 그리고 이 곡선도가 해당 민족 계량 분포의 근거로 된다."[48]

지리적 분포의 분산화 지수는 인구지리 분포 특징을 보여주는 정량방법으로, 현재 중국 민족지리 분포에 대한 정량연구에서 많은 학자들에 의해 사용되고 있다. 미국학자 포스톤Dudley L. Poston 등의 연구는 정량연구 방법을 사용했는데, 성급 행정단위에서 15개 주요 소수민족의 지리분포 분산화 지수와 비유사성 인덱스Dissimilarity Index에 대해 계산 분석했다.[49] 중국학자 웬화룽原花榮 등의 연구도 이러한 방법을 통해 중국 소수민족인구 문

---

48 楊庭碩·羅康隆·潘盛之,《民族文化與生境》, 貴州民族出版社, 1982, pp.81-82.
49 鮑思頓·舒靜, "中國主要少數民族的地理分布, 社會經濟, 人口結構及其與漢族的差異", 《中國少數民族人口》第2期, 1989.

화 분포의 지역성에 대해 연구했다. 그들이 내린 결론에 따르면, "중국 소수민족인구의 공간적 분포 상황은 비교적 강한 지역적 특징을 보인다. 서남지역을 집거지로 하는 소수민족은 이산보다는 고도 집중의 공간적 분포상태를 보인다. 이에 상응하는 것은 해당 민족의 문화정도가 낮고 문맹률이 높다는 점이다. 이와 반대로, 동북지역을 집거지로 하는 소수민족은 집중보다는 고도 이산의 공간적 분포상태를 보인다. 이에 상응하는 것은 해당 민족의 문화정도가 높고 문맹률이 낮다는 점이다."[50] 마쭝바오馬宗保는 중국 후이족의 공간적 분포를 분산화 지수 방법으로 연구했다. 0(전체 구성원이 특정 지역에 집거)에서 1(각 성급단위에 균일하게 분포)를 분산화 지수 범위로 설정해 계산한 결과, 후이족의 분산화 지수는 0.914로 후이족은 중국 각 지역에 비교적 균일하게 분산 거주해 있는 반면, 기타 민족은 균일하게 산거해 있지 않다. 하니족哈尼族과 위구르족은 각각 윈난과 신장에 집중 거주하고 있다. 비유사성 인덱스는 소수민족과 한족간 지리적 격리의 정도를 보여주는 파라미터이다. 이를 0(해당 민족의 분포가 모두 한족과 일치)에서 100(해당 민족이 모든 지역에서 한족과 상대적으로 격리되어 있음)으로 설정해 계산한 결과, 후이족이 가장 낮은 52.34로 나왔다. 이는 후이족의 공간적 분포 구조는 하니족이나 위구르족과 달리, 한족과 섞여 사는 두드러진 구조임을 의미한다.[51]

4) 역사지도법

인류가 지구 표면에 최초로 각종 지리현상에 대한 기록을 남긴 것은 문자보다는 그림일 가능성이 크다. 문자가 생긴 이후, 이러한 지역지리현상에 대한 기재는 지속적으로 진행되어 왔다. 역사시대의 민족지리는 민

---

50 原華榮·張志良·吳玉平, "中國少數民族人口文化分布的地域性研究," 《民族研究》第2期, 1994.
51 馬宗保, "試析回族的空間分布及回漢民族居住格局," 《寧夏社會科學》第3期, 2000.

족지리학의 핵심내용의 하나로, 사서史書, 지방사지地方史志, 당안문서檔案官書, 전서專書, 문집경전文集經卷 등 역사문헌과 금석金石, 문서계거文書契據, 기물器物 등 역사문물을 주요 자료로 간주한다. 민족의 지역공간분포 및 변천을 분석하면서 역사학의 방법을 빌려 각종 사료를 찾아내고, 해석하고 틀린 것을 바로 잡는 것은 일종의 기초적 작업이다. 이러한 작업의 기초 위에서 고금의 지명과 역사지리의 연혁을 고증하고 특정 역사 시기의 특정 민족의 대체적 분포 범위를 확정하여 해당 민족의 분포지도를 제작하는 것은 꽤나 어려운 일이다.

만언불여일도萬言不如一圖라고, 상대적으로 번거로운 문자의 서술보다 대량의 지리, 역사와 문화 정보가 농축된 한 장의 민족분포지도는 형상적이고 생동하게 그리고 직관적으로 민족분포의 상대적으로 정확한 시공간적 단면斷面을 보여준다. 이러한 측면에서 우리는 민족 지도를 민족지리학의 제2언어라고 부르며, 민족지리분포를 이해하는 가장 직접적인 방식으로 간주한다. 민족 지도를 제작하려면 상술한 기초적인 사료 수집과 정리 작업 외에, 대량의 문헌통계·수리통계·지리통계 등의 데이터에 의존해 범위법範圍法·부호법符號法·구획법區劃法 등의 구체적 제도製圖 방법과 색깔, 선, 부호, 해칭hatching 등의 각종 수단을 사용해 민족의 역사 분포 상황을 간단하고 두드러지면서도 정확하게 지도에 반영함으로써 장편의 민족지리지식을 질서정연하게, 그리고 복잡한 관계를 일목요연하게 보여줘야 한다. 이에 우리는 민족지리학 연구에서 가장 직관적이고 형상적이면서도 효과적인 역사 지도를 제작할 것을 강조한다.

요컨대, 상술한 기본원칙과 기본방법 및 연구과정에서의 구체적 방법 외에, 민족지리학의 연구에는 유일무이한 방법이 존재하지 않는다는 점을 명기하고, 구체적 연구에서 상이한 내용과 실제에 근거해 부단한 탐색과 축적과 혁신할 것을 바라는 바이다.

제3장

유라시아 민족의 대이동:

민족공동체의 지역적 분화와 공간적 변동

고대 인류는 수백만 년의 형성, 발전 및 진화를 거쳐 제4기 빙하기가 끝날 무렵, 빙하기에 형성된 육교를 이용하여 전 세계에 흩어져 거주하게 되었다. 또한 그들은 식물의 열매와 덩이줄기를 채취하고 수렵하는 과정에서 특정 식물의 생장 규칙과 동물의 생활습관에 익숙해지면서, 계절의 변화에 따라 작물을 재배하고 동물을 길들이기 시작하였다. 이 과정에서 농업과 축산업이 분리되었고, 운명에 맡기는 수동적인 채집-수렵꾼에서 능동적인 식량 생산자로 변모하여 점차 유목세계와 농경세계라는 공존 및 발전하는 두 세계를 형성하였다. 이후 두 세계는 서로 평화롭고 독립적으로 발전한 것이 아니라, 갈등과 충돌, 소통과 화합을 반복하였다. 두 세계 간의 충돌과 통합의 대략적인 흐름은, 처음에는 유목민들이 경제적 압박으로 인해 농경지로 인구를 대피시키는 과정에서 항상 변두리에서 침투, 습격 또는 약탈을 먼저 감행하고 일부 지역적인 마찰과 소규모 전쟁을 일으키는 경우가 많았다. 어떤 유목민족이 부상하여 급속히 강대해지고 농경 세계가 상대적으로 약해졌을 때, 그들은 농경 세계에 대거 침입하여 그 속으로 침투하였다. 전차나 전마를 타고 농경세계에 침입한 유목민들은 농경세계에 처음 진입할 때 문명을 파괴할 정도로 약탈과 파괴를 일삼았지만, "오랜 정복 기간 동안 야만적인 정복자들은 농경세계의 비교적 높은 경제적 상황에 적응해야 하는 경우가 많았다. 또한 그들은 피정복자에게 동화되었는데, 대부분 정복자들은 피정복자의 언어를 사용할 수밖에 없는 상황이 나타났다." 정복자가 농경세계의 문명 시스템에 편입되고 농경 세계가 안정을 되찾아 민족통합이 점차 완성될 때, 새로운 마찰과 충돌이 유목 세계에서 다시 축적되고 준비되기 시작하며 얼마 지나지 않아 새로운 대규모 폭풍이 다시 도래하고 이전 침입자는 농경문명의 정복자가 된 후 종종 다음 충격의 대상이 되었다. 많은 민족들이 두 세계 사이의 이러한 반복적인 충돌과 통합이라는 거시적인 역사 속으로 휘말려 들어가는데, 유라시아 고대 역사에서 민족 공간의 위치 변화와 민족의 분화, 재편성 및 집합은 지속적으로 발생하여 지역과 민족 간의 역사 발전 과정을 직접적으로 촉진함으로써 유라시아의 민족사, 국가사 및 지역사가 점점 더 상호 연결된 세계사를 형성하게 되었다.

유라시아 대륙의 농경세계와 유목세계의 형성 및 병립並立

　지금으로부터 약 1만년 전, 지구 온난화와 함께 인류사회가 구석기 시대에서 신석기 시대로 이행함에 따라, 인류는 긴 채집-수렵 과정에서 특정 식물의 성장 속성에 익숙해지고, 일부 야생 식물은 점차 연속 재배가 가능한 작물로 길들여졌다. 비록 처음에는 작물 재배가 고정되어 있지 않았지만, 토양의 자연 비옥도를 합리적으로 사용하고 간단한 시비를 배운 후 작물의 단위 면적당 수확량이 증가하고 식량 자원이 비교적 안정되어 인류는 점차적으로 유동적인 생활을 끝내고 특정 지역에 장기간 정착하기 시작하였다. 그래서 농사를 짓는 방법을 숙지한 다양한 공동체들은 농작물이 자라기에 적합한 땅을 쫓고, 기후와 환경이 좋은 곳에 정착하면서 농사 범위를 계속 확장해 나갔다.
　그러나 농경의 기원에 대한 학계의 논의는 한 가지 공통성을 가지는

데, 농업 탄생의 유인, 시간, 장소, 농업의 생산 방식, 초기 농업 재배 대상에 대한 이견, 그리고 농업이 산지에서 시작되었는지 평지에서 시작되었는지, 단일 중심설인지 다 중심설인지에 관계없이, 농업이 광활한 산천, 삼림, 사막 및 고비 지대에서 발전할 가능성이 낮다는 것에 인식을 같이 하고 있다는 점이다. 즉, 농업의 발생, 발전 및 다양한 농업 유형의 진화는 기본적으로 유사한 자연환경 조건, 즉 작물의 성장에 충분한 열과 수분을 제공할 수 있는 자연환경을 가지고 있어야 한다는 것이며, 북반구의 아열대 및 온난대 습윤·반습윤 지역이 이러한 조건을 충족시킨다는 것이다. 따라서 원시농업이 탄생한 이후 북반구의 아열대 및 온대 습윤·습윤 지역에서 인류문명인 양강 유역 문명, 나일강 유역 문명, 인더스 문명, 에게해의 크레타 문명 및 황하·장강 유역 문명이 처음 탄생하였다.[1] 이러한 다섯 개의 농경문명의 중심이 형성된 후 농경문명은 농업에 적합한 주변 지역으로 천천히 확산 및 확장되어 갔는데, 나일강 유역에서 인더스강 유역에 이르는 넓은 지역이 연결되면서 인류 역사상 최초의 농경문명 지대의 연결이 이루어졌다. 이후에도 이러한 확산 및 확장은 지속되었는데, 기원전 4000년경 아시아와 유럽대륙의 남부, 동아시아는 황하·장강 유역에서 화남華南 지역으로, 남아시아 아대륙에서는 인더스강 유역과 갠지스강 유역, 서아시아와 중앙아시아 지역에서는 양강 유역에서 아나톨리아, 이란, 아프가니스탄으로, 유럽에서는 지중해 북부 해안에서 발트해 남안, 지중해 남안의 사하라 사막 이북 지역이 차례로 농경·반농경 지역으로 발전하였다. 아시아와 유럽대륙의 동서 양안 사이에 길게 뻗어 있는 이 지대에 농경문화벨트가 이루어진 것이다.

한편, 농경세계 북부의 경우, 동쪽의 시베리아에서 시작하여 중국의 동

---

[1] 현재 중국학계는 일반적으로 정착 농업의 출현, 국가 기관의 출현, 계급 독재의 출현, 문자 사용 및 출현, 초기 도시를 문명 형성의 주요 지표라고 본다.

북, 몽골, 중앙아시아, 사해와 카스피해의 북부, 캅카스, 남러시아를 거쳐 유럽 중부의 이 광활한 땅에 이르기까지 오르도스 초원, 차하르 초원, 쿠반 초원, 북캅카스 평원과 흑해 초원, 오르혼 강과 크룰렌 강변 초원 등 수초가 풍부한 초원을 거쳐 수많은 유목민족을 길러내고 유목문화를 잉태하여 아시아 중부를 동서로 가로지르는 유목세계를 형성하였다. 농경세계와 유목세계 사이에는 명확한 경계선이 없지만 대체로 싱안링興安嶺, 옌산, 인산, 치롄산, 쿤룬산, 힌두쿠시산(興都庫什山, Hindu kush Mountains), 자그로스산, 코카서스산(캅카스산), 카르파티아산 일선을 양대 세계 사이의 지리적 경계선으로 삼을 수 있다.²

유목세계를 지탱하는 유목경제는 농경경제와 마찬가지로 채집-수렵 경제에서 시작되는데, 사계절이 뚜렷하고 건조·반건조 초원에 거주하였던 고대 채집-수렵인들의 교류 과정에서 일반적인 진화를 거쳐 형성된 경제유형이다. 이 경제의 기본원리는 인간이 큰 무리의 초식 동물을 길들여 인간의 통제 하에 두면서 고유한 생활 습관에 따르게 하는 것인데, 초원 계절의 변화에 따라 끊임없이 이동하면서 먹이를 찾고 번식하는 것이다. 인류가 언제 어디서부터 사냥에서 동물 길들이기로 발전했는지, 그리고 말을 길들이고 인류를 축산에서 광범위한 유목지로 이동시켰는지에 대해서는 여전히 논쟁 중에 있다. 그러나 고고학적 자료 분석에 따르면 기원전 3,000년경 이전 아시아와 유럽의 대초원에 살던 다양한 민족 공동체가 점차 수렵경제에서 유목경제로 전환하기 시작하였고, 기원전 2,000년경 이후에는 기본적으로 유목 세계가 형성된 것으로 본다.

유라시아 대륙에서 나란히 발전한 유목세계와 농경세계는 각각의 구조와 특징을 지닌 두 개의 세계이다. 일반적으로 유목세계는 주로 이동식 목축경제를 기반으로 사회 문명수준이 낮고 생산력 발전수준이 낙후되어

---

2 吳於廑, "談世界歷史上的遊牧世界與農耕世界,"《世界歷史》第1期, 1983.

있으며 사람들은 수생 식물을 따라 거주하고 목초지를 지속적으로 변경해야 하며 생산과 생활의 유동성과 불안정성이 크다. 이러한 유동적이고 불안정한 생활방식은 유목세계에서 더 많은 사회적 노동력을 유목 이외의 생산활동으로 분리할 수 없게 하기에, 원시 부족 체제를 비교적 완고하게 보존시켰고, 사회 전체가 오랫동안 소박하고 낙후된 상태로 남아있어 자신들만의 독특한 문명체계를 발전시키기에 어려웠다. 그러나 유목세계 구성원들은 사납고 기마와 활쏘기에 능하며 기동성이 강할뿐 아니라, 일부 중요한 생산기술 예컨대 금속 제련과 무기 제조에 있어서 농경세계에 뒤떨어지지 않기에 그들이 다른 세계에 가할 충격은 배가된다. 이는 농경세계가 대적할 수 없는 유목세계만의 장점이다.

유목세계에 비해 농경세계는 지리적 환경이 훌륭하고 천연자원이 매우 풍부하며 사회적 생산력과 경제성장률이 유목세계보다 월등히 높으며 같은 단위 범위 내에서 농경경제가 먹여 살리는 인구는 유목세계보다 몇 배 더 많기 때문에 농경세계 인구는 유목세계보다 훨씬 많다. 유목민족의 유동적인 생산과 생활방식에 비해 농경민족은 노동생산성을 높이고 생산기술을 향상시키며 단위면적당 생산량을 증가시켜 장기간 안정적으로 특정지역에 거주할 수 있기 때문에 안정적인 생활을 영위할 수 있다. 이러한 안정적인 생활은 농경사회의 부의 축적과 정치, 경제, 문화의 전면적인 발전 및 사회문명체계의 확립에 이바지할 뿐만 아니라, 농경민족의 안토중천(安土重遷, 즉 고향에서 떠나기를 좋아하지 아니함), 자급자족, 개척성 부족 등의 특징을 만들어 주었다.

수천 년 동안 농경세계와 유목세계는 유라시아 대륙에서 나란히 발전한 두 지대로서 접촉 및 갈등이 시작되고 멈추지 않았다. 유목세계는 인구가 증가하고 경제가 발전함에 따라 목초지를 지속적으로 확장하고 토양이 비옥하고 수초가 풍부한 곳을 지향해야 하였으며, 생산의 단일성과 경제적 취약성 또한 농경세계로부터 대량의 식량, 면직물, 차 등의 제품을 공급받아 그들의 경제생활을 보충해야 했다. 이러한 제품을 얻는 방법은 대체로 전쟁, 약탈 등의 폭력적인 방법과 국경무역, 상호시장 등의 평화적인 방법으로 구분할 수 있다. 생존의 압박과 큰 자연재해에 직면하거나 농경세계 내부의 위기가 심각할 때, 유목세계는 더 넓은 생활공간을 차지하기 위해 농경세계와 폭력적 혹은 평화적 방법으로 교류하는데, 이는 농경세계에 일정한 영향을 미치기 마련이다. 이에 반해 비교적 풍요로운 농경세계는 농업경제가 발전하고 인구의 번식과 사회력의 급격한 증가에 따라 농업의 범위를 확대하고 농업과 목축에 적합한 일부 토지를 경작지로 확장해야 했다. 또한 유목세계의 목초지, 말 및 고품질 축산물에 대해서도 일정한 수요가 있었다. 이러한 상호보완성과 연관성에 대한 요구는 두 세계의 실력이 대등할 경우 대부분 평화의 형태로 나타나지만, 힘의 균형이 깨지면 불가피하게 전쟁으로 발전하였다.

  표면적으로 볼 때, 유목세계와 농경세계의 대립과 갈등에서 경제력과 인구가 절대적으로 우위에 처한 농경세계가 주도적인 위치에 있는 것처럼 보이지만, 사실 두 세계의 충돌 역사를 보면 반드시 그렇지만은 않았다. 농경세계는 항상 충격의 대상, 그리고 수동적이고 방어적 위치에 있었다. 그렇다면 왜 유목세계는 농경 세계에 장기간 지속되는 위협과 충격을 주었을까. 그 이유는 첫째, 유목민족의 유동적인 생산과 생활 방식이 농경민족의 그것보다 유연성과 기동성이 더 높기 때문이다. 즉 고도의 기동성은 냉병기 시대에 인구 열세로 인한 예비 병력 부족의 약점을 효과적으로 상쇄하였다. 더불어 말들이 끄는 전차와 기마 기술이 유목 사회에 유입된 이후, 유목민족들은 타고난 기마와 기마 능력으로 농경 세계에 대한 충격을 배가시킬 수 있었다. 둘째, 용맹하고 사나운 성격을 지닌 유목민족들은 농경세계의 선진 문명, 풍요로운 물산을 지향하는데, 삶의 필요성이나 생존의 압박으로 농경민족과 대등한 수준의 금속무기를 휘두름에도 피를 흘리는 것을 두려워 하지 않기에 농경세계의 물산을 얻을 수 있었다. 유목민족이 농경세계에 가한 큰 충격으로 인해 유라시아 대륙의 두 세계 간의 역사가 만들어졌는데, 15세기 이전의 상당 기간 동안 농경세계에 대한 유목민족의 무수한 투쟁과 충돌, 침입과 방어, 정복과 반정복의 피바람 속에서 유라시아 대륙의 상고 및 중세사가 기록되었다.

기원전 20세기부터 서기 15세기까지 3,000년 이상의 긴 기간 동안 농경세계에 대한 유목세계의 대규모 무력 충격은 세 차례 발생하였다. 제1차 충격은 기원전 20세기에서 기원전 5세기경까지 1,500년 이상 지속되었으며 충격의 주역은 원시 인도유럽인이었다. 제2차 충격은 흉노인의 부상에 기인하는데, 기원전 2세기 월씨月氏가 흉노에 밀려 서천西遷한 것을 시작으로 아랍제국의 확장까지 약 1,000년간 지속되었으며, 그 충격의 주체는 게르만인, 슬라브인, 아랍인, 그리고 중국 내 흉노, 선비, 저강 등 여러 민족이었다. 제3차 충격은 서기 11세기 돌궐인의 서진西進으로부터 서기 15세기까지 이어지는데, 이 충격의 주역은 돌궐인과 몽골인이다. 농경세계에 대한 유목세계의 세 차례 대규모 무력 충격은 다시 각각 세 단계로 나눌 수 있다. 예를 들어 제1차 충격은 기원전 18세기-기원전 15세기, 기원전 13세기-기원전 11세기, 기원전 7세기-기원전 5세기로 나눌 수 있다.[3] 제2차 충격 중 서기 1-3세기가 가장 절정에 달했고, 제3차 충격 중 서기 13-15세기가 가장 두드러졌는데, 핵심지역은 몽골고원에서 중앙아시아까지였다. 이 세 차례의 큰 충격을 통해 유라시아 대륙의 여러 민족의 지리적 공간에 큰 변동이 일어났고, 민족 이동 및 교류 과정에서 역사적으로 유명한 일부 민족이 사라지고 새로운 민족공동체가 탄생하여 기본적으로 현재 유라시아 대륙의 각 지역 및 각 민족 분포의 기본구조를 형성하였다.

---

3 藍琪, "印歐種人的第二次遷徙對世界歷史的影響,"《貴州師範大學學報》第3期, 2004.

2

원시 인도유럽인이 농경세계에 준 1차 대충격

    18, 19세기에 들어 다수의 언어학자들은 근대 유럽의 언어와 고대 산스크리트어(고대 인도의 종교언어), 페르시아어, 그리스어, 라틴어를 비교 연구한 결과 이들 사이에 어휘와 문법 구조에서 많은 유사점이 있음을 발견하였다. 언어학자들은 이 언어들의 지리적인 분포에 근거하여 그것을 인도유럽어족이라고 명명하였다. 인도유럽어족에 속하는 여러 언어 간의 유사성은 서로의 언어를 차용하였다거나 우연히 일치한 것으로 설명할 수 없다. 이러한 현상에 대한 유일한 합리적인 설명은 유럽어를 사용하는 사람들이 모두 같은 언어를 사용하는 조상으로부터 유래하였다는 것이며, 처음에는 같은 지역에 거주하다가 유라시아 대륙 전역으로 분산 이주했다는 것이다. 그렇다면 인도유럽어족의 기원은 어디일까. 그리고 원시 인도유럽인의 기원은 어디일까.

원시 인도유럽인의 기원과 관련해 학계에는 여러 가지 주장이 존재하나, 현재 가장 널리 받아들여진 관점은 오늘날 우크라이나 동부와 러시아 남부, 캅카스산맥 북쪽, 동쪽으로는 아조프 해, 서쪽으로는 카스피 해 사이의 동유럽 평원이 원시 인도유럽인을 탄생시킨 곳이라는 것이다. 기원전 4,000년경부터 원시 인도유럽인들은 자신들만의 사회를 구성하였는데, 광활하고 끝없는 아시아와 유럽의 대초원에서 유목, 어업 및 수렵 생산에 종사하며 소규모의 이동만 해왔다. 즉 충분한 기술적 보장 없이 원시 고대 인도유럽인들이 높은 산과 강을 건너 집단이동할 가능성이 낮다는 것이다. 기원전 30세기를 전후해 원시 인도유럽인들은 말을 길들이고 바퀴 달린 마차를 발명하는 등 두 가지 혁명적인 기술적 성취를 이루었다. 이러한 기술적 보장이 있은 후 원시 인도유럽인들은 동유럽 평원을 벗어나 서쪽으로 유럽 전역, 동쪽으로 아시아 내륙지역, 남쪽으로 서아시아와 남아시아로 진출하여 지속적이고 대규모의 세계적인 민족이동 흐름을 형성하기 시작하였다.

원시 인도유럽어족에 속하는 각 민족은 이동 전 원시사회의 해체 단계에 있었으며 사회발전 정도가 상이하고 이동 시기가 엇갈려 여러 차례에 걸친 이동의 흐름을 형성하였다. 대체적으로 볼 때, 흑해 북쪽 연안 출신의 중부 인도유럽인들의 사회발전이 빨랐고, 이들이 가장 먼저 이동하였는데, 약 기원전 30세기 말 캅카스산맥을 넘어 소아시아의 아나톨리아 지역에 도착하였고, 이들은 이후 히타이트赫梯인으로 불렸다. 흑해 연안에 살던 인도유럽인들도 기원전 20세기부터 차례로 남하해 인도유럽어족의 동부 어족인 이란어족과 인도어족을 형성하였다. 이란어족은 남하하여 카스피해 연안과 페르시아만 북안에 각각 정착하여 메디아Medes인과 페르시아인으로 불렸다. 메디인은 일찍 건국하여 양강 유역의 북부와 소아시아 일대를 차지하였고, 그들이 세운 국가는 고대 서아시아의 강대국으로 성장하였다. 페르시아는 기원전 6세기에야 국가를 세웠으나 빠르게 발전하여 불과 30-40년 만에 유럽, 아시아, 아프리카를 아우르는 대제국을 건설하였다. 인도유럽인 중 힌두어족에 속하는 한 종족이 남하해 인도에 들어왔는데, 이들을 역사적으로 "아리아인"이라고 부른다. 기원전 20세기 초 아리안족은 인더스 강 유역에 침입했다가 다시 갠지스 강 유역으로 이동하였다. 기원전 10세기부터 그들은 갠지스 강 유역에 많은 작은 나라들을 세웠고, 이로써 인도유럽어족의 아리안인들은 원래의 원주민들을 대신하여 남아시아 아대륙의 지배 민족이 되었다. 기원전 30세기 초 인도유럽어족 부족이 그리스로 들어왔다. 그리스에 들어온 인도유럽어족 주민들은 그리스인으로 불렸는데, 이들은 여러 번 나뉘어서 그리스에 들어왔다. 그리스에 처음 들어온 사람은 아카야인, 이오니아인 등이며 그 중 아카야인이 가장 앞섰다. 기원전 1,500년경, 그들은 미케네 문명을 만들었다. 기원전 12세기에 또 다른 그리스인인 도리아인이 남쪽으로 이동하였다. 이들은 기존 미케네 문명을 파괴하는 한편 선진문화의 영향으로 원시사회가 급속히 해체되고 도리아인의 침입으로 그리스 역사는 노예제 도시국가 형성기에 접어들었다.[4] 원시 인도유럽어족의 이동은 인도유럽인의 서아시아 이주, 인도유럽인의 그리스 이주, 인도유럽인의 인도 이주, 유럽에서의 케르테인의 이주 등으로 나눌 수 있다.

---

4 李怡淨, "古代印歐語系各族的起源, 遷徙及其對世界歷史發展的影響," 《銅仁師範高等專科學校學報》第5期, 2005.

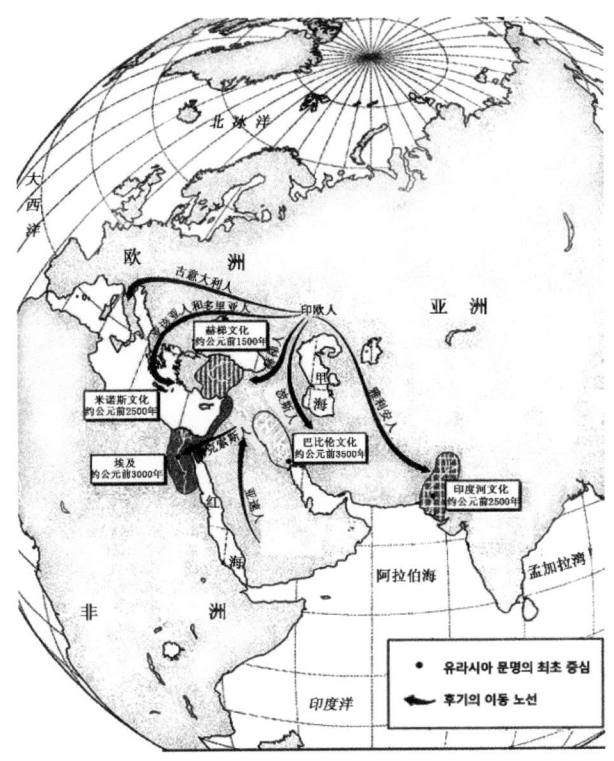

<그림 3-1> 원시 인도유럽인의 이동[5]

원시 인도유럽인의 이동은 유목 세계가 농경 세계에 미치는 첫 번째 대규모 충격으로서, 세계 역사 발전에 심대한 영향을 끼쳤다.

첫째, 원시 인도유럽인들이 이동하기 전 에게해 문명, 이집트 문명, 양강 유역 문명, 인더스 문명 등 세계 문명의 중심이 기본적으로 독립적으로 발전한 상태였으며 농경 문명의 영향 범위는 아직 일부 지역에 국한되

---

5 Leften Stavros Stavrianos·董書慧·王旭·徐正源 역,《全球通史──從史前到21世紀》, 北京大學出版社, 2005, p.54.

어 농경 세계가 하나로 연결되어 있지 않았다. 원시 인도유럽인들이 농경 세계로 뛰어들면서 미노스 문명, 수메르 문명, 하라파 문명 등 몇몇 친체親體 문명의 멸망과 고대 이집트 문명의 쇠락과 함께 "옛 문명의 폐허 위에 그리스 문명, 페르시아 문명, 고대 인도 문명 등 자체 문명이 생겨났다. 문명의 공간적 범위를 북회귀선에서 북위 35도에 이르는 좁고 긴 지대에서 다뉴브강-캅카스-약살수(지금의 실강)-톈산산맥 일선으로 위도상으로 볼 때 8-10개 정도 확장시킨 것이다."[6] 한편, 원시 인도유럽인들의 이동은 농경문명의 범위를 넓혔을 뿐만 아니라 농경문명의 함의를 풍부하게 하였고 지역 간 연결을 확대, 강화하여 초기 농경문명 지역의 인종 구조와 정치지도를 크게 변화시켰다.

둘째, 원시 인도유럽인들은 그들의 세거지世居地를 떠나 서아시아, 남아시아, 남유럽 각지로 건너와 히타이트, 미탄니, 가히트, 아시리아, 페르시아, 그리스 등 고대의 혁혁한 국가들을 세웠으며 이들 국가의 탄생으로 서로 폐색된 상태의 많은 민족공동체를 한 지역의 역사 발전에 포함시킴으로써 세계사에 어느 정도 전환적인 변화를 가져왔다. 동시에 유목, 반유목 상태의 많은 원시 인도유럽인들이 농경 세계로 이주한 후 일부 지역에서는 한때 문명사회를 정체시키고 후퇴시키는 등 구문명에 치명적인 영향을 미쳤다. 그러나 농경 세계에 대한 원시 인도유럽 사람들의 충격은 폭력적으로만 진행되지 않고, 많은 경우 평화로운 침투를 동반한 점진적인 과정이었으며, 농경세계에 침입한 고대 인도유럽 사람들도 농경 세계에 편입되어 결과적으로 정복자들은 비교적 높은 문명에 의해 정복되었다. 따라서 고대 인도유럽 사람들의 이주 과정은 실제로 그들 자신의 사회가 야만에서 문명으로 빠르게 발전하는 과정이기도 한 것이었다.

셋째, 원시 인도유럽인들의 이동 과정에서 말이 끄는 전차와 기병의

---

[6] 趙林, 《告別洪荒──人類文明的演進》, 武漢大學出版社, 2005, p.49.

출현은 인류 문명사에서 매우 중요한 발명품이라고 할 수 있다. 말이 끄는 전차가 나타나기 전 다른 동물이 끄는 전차가 있었을 것이다. 예를 들어, 우르 왕릉에서 발견된 "우르 군기" 그림에는 기원전 2,700년-기원전 2,600년 수메르인들이 사용한 것으로 알려진 최초의 전차와 바퀴 4개가 그려져 있다.[7] 말이 끄는 전차가 언제 어디서부터 나타났는지는 분명하지 않다. 그러나 유목민족의 농경세계에 대한 1차 대충격으로 소아시아에 침입한 히타이트인, 이집트에 침입한 히타이트인, 양강 유역에 침입한 가히트인·후릿인·아시리아인, 인도에 침입한 아리안인 등은 이미 말이 끄는 전차를 사용하고 있었다. 말이 끄는 전차가 있기에 유목·반유목 상태인 이 민족들이 장거리의 광범위한 이동과 공격을 할 수 있었을 뿐만 아니라 매우 강력하여 농경세계가 이들을 방어하기에 매우 힘들었다. 말이 끄는 전차에 이어, 말발굽의 발명과 기병의 등장으로 유목세계 각 부족의 기동성과 충격은 배가되었다. 말이 끄는 전차와 민첩하게 움직이는 기병이 만들어낸 강력한 충격력으로 농경세계는 이들을 방어하기 어려운 위치에 놓이게 되었다.

넷째, 농경세계에 대한 유목세계의 1차 대충격, 유목민족과 농경민족의 통합은 청동기와 철기의 발명 및 광범위한 사용을 기반으로 이루어졌다. 기원전 1,500년 이전까지 원시 인도유럽인들은 주로 청동 무기를 사용하였다. 기원전 1,400년경 소아시아의 히타이트인들은 가장 먼저 제철 기술을 장악하였고, 이런 기술은 서아시아, 중부 유럽, 남유럽의 여러 지역으로 확산되었다. 철기의 광범위한 보급과 사용은 두 가지 영향을 미쳤다. 첫째, 사람들이 철제 농기구를 사용하여 더 많은 경작지를 개척할 수 있어 농경세계의 범위가 확장되었다. 둘째, 사람들이 철 도구를 사용하여 더 정교하고 큰 선박을 만들 수 있었기에 항해 거리가 더 멀고 무역 규모

---

7 吳於厪, "世界歷史上的遊牧世界與農耕世界," 《雲南社會科學》第1期, 1983.

가 더 커졌으며 더 많은 식민지를 개척할 수 있었다.[8]

요컨대 원시 인도유럽인의 대이동은 농경세계에 대한 유목세계와 지중해 유럽에 대한 내륙 유럽의 오랜 투쟁과 충격으로 고대사에 큰 영향을 미쳤다. 이러한 대립과 충돌의 결과 유럽, 서아시아, 인도의 운명을 어느 정도 바꾸어 세계 여러 민족의 역사 과정에 영향을 주었다.

---

8 藍琪, "印歐種人的第二次遷徙對世界歷史的影響," 《貴州師範大學學報》第3期, 2004.

유목세계가
농경세계에 준 2차 대충격

기원전 3세기 후반, 유라시아 대초원 동쪽에서 유목하던 흉노인들이 점차 강해지고 외부로 확장하기 시작하면서 대월씨의 이동이 일어났다. 대월씨의 서천西遷은 중앙아시아의 **스키타이**Scythes**인을 비롯한** 많은 유목민족의 이동을 촉진시켜 유목세계가 농경세계에 미치는 2차 대충격의 서막을 열었다.

대월씨가 서천한 이후 흉노인들이 한나라의 타격을 받아 남과 북으로 나뉘었고, 남흉노는 한나라에 복종하여 계속 내거하여 한나라의 연변 제군에 안치되었다. 북흉노의 일부는 막북에 머물었고, 다른 일부는 서쪽으로 이동하였다. 북흉노의 서진은 게르만인과 슬라브인의 이동을 촉발하였다. 이후 밀림을 벗어나 역사의 무대에 등장한 게르만인들은 로마제국에 물밀듯이 몰려들어 흉노인들과 함께 거대한 로마제국을 충격으로 몰아넣고 로마인의 시대를 마감하고 유럽의 고전세계를 종식시켰다. 아시아와 유럽 대륙의 동쪽 끝에서 북흉노가 서쪽으로 이동한 후 남흉노와 선비인들이 남하하고 저강인들이 동진하거나 남하하여 중국 위진, 남북조시대에 민족의 대이동, 대통합을 이루었다.

유라시아의 동서 양단 민족의 대이동이 한창인 가운데 산족闪族의 유목부족인 아랍인들이 아시아의 서남쪽 모퉁이에서 농경세계로 뛰어들어 말과 낙타를 배합한 강력한 기마병에 의해 북아프리카 농경세계를 포함한 유라시아의 절반 가까이를 1세기 넘게 강타한 것은 농경세계에 대한 유목세계의 2차 대충격의 종결을 의미한다.

1. 대월씨大月氏의 서천西遷

월씨月氏는 선진시대 고서적 또는 번역서에 "우지禺知", "우씨禺氏", "우씨牛氏" 등으로, 그리고 나중에 "월지月支"로 나타났는데, 중국 고대 서북 초원 지역의 유목민족으로, 그 종속种属은《위략魏略》에서는 "강羌",《구당서舊唐書》에서는 "융戎"으로 기록하고 있다. 근대 이후 학계에서는 티베트인 설, 돌궐인 설, 인도유럽인 설, 이란인 설 등 다양한 견해가 나왔다. 여러 관점 중 인도유럽인 설이 가장 일반적이다. 월씨가 중국에서 최초 거주한 지역으로《사기·대완열전史記·大宛列傳》에서는 "돈황敦煌과 치롄산祁連 사이에 거주한다"로 기록하고 있다. 이에 따라 일부 학자들이 관련 자료를 종합 분석한 결과, 월씨가 중국에서 돈황과 치롄산 사이의 하서회랑에서 처음 유목했고, 그 세력이 서쪽으로 알타이산 지역, 동쪽에서는 허타오河套 지역까지 영향을 미쳤을 것으로 추정하고 있다.[9]

---

9 張晨霞, "淺析大月氏人的遷移,"《池州師專學報》第2期, 2007.

그렇다면 하서회랑 일대의 월씨가 왜 서쪽으로 이동했을까. 현재 학계에서 일반적으로 받아들이고 있는 관점은 흉노인의 부상과 월씨에 대한 압박이 이동의 주요 원인이라는 것이다.

사마천의《사기史記》에 따르면, 기원전 3세기 중국 북방초원 지역에서 월씨는 허타오 서쪽 지역에서 유목하였고, 흉노는 허타오 동쪽에서 요하 상류지역까지 유목하였으며, 요하 상류지역에는 동호인들이 살았다. 세 유목민족 중 "동호는 강하고 월씨는 번성하다"며 아직 부상하지 않은 흉노인들은 월씨와 동호의 압박을 지속적으로 받아왔고, 월씨의 협박에 흉노 두만선우頭曼單于는 장남을 월씨에게 인질로 보냈다. 진나라 말, 장남인 **묵특**冒頓은 월씨로부터 도망친 후, 아버지를 죽이고 묵특선우로 자립하여 흉노 각 부족들을 통일하고 군사 노예제 정권을 수립하면서 흉노인들은 날로 번영하였다. 부상한 흉노인들은 동호를 대파한 뒤 월씨月氏를 공격하였다. 흉노의 강력한 공격으로 월씨는 서천의 길에 들어섰고, 일련의 민족 이동 운동이 일어났다.

대월씨의 서천 과정은 흉노의 공격과 밀접한 관련이 있다. 기원전 206년 흉노가 동호를 격파한 후, 묵특선우는 서쪽으로 월씨를 공격하였고, 일부 월씨인들은 지금의 감숙성 서부에서 지금의 신장 위구르 자치구 동부로 들어갔다. 기원전 177년-기원전 176년 모돈은 월씨를 공격하기 위해 군사를 일으켰고 월씨는 참패하였다. 또한 서역의 속국들은 대부분 흉노인들에게 정복당했다. 흉노인들이 월씨를 격파하고 그들의 거처와 속국을 차지함에 따라, 월씨는 어쩔 수 없이 서천하였다. 서천의 이 부분을 중국 역사서적에서는 대월씨라고 부른다. 월씨의 다른 일부는 서쪽으로 이동하지 못하고 기련산을 넘어갔다.[10]

대월씨의 서천에 가장 먼저 충격을 받은 것은 서남쪽의 오손烏孫이었다.

10《史記》卷123《大宛列傳》.

기원전 177년경 대월씨는 유목 부락 오손을 격파하고 그 왕을 죽인 후 땅을 빼앗았고 오손은 흉노로 달아났다. 대월씨가 오손지烏孫地에 거주하면서 이리강과 초강 유역을 점령하자, 중앙아시아 북부 초원에서 유목하던 스키타이인은 서쪽과 남쪽으로 이동할 수밖에 없었고, 서쪽으로 이동하던 스키타이인塞人은 흑해 북안의 스키타이인西徐亞人을 대체하였다.

대월씨가 이리 강 유역에서 유목한 지 얼마 되지 않아 오손왕烏孫王이 아버지의 원수를 갚기 위해 흉노인들의 도움을 받아 서쪽으로 월씨를 공격하였다. 결과 대월씨가 대패하여 이리伊犁 지역을 버리고 서남쪽으로 이동하게 되자, 오손은 이리강 유역을 점령하였다. 서쪽으로 이동하지 못한 대월씨 사람들 중 일부는 여전히 제자리에 머물러 있었고 오손에 신복하였다. 대월씨의 이번 이동 경로는 이리강과 초강 유역에서 남하해 다완(페르가나)을 거쳐 시르강을 건너 중앙아시아 강 중턱까지 이른다. 이로써 대월씨는 중국 역사의 뒤안길로 사라졌다.

대월씨가 허중河中 지역으로 이동하면서 중앙아시아 역사의 새 장을 열었다. 대월씨는 약 20년 동안 강 중턱에 머물다가 암阿姆강을 건너 서쪽에서 대하(大夏, 즉 북하北夏)를 공격하여 복속시켰고, 대하의 발흐Balkh를 도읍으로 삼아 대하를 속국으로 만들고 그 자리에 오흡후五翕侯를 두어 통치했다. 이에 대해《한서漢書·서역전西域傳》은 "대하는 본래 군주가 없고, 성읍은 왕왕 소장을 두었으니, 백성이 전쟁을 두려워하였으니, 월씨가 옮겨온 것은 모두 신하들이 이에 속하여 모두 한나라 사자에게 아뢰었다. 기원전 129년-기원전 128년 장건이 서역에 처음 출사하여 대월씨大月氏에 이르렀을 때 발견한 사실은, 대월씨는 이미 "땅이 비옥하고地肥饒", "경내境內가 안락하며志安樂", 병사控弦者가 10- 20만에 달하는 중앙아시아의 대국이었다. 서기 1세기 초, 오흡후五翕侯 중의 쿠샨 흡후貴霜翕侯가 다른 네개 흡후를 합병하여 대월씨를 통일하였다고 하며, 국세가 점차 강해지면서 대월씨의 역사는 쿠샨貴霜 왕조 시대로 접어들었다. 서기 1세기-서기3세기 쿠샨 제국Kushan Empire이 지배하던 영토는 남인도 라데시주, 남쪽으로는 갠지스강 유역에 접근하였다.

대월씨는 서천하여 오손지烏孫地를 점령하였고, 스키타이인을 압박해 서쪽과 남쪽으로 이동시켰으며, 이는 중앙아시아 유목민족의 연쇄 이동을 일으켰다. 대월씨는 남하하여 대하국大夏國을 정복하였는데, 이는 이미 그리스화된 박트리아 왕국의 멸망과 강대한 쿠샨 제국의 건립으로 이어짐으로써, 중앙아시아는 물론 세계사에 중요한 영향을 미쳤다. 또 대월씨는 남하한 뒤 정착해 관개농업을 하면서 도시와 상업무역을 번창시켰고 고대 유라시아 대륙의 경제와 문화를 연결하는 요충지여서 중국과 서양의 문화교류에도 중요한 역할을 하였다.

2. 중국 내 흉노匈奴・선비鮮卑・저강氐羌 등 유목민족의 남천南遷

진한·위진·남북조 시대에 중국 북부의 광활한 지역에서 남흉노, 저강, 선비 등 많은 유목민족이 남쪽으로 이동한 것도 아시아와 유럽 민족 대이동의 중요한 내용으로 되었다.

1) 남흉노의 중원 이동內徙

흉노는 선사시대에 아시아와 유럽 대초원을 종횡무진하였던 가장 주요한 유목민족이다. 진나라 말·한나라 초 흉노가 부상함과 동시에 끊임없이 남하하여 한나라를 괴롭혔다. 진나라가 건국된 후, 진시황의 명을 받은 대장 몽념이 북방에 만리장성을 쌓아 흉노를 물리쳤다. 진나라가 멸망하면서 진나라 군대가 철수한 이후, "흉노가 강을 건너 남하하였는데,

옛 요새가 중원 왕조와의 경계로 되었다."[11] 한나라 초 흉노가 번상해지면서 끊임없이 남하하여 전한前漢의 국경을 침범하였다. 무제武帝 때, 전한은 문경지치文景之治를 거치면서 국력이 강해져 흉노에 대한 반격을 시작하였다. 원광 2년(기원전 133년)의 마읍馬邑 전투를 시작으로 반세기 넘게 전한-흉노 사이에 여러 차례 교전이 벌어졌다. 이 중 원삭 2년(기원전 127년)의 하남河南 전투, 원수 2년(기원전 121년)의 하서河西 전투, 원수 4년(기원전 119년)의 막북漠北 전투 등 굵직한 전투를 거치면서, 전한은 흉노 세력에 큰 타격을 주었다. 하서 전투 때 흉노왕 혼사왕渾邪王이 "투항자가 수만에서 십만에 이른다"고 말했을 정도로 흉노인들이 참패하였고, 상쥔上郡, 베이디北地, 룽시隴西, 쉬팡朔方, 윈볜雲邊 등 5개 군으로 이주하였다. 하남 전투 때, 곽거병霍去病이 잡은 흉노 포로는 수만 명에 달하였다.

한나라 군대의 공격으로 흉노는 서기 48년에 남과 북으로 나뉘었다. 북흉노는 서쪽으로 이동하고 남흉노는 남쪽으로 내려와 내천內遷 즉 중원 쪽으로 이동하였다. 남흉노의 내천과 관련하여 《후한서·흉노전後漢書·匈奴傳》은 "건무建武 26년(서기 50년) 겨울, 선우에게 서하西河군의 미직美稷, 즉 진晉나라 때의 좌국성左國城으로 들어가 살면서, 여러 부왕部王을 지위를 매겨 앉히고, 한나라를 위해 변방을 지키는 일을 돕게 하였다. 즉 한씨韓氏는 북지北地, 우현왕右賢王은 삭방朔方, 당우씨當於氏는 오원五原, 호연씨呼衍氏는 운중雲中, 낭씨郎氏는 정양定襄, 좌남장군左南將軍은 안문雁門, 율적씨栗籍氏는 대군代郡에 주둔하는데, 모두들 부部의 무리를 이끌고 군현郡縣에서 정찰과 순라를 돕는 눈과 귀가 되었다" 하였다.[12] 또 《진서·흉노전晉書·匈奴傳》에 따르면, 감로甘露 2년(서기 52년)에 "호한사선우呼韓邪單於는 부족을 이끌고 한나라에 입신(入臣, 귀순)하여, 한나라는 그 뜻을 격려차 병주並州의 북

---

11 《史記》卷110《匈奴列傳》.

12 여기서 한씨(韓氏), 당우씨(當於氏), 호연씨(呼衍氏), 낭씨(郎氏), 률적씨(栗籍氏)는 이른바 "오골도후(五骨都侯)"로 불린다.(역자 주)

계北界를 떼어주어 안정시켰는데, 이로써 흉노의 5,000여 부족이 삭방 여러 군에 들어와 한족과 섞여 살게 되었고, 그 부족은 점차 번성하여 베이쉬北朔를 가득 채웠다." 한족 거주지로 이주한 흉노인들은 처음에는 여러 군현에 편입되었으나, 나중에 여러 부왕에 귀속됨으로써, 여전히 흉노 내부의 조직을 유지한 채 각 군에 흩어졌다.

후한 말 흉노의 내부 갈등이 심화되고 남흉노의 좌부左部가 반란을 일으켜 남흉노는 내분에서 분열로 치닫게 되었다. 남흉노의 좌부 반란 이후, 후한 조정은 하서·상쥔·쉬팡 등의 군을 내륙으로 이동시켰으나, 남선우정南單于庭은 이를 따라 남쪽으로 이동하지 않았다. 우부라부於扶羅部 외에 남흉노 부족들은 후한 말에야 연변 5군을 떠나 남쪽으로 이동하였다. 남하한 남흉노는 사실상 하동의 우부라부, 리스离石의 좌부와 신싱新興의 유표부刘豹部 등 세 갈래로 나뉘었다.[13] 위나라가 북방을 통일했을 때 서기 211년경 조조는 흉노 부족인들을 5부로 재조직하였는데, "부部의 귀자貴者를 원수帥로, 한족을 사마로 위임해 감독 역할을 하게 하였다. 위나라 말 원수를 다시 도위都尉로 바꾸었는데, 도위는 다시 좌부, 우부, 남부, 북부 및 중부 도위로 나누었다. 좌부 도위는 만 여 부락을 관할하였고, 타이웬太原 팡쉔씨放汯氏 현(지금의 가오핑高平)에 위치시켰고, 우부 도위는 6천여 부락을 관할, 치현祁縣에 위치시켰다. 남부 도위는 3천여 부락을 관할, 푸쯔현蒲子縣에 위치시켰고, 북부 도위는 천여 부락을 관할, 신싱현(新興縣, 오늘날의 신현忻縣)에 위치시켰으며, 중부 도위는 6천여 부락을 관할, 타이링현(太陵縣, 오늘날 핑루平陸)에 위치시켰다.[14] 이로써 남흉노의 세 갈래 세력이 다시 하나가 되었다. 이 밖에 《진서晋书》에 따르면 "진나라 초(기원전 266년)에 만리장성 이북의 흉노 2만여 명이 진나라에 귀순하였는데, 그들은 하서河西의 옛 이양성

---

13 陳琳國, "東漢末年南匈奴南遷的前後," 《晉陽學刊》第4期, 2008.
14 方國瑜, "南北朝時期內地與邊境各族的大遷移及融合," 《民族研究》第4期, 1982.

宜陽城 아래에 머물렀고 진나라 사람과 잡거하였는데, 핑양平陽, 시허西河, 타이웬太原, 신싱新興, 상당上黨, 둥핑东平의 여러 군에 모두 흉노인이 거주한 것으로 기록되었다. 태강 5년(서기 281년), 흉노인 2만 9,300명이 귀순하였다. 이어 7년(서기 286년), 흉노 10만여 명이 융저우雍州 자사刺史 왕준王骏에게 귀순하였다. 이듬해 흉노 도독都督은 11,500명을 이끌고 귀순하여 모두 내륙으로 들어왔다." 남흉노가 내천하는 동시에 원래 흉노 통치를 받던 투거호屠各胡, 갈호羯胡, 지호稽胡, 루수호卢水胡 등 부족도 잇달아 남쪽으로 이주하여 빙저우并州, 융저우, 량저우凉州, 유저우幽州 등지에 거주하면서 한족과 잡거하였다.

남흉노는 수세기에 걸쳐 여러 차례 남진을 거듭해 서기 304년 흉노 귀족 유연이 남흉노 5부를 통일하고 군사를 일으켜 분하汾河 유역에 정권을 수립했을 때 오늘날 산시山西성 편하 유역을 중심으로 간쑤성, 산시陝西성, 허베이성, 허난성 등지에 모두 흉노인들이 거주하게 되었다. 그러나 5세기가 되면서 흉노인은 역사기록 속에서 사라진다.

2) 선비족의 남하

위진남북조 시대의 민족 대이동에서 흉노족과 마찬가지로 선비족도 매우 중요한 역할을 하였으며, 그들의 이동 규모, 거리, 영향력은 고대 중국 민족의 이동 역사에서도 매우 두드러지게 나타난다.

선비족은 중국 북부 알타이어족의 유목민으로 선진 시대부터 대흥안령 중부와 북부 일대에서 활동하였으며 주로 어업과 수렵에 종사하였다. 서기 1세기 이후 흉노 정권의 와해 및 흉노족의 남하와 서천으로 막북의 혼란과 패권 공백을 틈타 선비족들은 중국 동북의 후룬츠呼伦池와 요서遼西 지방에서 허타오와 음산河套陰山 일대의 "흉노족의 옛터"로 이주하였다. 또한 그들은 잔류한 흉노족들과 점차 융합되어 세력이 강해졌으며, 씨족사회 내부에 변화가 일어나 빈부貧富의 분화가 나타나기 시작하였다. 서기 2

세기 후한 항제恒帝 때 단스화이檀石槐는 선비족 각 부족을 통일하여 가오류(高柳, 지금의 산시山西 양가오현陽高縣 서북쪽) 이북300리의 단한산(彈漢山, 지금의 상두현商都縣 부근)에 칸정汗庭을 세웠다. 또한 동쪽의 부여를 멸하고, 서쪽의 오손烏孫을 격파하였으며, 북쪽의 딩링丁零을 몰아내고, 남쪽에 위치한 한나라 국경을 침범하였다. 선비족은 동부의 싱안링興安嶺에서 서부의 준가얼准噶爾에 이르는 즉 "동서가 1만 2천리, 남북이 7천여리"의 강대한 군사동맹 집단을 형성하였으며, 현자(궁수)만 수십만 명을 거느렸다. 단석괴는 이 곳을 동·중·서의 3개 부로 나누었는데, 우베이핑군右北平郡은 요동遼東에 이르는, 즉 지금의 베이징北京에서 동쪽의 바다海까지 이르렀는데 20여 고을을 동부로 삼았다. 우베이핑군右北平郡은 서쪽의 상구上穀에 이르렀는데, 10여 고을을 중부로 삼았고, 상구에서 서쪽의 돈황敦煌까지, 서쪽으로 오손烏孫과 접하였으며, 20여 고을을 서부로 삼았다.[15] 광화 연간(178-184에 단석괴가 죽자 연맹이 와해되고 선비족은 여러 갈래로 갈라졌다. 위진 시대 선비족은 우문부宇文部, 모용부慕容部, 탁발부拓跋部, 독발부禿發部, 걸복부乞伏部 등 여러 부로 분열되었으며, 남진을 거듭하다가 16국·남북조 시대에 각각 중원과 허룽河隴 지역에 전연前燕, 후연後燕, 서연西燕, 남연南燕, 서진西秦, 남량南涼 등 정권을 세웠다.

　동부 선비족 중 우문부宇文部는 오늘날의 시라무런하西拉木倫河와 요하 일대에 분포되었으며, 훗날 위세를 떨친 모용慕容 선비의 강력한 적수였다. 그 기원에 대하여《위서·자문영회전魏書·宇文英槐傳》은 "우문 씨는 요동의 만리장성 밖에서 탄생하였고, 대대로 동부의 대인大人이었으며, 언어에 있어서 선비족과 상당히 다르다"고 기록하고 있다. 우문 씨는 후에 모용 씨 땅에 침입하여 부족을 이끌고 내륙으로 이주하였다. 동부 선비족 중 모용 부의 경우,《진서·모용외 기재晉書·慕容廆載記》는 "창리昌黎 현성에 거주하는 선

15　李吉和, "鮮卑族在西北地區的遷徙活動,"《黑龍江民族叢刊》第3期, 2003.

비족, 증조부는 막획발莫獲跋, 위나라 초 제 부족들을 거느리고 요서에 이주해 와 태강太康 10년(289년)에 이르러 투하徒河의 칭산靑山으로 이주하였다"고 기록하고 있다. 투하에 거주하여 "투하 모용외慕容廆"라고도 불렸는데, 이는 선비족의 별칭이 되었다. 모용 씨는 부하들을 거느리고 요서遼西 지역에 살다가 강성해졌다. 모용 선비 중 한 갈래는 서쪽으로 이주해 강성한 토욕혼 족으로 발전하였다. 구체적인 과정을 보면, 서기 280년 선비족 선우单于인 섭귀涉归의 서자 장남 모용 토욕혼慕容吐谷渾이 모용외와의 불화로 1,700가구를 이끌고 요동 고향을 떠나 서쪽으로 산을 넘고 물을 건너 오늘날의 랴오닝성 북부, 내몽골 초원의 남쪽 가장자리를 지나 훅호트 서쪽, 인산 남쪽의 허타오河套 평야에서 발걸음을 멈추고 이 일대에서 20여 년 동안 유목생활을 하였다. 서기 312년, 토욕혼은 중원 영가永嘉의 난으로 북부 중국의 혼란스러운 틈을 타 서쪽으로 계속 이주하여 하토를 거쳐 룽산隴山을 넘어 오늘날의 간쑤성 린샤시臨夏市와 데부현迭部縣 일대에 이르렀다. 이곳을 거점으로 후손들이 남·북·서 삼면으로 뻗어 지금의 칭하이성 동부, 간쑤성 남부, 쓰촨성 서북부 지역으로 세력을 넓혔고, 사분오열된 강족羌族을 정복해 강력한 토욕혼 족을 형성했다. 이후 토번 세력이 북상하였고, 토번과의 작전에 실패하자 일부 토욕혼 족은 300년 전 선대들의 이주 방향과는 반대인 주로 서쪽에서 동쪽으로 이주해 당나라에 의해 링저우靈州, 량저우涼州, 간저우甘州, 과저우瓜州, 쑤저우肅州, 사저우沙洲, 샤저우夏州, 옌저우延州, 하서河西 등지에 안치되었다. 동쪽으로 이주한 토욕혼 족은 점차 한족에 편입되었고, 5대 이후 토욕혼은 역사책에서 사라졌다.

서부 선비족 중 탁발 씨는 원래 어얼구나강과 다싱안링 북단에 거주하였으며, "유두幽都의 북쪽 지역에서 유목생활을 하면서 수렵을 업으로 삼았다."[16] 후한 초기에 북흉노족이 서쪽으로 이동하고 남흉노족이 요새를

---

16 《魏書·序記》.

지키는 틈을 타서 탁발 선비족은 한 차례의 남천을 거쳐 지금의 후룬베이얼 지역으로 이주하였다. 이 지역에서 잠시 목축 생활을 하는 사이 탁발 선비족 사회가 발전하면서 부족장들은 부를 약탈하고 세력을 확장하기 위해 다시 남천하여 흉노족의 옛 터인 지금의 허타오河套 북부 구양固陽 인산陰山 일대로 이주하였다. 탁발 선비족은 흉노의 옛터에 들어가 잔류한 흉노인들과 융합하여 강력한 민족 공동체를 형성하였다. 서기 219-256년경 탁발 결편拓跋詰汾의 장남 독발 필고禿發匹孤가 왕위를 계승하지 못하자 부족을 거느리고 음산과 허타오 일대에서 황하 양안 및 허란賀蘭산맥의 동쪽 기슭을 따라 남하하여 하서河西와 룽시隴西 북쪽까지 이르렀고, 따라서 지금의 내몽골 어지나기額濟納旗에서 닝샤寧夏 북부까지의 지역에서 유목한 그들을 하서 선비河西鮮卑라고 부른다. 감로甘露 원년에서 경원 4년(256-263년) 사이에 위나라 진서鎭西 장군 등애邓艾가 룽유陇右 지역 군사를 감독할 당시, 다시 독발 필고 부족 등 부족의 선비족 수만 명을 하서河西 농우 지역의 융저우雍州, 량저우涼州 사이, 즉 지금의 산시陝西 중부 및 간쑤 일대로 이주시켰고, 최종 집거지는 하서회랑 동부 및 칭하이호 동쪽, 즉 대체로 동쪽의 평량平涼 서북쪽의 첸툰산牽屯山과 징웬靖遠 이북의 마이톈청麥田城에서 서쪽의 현 칭하이호 이동에 이르렀고, 남쪽의 현 칭하이성 구이더貴德에서 북쪽의 오늘날 텅거리사막腾格里沙漠 및 바단지린사막巴丹吉林沙漠에 이르는 지역으로, 한족과 강羌족 등의 민족이 잡거하였다.[17] 탁발 씨의 중심 갈래本支의 경우, 주로 상구(上穀, 오늘날 허베이성 화이라이현懷來縣) 이서 지역 및 윈중(雲中, 지금의 내몽골자치구 퉈커퉈현托克托縣 동북) 일대에서 유목하였다. 이후 목지가 확장되어 부족은 동·중·서 세개 부로 나뉘었다. 상구 이북의 우웬(濡源, 오늘날 허베이성 동북부 롼하灤河 상류)의 서쪽을 동부로, 지금의 내몽골 량현涼縣 동북부를 중부로, 그리고 딩양定襄의 성락盛

---

17 李吉和, "鮮卑族在西北地區的遷徙活動," 《黑龍江民族叢刊》第3期, 2003.

樂 고성을 서부로 삼았다.

서부 선비족 중 원래 지금의 바이칼호 일대에 있던 딩링(丁零, 남북조 때는 고차高車라고 부름)이 남하하여 선비족과 융합하여 형성된 걸복乞伏 선비는 걸복, 스인斯引, 추렌出連, 츠루叱盧 등을 포함하는 룽시隴西 선비 중 가장 중요하고 강력한 부족이다. 그들은 원래 막북 지역에서 유목하다가 후한 중후반에 다인산(大陰山, 현 내몽골자치구 인산陰山산맥)으로 옮겨 허타오 북부에 거주하였다. 태시泰始 초년(265년), 걸복국인乞伏國仁 5세조五世祖 우린(佑鄰, 즉 탁린拓鄰)이 "부족 오천을 거느리고 하연夏緣으로 옮긴 이후, 부중部衆이 약간 융성하여 선비록결鮮卑鹿結 칠만여 부락을 격파하고 그 무리를 모두 합하여 고평천高平川에 주둔하였다."[18] 이후 룽시에서 강성해지기 시작하였고, 서기 385년 걸복 선비의 수령 걸복국인이 룽시에 서진西秦을 세웠다. 서진 선비 정권은 걸복열반乞伏熾磐 통치 기간 남량南涼을 멸하고 북량北涼으로부터 허황河湟 지역을 차지하였으며, 토욕혼을 격파하고 사저우沙洲 지역을 장악하여 세력이 날로 번성하여 10만 명 이상의 부하를 거느렸다. 서기 431년, 서진은 대하(大夏, 즉 북하北夏) 혁련씨赫連氏에 의해 멸망하였다. 서진이 멸망한 후, 걸복 선비 일부는 북량과 하夏나라로 귀순했고, 다른 일부는 토욕혼에 포로되어 점차 토욕혼과 융합되었다.

선비족이 중원지역으로 남천한 이후 점차 한족에 의해 동화되었는데, 수당 시대에 이르러 선비족은 정치와 민족의 실체로서 더 이상 존재하지 않았지만, 그 후예들이 정치, 경제, 문화 각 방면에서 여전히 많은 공을 세웠으며 위진 남북조, 나아가 수나라의 역사 발전에 중요한 영향을 미쳤다.

3) 저강氐羌의 이동

흉노와 선비가 남하하는 동안 저, 강 등의 민족은 끊임없이 동쪽과 남

---

18 《晉書》卷125《載紀第二五》.

쪽으로 이주하였다.

저족은 중국 서북부의 고대 민족으로 강족과 동일한 선조를 가지고 있다. 춘추전국시대부터 진한시대까지 저족은 서쪽의 룽시에서 동쪽의 뤠양略陽, 그리고 남쪽의 민산岷山 이북 지역, 즉 지금의 간쑤 동남부, 산시陝西 서남부, 쓰촨성 서북부의 교차점에서 활동하였다. 한나라때 저족은 주로 황토고원의 동남쪽 끝과 티베트고원, 진령秦嶺산지와 접한 지대, 즉 오늘날 간쑤성의 우두武都, 시허西和, 청현成縣, 원현文縣과 쓰촨성의 쑹판松潘, 핑우平武, 장유江油, 그리고 산시陝西의 뤠양 등의 지역에 분포되어 있었다. 한나라때 저족이 거주하는 지역에 우두군武都郡, 룽시군隴西郡, 인핑군陰平郡 등 13개의 군현을 설치하였다. 저족은 기원전 108년, 그리고 서기 219-240년 등 여러 차례 이주를 하였고, 위진魏晉 때에 이르면 원래 무도, 음평 두 집거지 외에 관중關中과 룽유隴右 집거지가 추가로 형성되었다. 관중의 저족은 위진 때 징자오京兆, 푸펑扶風, 스핑(始平, 지금의 산시陝西 싱핑興平 동남쪽)에 분포하였으며, 그 중 푸펑군이 가장 많았다. 푸펑군의 저족은 융雍, 메이양美陽, 위미隃麋 등 현에 집중되어 있었다. 이 외에 다른 하나의 저족 집거지가 있었는데, 룽유의 텐수이天水, 난안南安, 광웨이(廣魏, 즉 뤠양) 세 군 내에 분포되었다.[19] 16국 시기 한漢나라, 전조前趙, 후조後趙, 전진前秦 등 나라들은 여러 차례 저족을 관둥關東, 허베이 등지로 이주시켰고, 따라서 저족의 분포 지역은 날로 확대되었다. 저족은 이주 과정에서 한족과 끊임없이 잡거하였기 때문에 사회경제적 문화가 비교적 빠르게 발전하였다. 서진 말기 영가永嘉의 난 때 저족은 이른바 "오호란화五胡亂華"의 대열에 합류하여 전진, 구지仇池, 후량後涼 등의 나라를 세웠다.[20] 당나라 때에 이르

---

19 楊銘, "漢魏時期氐族的分布, 遷徙及其社會狀況," 《民族研究》第2期, 1991.
20 이른바 "오호란화(五胡亂華)"는 '다섯 오랑캐가 중화를 어지럽힌 기간'이라는 뜻으로, 서진(西晉)시기 만리장성 이북 지역의 유목민족들인 흉노, 선비, 저, 갈, 강 등의 다섯 오랑캐(五胡)가 중원왕조가 서진 팔왕(八王)의 난으로 국력이 약해진 틈을 타 이민족

러 저족은 대부분 한족으로 통합되었다. 또 일부 저족의 후손들은 서남쪽으로 쓰촨 서부, 윈난 북부와 중부로 이주하였다.[21]

저족과 마찬가지로 강족은 중국 서부 지역의 고대 민족으로 원래 칭하이성 동부와 간쑤성 서남부, 남쪽으로 쓰촨성 북부, 서쪽으로 신장 남부까지의 넓은 지역에 거주하였다. 선진 시대부터 강족은 끊임없이 사방으로 이동하였다. 진나라 때 만리장성에 가로막혀 강족은 더는 남쪽으로 이동하지 않았다. 전한 때부터 내천하여 룽시, 진청金城 등 군에 안치되었다. 후한 시대 강족은 지금의 산시陝西, 간쑤, 칭하이, 닝샤, 쓰촨 및 기타 성에서 활발하게 활동하였으며 내륙 지역으로 이주한 많은 수의 강족은 변경 지역의 군현 외에도 안딩安定, 베이디北地, 상쥔上郡, 허둥河東 등지에 많이 거주하였다. 16국 시기에 전조前趙와 후조後趙 통치자는 네 차례에 걸쳐 친秦·룽隴 등 지역의 저족과 강족 약 17,000호를 관중關中의 융저우雍州로 강제 이주시켰다. 또한 친秦·융雍 등 주州의 저족과 강족을 네 차례에 걸쳐 관둥 지역의 칭青·빙並 등 주州로 강제 이주시켰는데, 그 숫자는 약 20만여 명이다. 강족이 내륙으로 이주한 이후 한족 및 기타 민족과 함께 지내는 과정에서 한족과 중원 정권의 통치 정책의 영향으로 장기간의 생산 및 생활 과정에서 원래의 씨족 부족 조직이 점차 해체되고 민족 고유의 특징이 사라졌으며, 강족 사회의 봉건화 과정이 가속화되어 **점차 한족에 통합되었다.** 자연히 강족의 봉건화 과정에서 본토의 선진 생산방식의 영향으로 강족은 점차 유목에서 정착으로 바뀌었고 원래의 축산업 경제 방식도 점차 농업 경제 방식으로 전환되었다. 예를 들어 기원전 1세기에서 기원후 2세기, 허황 일대로 이주한 센링先零, 베이푸卑浦, 사오당燒当 등 부족은 축산업과 동시에 농업에 종사하기 시작하였다.

왕조를 세워 한족 왕조와 대치를 이룬 것을 뜻한다.(역자 주)
21 晏筱梅, "探尋氐羌族的歷史軌跡―讀《氐羌源流史》," 《中華讀書報》2001년 2월 21일자 11면.

3. 북흉노의 서진西進 및 유럽에서의 활동

흉노는 원래 중국 북부 사막의 남북에서 활약한 유목민족이었다. 기원전 3세기를 전후하여 흉노 사회는 철기시대로 접어들어 사회 생산력이 크게 향상되고 원시 사회가 해체되어 갔으며 부족 동맹은 점차 국가 조직으로 전환되었다. 진한秦漢 시대에 즈음하여 흉노는 강력한 군사력으로 "동호東胡의 왕을 대파하고 그 백성과 축산물을 노획하였다." 또한 "서진하여 월씨 세력을 격파하였고, 남진하여 러우판樓煩 세력 및 바이양허난 왕白羊河南王 세력을 병합하였으며, 몽념蒙恬에게 빼앗겼던 흉노의 땅을 수복하였다." 또한 "북쪽의 훈위渾庾, 취서屈射, 딩링丁零, 거쿤鬲昆, 신리薪犁 등 나라를 병합하였고", "서쪽의 러우란樓蘭, 오손烏孫, 호걸呼揭 및 그 옆의 26개 국을 병합하였다."[22] 이로써 동쪽의 조선, 서쪽의 월씨 및 저강과 맞닿은 30여만 명 군대를 보유한 강력한 노예제 정권을 세웠다. 전한 초년에 강성했던 흉노는 해마다 군대를 남하하여 허베이, 산시山西, 산시陝西 북부의 변경 지역을 약탈하여 신생 정권 전한 왕조에 큰 위협을 가하였다. 한나라 고조 유방은 흉노로부터의 위협을 해결하기 위해 친히 32만 대군을 거느리고 흉노에 진격하여 한때 7일 동안 핑청平城의 바이덩산(白登山, 지금의 산시山西 다퉁大同 동남쪽)에 포위되었다. 한고조는 선우의 처 궐씨閼氏에게 많은 뇌물을 보내어 탈출한 후 흉노와 화친하여 북부 국경의 일시적인 안녕을 얻었다. 또한 휴양생식(休養生息, 전쟁을 비롯한 국가차원의 백성동원을 중단하고, 생업에 전념하도록 한 것) 정책을 실시하여 적극적으로 생산을 회복하고, 강대한 실력을 쌓은 후, 대장군 위청, 곽거병을 보내 막북 깊숙이 들어가 흉노에게 큰 타격을 주었다. 흉노가 기미정책을 펼쳤던 기타 소수민족들이 이 틈을 타 흉노에 반기를 들었으며, 이는 흉노 지배집단의 내부

---

22 《史記》卷110《匈奴列傳》.

갈등을 심화시켰다. 흉노의 5대 권좌 쟁탈로 내분이 끊이지 않다가 서기 48년 남과 북으로 양분되었다.

흉노가 남과 북으로 분열된 후, 남흉노는 점차 내륙으로 이동하여 산시山西와 산시陝西의 북부, 내몽골 서부 지역에 분포하였고, 후한에 복종하여 북흉노에 대한 반격을 도왔다. 북흉노는 막북으로 물러나 한나라 땅을 계속 습격하였다. 후한의 여러 차례의 군사 공격으로 북흉노의 내외부 갈등이 심화되고 국력이 쇠약해졌으며 세력이 날로 약해졌다. 서기 90-91년 한나라 군대와 남흉노의 공격으로 북흉노는 큰 타격을 입고 멀리 도망갔는데,[23] 이로써 사상 초유의 민족 대이동이 시작되었다. 북흉노는 이리저리 옮겨 다니며 일부 유목 부족을 끊임없이 정복하여 흉노 동맹을 결성하였다. 200여 년 뒤 흑해 북안에 나타난 흉노 동맹은 돈강, 드네프르강 유역의 동고트족을 격파하고 흉노 동맹에 병합시켰으며, 서쪽으로 계속 이동해 서고트족의 회피를 강요함으로써 게르만족의 대이동을 직접적으로 추진시켰다.

북흉노의 서천은 서기 91년 막북을 출발해 서기 374년 동유럽에 나타나기까지 280여 년이 걸렸고, 6,000킬로미터가 넘는 긴 여정이었으며, 이 이동의 과정에서 대체로 4개의 기착지를 거쳤다. 첫 번째 기착지는 오손烏孫이었다. 서기 91년, 북흉노의 한 부대 중 약 20만 명(북흉노 중 약 60만 명은 서쪽 이전을 거부하고 막북에 머물렀다)이 막북 초원을 걸어 서쪽으로 진격하여 오손의 땅으로 들어갔다. 한대의 오손은 이리하伊犁河와 이식쿨호(伊塞克湖, Issyk-Kul) 일대의 유목국으로 한나라 궁성과 멀지 않았다. 북흉노는 이곳으로 이주한 후에도 수시로 한나라를 습격하였다. 서기 2세기 중반 흥안령 일대에 살던 선비족이 급부상하여 서진하여 몽골고원과 준가얼분지 동부의 광활한 지역을 점령하고 오손을 서쪽에서 공격하였다. 북흉노인들은 선비족의 위협으로 오손에서 발을 붙이지 못하고 다시 서쪽 강거

---

23 《後漢書》卷89《南匈奴傳》.

국康居國으로 옮겼는데, 강거국은 두 번째 기착지가 되었다.

　강거국은 중앙아시아의 타스강 유역에서 유목을 위주로 하는 국가로, 그 통치 범위는 시르강에서 암강 유역에 이르렀다. 전한 시대 5개 부족장의 분할 통치를 통해 다스리던 강거국은 남부의 대월씨大月氏, 동부의 오손烏孫, 북부의 흉노匈奴의 침공을 자주 받았다. 북흉노의 강거 이주는 평화적인 방식이 아니라 무력 정복이었다. 그들은 전투에 적합하지 않은 부족민을 열반悅般 지방에 남겨두고, 잘 싸우는 기마병만을 골라 강거 공격해 투입하였고, 대략 서기 160-260년 기간 강거에 머물렀다. 북흉노가 오손과 열반에 남겨두었던 잔류 부족은 유연柔然에 의해 병합되었다. 흉노가 강거로 이주할 때 남부의 대월씨인들은 이미 강력한 쿠샨제국을 세웠다. 역사적으로 대월씨는 흉노족에게 괴롭힘을 당했고 흉노족과 원한이 깊었기 때문에 그들은 흉노와 평화롭게 이웃할 수 없었을 것이다. 서기 3세기 중반, 쿠샨제국과 강거국 주민들의 연합공격을 받았는지 북흉노는 강거를 떠나 다시 서쪽의 속특국粟特國으로 이동하였다.[24] 이로써 속특국은 세 번째 기착지가 되었다.

　속특국은 강거국의 서북쪽에 위치한 유목을 위주로 하는 국가이다. 속특국의 상인은 북위 때 실크로드를 따라 중국 서북부에 위치한 북량北涼국에 왔던 적이 있다. 서기 439년 북위가 북량을 무찌를 때 북량국의 수도인 고장(姑臧, 오늘날 간쑤성 우웨이武威)의 속특 상인들도 포로가 되었다. 이에 속특 국왕은 북위에 사신을 보내 붙잡힌 속특 상인들의 속환贖還 교섭을 진행하였다. 당시 중국인들은 북흉노가 서천한 뒤 속특으로 건너갔다는 사실을 알고 있었는데, 속특 사신과 상인들로부터 간접적으로 전해들은 것이었다. 북흉노는 속특에서 1세기도 채 지나지 않아 동부에서 흥기한 유

---

24 齊思和, "匈奴西遷及其在歐洲的活動," 載林幹 엮음,《匈奴史論文集(1919~1979年)》, 中華書局, 1983, p.129.

연 인들의 핍박을 받아 서기 350년 속특를 떠나 돈강 일대의 아란인阿蘭人 주거지역으로 이동하였다. 아란인 주거지역이 네 번째 기착지가 되었다.

흑해 동북쪽 기슭의 돈강 유역에 살던 아란인은 경내에 아란산阿蘭山이 있었기 때문에 아란인으로 불렸다. 아란인이 세운 나라를 아란국阿蘭國이라고 하고, 중국 고서에서는 엄채奄蔡라고 한다.《위서·서역전魏書·西域傳》에 따르면, "엄채국은 일명 아란으로 불리는데, 강거康居와 같은 풍속을 지니고 있다. 서쪽으로 대진(로마), 남동쪽으로 강거康居와 접한 나라이다." 아란국은 지금의 러시아 돈강 유역, 대캅카스산 북쪽, 흑해, 아조프해 동쪽 일대이다. 아란인은 돈강을 경계로 유포라와 아시아로 나뉘며 동부는 황인종, 서부는 백인종이 지배한다. 이들은 멀리 떨어져 있고 넓은 지역을 옮겨 다니며 유목하였지만, 돈강 유역 사람들은 오랜 유목 생활 동안 스스로를 아란인이라고 부르며 민족적 공감대를 형성하였다. 북흉노의 속특에서의 활동은 중국 역사서는 물론 서양의 역사서 모두 관련 서술이 적다. 그러나 4세기 후반 흉노가 다시 등장했을 때는 이들이 오랫동안 아란인과 싸워 아란국(엄채국)을 완전히 멸망시켰기 때문에 서양의 역사 기록에서 많이 볼 수 있다.[25] 북흉노에 패하자 일부 아란인들은 도망갔고, 대부분의 아란인들은 흉노에 병합되어 "동맹자"가 되었다. 이때 흉노인 연맹의 서쪽에는 두 개의 게르만 부족이 있었는데, 하나는 드네프르강 서쪽에서 트란스니스트리아 동쪽까지의 동고트인 연맹이었고, 다른 하나는 트란스니스트리아 서쪽에서 카르파티아산맥까지의 서고트인 연맹이었다.

서기 374년, 북흉노인들이 돈강을 건너 동고트 경내에 침입하자, 동고트인들은 흉노에 항복하였고, 이후 몇 년 동안 흉노 연맹의 반자치 집단이 되었다. 북흉노는 동고트족을 정복한 뒤 서고트족을 계속 공격하였고

---

[25] 북흉노가 아란인을 격파한 전쟁에 대해서는 정확한 연대와 경위가 알려져 있지 않으며, 서양 학자들도 약 350년에 전쟁이 시작되어 374년에 끝났다고 추정할 뿐이다.

서고트족은 패배해 도주하였다. 북흉노는 동서고트족을 정복한 후 유럽 대초원의 서쪽, 흑해 북쪽, 다뉴브강 하류 북쪽의 넓은 비옥한 땅을 차지하였다. 그러나 서기 400년 전까지만 해도 흉노연맹의 주체는 동고트족과 아란족의 고향인 러시아 남부에 남아 있었고, 실제로 로마의 유럽 영토를 침범하지는 않았다. 서기 400년, 북흉노의 주력은 러시아 남부에서 계속 서진하여 곧바로 다뉴브강 유역을 장악하고 다뉴브강 중류를 중심으로 강력한 왕국을 건설했는데, 왕국의 강역은 동쪽의 아랄해Aral Sea에서 서쪽의 라인강, 남쪽의 알프스에서 북쪽의 발트해까지였다. 5세기 중엽 흉노왕 아틸라는 동쪽으로 나아가 러시아 남부에 잔류하였던 다뉴브강 중류에 진출한 부족 수보다 훨씬 많은 흉노인을 장악하였다. 서기 453년 아틸라가 과음으로 죽자 승계를 둘러싼 내분으로 흉노연맹의 힘이 크게 약화되었고, 원래 북흉노에 복종하던 고트족, 기피터족 등 "오랑캐"들도 북흉노의 통치에 반대하기 시작하였다. 454년 니달 강변에서 흉노군이 패배하고 흉노연맹이 와해되면서 통일된 왕국은 사라졌다. 흉노연맹이 붕괴된 후, 흉노인의 일부가 헝가리에 잔류한 것을 제외하고, 대부분은 어쩔 수 없이 남부 러시아 초원으로 돌아왔다. 이후 아틸라의 후손들은 흉노의 패권을 재건하려 했으나 실패하였다. 마지막으로 461년 알라티의 어린 아들 덩직시크鄧直昔克가 흉노인들을 이끌고 다뉴브 강을 거슬러 올라가 판노니아Pannonia의 동고트족을 공격하였으나 468년 로마와의 교전에서 사망하였다. 이것이 아틸라 계통의 흉노인 활동에 대한 서양 역사서의 마지막 기록이다.

4. 게르만인의 대이동과 서유럽 민족 분포 구조의 형성

고대 그리스인과 로마인들은 주변의 미개한 민족을 "야만인" 혹은 "야만족"이라고 불렀다. 로마제국 변경 지역의 야만족은 주로 키르테인과 게르만인이었다. 흉노 서정 이전에 게르만족은 새로운 토지와 목장을 찾기 위해 다양한 방식으로 로마 제국 내로 침투하였다. 서기 374년 흉노인의 기병이 갑자기 돈강을 건너 게르만족이 유목하던 지역에 침입해 동고트족을 빠르게 정복하고 흉노동맹에 병합한 뒤 서고트족을 서쪽으로 몰아붙여 다뉴브강 이남의 로마제국 경내로 몰아냈다. 흉노는 고트족 고지를 점령한 뒤 서쪽으로 진군해 유럽 대부분을 폭풍처럼 휩쓸었다. 당시 중부 유럽과 북유럽에 살던 반달인, 소비후이인, 프랑크인, 부르고뉴인, 앵글로인, 색슨인, 주티인 등 게르만 부족들이 흉노인의 유린을 피하기 위해 로마제국 내로 물밀듯이 몰려들면서 게르만 민족의 대이동으로 이어졌다. 이 대이동은 주로 고딕인의 로마 이주, 반달인의 북아프리카 이주, 프랑크인의 이주, 앵글로색슨인의 브리튼 입주를 포함한다. 200년 이상 지속되어 유럽과 북아프리카의 절반 이상을 차지하는 거대한 규모의 민족 대이동은 인류 역사상 매우 큰 영향을 미친 한 차례의 민족 대이주였다. 이주 물결이 잠잠해지자 서로마 제국은 사라지고 그 폐허 위에 게르만족이 세운 새로운 국가가 등장하면서 서구 역사의 새 장을 열었다.[26]

5. 슬라브인의 대이동

서기 5-6세기에 슬라브인은 흉노의 서진으로 인해 거주지 주변으로 확산되었는데, 서쪽으로는 엘베강 동쪽 해안까지, 그리고 동쪽으로는 흑해 서북쪽 해안과 돈강 중상류에까지 이주해갔다. 서기 6세기 중엽 돌궐 계통의 알바인들은 중앙아시아에서 더 강력한 돌궐 부족의 공격을 받아

---

26 張漢東·張定河,《世界歷史啟示錄(上)》, 山東人民出版社, 2001, p.245.

초원지대에서 서쪽으로 이주해 유럽으로 건너가 캅카스 북부의 아란인들을 먼저 공격한 뒤 헝가리를 점령하고 동로마 제국을 약탈하였으며, 텐틴버그를 포위 공격해 프랑크인을 격파하고 슬라브인을 공격함으로써, 슬라브인의 대이주가 시작되었다. 슬라브인은 동서로 확산된 뒤 비잔티움 제국의 발칸반도로 계속 이주해 슬라브인의 남쪽 지점, 즉 유고슬라브인을 형성하였다.

슬라브인들이 발칸반도로 이주한 노선은 동서 두 노선으로 나뉜다. 동부 라인의 슬라브 부족은 흑해 북안을 따라 서쪽으로 이동한 후, 발칸 반도의 동쪽에서 다뉴브강을 건너 오늘날 동남슬라브족(불가리아인과 마케도니아인 포함)을 형성하였다. 서부 라인의 슬라브 부족은 엘베강 유역을 출발하여 카르파티아산맥을 넘어 판노니아 평원을 거쳐 발칸 반도의 서부와 동부 알프스 지역으로 들어가 오늘날의 서부 유고슬라비아 각 민족(세르비아인, 크로아티아인, 슬로베니아인 등)을 형성하였다.[27] 발칸반도로 남하한 슬라브인은 발칸반도의 북부, 중부, 남부 일부 지역에 널리 분포되었다.

서슬라브족에는 오늘날 유럽의 체코인, 폴란드인, 슬로바키아인, 폴란드 북부의 소수민족인 카슈비족과 독일 북동부의 소수민족인 벤더족이 포함되며, 중부 유럽 엘베강에서 비스와강 사이의 넓은 지역이 활동의 주요무대가 되었다. 서기 6세기 말 알바족이 침입하였을 때, 그들 일부는 남쪽으로 이동했고 일부는 알바족에게 복종하였다. 623년경 알바니아령 슬라브인들은 슬라브 역사상 최초의 국가 형태인 사모스 공국을 세웠다. 서기 8세기 말, 알바족이 프랑크 왕국의 샤를마누엘 대왕에게 완전히 정복당하자, 모라비아 계곡 분지의 서슬라브인은 알바족의 통제에서 벗어나 소공국을 세웠다. 서기 833년, 모라비아 지미르 1세는 대모라비아 공국을 세웠다. 대모라비아 공국은 스베아토폴크 치세(870-895년) 때 실레시아를

---

27 丁弘 엮음,《歷史上的大遷徙》, 中國發展出版社, 2007, p.137.

병합하고 헝가리 다뉴브강 이북을 합병해 보헤미아를 정복하였으며 비스와강 상류의 넓은 지역으로 영토를 확장해 폴란드인을 제외한 대부분의 서슬라브 부족을 통일했다가 마자르족에 의해 멸망되었다.

동슬라브족에는 오늘날의 러시아, 벨라루스, 우크라이나 등 동슬라브어군 여러 민족이 포함된다. 고고학적 발굴 자료에 의하면, 이들이 비잔티움인들이 언급한 안트인의 후손일 것으로 추정된다. 서기 6세기 중후반쯤 알바족의 침공을 받았을 가능성이 있는데, 이로 인해 안트족은 발트 해 남쪽 해안에서 오늘날 우크라이나의 드네프르강 유역으로 먼저 이주하여 이곳에서부터 사방으로 뻗어나가기 시작하였다. 서기 862년 이후 노브고트 지방의 슬라브인들은 점차 강성해져 인근 지역을 정복하였고 키예프를 중심으로 "키예프 공국", 볼가강 유역의 볼가-폴가강 유역의 하자르 칸국을 차례로 정복하였다. 서기 15세기경 동슬라브 계통은 북부 노브고트와 모스크바를 중심으로 한 동슬라브족이 러시아 민족을 형성하였고, 서부 민스크를 중심으로 한 동슬라브족이 폴란드와 리투아니아의 지배와 영향 아래 벨라루스족을 형성하였으며, 남부 키예프를 중심으로 한 우크라이나 지역에서는 몽골인의 오랜 지배로 100년 넘게 정치적으로 단절된 나머지 동슬라브족이 독자적으로 발전해 우크라이나 민족을 형성하였다.

6. 아랍인의 이동과 확장

서기 610년 무함마드가 이슬람교를 창시하고 아라비아 반도를 통일한 이른바 "지하드(성전)"이 시작되었다. 메카 귀족세력과 수십 차례 싸우며 정교합일政敎一을 다져온 종교공사宗敎公社는 632년 아라비아반도를 대부분 통일하였다. 서기 632년 무함마드 사후 아라비아 반도는 4대 칼리파 시대로 접어들었다. 이후 아랍인들은 이른바 "지하드"라는 이름으로 대외 확장의 길을 걸었다. 서기 634년부터 서기 750년까지 아랍 제국의 확장에 따라 아라비아 반도에서 서아시아, 북아프리카, 중앙아시아 등 광대한 지역으로 수많은 아랍인들이 급속도로 몰려와 대이동의 물결을 이뤘다. 아프리카에서 아랍인의 확장과 이주는 시나이 반도를 거쳐 이집트에 도착하였고, 이를 기지로 삼아 북아프리카 대서양 연안까지 서진하였는데, 이집트를 기착지로 남쪽의 누비아와 홍해로 이동, 서쪽으로 홍해를 건너거나 아라비아 반도 남단에서 동아프리카 연안의 광대한 지역에 이른다.[28] 아랍인의 아프리카 진출은 크게 두 단계로 나뉘는데, 1단계는 주로 대규모 군사 이민이다. 하나는 원정군 가족이 종군從軍을 호소해, 장병들이 타국에서의 외로움과 외로움을 달래고 새로운 후손을 번식시키는 것이고, 다른 하나는 아랍인들이 전리품으로 나눠 가진 외족 여자들을 노예 및 첩으로 삼아 자녀들을 대량 번식하도록 장려하는 것이다. 2단계는 대규모 부족 이민이다. 새로운 정복 지역에 아랍인을 늘리는 가장 효과적인 방법이다. 이민의 기간은 오래 지속되었다. 이집트는 서기 740년대부터 10세기 말까지 300~400년 가까이 이어갔다. 그러나 대규모 이민은 무함마드 사후 크게 확대된 반세기 동안 발생하였으며, 이민자들은 대부분 원정군과 그 가족과 주둔지에 모여 살거나 농촌으로 직접 이주하기도 하였다.[29]

요컨대 아랍 민족의 부상과 아랍 제국의 확장에 따라 많은 아랍인들이 아랍제국 각지로 이주하였고, 서아시아와 북아프리카의 아랍화는 제국 주변의 많은 민족의 발전 과정을 변화시켰으며, 이는 중세 민족 이동과 민족 통합의 역사에 중요한 영향을 미쳤다.

---

28 陸庭恩·艾周昌,《非洲教程》, 華東師範大學出版社, 1990, p.54.
29 楊灝城 외,《民族沖突和宗教爭端——當代中東熱點問題的曆史探索》, 人民出版社, 1996, p.16.

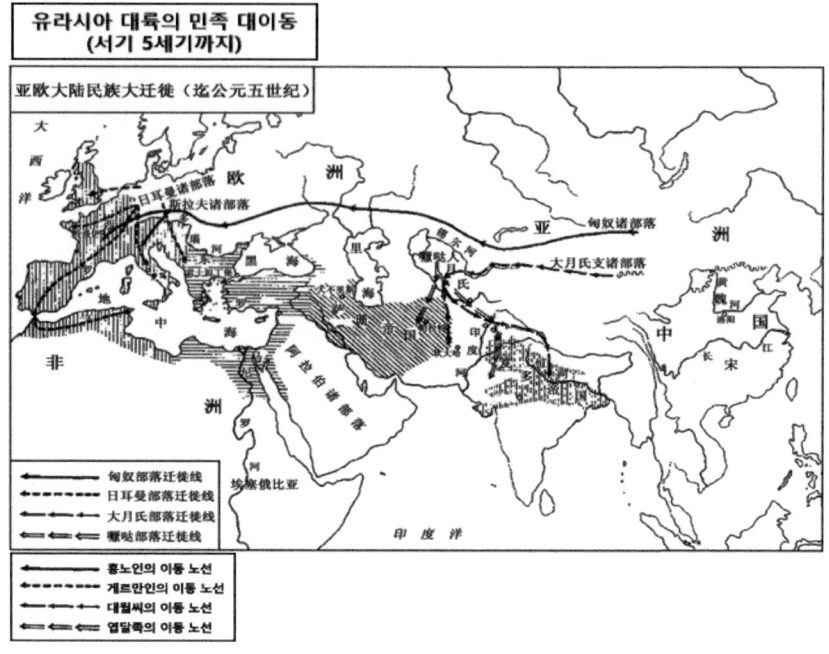

<그림 3-2> 유라시아 대륙 민족의 대이동[30]

7. 제2차 민족 대이동이 세계문명과 민족역사 발전에 미친 영향

흉노인의 확장과 이동으로 인한 유목 또는 반유목 민족 대이동의 물결은 중국 경내 선비족의 남하, 저족과 강족의 동진 및 남천, 게르만족의 서유럽 진출, 슬라브족의 동유럽 확산, 아랍인의 서아시아와 북아프리카 정복, 광활한 아시아와 북아프리카의 광범위한 지역을 휩쓴 세계 역사상 가장 큰 영향을 미친 중대한 사건이었다. 수천 년 이상의 유목민 이동과 확장의 물결이 세계 민족과 역사에 미치는 지대한 영향은 주로 다음과 같은

---

30 北京大學歷史系簡明世界史編寫組 편,《簡明世界史教學參考地圖》, 人民出版社, 1975, p.7.

측면에서 나타난다.

첫째, 동·서양 민족의 역사 발전 과정을 바꿨다. 유라시아 대륙의 동쪽 끝에서 남흉노, 선비, 갈, 저, 강 등 북방의 많은 유목 또는 반유목 소수민족이 중원으로 이주한 후, 민족 대이동, 대분열, 대통합 과정에서 한족과 소수민족간, 그리고 소수민족 간의 상호 작용 과정에서 중국 북방민족의 일체화 추세가 강화되었다. 동시에 많은 민족이 오랫동안 한족과 함께 생활하는 과정에서 원래의 유목경제를 점차 포기하고 정착 농업에 종사하였다. 또한 언어, 문화, 전통 관습 및 기타 여러 측면에서 점차 한족과 일치하여 마침내 대부분이 한족에 통합되었으며 한족은 새로운 민족 구성 요소가 추가됨에 따라 새로운 발전과 성장을 이루었다. 중국 북방민족의 통합 강화, 한족의 성장, 위진 남북조 시대의 민족통합은 수나라와 당나라라는 통일된 다민족 강대 제국 건설의 토대를 마련하였다. 유라시아의 서쪽 끝에서 게르만족이 로마제국 내로 침투, 확장, 노략, 정벌을 하면서 유럽사회가 크게 파괴되고 서구사회가 격동하면서 로마제국이 멸망하였다. 로마와 게르만의 두 문명, 두 제도와 양대 민족집단의 충돌과 결합을 바탕으로 서유럽의 옛 민족분포 패턴이 깨지고 격렬한 민족분화와 재편이 뒤따랐으며, 독일인, 영국인, 프랑스인, 이탈리아인, 스페인인, 포르투갈인 등 많은 새로운 민족공동체가 점차 잉태되고 발전하여 근대 서구 민족국가 형성의 토대를 마련하였다.

둘째, 유목세계와 농경세계 간의 연계를 강화하고 유목문화와 농경문화의 교류를 촉진하였다. 유목세계가 농경세계에 미친 대충격에서 충격의 주체인 많은 유목민족들은 농경세계로 뛰어들기 전에 대부분 원시사회 해체단계에 있었고, 삶의 공간을 확장하고 풍요로운 지역의 부를 약탈하는 것이 가장 직접적인 목적이었으며, 충격을 받은 많은 농경세계의 주요 국가들은 대부분 노예제에서 봉건제로 이행하는 단계에 있어, 사회갈등이 첨예하고 복잡하며 내부 위기가 가중되고 있었다. 따라서 유목민족의 농경세계에 대한 침입은 필연적으로 농경세계에 막대한 피해를 입혔지만, 동시에 농경세계에 새로운 활력을 불어넣어 어느 정도 노예제 붕괴를 가속화하고 봉건제도를 아시아, 유럽, 북아프리카 지역에 광범위하게 확립하여 인류사회가 진보하는 과정에서 중대한 전환을 순조롭게 이루도록 도왔다.[31] 서유럽에서의 가장 직접적인 결과가 "독일 야만인이 로마인을 자기네 나라로부터 해방시켰다"는 것과 같이 **"죽어가는 유럽에 새로운 생명력을 불어넣고 유럽에 생기를 불어넣었다."** [32] 또한, 이러한 민족 대이동은 아시아, 유럽, 아프리카의 많은 국가와 지역을 이 물결에 휩쓸리게 하여, 지역간 교류의 단절과 민족간의 울타리를 어느 정도 타파하고, 이른바 "문명"과 "야만"의 경계를 허물어 유목세계와 농경세계의 경제 및 문화의 연결과 교류를 확대하였다.

셋째, 인류문명 형태의 변천으로 볼 때, 농경세계에 대한 유목세계의 대충격의 결과, "문명형태에 있어서 진한제국, 사산왕조, 서로마제국, 그리고 이미 유명무실해진 고대 이집트 문명의 멸망과 인도 굽타왕조의 쇠퇴를 가져왔고, 동시에 새로운 문명형태, 예를 들면 당송제국, 아랍제국 및 서방기독교사회와 비잔티움 제국이 위의 폐허 위에 생겨났다. 지역적으로는 흉노, 대월씨, 스칸디나비아 반도 이외의 게르만 부족과 아랍인 등 야만적인 유목민족이 농경세계를 침공하는 과정에서 후자의 문명 생활 방식을 받아들였기 때문에 엘베 강변에서 시리아, 흑해, 카스피 해에서 아라비아 반도에 이르기까지, 알타이산에서 벵골만까지 광범위한 지역이 문명 역사의 범위에 들어섰고 문명의 경계는 다시 남북으로 약 20개 정도의 위도까지 확장시켰다."[33]

---

31 李植枬 엮음,《宏觀世界史》, 武漢大學出版社, 1999, p.58.
32 馬克思·恩格斯·中共中央馬克思恩格斯列寧斯大林著作編譯局 엮음,《馬克思恩格斯選集 (第1卷)》, 人民出版社, 1972, p.147, 152.
33 趙林,《告別洪荒──人類文明的演進》, 武漢大學出版社, 2005, p.50.

돌궐·몽골 세력의 확장과 이동

　서기 11세기, 유목세계와 농경세계 간의 2차 충돌로 인한 큰 충격파가 점차 진정되고, 앞서 1, 2차 충격을 주도하였던 인도유럽인, 셈족閃米特人 등 유목민족이 농경세계에서 정착 생활을 할 때, 유라시아 대륙의 동부에는 새로운 민족의 확장과 이동의 물결이 일기 시작하였다. 그 물결의 원동력이 바로 새롭게 부상한 돌궐과 후발주자 몽골로, 수백 년 동안 동아시아 초원에서 물밀 듯이 밀려와 중앙아시아·서아시아·남아시아·동유럽·중유럽 등지를 발칵 뒤집어 놓았다. 확장과 이동의 물결이 끝난 뒤 아시아·아프리카·유럽 일부 지역의 정치 지형과 민족 구성에 중대한 변화가 일어났고, 지역 간, 민족 간 단절의 타파로 흩어진 지역사는 점점 더 통일된 세계사가 되었다.

1. 돌궐 세력의 확장과 이동

돌궐은 중국 북방 초원지대의 유목민족으로《주서·돌궐전周書·突厥傳》에서 처음 등장하였다. "돌궐의 선조는 **색국**索國 출신으로, 흉노의 북족에 있었으며 … 호는 돌궐이다." 그들은 몽골 인종인 알타이어계 튀르크어족에 속하며, 서천하는 과정에서 서양의 인도유럽 인종과 뒤섞임으로써 유럽 인종 성분을 흡수하였다.[34] 돌궐은 철륵鐵勒에서 유래한 것으로 준가얼 분지 이북(지금의 예니세이강 상류) 지역에 처음 거주한, 원래는 크지 않은 부족이었고 모계 씨족공사에서 부계 씨족공사로 넘어가는 과도기에 처해 있었으며 수렵 생산에 종사하였다. 북방의 강대국 흉노가 쇠퇴하자 흉노의 북부에 있던 돌궐은 이웃 부족과 전쟁을 벌였고, 전쟁에서 패하자 고창(高昌, 지금의 신장 투루판)의 북쪽 산(지금의 보그도르博格多산)으로 이주해 목축업을 시작하였으며, 그 지역의 풍부한 환경자원을 활용해 부단히 성장하였다. 서기 435년경 돌궐은 다시 몽골고원에서 정권을 잡은 유연 귀족 세력에 밀려 중앙아시아에서 알타이산 이남으로 이주해 유연 칸의 노예가 되었다. 그들은 유연 노예주 귀족들을 위한 생산 도구와 생활 도구, 병기 등을 만드는, 즉 유연 철공으로 일하였다. 알타이산 남쪽 언덕으로 이주한 돌궐은 유연과 고창간의 교전을 이용하였는데, 유연의 힘이 약해진 틈을 타 점차 성장해 유연의 통제에서 벗어났다. 우선, 서기 546년 돌궐은 수령 아사나토문阿史那土門의 지휘하에 철륵 제 부족을 격파하여 5만여 명을 포섭 및 그들의 땅을 점령함으로써 톈산에서 알타이산 사이의 준가얼 분지를 장악하였다. 또한 그들은 서위西魏와 통상을 하고 사절을 주고받으면서 세력이 날로 번성해갔다. 이후 서위의 폐제廢帝 원년(552년)에 회황懷荒의 북쪽에서 유연을 대파하고 몽골고원 대부분을 점령함으로써 막

---

34 韓康信, "塞, 烏孫, 匈奴和突厥之種族人類學特征,"《西域研究》第2期, 1992.

북을 중심으로 돌궐 칸국을 건국하였으며 아사나토문은 스스로를 "이리 칸伊利可汗"이라고 불렀다.

　돌궐 칸국이 건국된 후, 돌궐은 곧장 동쪽과 서쪽으로 확장하였다. 동부에서는 토문의 아들 우드 칸木杆可汗이 칸을 승계하자마자 유연에게 최후의 공격을 퍼부었다. 서기 555년 유연은 결국 멸망하였고, 돌궐은 유연의 뒤를 이어 막북 초원의 패권국이 되었다. 이어 돌궐은 거란 등 정권을 무찌르고 계골契骨을 정복한 뒤 556년 남하해 토욕혼을 대파하고 토욕혼 과려誇呂의 아내를 포로로 잡았다. 유연을 멸망시킨 뒤 돌궐 칸국의 서쪽 국경은 엽달嚈噠, 에프탈족)과 맞닿았다. 서부에서는 돌궐인들이 서역 및 만리장성 이북의 제부족을 정복하였고, 총령蔥嶺 이동의 서역지역을 통제한 이후 서정西征을 시작하였다. 그들은 이란고원의 사산 페르시아薩珊波斯와 연합해 558년경 엽달嚈噠 정권을 소멸시켰고, 암강阿姆河을 경계로 페르시아와 함께 엽달嚈噠 영토를 양분하였으며, 암강 이남은 페르시아, 암강 이북의 광대한 지역은 돌궐의 소유로 넘어갔다. 이어 실점밀室點密이 이끄는 돌궐군은 아바르阿瓦爾족을 격파하고 562년에서 567년 사이에 암강 북쪽의 엽달嚈噠 잔여세력을 소탕하였으며, 서쪽으로 도망친 아바르족을 추격해 암강 북쪽에서 돌궐의 지배를 공고히 하였다. 서기 576년 실점밀의 아들 달두達頭가 칸을 승계한 뒤 암강 남쪽의 토호라吐火羅 지방으로 영토를 확장하였다.[35] 이때 돌궐 칸국은 "동쪽의 요해(遼海, 오늘날 요하遼河 상류)이서 지역에서 서해(지금의 카스피해)까지 이르는 1만리, 남쪽의 사막 북쪽에서 북쪽의 북해(지금의 바이칼호)이르는 5-6천리에 달하는 지역을 영토로 하는 대제국으로 성장"하였는데, "위력으로 만리장성 이북의 여러 나라들을 복종시켰다."[36] 이 거대한 유목제국의 수도는 위두진郁都斤 산(오늘날 항

---

[35] 許序雅,《世界文明簡史》, 華東師範大學出版社, 2002, p.143.
[36] 《周書》卷50《突厥傳》.

가이산杭爱山)에 설치되었다.

돌궐 칸국은 동정東征과 서정西征을 거치면서 동과 서, 즉 동부의 토문계 돌궐과 서부의 실점밀계 돌궐로 계속 분화되었다. 이들은 대체로 알타이산을 경계로 동돌궐은 막북을, 서돌궐은 서역을 장악하여 중원을 압도하는 강력한 군사력을 갖게 되었다. 서기 630년과 657년 당나라는 동돌궐과 평서平西돌궐을 차례로 멸망시키면서 제1돌궐 칸국은 멸망하고 말았다.

당나라가 동돌궐을 정복하자, 당 태종은 중서시랑 온언박溫彦博의 건의를 받아들여 동돌궐 귀순자들을 만리장성 안쪽의 허타오河套 남쪽, 유저우서 링저우 사이의 넓은 땅 위에 안치하고, 순順·우祐·화化·장長 등 4주도독부四州都督府를 설치하였고, 과거 힐리가頡利可 칸이 통치하던 지역을 북개北開·북녕北寧·북무北抚·북안北安·북풍北丰 등 6개 주로 나눔과 동시에 양襄 도독부와 운중云中 도독부를 신설해 관리하도록 하였다. 이와 동시에 돌궐 귀족들을 대거 도독으로 기용하여 옛 돌궐 칸국 지역에 대한 기미통치를 실시하였다. 장안으로 들어 온 돌궐 귀족들은 대부분 장군, 중랑장 등 고급 장교로 임명돼 한족 관리와 같은 대우를 받았다. 당나라가 서돌궐을 평정하고 서역을 통일한 후, 옛 서돌궐의 통치지역인 톈산 이북 일대에 북정대도호北庭大都護를 설치하여 톈산 이북의 옛 서돌궐 지역의 부, 주, 현을 관할하였고, 북정도호부 관내에는 한하이군瀚海軍, 칭하이군青海軍, 톈산군天山軍, 이우군伊吾軍 등의 군대를 주둔시켰다. 동시에 안서도호부를 서주西州에서 구자龜茲로 옮기고, 구자龜茲, 우전于闐, 수러疏勒, 언기(焉耆, 혹은 쇄엽碎葉)4진을 통솔하였으며, 안서安西 4진을 바탕으로 주변 지역을 경략하였다. 용삭 원년(661년)에 우전于闐 이서 지역과 페르시아 이동 지역의 16개국이 당나라에 복속되었고, 당나라는 그 자리에 도독부都督府·주州·현縣·군부軍府를 설치하였다. 이로써 당나라는 서부 강역을 아랄해까지 밀고 나아가 카스피해까지 세력권을 넓혔다. 서돌궐은 당나라의 공격으로 점차 쇠퇴하는 과정에서 두 차례의 대규모 내전을 겪었다. 첫 번째는 당 무주武周 천수 원년(690년) 10월, 아시나 후셀루오(阿史那斛瑟羅, Ashina Huseluo)가 6-7만 명을 거느리고 중원에 이주한 것이고, 다른 하나는 당 현종 개원 2년(714년) 9월부터 이듬해 4월 사이 후돌궐 칸국의 공격을 받아 서돌궐 10성+姓 부족 중 갈로록葛邏祿 세 부족, 오서륙호록옥궐五咄陸胡祿屋闕 등 부족, 오노실비五弩失畢 제 부족 등 2만여 장帳(혹은 호戶)가 량저우涼州, 북정北庭으로 이주해 당나라의 비호를 구한 사건이다.

당나라가 동돌궐과 펑서 돌궐을 정복한 뒤 일부 돌궐인들은 서쪽으로 이동하였다. 7세기 중반 아랍 제국이 세워져 서돌궐이 서쪽으로 이동하는 길을 막고 서돌궐이 차지하던 강 중턱을 빼앗으면서 돌궐인들을 시르錫爾강 북쪽의 초원으로 돌아가도록 강요하였다. 따라서 이후 몇 세기 동안 많은 서돌궐인들은 함해의 북쪽 해안을 따라 서쪽으로 천천히 이동하였고, 10세기까지 서돌궐인들은 카스피해, 구르간古爾甘, 함해 일대 이북의 초원에 발자취를 남겼다. 9-10세기 아랍 제국이 무너지면서 각 지역의 에미레이트埃米爾들은 독립하였다. 이때 페르시아인들이 세운 사만 왕조(874-999)는 서돌궐인들을 시르강 북쪽 초원에 가두는 장벽 역할을 하였고, 10세기 말 사만 왕조가 쇠퇴하면서 서돌궐인들은 대거 남쪽으로 이동할 수 있었다. 이번 이동으로 일부는 시르강 북쪽 해안에서 강 중턱으로 몰려와 서쪽으로 암강을 건너 이란과 양강 유역으로, 다른 일부는 카스피해 남동부에서 이란으로 직접 이주하였다. 카스피해 북안을 따라 서쪽으로 이동한 돌궐인들은 남러시아 초원으로, 그리고 다른 일부 돌궐인들은 발칸반도로 들어갔다. 11세기에 이르러 서돌궐은 소아시아, 남아시아, 남러시아 초원에 분포하게 되었다. 11세기 이후 돌궐의 활동 범위에는 몽골 초원, 중앙아시아 초원, 남러시아 초원 외에도 중앙아시아, 서아시아, 소아시아, 남아시아의 많은 정착 민족 지역이 포함되었음을 쉽게 알 수 있

다. 이때부터 일부 돌궐인들은 유목민에서 점차 정착민으로 변해갔다.[37]

서돌궐이 쇠퇴한 후 일부는 중원지역으로 진출하였고, 일부는 서진西進하였다. 서진한 돌궐인들은 대략 서기 10세기경부터 이슬람교를 받아들이기 시작하였다. 이후 돌궐 후예 및 돌궐어족에 속하는 각 종족은 셀주크 왕조, 카라한 왕조(하라한), 코지닌 왕조(가시니), 오스만 제국 등 이슬람 정권을 수립하였다. 이 중 셀주크 왕조(1037-1194)는 추장 셀주크의 이름에서 유래하였는데, 그 산하의 셀주크인들은 돌궐 우구스烏古斯 부족 연맹의 4대 부족 중 하나였다. 처음에는 투르크스탄 키르기스 초원에 거주하였으나, 10세기 중엽부터 셀주크의 인솔하에 서쪽의 시르강 하류의 점덕占德 지역으로 이주하였다. 이후 가세니伽色尼 왕조의 대외전쟁과 내분 기회를 이용해 세력을 확대하였는데, 투르크메니스탄, 이란, 쿠르드스탄 대부분, 아제르바이잔, 이라크, 시리아, 팔레스타인, 소아시아 등을 정복하여 동부의 중앙아시아에서 서부의 시리아, 소아시아까지, 남부의 아라비아해에서 북부의 키예프 및 러시아 국경에 이르는 강대한 군사제국으로 성장하였다.

1091년 이 제국은 바그다드로 수도를 옮기면서 동부 이슬람 세계의 중심이 되었다. 가세니 왕조(962-1186년)라고도 불리는 코티닌 왕조는 중앙아시아 사만 왕조의 돌궐인 노예(궁중 근시노예와 금위군 노예를 지칭) 출신 장군 알프티긴과 그의 사위 사부크티긴Sabuktigin이 세운 것으로, 수도의 이름인 가세니에서 유래하였다. 이 왕조는 마흐무드 재위 시절 카라한 왕조와 연합해 화레즘을 없애고 남하해 십여 차례 인도를 침공하였는데, 라호르를 중심으로 한 펀자브를 삼키면서 무슬림 지역이 되었다. 카라한 왕조는 서쪽으로 이주한 회홀인들이 중앙아시아와 지금의 신장 카스喀什·허톈和田 지역에 세운 이슬람 왕조다. 이 왕조의 수립으로 많은 수의 돌궐 유목

---

37 許序雅,《世界文明簡史》, 華東師範大學出版社, 2002, p.141.

민이 정착하여 중앙아시아 토착 민족의 돌궐족화와 대다수 유목민의 이슬람화 과정을 가속화시켰다. 서아시아와 소아시아에 세워진 오스만 제국은 서로마 제국이 멸망한 뒤 천 년을 연명하던 비잔티움 제국을 무너뜨리고, 한때는 불세출이었던 아랍제국과 몽골제국을 대체하는 등 서구 기독교 사회에 새로운 위협을 가하였다. 이 제국은 남유럽, 중동 및 북아프리카 대부분, 서쪽으로는 지브롤터 해협, 동쪽으로는 카스피해 및 페르시아만, 북쪽으로는 오스트리아와 슬로베니아, 남쪽으로는 수단의 광활한 지역을 차지하며 제1차 세계대전이 끝날 때까지 존재하였다. 오스만 돌궐인 역시 서돌궐의 일원으로, 지금의 몽골 서부에서 중앙아시아에 이르는 광활한 초원 지역에 살았다. 13세기 초 이른바 "몽골 돌풍"을 피해 소아시아로 이주해 셀주크 출신의 롬 술탄국에 의지해 이슬람교를 받아들인 엘토그루어 추장은 롬 술탄국으로부터 사카리아강 유역에서 비잔틴 국경 근처까지 떨어진 크지 않은 봉지를 받았다. 이후 몽골인의 서침으로 롬 술탄국이 해체되고 엘토그루르의 아들 오스만이 수장직을 물려받은 여세를 몰아 세력을 확장해 인접한 비잔티움군을 물리치고 오스만 터키인의 독립과 건국을 선언하였다.

2. 몽골 세력의 확장과 이동

몽골은 당나라 때 실위室韋인의 한 갈래로, 동호·선비·거란·실위 등 종족과 밀접한 관련이 있다. 12세기 중엽부터 현재의 오논鄂嫩강, 투라土拉강, 크룰렌克魯倫강의 상류와 켄트肯特산 동쪽 일대로 점차 확산 분포되었으며, 타타르·크레·네이만 등과 함께 막북의 강력한 부족으로 자리매김하였다. 13세기 초 키얀 보르지긴에서 태어난 칭기즈칸은 몽골고원 통일전쟁을 시작해 1200년부터 1207년까지 타타르·크레·노만·멸아걸 부족을 정복하고 몽골 주요 부족을 통일해 몽골국을 건국하였는데, 몽골이라는 명칭이 몽골고원 여러 몽골 부족의 공통 명칭이 되었다.

칭기즈칸이 몽골고원의 여러 부족을 통일했을 때 전쟁과 약탈을 자랑하던 몽골인들은 동쪽의 바이칼 호수와 헤이룽장성 연안, 서쪽의 이르치스강과 예니세이강 상류, 남쪽의 만리장성, 북쪽의 달시베리아 초원지대에서 활약하였으며 그 중 소수는 어렵을 겸하였다. 몽골인들이 몽골고원으로 확산되어 현지 민족들과 결합하는 과정에서 칭기즈칸과 그 후계자의 서쪽 정벌, 그리고 남하하여 금나라, 서하와 남송을 멸망시키는 과정에서 군사적 팽창과 함께 많은 몽골인들이 각지로 이주하였다.

몽골이 부상한 이후 1205년, 1207년, 1209년 세 차례 서하를 공격하였다. 서하는 패전하고 몽골에 공물을 바쳤다. 1218년 칭기즈칸은 대장 제베哲別을 보내 서요西遼 정권을 공략하였는데, 선후 세 차례의 대규모 서쪽 정벌(서정)을 벌였다.

<그림 3-3> 몽골의 서정西征 형세도[38]

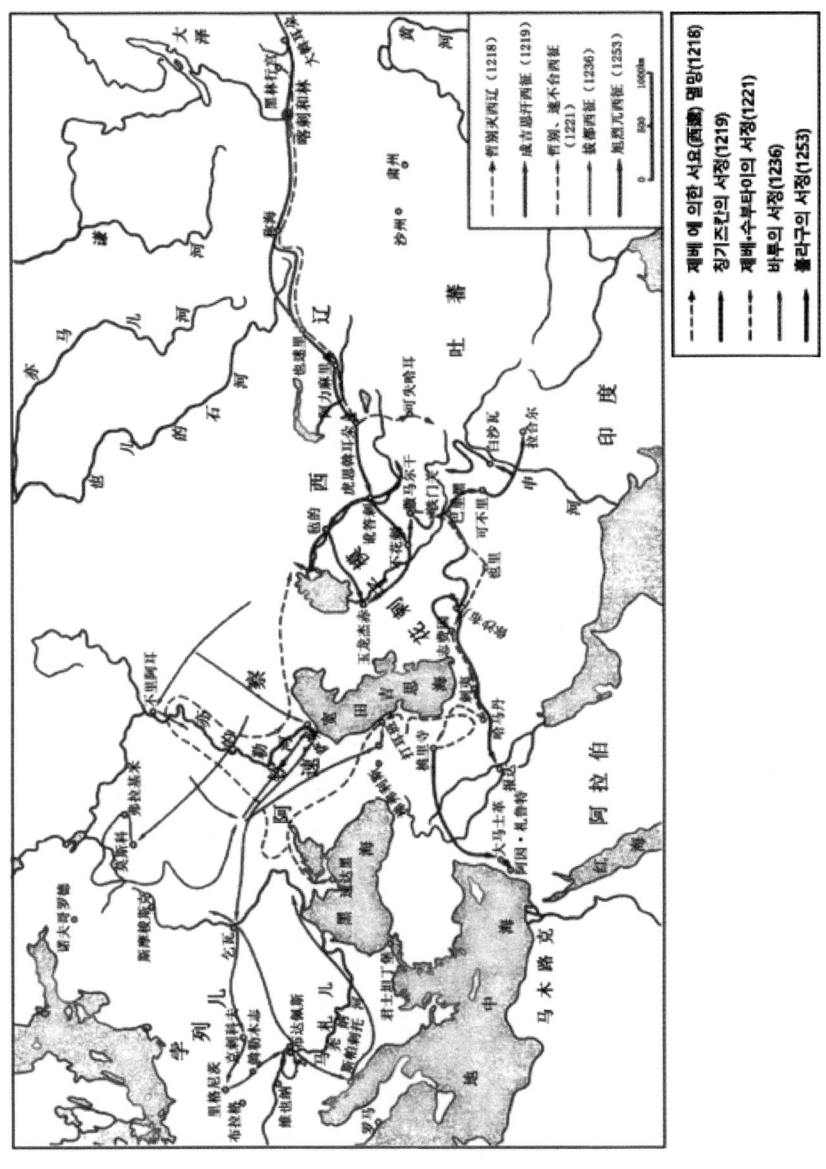

---

38 董媛媛,《歷史上的大征服》, 中國發展出版社, 2007, p.188.

제3장 - 4절 - 돌궐·몽골 세력의 확장과 이동

제1차 서정은 1219년부터 1225년까지 칭기즈칸이 직접 20만 대군을 통솔하면서 중앙아시아의 강대국 화레즘花刺子模를 주 타깃으로 삼았다. 화레즘은 중앙아시아에 근거지를 둔 세력으로, 동서 무역의 중요한 상업 통로를 장악하고 있었다. 또한 화레즘 왕은 칭기즈칸 몽골 정권을 "인정" 하지 않았을 뿐 아니라, 칭기즈칸의 사절단 역할을 하던 무슬림 상대를 와타라(시르강 상류 지역)에서 처형했다. "와타라 사건"이 발생한 후, 칭기즈 칸은 상인과 사신을 보호한다는 명목으로 "복수"를 내걸면서 중원의 공성 대포와 화약을 가지고 어얼치스강을 출발하여 병력을 나누어 화레즘을 공격하였다. 화레즘 국내의 봉건주들이 연합하여 몽골군의 공격에 대항 하지 못한 관계로 화레즘 제국의 수도 사마르칸트는 곧 함락되었다. 1222 년 칭기즈칸은 화레즘과 중앙아시아 전체를 점령하였고, 재기를 노리는 화레즘의 왕자 잘란딘을 대파하였으며, 선하(申河, 지금의 인더스강)까지 추 격하였다. 화레즘을 공격하면서 칭기즈칸은 대장 제베, 수부타이速不臺를 보내 아철아비잔(지금의 아제르바이잔), 구지즈(지금의 그루지야), 셰리완(카스 피해 북서쪽, 코카서스 인근) 등을 공략한 뒤 태화령(지금의 코카서스산)을 넘어 동유럽의 옥로사(러시아) 경내에 진격하였다. 이후 몽골군은 남러시아 연 합군을 대파하고 우크라이나로 깊숙이 침투하였다. 크림반도를 넘어 드 네프르강까지 밀고 들어온 몽골군도 있었다. 얼마 지나지 않아 이 군대 는 다시 돌아왔고, 도중에 카스피해와 함께 사이의 강리국康里国을 항복시 켰다.[39] 몽골군의 제1차 서정으로 중앙아시아, 동유럽 등지에 침투한 몽골 세력은 당시 이 지역에서 확고한 통치를 이루지는 못했지만, 훗날 킵차크 칸국 및 일 칸국 수립의 토대를 마련하였다.

서기 1227년 칭기즈칸이 사망한 이후에도 그의 후계자들은 확장 정책 을 계속 펼쳤다. 1235년부터 1242년까지 제2차 서정을 치른 몽골은 칭기

---

39 滕海鍵, "蒙古西征與東方文化的西傳," 《昭烏達蒙族師專學報》第5期, 2000.

즈칸의 손자 발두(拔都, 바투)와 노장 수부타이速不臺가 군대를 이끌고 친차欽察·다마로스玉羅思 등을 주로 공략했다. 1236년 바투는 몽골군을 이끌고 자야헤르(우랄)강을 건너 이스틸레르강(볼가강)에서 게릴라전으로 브리알부(불가리아)를 공격하였다. 1237년 몽골군은 브리알부을 격멸하고 친차 및 콴텐기스해, 아조프해에서 옥라사 동남부에 이르는 광활한 지역을 점령하였다. 1240년 키예프를 함락하고 거의 모든 러시아를 몽골인 예하의 공납자로 만들었다. 1241년 발두는 서진을 계속해 남과 북으로 나뉘어 보렐(폴란드), 마자르(헝가리)에 들어갔다. 아드리아해 동안, 세르비아, 불가리아 영토를 공략한 후, 발두는 곧 군대를 이끌고 볼가강 하류로 돌아와 동쪽에서 야아의 석하를 건설하고 서쪽에서 옥라사, 남쪽에서 발카슈호, 카스피해, 흑해, 북쪽에서 북극권 부근의 광활한 친차칸국을 건설하였다.⁴⁰ 몽골군의 제2차 서정은 대칸 와구대(窩闊臺, 오고타이 칸)의 사망으로 회군을 하였고, 그 결과 유라시아 대륙 전체, 일본에서 비엔나까지의 모든 국가들이 몽골 제국의 권위를 인정하게 되었다.

1253년부터 1258년까지 칭기즈칸의 또 다른 손자 훌라구旭烈兀가 이끄는 몽골군은 제3차 서정을 단행하였다. 이번 서정의 주요 타깃은 이란 북부의 무라이木剌夷 국과 아바스 칼리프 정권이었다. 1256년, 훌라구는 페르시아 북부에 도사리고 있던 "무라이국"을 무찌른다. 1258년 몽골군이 아랍제국의 수도 바그다드를 함락하면서 500여 년에 걸친 아바스 왕조는 멸망하였다. 1259년 훌라구가 이끄는 몽골군은 세 갈래로 나뉘어 초가국(시리아) 수도 다마스(다마스쿠스)에 진출하였다. 1260년 봄, 몽골군이 이집트를 침공하려고 할 때, 시리아에서 훌라구가 칸의 죽음을 알게 되자, 선봉은 겁에 질린 채 서진을 계속하였고, 그는 나머지 군대를 이끌고 페르

---

40 白樂天 엮음,《世界通史(第3卷)》, 光明日報出版社, 2002, p.614; 滕海鍵, "蒙古西征與東方文化的西傳,"《昭烏達蒙族師專學報》第5期, 2000.

시아로 퇴각하였다. 훌라구가 페르시아로 돌아간 후 쿠빌라이가 대칸의 지위를 승계하였다는 소식을 접하고는 다시 몽골로 돌아가지 않고 사신을 파견하여 쿠빌라이를 칸으로 옹위하였고, 쿠빌라이는 암강 서쪽에서 미시엘 국경까지 페르시아 국토와 몽골, 대식 군민을 훌라구의 통치에 포함시키라고 전했습니다.[41] 훌라구는 마침내 정복한 이란, 아프가니스탄, 양강 유역과 중앙아시아 암강 서남부 지역에 일伊兒칸국을 세웠다. 세 차례의 서정西征에서 중앙아시아·서남아시아·동유럽의 광대한 토지를 점령하고 정복 지역에 친차칸·일르칸·차합대칸·와구대칸(각각 킵차크 칸국, 일 칸국, 차가타이 칸국, 오고타이 칸국, 칭기즈칸이 원래 차남과 삼남에게 나눠준 봉지)을 세웠는데 이들을 "몽골제국의 4대 칸국"이라 부르며 명목상으로는 제국 본부의 대칸정권에 속하였다.[42]

몽골의 3차 대규모 서정과 4대 칸국의 수립으로 많은 몽골인이 서쪽으로 이주하였다. 이 중 친차칸으로 이주한 몽골인은 9천 가구(일설에는 4천 가구)로 주로 함해에서 흑해 일대 초원 지역에 거주하였다. 후자의 몽골인은 대부분 돌궐어족에 의해 동화된다. 차허타이 칸국으로 이주한 몽골인은 8천 가구로 중앙아시아의 모든 민족에 통합되었다. 우구타이 칸국으로 이주한 몽골인은 5천가구이며 주로 현재의 이르치스강 상류와 발하스호 동쪽의 초원 지역에 분포되어 있다.

몽골은 서정과 함께 끊임없이 남하하여 서하西夏와 금을 차례로 멸망시키고 중국 북방의 광대한 지역을 차지하였다. 1260년, 쿠빌라이는 몽골의 칸을 승계한 후, 중국을 통일하기 위한 준비를 위해 연경(燕京, 지금의 베이징)으로 수도를 옮겼다. 이후 10여 년의 출정 끝에 1271년 남송을 멸망시키고 원나라를 건국하여 중국 전역을 통일하였다. 몽골족이 부상하고 전국

---

41 滕海鍵, "蒙古西征與東方文化的西傳,"《昭烏達蒙族師專學報》第5期, 2000
42 白樂天 엮음,《世界通史(第3卷)》, 光明日報出版社, 2002, p.614.

을 통일하는 과정에서 많은 몽골군과 그 가족들이 몽골 본토를 떠나 한족 거주지역과 다른 소수민족 거주지역으로 이주하였고, 몽골족의 분포 범위도 기존 몽골고원에서 전국 각지로 확대되어 일종의 분산 거주 상태를 보였다. 중원 지역의 중요 도시 곳곳에 몽골군은 물론이고 변방의 관문, 요충지에도 적지 않은 몽골군이 주둔하고 있었다. 예를 들어, 당시 간저우甘州, 허저우河州, 충저우崇州, 셴핑咸平, 촨중川中 등지와 윈난성 다리 일대가 대표적이다. 북원北元이 대 명나라 전쟁에서 패배 후 중원지방으로 이주한 몽골족 중 북원통치집단을 따라 북으로 돌아온 소수를 제외하고는 오늘날의 베이징, 허베이, 허난, 장쑤, 쓰촨, 윈난 등 성시에 흩어져 살던 수십만 몽골인들은 명나라 때 대부분 현지에 남았고 중원지방의 몽골족 분산거주 상태에는 큰 변화가 없었다. 몽골고원 지역에서는 동부의 넌강嫩江, 송화강松花江과 요하遼河에서 서부의 톈산天山 남북에 이르기까지, 그리고 북부의 이르치스額爾齊斯강과 예니세이葉尼塞강 상류에서 남부의 만리장성의 최전선에 걸쳐 여전히 몽골족의 주요 거주 지역으로 자리잡았다. 명나라가 멸망한 후 몽골족 제 부족은 잇달아 청나라 왕조에 귀속되었다. 막남의 몽골은 거주지역이 크게 변하지 않았지만 서몽골은 거주지역 변동이 컸다. 특히 투얼호특土爾扈特 몽골의 서천과 동귀東歸는 청나라 시기 몽골족의 이동 중 가장 두드러진 사건이었다. 투얼호특부는 에를루트厄魯特 몽골의 4대 부족의 하나로 1920년대 말 외루트 몽골 내부의 불화로 목축지가 부족하여 총 5만여 가구가 지도자의 지도 아래 신장 타청塔城 지역에서 서쪽으로 카자흐 초원을 넘어 볼가강 하류로 이주하여 칸국을 세웠다. 고국에서 멀리 떨어진 곳에서도 투얼호특부는 청 왕조와 에를루트 부족과 연락을 지속하였다. 18세기 중반 제정 러시아가 터키 침략전쟁에 돌궐족을 강제로 동원하면서 돌궐족은 막대한 사상자를 내고 칸국은 나날이 쇠약해졌다. 건륭 36년(1771년) 제정 러시아의 침략과 억압을 견디지 못한 17만 명이 오바시의 주도로 귀국길에 올랐다. 투얼호특부는 힘겨운 귀환길에서 러시아군의 추격과 카자흐족의 공격을 번번이 물리치고 고난을 극복하면서 1년여의 이동 끝에 9만여 명의 희생을 치르고 고국으로 돌아왔다.

3. 돌궐·몽골 세력의 확장과 이동이 세계사에 미친 영향

세계 역사의 거시적인 측면에서 볼때, 유목민 세계가 농경 세계에 미친 마지막 대충격인 돌궐 및 몽골 세력의 확장과 이동은 돌궐족의 서진에서 시작되었고, 돌궐족 후예들이 설립한 오스만 터키 제국으로 종료되었다. 이러한 확장과 이동의 초반, 서기 6세기 중반에 흥기한 돌궐은 광활한 제국을 건설하기 전에 유라시아 대초원의 동쪽에서 여러 차례 대규모 이동을 하면서 서쪽으로 진군하였다. 서기 7세기 후반 당나라가 동서 돌궐을 멸망시키면서 돌궐 세력은 동아시아의 역사무대에서 멀어져 서쪽으로 향하였다. 돌궐이 서쪽으로 진군하는 과정에서 페르시아를 정복하고 탄시암(탈라스)에서 당나라 군대를 물리친 아랍인과 이슬람교의 영향을 받아 돌궐족 대부분이 이슬람교로 개종하였다. 이와 함께 돌궐족은 강력한 아바스 왕조 사회에 비폭력적으로 침투하였고, 처음에는 용병으로 칼리파 왕조의 군사기구에 참여했지만 그들의 뛰어난 군사적 자질 덕분에 칼리파 군대에서 페르시아인과 아랍인의 지위를 빠르게 대체하였을뿐만 아니라, 칼리파 왕조가 쇠퇴하는 동안 강력한 이슬람 정권인 셀주크 왕국을 세우고 비잔틴과 힌두스탄을 격파함으로써 소아시아와 인도 북부로 강역을 확장하였다. 돌궐족의 세력 확대로 기독교 비잔티움 세력이 크게 약화됐고, 적지 않은 지역이 기존 기독교 지역에서 돌궐족과 무슬림 지역으로 바뀌면서 옛 인도 사회가 큰 충격을 받았다. 1192년 돌궐족이 인도를 침공하였을 때, "인도의 불교 사원이 파괴되었고 수많은 승려들이 학살당해 불교는 그 진원지에서 다시 회복되지 못하였다."[43]

돌궐족의 확장에 이어 13세기 초 흥기한 몽골은 칭기즈칸이 몽골고원 각 부족을 통일한 뒤 불과 30여 년 만에 세 차례에 걸친 대규모 서정을 벌여 중국 동해부터 헝가리에 이르기까지 아시아 유럽 거의 전역을 소탕하고 중앙아시아와 동아시아, 러시아를 병합해 무슬림 중동을 침공하였으며, 유라시아 대초원 남부의 농경지에 4대 칸국과 원나라를 세웠다. 그러나 이들 칸국의 대부분은 군사적인 강력한 통치에 의존하는 임시적인 군사 연합체였고, 튼튼한 경제 기반과 효율적인 행정 시스템이 부족하였기 때문에 곧 분열되고 해체되었다.

몽골의 4대 칸국이 와해된 후, 돌궐족은 다시 부흥의 기회를 얻었다. 사실 몽골 서정의 대열 중 돌궐이 큰 비중을 차지하였다. 일부 학자들은 당시 몽골 부족에 대해 "총인구는 약 100만 명 미만, 최대 병력 공급원은 12만-13만 명 미만"이라고 추정하였다. 수많은 돌궐 부족이 연합하고 기동성이 뛰어난 기병이 없었다면 병력을 이처럼 광범위하고 효율적으로 분산시킬 수 있으리라고는 상상하기 어렵다.[44] 또 한 가지 주목할 점은, 칸국의 지배하에 있던 몽골인들이 이미 확립된 4대 종교-윤리 체계를 바꾸지 않았기 때문에 중앙아시아와 서아시아를 침공한 많은 몽골인들이 오랜 전쟁 과정에서 점차 돌궐화해 이슬람교로 귀의한 경우도 있었다는 점이다. 몽골군에 수많은 돌궐족 부대와 몽골인의 돌궐화로 제국이 쇠락한 뒤 이슬람화된 돌궐 세력이 급부상하였는데, 그들이 바로 터키인이다. 마지막으로, 돌궐-오스만 터키인들은 농경세계에 대한 유목세계의 세 번째 대규모 충격의 마지막 장면을 연출하였다. 그들은 강력한 오스만 제국을 건립하였고 역사적으로 두 가지 역할을 담당하였다. 하나는 이슬람 세계가 자

---

43 Leften Stavros Stavrianos·董書慧·王旭·徐正源 역,《全球通史──從史前到21世紀》, 北京大學出版社, 2005, p.227.
44 《世界曆史》編輯部, "吳於廑談世界曆史上的遊牧世界與農耕世界,"《世界曆史》第1期, 1983.

발적으로 서방 기독교 세계를 공격한 마지막 무슬림 전사였고, 다른 하나는 유목세계가 대규모로 농경세계를 침공한 마지막 양치기떼였다.[45] 오스만 제국의 강대함과 동시에 눈에 띄는 제국은 돌궐화된 몽골인 티무르가 개척한 티무르 제국이다. 이 제국이 존속한 100여 년간 이란과 아프가니스탄을 빼앗아 양강 유역을 점령하고, 친차 칸국을 침공해 아르메니아와 남캅카스를 점령하였으며, 북인도를 침공해 투그루크 왕조의 수도 델리를 점령하고, 소아시아와 시리아를 침공해 다마스쿠스를 점령하는 등 군사적 확장을 거듭해 지금의 조지아에서 인도 서남아시아와 중앙아시아, 남아시아에 이르는 대제국을 건설하였다. 그러다가 1506년 돌궐족의 우즈벡 부족에게 멸망하고, 그 통치자가 인도로 넘어가 무굴 왕조를 개척하였다.

돌궐과 몽골의 세력 확장 과정에 대한 간략한 역추적을 통해 가장 강력하고 광범위하며 가장 짧고 파괴적인 유목민 정복의 물결이 실제로 세계 역사 지형에 중요한 영향을 미쳤음을 어렵지 않게 알 수 있다.

그 영향 중 하나는, 유목 민족 정복의 물결이 중국에서 서유럽에 이르는 농경 문화권의 사람들에게 지울 수 없는 인상을 주었지만, 유라시아의 문명체계를 근본적으로 변화시키지 못했으며, 정복자가 승리를 거두면서 그 지역의 선진 농경 문화의 영향을 받아 그 자체도 점차 개화되어 대부분의 사람들이 현지 주민들과 하나가 되었고 농경세계는 다시 유목·반유목의 침입부족을 자신들의 경제문화체계로 흡수하게 되었다. 유목세계가 더욱 축소되고 농경문명의 범위가 넓어지면서 유목민족과 농경민족의 대립과 충돌이 사라지고 민족통합의 토대 위에서 새로운 안정된 민족공동체가 형성되었다.[46] 이로써 유라시아 대륙의 일부 지역과 국가의 민족 구성이 바뀌었다. 특히 중요한 것은 돌궐과 몽골의 튀르크계 민족이 일련

---

45 趙林, "農耕世界與遊牧世界的沖突融合及其曆史效應," 《武漢大學學報》第6期, 2002.
46 白樂天 엮음,《世界通史(제3권)》, 光明日報出版社, 2002, p.624.

의 군사적 전투와 함께 아시아와 유럽 대륙의 넓은 지역으로 확산되어 지속적인 통합, 수렴 및 분해를 거쳐 광범위한 분포를 형성하고 오늘날까지 영향을 미치고 있다는 것이다. 현재 돌궐족의 분포지역은 동부의 시베리아 레나강 유역에서 서부의 발칸반도와 지중해 동해안까지에 이르고 있다. 여기에는 중국, 러시아, 키르기스스탄, 카자흐스탄, 우즈베키스탄, 투르크메니스탄, 몽골, 아프가니스탄, 이란, 이라크, 시리아, 터키, 요르단, 레바논, 사우디아라비아, 예멘, 키프로스, 그리스, 불가리아, 루마니아, 알바니아, 옛 유고슬라비아 등 나라의 대부분 혹은 일부 지역이 포함된다. 또한 돌궐어족의 제 언어를 사용하는 인구는 총 1억 명에 달한다. 그들은 각각 터키, 우즈벡, 아제르바이잔, 카자흐, 투르크메니, 키르기스, 알타이 등 민족 혹은 부족집단에 속한다. 현재 중국에서 돌궐어족에 속하는 소수민족은 위구르족, 카자흐족, 키르기스족, 우즈베크족, 타타르족, 살라르족, 서부 유고족裕固族, 알타이 지역의 투바인圖瓦人 등 이다.[47]

두 번째 영향은 유목민족의 대확장 이후 유라시아 대륙에 새로운 세력 균형이 나타났는데, 그 중 가장 중요하고 결정적인 역할을 한 것이 이슬람교였다는 것이다. 서기 1,000년부터 1,500년까지 5세기 동안 이슬람교는 유라시아 대륙에 퍼졌고 영토가 두 배로 늘어났다. 특히 이 기간 말기 이슬람교의 지속적인 확장은 중동의 세력만이 아니라 세계적인 힘이 되기도 하였다. 이 점은 지금도 세계 역사의 흐름에 심오한 영향을 미치고 있다. 지금 인도 반도가 양분된 이유, 동남아에서 무슬림 정치집단의 영향력이 큰 이유, 이슬람이 아프리카에서 강력하고 빠르게 발전한 세력이 되었고, 전 세계 인구의 18%를 차지하는 신앙으로 자리 잡은 것은 이슬람의 500년 확장 덕분이다.[48]

---

47 寧騷, 《民族與國家——民族關系與民族政策的國際比較》, 北京大學出版社, 1995, pp.33-34.
48 Leften Stavros Stavrianos·董書慧·王旭·徐正源 역, 《全球通史——從史前到21世紀》,

돌궐, 몽골 세력의 확장과 이동의 가장 큰 영향은 동서방 교통의 통로를 뚫어 동서방 문화교류의 다리를 만들었고 유라시아 대륙의 문화교류를 촉진함으로써, 유라시아 대륙의 광대한 지역이 서방 문명에서 유래하지 않은 충격을 받았으며, 중국의 천문, 의학, 예술 등 문명의 성과와 화약, 비단, 인쇄술, 제철 고로 등 많은 발명 창조가 서양 세계로 빠르게 전파되어 유럽이 새로운 문명을 형성하는데서 십분 활용되었다.[49] 이와 동시에 셀주크 제국, 몽골 제국, 오스만 제국 등 초국가적 성격을 지닌 거대 제국의 수립은 과거와는 달리 거리가 멀고 접촉이 적었던 많은 국가와 지역을 어느 정도 통일된 정권 아래 편입시켰으며, 각 지역, 각 민족 간의 연계와 교류를 강화함으로써, 분산되고 폐쇄된 여러 지역을 유기적으로 연결시켰다. 바로 이러한 전례 없는 정치의 충돌, 민족의 융합, 인구의 이동, 상인 사신의 왕래, 문화의 상호 교류로 인해 대확장이 끝난 구대륙 전체의 역사는 진정한 의미의 세계사가 되었다.

4. 유라시아 대륙 민족 대이동의 지리 환경적 요인

인류는 무리 지어 사는 동물이다. 선사시대의 오랜 기간동안 인류는 자신의 진화과정에서 복잡하고 험준한 자연에 직면했으며 주로 혈연관계를 연결고리로 작은 집단을 형성하여 일정한 지역공간에 모여 살았다. 환경 자원의 상대적 안정성과 소규모 인간 개체군으로 인해 인간은 대부분 고정된 지역에서 단순한 생계 활동을 위해 먹이와 열매를 쫓았으며 활동 공간 반경이 작아 진정한 의미의 이동이라고 말할 수 없었다. 인류 집단의 인

北京大學出版社, 2005, pp.233-234.
49 滕海鍵, "蒙古西征與東方文化的西傳," 《昭烏達蒙族師專學報》第5期, 2000.

구가 증가하고 사회가 발전하며 환경 자원이 변화함에 따라 인류는 최초의 소규모 방랑자에서 의식적이고 의도적인 이동의 시대로 접어들기 시작하였다. 고대 인류의 이동에서 먹이를 쫓는 공간적 위치 이동은 흔한 일이 될 수 있지만 급격한 환경 요인의 변화로 인한 대이동은 인류가 원래 서식지에서 벗어나 지구 구석구석에 흩어져 있는 중요한 이유일 수밖에 없다.

많은 고지질학, 고생물학, 환경고고학 연구 결과에 따르면, 인간은 환경의 변화 속에서 끊임없이 진화, 변천 및 이동하는데, 지질 시기에 발생하는 많은 환경 변화 중 광범위한 지역적, 심지어 지구적 기후 변화 기간의 환경 변화는 인류의 대이동을 초래하는 가장 중요한 요소일 수 있다. 구석기 시대에 대한 고고학적 발굴에 따르면, 현세의 초기 인류에게 지금으로부터 118만-116만 년, 110만 년 사이에 두 번의 이주 물결이 일어났을 것으로 추정된다. 1단계에서는 직립인으로 진화해 아프리카를 벗어나 중저위도의 열대·아열대 지역으로 이동하였고, 2단계에서는 직립인이 중·고위도의 온대와 건조·반건조 지역을 차지하기 시작하였다.[50] 이후 제4기 빙하기 말기에 해수면 하강으로 신·구대륙 사이에 육교가 많이 생겨났고, 인류는 이를 통해 세계 각지로 이주해 특정 자연환경에서 서로 다른 경로를 따라 발전해 정착 위주의 농업 집단과 반정착 위주의 어업·목축업 집단으로 진화하였다. 농업 집단의 사회 발전은 전반적으로 안정적인 경향이 있고 지역 공간의 확장은 느리고 점진적인 과정이며, 그들의 이동은 부분적이거나 국부적인 이동일 뿐인데, 반대로 어업, 수렵 및 유목 집단은 자원을 얻는 방식이 이동 중에 이루어지기 때문에 항상 지속적인 이동 중에 있었다.

원시 인류 집단이 씨족, 부족, 부족 연맹을 거쳐 점차 다양한 민족공동체로 진화한 후, 비록 더 이상 지구상의 유랑자가 아니며 비교적 고정된 공간 범위를 가지고 있음에도, 부분적 또는 국부적 이동은 항상 민족 역

---

50 吳文祥·劉東生, "氣候轉型與早期人類遷徙,"《海洋地質與第四紀地質》第4期, 2001.

사의 발전에 수반되는 흔한 현상이라 할 수 있다. 지역과 역사적 시기에 따라 민족이동의 원인은 정치와 경제적 이유 등 다양하다.

세계의 다양한 민족 발전사에서 지배적인 민족은 종종 정치적, 경제적, 군사적 목적을 위해 민족의 일부 또는 다른 민족을 원래 거주지에서 벗어나 다른 지리적 지역에 정착시킨다. 예를 들어, 중국 한나라와 위나라 시대에 중앙 왕조는 북부 변경에 대한 통제를 강화하고 북방 흉노의 위협을 제거하기 위해, 오환烏桓을 요동辽东, 상구上谷, 위양渔阳, 유베이핑右北平의 등 군郡의 밖으로 이주시켜 "한나라를 위해 흉노의 동정을 살폈다."[51] 동시에 흉노를 여러 차례 내륙으로 이주시켰다. 민족의 정치적 이동 중 고대의 전란으로 인한 민족 이동은 매우 보편적인 현상이었다. 전란의 원인으로는 같은 민족 내의 서로 다른 가족, 지계, 혹은 서로 다른 이익집단 간에 갈등과 권력 다툼으로 전쟁이 일어나 민족 내란이 일어나고, 나중에는 소규모 민족 이동이 자주 일어났다. 둘째, 둘 이상의 민족 사이에 경작지, 목초지, 재산, 인구, 가축을 놓고 전쟁이 벌어지는데, 전쟁에서 패한 민족이 소멸되거나 승자가 합병하지 않으면 해당 민족은 필연적으로 이주해야 한다. 한 민족이 이미 다른 민족이 살고 있는 지역으로 이동하면 새로운 전쟁이 발발할 가능성이 높다. 이런 사례는 매우 많다고 할 수 있다. 예를 들어, 전한시대, 허시 회랑에 살던 월씨는 흉노에게 패배한 후, 서쪽으로 이동하여 오늘날 신장 이리강 상류 지역으로 이주해야 했다. 원래 목축하던 스키타이인을 몰아내고 스스로 이곳에 정착했다. 그러나 곧 오손의 서진으로 인해 월씨는 이리강 상류에서 오늘날 중앙아시아 암강 유역으로 다시 서쪽으로 옮겨와 현지의 대하(大夏, 즉 북하北夏)인들을 정복하고 새로운 정착 생활을 시작하게 되었다.

경제적 요인은 민족 이동의 가장 근본적인 원인이다. 먼 옛날 인류의

---

51 《後漢書》卷90《烏桓鮮卑傳》.

이동은 진행형이었고 그 이동이 그들의 생존과 밀접하게 연결되어 있다고들 말하는데, 이동의 가장 근본적인 동인이 먹는 것과 생존임을 말해준다. 인간이 느린 이동에서 점차 정착·반정착 생활로 변해가고, 농업과 축산업의 분야가 생겨나면서 각기 다른 경제 활동 방식의 영향을 받아 각기 다른 특성을 가진 이동도 생겨났다. 일반적으로 농경 민족은 농경 생산의 결정성으로 인해 장기간 안정적으로 거주할 수 있으며, 생존압박에 의한 이주활동은 그리 빈번하지 않았다. 이와 달리 유목 민족들은 경제적 생산으로 인해 목초지의 비옥도를 회복하고 가축에게 충분한 사료를 보장하기 위해 목초지를 지속적으로 변경해야 했기 때문에 "수생식물을 따라 사는 것"일 수 밖에 없으며, 규칙적으로 계절에 따라 순환 이동하며 방목하는 것 자체가 특별한 형태의 이동이었던 것이다. 동시에 경제 발전에 결정적인 역할을 하는 목초지의 면적은 기본적으로 고정되어 있고 가축 운반량도 상대적으로 고정되어 있기 때문에 초원의 정권과 민족은 지속적으로 교체될 수 있지만 인구는 비교적 안정적으로 유지될 수 있으며, 제한된 목초지 자원이 인구 증가의 요구를 충족시킬 수 없을 때 초원의 부족은 대부분 연합하여 밖으로 확장하고 새로운 목초지를 빼앗아 자연스럽게 초원의 빈번하고 지속적인 민족 이동을 유발하게 되었다.

　민족 이동의 여러 이유 중 자연 환경의 변화, 특히 기후 변화도 민족 이동에 매우 중요하거나 심지어 어떤 경우에는 결정적인 역할을 한다. 자연 환경의 변천과 민족의 이동은 세계 각 민족의 역사발전의 과정에서 소홀히 할 수 없는 요소라고 할 수 있다. 다음 부분에서는 기후 변화와 고대 중국 민족의 이동에 초점을 맞추면서 기후 변화가 지역 민족의 역사적 과정에 얼마나 큰 영향을 미쳤는지를 탐구하고자 한다.

　객관적으로 볼 때, 기온이 1-2℃ 사이에서 요동치는 것은 우리의 일상생활에 큰 영향을 미치지 않는다. 그러나 평균기온의 변화는 다른데, 가장 더운 복날의 경우 평균기온이 1℃만 내려가도 기온의 기복이 심한 내륙 기후

지역의 농작물에 심각한 영향을 미칠 수 있다. 추운 아이슬란드 지역이라면 연평균 기온이 1℃씩 내려가면 이 지역의 식물 생장기가 27%나 단축될 것으로 추정한다. 지구과학 자료에 따르면 온도가 1℃ 떨어질 때마다 지구상의 온대와 난온대의 경계선이 200킬로미터가량 남쪽으로 이동한다. 이 수치 개념은 중국 북방의 광대한 초원 지역과 같은 구체적인 지역에 적용하면, 연평균 기온이 1℃ 떨어지면 유목민의 목초지 면적이 위도에서 200킬로미터 정도 줄어든다는 것이다. 연평균 기온이 2-3℃ 떨어진다고 가정하면 목초지의 면적은 위도에서 400-600킬로미터 정도 감소하는 데 그치지 않을 수 있다. 이러한 기온의 미세한 변화는 생태계에 강한 반향을 일으키며, 이는 자연스럽게 유목민의 생산과 생활에 반영될 것이다.

일찍이 20세기 초 미국 지리학자 헌팅턴은 인도 북부, 중국 타림 분지 등을 답사한 뒤 출간한 《아시아의 맥동亞洲的脈動》이라는 책에서 중국 역사의 외환, 내란이 기후 변화와 관련이 있다고 주장하였는데, 동진시기 "오호란화五胡亂華", 북송 시기 거란과 여진의 북송의 국경 침입寇邊 등은 모두 중원과 중앙아시아의 기후가 가뭄으로 변해 각 민족의 생계를 위협한 것과 관련이 있음을 밝혔다. 또한 13세기에 몽골인들이 대규모로 밖으로 확장한 것도 주거지의 기후가 건조해지고 목장 여건이 나날이 나빠졌기 때문이다. 그간 헌팅턴의 주장이 중국 학계에서 주목받지 못한 것은, 신중국 건국 이후 중국 학계내 지리환경 결정론을 비판하는 목소리가 커진 것 때문일지도 모른다. 1970년대에 이르러 중국의 저명한 과학자 주커전竺可楨은 "중국의 근 5천년 기후변화에 관한 예비연구中國近五千年氣候變遷的初步研究"에서 중국의 역사적 기후 변화 과정을 1차 온난기(기원전 3,000년-기원전 1,000년), 1차 한냉기(기원전 1,000년-기원전 850년), 2차 온난기(기원전 770년-기원전 600년), 2차 한냉기(서기 초년-600년), 3차 온난기(600년-1,000년), 3차 한냉기(1,000년-1,200년), 4차 온난기(1,200-1,300년), 4차 한냉기(1,400-1,900

년)으로 구분하였다.⁵² 해당 글에서 축가정은 기후 변화가 중국 고대 역사의 흐름에 미치는 영향에 주목했지만, 기후 변화가 중국 고대 유목민족의 이동에 미치는 영향에 대해서는 논하지 않았다.

1990년대 이후 중국 사회과학계의 학술적 조류가 나날이 활발해짐에 따라 기후 변화의 관점에서 고대의 다양한 역사적 시기에 인류 집단의 이동을 탐구하는 것은 일부 학자들의 독특한 사고방식이 되었다. 예를 들어, 루웨이陸巍와 우바오루吳宝鲁는 중국 구석기 후기 이후, 석기 문화의 특성을 분석하여 "제4기 후기 중국 고대 인류의 3차 대이동"이라는 대담한 아이디어를 제시하였다. 그들은 구석기 시대 중기부터 기후 변화로 인해 중국의 고대 인류 집단에 세 번의 대이동이 발생하였다고 주장한다: 제1차는 5만 년 전-4만 년 전, 주로 남쪽 사람들이 북쪽으로 이동하면서 발생하였고, 그 직접적인 결과는 중원과 다양한 문화 지역이 구석기 중기부터 후기까지 진화하였다. 제2차는 13,000년-10,000년 전, 북부 사람들이 남쪽의 광둥과 광시 지역으로 이동하였고, 이후 남부 신석기 문화의 중요한 토대를 마련하였다. 제3차는 10,000년 전-8,300년 전, 특히 남방 사람들이 북방으로 이주하여 중원 신석기 문화의 남부 기원이 되어 중원 신석기 문화의 번영과 중화 문명의 흥행을 촉진하였다.⁵³ 기후적 관점에서 선사시대 인류의 이동을 탐구한 통찰력 있는 글이다.

이에 비해 기후 변화의 관점에서 선진先秦 시대 이후 다양한 역사적 시기에 민족의 이동을 탐구한 연구 결과는 훨씬 더 풍부하다.

많은 연구 결과 중 일부는 연구 범위를 특정 역사적 시기로 제한하고 기후 변화가 당시 민족 이동에 미치는 영향에 중점을 둔다. 양밍楊銘·류춘밍柳春鳴의 "서주 시기의 기후변화와 민족 이동西周時期的氣候變化與民族遷徙"이라는

---

52 竺可楨, "中國近五千年氣候變遷的初步研究,"《考古學報》第1期, 1972.
53 陸巍·吳寶魯, "試論第四紀晚期中國古人類三次遷徙與氣候變化,"《地理學報》第5期, 1997.

글은 서주 시기 초년 무렵부터 황하 유역에서는 추위에서 가뭄에 이르는 기후 변화가 지속되었다고 지적하고 있다. 또한 이런 상황은 1-2세기 정도 지속되다가 춘추시대 초년에 이르러서야 중국의 기후가 다시 따뜻해졌다고 한다. 이러한 기후 변화가 중국 역사에 미친 영향은 매우 크며, 그들의 연구에 따르면 주로 감청甘靑 지역의 청동기 문화는 기후의 영향으로 미미하고 일부 스와寺窪 문화의 주민들은 저인氐人으로 발전하였으며 노융慮戎은 남천하여 한수漢水 유역으로 이주하였다고 주장한다.[54] 이는 역사적 기후 요인이 민족의 이동과 진화에 중대한 영향을 미친다는 것을 보여준다. 왕즈진王子今은 "진한 시대 기후 변화의 역사학 고찰秦漢時期氣候變遷的歷史學考察"이라는 글에서 식물과 농작물의 재배지역 변동과 24절기의 변화로부터 시작하여 "진한 시대의 따뜻하고 추운 기후의 변화"와 "이주 운동의 방향이 북서쪽에서 남동쪽으로 바뀌는 것은 대체로 일관된 추세를 보이고 있다"고 보고 있으며, 또한 기후 환경의 변화를 민족 이동의 중요한 원인으로 고려하였다.[55]

러우자쥔楼嘉军은 1992년 "기후변화와 민족이동-후한·위진 시대 북방 소수민족의 국내이전을 위한 새로운 탐색氣候演變與民族遷徙——東漢, 魏晉時期北方少數民族內遷新探"이라는 글에서, 주커전의 중국 기후 변화에 대한 연구 결과를 바탕으로 한위漢魏 시기 북방 소수민족의 국내 이동을 조사한 결과, 당시 북방 초원 지역의 기후가 추워져 유목민족의 목초지 면적이 축소되고 유목민족 인구와 생산 수단 간의 모순을 가속화시켰기 때문에, 북방 유목민족의 남천은 기후 변천에 의해 직접적으로 촉진된 이민 활동이라고 주장하였다.[56]

기후의 한냉·난방·건습 변화를 역대 왕조의 흥망성쇠, 민족 이동과 연

---

54 楊銘·柳春鳴, "西周時期的氣候變化與民族遷徙," 《中原文物》第2期, 1997.
55 王子今, "秦漢時期氣候變遷的歷史學考察," 《歷史研究》第2期, 1995.
56 楼嘉军, "氣候演變與民族遷徙——東漢, 魏晉時期北方少數民族內遷新探," 《歷史教學問題》第4期, 1992.

결해 분석한 연구 결과도 있다. 장리張利가 1997년 발표한 "기후변천과 중국 고대 북방민족의 남하氣候變遷與中國古代北方民族的南下"라는 글에서는 중국 5,000년 기후역사에서 첫 한냉기가 기원전 1,000-기원전 850년으로 서주 시기의 잦은 민족 이동과 직접적인 연관이 있다고 주장하였다. 또한 서기 초년부터 서기 600년까지는 중국 기후 역사의 두 번째 한냉기인데, 이 시기는 중국 동북과 서북에 살던 소수민족들이 후한 초부터 혹심한 추위를 못이겨 대거 남하한 시기였다. 세 번째 한냉기는 서기 1,000-1,200년인데, 이 시기는 중국 북방의 소수민족인 거란, 탕쿠트, 여진, 몽골이 남하하면서 전쟁이 빈번했던 시기였다. 네 번째 한냉기는 서기 1,400년-1,900년까지인데, 가장 추운 시기는 대략 1,640년-1,700년이었다. 이 한냉기 중 가장 추웠던 시기는 청나라 군이 남하하여 산해관을 넘어 정권을 수립한 시기와도 일치한다. 14세기 후반에는 송화강 유역과 헤이룽장 중하류에 살던 여진족이 점차 남천하면서 여진족은 세 개의 큰 부족으로 나뉜다. 15세기 초, 기후가 추워짐에 따라 여진 세 부족에서 가장 남쪽에 위치한 건주여진은 계속 남하하여 허투아라에 이르러 푸순 동쪽, 동쪽으로는 백두산 동쪽과 북쪽 기슭, 남쪽으로는 압록강변의 넓은 지역에 분포하게 되었다.[57] 왕후이창王會昌은 "2000년 동안 중국 북부의 유목민 남부와 기후 변화(2000年來中國北方遊牧民族南遷與氣候變化)"라는 글에서, 2000년 동안 중국의 기후역사에서 온난하고 습한 기후 기간을 간격으로 두고 세 번의 춥고 건조한 시기가 나타났다고 주장한다. 첫 번째 한냉기는 서주 시기의 한랭기(기원전 1,000년-기원전 850년)였다. 두 번째 한랭기는 위진·남북조 시기(서기 초년-600년)로 연평균 기온이 현대보다 2-4℃ 낮았다. 두 번째 한냉기는 중국 역사상 가장 긴 동란과 전쟁의 세월을 야기하였다. 제3차 한냉기는 북송 초기부터 청 말기(1,000-1,900년)까지 나타났다. 이 중

---

57 張利, "氣候變遷與中國古代北方民族的南下," 《許昌師專學報》第4期, 1997.

북송 초기부터 남송 중엽까지 100년 동안, 제3차 한냉기 중 처음으로 눈에 띄게 기온이 내려갔다. 제3차 한냉기 중 마지막 500년의 연속적인 건냉기는 일명 "명청 소빙기"로 17세기 특히 1,650-1,700년에 가장 추웠고, 이는 최근 4-5,000년 동안 중국에서 가장 낮은 기온을 형성하였다. 황하 유역에는 1,627년부터 1,641년까지 유례없이 14년간 지속된 유역적 가뭄이 있었다. 제3차 한냉기는 중국 봉건사회의 거의 2,000여 년이 지난 마지막 1,000년을 경험했다. 처음에는 요나라 및 금나라와 송나라 간 대결을 일으켰고, 후기에는 황하-장강 유역의 농경세계에 대해 원나라 및 청나라의 "유목 왕조"가 지배하게 되었다.[58]

요컨대, 중·고위도 지역의 한냉 기후를 잠재적 동력으로 하여 중국 역사상 북방 유목 민족이 주기적으로 남진하여 형성된 몇 차례의 대규모 이주가 고조된 것은 한냉기와 밀접하게 연관되어 있음을 알 수 있다. 서주 시기 북방 유목 민족의 남진은 기원전 1,000년경의 한냉기에, 후한·양진·남북조시대 유목민족의 남천은 서기 100년-500년경의 한냉기에, 남송 시기 유목 민족의 남천은 서기 1,100년-1,200년경의 한냉기에, 그리고 명말 청초 만주족의 남하는 "명청 소빙기"에 대응된다. 이러한 연관성이나 대응이 단순한 사건적 대응이 아니며 그 이면에 깊은 역사적 인과관계가 숨겨져 있다고 생각한다. 기후-생태-경제-사회의 연쇄반응으로 볼 때, 기후가 추워지면 목초지 생태의 위기가 발생하고 목초지 생태가 악화되어 유목민이 방목할 수 있는 목초지 자원의 위축이나 가축의 대량 폐사로 직결된다. 이러한 일련의 연쇄반응은 겉으로 보기에는 주범이 모두 기후 변화인 것 같지만, 사실 가장 심층적인 원인은 자연환경에 대한 의존도가 높은 유목경제 자체의 취약성, 단일성, 유동성 및 불안정성으로 인해 자연재해에 대처하는 자체적인 사회적 조절 메커니즘을 형성하지 못

---

58 王會昌, "2000年來中國北方遊牧民族南遷與氣候變化,"《地理科學》第3期, 1996.

하고 있다는 데 있다. 이런 위기를 모면하기 위해 가장 간편하고 효과적인 방법이 이동과 이주가 되는 것이다.

자연환경의 많은 요소 중 기후 변화는 유목 민족의 대규모 빈번한 이동을 크게 유발하고 유목 민족 이동의 방향과 특성을 결정할 뿐만 아니라 강수량의 변화와 메뚜기 재해, 가뭄, 눈 재해와 같은 자연 재해도 종종 유목 민족 사회 불안을 촉발하는 요인이 되며 극단적인 경우 심각한 결과를 초래할 수 있다. 이런 점에서 역사서를 대충 훑어보면 자연재해로 인한 유목 민족 사회의 대란과 대기근의 예를 쉽게 찾아볼 수 있다. 예를 들어, 전한 및 후한 시기 북방 흉노 유목 지역이 많은 심각한 자연 재해를 입었던 적이 있다. 《사기·흉노열전史記·匈奴列傳》에 따르면, 기원전 104년 겨울 폭우와 폭설로 흉노족이 기르는 많은 가축이 굶주림과 추위에 시달려 죽었다. 또한 《한서·흉노전漢書·匈奴傳》의 기원전 71년 관련 기록, 《후한서·남흉노열전後漢書·南匈奴列傳》의 기원전 46년 관련 기록, 당태종 정관 3년(서기 629년)의 돌궐족 관련 기록도 위의 기록과 유사하다.[59] 또한 당 문종 개성 4년(서기 839년), 회흘족(후이족) 관련 기록도 마찬가지이다.[60] 이로부터, 가뭄, 폭풍설, 메뚜기 재해, 전염병 등 자연재해 역시 유목 민족 생존의 주요 적이며, 이러한 심각한 자연재해가 닥치면 유목민족이 재난이 빈번한 지역을 떠나 이주를 고려하는 것은 어쩔 수 없는 선택인 것이 아닌가 싶다.

요컨대 어느 역사적 시대든 민족의 이동과 그에 상응하는 사회 불안과 문화적 진화는 사회정치, 경제, 군사 등 다양한 요인이 복합적으로 작용한 결과이지만 자연지리적 환경의 요인을 무시하면 객관적이지 않을 수 있으므로 민족의 지역 공간 변동의 원인을 탐색할 때 자연 환경 요인이 민족 이동에 미치는 잠재적 영향을 충분히 고려해야 할 것이다.

---

59 《舊唐書》卷194上《突厥傳》.
60 《唐會要》卷8《回紇傳》.

제4장

민족과 자연:

인간-환경의 관계에서 본 민족생태관

지구상의 유기적 생명체는 긴 시간의 진화를 거쳐 인류를 탄생시켰다. 인간은 자연의 혜택을 받기도 하지만, 자연의 제약을 받기도 하며, 자연에 순응하기도 하지만, 자연을 초월하기도 한다. 자연에 순응하고 자연을 개조하는 과정에서 인류는 다양한 집단을 형성하여 다채로운 문화를 만들어냈다. 민족은 인류집단의 한 종류로서 민족과 자연과의 관계는 오랜 역사적 명제의 하나이다. "민족-환경"의 상호관계라는 측면에서 볼 때, 한편으로 자연지리적 환경이 민족의 생존과 발전의 기초 조건으로서, 민족발전의 각 역사적 단계에서 민족의 경제생산활동, 민족(또는 종족)의 체질적 특징, 심리적 자질, 주거습관에 대하여 정도가 다르게 여러 영향을 미쳤다. 다른 한편, 어떤 민족이나 자연지리적 환경에 의존, 적응, 개조하는 과정에서 민족생태의 과정에 대한 이해, 환경에 대한 인식, 태도와 평가 등에서 다양한 생태관과 환경과 관련된 향토지식체계를 형성하게 된다.

1

인간-환경간 관계의 변천 및 관련 이론

　인간이 무리를 지어 거주한 이래로 상이한 환경에서 생활하고 있는 다양한 인간 공동체는 지리적 환경이 인류 사회 발전에 미치는 영향을 서로 다르게 인식하여 "인간은 하늘을 이긴다人定勝天", "천일합일天人合一", "천인상분天人相分"과 같은 다양한 환경관을 형성하였다. 그러나 학문발전을 뒷받침하는 핵심이론으로서 인간-환경간 관계이론은 근대지리학의 확립과 발전과정에서 여러 학자들의 체계적인 해석을 거쳐 형성된 지리환경결정론, 가능성론, 문화경관론, 인간생태론 등 많은 학파를 포함하는 중요한 이론이 되었다.

1. 인간-환경간 관계의 변천

자연적 존재로서 인간은 다른 생명체와 마찬가지로 지구환경 변화의 산물이지만, 동시에 인간은 자연계의 수동적 존재인 것만이 아니라 능동적 존재이기도 하다. 인간과 자연계와의 관계는 일종의 의존, 순응, 개조, 통제의 관계이며, 인간이 자연의 제약을 받는 정도와 자연을 인식하는 능력에 따라 대체적으로 원시적 공생단계, 적응과 개조단계, 자연과의 조화를 모색하는 단계를 차례로 거쳐왔다.

1) 인류와 자연환경간 관계의 변천 단계

인간과 자연의 관계는 인류의 생존과 발전의 기본관계이며, 역사적 관점에서 거시적으로 보면 인간과 자연환경과의 역동적 발전관계는 대체로 다음과 같은 단계를 거쳤음을 알 수 있다.

1단계는 인간과 자연의 원시적 공생단계다. 인류가 나무에서 내려와 땅에서 살기 시작하면서 인류 역사는 가장 긴 발전 단계에 접어들었다. 이 단계에서 인간은 주로 자신의 팔다리에 의존하며 원시적인 석기, 목기, 활과 같은 간단한 도구를 사용하여 채집과 사냥을 통해 자연 생태계와 물질과 에너지를 교환한다. 이때의 인간생태계는 자연생태계, 인간과 환경의 관계, 동물과 환경의 관계와 크게 다르지 않았다. 인류집단이 힘이 약하고 노동기술이 낮기 때문에 거의 완전히 자연에 둘러싸여 있을 뿐이었다. "적자생존"의 법칙에 따라 진화했을 뿐, 자연에 미치는 영향과 역할은 개체 및 집단의 거주지에 국한되었을 뿐만 아니라 미미하였다. 완전히 배타적이고 무한한 위력과 제압할 수 없는 힘으로서 자연은 초기 인류 사회의 발전을 주도하고 제한하였다.

인간과 자연 발전의 두 번째 단계는 농업과 축산업 발전의 단계이다. 지금으로부터 대체로 1만 2,000년을 전후하여 인류는 긴 시간의 채집-수렵 경제에 의존한 발전을 마무리해 나갔다. 그간의 경험을 기반으로 그들은 유라시아 대륙의 아열대와 난온대의 습윤, 반습한 지역에서 축산업과 농업을 발전시켜 스스로 통제하는 인간 생태계를 구축하고, 불을 사용하는 법을 배웠으며, 생산 도구를 만들고 발전시키면서 원시적인 채집-수렵꾼에서 식량 생산자로 변모하였다. 인간이 농업사회에 진입한 초기, 작물 재배와 동물 사육이 시작됐지만 채집-수렵 경제는 여전히 경제생활에서 큰 비중을 차지해 인간의 노동은 자연조건에 크게 의존할 수밖에 없었다. 인류는 오랫동안 토양의 비옥 정도와 강우량에 거의 전적으로 의존하는 원시농업에 종사한 이후, 인구가 증가하고 자연환경에 대한 이해가 심화됨에 따라 점차 자연환경을 개조하기 시작하여 자연생태계에 교란과 충격을 주었다. 그러나 원시농업 발전 초기에는 제한된 활동 범위와 낮은 인구 밀도로 인해 지구 생태계에 대한 인간의 충격과 변형이 자연 자체의 복원력에 의해 완전히 해결될 수 있었다. 이후 인류의 개체수가 번식하고 물질적 수요가 증가함에 따라 원시농업에서 전통농업으로 이행하고 고대농업으로 발전하는 과정에서 끊임없이 향상된 농업생산기술은 인류 생산방식의 근본적인 변화를 일으켰고 수공업, 축산업, 어업 등 산업혁명을 일으켰다. 전통적인 농업사회에서 작물 재배든 동물 사육이든 사람들은 작물을 합리적으로 배치하여 윤작輪作, 간작間作, 또는 방목을 합리적으로 배치하고 목장을 지속적으로 변경해 나가면서 자연 생태계 내부 순환과 비교적 고정된 모델, 즉 스스로 통제할 수 있는 작은 생태계를 구축하였다. 동시에 전통농업은 지역간 생태적 환경을 크게 변화시켰으며, 이러한 변화는 일부 지역이나 일부 역사적 기간 동안 인간이 더 많은 토지를 얻기 위해 무분별하게 개간하여 결국 토양 침식, 토지 사막화 등 생태학적 악화를 초래하기도 하였다. 생태계의 수용력을 무시하고 과도하게 환경을 개조하는 이러한 사례는 고대 농업사회에서 적지 않았다. 그러나 어쨌든 농업문명이 지배적인 시대에는 인간과 자연환경의 관계가 적응과 개조를 병행했음에도 불구하고 전반적으로 자연환경 개조의 강도는 제한적 일 수밖에 없었다.

지금으로부터 약 200여 년 전, 방직기와 증기기관의 광범위한 사용으로 상징되는 산업혁명이 일어나면서 인류의 생산기술은 전례 없는 발전을 이루었고, 생산은 비약적으로 발전하여 인류 역사는 산업문명의 시대로 접어들었다. 산업문명이 인간의 삶에 직접적인 영향을 미치는 것은 의식주 등 각종 생활용품이나 물품이 대량 생산되어 인류에게 무한히 풍부한 생산과 생활수단을 제공하고, 전 세계적으로 일부 지역이나 민족의 전통적인 농업 생산과 생활방식을 변화시켰다는 점이다. 산업문명을 동반한 도시와 교통의 발달로 비효율적이고 폐쇄적인 전통농업은 더 이상 현대인의 무한한 팽창에 대한 욕구를 충족시킬 수 없게 되었고, 인류의 생활공간 확장에 대한 요구는 점점 더 강해지고 있으며, 자연에 대항할 정도로 자연개조의 강도가 높아지고 있다. 게다가 생산력과 과학기술의 비약적인 발전, 자연의 정복 과정에서 거둔 인류의 거듭된 승리는 인류가 자연을 지배한다는 사상과 자연에 대한 오만과 멸시로 이어졌다. 그래서 어떻게 보면 기계 대량생산이 주류를 이루는 산업문명의 단계는 인간이 자연과 맞서는 시대라고 할 수 있다.

포스트 산업문명 시대에 인류는 산업문명이 가져온 극도로 부유한 물질문명을 누리면서 자연에 대한 과도한 요구로 인한 자원 부족, 환경 오염 및 생태 파괴와 같은 일련의 심각한 문제를 겪고 있으며, 일부 지역적인 재해가 점차 세계적인 공해로 변해가고 있다. 따라서 인간은 자신의 생존을 유지하기 위해 끊임없이 스스로를 반성하고 인간과 자연의 조화로운 공존을 강조하며 자연-경제-사회의 조화롭고 지속가능한 발전을 추구함으로써 보다 높은 차원에서 생태문명의 이념을 제시하고 있다.

2. 인간-환경간 관계 이론

선사시대부터 고대 그리스-로마시대의 히포크라테스, 헤로도토스 등은 저서에서 지리적 위치, 기후, 토양, 수문 및 기타 환경 요인이 인간에게 미치는 영향에 대해 언급하였다. 중국 선진시대의 제자백가諸子百家家 가운데 맹자는 "천시는 지리만 못하고, 지리는 인화만 못하다天時不如地利, 地利不如人和"는 주장을 내세웠다.[1] 이는 사람이 하늘을 다스릴 수 있다는 사상이다. 또한 묵자는 "나는 하늘의 뜻이고 하늘은 내가 원하는 것이다我乃爲天之所欲, 天亦爲我所欲", "하늘의 뜻을 받들어 상을 받는다順天意而得賞"는 "천인합일론"을,[2] 순자는 "하늘에는 때가 있고 땅에는 재주가 있고, 사람에게는 치가 있다天有其時, 地有其材, 人有其治"는 "천인상분론天人相分論"을,[3] 그리고 관자는 "조화론"을 주장하였다.[4] 한편,《노자·도덕경老子·道德經》에서는 "인법지人法地, 지법천地法天, 천법도天法道, 도법자연道法自然"의 사상을 제시하였다.《주역·곤괘·상周易·坤卦·象》에는 "지세는 곤하고 군자는 후덕으로 물건을 싣는다地勢坤, 君子以厚德載物"는 기록이 있다. 당나라의 유우석劉禹錫은 "하늘과 사람은 서로 만나고 또 서로 통한다天與人交相勝, 還相用" 즉 하늘은 인간의 치란화복에 관여할 수 없고, 하늘(자연계)의 여러 가지 변화에도 인간이 관여할 수 없음을 강조하였다. 이러한 상호 간섭이 없으면 "상승交相胜"이고, "상용还相用"은 둘 사이의 상호 작용을 강조한다. 명나라 때 장황

---

1 《孟子·公孫醜下》.
2 《墨子》.
3 《荀子·天倫》.
4 《管子·八觀》에서 이르기를 "산림이 넓어도 초목이 아름다우나 금발이 있을 때가 있고, 나라가 충만해도 금옥이 많더라도 궁실도 정도가 있을 때가 있을 것이며, 강해가 넓어도 지택이 넓어도 물고기와 자라가 많더라도 그물은 반드시 정이 있을 것이며, 배망은 한 푼의 재물과 면민이 될 수 없다(山林虽广, 草木虽美, 禁发必有时; 國雖充盈, 金玉雖多, 宮室必有度; 江海雖廣, 池澤雖博, 魚鱉雖多, 網罟必有正, 船網不可一財面民也)."

章潢의 《도서편圖書編》 속 《장안·낙양·변량汴梁 3도 정세 총론總論長安, 洛陽, 汴梁三都形勢》, 《남북의 강약에 대한 통론統論南北強弱》, 《서북의 고금 성쇠를 논함論西北古今盛衰》, 《쓰촨과 산시陝西의 정세를 논함論川陝大勢》, 《남북의 지세에 대한 통론統論南北形勝》 등의 장절에서도 인간-환경간 관계에 대해 정교하게 논술하고 있다.[5]

인간-환경간 관계는 오랜 역사적 명제이지만 지리학의 이론적 개념으로서 현대 지리학의 확립 및 발전과 함께 지속적이고 체계적으로 설명되어 마침내 인문지리학 연구의 핵심 개념으로 자리 잡았다. 인문지리학에서 인간-환경간 관계 중 "인간"은 사회적 인간, 즉 일정한 지역 내, 일정한 생산방식 하에서 각종 생산활동이나 사회활동에 종사하는 사람을 말하며, "환경"은 인간의 활동과 밀접한 관계가 있는 무기·유기 자연계의 여러 요인들이 규칙적으로 결합된 지리적 환경, 즉 지리적 차이가 존재하는 지리적 환경을 가리킨다. 또한 "환경"은 인간의 작용으로 이미 변화된 지리적 환경, 즉 경제·문화·사회적 지리적 환경을 포함한다. 따라서 "인간-환경간 관계"란 인류사회가 앞으로 발전하는 과정에서 인간이 생존을 위해 지속적으로 지리적 환경을 개조하고 이용하는 강도를 높여 지리적 환경에 적응하는 능력을 증강시키고 지리적 환경의 모습을 변화시키는 동시에, 지리적 환경이 인간의 활동에 영향을 미쳐 지리적 특징과 지리적 차이를 발생시키는 것을 말하며, 인간-환경간 관계의 지역적 또는 지역적 조합은 인문지리학 연구의 특수한 대상이 된다.[6]

18세기 이후 근대지리학을 포함한 사회과학의 발달로 인간-환경간 관계에 대한 사람들의 인식이 점차 체계화되어 지리환경결정론, 가능론, 생산관계결정론 및 의지론, 문화경관론, 문화론, 인간생태, 조화론 등 비

---

5 章潢, 《圖書編》(卷34·35), 《文淵閣四庫全書·子部》二六七, 類書.

6 中國大百科全書總編輯委員會《地理學》編輯委員·中國大百科全書出版社編輯部 엮음, 《中國大百科全書·地理學》, 中國大百科全書出版社, 1990, p.350.

교적 영향력 있는 인간 및 인간의 사회활동과 지리적 환경간 관계에 대한 이론을 형성하였다. 사실 인간의 활동과 지리적 환경 사이의 관계는 지역이나 시공간 범주에 따라 표현 형태와 의미가 다르기 때문에 인간과 환경의 관계를 설명하기 위한 유일한 기준으로 인간과 환경간의 관계를 설명하는 것은 포괄적(전면적)이지 못하다. 이러한 이론에 대한 체계적인 이해를 통해 역사적으로 인간-환경간 관계에 대한 포괄적인 이해를 얻을 수 있다.

인종의 환경적 취향(환경관)과 지방 생태계의 인지

　모든 민족은 각자의 생존과 발전 과정에서 자신의 생존이 차지하는 특정 지역의 공간에 대한 기본적인 이해와 관점을 가지고 있다. 이러한 인식과 취향은 일반적으로 수직도 공간, 수평도 공간, 방위성 공간 등 다차원의 환경적 취향으로 나뉘며, 서로 얽혀 있는 이러한 환경적 취향 중 민족의 생존과 발전에 가장 기초적이고 핵심적인 부분은 거주지 주변의 작은 환경에 대한 인식, 즉 지방적이고 지역적인 환경 인식이다.

1. 민족의 생활환경ethnic habitats와 민족의 생태적 지위Ecological Niche

민족의 환경적 지향과 지역적 환경인식을 논하기 위해서는 생물학적 개념인 "생활환경habitat"와 "생태적 지위niche"를 도입할 필요가 있고, 더불어 민족의 생활환경과 민족의 생태적 지위에 대한 약간의 해석을 추가하고자 한다.

생물학 연구에서 이른바 "생활환경"은 "환경 조건의 제약 하에 특정 생태학적 특성을 가진 생물종 및 생물 군집은 특정된 작은 지역에서만 생존할 수 있으며, 이 작은 지역을 생물종 또는 생물 군집의 생활환경(서식지)"라고 한다.[7] 이를 기초로 보면 "민족의 생활환경"은 각 민족이 생존하는 비교적 고정된 작은 지역에서 민족과 환경간 상호관계를 고찰하는 개념으로서, 여기에서 환경은 민족이 생존하는 특정한 자연공간인 자연환경과 사회환경을 모두 포함하는 것이다. 따라서 중국학자 뤄캉룽羅康隆은 한 민족의 자연환경과 사회환경이 유기적으로 결합된 것이 곧 해당 민족의 생존환경이며, 줄여서 민족의 "생활환경(서식지)"이라고 부른다.[8] 중국학계의 경우, 민족문화와 환경간 관계를 밝히기 위해 일부 학자들은 "민족의 생활환경"이라는 개념을 민족문화와 해당 민족이 처한 자연생태계의 특정 결합부라고 지칭하면서, 이는 문화적 견제와 균형 관계 운영의 산물로세 가지 보편적인 특징을 가지고 있다고 지적한다. 첫째는 2차성이다. 즉, 어떤 민족의 생활환경도 자연생태계를 떠나 단독으로 존재할 수 없으며, 민족생태 시스템의 2차적인 부분일 뿐이라는 점이다. 둘째는 문화적 특이성이다. 민족의 생활환경은 해당 민족이 위치한 자연 생태계와 물질 및 에너지 교환을 해야 하지만, 민족의 생활환경에 대한 인간의 사회문화적

---

7 駱世明·陳聿華·嚴斧 엮음,《農業生態學》, 湖南科學技術出版社, 1987, p.163.
8 羅康隆,《文化適應與文化制衡》, 民族出版社, 2007, p.83.

활동의 침투는 또한 생활환경의 단순한 자연 구조를 변화시켜 문화적 특이성을 갖게 한다는 것이다. 셋째는 인위성이다. 즉, 민족의 생활환경의 정상적 상태의 지속은 인위적인 작용의 결과라는 것이다.[9]

생태적 지위는 생태학 연구에서 널리 사용되는 개념이다. 1969년 오덤 Odum은 선행연구를 기초로 생태적 지위를 공간적 위치, 영양적 위치 및 초차원 부피 위치라고 요약하였다. 민족 공동체는 다른 소비 유기체와 마찬가지로 생존을 위해 생활환경 속에서 식량 자원을 얻어야 하는데, 이러한 자원은 규모, 색상, 공간 및 시간 분포, 온도, 유연성 등이 각기 다르며 각 민족집단은 생존의 변수, 즉 민족 생태적 지위에 의존한다. 다른 유기체의 생태적 지위와 마찬가지로 민족의 생태적 지위는 다차원적 속성을 가지고 있다. G.E. 허친슨(G. Evelyn Hutchinson, 1965)은 생물의 생태적 지위는 경쟁이 없는 이론적인 생활방식, 즉 기본적 생태적 지위와 경쟁이 존재하는 실제 생활방식, 즉 현실적 생태적 지위의 두 가지 측면에서 이해할 수 있다고 보았다. 예를 들어, 한 종족이 다른 종족이 살지 않는 넓은 공간 범위 내에서 생활하며, 이 종족들은 상당한 발전기간 동안 생활환경 속 자원을 동등하게 사용할 수 있지만, 종족들의 규모가 종족 구성원들이 모든 자원을 동시에 사용하는 것이 불가능해질 때까지 종족들은 더 작은 하위 그룹으로 분화되기 시작하고, 각 하위 그룹은 새로운 종족이 들어갈 때까지 일부 이용 가능한 자원만 사용한다. 종족 인구의 증가와 새로 진입한 종족 간의 경쟁의 모순을 해결하기 위해 일반적으로 공간적 분리라는 방식이 사용된다. 분리된 공간에서 원주민 그룹과 새로운 그룹은 각자 수요를 얻게 된다. 여기서 원주민 집단의 기본 생태적 지위와 현실적 지위는 분명하지만, 집단이 분화되고 다른 집단과 공간적으로 경쟁함에 따

---

9 楊庭碩·呂永鋒,《人類的根基:生態人類學視野中的水土資源》, 雲南大學出版社, 2004, pp.295-297.

라 현실적 지위는 축소되는 경향이 있다. 인간 생태학의 연구와 실천에서 일반적인 관행은 생태적 지위와 생계 자원의 공간적 이용, 즉 인간 집단의 생활환경을 "작은 환경"이라고 하는 독특한 자원 그룹으로 나누는 것이다. 일반적으로 민족 공동체 생활환경의 작은 환경은 여러 개로 구성된다. 예를 들어, 니카라과 동부 해안 미스키토 인디언의 생태 구조는 열대 우림, 소나무가 자라는 사바나, 해안 해변, 석호, 늪지, 얕은 해안 수역 등 4가지 생물 군락으로 구성된다. 미스키토인은 사냥과 어업을 통해 식량자원을 얻는데, 식량자원은 육지 먹잇감과 민물, 해양생물을 많이 포함하고 있으며, 자원의 집합이 매우 많고, 그에 따라 많은 작은 환경에서도 자원의 변수가 큰 편이다. 대조적으로, 일부 민족 공동체는 생활환경 유형이 상대적으로 단일하기 때문에 일반적으로 몇 가지 유형의 자원을 활용한다. 예를 들어, 캘리포니아 중부 사막 인디언의 생계 모델에서는 계절적으로 특정 식량자원에 의존하거나 특정 식품의 계절적 사용이 매우 두드러진다. 인간 집단의 생태적 지위의 정량적 분석에서 생계 변수의 "풍성도"와 "균형성"을 표현하기 위해 "생태적 폭"이라는 개념이 자주 사용되며, 생태적 폭과 변수의 많고 적음을 사용하여 일반 생태적 지위와 특수 생태적 지위를 구분한다. 동시에 생태적 진폭의 계산은 전체 생계자원의 변화 또는 상이한 자원의 변수와 달리 유연한 계산 방법이 있다.[10] 그러나 어떤 계산방법을 사용하든 상이한 생태적 환경에 처한 민족공동체는 생태적 지위의 크기에 있어 큰 차이가 있다(표 4-1 참조).

---

10 Donald L. Hardesty·郭凡·鄒和 역,《生態人類學》, 文物出版社, 2002, pp.93-98.

<표 4.1> 인류사회 생태적 지위의 폭의 유형[11]

인류 사회	생태적 지위의 폭
채식採食 사회	
코스텐키Kostenki-플레스토체네普萊斯托切內 수렵꾼	1.569
캐나다 미스타시니Mistassini-크리Cree인	3.436
캘리포니아 바하Baja 중부 사막 인디언	7.874
식품食物 생산 사회	
뉴기니 심부인奇姆布人	1.685
뉴기니 케포쿠-파푸앵스인凱波庫-帕普安斯人	1.698
뉴기니 부사마인布薩馬人	2.206
뉴기니 카이바타리아인凱瓦塔里亞人	2.892
아프리카 마라고리馬拉戈裏 북부 카비론두凱維龍杜-반투Bantu인	4.651
니카라과 타스파포니塔斯巴波尼-미스키토Miskito인	5.283

〈표 4-1〉은 채식采食 사회와 식품 생산 사회食物生產社會의 9가지 다른 민족 공동체의 생태적 지위의 범위를 보여준다. 이러한 민족공동체는 생활환경에서 구할 수 있는 식량 자원이 다르기 때문에 지위의 폭도 크게 다르다. 물론 민족공동체의 생태적 지위는 고정되어 있지 않고 환경에 대한 사람들의 적응과 환경의 변화에 따라 끊임없이 변화하고 있음에도 그러하다.

2. 수직적 공간과 수평적 공간: 민족의 환경적 취향(환경관)의 두 차원

민족마다 자신이 창조한 문화에 따라 환경공간에 대한 인지방식이 다르며, 상하 또는 높낮이에 따른 수직공간 차원, 거리에 따른 원근의 중심

---

[11] Donald L. Hardesty, "生態位概念──用於人類生態學中的一些建議,"《生態人類學》第3期, 1975.

또는 변두리에 따른 수평공간 차원, 동서남북의 4가지 기본방향에 따라 세계를 관찰하고 인식하며, 인지방식에 따라 상이한 공간적 감각구조를 형성한다.

1) 수직적 공간 차원

종교적 우주관에서 볼 때, 대부분의 종교는 자연종교와 인위종교가 설치한 공간구조를 포함하고 있으며, 흔히 천국, 속세, 지옥 또는 신의 영역, 인간 영역, 귀신의 영역 등 다양한 수직적 공간을 가지고 있다. 이러한 종교의 공간구조와 유사하게 많은 민족이 환경공간을 구분하는 수직적 공간도 상이하다. 고대 수메르인, 푸에블로족 인디언들은 우주를 수직적 공간으로 보고 음과 양의 양극으로 고정시켰다. 시베리아의 어떤 유목민들은 세상이 세 겹으로 이루어져 있고 서로 반구半球의 형태로 겹쳐져 있다고 인식한다. 이들 유목민족은 중심축이 우주의 세 층을 연결한다고 보면서 하늘의 신이 그 축을 따라 지구로 오고 사람이 죽으면 그 축을 따라 땅 속으로 간다고 생각하였다.[12] 고대 바빌로니아인들은 대지가 거북의 등처럼 융기되어 있고, 그 위에 반구형의 고체 천장이 덮여져 있다고 생각하였다. 고대 인도인들은 코끼리 몇 마리가 등에 대지를 싣고 있고, 코끼리는 고래 등에 서고, 고래는 끝없는 바다를 헤엄친다고 여겼다.[13]

고대 바빌로니아인·인도인들과 유사하게 중국 주나라 초반에 형성된 "개천설盖天說"은 "하늘은 뚜껑처럼 둥글고 지방은 바둑판 같다天圓如張蓋, 地方如棋局"고 보았다.[14] 나중에야 사람들은 땅이 평평하고 네모난 것이 아니고, 하늘이 마치 삿갓처럼 생겼으며, 대지는 뒤집힌 접시처럼 생겼음을

---

12 Altman. I. & Chemers. M.·駱林生·王靜 역,《文化與環境》, 東方出版社, 1991, pp.51-56.
13 曾憲惠 엮음,《宇宙》, 民族出版社, 1985, p.2.
14 《晉書》卷11《天文志》.

발견하였다.[15] "개천설"이 주장하는 천궁과 대지는 사실상 두 층의 공간 구분이다. 샤오빙蕭兵의 해석에 따르면, "개천설"은 "천중"과 "지중"이 대응하고, "천원"과 "지방"이 분리될 수 없으며, 그 중심에는 상상의 "축"(또는 "지축", 실제로는 "우주의 축")이 관통하고 있다고 주장한다는 것이다. "천원"은 우주의 차원과 이른바 "다중 돔多重穹窿"이라는 신화적 관념에 얽혀 있고, "지방"은 대지의 모양이나 우주의 기초에 연결되어 있다. "천원"은 "지방"과 분리될 수 없고, "천중"은 반드시 "지중"에 대응되어야 하며, 그 연결선은 "천지축" 또는 "우주축"이 되는 것이다. 쿤룬산은 "중심 천주中心天柱"이자 우주축 또는 "하늘로 통하는 사다리"로, 그 상단에 "북극"이 있다. 쿤룬산은 바로 "지중地中"이다. 쿤룬산은 원형으로 '원천圜天'을 상징하지만, 그 "기초"는 사각형으로 "땅"을 상징한다. 따라서 옛사람들은 땅을 향해 제사를 지내는 것으로 쿤룬산을 향한 제사를 대신하였다. 이러한 "천원지방天圓地方" 모델이야말로 "개천론蓋天論"의 완전한 내용이다.[16]

이 같은 샤오빙의 설명에 따르면, 쿤룬산은 하늘의 축이자 땅의 중심으로서 사실상 사람들이 제사를 지내는 "신산神山"이다. 고대 중국인들이 쿤룬산을 천지를 잇는 "신산"으로 여겼듯이, 그리스·일본·조선·이란·인도·독일 등 많은 나라 민중의 신앙과 관념에서도 산을 지구의 중심축으로 하늘과의 연결점으로 보는 시각들이 흔하게 나타난다. 그리스에서는 아테네의 최고 지점인 아크로폴리스에 사원을 짓고 올림포스 산을 신들의 집으로 여겼다. 일본에서 해발이 가장 높은 후지산은 많은 일본인들의 정신적 기탁지이자 종교적 의미를 지닌다. 고산, 특히 신성을 지닌 고산은 사람들이 상상하는 하늘과 땅이 만나는 곳으로서 인간의 정신이 이곳에서 하늘과 가장 가깝고 우주에 가장 가깝다고 느낄 수 있다.

---

15 《周髀算經》.
16 蕭兵, 《中庸文化省察──一個字的思想史》, 湖北人民出版社, 1998, pp.370-371.

높은 산을 천지를 잇는 우주의 중심축으로 삼는 것은 샤머니즘 우주관이나 샤머니즘을 믿는 민족의 신앙에서 보편적으로 나타나는 현상이다. 샤머니즘 우주관은 우주 전체를 하늘과 인간, 지하의 세 개의 세계로 나눈다. 하늘에는 천제와 신이 살고 지옥에는 마귀가 산다. 세 세계는 하나의 "중심축" 또는 "중심 기둥"으로 연결되어 있다. "중심축" 또는 "중심 기둥"은 세계의 중심에 위치하고 있으며 "세계의 기둥", "우주 기둥", "하늘 기둥", "땅의 못", "땅의 꼽추", "중심 개구", "중심 구멍", "중심 동굴" 등으로도 불린다. 전설 속 신들, 샤먼, 영웅들, 샤머니즘 주술사들 모두 이 중심 기둥을 통해 하늘로 올라가거나 인간계로 내려가거나 땅으로 들어간다. 샤머니즘의 우주관에서 천지를 연결하는 우주 중심의 가장 중요한 이미지는 산과 나무, 즉 "우주산", "세계산", "우주나무", "세계 나무"이다.[17] 키르기스족 선조들의 원시적 관념에서는 우주를 "삼계三界"로 나눈다. 삼계는 수직적 우주 "3분법三分制 모델", 즉 신령이 사는 천계天界, 요괴妖魔가 숨어 있는 지계地界, 인간이 사는 중계中界다. 또한 하늘은 세 겹으로, 땅은 세 겹으로, 우주 전체는 일곱 겹으로 나뉜다. 우주의 전체 구조는 마치 나무 울타리로 만든 펠트 하우스와 같다. 높은 산은 키르기스족 신화 속에서 "천주"로 불린다. 송화강 유역에 사는 허저족도 우주는 상·중·하의 3계로 나뉘는데, 상계上界는 천당天堂이고 신들이 사는 곳, 중계는 인간人間이며 인간이 번식하는 곳, 그리고 하계는 지옥地獄이며 마귀의 거처居所이다. 마귀는 세상의 죄인을 다스리는 자이다. 그러나 그 위세를 믿고 행패를 부릴까 두려운 창조물이니, 다른 신들을 보내어 백성을 보호하고 마귀가 그 주신의 명령을 실행하게 한다고 본다. 또 하늘은 일곱 겹으로 나뉘며 창조주는 가장 높은 하늘에 있고 다른 모든 신들은 그 아래에 있다고

---

17 湯惠生, "神話中之昆侖山考述——昆侖山神話與薩滿教的宇宙觀," 《中國社會科學》第5期, 1996.

본다.¹⁸

중국 남방의 일부 소수민족도 신격神格이 상이한 신산神山이 많이 존재하고, 이러한 신산을 신령神靈이 사는 땅으로 믿고 있으며, 따라서 함부로 신산에 발을 들여놓지 못할 뿐 아니라 신산의 화초나 나무를 훼손하는 것도 금지돼 있다. 예를 들어 구어저우성 첸둥黔東 먀오족·동족 자치주 장현江縣 빙메이丙妹진 바사岜沙먀오족사회에서는 주거지역 내 비교적 높은 위치에 있는 모든 나무를 일률적으로 "신림神林"으로 간주한다. 마을 사람들은 "신림"에 있는 고목이 하늘과 가장 가까워 천지 간에 "신성"이 서로 소통할 수 있는 중요한 매개체라고 여겼는데, 예를 들어 천둥이 하늘에서 내려와 "신림"을 지나 고목에 "신성"을 부여하고, 마침내 인간 세상에 오게 된다는 것이다. 신산神山의 고목古木은 "천신天神"의 사자使者로, 이 사자들은 인간과 소통하고 인류를 보호한다. 따라서 현지 먀오족과 촌민의 전통적인 관습은 "신림"의 모든 종류의 나무를 함부로 베는 것을 금지하고 모든 가족의 사람들이 의식적으로 순찰하고 보호해야 한다고 규정하고 있다. 무단으로 신림에 들어가 나무를 마구 베는 자는 붙잡히게 되면 그 사람이 소유한 소를 잡아 제사를 지내도록 벌하고 "산신령"에게 공개 사과하며, 제사 때 도축한 쇠고기도 집집마다 평균 분배하여 일벌백계한다.¹⁹

2) 수평적 공간 차원

세상에 존재하는 모든 민족은 환경에 대한 인식과정에서 자신이 생존하는 특정 핵심영역을 중심으로 한 단계씩 확장하고, 중심과 하위(서브) 중심, 하위(서브) 가장자리 및 가장자리와 같은 단계를 통해 알려졌거나

---

18 淩純聲,《松花江下游的赫哲族》,上海文藝出版社, 1990, p.102.
19 吳正彪, "鄉土知識中的'自然中心主義'──岜沙苗族的生念倫理觀," 孫振玉 엮음,《人類生存與生態環境──人類學高級論壇2004卷》,黑龍江人民出版社, 2005, pp.178-179.

또는 알려지지 않은 환경 및 기타 그룹으로 구성된 세계를 구축하는 것이 일반적이다. 이러한 수평적 공간 환경이나 세계구조의 중심은 민족에 따라 다른데, 채집-수렵활동을 오랫동안 해온 지역일 수도 있고, 한 국가의 왕도일 수도 있으며, 골짜기·강·초석(주춧돌)·말뚝·절·건물일 수도 있는데, 이러한 중심은 신성함과 권위를 부여받는 경우가 많다.

   세계지리적 공간에 대한 인식의 수평적 차원은 고대 중국인들이 구축한 "오복五服" 도식에서 두드러지게 나타난다. 중국 선진시대의 중요한 전적典籍인《상서尙書》의 마지막 편인《우공禹貢》에는 "산山을 따라 준천濬川하고 흙을 맡아 공功을 한다隨山濬川, 任土作貢"며 경기京畿를 중심으로 한 단계씩 통제·관리하는 이른바 "오복五服" 구조를 만들어냈다. 이런 오복도식은 구체적으로 왕도를 중심으로 사방으로 직선으로로 뻗어 나가는데, 500리 이내에는 "전복", 다시 500리 이내에는 "후복", 이어 "수복", 이어 "요복", 마지막 지대에는 "황복"이 있다. 각각 다른 지대에 있는 사람들은 서로 다른 사회생활풍습을 가지고 있으며, 그들의 지위도 천차만별이다. 세계지리적 공간에 대한 서구의 인식 속에 고대 그리스의 고지도 곳곳에 자아중심주의적 관념을 드러내고 있다. 기원전 5세기 고대 그리스인들이 그린 몇몇 세계지도에서는 세계가 바닷물로 둘러싸인 세계로 그려졌다. 지도 속의 세계는 지중해와 흑해에 의해 여러 지역으로 나뉘기도 하고, 유럽, 아프리카 또는 아시아에 의해 여러 지역으로 나뉘기도 하며, 남쪽의 나일강과 북쪽의 다뉴브강에 의해 여러 지역으로 나뉘기도 한다. 그러나 그리스는 어디까지나 문명세계의 중심에 위치해 있다.[20]

---

20 陳慧琳 엮음,《人文地理學》, 科學出版社, 2007, p.145.

<그림 4-1> 《상서·우공尙書·禹貢》의 그림 주圖注: 필성오복도弼成五服圖

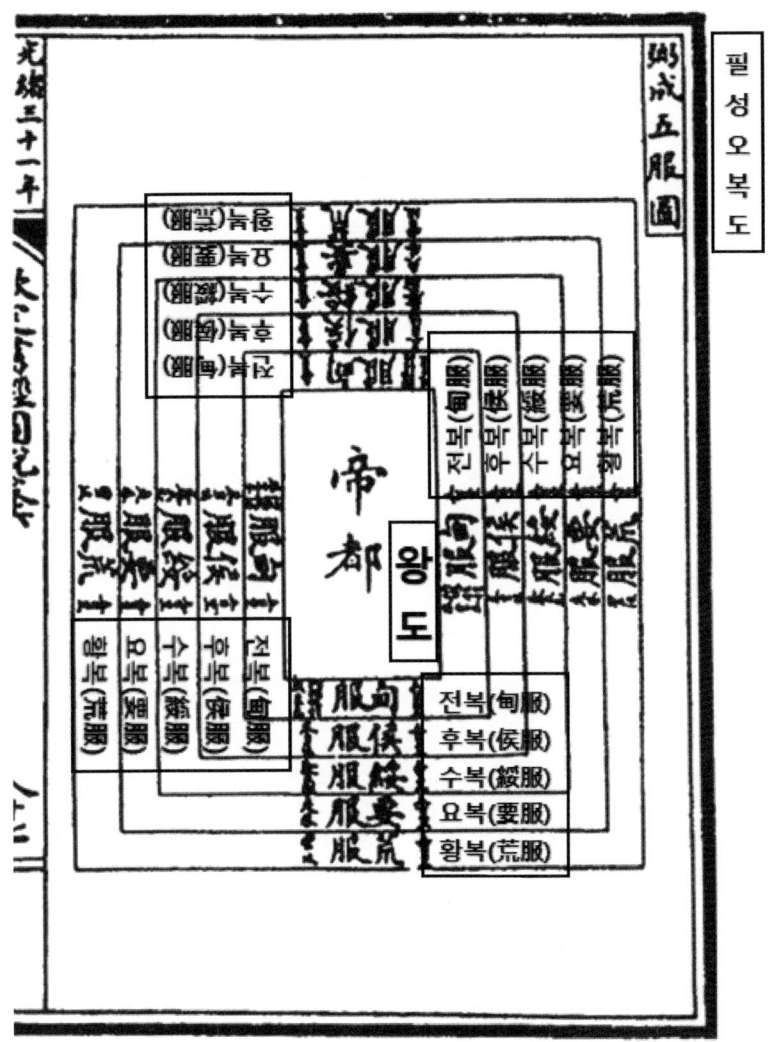

환경의 수평적 공간에 대한 세계의 민족이나 집단의 인식 범위는 글로벌하기도 하고 소규모적이기도 하다. 캘리포니아 북부 지역의 유록족 인디언들은 그들의 세계를 지름 약 150마일의 지역 내에 조직하였다. 크라

제4장 - 2절 - 인종의 환경적 취향(환경관)과 지방 생태계의 인지   251

마른강은 정중앙에서 이 지역을 둘로 나누고 주변은 바다이다. 지구의 "중심"은 크라마른 강둑 어딘가에 있는데, 이곳에서 하늘이 창조되었고 어딘가에 지구와 하늘을 연결하는 사다리도 남겨 둔 것으로 보인다.[21] 아프리카 열대우림에 사는 피그미인들은 사시사철 하늘을 가리는 숲과 마주하며 어느 방향으로도 시야가 100야드(야드당 0.915미터)를 넘지 못할 정도로, 그들의 생활 속에서는 수직적 공간은 물론 수평적 공간도 찾아 볼 수 없다.

환경의 수평적 공간인식 차원에 있어서 자기중심적으로 동서남북의 네 가지 기본방향으로 세상을 바라보는 것 역시 일종의 인지적 방식이다. 이와 관련하여 중국 고대 "화이"의 5자 구조 이론에서는 "화하"를 중심으로 구축되었으며, 동북과 서북을 각각 이, 만, 융, 적으로 인식하는 민족지리사상이 가장 전형적이다. 중국 서남부의 고대 나시족도 지역공간에 대한 인식에서 본 종족이 사는 곳을 천상지하 세계의 중심으로 보았고, 그 중심의 동쪽은 한족, 남쪽은 바이족白族, 서쪽은 티베트족, 북쪽은 궈뤄郭洛족(궈뤄는 칭하이의 '궈뤄판인郭洛番人'을 가리킴)을 위치시켰다.[22] 윈난 서북부에 사는 노족은 자연환경을 장기간 관찰하고 개조하는 과정에서 수평적 공간에 대한 소박한 이해를 갖게 되었다. 아침에 해가 떴다가 저녁 무렵에 다시 마주보는 산꼭대기에 지는 것을 동·서 방위의 표시로 삼았다. 노족은 높은 산과 협곡에 살면서 누강이 북쪽에서 남쪽으로 흘러가고, 사람들은 산과 강의 방향에 따라 "위쪽(북)", "아래쪽(남)", "강동", "강서"의 방위 개념을 형성하였다. 노족이 고인의 혼령에게 가는 길을 가르쳐 주면서 "기억해, 너는 집에서 출발해서... ...리자里甲 지역으로 가고, 리자에서 강을 따라 내려가면下 자먼시우즈甲門修紫 지역에 도착하고... ...자먼시우즈에

---

21 Altman. I. & Chemers. M.·駱林生·王靜 역,《文化與環境》, 東方出版社, 1991, p.58.
22 李霖燦·張昆·和才(東巴經師) 역,《麽些經典譯注九種 · 延壽經譯注》, 臺灣中華叢書編審委員會, 1977년 인쇄본, p.284.

서 아래로 내려가면下 야구亞谷 지역에 도착한다"는 노래指路經를 부르는데, 여기서 "下"자는 사실 남쪽을 가리키는 말이다.[23]

3. 지방적·지역적 환경에 대한 인지

위에서 언급했듯이, 상이한 민족공동체의 공간 인식의 두 가지 기본관점은 사실 적지 않은 상상적 요인을 가지고 있으며, 두 가지 공간적 취향이 절대적으로 대립되는 것이 아니라, 동일한 민족사회나 한 민족의 다른 발전단계에서 수평적 공간인식과 수직적 공간인식이 서로 얽혀 있는 경우가 많다. 또한 이러한 다차원의 환경적 취향이 민족의 생존과 발전에 가장 기초적이고 핵심적인 부분이라고 하는 것은 주거지 주변의 작은 환경에 대한 인식, 즉 지방적·지역적인 환경인식이다. 이러한 인식은 주로 "실질적 환경에서 배려하는 영역, 사람 간의 상호 배려 네트워크"의 구축, 감정적 연결의 물질적 환경, 의식적으로 감지할 수 있는 환경에 대한 인정과 공간적 경계, "청각, 후각, 미각" 등을 통해 오랫동안 강화되어 온 친근한 연관성, "연속 발전, 장중하고 즐거운 축제"의 전통 재현 또는 "기타 취락 주민과의 경쟁", "주변 환경의 전반적인 경험" 등에서 비롯된다.[24]

각 민족의 환경에 대한 관점, 환경 인식의 깊이, 폭 및 정확도는 주로 생산활동의 실제적 요구와 생존 요구에 기인하며, 음식물을 찾는 생존 방식에 따라 환경 인식에 대한 요구 사항이 다르다. 그러나 일반적으로 전前산업사회나 비산업사회의 민족공동체라면 그들이 처한 생태적 환경에 대해 비교적 완전한 이해를 가지고 있으며, 이는 지리적 기후, 식물자원, 동

---

23 趙沛曦, "試論怒族民間文學中的原始宇宙觀",《雲南民族大學學報》第2期, 2009.
24 陳慧琳 엮음,《人文地理學》, 科學出版社, 2007, p.145.

물자원 등 면에서 특히 두드러지게 나타난다.

지리적 지형과 기후 조건은 하나의 지역 또는 민족의 생존자원을 결정하는 가장 중요한 환경적 요인이며, 모든 민족 또는 집단이 직면한 가장 중요한 환경이기도 하다. 산림지대의 채집-사냥꾼의 경우, 생존자원이 거의 모두 자연환경에 의해 제공되기 때문에, 생존을 위해서는 주변의 모든 산림·언덕·강, 심지어 개울·샘에 관심을 갖고 숙지해야 하며, 어느 길로, 어느 곳에서 야생 과일과 나물을 채취할 수 있는지, 날짐승과 물고기와 새우를 잡을 수 있는지, 안전성이 어떤지 알아야 한다. 그들은 산간 지역의 복잡하고 변화무쌍한 환경에서 생존하고 발진하기 위해 생활 환경의 지형과 기후 조건에 대한 포괄적인 이해를 가져야 한다. 초원지대에 사는 유목민족의 생존을 위한 가장 핵심적인 자원은 목초지이며, 계절에 따라 방목을 바꾸기 위해서는 비교적 넓은 지역의 목초지, 수원, 기후 조건에 대한 객관적인 이해가 필요하다. 습하거나 반습한 지역에서 농사에 종사하는 사람들의 가장 큰 관심사는 당연히 개간 및 재배에 사용할 수 있는 토지의 상태이다. 따라서 주변 환경의 다양한 지형 조건의 토양 성능에 익숙해야 하고, 관개에 사용할 수 있는 수원을 찾아야 하며, 계절과 기후 조건의 변화에 따라 다른 작물의 재배를 합리적으로 준비해야 할뿐만 아니라, 또한 주변 환경에 대한 포괄적인 이해가 필요하다. 이것은 전前산업사회의 주요 경제활동 방식에 대한 환경 요구 사항이다. 특정 자연환경에서 생활하는 민족에 있어서도 마찬가지로 주변 지리적 환경의 특정 부분에 대한 깊은 이해가 필요하다. 설원에 사는 민족은 생산과 생활이 눈과 밀접한 관련이 있으며, 다양한 눈의 종류를 정확하게 구별할 수 있어야 한다. 물가에 사는 민족은 수해를 피하기 위해 주변 지형과 수문 환경에 대한 심층적인 이해와 기후 및 강우량의 변화에 대한 신속한 대응이 필요하다.

인간의 식량자원 중 식물자원의 획득이 큰 비중을 차지하므로, 생활환경에서 사용할 수 있는 다양한 식물자원에 대한 인식과 이해는 민족의 생존과 관련된 중요한 부분이다. 이와 관련하여 많은 민족식물학 조사 데이터에 따르면, 많은 민족이 장기간의 생산 및 생활 관습에서 풍부하고 상세한 "식물학" 지식을 축적한 것으로 나타났다. 예를 들어, 중국 시솽반나 지역에 사는 다이족은 오래 전부터 전해 내려오는 식물 지식에 따라 풍부한 열대식물 자원 중에서 수천 종의 식물을 선택적으로 식별하거나 약용, 식용 또는 재료 식물로 사용할 수 있다. 식용식물 중 전분, 유료油料, 과일, 음료, 야채 및 색소를 포함한 300-400종 현지식물의 뿌리, 가지, 잎, 꽃 및 과일을 식용에 사용할 수 있다. 약용식물 중 500-600종이 이용되고 있는데, 일부 종은 이 민족에서만 사용되며, 일부 종은 신약 생산에 사용된다. 예를 들어 시삼필로스 파레이라Cissampilos pareira는 다양한 알칼로이드를 함유하고 있으며, 그 중 시삼필로인, 일명 "다이근송"은 수입 염화통 쿠라린 클로라이드Tubocurarine chloride와 동일한 근육 이완 효과를 갖는다. 재료 식물 중 시솽반나 다이족이 생산 및 생활도구, 공예품, 집을 짓는 데 사용하는 나무만 100여 종, 대나무는 50-60여 종에 이른다.[25] 또 다른 예로, 필리핀 민다나오 섬에 사는 하누노족은 비범한 "식물학" 지식을 갖고 있다. 그들의 언어 시스템에서 식물 관련 기본명사가 822개 사용되고 있으며 1,625개의 상이한 식물 유형(하누노족의 식물 분류 범주, 대체로 생물학적으로 분류된 종, 아종, 변종 또는 품종에 해당)이 식별되었다. 1,625개의 식물 유형 중에 약 500개의 재배 또는 보호 식물이 있으며, 나머지 1,100개 이상이 야생에 속한다. 실제로 하누노는 1,524종의 식물을 사용하고 있는데, 이는 전체 식별의 90% 이상을 차지한다. 식용, 물질문화, 초자연적 목적 (약용 포함) 등 식물의 활용범위를 보면, 하누노족이 먹는 식물은 500종 이

---

25 許再富·劉宏茂, "西雙版納傣族傳統植物知識體系與植物多樣性持續發展的關係," 中國科學院生物多樣性委員會·林業部野生動物和森林植物保護司 엮음, 《生物多樣性研究進展》, 中國科學技術出版社, 1995.

상(그들의 먹거리를 구성하는 곤약, 바나나 등 작물 식별이 가능한 것만 30종, 벼는 약 90종), 물질문화에 사용되는 것은 약 750종, 초자연적 목적에 사용되는 것은 수천종(하누노인의 시에서 음창하는 식물만 554종)에 달한다.[26] 사실 채집을 전문으로 하는 사람이나 농민들뿐만 아니라 육식을 주로 하는 많은 유목민들도 상당히 발달된 "식물학" 지식을 가지고 있다. 예를 들어, 주로 몽골고원에서 방목하는 몽골족은 다양한 사료 식물에 대한 체계적인 이해를 가지고 있을 뿐만 아니라, 식물 명명에도 나름 기여를 하고 있다. 진산金山의 연구에 따르면, 몽골 사료용 식물의 전통적인 분류 시스템은 사료용 식물의 형태적 특성, 성장 환경, 가축 섭식 계절, 섭식 가축의 종류, 가축의 역할을 분류하는 5가지 시스템을 포함한다. 사료용 식물의 형태적 특징에 따른 시스템은 "풀", "관목", "나무" 3종, 사료용 식물의 생육환경에 따른 시스템은 "산지 사료용 식물", "평야 사료용 식물", "모래 사료용 식물", "염수 알칼리 사료용 식물", "사계절 사료용 식물" 등 7종, 사료용 동물 종류별 시스템은 "소축사료 식물", "대축사료 식물", "낙타사료 식물" 등 3종, 가축에 대한 역할별 시스템은 "수지방사료", "식물유유식물" 등 3종이다.[27] 관련 연구에 따르면 현재 몽골어로 명명된 식물의 속명은 카라가나속caragana fabr과 둔기초속timouria roshev으로 식물학명에 190, 아종2 및 변종9로 알려져 있다.[28]

전前산업사회의 많은 민족들이 지닌 동물의 실용성을 바탕으로 발전한 "동물학" 지식도 상당히 발달한 것으로 나타났다. 중국의 윈난성은 전형적인 "동물의 왕국"으로서, 현지의 붉은 땅에서 생존하고 발전한 많은 민

---

26 司和彦, "身體與環境——人類適應的個體研究," 秋道智彌·市川光雄·大塚柳太郎 외·范廣融·尹紹亭 역, 《生態人類學的視野》, 雲南大學出版社, 2005, p.62.
27 金山, "蒙古族飼用植物傳統分類系統的研究," 陳山·哈斯巴根 엮음, 《蒙古高原民族植物學研究(第1卷)》, 內蒙古教育出版社, 2002, p.144.
28 陳山·包穎·滿良, "蒙古文化與自然保護," 《內蒙古環境保護》第2期, 1996.

족사회에서는 다양한 민족 선조들의 수렵생활의 역사와 그들이 알고 있는 다양한 동물에 대한 이야기가 전해지고 있다. 뿐만 아니라 사람들의 일상 생활에는 자연 생태에서 파생된 야생 동물성 식품이 많이 있다. 하니족의 생태 식단에는 화허벌花腰蜂·흑토벌黑土蜂·꿀벌·밭메뚜기 등 야생 곤충, 물고기와 새우·미꾸라지·장어·돌조개·우렁이·게 등 야생적 수산물, 꿩과 죽계·산비둘기·자고·메추라기·화미畵眉·멧돼지·산양岩羊·마록馬鹿·양치기麂子·산토끼·대나무 쥐竹鼠·다람쥐松鼠·원숭이·들 고양이 등 야생 날짐승이 있다.²⁹ 이처럼 풍부한 야생동물 식단은 하니족이 생활환경 주변의 각종 동물에 대한 깊은 이해 정도를 잘 보여준다. 또 리수족傈僳族 사회의 현재 25가지 성씨 중 동물과 관련된 것은 호랑이, 곰, 벌, 쥐, 양, 물고기, 닭, 부엉이 등 8종이며, 이를 통해 여러 개의 다른 동물 성씨가 파생·진화되었다.³⁰ 한 민족의 성씨를 동물과 연관시키는 것은 동물 토템 숭배의 표현이지만, 다른 측면에서는 동물에 대한 사람들의 강한 의존성을 반영한다. 중국 동북지방의 만주족은 언어체계상 사슴, 곰, 호랑이, 표범, 멧돼지, 늑대, 오소리, 회색쥐 등 각종 동물에 대한 전문용어가 많다. 이 중 사슴 전용어로는 "뿔사슴", "사슴 새끼", "한 살(1년생) 사슴", "두 살(2년생) 사슴", "세 살(3년생) 사슴", "사슴 나무", "여름 사슴 떼", "암사슴 찾기" 등 29종이 있다. 멧돼지에 대한 전용어로는 "멧돼지", "반큰돼지", "수돼지", "1년생 멧돼지", "2년생 멧돼지", "장장 멧돼지", "4년생 멧돼지", "암멧돼지", "방장상아 멧돼지" 등 10여 가지가 있다. 곰 관련 전문어만 11개, 설치류 관련 전용어만 30여 종에 이른다.³¹ 동일한 동북지방에서도 1950년대 이전까지 수렵으로 생계를 유지했던 허저족은 수렵 과정에서 다양한

---

29 楊天雲,《哈尼族傳統文化中的生態理念與生態保護》(http://www.hhskl.org.cn).
30 楊春茂,《傈僳族民間文學槪論》, 雲南敎育出版社, 2002, p.224.
31 江帆,《滿族生態與民俗文化》, 中國社會科學出版社, 2006, p.84.

동물을 식별할 수 있을 뿐만 아니라 동물에게 일종의 신성을 부여하였다. 허저족의 동물신에는 매신, 진달래신, 표범신, 호랑이신, 늑대신, 개신, 멧돼지신, 거북이신, 새우신 등이 있다. 허저족들은 이 신들을 목제木質 우상으로 만들어 평상시에는 천 주머니에 넣었다가 사냥을 나갈 때 꺼내 제사를 지냈다.[32]

거주지가 다른 민족이 각자의 생활 환경에서 형성한 일부 지역생태 지식은 지역 경제 발전에 많은 성공적인 경험을 남겼다. 다음은 대표적인 사례 몇 가지를 살펴보겠다.

후난성 룽산현龍山縣 덴팡진靛房鎭 쑤주촌蘇竹村의 투자족土家族은 장기간의 생산과 생활에서 산과 물을 배경으로 한 독특한 지식을 형성하였는데, 이는 "고기몰이趕肉"(사냥 활동에 대한 투자자의 표현 방식), "칸훠서砍火畬",[33] 삼림 보호 및 산 봉쇄 등의 생산행위를 통해 나타난다. 생태학적 지혜를 지닌 이 세 가지 활동은 활동의 시간적 특성, 작업 대상의 선택성 및 시간적 간격에 주의를 기울이는 공통점이 있다. 시간적 선택 측면에서, 투자족의 수렵은 주로 농한기와 "고기몰이" 길일에만 이루어지며, 일반적으로 대규모 수렵 활동을 하지 않아 과도한 사냥을 피할 수 있다. "칸훠서砍火畬" 또한 생산철의 시간 제한을 받으며 일반적으로 농한기에 진행한다. 경작 준비 활동이 시작되면 1년 동안의 "칸훠서砍火畬" 활동은 기본적으로 종료된다. 대조적으로, 산림 보호 및 산 봉쇄는 일시적인데, 일시적인 특성으로 인해 시간적 선택이 더 자유롭고 광범위할 수 있지만, 산림 보호 및 산 봉쇄가 특정 날짜에 실행될 경우 해당 날짜는 신성함을 부여받게 된다. 규

---

32 宋兆麟·黎家芳·杜耀西, 《中國原始社會史》, 文物出版社, 1983, p.465.

33 "칸훠서(砍火畬)"는 중국의 남방지역 특히 후난, 장시, 푸젠, 광둥과 광시, 쓰촨, 충칭 등 지역의 산지(山區)에서 많이 사용하는 농경방식이다. 절차를 간략하게 설명하면 우선 산의 나무를 자르고, 자른 나무가 건조된 이후 불 태우며, 초목에서 소각된 잿가루를 비료로 삼아 파종을 진행하는 것이다.(역자 주)

약을 어기는 자가 없다면 이 시간에 실천한 규약은 산림 보호 및 산 봉쇄의 질서가 파괴되어 질서를 재건할 수밖에 없을 때까지 오랫동안 유효하게 된다. 노동대상의 선정에 있어 투자족은 선조들의 무덤과 풍경림에서의 사냥을 금지하고 있다. 선조들의 무덤은 선조들의 영혼의 휴식처이고, 풍경림은 마을을 지키는 신성한 산림인데, 이러한 성지가 교란되면 마을 전체가 재앙적인 처벌을 받게 된다고 여기기 때문이다. 투자족이 "칸휘서砍火畬"로 선택한 장소는 대체로 잡초와 츠츠茨茨가 많은 곳이다. 이는 우선, "칸휘서砍火畬"에서 소각된 재가 기장의 성장을 위한 충분한 영양분을 제공하여 더 나은 수확을 보장하기 때문이다. 둘째, 큰 나무가 자라는 곳과 풍경림에서는 칸휘서를 할 수 없기 때문이기다. 셋째, 마을 근처에서도 칸휘서를 할 수 없고, 마을에서 멀리 떨어진 곳을 선택해야 한다. 또한 강변에서 칸휘서를 하지 않는다. 그것은 강물이 불어나면 농작물이 잠길 수 있기 때문에, 한다고 해도 강변에서 조금 떨어진 곳을 택할 수밖에 없기 때문이다.[34]

티베트 창두구 차야현 룽저우향에 사는 티베트인들은 해발 3,300미터 이상의 지역에서 식수조림에 성공하였는데, 이는 최저 투자로 생태금지구역을 넘어 한막대에서의 생태건설의 성공적인 사례로 꼽힌다. 빙하 연구학계에 따르면, 해발 3,000미터 이상의 동토 지대는 교목의 생존에 있어서 금지구역이다(성공 불가능한). 그러나 룽저우향의 티베트인들은 대대로 축적된 생태지식을 이용하여 이곳에서 성공적으로 숲을 가꾸었다. 그들의 성공 경험은 나무를 심을 때 구멍을 넓게 파고 그 구멍에 조약돌을 채워 넣는 것이었다. 이와 관련해 연구자들은 나무 구멍을 넓게 파고 조약돌을 채우는 이 나무 심기 방법에 대해 과학적 분석을 수행했는데, 하

---

34 梁正海·柏貴喜, "村落傳統生態知識的多樣性表達及其特點與利用──湘西土家族村落'蘇竹'個案研究,"《吉首大學學報》第3期, 2009.

나는 나무 뿌리의 측면 성장에 도움이 되는 것이고, 다른 하나는 수분 저장 및 통기성透气功能, 세 번째는 온도 증가 및 보온 효과가 있기 때문인 것으로 나타났다. 현지 티베트인들은 나무 구멍에 조약돌을 채우면 동토층으로 인한 한계를 극복하고 나무의 성장에 도움이 되어 연료 부족을 해결하고 집을 짓는 조림의 목적을 달성할 수 있다는 점을 알았기 때문이다.[35]

구어저우貴州 마산麻山 지역의 석막화石漠化 과정에서 현지 정부와 사회 각계에서는 나무와 풀을 심고 농지를 산림으로 환원하며, 현장에서 필요한 재료를 취하여 난석으로 능선을 쌓고, 돌 틈에서 흙을 파내어 고정 계단을 만들었으며, 공정기술을 이용해 전국 수원을 탐구하고, 하천 개도 공사까지 하는 등 많은 조치를 시도했지만, 모두 좋은 효과를 거두지 못했다. 양팅쉬楊庭碩는 자신의 연구 실천에서 당지 사막화의 원인과 과거 치료대책에 대한 분석을 통해 마산지역의 석막화 문제를 다스리기 위해서는 현지 먀오족의 전통적인 생태 지혜와 기술의 최대한 발굴 및 활용이 필요하고, 그들의 잠재적인 주관적 능동성을 발휘시켜, 그들이 자신들만의 방법으로 현지 생태환경을 개발·활용할 수 있도록 해야 한다고 주장하였다. 먀오족 전통적인 경험에 따르면, 식물이 생존 위치를 선택할 때 하나는 바위 틈의 방향과 무늬의 교차점에 따라 위치를 결정한다는 것이다. 먀오족들은 산세가 곧게 뻗은 바위틈을 따라 기氣가 가고, 심은 나무가 양분을 공급받지 못하면 살 수 없으며, 산과 평행한 바위틈은 기氣는 가지 않지만 기를 모아서는 안 되며, 이런 바위틈도 나무를 심을 수 없다고 생각한다. 세로 솔기와 가로 솔기의 교차점에서 기가 모일 수 있고, 기가 가지 않아야 나무가 살고 큰 나무로 자랄 수 있다. 다른 하나는 새와 짐승의 도움으로 종을 선택해야 한다는 것이다. 새와 짐승은 월동할 때

---

35 滕曉華, "論藏族生態知識的不可替代價值──以昌都地區察雅縣榮周鄉成功造林為例,"《貴州民族學院學報》第6期, 2006.

항상 바위 틈이나 거친 풀숲에 다양한 식용 식물 씨앗을 저장한다. 자신들 경험을 바탕으로 먀오족 사람들은 이러한 새와 짐승의 "곡물 창고"를 쉽게 발견할 수 있다. 이듬 해 봄 따뜻해지면 새와 짐승이 먹고 남은 종자는 제때에 자연적으로 싹을 틔울 것이며, 이러한 종자를 모아 심으면 생존율이 높고 비용이 저렴하며, 심은 나무도 현지 생태 환경에 적응하기 쉽다는 것이다. 마지막으로 식물의 동반생존 현상伴生現象에 따라 식물을 선택하는 것이다. 예를 들어, 먀오족이 닥나무構樹와 회화나무槐樹를 심을 때, 우선 바위틈에 하수오, 칡덩굴과 같은 뿌리 식물이 자라고 있는 위치를 찾는다. 또한 그 곳에 묘목을 심는 것이 더 적합하다고 판단한다. 밤나무, 호두 및 기타 나무를 심을 때는 심기 전에 왕성한 띠가 있는 바위 틈을 선택해야 한다는 것이다.[36]

요컨대, 각 민족사회에서 질서정연한 생태지식을 전승하는 것이 각 민족이 장기간의 사회실천활동을 거쳐 총화한 합리적인 상식임을 알 수 있으며, 이러한 상식은 우리가 지역적인 경제개발과 환경보호에 직접 의지할 수 있는 자료로서 잠재적인 생태인식가치를 가지고 있다. 그러나 한 곳에서 얻은 생태적 경험이 다른 환경에서도 반드시 유용한 것은 아니며, 많은 지역적 생태 지식은 대부분 현지에서 유용한 것이지 그것을 그대로 옮겨와서는 절대 성공할 수 없다.

---

36 楊庭碩, "苗族生態知識在石漠化災變救治中的價値," 《廣西民族大學學報》第3期, 2007.

생태적 환경에의 적응, 유지 및 민족의 발전

어떠한 자연지리적 환경에 거주하는 민족이든 모두 상이한 민족 생태계를 가지고 있다. 또한 그들은 장기적인 생존과 발전을 위해, 자신이 창조한 문화에 의존하여 비교적 안정적인 생태 적응 시스템을 구축하고, 세대에 걸쳐 축적된 향토 지식에 따라 환경의 다양한 부분에 대한 의존도와 생존 자원의 풍성도를 조절하고 보호한다.

1. 생태적 환경에의 적응과 민족의 발전

인류의 생태 시스템 모델에서 민족은 매우 중요한 인간 집단으로서, 다른 개체군에 비해 약간 특별한 지위를 가지고 있다. 민족 집단이 생태계에 들어가기만 하면 정교한 기술과 끊임없이 창조된 문화를 통해 필연적으로 시스템에서 핵심위치를 차지하는 종이 되며, 다른 종을 지배하거나 다른 종에게 어느 정도 영향을 미친다. 동시에 세계의 각 민족은 자연 식생을 인공 식생(벼, 밀, 옥수수, 덩이줄기 식물 등)으로 대체하고, 농업과 도시와 같은 "인공" 생태계를 구축하여 생활환경에서 주도적인 역할을 하는 작물 개체군을 다양한 수준으로 통제할 수 있다. 그러나 다른 종과 마찬가지로 모든 민족공동체는 동일한 법칙인 물질과 에너지의 순환 법칙의 제약을 받고, 음식물을 얻는 상이한 방법은 다른 환경에 적응한 결과이며, 자연 환경은 초원 환경이든 사막 환경이든 산림 환경이든 그 안에 사는 민족에게 큰 제한을 가하고 있다. 이는 북극에서는 경작할 수 없고, 열대우림에서는 축산을 거의 발전시키지 못하는 것과 같은 이치이다. 민족은 인류 생태계에서 이러한 위치에 있기 때문에 모든 민족이 생존하고 발전하려면 자신의 "생태적 위치"에서 사용할 수 있는 모든 자원을 합리적으로 사용해야 한다.

민족의 생존환경에서 이용가능한 자원은 주로 각종 동식물자원인데, 기후, 온도 등의 생리적 적응 외에 인간들이 이용할 수 있는 다양한 자원과 환경에 적응하는 것이 가장 중요하다. 모든 민족이 자체 개발 과정에서 물, 동물 및 식물을 사용하는 정도는 종종 이용 가능한 자원에 대한 적응 및 이해를 기반으로 하며, 동식물 자원에 대한 이해와 인식은 주로 생산 및 실천 활동을 통해 이루어진다. 채집-수렵 사회에서 사람들의 생산은 환경에 대한 의존도가 높으며, 환경에 대한 적응과 이해의 과정은 실제로 모든 생산 및 실천 활동을 통해 이루어진다. 복잡하고 변화무쌍한 환경에서 생존하기 위해 채집-사냥꾼은 주변 환경에서 자라는 다양한 나무, 관목, 덩굴풀에 익숙해야 하며, 어떤 식물이 유용하고, 어떤 식물의 뿌리줄기와 열매가 식용이 가능하며, 어떤 나무가 목재로 사용될 수 있는지를 알아야 한다. 그들은 숲에 서식하는 다양한 날짐승과 길짐승에 익숙하고, 다양한 동물의 성장 특성, 습성, 흔적 및 이동 경로를 이해하며, 사냥의 시간, 장소, 대상 및 방법을 조정하고 합리적으로 배치해야 비교적 고정된 공간 범위 내에서 동물 자원이 과도한 사냥으로 고갈되지 않는다. 유목 사회에서 유목 경제는 환경 의존도를 크게 줄였지만, 유목 경제는 기본적으로 "자연경제"이며 자연환경의 작은 변화는 유목 생태학의 큰 변화로 이어질 수 있다. 기온이 1-2℃ 내려가면 현대 도시인들에게는 별 느낌이 없을 수 있지만, 유목민의 경우 그들이 이용할 수 있는 목초지 자원을 얻기 위해 남쪽으로 여러 위도를 이동해야만 되며, 수백 킬로미터의 범위 내에서 목초지가 크게 변화한다. 이것은 유목민족에게 환경에 적응할 수 있는 강력한 능력을 요구한다. 유목민의 가장 두드러진 특징은 계절과 기후 변화에 따라 비교적 넓은 공간 내에서 번갈아 가며(윤전) 방목하거나 유동 방목하는 "수생 식물을 따라 생활하는 것"이다. 사실 "수생 식물을 따라 사는 것"은 생산과 생활 방식이라기보다는 생태적응 방식이다. 농경사회에서 인간은 농작물을 재배하고 관개기술을 습득하여 자연 생태계에 통제 가능한 작물생장공간을 마련할 수 있어 채집인과 유목민에 비해 환경에 대한 의존도가 낮아졌지만, 농민들도 환경을 개조하고 활용하는 동시에 농업생태계에 대한 적응력이 좋아야 하며, 이러한 적응은 지형, 기후, 토양, 식생 등 여러 측면에서 나타날 뿐만 아니라, 농경생산의 모든 작은 단계에서도 구체적으로 나타난다. 예를 들어, 중국 남서부 민족 지역의 하니족, 다이족, 징포족, 리수족, 와족 등 민족의 전통적인 농경 생산에서 오늘날까지 남아 있는 자연력natural calendar은 이들 민족이 주변 환경의 조수鳥獸와 충어蟲魚, 초목생태의 변화 및 기타 자연현상을 오랫동안 관찰하여 총화한 것이다. 농사 시기를 구분하고 농업 생산을 안내하는 데 사용되는 이 소박한 자연 역법은 사람들이 오랫동안 농업 생태 환경에 적응한 결과이기도 하다.

 자연 환경에 대한 인간의 적응과 생활환경 속에서 이용 가능한 자원에 대한 적응은 두 가지 측면이지만, 둘 다 인간의 생존 및 발달과 밀접한 관련이 있다. 일반적으로 모든 민족은 장기적인 생존과 발전을 위해 자신이 만든 문화에 의존하여 비교적 안정적인 생태 적응 시스템을 구축하고 다양한 부분에 대한 의존도와 생존 자원의 풍부함에 따라 적응해야 한다. 다양한 생태적 환경은 그 사이에 거주하는 민족에게 제한적인 잠재력, 즉 우리가 일반적으로 "능력Capacity"라고 부르는 잠재력을 가지고 있다. 환경적 "부하"는 일정하고, 환경에서 인간이 사용할 수 있는 자원은 어느 정도 한계가 있으며, 일정 수준을 초과하면 환경을 복원할 수 없을 뿐만 아니라 인간이 사용할 수 있는 자원을 적절하게 조정하기 어렵다. 따라서 우리는 전前산업사회의 많은 민족들이 종종 일부 불문율 관습에 의존하여 의식적으로 또는 무의식적으로 인구의 규모를 통제하고 집단 거주의 규모가 작았음을 알 수 있다. 아프리카의 칼라하리 사막에서 제대로 된 촌락을 찾아보기 힘든 것은 100제곱킬로미터당 40여 명을 먹여 살릴 수 있는 생태환경 때문이다. 마찬가지로 서남아시아에서 화전을 주요 생업으로 하는 민족으로, 그들의 마을은 사람들을 따라다니며 주거지를 정하지 않는데, 이는 이 경제가 헥타르당 20헥타르의 삼림과 조화를 이루어야 생태 균형을 유지할 수 있고, 제곱킬로미터당 20-30명만 먹여 살릴 수 있기 때문이다. 이러한 경제 활동에 종사하는 사람들에는 산림 생태계를 조정하는 과정에서 "이동 경작遊耕"이 가장 적절한 방법일 수 있다. "이동 경작"은 경작자들이 생존의 어려움에서 빠르게 벗어나 즉시 좋은 식량 생산 조건을 얻을 수 있게 하고, 자연환경의 경우 간척으로 인해 파괴된 자연 생태계가 인간의 추가 간섭과 충격으로부터 자유로워질 수 있게 하여, 느린 적응과 점진적인 균형 회복의 기회를 얻을 수 있기 때문이다.[37] 적절한

---

37 尹紹亭, 《一個充滿爭議的文化生態體系──雲南刀耕火種研究》, 雲南人民出版社, 1991, p.148.

경작 외에도 사람들은 윤작輪作 조정, 인공적 식수조림 재조정, 사회적 관계 조절, 농경지 조정 및 경제작물 조정과 같은 다양한 방법을 사용하여 생태계 조정을 강화한다.

자연환경에 적응하는 과정에서 모든 민족은 이용 가능한 자원의 양과 질에 대한 적응력을 지속적으로 축적하는 것 외에도, 자원의 변동에 따라 언제든지 지속적으로 조정해야 한다. 전前산업사회 민족의 경우, 환경에 크게 의존했기 때문에 계절과 환경의 변화에 따라 생존자원을 지속적으로 조정해야 했으며, 일반적으로 그 조정 범위는 비교적 컸다. 산업화 수준이 높은 민족은 선진 기술에 의존하여 자원 변동의 폭을 줄일 수 있지만, 반대로 환경 비용이 비교적 크며 환경 제어 및 변형 능력의 향상은 종종 생태계의 안정성에 심각한 위협이 된다.

생태적 적자赤字는 민족의 생존과 발전에 있어서 가장 큰 위기라고 할 수 있다. 모든 민족의 생태계는 자동조절능력이 있지만, 생태계의 조절능력은 일정한 한계가 있으며 생태역치를 초과하면 자동조절능력이 감소하거나 심지어 사라지기 때문에 에너지 흐름과 물질순환에 장애가 발생하고 생태계의 혼란과 붕괴를 일으켜 결국 생태위기를 형성하고 인류의 생존을 위협한다. 생태 불균형의 원인은 태양복사에너지, 운격, 입자류 충격, 전자기폭발, 오존층 파괴 등 천문학적 원인, 대기권, 수권, 암석권에서의 산사태나 해일, 지진산사태나 눈·비·빙상 등 자연적 원인도 있지만, 전쟁·사회동란·생산현장에서의 사고·환경오염 등 인위적 원인도 있다. 세 가지 이유 중 처음 두 가지 이유는 인류 생태계에 미치는 영향을 예측하고 통제하기 어려운 반면, 후자는 예측하고 통제할 수 있다. 그러나 인류는 오랜 세월 동안 자연계에 대한 승리와 자연계에 대한 오만과 무례, 일방적인 요구로 인해 실제로 인류의 미래 생존 기반을 크게 약화시켜 민족 생존의 최대 위기가 되었다.

지난 1세기 동안 전 세계적으로 빈번한 생태적 재난에 대응하여 인류는 끊임없이 자신의 행동을 반성하고 지속 가능한 발전의 개념을 제시하였으며, 생태계의 조절·조화·보호를 위해 일련의 조치를 취했다. 장기적인 민족 생존과 발전의 관점에서 볼 때, 이러한 조치 중 "인구혁명"과 "녹색혁명"은 비교적 직접적으로 영향을 미칠 수 있는 두 가지 수단으로 보인다.

민족생태시스템은 질서정연한 상태에서 무질서로, 다시 무질서에서 질서정연한 상태로 발전하는 순환적·점진적 변화의 동태적 시스템으로서, 점진적 발전의 핵심은 민족인구와 천연자원(특히 토지자원)의 흥망과 쇠퇴의 모순에 있다. 자연지리적 환경은 민족인구의 지리적 분포와 밀도를 제한하고 있으며, 또한 인간이 세계 어느 곳에서나 살 수 있는 것은 아니다. 환경 조건의 제한, 공간 용량의 제한, 식량 생산의 제한으로 인해 민족 인구가 무제한으로 증가하는 것은 불가능하다. 인구 증가율이 높을수록 인간 관계가 더 긴장되고, 모순이 더 두드러지며 생태 환경의 파괴가 더 심각해지기 마련이다. 따라서 일련의 인구 증가 억제 조치를 취하여 토지자원, 수자원, 에너지, 도시환경, 공업발전에 대한 인구의 압력과 충격을 줄이고 인구와 천연 자원의 균형을 유지하는 것이 민족이 생태계에 적응하며 생존하고 발전하는 효과적인 수단일 것이다.

산림생태시스템은 민족생태시스템의 주요유형의 하나이다. 세계 각 민족은 각자의 발전에서 산림생태시스템을 조절하고 보호하기 위한 다양한 조치를 취하고 있지만, 전 세계적으로 산림은 점차 벌채되고 산림 피복률은 해마다 감소하고 있으며 그 결과 지표수 저장 능력이 감소하고 가뭄, 침수, 눈사태, 산사태와 같은 자연재해가 빈번하게 발생한다. 따라서 민족생태시스템을 조절하고 보호하며 생태법칙을 준수하기 위해서는 수원 함양, 수토 보존, 기후 조절, 방풍고사防風固沙, 공기정화 등의 기능을 가진 산림자원을 보호하고, 나무를 대대적으로 심으며, 녹색혁명을 통해 사람과 땅이 공생하는 환경시스템을 적극 구축해야 한다.

요컨대 생활환경 자원에 대한 민족의 성공적인 적응은 생태시스템를 어떻게 효과적으로 조작하고 개입하느냐가 아니라, 전통적 생태 지식과 현대 기술을 효과적으로 결합하고 "인구 혁명", "녹색 혁명" 및 기타 수단을 통해 생태적 환경의 보호를 강화할 수 있는지 여부에 달려 있다.

2. 향토지식과 민족생태의 유지

각 민족이 오랜 생산생활 실천 속에서 대대로 축적·전승해 온 생활환경에 관한 지식과 체계에는 "전통기술지식", "원주민기술지식", "원주민환경지식", "전통생태지식", "부족인의 지식", "토착지식", "민간지식", "전통지식", "원주민지식" 등 많은 표현과 용어가 있다. 이러한 많은 표현과 용어는 이 문제에 대한 사람들의 인식에 다양한 초점을 반영한다. 사실 향토지식에 대한 사람들의 이해에 아무리 큰 차이가 있더라도 향토지식의 핵심가치, 즉 인지적 가치, 응용적 가치, 조직적 메커니즘의 역할은 사람들이 연구와 실천에 반영해야 한다.[38]

철학적 관점에서 볼 때, 향토지식은 다양한 민족이 장기적인 생산과 생활실천에서 생활환경 주변 자원과의 관계를 중심으로 구축한 비교적 완전한 환경인지체계로, 인간과 자연의 관계에 대한 인지론이며 우주 만물의 기원에 대한 우주관이다. 각 민족의 창세신화, 풍물전설, 이주서사시, 옛 가요 등에는 인간과 환경의 상관관계에 대한 사상이 풍부하게 담겨 있다. 다른 지역, 다른 환경의 민족 또는 그룹은 고유한 문화와 세대에 걸쳐 계승된 믿음으로 자연에 다른 의미를 부여하여 고유한 가치와 생태관을 형성한다. 민족지리적 환경 개념의 핵심인 민족생태관은 환경과 관련된

---

38 何丕坤·何俊·吳訓鋒 엮음, 《鄕土知識的實踐與發掘》, 雲南民族出版社, 2004, pp.3-8.

지식체계이다. 이 지식 시스템에는 생활환경에 대한 믿음, 생활환경 현지에 대한 인식, 생활환경에 대한 전통적인 관리 시스템과 지식 및 기술이 포함된다.

응용가치의 관점에서 볼 때, 특정 지리적 지역의 사람들이 가진 지식과 기술의 총칭으로서 민족향토지식은 생계 지식이자 생존 수단이기도 하다. 이러한 생계지식은 대대로 전승되어 왔으며, 세대를 이어가는 과정에서 환경의 새로운 변화에 적응하기 위해 각 세대는 원래의 지식을 바탕으로 새로운 내용을 추가하고, 개편 및 추가된 전체 지식 시스템을 다음 세대에 전달하여 미래 세대에 생존 전략을 제공한다.[39] 이렇게 대대로 전해 내려오는 지식으로 사람들은 생활환경의 주변(자연 환경)에서 생존 자원을 효율적으로 얻을 수 있다.

생존전략으로서 향토지식은 대부분 구두전승의 방식이나 실천활동에서의 모방과 전시의 방식을 통해 사람들의 사회생활에 영향을 미치고 있다. 많은 민족조사 데이터에 따르면, 전통시대 민족사회의 사람들은 일상 생산 및 생활 풍습에서 항상 자각하거나 무의식적으로 민족의 전통지식과 생태시스템을 사용하여 물질과 에너지를 교환하는 것으로 나타났다. 많은 민족 공동체의 존속과 발전은 또한 전승에 의한, 그리고 환경과 관련된 지식에 크게 의존한다. 예를 들어 윈난성 디칭 티베트족 자치주 더친현 란창강 유역의 계곡 양안의 대지와 산비탈에 대대로 살아온 티베트족 주민들은 오랜 역사발전 과정에서 수계와 산계의 영향을 동시에 받는 특수한 문화 생태시스템과 전통 지식을 형성하였다. 전통지식은 자연에 대한 경외, 신앙, 숭배를 기반으로 하고, 자연본토에 대한 인간의 인식을 핵심으로 하며, 자연에 대한 인간의 적절한 이용을 원칙으로 한다. 또한

---

39 吳正彪, "鄕土知識中的'自然中心主義'——岜沙苗族的生念倫理觀," 孫振玉 엮음,《人類生存與生態環境——人類學高級論壇2004卷》, 黑龍江人民出版社, 2005, pp.176-177.

전통지식은 인간과 자연이 조화롭게 공존하는 사회제도, 관습법, 전통지식, 메커니즘을 규범으로 하여 현지 생태환경을 보호하고 현지 촌민의 지속적인 생존을 위한 물질적 기반을 제공해 주었다.[40] 또 다른 예로, 구이저우 바사먀오족 사회의 전통적인 생태윤리 관념에서는 인간과 주변 생물종을 평등한 구성원으로 간주하여 인간과 모든 사물은 영혼이 있고 공통의 신령이 지배한다고 주장하며, 신에 대한 경외와 구체적인 생물에 대한 경외가 표현되고 있으며, 어떤 생물을 이용할 때 관련된 신과 공유해야 하며, 개인적인 욕심에 따른 인간의 이익은 생물 위에 군림하는 것을 억제시킨다. 이 관념은 생물종의 다양성과 지역사회 생물자원의 지속 가능한 개발을 효과적으로 보호해 준다.[41]

민족사회에 전승되어 온 환경과 관련된 향토지식은 대부분 엄격한 이론체계를 가지고 있지 않지만 민족사회에 미치는 영향은 종합적이고 포괄적이며, 사람들의 생산 및 생활의 모든 분야에 관련되어 있으며, 사람들의 사회생활 모든 측면을 관통하여 민족지역의 생태유지에 중요한 역할을 한다. 이러한 영향은 사람들의 일상적인 관념과 행동을 제약하는 것 외에도, 주로 가족 부족 조직, 촌락 조직, 제사 그룹, 종교 조직 및 많은 민족 사회에서 독특한 촌로제寨老制, 장로제 등 다양한 형태의 조직을 통해 인간과 자연, 사람과 사람, 개인과 집단, 집단과 집단 간의 관계를 조정한다. 예를 들어, 중국 남서부의 일부 산악 민족은 종종 민족의 서식지(생활환경)에서 신림神林, 묘분산림, 풍경림, 수원水源림, 호도림護道林 등 많은 삼림지를 조성하여 교대로 보호하며, 상응하는 보호 조치를 마련하는데, 만약 누가 "보호구역"의 환경을 파괴하거나 "보호구역"의 나무를 채벌한다

---

40 尹侖, "藏族傳統知識與生態環境的變遷——德欽佳碧村案例研究," 秋道智彌·尹紹亭 엮음,《生態與歷史——人類學的視角》, 雲南大學出版社, 2007.

41 吳正彪, "鄉土知識中的'自然中心主義'——岜沙苗族的生念倫理觀," 孫振玉 엮음,《人類生存與生態環境——人類學高級論壇2004卷》, 黑龍江人民出版社, 2005, p.182.

면 민족의 관습법에 따라 처벌한다.

일반적으로 서로 다른 생태학적 위치에 있는 민족이 장기간의 생존과 발전 과정에서 형성한 생태지식과 생태관념은 민족의 생태와 인위적으로 형성된 생태환경을 유지하는 데 결정적인 역할을 한다. 그러나 환경에 대한 민족의 취향성은 환경에 대한 이해의 깊이, 폭 및 정확도에 차이가 있으며, 생태를 유지하기 위한 각 민족의 목표나 이해도 다르다. 농경민족은 농경지, 관개시스템, 마을, 도로에 주목하며, 야생이 전원을 훼손하는 대형 초식동물을 좋아하지 않는 반면, 유목민족은 목초지, 이정표, 수원을 고려하고 야생동물이 동반생존하는 것을 좋아하며, 이런 야생동물을 보조적인 식량자원으로 사용하기도 한다. 특정 자연지리적 환경에서 각 민족이 확립하고 완성한 생태지식은 대부분 지역적 생태균형을 유지하는 데 효과적이다. 그러나 거시적 관점에서 볼 때, 인간의 생태유지의 전반적인 목표는 구체적인 목표를 종합하여 형성되며, 각 민족의 생태유지에 대한 이해는 이러한 구체적인 목표에 기초하고, 다양한 지역적이고 민족적인 생태유지에 대한 지식과 경험을 통합하는 것은 글로벌 생태유지에 유익하다. 그러나 어떤 지역적인 생태학적 지식도 해당 지역에서 유용할 뿐, 해당 지역을 벗어나면 실패할 수 있으며, 따라서 그대로 답습해서는 안된다.[42]

---

42 羅康隆·黃貽修,《發展與代價──中國少數民族發展問題研究》, 民族出版社, 2006, pp.116-123.

제5장

민족문화의 형성, 발전 및 변천의 지리적 배경

세계의 모든 민족은 형성, 발전 및 진화의 오랜 역사적 과정에서 항상 천차만별의 자연환경과 전혀 다른 사회환경에 처하게 된다. 또한 이러한 자연환경과 사회환경의 이중작용으로 각기 다른 지역특징과 민족특징을 가진 민족문화가 형성되었다. 지리적 환경은 민족문화의 형성, 발전 및 변천의 물질적 기초로서 민족문화의 지역적 차이와 지역적 경계를 형성하는 가장 중요한 원인 중 하나이며, 특히 민족문화지역 내의 지표구조인 산맥, 하천, 호수와 바다, 고원, 산지, 구릉 및 분지 등의 요소는 지역적인 민족문화에 독특한 영향을 미친다. 동시에 지리적 환경요인이 민족문화에 미치는 영향은 포괄적이고 종합적인데, 한 지역의 민족문화의 형성과 발전은 결코 하나의 단일한 지리적 요인의 작용 결과가 아니라 지리적 환경의 여러 요인이 복합적으로 작용한 산물이다. 또한 지리적 환경의 여러 요인이 민족문화에 미치는 정도는 일정한 차이를 보이며, 경우에 따라 주도적 혹은 결정적인 영향을 미치는 요인이 다르게 나타난다.

1

민족문화의 지역적 차이 및 특징

　인류문화의 지역적 차이는 인류 문명사의 시작에서부터 이미 나타났다고 할 수 있다. 인류문명의 초기에는 생산력 수준이 낮아 인간이 생존할 수 있는 식량 공급원은 전적으로 자연계에 의존함에 따라 자연환경에 대한 의존도가 높았는데, 이때 인간 집단의 생활활동 범위는 주로 채집-수렵 대상의 분포 상태 및 수원 등 자연적 요인에 의해 결정되어 환경의 제약을 크게 받았다. 지구의 자연환경이 천차만별이기 때문에 인간의 생계방식이 다르고 공동체의 구성방식이 달라 민족마다 독특한 지역문화를 형성하고 있다. 자연환경의 선택에 적응하기 위해 생물이 분화되어 천차만별의 생물종을 형성하듯이, 서로 다른 지역문화도 처음에는 서로 다른 자연환경에 적응하기 위한 것이었으며, 서로 다른 민족, 지역문화가 형성된 후에는 하나의 자족시스템, 하나의 전통적 역량, 나아가 다른 민족 및

지역과 다른 전통문화를 형성하였다.[1]

특정한 생태적 환경을 기초로 형성된 서로 다른 민족공동체의 민족문화를 정태적으로 관찰하면, 비교적 안정적인 공간적 속성이나 위치 지역의 내재성Embeddedness, 의존성이 있음을 발견할 수 있고, 또한 서로 다른 시공간에서 각각의 지역적 특성을 나타내고 있음을 발견할 수 있다. 민족문화의 역동적 변화과정의 관점에서 볼 때, 특정 지역의 민족문화는 고립되어 발전하지 않고, 같은 지역의 다른 민족의 문화와 상호 교류 및 융합되기 때문에, 다민족이 함께 거주하는 비교적 큰 지리적 단위 내에서 형성된 지역문화는 종종 많은 민족적 특징을 가지고 있으며, 지역문화의 민족성을 나타냄을 발견할 수 있다. 지역문화의 민족성이든 민족문화의 지역성이든 그 형성과 발전은 다양한 자연환경요인과 사회인문환경요인이 복합적으로 작용한 산물이다. 이 중 민족문화의 지역적 특성은 지역의 자연적 차이와 지역 경제발전의 불균형의 결과이며, 지역문화의 민족성은 문화생태환경 요인에 의해 결정되는 경우가 많다. 문화생태환경에서 가장 중요한 요인은 생산력이다. 특정 생산력 수준과 과학 기술 수준은 문화 생태 환경의 시대적 특성에 결정적인 영향을 미친다.

민족문화는 지역문화의 최고수준임과 동시에 하나의 민족이 자신의 전통을 유지 및 발전시키는 특수한 방식으로서 복합적 종합체이다. 민족문화의 구체적인 내용과 표현방식을 볼 때, 물질문화든 정신문화든, 음식, 복식, 취락, 장례이든 언어, 문학예술, 과학기술, 건축이든 간에 상관없이 해당지역 인간의 활동, 그리고 해당지역 인간과 환경 간 관계를 반영할 때 대부분 지역적 특성을 두드러지게 나타낸다. 그러나 민족문화의 표현형식이 다양하기 때문에 제한된 지면을 통해 여러 민족문화의 지역적 차이를 분류하여 하나씩 밝히는 것은 불가능하며, 여기서는 음식, 복

---

1 彭嵐嘉, "西部地區的文化圈及文化板塊," 《蘭州大學學報》第6期, 2001.

식, 장례, 민족민속문학예술의 지역적 차이와 특징을 중점적으로 살펴볼 것이다.

1. 음식의 지역적 특징

자연환경이 인간의 음식물에 미치는 영향은 인간이 음식물 자원을 얻는 과정에서 가장 분명하게 드러난다. 인류가 필요로 하는 음식물 자원은 주로 지구생태환경이 제공하는 각종 동식물에 의존하고 있으며, 우리가 살고 있는 이 지구 상에는 동식물자원이 매우 풍부하여, 인류는 다양한 기술적 수단을 통해 노동생산성을 높여 더 많은 음식물을 얻을 수 있다. 그러나 상이한 지역에 거주하는 인간 집단에게 있어서 일상적인 음식물 자원과 종류의 선택이 마음대로 되는 것이 아니라 자연 환경에 의해 크게 제한되고 영향을 받는다. 그것은 특정 지리적 지역이 지형, 기후, 수문 및 기타 자연 조건의 제한과 영향으로 인해 동식물 개체군의 유형, 수량 및 분포에 일정한 생태학적 한계를 가지기 때문이다. 이러한 상이한 지역내 동식물 자원의 한계와 차이는 다양한 생태학적 환경 내에서 생활하는 민족공동체의 음식물 자원 및 유형의 선택을 엄격하게 제한하여 다양한 식습관을 형성하였다.[2] 따라서 생태적 환경 조건이 기본적으로 유사한 지리적 지역에서 사람들의 식품 공급 경로, 식품 구조, 식품 생산 방법, 심지어 음식 맛에서 대체로 유사하여 지역적 특성을 두드러지게 나타낸다.

세계 음식문화 체계에서 중국의 음식문화는 오랜 역사, 풍부하고 다양한 요리 계보(풍) 및 독특한 맛으로 인해 세계 음식문화의 매우 중요한 부분으로 자리잡고 있다. 중국의 음식 문화는 오랜 역사를 가지고 있으며

---

2 江帆,《生態民俗學》, 黑龍江人民出版社, 2003, pp.161-165.

일찍이 선진 시대의 《시경詩經》, 《초사楚辭》 와 《산해경山海經》 등에서는 음식 재료, 음식 품종, 음식 스타일, 음식 맛에 대한 많은 기록을 찾아 볼 수 있다. 예를 들어 《초사》의 "오산쑥은 시들고 얇지 않다吳酸蒿蔞,不沾薄只", "누룩으로 빚은 오나라 감주를 초나라 술과 섞어 초나라 특유의 청주를 만들다吳醴白蘖,和楚瀝只"와 같은 시구는 사람들이 음식의 지역적 차이에 주목하기 시작했음을 나타낸다. 사마천은 《사기·화식열전史記·貨殖列傳》에서 "천하의 물산은 각 지방마다 고르지 않고, 민간 풍습도 제각각인데, 산동 지역은 바다소금을 먹고, 산시山西 지역은 연못 소금을 먹으며夫天下所鮮所多,人民謠俗,山東食海鹽,山西食鹽鹵", "초나라와 월나라의 땅… 밥과 쌀, 생선 수프楚越之地……飯稻,羹魚"라고 적고 있다. 서진西晉 때 장화張華의 《박물지·오방인민博物志·五方人民》에서는 "동남 지역 사람들은 수산물을 먹고 서북 지역 사람들은 육지 짐승을 먹는다. 수산물을 먹는 사람은 거북이, 조개, 홍합을 진미로 여기고, 육식 축산물은 토끼, 쥐, 참새를 진미로 여기고, 누린내도 느끼지 못하며東南之人食水产, 西北之人食陆畜. 食水产者, 龟蛤螺蚌以为珍味不觉其腥臊也; 食陆畜产者, 狸兔鼠雀以为珍味, 不觉其膻也", "산이 있으면 수확하고 물이 있으면 고기가 된다有山者采,有水者鱼"는 것이다. 이 또한 한 지역의 음식이 먼저 물산에 의해 결정됨을 시사한다. 또한, 중국 고대 최초의 의학서인 《황제내경黃帝內經》은 "동쪽 지역은 기후가 봄철 같고 물고기와 소금을 생산하는 곳이다. 해변과 가깝기 때문에 지역 주민들은 생선과 소금과 같은 음식을 좋아하고 그들이 사는 곳에 익숙해져서 잘 먹는다고 생각한다.…서부 지역은 금과 옥이 나고 사막 지대이며 기후는 가을과 같다. 지역주민들은 모두 산을 끼고 살며 풍사가 많고 물과 토양이 강하다. 지역 주민들은 비단을 입지 않고 바람과 추위를 막기 위해 짐승 털이나 삼베로 된 옷을 입고, 멍석을 자주 사용한다. 살이 찌기 쉬운 맛있는 음식을 먹는다.…북부 지역은 기후가 겨울과 같다. 지대가 높고 사람들이 산에서 살고 있으며 주변은 찬바람이 불고 얼어붙은 대지이다. 지역 주민들은 유목 생활에 익숙하고 소와 양의 젖을 먹는다.…남부 지역은 만물을 기르는 여름과 비슷한 기후로 양기가 왕성한 곳이다. 지형이 낮고 물과 토양이 습하며 안개와 이슬이 많이 축적된다. 현지인들은 신酸 음식과 썩은 음식을 좋아한다.…중앙 지역은 평평하고 습한 지형이며 자연에서 가장 풍부한 종과 양을 가지고 있다. 그곳에는 많은 종류의 음식이 있고 사람들은 피로감을 느끼지 않으며…東方之域, 天地之所始生也. 魚鹽之地, 海濱傍水, 其民食魚而嗜鹹, 皆安其處, 美其食; ……西方者, 金玉之域, 沙石之處, 天地之所收引也. 其民陵居而多風, 水土剛強, 其民不衣而褐薦, 其民華食而脂肥; ……北方者, 天地所閉藏之域也. 其地高陵居, 風寒冰冽, 其民樂野處而乳食; ……南方者, 天地所長養, 陽之所盛處也. 其地下, 水土弱, 霧露之所聚也. 其民嗜酸而食胕; ……中央者, 其地平以溼, 天地所以生萬物也衆. 其民食雜而不勞……"라고 소개하고 있는데,³ 이것은 환경과 음식물의 상관관계에 대한 고대인들의 가장 정교한 설명이라고 볼 수 있다.

음식과 환경의 상관관계에 대한 위의 논의에서 볼 수 있듯이, 중국 음식문화의 발전역사에서 지역적 차이도 매우 뚜렷하다. 관련 연구에 따르면 중국 음식문화 형성 초기인 선진 시대에 이미 지리적 환경의 강한 영향으로 진령-회하 일선을 경계로 하는 남북 두 가지 주요 음식문화지역이 형성되었다. 황하 중하류 지역을 중심으로 한 북방 음식문화지역은 밭곡물인 기장, 직, 조 등을 주식으로 하고 육상동물을 부식으로 하여 굽고 튀기는 것을 주요 조리법으로 하는 북방 음식풍이 형성되었다. 이와 달리 장강 중하류 지역을 중심으로 한 남방 음식문화지역은 논곡물인 쌀을 주식으로 하고 육지동물과 수산동식물을 부식으로 하여 찜, 조림, 전을 주요 조리법으로 하는 남방 음식풍이 형성되었다.⁴ 한나라 및 진晉나라 이

---

3 《황제내경》이 만들어진 연대에 관하여 학계에서는 세 가지 주요 관점이 있는데, 하나는 전국시대 때 성서가 된 것이고, 다른 하나는 서주로부터 춘추, 전국, 진, 한을 거쳐 정형화된 것이며, 육조, 당, 송 의 가 학자들이 수정 보완한 것이다. 우리는 진한시대가 이 책이 정형화되는 중요한 시기라고 생각한다.
4 王雪萍·周愛東, "地理環境與先秦南北飲食文化,"《飲食文化研究》第3期, 2006.

후 중국 남북의 음식 풍습의 지역적 특성이 더욱 분명해졌다. 송대에 이르러 음식의 지역적 차이가 더욱 두드러지는데, "남미南味", "천식川食", "노식虜食", "남풍南烹", "북식北食" 등의 표현에서 그 차이를 알 수 있다.[5] 명청시대에 이르러 오늘날 4대 요리의 기본 구조가 형성되었다.

  자연, 사회, 민족 등 다양한 요인의 공동 작용으로 인해 중국 음식문화는 장기간의 역사 발전에서 밀 재배를 위주로 하는 한작旱作 식문화 지역, 벼 재배를 위주로 하는 남부 도작稻作 식문화 지역 및 소수민족 전통 식문화 지역의 세 가지 다른 식문화 지역을 점차 형성했다. 3개 음식문화지역을 세분화하면 벼농사가 주를 이루는 남방 음식문화지역은 지리적 환경에 따라 다시 크게 파촉巴蜀 음식문화지역, 징추荊楚 음식문화지역, 오월吳越 음식문화지역, 링난嶺南 음식문화지역 등 4개 음식문화지역로 나눌 수 있다. 밀을 주체로 하는 북방 한작 식문화지역은 자연지리학적 특성에 따라 작물의 재배방법과 종류, 음식물 전통의 차이에 따라 황하중류 산진陝晉지역, 황하하류 치루齊魯지역, 동북지역 등 3개 지역으로 다시 나뉜다. 이는 중국 음식문화 지역에 대한 전통적인 학계의 분류이다.[6] 이 분류는 음식 문화의 형성과 발전에 대한 지역 자연지리적 환경의 영향을 강조한다. 이러한 분류에 기초하여 사람들은 또한 중국 각 지역의 음식 원료, 음식 풍미 및 공예의 차이에 따라 중국음식을 산둥요리, 쓰촨요리, 광둥요리, 푸젠요리, 장쑤요리, 저장요리, 후난요리, 안후이요리 등 8개의 특정 지역과 풍부한 전통 특성을 가진 자체 통합 지역 풍미 요리로 나눈다.[7] 요리는 지역 풍미를 강조하지만, 그 기원은 특정 지리적 환경에 의해 제한된다고 볼 수 있다. 요리의 지역성은 하천의 영향을 많이 받는데, 산둥요

---

5 藍勇, "中國飮食辛辣口味的地理分布及其成因硏究,"《人文地理》第5期, 2001.
6 陳鋒儀 엮음,《中國旅遊文化》, 陝西人民出版社, 2005, pp.183-188.
7 일설에 따르면 8대 요리 혹은 10대 요리.

리의 영향범위는 황하유역, 멀리는 백두산과 헤이룽장 일대에까지 영향을 미쳤다. 쓰촨요리의 영향범위는 주로 장강 중상류, 화이양淮揚요리의 영향범위는 주로 장강 하류 및 장강 삼각주, 광둥요리의 영향범위는 주강 유역이다. 따라서 "요리는 물과 함께 간다"는 말이 있을 정도다.

　위의 전통적인 분류 방법과 달리, 최근 몇 년 동안 중국의 저명한 음식문화 전문가인 자오룽광趙榮光은 독일 인류학자 프리츠 그레브너(Graebner Fritz, 1877-1934)의 "문화권" 이론을 기반으로 이른바 "중화민족 음식 문화권" 이론을 창의적으로 제안하였다. 자오룽광은 오늘날 중화인민공화국 판도를 기본으로, 17-18세기에 대체로 동북음식문화권, 징진京津음식문화권, 황하중류음식문화권, 황하하류음식문화권, 장강중류음식문화권, 장강하류음식문화권, 중북음식문화권, 서북음식문화권 등 크게 12개 음식문화를 형성했다고 주장하였다. "중화음식문화권"에 속하는 12개 하위 문화권은 각각 고유한 특성을 가지고 있으며, 상대적으로 독립적이고 상호 의존적인 하위 문화적 지위 구조로 "중화음식문화권"의 현실적 지역 분파를 설명한다.[8] "음식 문화권"의 분류 방법은 요리 이론의 제약을 어느 정도 극복하고 지역의 자연 지리적 환경이 중국 음식 문화에 미치는 영향을 강조한다.

---

8 趙榮光,《中國飮食文化槪論》, 高等敎育出版社, 2003, pp.27-28.

<그림 5-1> 중화 음식 문화권 설명도[9]

1. 동북지역음식문화권,
2. 징진(京津)지역음식문화권,
3. 황하하류지역음식문화권,
4. 장강하류지역음식문화권,
5. 동남지역음식문화권,
6. 중북지역음식문화권,
7. 황하중류지역음식문화권,
8. 장강중류지역음식문화권,
9. 서남지역음식문화권,
10. 서북지역음식문화권
11. 티베트고원지역음식문화권
12. 점선으로 된 지역은 채식문화권(약 서기 6-19세기)

 필자는 중국 음식문화의 지리적 유형의 형성은 지역의 자연지리적 환경, 인민의 물질적 생산방식, 민족사회의 역사적 전통 등 다양한 요인이 복합적으로 작용한 결과라고 본다. 그 중 자연지리적 환경 요인이 가장 기초적인 요인이라고 본다. 중국은 남북으로 5개 기후대에 걸쳐 있고 동서 높이 차이가 4,000-5,000미터에 달하는 광활한 영토를 가지고 있으며, 지리적 환경의 변화가 다양하고 동식물의 종류가 매우 다양하기에, 이는 중

---

[9] 趙榮光,《中國飮食文化槪論》, 高等教育出版社, 2003, p.28.

국 음식문화의 지역적 특성 형성을 위한 넓은 공간 조건을 제공해 준다. 일반적으로 남쪽과 북쪽, 동쪽과 서쪽은 방위로 구분되지만 지리적 환경에서도 거의 유사한 특성이 있어 중국 음식도 남북과 동서로 구분되는 특징을 보인다. 예를 들어, 서부와 동부의 두 개의 큰 지리적 단위에 관한 한, 서부 고원 산악 지역은 기후가 춥고 습한 동남 계절풍에 도달하기 어렵고, 장기간 건조하고 차가운 내륙 기후의 영향을 받으며, 심각한 물 부족과 가뭄으로 인해 농작물이 자라기 좋은 환경이 아니기에 원시原始 산민들은 주로 축산업에 종사하면서 육류와 육류 제품을 주식으로 삼았다. 황하와 장강 중하류에 위치한 동부 지역은 상대적으로 지리적으로 넓은 하천이 만든 충적 평야, 적절한 남동 계절풍, 풍부한 강우량, 하천과 항구가 교차하는 자연 수리 조절 네트워크로 인해 곡물을 주식으로 하는 이 지역 사람들의 식습관이 형성되었다. 남쪽과 북쪽의 관점에서 우리가 일반적으로 말하는 "남미북면南米北面"은 남북의 지리적 차이로 인한 식생활 구조의 차이로 형성된 주식의 특성이기도 하다. 동시에 지리적 환경의 기후, 강수, 지형, 토양 및 기타 많은 요인이 복합적으로 작용하여 특정 지역의 음식이 기본적으로 유사한 특성을 갖지만 어떤 경우에는 이러한 요인 중 하나가 특정 지역의 음식 스타일 형성에 더 깊은 영향을 미칠 수 있다. 예를 들어, 장강 상류의 윈난, 구어저우와 쓰촨 지역은 높은 산과 협곡이 많고 일조 시간이 짧아 공기 습도가 높기 때문에 이곳 사람들은 매운 음식을 좋아하며, 이러한 기호 형성은 파촉 지역의 습하고 더운 기후와 관련이 있다. 티베트고원 지역은 해발이 높고 기후와 기압이 낮고 물의 비등점이 낮아 조리가 매우 어려워져 고지대 보리를 볶는 방법으로만 익힌 음식 문제를 해결할 수 있으며, 동시에 그들의 식단에 필수적인 것은 쇼트닝과 청과주青稞酒로, 이 두 가지 음식은 열을 올리고 혈액을 활성화시키는 효과가 있어 티베트인들이 추운 고지대 기후에 저항할 수 있도록 도와준다.

2. 복식의 지역적 차이

유인원에서 진화된 인간은 오랜 시간 동안 의복이 없이 체온 조절과 자신의 털에만 의존하여 외부 기온의 변화에 적응하고 자연의 추위를 견뎠다. 이후 주변 자연환경에 대한 인간의 인식능력 향상과 사회생산력 수준의 부단한 발전으로 복식이 발명됐다. 복식 발생에 대한 학설로 가장 유행하는 것은 세 가지인데, 첫째는 "부끄러움 가리기설"이다. 둘째는 "호신설"이다.[10] 셋째는 장식설이다. 세 가지 중 첫째와 셋째 가설은 패션이 일어나는 사회적 기반과 사고적 기반을 강조하고, "호신설"은 패션의 실용적 기능을 부각시키는 데 중점을 두고 있다. 필자는 의복이 자연 환경에 대한 인간의 적응에서 비롯된다고 생각한다.

인류는 항상 일정한 환경 조건에 의존하여 존재한다. 모든 민족과 그것의 서로 다른 계열은 일정한 공간적 위치를 차지하고 있으며, 상대적으로 일정한 지리적 지역에 집중적으로 거주하고 있기 때문에 복식은 민족 문화의 매우 중요한 구성 요소로서 각 민족의 복잡한 생활 환경과 밀접한 관계가 있으며, 지역의 자연 지리적 환경의 특징을 어느 정도 반영하고 있다. 자연 지리적 환경의 많은 요인 중 기후 조건, 동식물 자원 및 해당 생산 활동은 의류에 영향을 미치는 중요한 요인이다.

중국의 민족복식은 기후조건, 동식물자원, 각 민족의 경제활동방식의 영향을 받아 각 민족의 복식에서 뚜렷한 지역적 특성이 나타날 뿐만 아니라 비교적 큰 지리적 단위 내에서 기본적으로 일관된 복식형태와 스타일을 나타낸다. 전반적으로 북방 민족은 가운과 긴 바지를 주요 스타일로 하고 액세서리가 적고 자수가 적으며 옷과 바지가 더 두껍다. 북방의 추운 기후와 일부 민족의 목축, 사냥, 어업 생산으로 인해 의류는 방한, 보

---

10 林惠祥,《文化人類學》, 商務印書館, 1991, p.77.

온 및 즉각적인 생활 적응의 특성을 가지고 있다. 남방 민족은 대부분 농업 생산에 종사하고 있으며 기후가 따뜻하고 의복이 상대적으로 짧고 얇다. 기본 스타일의 경우, 여성복은 상의가 짧고 치마를 주요 하의로 하고 액세서리가 많으며 자수에 주의를 기울인다. 복식 예술의 관점에서 볼 때, 남방의 각 민족은 자수, 밀랍 염색, 꽃 따기에 능숙하다. 무늬 패턴이 아름답고 정교하며 변화가 풍부하고 기술이 정교하고 장식이 정교하다. 북방 민족의 복식에는 밀랍 염색과 꽃 따기가 드물고 자수 패턴이 거칠다. 그 이유는 남방 민족이 농업에 오래 종사하고 덜 유동적이며, 비교적 안정적인 생활 및 더 나은 경제 상황과 관련이 있을 수 있다. 역사적으로 북방 민족은 대부분 유목민, 어업 및 수렵 민족으로 이동이 빈번하고 정착하지 않았으며 안정적인 생활 환경이 없었기 때문에 여성들이 앉아서 용과 자수를 그리는 것이 허용되지 않았다.[11] 민족 복식의 색조 구성에서 북방민족 복식의 색채는 밝고 대비가 강하며, 선이 뚜렷하며 대체로 거칠고 열렬하고 분방한 개성으로 표현되며, 남방민족 복식의 전체적인 색조는 오색찬란하고 화려하지만 농염하면서도 장중함을 잃지 않아 눈에 띄고 대범하다. 이처럼 신선하고 조화로우며 농후함에 어울리는 옷차림은 남방민족이 산과 수려한 경관을 자랑하는 계곡에 많이 거주하고 있는 것과도 무관치 않다.[12]

물론 우리는 같은 지리적 단위에 살고 있는 각 민족이 기본적으로 비슷한 복식 풍모를 가지고 있다는 점을 강조할 때에도, 세계의 각 민족이 거주하는 자연지리적 환경이 복잡하고 변화무쌍하기 때문에, 같은 지리적 단위에 거주하는 각 민족과 같은 민족의 다른 계열이라도 복잡한 자연적, 인문적 요인으로 인해 민족 복식이 뚜렷한 지역적 차이를 보일 수 있

---

11 何晏文, "我國少數民族服飾的主要特徵," 《民族研究》第5期, 1992.
12 戴平, "論地理環境與民族服飾," 《戲劇藝術》第2期, 1990.

다는 점을 보아야 한다. 중국 서남부 지역의 민족 복식에서 나타나는 큰 지역, 큰 유형, 작은 지역, 여러 유형, 다양한 양식의 특징은 이의 가장 전형적인 예라고 할 수 있다.

중국 서남부 지역은 비교적 독립적인 지리적 단위로 30개 이상의 소수민족이 밀집되어 있다. 30개 이상의 소수민족이 서남쪽에 대산거 와 소집거, 그리고 소집거 속에 분산 거주하고 있다. 즉, 대규모 분산 거주 속에 소규모 집단 거주가 있고, 소규모 집거 중에 분산 거주가 있으며, 모든 민족은 기본적으로 동일한 생태학적 위치에 있으므로 민족 분포가 특정 지역성을 나타내게 된다. 이러한 민족 분포의 지역성과 지역적 차이의 민족성은 각 민족이 생활환경에서 자연자원을 선택하여 몸을 가리고 추위를 방지하며 자외선 차단과 장식을 할 때 각기 다른 지역적 특성을 나타내므로 각 민족의 복식도 이에 따라 지역 자연지리적 환경의 특징을 나타낸다. 이러한 민족 복식의 지역적 특성은 일반적으로 동일한 생태학적 위치에 있는 각 민족 복식의 질감, 스타일, 색상 또는 공예 과정에서 일정한 동일성을 갖는다. 민족의 이동, 통합 및 변화와 같은 사회 역사적 이유로 인해 동일한 민족의 다른 계열의 복식은 고유한 독립성을 가지는 즉, 지역적 특성을 나타낸다. 티베트고원에 있는 티베트족, 창족, 맘바족, 뤄바족 및 기타 민족은 가죽 펠트, 긴 옷과 같은 두껍고 따뜻한 복장으로 고랭지의 자연 지리적 환경에 적응하는 경우가 많다. 윈난-구어저우고원의 산간 지역이나 반산간 지역에 거주하는 이, 먀오, 야오, 푸미, 리수, 노, 두룽 등의 민족이 천, 삼베를 재료로 양피전, 가죽저고리를 덧씌운 복식을 입는 것은 비 오는 자연환경에 적응하기 위함이다. 댐 지역, 계곡, 구릉 및 분지에 사는 민족의 복식은 짧은 옷, 짧은 저고리, 얇은 치마 및 반바지를 특징으로 한다. 민족을 초월하고 시공간을 초월한 이 세 가지 의복은 기본적으로 일관된 자연 환경의 결과로 볼 수 있다.

중국 서남부에는 "하나의 산이 사계절로 나뉘고, 십리가 하늘을 달리한다―山分四季, 十裏不同天"는 말이 있다. 각 민족은 흩어져 살기 때문에 같은 민족에 속할지라도 거주지가 다름에 따라 복식에서 나름대로 독립성을 갖게 된다. 예를 들어, 이족의 복식과 머리 장식은 지역에 따라 량산, 우명산, 훙하, 윈난 동남부, 윈난 서부, 추슝 등 6가지 유형으로 나눌 수 있다. 그 중 량산형凉山型은 구체적으로 이눠식依諾式·성자식聖乍式·쉬디식所底式, 우명산형烏蒙山型은 웨이닝식威寧式·판룽식盤龍式, 훙하형紅河型은 위안양식元陽式·젠수이식建水式·스핑식石屛式, 윈난 동남부형滇東南型은 루난형路南式·미륵형彌勒式·원시식文西式, 윈난 서부형滇西型은 원시식·징둥식景東式, 추슝형楚雄型은 룽촨강식龍川江式·다야오식大姚式·우딩식武定式으로 으로 나눌 수 있다.¹³ 바이족의 복식과 헤어스타일도 1950년대 이전까지 4가지 유형, 즉 전닝鎭寧·관링關嶺·랑다이郞岱·푸딩普定·칭룽晴隆·푸안普安·판현盤縣 유형, 구이양 시교·첸남자치주 서부·첸서남자치주·안순安順 지역 유형, 윈난 뤄핑羅平 바다허八大河 유형, 구어저우 푸천福泉·두윈都勻·두산獨山 유형 등으로 나뉜다.¹⁴ 먀오족은 오랜 역사와 많은 하위 계통을 가지고 있으며 계통마다 의복과 머리장식이 다르며 같은 계통의 옷차림도 다른데, 귀주 동남부 지역에만 100가지 이상의 차림법이 있다. 리팅구이李廷貴는 먀오족 각 하위 지계의 의상을 장식적 특징 위주로 5가지 유형으로 분류한 뒤, 복식의 지역적 특징에 따라 구체적으로 분류해 연구하였다. 그 중 난간형欄杆型은 쑹타오도식(松桃式, 쑹타오 먀오족이 대표적임), 먀오링식(苗嶺式, 칭수이강淸水江 유역), 주름치마褶裙型형은 나치마류(羅裙類, 시장西江식, 대아치臺拱식 포함), 장치마류(양하오養薅식, 파이양排羊식), 중치마류(구룽谷隴식, 카이탕凱棠식, 팡파이方排형, 스둥施洞형), 짧은치마류(레이산雷山형, 젠하劍河형 포함), 밀랍염蠟染형은 팔채(八寨, 단채丹寨 먀오족이 대표적임)식·파이댜오排調식·가오퍼高坡식·카이양開

---

13 巴莫阿依嫫 외 엮음,《彝族風俗志》, 中央民族學院出版社, 1992, pp.19-27.
14 李登福·陳秀英,《布依族》, 民族出版社, 1991, pp.50-52.

陽식·시우원修文식, 큰꽃大花형은 쓰촨, 구이저우, 윈난 방언을 사용하는 먀오족의 복식을, 그리고 뾰족한 끝尖頂형은 평댐平壩와 류판수이六盤水 지역의 먀오족의 복식을 가리킨다.[15]

요컨대, 중국 서남부의 민족 복식은 다양한 수준의 지역적 차이를 가지고 있으며, 각 민족 복식문화의 영향 범위는 크게는 하나 또는 여러 지역, 작게는 여러 마을에 걸쳐 있다. 심지어 같은 지역의 같은 민족이라도 산 위쪽과 아래쪽, 강 동쪽과 서쪽에 거주하는지에 따라 모두 판이하게 다르다. 또한 주거지형이 복잡하고 환경이 폐쇄적인 민족의 경우, 복장의 종류가 많으며 지역성이 더욱 두드러진다. 이러한 민족 복식의 대지역, 대유형, 소지역, 다유형, 다양식의 특징은 민족 복식의 지역적 차이와 특징이 고립되어 있지 않으며, 민족성과 상호 배려와 교차 현상을 보인다는 것을 시사한다.

3. 장례喪葬문화의 지역적 특징

장례는 영혼 불멸의 관념과 원시적인 도덕 관념에 기초하여 만들어진 종교적인 사회 풍습이다. 음식 및 복식과 마찬가지로 민족 지역의 자연 및 인문 환경의 포괄적인 영향으로 인해 형태가 다양할 뿐만 아니라 장례 공간의 분포에 있어서도 지역적 차이가 두드러지게 나타난다.

세계의 각 민족이 특정한 자연지리적 환경과 사회 역사 문화적 전통에 기초하여 형성한 장례 형식은 주로 토장, 화장, 수목장, 천장, 수장, 탑장, 애장, 실내장 등이며, 각 장례 형식은 대부분 특정한 지리적 환경과 연결

---

15 李廷貴, "苗族服裝和頭飾的美學價值," 貴州省民族文化學會 엮음,《走向世界大潮——貴州民族文化論文集》, 貴州民族出版社, 1991.

되어 있다. 일반적으로 건조하고 춥고 바람이 많은 기후 조건에서 시체는 부패하지 않고 빠르게 건조되기 쉬우며 이러한 환경 조건에 거주하는 민족은 대부분 나무 매장이나 풍장을 선택한다. 예를 들어 중국 동북부 대흥안령 지역의 어웡키족, 어룬춘족은 현지에서 생산되는 자작나무 껍질로 시신을 싸 숲 속의 키 큰 나무에 올려놓았다. 열대, 아열대 및 하천 계곡에 거주하는 민족은 고온으로 인해 시체가 부패하기 쉬우므로 습기를 방지하기 위해 대부분 바람을 등지고 햇볕이 잘 드는 묘지를 선택해 매장한다. 예를 들어 중국 남서부 지역의 징포·수이·동·하니·다이·바이 등의 민족은 토장을 시행한다. 높은 산이나 큰 하천 유역에 분포하는 일부 민족은 가까운 곳의 천연 동굴이나 하천을 사용하여 수장 또는 동굴장을 시행한다.

각 장례 형식의 형성은 오랜 역사적 발전 과정에서 특정 지역과 특정 민족이 자연에 적응하고 변형한 결과이며 역사적, 자연적 이유가 있다. 그 중 자연지리적 환경에 속하는 지형, 수문, 기후, 토양, 식생 등의 요인은 모두 지역 장례문화의 형성에 다양한 정도의 영향을 미친다. 우리가 강조하는 장례문화의 지역적 특성의 형성은 어떤 의미에서 지역의 자연지리적 환경이 복합적으로 작용한 결과이다. 예를 들어 중국 티베트족이 거주하는 광활한 티베트 지역은 산이 많고 물이 많아 폐쇄적이고 다양한 지리적 환경으로 인해 역사적으로 다양한 장례 형식이 있었지만 현재는 천장天葬이 가장 주요한 장례 형식이 되고 있다. 천장 형성의 원인으로는 깊은 역사적, 사회문화적 배경, 신기한 경학적 전설 등의 이유 외에도 독특한 자연지리적 환경도 빼놓을 수 없는 요소이다.[16] 티베트 지역의 높은 해발과 추운 기후로 인해 대부분의 지역이 장기간 동토 상태에 있어 무

---

16 韋韌·吳殿廷·王欣·王紅强·陳向玲, "喪葬習俗的地理學研究──以西藏天葬為例,"《人文地理》第6期, 2006.

덤을 파는 데 어려움이 있으며, 동시에 티베트 지역의 숲은 성장이 느리고 생태가 취약하여 화장의 대중화와 촉진에 도움이 되지 않는다. 게다가 티베트 지역의 고지대 지세는 천장을 실시하는 주체인 독수리를 만들었다. 이 때문에 일부 학자들은 특히 "독수리 자체의 기능은 티베트 민족이 천장을 치르는 가장 중요하고 근본적인 원인"이라고 지적했다. 즉 '독수리가 없으면, 티베트 지역의 천장도 없다고 할 수 있다'는 것이다.[17] 또 다른 예로 오월 지역의 장례문화를 연구할 때 땅에 흙을 쌓아 무덤으로 삼는 지역적 특성이 드러나는데, 생태적 환경의 관점에서 살펴보면 오월 지역은 비가 많이 오고 기후가 습하며 지표수가 상대적으로 높기 때문에 북쪽처럼 무덤을 깊게 파서 사망자를 매장하는 것은 적절하지 않다고 생각한다. 장쑤성, 저장성 등지의 독특한 자연생태환경은 오월 지역이 자신의 생태환경에 맞는 방식으로 매장되어야 함을 결정하였으며, 이러한 방식의 기본 전제는 광석을 파거나 얕은 표면의 광석을 파지 않고 그 위에 묘실이나 관련 건물을 지어 죽은 사람을 묻는 것이다. 이 매몰 방식은 지하의 얕은 지표수로 인한 매장 피해를 최소화하고, 흙을 쌓아 무덤을 만들고 돌아가신 친지를 그리워할 수 있는 장소를 제공하며, 계절별로 분토를 추가해 무덤이 지표에 오래 존재할 수 있도록 했다. 이렇게 지표 위에 무덤을 만들어 기념이나 제사를 지내는 방식은 오나라와 월나라의 문화에 존재하는 다양한 귀신과 음사陰祀와 같은 독특한 신앙과도 일치하여 사람들의 심리적 욕구를 충족시켜 준다. 따라서 자연생태환경의 요구를 충족시킬 뿐만 아니라 사람들의 문화적 특성을 반영한 독특한 장례문화를 형성하였다.[18]

이상 티베트 지역의 천장과 오월 지역의 장례문화에서 나타난 흙더미

---

17 焦治平·陳昌文, "論地理和宗教在藏族喪葬風俗中的作用,"《西藏研究》第3期, 2003.
18 陳華文, "論吳越喪葬文化的區域性特徵,"《廣西民族學院學報》第3期, 2003.

를 무덤으로 하는 장례형태를 예로 들어 자연지리적 환경이 지역 장례에 미치는 영향과 역할에 대해 논의하였다. 특히 자연지리적 환경이 장례에 미치는 영향은 다층적이고 종합적이지만, 어떤 경우에는 지형, 수문, 기후, 토양, 식생 등 지리환경의 개별적인 환경요소가 특정 장례형태의 형성에 주도적인 요인이 될 수 있다는 점도 지적되어야 한다. 예를 들어, 역사적으로 중국 남부 지역에서는 오래된 장례 형식인 현관장이 유행하였다. 이 장례 형식은 특정 민족의 역사, 문화, 종교 및 이동과 같은 요인과 밀접한 관련이 있을 뿐만 아니라, 특정 지리적 환경, 특히 단샤Danxia 지형과도 직접적인 관련이 있다.[19] 관련 학자들은 현관장 분포의 지리적 법칙부터 시작하여 남부 단하 지형 지역이 현관장이 가장 밀집된 분포 지역이라고 보고 있으며, 단하 지형의 독특한 자연 조건은 현관장 분포에 기초를 제공하고 신비한 현관장 또한 단하 지형에 매력적인 문화 색채를 더한다고 본다.[20] 또한 환경의 자원 배치와 환경위생적 관점에서 볼 때, 숲이 우거진 지역에 사는 민족은 목관, 대나무관, 외나무관, 대나무오리를 주요 장구로 하고 묘지를 숲속 깊은 곳에, 석산지역의 민족은 석관, 석실을 장구로, 가뭄과 비가 적고 숲이 드문 지역에 사는 민족은 무관토장, 화장, 강가에 사는 민족은 시신의 환경오염을 막기 위해 묘지를 거주지 아래나 강 하류에 많이 선택한다.

특정 지리적 조건과 사회, 역사, 문화적 전통을 기반으로 형성된 장례의 지역적 특성은 또한 중국의 모든 지역 및 민족의 장례 문화에서 분명히 나타난다. 중국 경내에 사는 모든 민족은 오랜 역사 발전 과정에서 10가지 이상의 다양한 장례 형식을 형성하였다. 이들 민족들의 장례 형태는

---

19 중국 단샤(Danxia) 지형은 융기 같은 내적 요인과 풍화, 침식 작용 같은 외적 요인에 의해 만들어진 대륙의 붉은색 육성(陸成) 퇴적층 위에 발달한 경관을 가리키는 이름이다.
20 葛雲健·張忍順, "懸棺葬及其與丹霞地貌的關系,"《南京師範大學學報》第3期, 2004.

각기 다 다르며, 일부는 주로 지리적 환경이 비교적 단일한 지역에서 유행하고, 또 다른 일부는 지역 간 분포에서 특징을 드러내고 있다. 예를 들어, 중국 동북부, 내몽골, 칭하이, 간쑤에서 윈난에 이르는 반달 모양의 문화 벨트에서는 큰 돌무덤, 석관장, 헛간으로 특징지어지는 무덤의 형태가 모두 발견되며, 이에 퉁언정童恩正은 이 지역의 유사한 자연 환경이 주요 요인 중 하나라고 지적하였다.[21] 최근 몇 년 동안 장례문화 연구에서 많은 학자들이 장례문화의 공통점에 주목함과 동시에, 역사 문화적 배경, 지리적 환경 등 다양한 요인에 의해 형성되는 다양한 지역적 특성을 조사하고 장례의 지리적 분포에 주의를 기울이고 있다. 이와 관련하여 대표적인 성과는 서남민족 지역의 장례문화의 지리적 분포에 대한 란융藍勇의 체계적인 연구이다.

중국 서남부는 독특한 자연, 역사, 문화 지역으로서, 고대부터 백월계, 저강계, 백복계, 삼먀오·구려三苗九黎계에 속하는 다양한 민족 공동체가 발전해 왔다. 이곳의 다양한 자연 및 문화 생태, 다민족 활동의 역사적 사실 및 다양한 민족 문화 경관은 항상 민족학자들의 관심의 초점이었다. 무덤 형식에 반영된 신석기 시대에 속하는 최초의 토갱장과 옹관장, 그리고 한족과 다른 지역의 무덤 형식에 영향을 받은 화장, 토장, 수장 외에 선관장, 현관장, 절벽 무덤崖墓葬, 석관장, 대석묘 등 여러 가지 무덤 형식이 발견되었다. 이러한 유형의 무덤은 특정 자연 지리적 환경과 관련이 있으며 각기 다른 분포 지역을 가지고 있다. 그 중 절벽 무덤은 주로 동쪽의 무산, 무계, 서쪽의 한원, 소각, 북쪽의 광원, 남쪽의 윈난성 소통, 구어저우성 준의에 이르러, 동서 약 750제곱킬로미터, 남북 약 550제곱킬로미터 범위에 분포되어 있다. 거대한 돌을 건축자재로 사용하여 지상에 묘실

---

21 童恩正, "試論我國從東北至西南的邊地半月形文化傳播帶," 《中國西南民族考古論文集》, 文物出版社, 1990.

을 쌓고 흙(돌) 언덕을 덮은 큰 돌무덤은 주로 쓰촨 남서부 안녕하 유역, 윈난 서북부 금사강에서 노강까지의 계곡 지대에 분포되어 있다. 현관장은 주로 쓰촨성에, 그리고 윈난과 구이저우에서도 소량 발견되었다. 란용은 서남지역 현관장의 분포도와 카르스트 지형도를 함께 관찰한 결과, 현관장이 주로 쓰촨 동부 협곡 지역에서 쳰북黔北, 쓰촨 남부, 윈난 동남부에 이르는 석회암류 암반층의 잔구殘丘 및 완만한 구릉 와지의 반월형 지대에 분포하고 있음을 발견했으며, 현관장은 카르스트 산간 지역의 독특한 지형과 일정한 관계가 있다고 주장하였다.[22]

요컨대, 상이한 지리적·환경적 요인과 사회, 역사, 문화적 요인이 복합적으로 작용하여 형성된 상이한 민족공동체의 장례 형식도 공간적 표현에 있어서 명백한 지역적 특성을 보여준다.

---

22 藍勇, 《西南歷史文化地理》, 西南師範大學出版社, 2001, pp.218-228.

민족의 취락지리 및 문화적 경관

취락은 인류가 자연을 인식하고 개조하는 과정에서 자신의 발전 요구를 충족시키기 위해 자연 환경을 변화시키는 가장 의미 있는 사실이며 중요한 문화 경관이자 "인공 자연"으로 볼 수 있다. 취락은 자연지리적 환경의 특성과 인류문화의 차이를 반영하고 있으며, 다양한 물질적 요인과 자연적 요인으로 구성된 종합적인 시스템이다. 전 세계의 다양한 민족집단 취락의 진화 과정에서 동굴이나 들판에 둥지를 틀고, 수생 식물을 따라 살며, 유목과 유동적인 이주에서 농경과 정착거주로 변화한 것은 모두 인간이 자연에 적응하고 자연을 개조한 결과이다. 그러나 각 민족이 거주하는 지리적 환경이 다르기 때문에 경제활동방식, 사회조직구조, 이념과 신념, 문화발전에 큰 차이가 있어 각 지역과 민족의 분포, 형태, 유형에 있어 지리적 차이가 크게 나타난다.

1. 자연적 요인이 민족취락에 미친 영향

인간이 처음 동굴이나 이른바 "나무 둥지"로 바람과 비 및 맹수를 피하는, 즉 처음으로 신비로운 자연공간 속에 인위적으로 자신들만의 공간을 만듦으로써, 인간은 자연 속에 일종의 공간질서를 확립하였고 생존의 수요 및 그에 따른 심리적인 안정감을 충족시킬 수 있었다.[23] 이후, 튼튼한 집을 짓거나 무리를 지어 사는 법을 천천히 배웠고, 온갖 종류의 맹수와 다른 무리의 침입에 대처하기 위해 거대한 형태의 집거지를 만들었다. 그러나 인류의 주거방식의 진화는 계절적 정착이든 영구적 정착이든 보편적으로 친자연적인 경향이 있다. 채집, 수렵, 유목 경제 기간 동안 인간은 일반적으로 과일과 야생 동물이 있는 산림, 물고기와 새우가 있는 호수, 늪지대, 소, 말, 양, 가축이 번식하기 쉬운 초원 등 자연 환경에 깊게 얽매였고, 이에 따라 군집(집단)의 형성과 분포는 이러한 자연의 힘에 지배되었다. 농업경제시대에 이르러 인류는 평야, 해안, 하곡, 분지에 널리 정착하여 자연환경에 대한 인간의 개조와 적응을 다양한 정도로 반영하고 있지만, 자연지리적 환경은 여전히 취락 형성의 자기 조직적 매개변수이며, 자연지리적 환경의 지형, 기후, 토양, 식생 및 수원 등은 모두 인간의 주거생활과 취락 분포에 다양한 정도로 영향을 미쳐 민족의 취락이 뚜렷한 지역적 특성을 나타내게 된다.

1) 기후가 취락에 미치는 영향

기후가 취락에 미치는 영향은 두드러지게 나타나는데, 특히 인간 사회 발전의 초기 단계에서 더욱 그렇다. 주거형식 선택의 관점에서 보면, 기후가 건조하고 춥고 모래바람이 많고 계절이 뚜렷한 곳에서 초기 인류의

---

23 王振複,《建築美學》, 雲南人民出版社, 1987, p.53.

주거형태는 대부분 바람과 추위를 피하는 데 도움이 되는 다양한 자연 동굴을 선택하였다. 덥고 습한 기후와 낮은 지형이 있는 곳에서 인간은 초기에 기후와 환경의 변화에 적응하기 위해 둥지를 틀었다. 한 지역의 선사시대 취락의 진화를 살펴보아도 기후의 영향이 뚜렷히 나타난다. 일부 학자들은 청해지역 동부 고묘분지高廟盆地의 선사시대 취락의 진화와 기후변화에 대한 체계적인 연구를 수행한 후 다음과 같은 결론을 내렸다. 즉 4kaBP(4,000년) 이전 청해지역 동부의 기후가 대체로 습하고 온난한 기후에 속했기에, 이 곳의 취락은 점차 많아지고, 또한 간단에서 복잡으로, 저급에서 고급으로, 그리고 균일 분포에서 응집 분포로 변화되는 발전추세를 보여주었다.[24] 반면, 4kaBP 이후 이 곳의 기후가 점차 낮아지면서 농업의 발전에 부정적 영향을 미쳤고, 대형 취락은 유지되기 어려웠다. 또한 취락의 규모에 있어서 중심 취락이 사라지고, 취락 규모와 숫자가 줄어들어 응집 분포에서 다시 균일 분포로 퇴화되는 결과로 나타났다.[25]

사회가 발전하고 인구가 늘어남 따라 천연 동굴과 "나무 둥지"는 점차 한계를 드러냈으며, 주거 공간 확장 요구를 충족시키고 생명 시스템을 효과적으로 보장하기 위해 인간의 주거 형태는 천천히 진화하였다. 이러한 주거형태의 진화는 자연환경에 대한 강한 의존성을 어느 정도 약화시켰지만, 인간은 자연환경에 적응하는 과정에서 기후조건이 자신들의 주거에 미치는 영향을 더욱 깊이 인식하게 되었기 때문에 주거환경을 선택하고 취락 건물을 만들 때 기후의 요인을 중요시하지 않을 수 없었다. 일반적으로 추운 지역에 지은 주택은 주로 방한 기능을 강조하여, 주택은 두

---

24 "kaBP"는 고고학에서 사용하는 기상 연대 단위이다. K는 "천", a는 "년", 그리고 BP는 "BeforePresent"로 4kaBP는 4천 년전을 의미한다. 예를 들어 8.0-4.0kaBP는 지금으로부터 4-8천년 전이다.(역자 주)

25 侯光良·劉峰貴·蕭凌波·曾早早, "青海東部高廟盆地史前文化聚落演變與氣候變化," 《地理學報》第1期, 2008.

껍고 폐쇄적이며 실내 공간이 작아 보온 및 방한에 도움이 된다. 예를 들어 중국 북부의 중국식 주택 구조인 사합원四合院의 경우, 본채가 남쪽의 평면으로 펼쳐져 있고, 온돌을 설치해 난방을 하며, 양쪽에는 별채를 만들었다. 많은 가옥은 두꺼운 벽과 두 층의 창문을 가지고 있으며 북쪽 측면에 있는 창문은 매우 작거나 약간 적어서 바람을 막고 추위를 막아준다. 습하고 더운 지역에 지은 주택은 열사병 예방 및 방습 기능이 두드러지며 거실은 개방되고 통풍이 잘 되게 만들었다. 예를 들어 중국 남부지역에는 탁 트인 벽돌집들이 많고 홀이 밝으며 창문이 긴 것은 남부의 봄과 가을이 따뜻하고 여름이 덥고 겨울이 덜 춥기 때문이다.

기후는 한 지역 취락의 진화와 주거 유형에 심각한 영향을 미치는 것 외에도, 많은 민족 고유의 주거용 건물에도 기후 환경의 낙인을 두드러지게 남겼다. 예를 들어 티베트고원 지역의 티베트족 토치카는 고원 산지의 바람과 강우량이 많고 방어의 필요에 맞게 지어졌다. 몽골족의 몽골포는 둥근 돔으로 낮고 북방의 눈보라 기후에 잘 적응한다. 서북지역의 위구르족 정원 건물은 건조하고 바람이 많은 지역의 기후 특성에 적합하다. 시쌍반나 다이족의 대나무 건물은 통풍, 방열, 방습에 유리하며 지역의 고온, 강우량이 많고, 저지대이며 습한 기후 환경과 관련이 있다.

2) 지형이 취락에 미치는 영향

선상에서 생활하는 이른바 "수거水居민족"을 제외하면, 어떤 민족이든 주거생활이 주변 지형의 영향을 크게 받을 수밖에 없다.[26] 위에서 언급했던 지혈식 가옥이 바로 지형, 지세, 지물地物 조건에 따라 만들어진 가옥이다. 황토고원지역의 전통적인 토굴 가옥은 현지의 지형과 황토가 가진 토

---

26 "수거민족"은 배를 거처로 하고 수산 어업을 주업으로 하여 일년 내내 강과 호수를 떠도는 민족으로 그들의 취락은 활동형(活動型) 보트하우스이다.

질이 푸석푸석하고 구조가 균일하며 토층이 깊다는 특징을 살려 자연토벽에 가로구멍을 뚫어 지은 가옥이다.

지형이 취락에 미치는 영향은 산간 지역과 평야 지역에서 분명한 차이가 있다. 평탄하고 비교적 개방된 평야 지역은 경작지가 상대적으로 집중되어 있고 토양이 비옥하며 수자원 조건이 양호하여 제한된 지역 내에서 더 많은 인구를 부양할 수 있으므로 취락의 규모는 일반적으로 비교적 크며 대부분 뭉쳐 있는 바둑판식 구조이다. 지형의 기복이 심한 산악지대는 평지가 협소하기 때문에 취락은 대부분 자연산 골격에 순응하여 자연적으로 형성되며, 취락은 일반적으로 균일한 모양과 규격이 없이 산세에 따라 지어졌기 때문에 다양한 특성을 나타낸다. 산에 거주하는 민족들이 종종하는 "산을 끼고 산다"는 말이 바로 이러한 특성을 반영한 것이다.

다음은 중국 서남부 민족 취락을 대표적인 사례로 하여 지형이 취락에 미치는 영향을 분석하려고 한다.

서남의 민족지역은 중국에서 지형이 가장 복잡한 지역 중 하나이다. 이곳에는 두 대륙판이 충돌하여 지각이 융기하면서 높이 솟아오른 고원과 산지가 있고, 기복과 완만한 구릉이 있으며, 낮은 산간 분지와 댐도 있다. 다양한 형태의 지형이 교차 분포되어 지형의 기복이 심하고 수직변화가 뚜렷하며, 지형의 높이 차이가 현격하여 복잡한 자연지리적 경관을 조성하고 있다. 지형은 주로 고원, 산, 구릉이며 일부 산간 분지와 댐이 혼합되어 있다. 복잡한 지형의 제약으로 인해 서남민족 취락 건축이 의존하는 지형은 산지, 고원, 구릉, 대지, 곡지, 산꼭대기, 산허리, 산록, 댐 지역이며, 취락에는 수평적 공간 분포의 법칙은 물론 입체적 분포 법칙도 있어 지역적 특성이 두드러지게 나타난다.

서남민족 취락의 형태, 규모, 분포 특성 등에서 나타나는 많은 차이점과 풍부함은 명나라 때 지리학자 서하객徐霞客의 서남민족의 취락지리 고찰을 통해 엿볼 수 있다. 서하객은 만년에 광시, 구어저우, 윈난 등 3개 성에서 지리 조사를 실시하고 나서《광둥 서부 유람기粵西遊日記》,《구어저우 유람기黔遊日記》,《윈난 유람기滇遊日記》 등을 작성하였다. 이는 유명한《서하객 유람기徐霞客遊記》의 약 80% 이상을 차지하며, 그 중 많은 부분이 서남민족 취락의 위치, 규모, 형태를 다루고 있다. 지형과 취락의 관계만 놓고《서하객 유람기》를 살펴보면, "산중 취락", "서쪽 기슭 의존 취락聚落環倚西麓", "서쪽 봉우리 의존 취락聚落倚西峯下", "취락당고개聚落當嶺頭", "취락이 서쪽 비탈 밑聚落在西坡下", "산과 계곡을 등진 취락聚落倚山面壑", "남산 의존 취락聚落倚南山", "서산 의존 취락聚落倚西山" 등과 같은 내용들이 있다. 취락의 규모에 대해서는 "백가百家", "수십가數十家", "오륙가五六家", "사오가四五家", "삼사가三四家", "이삼가二三家", "일이가一二家", "일가家" 등 정도가 다른 수사(양사)로 구분한다. 이러한 수사(양사) 중 가장 자주 사용되는 것은 "수십 가구"로, 실제 서남부 민족 취락의 주요 형태인 수십 가구의 중소형 취락을 나타낸다. 물론 서하객의 글에서 서남민족 취락의 주요 형태가 나타나지는 않지만, 다른 측면에서는 서남민족 취락의 다양성을 반영하는 수많은 "일가家, 이가家, 삼가家"의 작은 취락과 수백 가구로 구성된 대규모 취락을 볼 수 있다.[27]

3) 수문水文 요인이 취락에 미치는 영향

물은 생명 존재의 기본 요인이며 수자원의 풍부함과 흉작의 정도는 취락의 지속 가능한 발전과 밀접한 관련이 있다. 선사시대 인류는 항상 수자원이 풍부한 곳을 거주지로 선택했으며 주요 하천 유역과 그 지류의 근처에 상대적으로 집중되었다. 고고학적 발견에 따르면 기원전 6,000년-기원전 2,000년 사이의 양소 문화와 용산 문화의 취락 유적은 모두 하천과 호수 변두리에서 위치하고 있는 것으로 드러났다. 그 이유는 첫째, 수원에 가

---

[27] 管彦波, "徐霞客對西南民族聚落地理的考察",《貴州師範大學學報》第5期, 2006.

까워 생활용수가 편리하고 원시적인 채집과 어렵생활을 유지하는 것, 둘째, 밭을 가꾸는 것과 홍수재해를 피하는데 유리하다는 것, 셋째, 하천의 합류점에 위치하여 교통의 이익을 누릴 수 있다는 점이다. 원시인들은 물을 택해서 살았을 뿐만 아니라, 물을 따라서도 살았다. 원시 인구가 증가하거나 원래 활동 지역에 충분한 식량이 공급되지 않거나 자연 재해가 발생하면 부족의 이동이 발생한다. 그들은 이주할 때 일반적으로 강을 따라 가는데, 첫째 강 계곡의 도로가 더 걷기 쉽고, 둘째 길을 따라 식수를 섭취하는 데 도움이 되며, 셋째 강 근처의 새로운 주거지를 찾는 데 도움이 된다. 이러한 상황은 물이 인간의 생존 발전과 밀접한 관련이 있음을 보여주며 고대인들이 거주지를 선택할 때 물 요소를 충분히 고려했음을 알 수 있다.[28] 문명사회에 진입한 이후 유목민들은 수초를 따라 지속적으로 이동하며 목초지를 변경해 왔으며, 유목민 거주지의 분포와 변화도 수자원의 영향을 크게 받았다. 농경민족의 비옥한 토양, 관개 용수 및 생활용수가 편리한 지역에서는 농경 취락이 촘촘이 분포되었으며 도시가 일찌기 발달하였다. 예컨대 베니스는 150여 개의 크고 작은 수로로 채워진 도시다.

한 지역에서 수자원의 시공간적 분포는 취락의 분포에 큰 영향을 미치며, 수량의 상대적 안정은 취락 생태계의 상대적 안정에 도움이 된다. 수자원이 너무 많거나 적으면 취락의 이동 또는 소멸을 유발할 수 있다. 그래서 각지에 거주하는 사람들은 자신의 주거환경을 조성할 때 대부분 수자원을 고려하고 조사한다. 예를 들어, 티베트의 뤄위珞渝 지역에 분포한 뤄바족 아디인들은 새로운 취락지를 선택할 때 취락지의 물 공급량을 알아내기 위한 가장 좋은 시기로 샘물의 유량이 가장 적은 11월을 선택한 다음, 물 공급 문제를 해결하기 위해 개울이나 샘물이 있는 곳에 인수引水

---

28 金戈, "華夏環境觀與水(一)", 《海河水利》第3期, 2004.

에 필요한 대나무 관을 세웠다.[29] 중국 고대 농업경제 발전의 풍수 관념에 기초하여 취락과 주택 건축 부지 선정에서 강조하는 "풍수"의 핵심요인인 "용, 혈, 모래, 물, 방향"은 각각 지질, 지형, 기후, 수문, 토양 및 식생과 같은 요소에 해당하며 이 5가지 요인은 본질적으로 물과 관련이 있다.[30]

수자원이 취락 분포에 미치는 영향은 평야, 산간 지역 및 구릉지에서 다르게 나타난다. 평야에서는 대부분 물과 가깝고 양지바른 곳에 살고 있으며, 수자원을 이용하기 쉽도록 하천 양쪽의 지대가 높은 곳에 주택을 건설한다. 산간지역이나 구릉지대에서의 취락은 주로 계곡 바닥, 산기슭, 산기슭 가장자리나 개울로 둘러싸여 있고 샘물이 솟아나는 곳에 분포하며 사람과 동물의 식수를 쉽게 얻을 수 있다. 평야와 산지, 그리고 구릉지대에서는 수자원의 영향으로 취락의 분포에 일정한 차이가 있지만, 물에 가까운 곳에 거주하는 것은 보편적인 원칙이라고 할 수 있다.

수자원은 취락의 분포, 규모 및 방향에 영향을 미칠 뿐만 아니라 취락의 물질적 요인으로 구성된 유기적 부분으로서 우물과 연못을 운반체로 하여 취락 생태계에 참여한다. 일반적으로 취락에는 우물이 있으며, 다른 생태학적 위치에 있는 취락의 경우 우물의 분포가 다르게 나타난다. 대체로 수자원이 촘촘한 지역에 사는 주민들은 우물의 밀도가 높아 한 취락에 여러 개의 우물이 있는 경우가 많으며, 한 가구당 한 개의 우물이 있기도 한다. 건조한 지역에 위치한 취락은 우물이 드문드문하고 일부 취락은 우물을 하나 가지고 있으며 심지어 여러 취락이 우물을 공유하기도 한다.

우물은 취락 물질 요인을 구성하는 일부로, 중국 남부의 광대한 산악지역에서 매우 흔하게 있다. 중국 남부의 거의 모든 취락에는 내부에 한 두 개의 우물이 있다. 우물 파기는 보통 마을 주민 모두가 참여하는 공공

---

29 Sachin Roy·李堅尚·叢曉明 역,《珞巴族阿迪人的文化》, 西藏人民出版社, 1991, pp.53-54.
30 郭康 외, "風水理論對人文景觀的影響,"《地理學與國土研究》第2期, 1993.

적인 활동이다. 우물은 땅을 파거나 샘물 출구에 파는 것이 일반적인데, 일부는 슬레이트로 상감하고 일부는 우물 샘물을 덮고 울타리를 설치하여 수질을 보호한다. 동향侗鄕에는 "5리에 우물 하나, 10리에 정자 하나十裏一涼亭"라는 말이 있는데, 사람들은 정자 옆에 땅을 파서 물을 길어다가 우물을 만들고, 물을 마시는 조롱박을 우물 처마 위에 올려놓고 물을 마시게 하였다. 먀오족 마을苗寨의 우물은 대부분 암석 밑에 박혀 있으며 입면立面은 반원형이고 평면은 상하로 나뉘며, 위는 식수용이고 아래는 세면대이며 우물 옆에는 대나무 통, 조롱박 또는 나무 잎이 있어 행인들이 물을 퍼서 마실 수 있다.

다양한 수문학적 요인 중 수계는 주로 하천 분포와 변천을 통해 취락 분포에 영향을 미치지만, 하천 연안의 사람들의 거주 관습에도 심각한 영향을 미친다. 예를 들어 대대로 황하 연안에 살던 사람들은 황하 범람으로 인한 피해를 줄이기 위해 가옥을 높이 쌓는 주거 풍습이 일반적이다. 지붕은 일반적으로 흙으로 건축되며 높이는 약 12미터이다. 이를 보호하기 위해 사람들은 집 앞과 뒤에 나무를 좀 심어야 한다. 황하 범람 지역에는 민간에서 "물을 만나도 무너지지 않는 집"이라는 주택이 지어졌는데, 이는 돌을 벽의 기초, 벽돌과 나무를 기둥으로 사용하고, 중간에 흙벽돌과 짚자루를 박아, 서까래 위에 갈대, 짚 진흙을 덮거나 석회를 지붕으로 바른 집이다. 이런 집은 홍수에 씻겨 내려가면 담이 쉽게 무너지지만, 돌 기초가 물에 젖는 것을 두려워하지 않아, 기둥과 지붕이 남아 있어 재난을 피해 돌아온 주거민들이 이를 바탕으로 흙벽돌, 짚자루 등으로 담을 쌓고 살 수 있었다.[31] 수문적 요인 중 빗물은 취락 건축에서 가옥의 지붕, 담장, 처마 구조에 큰 영향을 미친다. 빗물이 많은 곳에서는 빗물의 배출을 용이하게 하기 위해 지붕의 경사가 크고 벽의 기초가 두꺼워 침수되지 않도록 하며, 처마의

---

31 江帆, 《生態民俗學》, 黑龍江人民出版社, 2003, p.186.

깊이가 깊으면 담벼락의 침식과 빗물의 실내 유입을 방지한다. 건조하고 비가 적게 오는 곳에서 민가의 지붕은 대부분 평평한 지붕을 선택한다. 일반적으로 빗물의 증감에 따라 지붕의 기울기와 처마의 깊이가 변한다.[32]

4) 자원조건이 취락에 미치는 영향

전前산업사회 특히 선사 시대의 경우, 각 취락이 생존 가능한 자원을 얻는 범위, 즉 "자원 영역"을 가지고 있었다. 이러한 "자원 영역"은 "내부 자원 영역"과 "외부 자원 영역"으로 구분된다. "내부 자원 영격"은 거주자의 주요 생활과 밀접하게 관련된 취락 주변의 자원 영역을 말하며 일반적으로 범위가 작다. "외부 자원 영역"은 취락에서 멀리 떨어져 있고 취락 거주자의 생활과 거의 관련이 없는 자원 영역의 일부를 말한다.[33] 인간은 선사시대와 인류 역사 발전의 상당 기간 동안 자원의 대부분 또는 전부는 주로 "내부 자원 영역"에서 얻었다. 그러다가 후기 단계에서는 상품 교환 관계의 발전과 함께 취락 거주자의 생존 자원의 극히 일부만 "외부 자원 영역"에서 얻었다.

동물 자원이든 식물 자원이든 취락 거주자의 생존을 위한 가장 기본적인 천연 자원은 실제로 특정 지역의 지형, 토양, 기후, 수문 및 기타 자연 환경 요인에 의해 결정된다. 서로 다른 생태학적 위치에 있는 취락은 획득한 자원의 유형, 방법 및 자원 활용 정도가 다르며 차이가 크게 나타난다. 같은 지역이라도 해발고도가 다르기 때문에 입체적인 기후조건은 자원의 입체적인 분포로 이어질 수 있으며, 산꼭대기, 산허리, 기슭의 취락에서도 이용자원의 종류, 방식에 큰 차이가 있다.

---

32 王智平·楊居榮, "水與村落關系的生態學思考,"《生態學雜志》第5期, 2001.
33 李果, "資源域分析與珠江口地區新石器時代生計," 中國社會科學院考古硏究所 엮음,《華南及東南亞地區史前考古——紀念甑皮岩遺址發掘30周年國際學術硏討會論文集》, 文物出版社, 2006, p.173.

자원 조건은 취락의 생존을 위한 가장 기본적인 조건이며, 군락에 미치는 영향은 민족마다 다르게 나타난다. 채집-수렵꾼의 경우, 취락 주변에서 채집할 수 있는 뿌리 괴경 식물, 사냥할 수 있는 야생 동물이 취락의 변화와 폐기를 어느 정도 결정한다. 유목민에게 가장 중요한 자원은 목초지 자원이며 목초지의 가축 운반량도 유목민 취락집의 규모와 발전을 주도한다. 농경민족의 가장 안정적인 자원은 다양한 기후와 수문조건에 의해 결정되는 토지자원이며, 토지자원의 면적과 토양의 비옥도도 농경집락의 규모와 분포에 영향을 미친다.

자원 조건이 취락에 미치는 영향에서 가장 직접적으로 나타나는 것은 취락 건축 자재에 미치는 영향이며, 민족 취락의 외관 상 다양한 색상으로 나타난다. 전前산업사회에 사람들은 기본적으로 집을 지을 때 현지 재료를 사용하고 거주 환경과의 조화를 중시하였다. "산간지대는 산돌로 지은 집, 평야는 흙으로 지은 집, 삼림지대는 나무로 지은 집, 그리고 암석 초원에서는 가옥 대부분 비교석 초라하며, 담장은 넓은 바닥의 돌로 쌓고 지붕은 햇볕에 말린 식물 짚으로 엮어 자연 식물과 완전히 일체화되어 있었다. 열대 우림의 유목민들은 나무 기둥과 나뭇잎으로 집을 짓는다. 고원, 사막 오아시스, 계곡에 정착한 농부들은 주로 점토로 집을 짓고, 사람들은 햇볕에 말린 흙벽돌을 사용하여 벽을 쌓거나 흙 아치를 사용하여 지붕을 쌓는다. 그리고 돌은 대부분의 인류 집단이 쉽게 사용할 수 있는 천연 건축 재료이기 때문에 세계의 넓은 지역에서 돌을 주재료로 하는 민가 건축물을 볼 수 있다."[34] 중국 산악 지역의 많은 민족공동체 건물에서 자원 조건이 공동체 건축 양식에 미치는 영향도 두드러지게 나타난다. 예를 들어, 스산石山 지역에 사는 부이족과 흘로족은 종종 그 자리에서 재료를 가져와 돌로 집을 짓고, 돌을 집터, 담장, 기와로 삼아 하나씩 "돌채"를 짓

---

[34] 江帆,《生態民俗學》, 黑龍江人民出版社, 2003, p.181.

는다. 구어저우성 동부의 삼나무 생산량이 많은 지역에 거주하는 동족(侗族)은 삼나무를 기둥으로, 삼나무 판을 벽으로, 삼나무 껍질을 기와로 사용하여 집을 짓는다. 시솽반나 지역에 사는 다이족은 주거용 건축에서 대나무를 주원료로 할 뿐만 아니라 사회생활에서도 대나무와 관련된 일련의 문화적 풍습을 형성했는데, 대나무는 다이족 취락의 경관을 구성하는 가장 중요한 외적 요소라고 할 수 있다.

취락 건축은 자연환경과 일체화되어 지역의 자연지리와 자원의 특성을 뚜렷하게 나타내는데, 에스키모인의 원형 눈집이 대표적인 예이다. 북극에 사는 에스키모인들은 목재와 풀, 흙이 없는 주거환경 때문에 그 자리에서 재료를 구해 눈으로 꽉 눌러준 다음 칼로 규칙적인 직사각형 모양의 눈 벽돌을 잘라 나선형으로 쌓아서 안으로 기울게 하였다. 이 작업은 기술적인 내용을 가지고 있는데, 각 벽돌은 필요한 경사에 따라 절단되어야 하며 마지막으로 벽돌을 절단하는 것이 특히 중요하다. 그런 다음 모든 벽돌 틈을 눈으로 덮어 건물 전체가 닫힌 반원체를 형성한다. 눈 벽돌의 열 저장 용량이 매우 작기 때문에 눈 벽은 단열 성능이 좋다. 추운 겨울에는 내벽에 녹은 눈이 금세 단단한 얼음으로 굳어지면서 눈 집의 견고성을 높일 뿐 아니라, 집 안은 복사열에너지의 반사기와도 같다.[35] 이런 둥근 눈 집은 북극지방의 눈과 얼음의 세계와 완벽하게 어우러져 신비로운 매력을 자아낸다.

요컨대, 인간이 자연에 적응하고 활용하는 산물로서 취락의 외부 형태와 조합 유형에는 지리적 환경의 낙인이 깊이 찍혀 있다.

---

35 江帆,《生態民俗學》, 黑龍江人民出版社, 2003, p.183.

2. 사회문화적 요인이 민족취락에 미친 영향

취락은 인간 집단이 생존의 필요에 따라 본능적으로 또는 반자각적으로 형성한, 최초의 자연 친화적 경향과 인류 문화의 특징을 나타내는 지연적 또는 혈연적 "자조직自組織" 종합시스템이다. 취락은 기후, 지연형태, 수문, 생물 등 자연적 요인 외에도, 생산력 발전수준, 집단의 경제생활, 가족제도, 민족관계, 종교적 신앙 등 인문적 요인의 제약을 받는다. 즉, 취락은 자발적으로 형성된 최초의 인류 사회의 문화적 산물로서, 그 형성과 발전, 형태와 구조는 인류가 만든 많은 문화환경에 영향을 받는다.

1) 경제활동이 취락에 미치는 영향

취락생활은 생산, 교환, 유통, 저장, 소비에 이르는 경제활동의 전 과정과 관련이 있으며, 어떤 형식의 취락 및 주택건물의 생산과 발전은 이에 상응하는 경제활동을 기반으로 하며 일정한 경제생활에 복종하고 봉사한다. 음식을 찾는 주요 방법이 다르기 때문에 세계 각 민족의 활동 방식은 공간적 조합에서 다양한 유형으로 명확하게 구분된다. 다양한 유형의 미시적 관점에서 수집-수렵 경제 취락, 유목경제 취락, 농업경제 취락, 상업경제 취락 및 기타 주요 유형으로 나눌 수 있다.

채집-수렵 경제는 생산기술 발전 초기에 인류가 채택한 생계 유형이다. 이러한 생계 방식을 운영하는 사람들은 일반적으로 생산 및 사회 조직이 비교적 원시적이고 사회 발달 정도가 낮으며, 야생 식물과 동물, 즉 이른바 "자연의 선물"은 종종 사람들이 직접 섭취하는 식품 공급원이다. 이에 반해 민족 집단은 이동성이 높아 특정 지역에 정착하거나 장기간 거주할 가능성이 낮기 때문에, 취락이 일정한 규모를 이루지 못한채 흩어져 있고 변변한 취락경관도 없다. 예를 들어 1950년대 이전까지 원시림에서 채집-수렵 생활을 했던 라후족拉祜族 계열의 고총인苦聰人들은 계절의 변화와 채집 동물군의 이동에 따라 광활한 숲으로 끊임없이 이동해야 했기 때문에, 나뭇가지를 기둥으로, 줄기와 대나무를 벽체로, 대나무 잎이나 파초 잎을 지붕으로 하여 간단히 허물거나 재건하기 쉬운 오두막을 임시로 짓는 것이 어쩌면 필연적이었을지도 모른다. 중국 북부의 옛 허저·어룬춘·어윙키 등 민족들은 겨울과 봄에는 사냥을 하고 여름과 가을에 물고기를 잡으며 자작나무 껍질·짐승·모초 등으로 지은 "선인주仙人柱"나 "땅굴"에 거주하면서 추위를 피하였고, 따라서 취락 건물 구조도 단순했다.

유목경제와 채집-수렵경제의 생태학적 원리는 인간과 땅, 인간과 식물 사이에 특별한 관계가 확립되어 음식을 기반으로 하면서 가축을 매개로 인간이 가장 높은 소비 등급을 갖는 긴 먹이 사슬을 형성한다는 점이다. 유목민 생활에서 인간은 교묘하고 규칙적으로 가축을 생태계의 에너지 수출구인 풀밭에 배치하여 더 넓은 공간에서 자연 생태계를 향해 에너지를 얻었고, 경제가 비교적 안정적이며 노동 생산성이 향상되었다. 이러한 경제활동을 하는 민족집단은 비교적 안정적인 유목지를 가지고 있으며, 이들의 취락 규모는 채집-수렵경제 취락보다 크지만 취락은 불규칙하고 탄력적인 산거 상태를 보이며 취락 내 공공건물이 적고, 주택건축은 단순성이나 실용적인 방향으로 발전하였다. 예를 들어, 몽골, 카자흐, 위구르 등 중국 북부 지역의 유목민 취락은 고정과 반고정 민족 군락 사이에 있는데, 대부분 단일 민족 거주지이며, 그 분포 지역은 100제곱킬로미터당 평균 15개 이하이고, 일부 목축 지역은 2개 이하이며, 넓은 면적의 사막과 고비 사막은 취락 분포의 빈 공간이 되어 전국에서 취락이 가장 드문 지역 중 하나로 자리 잡았다.[36] 중국의 남방의 경우, 과거 유목경제를 주요 생계 수단으로 삼았던 티베트족과 이족이 "동물과 함께 이동"하는 목초지의 경제적 삶의 요구를 충족시키기 위해 종종 단순하고 해체

---

36 溫軍, "試論我國少數民族村落的分布特徵,"《西北民族學院學報》第1期, 1990.

하기 쉬운 "텐트형" 주택을 주요 주거 형태로 사용하였다. 이와 비슷하게 먀오족, 야오족, 서족 등 민족과 그 선조들은 역사적으로 유동 경작 생계 방식을 위주로 "산을 경작하는 것을 업으로 삼았다."[37] 따라서 "하나의 산(곳)을 다 먹으면 다른 곳으로 이동한다."[38] 이른바 "산을 쫓아다니며 밥을 먹는" 이러한 유동 경작 민족들은 사시사철 넓은 공간 안에서 "임야를 찾아 끊임없이 이동한다. 자연환경이 그들에게 제공하는 자원은 상당히 제한적이기 때문에 그들은 항상 각지에 흩어져 살며, 사회자원의 총량은 항상 빈약한 상태에 있으며, 경제활동은 전적으로 의·식·주·행 등의 자급적 소비를 충족시키기 위한 것이며, 제품의 잉여가 적고, 취락 외부의 경제력과 정보력을 연계할 수 있는 계기가 부족하다. 모든 생산의 주요 목적은 거의 취락 내 사람들의 생존을 위한 요구이며 시장 수요를 위한 것은 아니다."[39] 그래서 사람들은 종종 땅(유경지)을 따라 가고, 마을(취락)은 사람을 따라 이주하며, 주거가 정해지지 않고, 취락 규모가 작아 산만하고 불안정한 상태를 보이며, 취락 건물이 누추하고 거칠며, 간단히 헐기 쉬운 "포키방"이 주를 이룬다.[40]

농경, 특히 쟁기를 주요수단으로 하는 쟁기농업은 "생지"를 "숙지"로 바꾸는 등 경작 기법의 도입으로 곡물생산이 주기적으로 이루어져 식량이 풍부하게 보장되고 농경취락의 경제적 토대가 마련되었다. 또한 일정 단위의 공간에 수용할 수 있는 인구수가 높아져 농경민들에게는 비교적 안정된 지리적 단위에 정착하거나 장기간 거주하면서 "사람-땅-곡물"의 균

---

37 [淸]董浩,《皇淸職貢圖》.
38 [淸]顧炎武,《天下郡國利病書》卷100.
39 管彦波, "西南民族聚落的基本特性探微,"《中南民族學院學報》第4期, 1997.
40 포키방(叉叉房)은 땅속에 꽂은 나무 두 개로 기둥을 만들고, 나무 막대기 하나를 가지 위에 가로로 놓아 대들보를 만들며, 사면을 초가로 덮는 것으로 벽이 없어 쉽게 헐 수 있어 유경(遊耕) 경제생활에 적합하다.

형을 유지하는 것이 가능하여, 농업·원예·가축사육·수공업·가공업 등의 복합적인 경제생활을 바탕으로 한 취락이 조성되었다. 이러한 종류의 자원이 보장된 농업 취락은 규모가 지속적으로 확장되는 추세를 보이는데, 안정적인 발전은 물론 취락의 기능, 구조 및 배치도 더욱 다양하고 복잡하며 완벽해질 것이다.

상업 취락, 즉 상업 무역이나 상품 교환에 의해 형성된 취락은 그 전신이 "거리 마을街村"이며 나중에 "저진圩鎭" "도시와 읍城堡", 도시城市로 발전하였다. "저圩"와 시市는 다르다. "일중위시日中爲市"는 매일 교환하는 장소를 뜻하고, "저"는 정기적으로 교환하는 장소를 말한다. 즉 주요 교통로에 인공적으로 여러 개의 긴 회랑을 만들어 정기적으로 교환하는 경우를 가리킨다. 정기定期 시장이 번창하면 그에 따라 그 주위에 점포들이 번창해 질 것이고, 점차 정기 시장을 중심으로 '집시集市'가 형성되는데, 이것을 흔히 "서시圩市"라고 부른다. 이를 북방 지역에서는 "집集" 혹은 "취聚"라고 부른다. 단순한 '집시'는 대부분 "거리 마을" 형태이며, '집시'가 더욱 발전하여 "저진" 즉 상업 마을 또는 무역 취락을 형성한다. 중국 민족 지역에는 상업 교환으로 발전한 저진-상업 취락이 적지 않으며, 이러한 취락은 일반적으로 비교적 완전한 공공 건물 및 시설, 도로 시스템, 주거 지역, 상업 지역 등의 건축 시설을 갖추고 있으며, 취락 중 저장, 장터 및 주요 거리는 상품 교환의 기능을 담당할 뿐만 아니라 광장의 기능도 담당한다. 이런 면에서 광시 좡족 취락 중의 장이 가장 전형적이다. 중화민국 22년 불완전한 통계에 따르면, 당시 광시에는 94개 현에 1,424개의 시장이 있었다.[41] 각 시장이 위치한 곳은 상업 취락이며, 그 구조는 대략 가로변에 10개 이상의 점포가 인접해 있고, 가로 중심에 사람들이 거래할 수 있는 긴 공공 시장이 있는 것으로 나타났다.

---

41 梁庭望,《壯族風俗志》, 中央民族學院出版社, 1987, p.126.

2) 생산력 발전 수준과 기술 조건이 취락에 미치는 영향

다양한 자연적, 역사적, 사회적 원인으로 인해 세계 각 지역과 민족의 사회 생산력 발전 수준이 크게 다르며 생산력 발전 수준과 기술 조건이 민족 취락의 형태와 구조에 미치는 영향도 다르다.

일반적으로 원시적인 농법과 원시적인 수렵, 어렵, 유목 등 간단한 방법으로 "자연계의 선물"을 얻는 민족은 생산력과 기술조건이 매우 낮기 때문에 그들의 취락은 자연의 제약을 크게 받아 규모가 작고 기능이 단일하며 흩어져 있는 특징을 지닌다. 또한 취락은 단순한 재생산과 일정 수의 인구를 수용할 수 있을 뿐이며, 원래의 기본적 구조에서 확장되기 어렵다. 또한 각종 자연재해로 인한 식량 생산량 감소 및 관련 인구 역성장 현상과 가용자원 위축 등의 영향을 받을 수 있어 취락의 규모는 낮은 생산력 발전 수준을 바꾸지 않는 한 축소되거나 소멸될 수밖에 없다. 선진적인 생산방식과 경작기술을 습득한 민족은 선진적인 생산도구와 기술조건을 이용해 생활환경을 개조하고 생태계의 에너지 수출량을 증폭시키며, 증가하는 자원으로 끊임없이 번성하는 인구에 안정적인 식량원을 제공할 수 있다. 이러한 자원보장이 있는 민족취락은 그 규모가 끊임없이 확대되는 추세로 안정적으로 발전할 것이며 취락의 기능, 취락의 구성, 취락의 배치도 더욱 다양하고 복잡하며 합리적일 것이다. 물론 특정 환경에서 제공할 수 있는 자원의 총량은 일정한 한계가 있기 때문에 이 한계를 초과하면 생산성 수준이 아무리 높아도 취락이 분화되고 재편성되며 일부 새로운 취락이 생겨나게 된다.

생산력 발전 수준이 전체적으로 취락의 규모, 형태, 구조를 결정한다면, 생산력 발전 수준과 연결되는 기술적 조건은 취락 건축의 공간 규모, 건축 구조의 형식, 기본 건축 양식에 영향을 미친다. 주택 형식에 따라 기술 요구 사항이 다르다. 예를 들어 옛 두룽족, 노족 등의 주택은 기술 수준이 매우 낮으며, 반대로 티베트족의 포탈라궁, 동족의 고루, 다이족의 사찰과 불탑은 높은 기술력과 많은 전문 기술 인력을 갖추어야 한다. 일반적으로 흙 다지기, 제철, 목공, 기와 굽기, 도자기 빚기 등의 기술적 요소가 부족한 민족에게 주택은 "오막살이"나 "포크하우스"와 같은 형태로만 나타날 수 있으며, 심지어 자연에 의존하여 나무나 동굴 생활을 위주로 한다. 기와를 굽고 도자기를 만들고 철을 제련하는 기술을 익힌 민족은 주거용 건물이 대부분 흙벽돌과 목조건축으로 색채와 장식의 효과에 더 많은 관심을 기울였고 취락 규모가 커졌다. 오늘날 과학기술의 급속한 발전으로 사람들은 취락 환경의 개조 및 건설을 크게 늘릴 수 있을 뿐만 아니라, 과거에 부적절하거나 거주가 불가능하다고 생각했던 곳에 거주할 수 있는 등, 기술 조건은 사람들의 주거 환경 선택을 다양한 정도로 변화시키고 있다.

3) 가족 제도가 취락에 미치는 영향

상이한 민족의 취락은 각기 다른 성장 패턴과 조합 방식을 가지고 있지만, 취락 저변의 사회조직 구조를 보면 크게 혈연(父系 또는 母系)을 고리로 하여 형성된 가족이나 씨족, 그리고 보다 긴밀한 사회 하부 조직이 연합하여 형성된 원시 농촌 마을 등 몇 가지 형태가 있다. 취락 내 무리의 집합 형태는 씨족, 가족 및 다른 민족의 다른 성을 가진 개별 소가족과 다를 바 없으며, 같은 씨족 사람들이 모여 사는 것부터 같은 가족 사람들이 모여 사는 것, 그리고 여러 씨족 사람들이 뒤섞여 사는 것까지 세 가지 서로 연결된 고리 사슬을 형성한다.

인간의 주거 방식은 처음부터 그들의 사회조직 구조 및 사회 생활과 연결되어 있었다. 민족공동체의 형성과 진화과정에서 씨족, 부족, 부족연맹은 몇 가지 가장 기본적인 형태이며, 일부 민족이 씨족부족의 모체에서 잉태한 혈연유대관계와 종법관계는 항상 민족사회 역사의 발전과정 전반에 걸쳐 지속되었으며, 같은 씨족 또는 다른 씨족의 사람들은 종종 같은 촌락에서 집중적으로 거주했다. "가족끼리 모여 사는" 집단 방식은 인간 거주의 기본 원칙으로서 많은 민족 집단의 사회 생활에 영향을 미친다. 예를 들어, "동洞"은 수족의 초기 사회 하부 조직으로, 처음에는 단일 씨족으로 구성된 촌락이었고, 사회가 발전함에 따라 이러한 촌락은 점차 여러 씨족, 종족을 포함하는 친족 연합체로 발전했으며, 이러한 연합체는 부계 혈연을 연결고리로 하여 일정한 지역에 거주하였다.[42] 1950년대까지만 해도 중국의 일부 민족의 씨족 조직은 여전히 가장 기본적인 집합 조직 형태였다. 예를 들어, 윈난성 전캉鎭康, 겅마耿馬 및 기타 지역은 여전히 가족 코뮌의 특성을 유지하고 있으며, 그들은 자신의 마을을 "감옥牢"이라고 불렀는데, 매개 감옥은 여러 "커러克勒"(씨족 조직)로 구성되었다.[43] 윈난성 경홍유낙산景洪攸樂山에 거주하는 지눠족의 경우, 각 "주미周米"(마을)는 두 명의 "아주阿珠" 또는 "내주內珠"의 구성원을 기반으로 하고 있는데, 아주 또는 내주는 혈연관계로 구성된 씨족 또는 가족이다.[44] 두룽족은 공통 혈연관계를 가진 부계 씨족집단을 "니러尼勒"라고 부르며 니러의 가까운 친척들로 구성된 일련의 가족공사를 형성하고 있는데, 혈연관계를 가진 가족공사는 대부분 인접한 지역에 흩어져 혈연촌락을 이루고 있고, 두룽족어로는 "커언克恩"이라고 한다. 각 커언에는 고유한 지역이 있으며 커언과 커언 사이에는 산봉우리, 협곡 또는 강이 경계를 이룬다.[45]

씨족은 같은 혈연관계의 친족으로 구성된 원시사회의 기본 사회 경제

---

42 韓榮培, "古代水族社會基層組織和土地, 山林的管理方式,"《貴州民族研究》第4期, 1999.

43 宋恩常, "鎭康德昂族父權制家族公社,"《雲南少數民族研究文集》, 雲南人民出版社, 1986.

44 宋恩常, "基諾族社會組織調查," 中國人類學會 엮음,《人類學研究》, 中國社會科學出版社, 1984.

45 宋恩常, "鎭康德昂族父權制家族公社,"《雲南少數民族研究文集》, 雲南人民出版社, 1986.

적 단위이며 씨족의 해체는 서로 다른 가족공동체를 형성한다. 가족공사의 사회조직 형태 하에서 취락과 주택건축은 가족단위로 혈연관계가 있는 같은 조상의 대가족 또는 공동체 의식을 가진 여러 대가족이 대규모 취락을 이루는 경우가 많으며, 일부 학자들은 이를 아예 "종족 취락"이라고 부르기도 한다.[46] 이러한 취락에서 혈연조직은 분명히 상당히 강한 지배적 역할을 하는데, 취락은 주로 가족과의 혈연 의존적이고 지리적 연결을 보완하며, 취락의 기능은 대부분 가족의 사회 조직 활동을 통해 이루어진다. 취락 내 가족 주택은 가족 구성원의 지속적인 증가와 함께 점차 증가한다. 그러나 어쨌든 씨족제도의 특징을 지닌 이러한 가족 취락은 혈연군血緣群 집결의 기본단위가 되었고, 강한 집단의식과 집단력으로 혈연 유대의 견고성과 집단성, 방어에 편리한 안전성을 강조하였기 때문에 실제로는 "특정 친족계통의 지역적 위치집결이며, 공동의 문화분위기에 휩싸인 제도화된 세대친연관계의 표현이다."[47] 구체적으로 볼 때, 1950년대 이전 시솽반나 등지에는 농촌공사 제도가 비교적 온전한 다이족 지역이 보존되어 있었는데, 하나의 촌락(다이족 언어로는 "만룽"이라 함)이 하나의 농촌공사로, 촌락에는 비교적 완전한 행정관리기구가 있고, 본 촌락에는 전문적인 제사활동이 있으며, 공통의 조상이 있었다.[48]

현대사회에 들어선 이후 각 민족집단 간의 경제문화적 연계가 강화되고 다민족 잡거 및 산거 상태가 갈수록 보편화됨에 따라, 중국의 많은 민족지역의 취락은 이미 어느 정도 단순한 혈연 가족 위주의 조직형태에서 벗어나 다민족, 다가족, 다방족多房族, 다성씨의 취락이 되었다. 그럼에도 지연식 취락이든 혈연식 취락이든 가족집단의 혈연적 유대관계는 여전

---

46 斯心直,《西南民族建築研究》,雲南教育出版社, 1992, p.74.
47 伍家平, "論民族聚落地理特征形成的文化影響與文化聚落類型," 《地理研究》第3期, 1992.
48 張公瑾, "傣族的農業祭祀與村社文化," 《廣西民族研究》第3期, 1991.

히 취락 중의 생물학적 사실에 기초한 일종의 "취락질서"가 된다. 동족侗族 취락이 대표적이다. 주로 후난성, 구어저우성, 광시자치구 접경지역에 분포된 동족은 대부분 큰 마을을 형성하고 가족이 모여 사는 데 익숙하며, 가족은 사회에서 중추적인 역할을 하고 있다. 일반적으로 한 곳에 한 가족이 살고, 한 가족 내에는 여러 방족房族이 살고, 한 방족은 여러 가족으로 구성된다. 동족 집거지侗寨의 가족과 가족 사이에는 수많은 밀접한 관계가 있다. 주택과 연결된 네트워크도 친연親緣 네트워크이다. 예를 들어 구어저우성 려핑黎平 현 조흥肇興 향 조흥肇興 대채大寨는 육陸성 동東족 형제 1가구가 처음 정착했는데, 지금은 650가구 3,500여 명의 대채로 발전해 모두 육陸씨로 하나의 대가족이 되고, 그 밑에 5개의 방족으로 나눠 5개의 작은 마을小寨를 이뤄 거주하며, 5개의 고루鼓樓를 지었다.⁴⁹ 장현江縣 샤장구下江區 샤장진下江鎮 민족촌 쑤둥상채蘇洞上寨에는 약 40여 가구, 230여 명이 살고 있으며, 이는 석씨 혈연 가문을 기반으로 발전한 여러 성씨가 함께 거주하는 밀집된 집합체이다.⁵⁰ 장현 가오쩡촌高增村의 경우, 밖으로는 하나의 집단이지만, 내부는 주거 지역에 따라 상, 하, 댐의 세 개의 작은 마을로 나뉜다. 각 촌락은 각각 자신의 고루를 만들었다. 상채上寨에는 "양씨" 가문이 많이 사는데, 고증에 일찍 와서 정착했기 때문에 상채의 고루를 가장 높게 지어서 "부父"라고 부른다. 하채下寨에는 "오씨"가 많이 살고, 양씨보다 늦게 정착하기 때문에 아래채의 고루는 위채의 고루보다 낮게 설치하였다. 이를 "모母"라고 부른다. 댐채壩寨는 상부와 하부로 나뉘기 때문에 댐의 고루는 하부의 고루보다 낮아야 하며, 이를 "자子"라고 부른다. 위의 사례에서 알 수 있듯이 가문은 동족 취락의 기본 단위이고, 고루는 동족 취락의 상징이자 씨족 조직의 휘장이다. "마을을 짓지 않고 먼저

---

49 金珏, "侗族民居的生長現象試析,"《貴州民族研究》第3期, 1993.
50 黃才貴, "日本學者對貴州侗族幹欄民居的調查與研究,"《貴州民族研究》第2期, 1992.

고루를 수리하라"와 같이 가문이나 같은 성씨의 동족이 종종 고루를 둘러싸고 모여 살며, 고루 하나가 혈연관계인 씨족 조직과 취락을 대표하고, 수많은 고루가 서로 다른 가정을 뭉쳐 하나의 마을을 조직하여, 각 종족 성姓과 각 마을 간의 관계를 조정하여 동족 사회 전체를 조직하였다.

4) 종교적 신앙이 취락에 미치는 영향

인문지리학 연구에서 외국 학자들은 일찍이 사람들의 종교적 신앙과 취락의 관계에 주목하였다. 라글란Raglan은 각 시대와 지방의 주택은 종교와 밀접한 관련이 있다고 지적하였다. 니체케Nitschke는 주택을 짓기 위한 활동이 먼저 있었고, 그 다음에 종교가 생겨났다고 주장한다. 그는 특히 일본 신화, 의식, 건축을 예로 들며 종교와 주거 방식, 환경의 관계를 설명하였다.[51] 필자는 종교가 인간의 독특한 문화 현상으로서 사람들의 주거 환경 선택, 취락 건물, 심지어 집 내부의 공간 구분에도 상당한 영향을 미친다고 생각한다.

일반적으로 세계의 종교는 모두 서로 다른 물질적 의탁과 종교 의식 활동을 전개하는 장소를 가지고 있으며, 모두 각 민족의 취락에 은연적 혹은 현저한 영향을 끼친다. 대부분 민족은 촌락을 건설할 때 반드시 각종 종교 시설을 만든다. 즉, 촌락을 건설하기 전에 종교 관념은 사회의 중요한 요소로서 촌락의 면모를 결정한다.[52] 다양한 형태의 사찰, 교회, 모스크, 예배사, 성황당城隍廟 등의 종교건축은 사람들의 종교의식이 외부화된 물질적 실체와 종교신앙의 직접적인 산물로서, 사실상 일종의 취락 연맹의 표상이 되었으며, 전체 취락 내의 다양한 인류 집단을 응집시키고 취락 주택은 대부분 이러한 종교건축을 중심으로 사방으로 확장된다. 물

---

51 張雪梅·陳昌文, "藏族傳統聚落形態與藏傳佛教的世界觀,"《宗教學研究》第2期, 2007.
52 鳥越憲三郎·雲南省民族硏究所 역,《始於雲南的道路──探尋倭族之源》, 雲南省民族硏究所, 1984, p.34.

론 여기서 말하는 중심은 단지 하나의 취락의 중심을 의미하지는 않지만, 때로는 작은 지역의 종교건축이 여러 취락의 중심, 혹은 사람들의 사회생활 활동의 중심, 심지어 마음의 중심이라고 할 수 있다. 예를 들어 티베트의 전통적인 취락형태를 고찰하면서, 티베트 취락형태의 문화적 측면에서 볼 때 티베트 불교의 세계관이 깊은 영향을 미쳤다고 보는 학자도 있다. 사람들의 생활 중심이 종교를 둘러싸고 이루어질 경우, 일반적으로 물질적인 사찰 실체, 전경랑转经廊, 경당, 불상, 심지어 조건의 제약으로 이러한 물질적인 실체가 존재하지 않을 경우에도 사람들의 머릿속에는 여전히 관념적인 중심이 있는데, "중심"이라는 구조는 종교의 이념에서 비롯된 것임을 알 수 있다.[53]

중국은 다종교 국가이다. 오늘날까지 중국 민족지역의 일부 민족은 여전히 자연숭배, 조상숭배, 귀신숭배, 영혼숭배 등 원시종교의 틀 내에 갇혀 있다. 어떤 민족은 불교의 불, 법, 승려의 삼보숭배三寶崇拜에 심취해 있고, 어떤 민족은 일신一神 숭배의 이슬람교로 전향하고 있으며, 또 기독교, 도교 및 민족 전통 종교를 신봉하고 있다. 이러한 상이한 종교들은 비교적 안정적인 전파와 영향 범위를 가지며 서로 다른 역사적 발전단계에서 민족공동체 건축에 많은 영향을 미쳤다. 여기서는 원시종교와 불교, 이슬람교를 중심으로 설명하고자 한다.

원시 종교는 인류의 가장 오래된 신앙의 한 형태이며 현재 중국 북방의 허저족, 다우르족, 어웡키족, 어룬춘족, 만주족, 시버족 등 소수민족과 남방의 징포족, 두룽족, 지눠족, 와족, 리수족, 노족, 아창阿昌족, 뤄바족, 푸미족, 라후족 등 소수민족 사회에 다양한 정도로 남아 있다. 이러한 민족의 문화에는 원시 종교 문화의 일부 구성요인이 다소 포함되어 있다. 원시 종교는 취락생활에 반영되어 많은 민족이 취락을 계획할 때 대개 일

---

53 張雪梅·陳昌文, "藏族傳統聚落形態與藏傳佛教的世界觀," 《宗教學硏究》第2期, 2007.

정한 장소를 만들어 제전祭典으로 사용하고, 큰 바위, 신나무, 말뚝 등을 신의 의탁으로 하여 정기적 또는 비정기적으로 제사를 지낸다. 예를 들면 먀오족 산신 "까마嘎嘛"의 오두막, 아창족 산신 "호사戶撒"의 낮은 담장, 푸미족이 천지의 신과 귀신에게 제사를 지내는 "신귀누각神鬼樓閣", 하니족의 작은 신방神房, 야오족의 산신묘 등은 취락의 집단적 종교 제사의 중요한 장소이다. 또한 취락건축과 그 내부시설, 장식에는 조상숭배, 자연숭배, 귀신숭배의 관념이 많이 반영되어 있으며, 다자다복, 사람과 가축의 번창, 풍조우순風調雨順, 인수연풍人壽年豐 등의 관념이 주거 건축에도 반영되기도 한다.

불교는 후한시기 중국으로 전래되어 현지화 과정에서 중국 소수민족 지역에도 다양한 정도로 영향을 미쳤으며, 티베트, 몽골, 투, 나시, 다이, 더앙 등 소수민족의 전부 또는 일부가 불교에 귀의한 적이 있다. 특히 티베트와 몽골 지역의 티베트 불교와 시솽반나 지역의 상좌부上座部 불교는 더욱 민족적이고 지방적인 특성을 가지고 있어 중국 불교의 중요한 내용을 구성하고 있다. 중국에서는 불교를 믿는 소수민족의 취락 건축이 불교의 영향을 받지 않는 곳이 없다. 예를 들어 티베트식 건축을 특징으로 하는 티베트 불교 사찰은 티베트족 취락 건축에서 없어서는 안 될 중요한 부분을 구성한다. 윈난 대리大理의 바이족 지역은 명·청 시대 불교의 융성과 사찰의 건축에 걸맞게 도시와 농촌의 산과 들에도 많은 불탑이 즐비하다. 다이족 취락지역 중 소승불교의 영향을 받은 지역은 각종 불전, 승려, 고방, 경당, 불탑을 주체로 하는 소승불교 건축물이 장관을 이루고 있다. 물론 불교가 민족 취락에 미치는 영향은 취락 건축에만 국한된 것이 아니라 취락 중 사람들의 사회 생활의 여러 측면에서도 나타난다.

이슬람교는 당나라 때 서아시아에서 중국으로 전래되었다. 현재 중국에서 이슬람교를 믿는 민족은 주로 닝샤, 신장, 간쑤, 칭하이 등 일부 지역에 분포하고 있으며 주로 후이족, 위구르족, 카자흐족, 키르기스족, 타지크족, 타타르족, 바오안족, 살라르족, 둥샹족 등 10개 이상의 민족이 있다. 이들 민족은 대부분 관개 농업에 종사하고 있는데, 취락은 일반적으로 평야, 샘물 노출지, 하천 연안에 분포하고 있으며, 모스크는 군락에서 가장 흔한 경관이다. 동시에 이들 민족의 문화심리, 문화전통, 문화현상은 현저한 동질성을 가지고 있으며, 그 취락과 생활 곳곳에 이슬람교의 영향을 받은 흔적이 남아 있다.

이상 원시종교, 이슬람교, 불교가 민족취락에 미치는 영향을 간략하게 분석하였다. 여기서 주목할 점은 중국 소수민족 중 단일종교를 믿는 사람이 많지 않고 대다수 민족의 신앙은 여러 종교적 요인이 복합되어 있기 때문에, 많은 민족취락이 실제로 여러 종교의 영향을 받고 있다는 점이다. 예를 들어 바이족은 역사적으로 원시 무귀교巫鬼教, 도교, 불교를 믿었기 때문에 바이족 취락에서 불교, 도교의 요인들은 물론, 본주本主 숭배의 흔적도 찾아 볼 수 있다. 시솽반나 다이족 지역에는 "마을마다 절이 있고, 마을마다 승려가 있다村村有佛寺, 寨寨有僧侶"는 말이 있다. 취락 중 불교 신앙의 가장 두드러진 외적 표현인 불탑이 취락의 위치와 형식, 주변 건물 등을 규정짓는 역할을 하는 한편, 현재까지도 마을 중심, 문, 말뚝 등 원시종교 제사와 관련된 상징물이 남아 있어 시솽반나 다이족의 취락 형태를 연구할 때 각 종교가 취락에 미치는 영향을 분석해 이른바 "신령들의 마을"과 "불의 마을"로 규정한 학자도 있다.

위에서 언급한 경제생활, 생산력 발전 수준 및 기술 조건, 가족제도, 종교적 신앙 및 기타 요인 외에도, 민족관계, 인구 이동, 민족풍습, 윤리 및 도덕 등 요인도 자체 조직自組織 매개변수 역할을 한다. 우호적이고 화목한 민족관계는 민간 건축양식과 기술의 상호적 모방과 흡수에 유리하며, 민족간의 분쟁, 충돌, 심지어 전쟁까지 강요하여 각 민족이 취락에 상응하는 방어시설을 세우거나 방어가 유리한 곳에 취락을 건설하게 할 뿐만 아니라, 왕왕 민족의 이동을 초래하여 일부 취락의 흥성과 다른 일부 취락이 쇠퇴하는 결과를 초래한다. 민족 이동과 인구 이동의 중요한 사실은 민족 간 잡거와 분산 거주가 점점 더 보편화되고 있다는 것이며, 다민족 잡거가 종종 특정 단일 집합체의 구조를 변화시켜 집합 건물이 다양한 경향을 보이게 한다. 민족 풍습과 윤리는 주로 취락 거주자들의 거주 방식에 영향을 미치며, 거실에서의 존비, 장유, 부모, 자녀, 남녀, 주종의 순서와 차이는 종법 예교와 일정한 윤리의 제약을 받는다.

3. 민족취락의 지리적 유형과 공간적 분포 형태

상술했듯이 어떤 지역이나 어떤 민족의 취락이든 그 형성과 발전은 특정한 지리적 배경에 의존하며, 자연지리적 환경의 기후조건, 지연형태, 수계토양, 동식물자원 등의 자연요인과 경제생산방식, 사회생산력 발전 수준, 가족제도, 종교적 신앙 등의 요인이 물질적 실체와 관념적 형태로 취락의 형성과정에 참여하여 취락이 서로 다른 성장패턴과 지리형태를 나타내며, 다양한 전형典型와 파생적 형태를 나타낸다.

1) 민족 취락의 지리적 유형

오랫동안 학계에서는 민족취락에 대한 연구에서 동일한 부류 취락의 유사성과 내부발전 법칙을 찾기 위해 취락요인들의 공통점과 차이점에 따라, 그리고 통일된 기준에 따라 분류 연구를 수행하였다. 일반적인 방법에는 언어 혈통 분류법, 사회 형태 분류법, 경제 방식 분류법, 종교 분류법, 지역 분류법 및 지리적 분류법이 있으며, 일부는 여러 분류법 중 몇 가지 지표를 제시하여 종합적인 분류 연구를 수행하였다. 예를 들어 양우楊武가 펴낸《중국민족지리학中國民族地理學》은 중국의 민족 촌락을 북방농목촌락지역(내몽골, 신장 북부, 간쑤 하서회랑과 동북3성의 구릉산간지역 포함), 서북

이슬람교촌락지역(닝샤, 신장 남부와 간쑤, 칭하이 일부지역 포함), 서남고원산지 촌락지역(윈난, 구어저우와 쓰촨 서부, 후난 서부, 후베이 서부 등 포함), 티베트고원 불교촌락지역(티베트, 칭하이 대부분 지역, 쓰촨과 간쑤의 일부 포함), 남방연해구릉촌락지역(광시, 저장, 푸젠, 광둥의 저산 구릉 지대, 대만, 하이난의 산간지역) 등 5개 지역으로 나누었다.[54] 이러한 5개 주요 촌락지역의 분류는 경제적, 종교적, 지리적 요인을 고려하지만 모두 한 지역의 개념을 공통적으로 강조하고 있는데, 그것이 바로 민족의 지역 분포를 기반으로 하고 있다는 것이다.

민족지리학이 주목하는 민족취락의 지리적 유형은 주로 민족공동체가 위치한 자연지리적 환경을 기반으로 하며, 자연지리적 환경이 민족취락에 미치는 영향을 강조한다. 인간 집단과 자연환경의 관계에서 볼 때, 민족분포는 그 자체로 지역지리 현상이며 자연지리적 환경의 지형, 기후, 토양, 식생, 지형 및 지질특성, 강, 호수 및 산맥 시스템, 해양 및 해안선은 모두 인간의 주거생활과 취락분포에 다양한 정도로 영향을 미친다. 동일한 지리단위 내의 민족취락은 기본적으로 유사한 지역적 특성과 수평적 공간분포의 규칙성을 가질 뿐만 아니라, 입체적 분포의 차이를 보인다. 일반적으로 세계의 여러 민족의 취락은 몇 가지 큰 지역 지수에 따라 산악 취락(완만한 경사 지역 포함), 고원 취락, 평야 취락(저지 분지, 평바 포함), 초원 취락, 구릉 취락, 호수(해) 해안 취락, 설역雪域 취락 등 여러 유형으로 나눌 수 있다. 세계 각 민족 거주지역의 지리적 환경의 큰 차이와 다양성으로 인해 위에서 언급한 취락들 사이에 획일적인 경계가 없으며, 종종 세계 각 지역 및 각 민족의 분포 지역에 교차 분포한다. 동시에 일부 민족이 거주하는 지리적 환경은 기본적으로 유사한 지역적 특성을 가지고 있기 때문에, 이러한 민족은 지리적·공간적으로 멀리 떨어져 있고 역사적으로 전혀 혹은 거의 교류가 없었음에도 불구하고 자연이 부여한 주변 지리

---

54 楊武 엮음, 《中國民族地理學》, 中央民族學院出版社, 1989, pp.318-320.

적 모습의 동일성으로 인해 민족들의 취락도 기본적으로 유사한 지리적 특성을 나타낸다.

자연지리적 환경이 인간의 주거공간에 미치는 영향은 가변적이며, 인간의 생산성이 발전하고 자연능력을 개조함에 따라 인간의 주거공간이 점차 확대되어 과거에는 거주할 수 없다고 여겨졌던 많은 지역에서도 인간 활동의 흔적들이 나타나고 있다. 따라서 민족취락에 대한 지리분류 연구에서 고산, 심곡, 대하, 사막 등의 자연적 장벽들이 인간의 취락 선택에 미치는 영향, 그리고 지리적 환경에 대한 인간의 의존관계를 분석하는 데 중점을 두어야 할 뿐만 아니라, 자연환경의 인간에 대한 지배작용을 지나치게 강조함으로써 인간이 자연을 개조할 수 있는 거대한 능력을 간과해서는 안 된다. 지리적 환경에 대한 인간의 선택 능력과 지리적 환경이 인간에게 미치는 영향이라는 두 변수를 모두 충분히 고려해야만 서로 다른 민족공동체의 지리적 유형으로 인한 민족 취락의 유사성을 탐색할 수 있으며, 동일한 지리적 환경 내의 민족은 서로 다른 요인의 도입으로 인해 동일한 유형의 취락이 차별성을 나타냄으로써 동중구동同中求同과 이중구동異中求同을 달성할 수 있다.

2) 민족 취락의 공간적 분포 형태

세계의 다양한 민족집단 취락의 공간적 분포 형태는 대체로 상봉형團聚狀, 띠형條帶狀 및 복산형輻散型 등으로 나뉜다.

상봉형 취락의 경우, 평면 확장 형태는 사각형, 원형, 직사각형, 타원형, 불규칙한 다각형 및 그룹화, 플레이크 형성, 군집화 등 다양한 패턴을 나타낸다. 또한 상봉형 취락은 일반적으로 역사가 길고 밀집되어 있으며, 규모가 크며 심지어 비교적 큰 무역 중심지가 나타나기도 한다. 무역 중심지는 주변 전 지역의 취락군을 응집시키고, 취락의 배치가 조밀하고 도로 시스템이 비교적 완벽하며, 인구가 많고 거주가 집중되어 있으며, 취락과 취락 사이에는 분명한 거리가 있고 도로가 연결되어 있다. 평평하고 개방된 지형, 좋은 수문 기후 조건, 충분한 비옥한 토지 자원, 구심 의식 및 집단 의식은 집합체의 형성 및 발전을 위한 지리적 및 문화적 조건이다. 일반적으로 평야와 평지 댐 지역은 농업, 특히 쟁기(기계 경작 포함)와 상업 무역을 중심으로 발전한 취락이며, 개방된 구릉 댐 지역과 오아시스 지역의 취락은 대부분 이러한 모양을 하고 있다. 이러한 유형의 취락은 집의 배치와 배열에 따라 불규칙한 취락과 규칙적인 취락으로 나뉠 수 있다. 슬라브족이 주를 이루는 동유럽 각국의 거리식 민족취락, 민족취락의 중심인 녹지를 둘러싸고 형성된 고리형 녹지취락, 서로 직각으로 교차하는 바둑판식 취락이 비교적 전형적인 규칙적인 상봉형 취락이다.

띠형형 취락은 취락 건물이 일정한 방향을 따라 띠 모양으로 뻗어 형성된 취락을 말한다. 이러한 유형의 취락은 일반적으로 넓은 면적을 차지하고 서로 일정한 거리를 유지하며 주로 교통선, 수계 네트워크를 따라 띠 모양으로 형성되거나 홍수를 피하기 위해 고지를 따라 띠 모양으로 확장된다. "때로는 띠 모양의 큰 마을이 하나의 사회단위를 이루기도 하고, 인구가 수천 명에 이르며, 취락이 2-3㎞에 이르기도 한다. 또한 근처에 드문드문 작은 마을이 있는 경우도 있다. 띠 모양의 큰 마을의 장점은 경작지가 취락의 양쪽 또는 한쪽에 각각 분포되어 있고 주택이 경작지와 가깝다는 것이다. 하지만 가구당 부지는 넓다."[55] 예를 들어, 캐나다 퀘벡과 미국 루이지애나에 사는 프랑스인 후예의 집은 세인트로렌스 강과 미시시피 강둑을 따라 뻗어 있으며 민족공동체는 전형적인 띠 모양으로 분포되어 있다.

복산형 취락은 취락의 기본 형태로서 가족 거주와 구심 배치를 주요 조직형태로 하는 방식이 아니라, 다양한 지리적 형태와 경작지가 산재된 분포 특성의 제약으로 인해 규모가 작고 분산되어 있으며 "면" 상태를 나

---

[55] 吳必虎·劉筱娟:《中國文化通志·景觀志》, 上海人民出版社, 1998, p.149.

타낸다. 이 유형은 자연과의 접촉 요인이 많고 환경의 영향을 강하게 받으며 주로 인구가 적은 산간 지역과 목축 지역에 분포한다. 주거지의 자연 조건은 일반적으로 열악하고 노동 생산성이 낮으며 경제 문화가 낙후되어 있다. 산간지역의 복산형 취락은 능선을 따라 돌거나, 산을 등지고 절벽에 앉거나, 도랑을 따라 계곡으로 둘러싸여 있거나, 산꼭대기에 웅거하고 있으며 분포 형태가 다양하다. 동시에 이러한 취락 내 구성원 간의 공공 활동이 상대적으로 적고 주택이 취락과 동등한 동거 형태가 아니기에 취락간의 상호 협력도 점점 더 줄어든다. 사람들의 생활은 나날이 주택 안으로 좁혀지고 있고, 주택 위치가 개별 가구에 미치는 매력은 취락 집단의 생활의 필요를 훨씬 초과한다. 취락 내에서는 집단의식보다는 개인의식이 지배적이고, 취락은 대부분 불규칙한 탄력성彈性 조직이며, 취락 건물도 대부분 드문드문 흩어져 있고, 각자 독립적이며 서로 인접하지 않는다. 중국 남부 산간지역의 주로 괭이 농업(유동 경작 포함)에 종사하는 민족의 취락과 초원지역의 유목 민족 집단 거주지가 이 유형에 속한다.

  복산형 취락에는 별점형星點型 및 균형형均衡型과 같은 여러 하위 유형이 포함된다. 그 중 별점형은 산과 구릉에 흩어져 있는 많은 지점이 행정 및 생산 단위를 구성하는 것을 말한다. 이 지점들은 두서너 집, 열 집 이상으로 구성되어 있으며 때로는 서로 인접하여 편촌片村을 이루기도 하고 불규칙하게 분포되어 있기도 한다. 하나의 행정촌을 구성하는 이들 마을 중 중심촌으로서의 자격조차 가질 수 없으며, 이들 간의 제한적인 교환 행위도 마을에서 멀리 떨어진 장진場鎭에 가서야 가능하다. 한편, 균형형은 평야에서 몇 개, 심지어는 십여 개, 수십 개의 기본 마을이 가족 간의 연결이 느슨하지만 행정적 연결이 밀접한 사회 단위를 구성하는 것을 말한다. 마을의 규모는 주로 1,200명이며 그 중 더 큰 마을이 취락의 중심지로 된다.[56]

---

56 吳必虎·劉筱娟:《中國文化通志·景觀志》, 上海人民出版社, 1998, p.150.

위에서 언급한 세 가지 주요 유형 외에도, 이와 유사한 취락 형태 또는 변이 형태가 있다. 예를 들어, 자모형子母型, 구슬형串珠型, 중심형 등은 어떤 의미에서 상봉형의 하위 유형 또는 변이 형태로 간주될 수 있다. 그 중 "자모형"은 인구가 많은 주요 마을을 중심으로 주변에 여러 개의 작은 마을이 분포되어 있는 것을 말하며, 이러한 작은 마을과 큰 마을 사이에는 비교적 밀접한 사회 경제적, 문화적 연관성이 있다. 작은 마을의 형성은 주로 변두리 또는 지형이나 하천에 의해 분할된 토지의 경작에 편리하다. "구슬형"은 비슷한 규모의 여러 마을을 말하며 지형 등의 이유로 구슬 모양의 분포를 형성하며 하천 계곡, 습지 고지대, 산록 및 기타 지역에서 흔히 볼 수 있다. 그들 사이에는 또한 사회적 단위를 구성하는 비교적 밀접한 사회적 연결이 있다. 이 마을들은 규모가 비슷하지만, 그 중 하나는 행정이나 가족의 중심지이다. "중심형"은 소규모 촌락을 중심으로 다른 농민들이 밭이나 경작지 근방에 흩어져 있는 것을 말하며, 대부분 독가촌獨家村 또는 3개 마을三家村을 말하며, 중심지와 오랫동안 행정, 생산, 문화적으로 연결되어 있다.[57] 또한, 집단-산열형散列型 취락은 상봉형 취락과 산열형 취락의 변이 형태로 일반적으로 이러한 형태의 취락의 형성 원인은 복잡한데, 특히 민족활동이 빈번한 지역에서 더 복잡하다.

요컨대 취락의 모양, 크기, 밀도와 시설은 자연환경의 우열과 경제개발의 폭, 깊이, 사회노동의 투입 정도를 어느 정도 반영하고 있으며, 어떤 민족의 취락 및 그 형태든 그에 상응하는 물리화학적 공간을 통해 그 형태적 특징을 나타내며, 모두 문화, 사회생활의 필요와 지리적 환경에 따른 다중적 선택의 결과이다.

---

57 吳必虎·劉筱娟:《中國文化通志·景觀志》, 上海人民出版社, 1998, p.151.

3

종교와 지리적 환경간의 관계

1. 종교적 신앙의 발생 및 발전의 지리적 기반

오랫동안 국내외 학계는 종교적 신앙의 지리적 기초를 논의할 때 두 가지 대표적인 관점을 형성해 왔다. 이러한 관점 중 하나는 환경이 종교에 미치는 결정적 역할을 강조하는데, 대표적인 인물이 아크 할트크랜즈 Ake Hultkrantz다. 그는 자연환경이 종교활동과 종교관념에 물질적 기반을 제공하였고, 종교의식, 신앙, 신화 역시 자연적인 것을 어느 정도 활용했다는 것이다. 또 다른 관점은 환경과 경관에 대한 종교의 변화를 강조하는데, 즉 종교 개조의 역할을 분석하는 데 중점을 둔 관점이다.[58] 필자의 경

---

58 Lily Kong·張劍光·王汝正·詹小國·薛海民, "二十世紀宗教地理學的發展與現狀,"《地理

우, 종교적 신앙자 숫자 및 분포 범위에 관계없이 그 형성, 전파 및 발전은 특정 공간 범위와 불가분의 관계에 있으며 지리적 환경에 의해 크게 영향을 받는다고 본다.

1) 종교의 형성 및 발전의 지리적 기반

"인간의 의존감은 종교의 근간이고 그 의존감의 대상은 바로 자연이다. 자연이 종교의 최초 원초적 대상이라는 것은 모든 종교와 모든 민족의 역사가 충분히 증명하고 있다"는 포이에르바하 L. Feuerbach의 언급처럼,[59] 종교는 인간이 자연과 싸우는 과정에 뿌리를 두고 있으며 자연 지리적 환경은 종교 형성에 일정한 영향을 미쳤다. 인류사회 초기에는 인식수준과 자연 개조 능력의 저하로 인해, 낮과 밤의 바뀜, 사계절의 변화, 일월성상日月星象, 비바람과 천둥번개 등 자연현상을 전혀 이해하지 못하였다. 화산지진, 강의 범람, 바람·눈·서리·우박, 홍수·가뭄, 병충해와 전염병 등 자연재해가 닥치면, 단기간에 한 가정과 한 부족이 대대로 모은 부를 휩쓸고 생명까지 삼켜 버렸다. 빈발하는 재난과 혹독한 환경으로 인간의 선조들은 인간 세상의 모든 것을 지배하는 초자연적인 신력이 있다는 것을 어렴풋이 느꼈다. 자신의 평안을 구하고 자연재해에 대한 두려움을 극복하기 위해 신들의 형상을 억측하고, 가무·헌제獻祭·기도·참회 등을 통해 다양한 자연의 신에 대한 경외심을 표현함으로써, 원시적인 자연숭배 관념이 형성되었다. 오랜 세월 제사를 지내면서 인류가 숭배하는 모든 것이 인격화되어 천신, 지신, 화신, 물의 신, 태양의 신 등 많은 신으로 변모하였다.

많은 민족학적 조사 자료에 따르면, 세계의 많은 민족은 초기 종교적 신앙에서 항상 습관적으로 "생활 속 특정 자연적 조건과 자연적 산물을

科學進展》第1期, 1992.

59 L. Feuerbach·王太慶 역,《宗敎的本質》, 人民出版社, 1953, pp.1-2.

종교 속으로 옮겨갔다."⁶⁰ 많은 부족이나 민족이 장기간의 역사 발전에서 특정 동물이나 식물, 또는 특정 비생명 물질과의 긴밀한 접촉으로 인해 생산과 생활에 중대한 영향을 미치는 동식물이 그들과 혈연관계가 있다고 판단하면서 부족이나 민족의 "토템"으로 숭배하였다. 이러한 자연숭배 개념은 특정 자연 환경의 영향을 크게 받는다. 우리가 흔히 말하는 거산자居山者는 산신령에게 참배하고, 물 가까이 사는 자는 강의 신에게 참배하며, 동일한 지리적 환경을 가진 사람들은 종종 동일한 지향, 소망, 추구, 신앙을 갖기 쉬운데, 사실은 자연지리적 환경이 종교의 형성과 발전에 미치는 영향을 강조하는 것이다. 예를 들어, 고대 세계의 종교 대국 인도의 종교철학은 상당히 발달되어 있는데, 이는 남아시아 아대륙의 기후가 덥고 사람들이 조용한 것을 즐기는 대신 움직이는 것을 싫어하기 때문이다. 그들에게 가장 좋은 피서법은 가만히 앉아서 명상 속에서 깨달음을 얻고 마음의 만족을 얻는 것이다. 오죽하면 인도 종교를 연구한 영국 학자 찰스 엘리올리Charles Ellioli가 "인도는 인간이 만들어 생긴 것이 아닌데, 하나의 숲이지 하나의 건축물이 아니다."고 말했겠는가.⁶¹ 힌두교를 숲에 비유한 것은 자연환경이 힌두교에 미치는 깊은 영향을 강조한 것이다. 숲이라고 하면 인도의 브라만교婆羅門敎, 나아가 힌두교에서도 숲과 관련된 나무 숭배가 특히 중요한 위치를 차지하고 있다. 연구자들은 "나무 숭배는 인도 반도의 특정 자연환경 즉 열대 정글의 산물이다. 인도라는 독특한 자연환경을 벗어나면 나무 숭배는 생존의 토대를 잃게 된다.⁶² 또 다른 예로, 역사적으로 중국 남부지역은 자연 숭배가 보편적으로 성행하였는

---

60 中共中央馬克思恩格斯列寧斯大林著作編譯局 엮음,《馬克思恩格斯選集(卷3)》, 人民出版社, 1972, p.354.

61 Charles Ellioli·李榮熙 역,《印度教與佛史綱(卷1)》, 商務印書館, 1982, p.114.

62 星全成, "論印度自然環境對印度民族與我國藏族民間創作的影響,"《青海民族研究》第2期, 1992.

데, 일부 학자들은 생태 환경의 관점에서 자연 뿌리에 대한 심층 분석을 수행한 후 다음과 같은 결론을 도출하였다. 역사적으로 이 지역은 복잡하고 변화무쌍한 자연 환경, 빈번한 자연 재해와 기아, 질병은 이곳에 살고 있는 민족에게 큰 위협을 주고 있는데, "항상 불안한 위기에 놓여 있으며, 많은 자연 현상과 자연물에 대해 항상 두려움을 가지고 있기에, 그들은 자연 현상, 자연력 및 천연물에 신성성을 부여하며, 자연의 일월풍우, 산과 하천, 기이한 돌의 이동은 모두 어떤 신비한 힘에 의해 지휘되고 제어되고 있다고 여긴다."[63] 자연생태적 환경에 대한 두려움과 자연신의 보호와 복을 기원하여 절을 하면서 형성된 자연숭배는 중국의 폐쇄적인 일부 민족지역에서는 여전히 다양한 형태로 남아 있다.

자연지리적 환경이 중국 각 민족의 종교적 신앙 형성 및 발전에 미치는 영향은 지리적 환경이 기본적으로 유사한 여러 지역에서 나타날 뿐만 아니라, 거의 동일한 종교적 신앙을 가지고 있으며 동시에 복잡한 지리적 단위에서 다양한 종교 형태로 나타난다.

일반적으로 중국의 모든 민족은 동아시아 대륙 동부에 살고 있으며 이 광활한 지역은 남북으로 한랭, 온열, 더위의 세 지대에 걸쳐 기후 차이가 뚜렷할 뿐만 아니라, 동서 지형의 해발 고도의 차이도 상당히 크며, 각 민족이 거주하는 자연지리적 환경은 뚜렷한 지역적 차이를 보이고 종교적 신앙도 지역적으로 상대적으로 집중된 특징을 보인다. 일반적으로 티베트고원, 몽골고원을 활동공간으로 하는 티베트족, 몽골족, 창족 등 많은 민족이 티베트 불교를 믿는 반면, 서북지역은 신장을 중심으로 위구르족, 후이족, 카자흐족, 키르기스족, 우즈베크족, 둥샹족, 살라르족, 타지크족 등 10여 개 소수민족이 주로 이슬람교를 믿는다. 남부의 광활한 산간지역

---

63 陳偉明·辜曉紅, "生態環境與曆史時期華南少數民族生理心態的形成發展,"《貴州民族研究》第2期, 2004.

의 먀오족, 야오족, 이족, 리수족, 두룽족, 와족, 지눠족, 리족 등 많은 산지 민족은 대부분 원시종교를 주요 종교로 삼고 있다. 위에서 언급한 주요 종교 문화 지역을 구체적으로 살펴보면, 티베트고원의 높은 지형, 건조하고 추운 기후, 빈번한 자연 재해는 티베트 불교의 생존을 위한 가장 기본적인 환경적 특징이며, 티베트 불교는 티베트고원을 중심으로 몽골고원과 윈구이고원雲貴高原의 서북쪽으로 전파되어 반달 모양의 분포 지대를 형성하고 있는데, 이 지대는 티베트 지역과 거의 유사한 문화 생태학적 배경을 가지고 있다. 아라비아반도에서 시작된 이슬람교가 고대 실크로드를 따라 점차 신장에 전해져 신장에 있는 불교 세력에 대한 성전을 통해 불교의 지배를 대체하고, 신장의 많은 민족이 공통적으로 믿는 종교로 자리 잡은 것도 신장의 독특한 지리적 위치와 환경 조건과 밀접한 관련이 있다는 게 관련 학자들의 분석이다.[64]

개별 지리적 단위에서는 복잡하고 다양한 생태적 환경의 영향으로 인해 지역의 종교적 신앙도 다양한 형태를 가지고 있다. 예를 들어, 히말라야 산악 지역에는 다양한 신앙과 다양한 문화를 가진 수십 개의 민족이 분포되어 있으며, 공통의 지역적 생태는 산악민족 종교문화의 유사성을 촉진하고 통합하여 독특한 환環히말라야 종교 문화권을 형성하였다. 동시에 지역적 차이는 종교문화의 다양성 분포로 이어지며, 주로 원시종교(만물유령신앙 등), 체계화된 종교(티베트 불교 등), 그 사이에 있는 과도적 종교(샤머니즘, 벤젠교 등) 등 3가지 유형의 종교생태 분포로 나타난다.[65] 또 다른 예로 중국의 서남부 지역에서는 복잡한 지리적 형태와 기후조건의 영향을 받아 각 민족, 심지어 같은 민족의 다른 분파가 각기 다른 지역에 흩어져 살고 있으며, 다른 지역에 거주하는 민족은 종교 신앙에서 각기 다

---

64 朱普選, "中國少數民族宗教信仰的地理基礎," 《貴州民族研究》第2期, 1997; 朱普選, "藏傳佛教及其演變的環境考察," 《西藏民族學院學報》第3期, 1996.
65 夏敏, "喜馬拉雅山區宗教的生態分布," 《西藏民族學院學報》第6期, 2004.

른 특징을 보이고 있다. 티베트 불교, 소승불교, 기독교, 도교 및 자연 숭배를 위주로 하는 많은 신앙 형식이 윈구이고원雲貴高原의 독특한 자연지리적 환경에서 공존하고 있으며, 종교 형태는 뚜렷한 지역적 특징을 나타내고 있다.

2) 종교의 전파·확산과 지리적 환경과의 관계

세계의 모든 종교는 형성된 이후 기원지에서 사방으로 퍼져나간다. 일반적으로 종교 확산의 주요 원인으로는 군사정복 등 정치적 수단을 통해 점령지역 민중의 신앙을 바꾸도록 강요한 점이 꼽힌다. 서양에서 16세기 이후 세계 다른 지역에 대한 식민지 수탈과 그에 따른 선교활동이 이에 해당한다. 둘째, 문화적으로 우세한 국가와 민족도 종종 의도적이든 무의식적이든 주변 국가와 민족의 종교적 신앙에 영향을 미친다. 이것은 종교 확산의 문화적 요인이다. 다양한 형태의 종교 전파와 확산은 항상 인간집단의 이동 및 인적 왕래와 밀접한 관련이 있다. 종교 공간의 확대 및 환경과의 관계는 민족공동체의 종교활동을 통해 항상 이루어진다. 즉, 종교와 환경이 서로 다른 민족공동체를 통해 상호 연결되고 상호 영향을 미치는 큰 시스템에서 종교가 환경을 변화시키는 것은 종교 자체에서 오는 것이 아니라 종교와 환경간 관계의 다양한 연결에서 비롯된다. 따라서 종교의 전파 및 확산과 지리적 환경과의 관계를 탐구할 때, 우선적으로 종교와 민족, 종교의 확산과 민족의 이동, 종교의 분포와 민족의 분포 사이의 관계를 검토해야 한다.

종교와 민족은 서로 연관되면서도 구별되는 개념이다. 둘의 차이점은 종교는 주로 문화의 개념이고 민족은 정치와 역사의 범주에 더 가깝다는 것이다. 둘 사이의 연결고리는 우선 민족의 형성과 발전과정에서 종교, 특히 민족종교 또는 지역종교가 민족적 특성과 민족적 결속력을 강화하는 작용을 한다는 것이다. 동시에 일부 민족과 지역을 초월하여 전파되는 지역적 또는 세계적인 종교는 민족적 특성에 의해 약화되거나 융합된다. 이러한 약화 혹은 융합은 어떤 경우에는 신생 민족공동체의 응집 역할을 하기도 한다. 둘째, 민족의 발달과정에서 특정 종교 활동으로 인해 민족의 다른 지역에 집중 분포하는 특성이 형성되었다. 예를 들어, 당나라때 많은 아랍 상인과 대식大食의 사절들이 중국에 왔는데, 그들의 종교 활동을 용이하게 하고 중국 선비들과 사람들의 예교에 미치는 영향을 피하기 위해, 당나라 조정은 그들이 거주할 수 있도록 특별히 "번방蕃坊"을 설치하였다. 번방 안에서 무슬림은 자신의 종교생활을 유지할 수 있었다. 이러한 관례는 당나라 이후 답습되어 후이족이 집중적으로 분포되면서 "대분산·소취거"라는 지역적 특성을 형성하였다. 셋째, 역사적으로 일부 민족종교 또는 지역종교는 종종 민족의 확장, 이동과 함께 그 영향의 범위를 확장하였다. 마지막으로, 상이한 지역에 분포된 민족은 종종 서로 다른 종교를 갖게 되며, 민족 분포의 범위는 또한 종교 공간의 범위를 확장하거나 축소할 수 있다. 민족의 뒤섞인 주거 분포는 또한 항상 여러 종교가 한 곳에 공존하는 국면을 초래한다. 한마디로 민족의 종교성과 종교의 민족성을 통해 나타나는 민족과 종교의 긴밀한 연결고리는 복잡하다.

 민족, 종교, 지리적 환경으로 구성된 대규모 시스템에서 종교와 민족은 본질적으로 밀접하게 연결되어 있으며, 민족 분포와 변화의 다양성으로 인해 종교의 지리적 분포도 다양한 특성을 나타낸다. 단일 민족 구조를 가진 지역은 복잡한 종교 구성을 갖는 경우가 많고, 반대로 다민족 국가 및 지역에서는 비교적 단일하거나 지배적인 종교 파벌을 형성하는 경우가 많다. 중국은 다민족, 다종교 국가로서 역사적으로 민족의 재편성, 통합, 이동으로 다양한 자연지리적 환경에서 다양한 분포상태를 나타내어 "대잡거, 소취락, 보편산거"의 분포 특징을 보였다. 이러한 독특한 민족지리학적 분포는 또한 종교의 전파와 확산을 크게 제한하거나 조장하였다. 전체적으로 보면 변방 민족지역은 역사적으로 고원, 사막, 산림 등 자연지리적 환경의 분리와 차단으로 인해 유가문화를 주체로 하는 한족 문화의 비신성非神性 관념이 깊이 파고들기 어려웠으며, 대자연의 장벽은 어느 정도 각 민족의 전통문화에 대한 신뢰와 이민족 문화에 대한 방어를 강화하였다. 폐쇄적이고 내향적인 자연지리적 환경이 인간의 작용을 통해 형성된 "차단 메커니즘"은 각 민족이 숭배하는 신으로 하여금 뚜렷한 자연지리적 환경의 특징을 가지게 하였다. 남방의 많은 산지 민족은 대부분 일, 월, 물, 불, 산림, 토지 등 농경생산과 밀접한 자연물들을 숭배대상으로 하는 반면, 북방의 유목민들은 변화무상한 바람, 비, 번개 등 자연물을 경외시하게 만들었다. 그럼에도 북방이든 남방이든 자연지리적 환경의 차이가 종교영향의 전파를 제한하거나 조장하는 기본적인 법칙은 다음과 같이 나타난다. 즉, 외딴 지역일수록 종교의 영향이 강하고, 자연조건이 좋고 교통이 편리한 지역은 종교의 영향이 상대적으로 약하다는 것이다.[66]

역사적으로 다양한 민족공동체의 이동 흐름과 함께 어떤 민족적 또는 지역적 종교도 그 영향의 범위를 확장하는 것이 기본적 추세로 나타났다. 어떤 민족이든 이동하는 경로와 방향이 지리적 환경의 영향을 받았듯이, 높은 산, 사막, 바다와 같은 자연 장벽은 종종 종교 확산의 방향에 영향을 미치거나 확산 방향을 바꿨버렸다. 예를 들어, 힌두교가 남아시아 아대륙에서 오랫동안 지배적인 지위를 차지하는 이유는 히말라야산이 다른 종교의 유입을 차단하는 효과와 관련이 있다고 본다. 아시아의 종교지리적 분포는 티베트 불교를 주로 믿는 티베트고원을 중심으로 동쪽은 불교, 도교, 유교, 신도교, 그리고 서쪽은 이슬람교, 기독교, 유대교, 남쪽은 힌두교, 시크교 및 자이나교耆那教, 북쪽 중앙아시아는 이슬람교, 그리고 북아시아는 정교회와 샤머니즘이 주를 이룬다. 이 종교의 지리적 구분은 특정

---

66 楊健吾, "我國少數民族宗教文化特點的歷史分析,"《社會科學研究》第6期, 1990.

한 역사적 이유 외에도 히말라야 산악 지역의 독특한 지리적 특징을 무시할 수 없다. 또한 산과 강은 고대 민족의 이동을 촉진할 뿐만 아니라 종교의 전파와 확산을 촉진하며, 세계의 많은 지역 종교는 대부분 고대의 발달된 육로 교통과 해로 교통을 따라 해당 지역으로 전파되었다.

요컨대 어떤 형태의 민족종교와 지역종교이든 그 확산과 전파에 있어서 모두 민족의 이동과 관련이 있으며, 기후, 지형, 수원 등의 환경적 요인은 민족의 이동과 흐름에 영향을 미칠 뿐만 아니라 종교의 확산과 전파를 가속화하시키기도 지연시키기도 한다.

2. 종교의 생태적 윤리와 배려

기독교, 불교, 이슬람교 등 세계적 종교든 지역적 혹은 민족적 종교든 그 기원, 형성 및 확산 과정에서 특정 생태적 환경과 간접적 혹은 직접적 관련이 있을 뿐만 아니라, 지리적 환경의 흔적이 강하게 나타난다. 대부분의 종교철학 및 종교서적은 인간과 자연 만물의 관계를 다루면서 거의 모두 고유한 윤리와 개념을 형성하였고, 해당 교리, 규칙 및 종교의식 활동을 통해 드러내었다. 이것이 우리가 흔히 말하는 종교의 생태적 윤리와 배려이다.

1) 종교의 생태적 윤리

"생태적 윤리는 인간과 자연 및 환경 사이의 도덕적 규범과 행동준칙을 조절하는 체계다. 그것은 인류가 생명 공동체 속에서 인간의 활동 규범과 평가 준칙을 요약하고 총화한 것이며, 인간 윤리를 자연 윤리로 확장한 것이다. 생태적 윤리는 인간과 자연환경 간의 관계에 대한 모든 이데올로기를 포함하고 인간의 행동을 규제·제한하며 인간이 자연과의 변증법적 통일 관계를 처리하도록 안내하는 광범위한 의미를 가지고 있다."[67] 종교는 자연환경에 기초한 신앙의 개념으로서 인간과 자연 만물의 관계를 다룰 때 원시종교든 인문종교든 거의 모두 각기 다른 생태적 윤리관을 형성하고 있다.[68]

다음에서는 원시종교, 도교 등 서로 다른 종교가 오랜 역사기간동안 형성해 온 생태학적 관념을 간략히 정리해 보겠다.

원시종교의 생태적 관념이다. "만물에는 영혼이 있다"는 개념에 기초하여 생성된 원시종교는 일반적으로 자연이 최고라고 믿으며 강, 산, 나무와 같은 자연 만물에는 생명이 존재하고, 인간은 천지 자연의 산물로서 우주 만물과 상호 이익의 유기적 시스템을 형성한다고 본다. 인간은 자연과 떨어질 수 없고, 마찬가지로 천지도 사람과 떨어질 수 없다. 이 시스템에서 인간과 자연만물은 평등하고 서로 높낮음이나 귀천이 없으며 자연은 인간이 생존할 수 있는 기본 조건을 제공할 뿐만 아니라 인류에게 재앙을 초래하므로 인간은 자연을 존경하고 두려워한다. 자연에 대한 경외심을 표현하기 위해 사람들은 종종 토템 숭배의 형태로, 그리고 자연 존중을 기반으로 자신의 삶에 밀접하게 접촉하고 중대한 영향을 미치는 동식물을 보호한다. 원시종교는 모든 씨족과 부족원을 포괄하는 특성을 가지고 있기 때문에 자연만물에 대한 원시종교의 숭경(숭배와 존경)이 발휘하는 구속력은 씨족 부족원들에게 도덕적 구속력으로 작용할 수 있고, 또한 사람들의 사회생활에도 잘 관철될 수 있다.

---

67 白葆莉, 《中國少數民族生態倫理硏究》, 中央民族大學博士學位論文, 2007, p.3.

68 불교의 생태관은 王汝發, "西部少數民族宗敎的生態觀與西部生態環境建設," 《自然辯證法硏究》第11期, 2007; 張懷承·任俊華, "論中國佛敎的生態倫理思想," 《吉首大學學報》第3期, 2003 참조. 이슬람교의 생태관은 白葆莉, 《中國少數民族生態倫理硏究》, 中央民族大學博士學位論文, 2007 참조. 기독교의 생태관은 賴品超, "宗敎與生態關懷," 《江海學刊》第3期, 2002 참조.

도교의 생태적 관념이다. 중국 본토 문화와 밀접한 관련이 있고 중국의 비옥한 땅에 깊이 뿌리내린 도교는 중국 고대부터 시작된 전통종교로서 중국에서 광범위한 신앙 기반을 가지고 있으며, 한족 외에도 일부 바이족, 이족, 좡족, 동족, 먀오족, 야오족, 나시족, 창족 등의 소수민족도 도교를 신앙한다. 도교는 그 형성 초기부터 대량의 자연숭배와 토템숭배의 요소를 포함하였고, 이후 발전 과정에서 방선도方仙道, 황로도黃老道 등의 일부 종교관과 유지방법을 답습하여 점차 "도"를 최고의 신앙으로 형성하였다. 도교의 교리는 "도"가 우주 만물을 화생化生시키는 근원이자 천지만물 존재의 최종적 근거이며, 세상 만물은 한 뿌리와 한몸이 되어 서로 의존하며 조화롭고 유기적인 통일체를 형성한다고 믿는다. 이러한 "도법자연道法自然", 하늘, 땅, 사람이 자연법칙의 지배를 받는 생태윤리적 관념에 기초하여, 도는 인류에게 자신의 발전을 추구하는 과정에서 인류, 자연계 등 세상 만물의 조화로운 공존을 능동적으로 수호하고, 자연법칙을 존중하되, 자연을 너무 많이 간섭하지 말고, 자원을 합리적으로 이용하며, 물욕을 절제하고 과도한 개발을 피하며 자연 만물의 균형을 유지해야 함을 요구한다. 도교의 이러한 "도법자연"과 "천인일체天人一體" 사상에 포함된 풍부한 환경보호 관련 내용은 중국 고대 자연과학의 발전과 사람들의 생태 개념에 어느 정도 영향을 미쳤다.[69]

종교의 생태윤리적 개념을 보면, 종교마다 기본적으로 생명체와 환경과의 관계를 설명하는 것을 출발점으로 하고, 인간과 자연의 도덕적 관계를 규범화하는 것을 핵심으로 하여 자신의 신앙체계를 구축했음을 알 수 있다. 종교적, 윤리적 시야의 생태계에서 각각의 생명체는 서로 의존하며 영향을 미치는 신성한 관계를 가진 네트워크 속에 놓이며, 지구의 모

---

[69] 王汝發, "西部少數民族宗教的生態觀與西部生態環境建設,"《自然辯證法研究》第11期, 2007.

든 생명체는 역동적인 활동의 큰 시스템을 구성한다. 원시종교는 인간을 자연에 비유하여 모든 자연물을 인간과 마찬가지로 감각, 의식, 사고력이 있는 생명체로 상상하고, 인간과 동등하게 높고 낮으며 귀천이 없는 생태계에 놓여 있다고 본다. 불교는 자연스럽고 자유로운 모든 것을 그 안에 포함시켜 인간과 인간, 인간과 동물, 인간과 식물의 상호의존성과 불가분성을 강조한다. 도교는 우주만물 각각의 고유한 존재 가치를 인정하며, 사람은 천지의 자연을 존중하고 자연의 모든 생물과 조화롭게 살아가야 한다고 주장한다. 이러한 종교생태적 윤리사상은 모든 생명 개체와 존재물의 존재와 가치에 주의를 기울이고 생명종의 평등성을 강조하며 그들 사이의 내적 연결을 중시하기 때문에, 이러한 탁월한 생태적 지혜는 인류가 오늘날 인간과 자연, 인간과 인간의 조화로운 발전을 추구하는데 시사점을 제공한다.[70]

2) 종교의 생태적 배려와 환경보호

앞서 언급한 바와 같이 세계의 다양한 민족과 다양한 유형의 종교는 각자의 문화적 전통에 상응하는 생태 개념을 형성하고 자연 지리적 환경에 대한 다양한 관심을 보여주었으며, 종교의 생태적 보살핌은 자연 지리적 환경의 보호와 영향을 구체적으로 다음과 같은 측면을 통해 나타낸다.

(1) 종교 윤리의 총체적 개념과 자원 및 환경에 대한 보호

자연환경에 바탕을 둔 인류의 종교는 각자 자신이 숭배하는 신성한 대상을 가지고 있으며, 이러한 신성한 대상은 하나님, 알라, 도를 막론하고 대부분 세계 만물을 창조할 수 있는 능력을 가지고 있다. 자연 만물은 신성한 창조이고 인간은 그 일부로서 존재할 뿐이기 때문에 종교의 생태윤

---

[70] 陸群, "宗教倫理視野中的生態大系統", 《宗教學研究》第2期, 2002.

리체계에서는 일반적으로 다양한 생명체 또는 비생명체의 존재 가치를 인정하고 자연 만물의 평등성과 이들 사이의 공존과 공영의 상호의존성을 주장한다. 다양한 종과 천지 자연 만물이 서로 관련되어 종교 생태학적 관점에서 완전한 대규모 생태계를 구성한다. 이 큰 생태계는 인간의 존재와 참여로 인해 실제로 자연 생태계와 사회 생태계로 구성된 완전한 전체로 된다. 이러한 생태윤리의 총체적 개념에서 출발하여 다양한 종교가 보여주는 생태적 배려는 "자연지상自然至上"과 인간과 자연의 평등을 강조하면서 거의 모두가 자연을 존중하고 순응하며 보호할 것을 요구하고 있다. 예를 들어, 도교는 모든 자연물이 "자족"할 수 있도록自足其性 "자연스러운 것任物自然"과 "적응성因物適性"에 중점을 두어 생물학적 다양성을 어느 정도 유지한다. 기독교는 이웃 사랑을 주장하며 인간이 이웃인 자연환경을 사랑할 것을 요구한다. 일부 종교 교리에서는 인간과 외부 환경 사이에는 인과응보의 관계가 있다고 지적하기도 하는데, 만약 인간이 자연에 순응하고 자연을 잘 대해준다면, 천하만물이 조화롭게 공존하고, 인류는 자연으로부터 사심 없는 선물을 받을 수 있으며, 반대로 인류가 자연을 파괴하면 대자연의 보복을 받아 천재지변과 참상이 나타날 수 있다고 주장한다.[71]

환경 보호에 대한 종교생태적 윤리의 전반적인 개념과 영향은 자연 숭배를 주체로 하는 일부 민족사회에서 특히 분명하게 나타난다. 예를 들어, 중국 서남쪽 변경 지역의 두룽족, 리수족, 노족, 먀오족, 이족, 하니족, 라후족, 나시족 및 더앙족과 같은 민족은 사회 및 역사 발전에서 대대로 큰 산과 삼림 및 다양한 동식물에 의존하여 각자의 생존과 발전 요구를 충족시키기 위해 자연 환경과 지속적으로 조정하여 독특한 산림 생태 문화를 창조하였다. 이처럼 자연환경, 생물 다양성과 밀접하게 연결된 생태

---

71 陳霞, "宗教與生態關系初探,"《宗教學研究》제4기, 1998.

계에 있는 각 민족은 광범한 자연을 숭배의 대상으로 삼고 생태계의 산림, 동식물 등 많은 존재물을 생명과 영성이 있는 존재로 여기며 모든 신들의 미음을 사지 않도록 조심스럽게 제사를 지낸다. 자연 만물을 숭배하고 두려워하는 이러한 이념은 사람들의 행동을 어느 정도 제한하고 인간과 자연의 조화로운 공존, 산악 농업의 생태 균형 시스템 유지, 산림 및 종과 같은 생태 자원을 보호하는 데 매우 중요한 역할을 한다.[72] 또 다른 예로 고대 몽골 사회에서는 초원 생태에 기반한 자연 숭배에서 자연에 대한 무한한 윤리적 관심을 나타냈다. 연구자들은 이에 대해 심도 있는 연구를 진행한 결과, 고대 몽골족의 자연숭배가 "인간과 자연 사이의 보이지 않는 계약으로서 더 이상 외부적인 사회 규범이자 협약일 뿐만 아니라 심리적인 확고한 신념이 불가항력적인 힘에 의해 통제되고 있으며, 일종의 내재화된 개념과 행동, 일종의 도덕적 규범, 인간의 자연 개발 및 활용을 규제하고 있다. 자연숭배는 출발점에서 자연이 인간을 보살펴야 한다는 것이고, 결과적으로 인간이 사연을 보살펴야 한나. 인간과 신의 관계를 주관적으로 조절하는 이러한 종류의 자연 숭배는 객관적으로 인간과 자연의 관계를 표준화하고 조절하며 자연 생태 균형을 유지하는 역할을 한다"는 결론을 내렸다.[73]

(2) 종교 교의, 종교 금기와 자연 환경에 대한 적응과 보호

종교 교리에 의한 자연환경의 보호와 관련하여 위에서 언급한 불교, 이슬람교, 기독교, 도교 등의 전형적인 인문종교 전적(典籍, 고전)에는 관련 내용이 많이 포함되어 있으므로 일일이 열거할 필요가 없다. 사실, 모든 민족의 종교적 책에는 인간과 자연, 인간과 동물에 대한 멋진 논의들

---

72 楊玉·趙德光, "試論神山森林文化對生態資源的保護作用──以西南邊疆民族為例,"《中央民族大學學報(自然科學版)》第4期, 2004.
73 馬桂英, "論蒙古草原自然崇拜文化的生態意蘊,"《內蒙古財經學院學報》第1期, 2006.

이 있다. 예를 들어, 이족 필마畢摩 문화 고전인《분혼경分魂經》에서는 "원시 초기에 세상 인류가 처음으로 성공하여 인간과 세상 만물이 모두 연관되어 있다. 인간의 시작은 원래 물의 변화와 번식에 의해 인간으로 진화되었으며 물은 없어서는 안될 존재이다." 또한 경문《생명 구제·파사각사拯救生命·波沙覚沙》장절에서는 산림·토지·강과 인간의 관계를 설명하면서, 산림·토지·강 등의 환경은 인간과 밀접한 관계가 있으며, 이들은 하나의 "장벽"과 같은데, 인류의 생존 환경을 보호하는 하나의 장벽이라고 주장한다. 산림은 인류를 보호하는 제1의 장벽, 절벽은 인류를 보호하는 제2의 장벽, 강은 인류를 보호하는 제3의 장벽, 인간의 생존과 주거는 이러한 환경을 떠날 수 없다. 또한《저갑백지경猪甲白枝經》에서는 우주 속 인간과 자연, 인간과 사회, 인간과 귀신의 상호 의존성을 논하며 세상의 모든 것은 화합과 조화를 이루어야 공생과 번영을 이룰 수 있음을 강조하였다.[74]

민족사회에는 자연숭배와 토템숭배에서 비롯된 금기가 많다. 일부 산지 민족은 산림에 대한 숭배와 경외로 인해 신산의 화초나 나무를 짓밟거나 베는 것을 금지하고 신산에서 사냥하는 것을 금지하며, 일부 농경민족은 생존을 위해 토지와 신에 대한 숭배와 금기로 인해 함부로 땅을 파는 것을 금지한다. 이는 자연만물에 대한 숭경, 두려움, 자연보호, 자연법칙 순응과 관련된 금기에서 비롯된 것으로, 자연을 건드리지 않고 자연의 온전함을 유지하며 나아가 자연의 생명력을 보호하고 자연생태환경의 조화롭고 평온한 발전을 유지하는 것이 핵심이다.[75] 예를 들어, 티베트의 많은 지역에서 사람들은 선산과 성호(聖湖, 신성한 호수)에 대한 경외심을 가지고 있으며 해가 지기 전에 호수에 들어가는 것을 금지하고 일반 사람이 일부 대설산을 건너는 것을 금지한다. 현실에서 이러한 금기를 경건하게 따르

---

74 巴且日火, "畢摩宗教與生態互動," 孫振玉 엮음,《人類生存與生態環境──人類學高級論壇2004卷》, 黑龍江人民出版社, 2005, p.148.
75 南文淵, "論藏區自然禁忌及其對生態環境的保護作用,"《西北民族研究》第3期, 2001.

는 현지인들의 내적 동력은 산신령, 호수신령이 복을 내려주고 경건한 신봉자의 행복을 지켜주기를 바라는 것이지만, 이러한 금기의 생태적 원인은 고지대의 취약한 생태와 자연환경에 사는 사람들의 자연에 대한 의존도가 높기 때문이다.[76]

인간과 자연의 관계에 대한 각 민족의 소박한 신념으로서 자연숭배의 금기는 어떤 경우에는 민족사회에서 일반적으로 준수하는 규약으로 "승격"할 수 있으며, 높은 권위와 억제력을 가지고 있다. 특히 전前산업사회에 있는 일부 민족의 경우, 이러한 소박한 금기 풍습은 생산과 생활 실천에도 통합되어 사회생활의 모든 측면에 침투한다. 또한 이는 관념과 행동, 심지어 도덕적 규범으로 내재화되어 사람들의 행동을 효과적으로 조절하고 규범화함으로써 사람들의 환경파괴를 감소시키고 자연생태를 항상 선한 순환에 놓이게 한다.

원시 종교의 한 형태로서 토템 숭배는 각 씨족의 생존 지역을 결정하는 데 상당한 의미가 있다. 고대 인류의 개념과 신앙에서 일반석으로 모든 씨족은 특정 동물, 식물 또는 기타 자연물과 관련이 있다고 믿으며, 토템 숭배는 조상 숭배와 관련이 있는데 특정 동물 또는 식물은 이 민족의 가장 오래된 조상이 된다. 토템숭배로 인정받는 종은 대체로 민족의 생존 및 발전과 밀접한 관련이 있는 동식물이며, 동물과 식물을 불문하고 토템종으로 인정되면 신성성을 유지하기 위해 자민족의 살상 및 식용은 물론 다른 집단의 포식도 금지하여 철저히 보호한다. 토템 숭배에서 비롯된 다양한 동식물에 대한 토템 금기는 바로 그들이 먹이 사슬에서 자연적인 보완 관계를 형성하게 한다. 이 씨족은 이런 동물을 먹지 않고, 저 씨족은 저런 동물을 먹지 않아 동물의 종을 보호할 수 있을 뿐만 아니라, 경쟁적

---

76 朱志燕, "關於生態民俗功利性的思考," 孫振玉 엮음, 《人類生存與生態環境——人類學高級論壇2004卷》, 黑龍江人民出版社, 2005, p.124.

인 사냥으로 인해 멸종되지 않으며, 동시에 원시 씨족과 부족 사이에 자연적인 지역 구분이 형성된다.[77] 토템 숭배에서 또 다른 흥미로운 현상은 토템 동물이 너무 많거나 먹을 것이 극도로 부족할 때 일부 민족도 토템 동물을 도살한다는 것이다. 예를 들어 호주 중부의 알란다인들은 먹이가 부족할 때 절제된 방식으로 자신의 토템 동물을 잡아먹고, 노인이나 장애인, 그리고 자신을 먹여 살릴 수 없는 사람들에게 금기된 음식 중에서 가장 좋은 것을 골라 공급한다. 의심할 여지 없이 적당한 토템 동물을 유지하는 것도 생태 균형에 도움이 된다.

(3) 종교의식 활동이 자연 환경에 미치는 영향

인간과 자연환경의 균형과 조화로운 발전을 유지하는 것은 종교생태적 윤리의 특징 중 하나이다. 상이한 민족의 종교는 인간과 자연의 관계, 즉 종교의 자연관을 인식하는 문제에 대해 서로 다른 견해를 가지고 있다. 하나는 자연을 신의 구현으로 보는 것이고, 다른 하나는 초자연적인 신이 자연뿐만 아니라 인간도 다스린다는 것이며, 또 다른 하나는 신이 인간 위에 있고 인간이 자연 위에 있다는 것이다. 이처럼 다양한 종교적 자연관은 다양한 측면에서 인간이 종교를 사용하여 환경에 영향을 미치고 적응하며 자신의 생활 환경을 보호하는 과정을 반영한다. 종교가 자연환경에 미치는 영향, 종교의 생태윤리적 사상, 종교적 금기, 교리 및 금지를 신자들이 수용, 흡수, 내재화하여 그들이 처한 생태적 환경의 보호를 표현하는 것 외에도, 일부 종교 커뮤니티나 종교단체, 종교집단이 정기적·비정기적으로 개최하는 종교의식 행사에서 나타나는 종교생태학적 배려도 자연환경에 분명한 영향을 미친다.

종교 의식은 일반적으로 종교 제사의례, 종교 축제 등을 포함하는 종교

---

77 Claude Lévi-Strauss·李幼蒸 역,《野性的思維》, 商務印書館, 1987, p.128.

활동의 중요한 부분이다. 원시종교와 민속 숭배에서 특정 자연지리적 환경과 특정 경제활동의 영향으로 종교적 제사의식은 인간들의 생산과 생활의 거의 모든 과정을 관철하는 관습적이고 보편적인 행위로서, 원시 수렵인은 수렵 전, 수렵 도중, 수렵에서 돌아오면 모두 상응하는 수렵제사를 거행하여 수렵환경의 다양한 신들에게 제사를 지내야 한다. 티베트 뤄바족의 펑니崩尼, 펑루崩如, 바오가얼博嘎爾 등 부족은 사냥을 할 때 사냥꾼이 사냥터에 들어가면 산을 마주하고 산림을 지키는 무우烏佑에게 돼지고기, 닭, 쌀, 술 등을 제사지낸다. 이들은 돼지·닭·막걸리로 들소 등 짐승과 맞바꾼다. 또한 제사가 끝나야 사냥을 할 수 있다.[78]

비교적 폐쇄된 환경에 정착·반정착한 농경민족은 봄, 여름, 가을 수확, 겨울 저장을 둘러싸고 농업생산의 전 과정에서 각종 번거롭고 섬세하며 상징적인 의식을 자주 거행하여 각종 신령들이 농작물의 순조로운 생장과 곡물의 풍년을 이뤄주도록 기원한다. 예를 들어 중국의 벼농사는 벼농사 생산을 둘러싸고 예축성 기년의례, 파종-이앙의례, 생육과정례, 수확의례 등 일련의 제사의례를 거행하고 사직신, 산신, 천신, 조령祖靈 등 각종 신령에게 제사를 지내는 경우가 많다. 이는 가족 단위로 행해지거나, 마을 단위로 행해지거나, 장로長老가 민중을 대신해 행하거나, 지역적으로 행해지는 등, 초자연적인 여러 신들에게 그 기원을 전하는 의식이었지만, 의식 자체가 무의식적인 힘이 사람들을 지배하는 행위, 사람들의 생산 방식과 생활 방식, 즉 공통적인 사회 규범에 입각한 제사에 참여하는 구성원들의 모습을 보이지 않는 위엄으로 조절하고 제약하면서 사회 문화에 대한 정체성을 강화시켰다. 동시에 벼농사를 둘러싼 이러한 의식은 각 제사 시점의 선택에 있어서 전적으로 농민들이 장기간의 생산과정에서 특

---

[78] 關東升 엮음,《中國民族文化大觀——藏族, 門巴族, 珞巴族》, 中國大百科全書出版社, 1995, p.571.

정 생태기후 환경이 농업생산에 미치는 영향에 근거하여 정리한 것이기 때문에, 환경적 요인의 영향이 매우 두드러지게 나타나며 어떤 의미에서는 농민들이 자연과 소통하는 매개체이자 환경 선택의 결과이기도 하다.[79] 종교 제사의식과 자연의 밀접한 관계를 보여주는 예는 나시족 지역에서 매년 성대하게 제사를 지내는 "서署"의 행사에서도 볼 수 있다. "서"는 나시족 동파교東巴敎의 관념에서 인간과 자연의 관계에서 파생된 자연 만물을 지배하는 신이다.[80] 이 자연의 신은 산촌, 강, 호수, 야생동물 등을 관장한다. 동파교의 관념에 따르면, 원래 인간과 "서"는 이복형제였고, 그들은 원래 화목하게 지내다가 하나가 되었다. 나중에 인류는 자신의 이익을 위해 이 조화로운 관계를 깨뜨리고 "서"의 이익을 건드렸고, 결국 형제는 원수가 되어 인류는 자연의 복수를 받게 된다. 매년 제서祭署 의식을 치르는 것은 "서"를 달래어 속죄하고 자연에 진 빚을 갚기 위해서다. 이러한 "빚"과 "빚을 갚는다"는 개념은 사람들에게 자연에 대한 경외심을 갖게 하고 인간과 자연의 조화로운 관계를 유지하게 만든다. 이러한 조화는 동파교와 민간 신앙의 기초를 형성할 뿐만 아니라 나시족 고전 문학 예술의 중요한 미적 범주이기도 하다. 동파교의 유명한 긴폭長幅의 그림 《신로도神路圖》에는 생전의 산림 남벌과 짐승 남살, 물 오염으로 귀신 지역에서 온갖 고초를 겪은 죄인의 모습이 생생하게 그려져 있다.

종교의식을 언급할 때 주목해야 할 한 가지는 많은 민족사회에서 인간과 자연의 관계를 균형 있게 하는 구속적인 의식이 전승되고 있으며, 이러한 구속적인 의식도 대부분 종교행사를 통해 나타나고 있다는 점이다. 예를 들어 이족 사회의 "사서(斯西, 봉산 및 벌목 금지)" 의식, "사서마서斯西瑪西" 의식, "마서(瑪西, 봉산 및 대나무 벌목 금지)" 의식, "하과절(何果節, 3-8월 하

---

79 管彦波,《雲南稻作源流史》, 民族出版社, 2005, pp.228-303.
80 동파교(東巴敎)는 나시족이 신봉하는 원시종교이며 윈난성과 쓰촨성 등지의 나시족 지역에서 믿고 있다. 동파교는 주로 자연 숭배와 조상 숭배를 한다.(역자 주)

천 봉쇄 및 어렵 금지)"의식, "니과하과절(尼果何果節, 5-8월 봉산 및 수렵 금지)"의식 등은 인간과 자연의 균형을 맞추는 구속력 있는 의식이다. 그 중 "스시마시"의식은 "대나무 보호"의식이라고도 하며, 누군가가 종종 지역 사회 영지에 들어와 대나무를 훔치는 것을 방지하거나 어린 대나무를 보호하기 위한 것이다. 이 의식은 모든 마을 사람들이 함께 닭과 개와 같은 물건을 내놓고, 필마畢摩 독경을 거친 후 닭과 개를 때려죽여 나무에 매달아 놓는 의식인데, 이 의식이 끝나면 다른 사람들은 감히 다시 와서 대나무를 몰래 벌목할 수 없다. 이 경우 종교는 단순한 주술적 의식이 아니라 관습적 제약으로, 양성良性적인 문화의식이 된다.

다양한 종교의례 중 종교축제의 형성은 자연지리적 환경과 불가분의 관계에 있다. 유대교가 탄생한 팔레스타인 지역은 기본적으로 지중해성 기후로 농업은 가을에 심고 봄여름에 수확한다. 파종과 수확은 농업 생산에서 중요한 농업 활동이며, 그때마다 사람들은 풍년을 기원하는 의식을 거행한다. 9, 10월 하우스데이, 3, 4월 오순절은 심고 수확하는 날로 풍년을 축하하고 하느님의 은혜에 감사하는 날로 정하였다.[81] 1950년대 이전까지 중국 남부, 특히 쓰촨성에서는 매년 9월 도교의 도장道場과 라마단의 달齋戒月,[82] 이른바 구황九皇이 열렸다. 이때 중국 남부는 가을에 비가 많이 오고 기후가 습하여 질병에 걸리기 쉬우며 채식은 건강에 좋고 남부 농업 생태계에 더 적합하였다.

---

81 王恩湧 외 엮음, 《人文地理學》, 高等教育出版社, 2000, p.215.
82 도교의 도장은 법사(法事)라고도 부르는데, 도교 사원에서 선남선녀의 복을 빌고 액막이를 하며 망령을 모시는 제단 제사를 지내는 종교행사를 가리킨다.(역자 주)

지명에 재현된 민족지리 현상

인류역사의 진화 과정에서 여러 민족공동체는 생산과 생활의 필요에 따라 주변 자연지리적 환경의 범위, 방향 및 외관 특성을 식별할 때, 민족 고유의 관습에 따라 지리적 실체에 특정 지시 기호를 부여하였다. 그러나 지역과 민족에 따라 경제활동 방식, 역사문화 전통, 신념 및 언어 계보가 다르며, 생활환경의 차이로 인해 명명 방법과 의미가 크게 다르다. 즉, 어떤 민족어 지명의 발생과 발전에는 모두 깊은 역사지리적 기초와 문화적 배경이 있고, 각 지명은 민족문화의 거울로서 민족의 흥망, 문화 변천, 경제생산, 군사활동 등 복잡한 역사적 사건들을 많이 기록하고 있으며, 대량의 본원적 의의를 지닌 문화정보가 숨겨져 있다. 따라서 만약 우리가 민족역사지리학의 시각에서 민족어 지명에 대한 고증을 강화한다면, 모 지역의 자연지리와 환경특징을 복원하고, 지역개발 역사와 자원이용 과정을 재현시킬 수 있으며, 각 시대의 주거상황과 군사정세를 파악할 수 있을 뿐만 아니라, 이 지역의 민족지리분포의 변화, 민족과 민족간의 이주, 교류 및 융합, 지역민족 구성의 동태적 변화에 대하여 파악할 수 있다.

1. 지명에 나타난 민족지리 환경 및 생태적 의의

지명은 인류의 인지 활동의 산물이다. 원시 인류는 채집, 수렵 등 사회적 생산 노동에 종사할 때 주변 자연환경을 이해하고 "야생 과일을 어디서 수확할 수 있는지"와 "식수를 어디서 구할 수 있는지"를 알아야 한다. 이들은 채집·사냥을 나갈 때 거주지에 정확히 돌아오기 위해 지리적 위치를 구분하였다. 이 과정에서 생산과 생활의 필요에 의해 지명이 생겨났다.

지리적 현상은 매우 복잡하다. 상이한 생태환경에 있는 각 민족은 생산노동을 통해 자연계와 물질 및 에너지를 교환하는 과정에서 서서히 자신의 민족 언어를 사용하여 주변의 산천과 바다, 초원과 평지, 비탈길, 계곡, 하천 등 다양한 지리적 실체에 이름을 붙여, 주변 환경에 대한 이해를 높였다. 그러나 각 민족은 천차만별의 자연환경에 살고 있기 때문에 환경이 제공하는 지명 명명의 근거는 완전히 동일하지 않았다. 그러므로 상이한 생태적 지위에 있는 민족들은 자연환경에 이름을 붙이는 서로 다른 지명체계를 형성하였다. 자연지리적 특성을 반영함과 동시에 민족언어에 기초한 이 지명제도는 각 민족이 처한 생태환경이라는 객관적 조건에 크게 좌우되기 때문에, 민족의 형성, 발전, 진화하는 지역지리적 환경의 특성을 다양하게 반영하고 있다.

모든 민족의 언어 및 지명 시스템에는 민족이 처한 자연환경을 가장 기본적이고 객관적으로 재현하는 몇 가지 지명 언어가 있다. 이러한 자연요소류에 속하는 지명들은 세부적으로 지연형태류의 산악 계열 지명, 하천·호수·바다의 수역 계열 지명, 방위와 거리 계열의 지명, 동·식물 서식지의 특징을 반영한 지명 등 크게 4가지로 나뉜다.

산악 계열 지명은 자연 요소류 지명 중 가장 풍부한 지명으로, 인류의 활동이 자연지리적 환경 속에서도 지형과 지모에 대해 특히 관심을 가지고 의존함을 알 수 있다. 모든 민족은 주변 자연지리적 환경에 대한 인식과 적응에서 거의 약속이나 한 듯이 자연지리적 실체의 지리적 형태에 나타난 외형적 특징을 적절히 연상하고 상상하여 특정 지명을 부여한다. 예를 들어 칭하이성 경내 더링하德令哈 지역의 "차이담柴旦" 지명은 알칼리성 땅이라는 데서 유래하였으며, "고비戈壁" 지명은 북부의 고비사막에서 유래하였다. 톈쥔현天峻縣의 "쥔취峻曲"는 티베트어로 "한수석하寒水石河"라는 뜻인데, 티베트 현지의 "한수석"이라는 약용 광석에서 유래하였다. "직합마織合瑪"는 티베트어로 "빨강색 바위"에서, 그리고 "다이나達爾那"는 티베트어로 "말의 귀"라는 뜻으로, 근처 산의 이름에서 따온 것이다.[83] 또 다른 예로 몽골어로 된 지명 가운데 지형에서 직접 유래한 지명이 많다. 예를 들어 내몽골의 시린궈러錫林郭勒 대초원은 해발 800-1,800미터 사이의 고원 지형을 주체로 하는데, 몽골어로 "시린"은 고원평원을 의미하고 "궈러"는 하천을 의미하기에 "시린궈러"는 고원에 있는 하천라는 의미다. "알라탄어몰러阿拉坦額莫勒"는 몽골어로 "황금안장'이란 뜻인데, 근처에 말안장 모양의 작은 산이 있어 붙여진 이름이다. 이 지역은 원래 내몽골에 속했다가 산시陝西 위린榆林 바오당保當 소속으로 넘어갔는데, 항아리 모양이라는 뜻이다. 내몽골 최대의 초원인 후룬베이얼呼伦贝尔은 몽골족의 발상지로 알려져 있다. 후룬베이얼이라는 명칭은 후룬호와 베이얼호에서 유래되었다. "후룬"은 돌궐어로 "호수"라는 뜻이다. "베이얼"은 몽골어로 허리(즉 신장)를 뜻한다. 베이얼 호는 길이 40킬로미터, 폭 20킬로미터의 타원

---

83 賈晞儒, "試論靑海民族語地名之硏究," 《靑海民族硏究》第3期, 1996.

형으로 신장의 모양과 닮았다.[84] 외국의 언어 지명에도 지형과 지모에서 유래된 것들이 많은데, 눈 쌓인 봉우리가 있는 유럽 중부 산맥은 흰색을 뜻하는 알프스Alps, 북미주의 바위가 겹치는 산을 뜻하는 로키 마운틴스 Rocky Mountains, 그리고 미국의 주 명칭 중에서 인디언말로 높은 산 위의 빛을 뜻하는 아이다호Idaho, 큰 언덕을 뜻하는 매사추세츠Massachusetts 등이 대표적이다.

인간이 자연환경에 적응하는 과정에서 자연환경 조건이 우수하고 생산 및 식수에 쉽게 접근할 수 있는 수로망 지역을 선택하는 것은 항상 보편적인 주거패턴이었다. 수원水源 가까이 사는 습관에 걸맞게 거의 모든 민족은 자신의 지명문화 시스템에 거주지 주변의 하천, 호수, 바다, 개울, 샘, 담, 연못, 저수지 심지어 수역의 색깔과 흐름과 크기 및 깊이와 관련된 지명을 대량으로 포함시키고 있다. 예를 들어, 중국에서 수로망이 촘촘한 주강 삼각주에서는 작은 하천을 광둥어로 융湧, 진津, 하오濠라고 부르는데, 주강 삼각주 수로망 지역에는 이러한 한자가 들어간 지명이 많다. 예를 들어 처비융車陂湧, 차하오융東壕湧, 룽진루龍津路, 스베이퉁진寺貝通津, 시하오西濠 등이 대표적이다. 수변 지역은 푸(浦, 혹은 푸埔, 포푸圃)자가 들어가는 명칭을 많이 사용하는데, 황푸黃埔, 둥푸東圃, 장푸江浦 등이 있다. 티웨이堤圍는 지基 혹은 웨이圍로 불리는데, 신지루新基路, 수이쑹지水松基, 퉁더웨이同德圍, 융안웨이永安圍 등이 있고, 허탄디(河灘地, 하천 갯벌) 혹은 하이탄디(海灘地, 바다 갯벌)은 "사沙"라고 불리는데, 지바오사鷄抱沙, 다사터우大沙頭 등이 대표적이다.[85] 대초원에 사는 몽골족의 경우, 가축떼에게 수원이 남다른 의미를 지니고 있기 때문에, 몽골족은 맑은 호수를 만날 때마다 "차간노르查干诺尔"라고 부른다. 그래서 차간노르라는 지명을 몽골의 광

---

84 揚淸, "蒙漢地名文化芻議," 《前沿》第3期, 2003.
85 黃金龍·高偉, "嶺南地名文化的特色與地名管理," 《廣州師院學報(自然科學版)》第11期, 2000.

활한 유목지대 곳곳에서 찾을 수 있다.[86] 또 다른 예로 칭하이성의 티베트족은 대부분 유목민으로 생활하며 그들은 수원과 떼려야 뗄 수 없다. 그들 민족어 지명은 수역과 관련된 것이 많다. 예를 들어, 티베트어 지명의 "즈취直曲"은 "암컷 야크강"을 의미하며 장강의 근원을 "암컷 야크의 콧구멍에서 흘러나오는 두 줄기 샘물 같다"고 표현한다. "웨구중례취约古宗列曲"은 쌀보리를 볶은 얕은 냄비 모양의 분지를 흐르는 강, 칭하이 어링호鄂陵湖의 "어링"은 티베트어로 "청남색의 긴 호수", 차링하이(查灵海, 즉 자링호扎陵湖)의 "차링"은 티베트어로 "회백색 긴 호수"를 의미한다.[87] 칭하이성 지명 중에는 "취마차이曲麻莱"라는 지명이 있는데, 티베트어 "취마차이윈曲麻莱雲"의 줄임말로 "붉은 강, 넓은 해변"을 의미한다. "거얼무格爾木'는 원래 "가얼무噶爾穆"를 사용했는데, "궈리마오郭裏峁"나 "가오루무스高魯木斯"로도 불리며, 몽골어로 "하천河流이 많다"는 뜻으로 도시 주변에 작은 강이 많고 늪이 밀집되어 있어 붙여진 이름이다.[88]

방위거리方位裏程 계열의 지명은 주로 지형, 산천과 하천, 지리적 방향을 기준좌표로 하여 명명된 지명을 말한다. 산의 좌우와 앞뒤, 하천의 동서남북, 거리의 원근은 항상 참조좌표가 된다. 이런 종류의 지명 명칭은 주변 환경에 대한 인간의 이해가 점차 깊어진 산물이며, 그 생성도 매우 일찍 이루어졌다. 중국 고대 전국시대에 그 기원을 두고, 전한 시대 책으로 최종 만들어진《곡량전谷梁传》에서는 "물의 북쪽을 양陽으로, 산의 남쪽을 양으로 삼아야 한다"는 논리를 명확히 내세웠고, 후세에 보편적으로 받아들여져 고대 지명 명명의 기본원칙이 되었다. 예를 들어, "낙양洛陽"과 "분양汾陽"이라는 지명은 각각 낙수洛水와 분수汾水의 양(陽, 즉 북면)을 의미하

---

86 李永年, "論跨國民族地名的重合性與移動性,"《黑龍江民族叢刊》第2期, 1998.
87 穀曉恒, "青海民族語地名結構特點及文化意義分析,"《青海民族研究》第3期, 2001.
88 韓建業, "青海民族語地名的語言結構特征,"《青海民族學院學報》第4期, 1999.

고, "탕음湯陰"은 해당 지역이 탕하湯河의 음(陰, 즉 남면)임을 의미한다. 또한 "이웬沂源"은 해당 지역이 이하沂河의 발원지에 있음을, "헝양衡陽"은 헝산衡山 남쪽 산기슭에 있음을 의미한다. 중국 각 성의 명칭인 산둥山東, 산시山西, 산시陝西, 허난河南, 허베이河北, 후난湖南, 후베이湖北 등도 마찬가지 경우다. 소수민족 언어 지명 중 윈난의 "더훙德宏"은 노강 하류에 위치한데서 유래하였다. 다이족어에서 하류를 "더", 노강을 "훙"으로 부르기 때문이다. 루시현潞西縣은 "노강(潞江, 노강怒江의 별칭)"에서 유래되었다. 내몽골의 "우란하다(烏蘭哈達, Ulanhad)"는 몽골어에서 봉우리가 빨간 산紅頭山을 의미하며, "이후타라(伊胡塔拉, Ihtal)"는 몽골어에서 대초원大草甸子을 의미한다. 몽골어에서 위아래는 "델(德爾, Der)"과 , "도르(道爾, Door)"로, 원근은 "할(浩勒, Hal)"과 "외어(敖伊爾, Oir)"로 표기한다.[89] 상징적인 지명의 경우, 고대 몽골족 유목지역에서 아오바오敖包라는 지명을 자주 볼 수 있다. 아오바오는 몽골어로 "더미堆子"라는 뜻인데, 처음에는 돌멩이를 쌓아 길과 경계의 표시물로 삼았다가, 점차 산신, 길신 등을 제사지내는 곳으로 그 의미가 확대되었다.

지리적 영역에 상관없이 동식물의 성장은 뚜렷한 지역적 특성을 나타낸다. 상이한 지리적 환경에 살고 있는 여러 민족은 주변 동식물 자원을 식별하고 활용하는 과정에서 어떤 식물이 자라는 지리적 환경의 특성을 따거나 혹은 식물군의 외모적 특성을 따서 지명을 지으며, 식물의 용도, 미적 취향을 따서 지명을 짓기도 한다. 또한 어떤 지리적 지역의 특징적인 동물을 지명의 근거로 하는 경우도 흔히 있기에, 동식물에서 유래한 지명이 많이 형성되어 있다. 좡족의 많은 마을은 동식물의 이름을 따서 명명되었다. 징시현靖西縣의 "궈룽果隆"은 큰 용나무榕樹를 의미하며 마을 앞에 큰 용나무가 있어 붙여진 이름이다. "구치우古求"는 단풍나무로

---

89 王文, "中國少數民族地名文化," 《中國地名》第3期, 1997.

마을 근처에 단풍나무가 많이 자라 마을 이름이 되었다. "쿠간枯柑"은 마을에 감과柑果나무가 많이 심어져 있어 붙여진 이름이고, "바롄巴練"은 원래 마을 앞 길목에 큰 쿠라苦辣나무가 있어 붙여진 이름이며, 나퍼현那坡縣의 "궈리果梨"는 마을에 사리沙梨나무가 많아 붙여진 이름이다. 난좡南壯 지역에는 말을 기르는 곳이 많아 마툰馬屯, 그리고 원숭이가 많으면 롄툰憐屯이라는 이름을 붙였다. 정서현에는 흰 물소가 있는 마을을 "화이호우懷毫", 호랑이가 무리지어 다니는 마을에는 "쓰방泗邦"이라는 이름이 붙여졌는데, "쓰"는 호랑이를, 그리고 "방"은 많음을 의미한다. 물고기 많은 마을에는 "반빠/반댐板壩" 즉 "반"은 마을을, 그리고 "빠/댐"은 물고기를 뜻한다.[90] 또한 청해성 거얼무格尔木 지역에는 "퉈라托拉 해"라는 지명이 있는데, 이는 이 곳에 호양胡杨이 많이 자라고 있어 붙여진 이름이다.[91] 또한 청해성의 지명 중에는 "젠자尖紮"라고 있는데, 티베트어로 "맹수가 출몰하는 곳"이라는 뜻이며, 고대에는 인가가 드물고 숲이 우거졌으며 맹수가 많았기 때문에 붙여진 이름이다.[92]

위에서 언급한 네 가지 다른 범주의 자연 요소에 의해 명명된 지명은 일반적으로 자연지리적 경관에 의해 각 민족의 명명된 일부 특성을 반영하며 자연지리적 지명의 기본 방향을 나타낸다. 그러나 자연지리적 요인은 복잡하고 다양하기 때문에 지명 구성에 반영하는 것도 비교적 다양하며, 많은 민족의 자연요소 지명 중 이중 또는 다중적 지리요소가 중첩되어 더 많은 지리정보를 내포하고 있는 지명도 많기 때문에 상술한 분류가 완벽할 수 없다. 그럼에도 불구하고 자연지리적 지명은 민족의 주거환경에 대한 객관적이고 직접적인 묘사이기 때문에, 이에 대한 분류 및 정리

---

90 楊奔·黃玉·李萍, "壯語地名的文化詮釋,"《玉林師範學院學報》第1期, 2005.
91 賈晞儒, "試論青海民族語地名之研究,"《青海民族研究》第3期, 1996.
92 韓建業, "青海民族語地名的語言結構特徵,"《青海民族學院學報》第4期, 1999.

의 가장 기본적인 학문적 가치는 이러한 자연지리적 지명을 통해 어떤 지역과 민족집단의 자연지리적 환경 상황에 대해 역사적, 동태적으로 이해할 수 있다는 것이다. 더 높은 수준 즉 자연지리적 지명의 생태적 의미에서 볼 때, 자연생태를 따서 명명된 지명은 사회가 급격히 변하면서 일부 지명은 이제 유명무실해졌다. 예를 들면 내몽골의 바오터우包頭의 경우, 아침과 저녁이 되면 사슴들이 자주 출몰하기 때문에 "바오커투包克圖"라고 불렸으며, 바오커투는 몽골어로 사슴이 있는 곳이라는 의미다. 또한 어얼둬쓰시鄂爾多斯市의 후스량虎石梁은 "자작나무가 많은 곳"이라는데서 유래되었으나, 이제 자작나무 그림자조차 볼 수 없게 되었다. 또한 "차오나오량朝墻梁"은 "늑대가 있는 곳"이라는 의미에서 붙여졌으나, 이제 늑대를 찾아볼 수 없다.[93] 또 다른 예로 윈난 남부 이족자치현 라마쥐拉妈苴의 경우, 이족어로 "큰 호랑이가 있는 곳"을 의미, 부민현富民縣의 뤄맨罗兔는 이족어로 "뤄메이바이罗梅白" 즉 "뤄메이"는 호랑이, 그리고 "바이"는 산을 가리키는데 "호랑이산"이라는 뜻이다. 또한 카이웬시开远市 샤오룽탄小龙潭 향 마이바이蚂蚁白 촌은, 이족어로 "마이"는 마잉화马櫻花, 바이는 산으로 "마잉화가 많은 산"이라는 뜻이다. 상술한 곳에서는 현재 산림이 이미 많이 파괴되었고, 어떤 곳은 산사태 등의 재해가 나타나기도 하였으며, 지명에 반영된 동식물의 상황과 연결시켜 사람들에게 산림을 파괴하면 필연적으로 인류의 생활환경이 파괴될 것이며, 생태환경을 보호하는 것이 인류 자신을 보호하는 것일뿐만 아니라, 사람과 자연이 조화롭게 공존하고 지속 가능한 발전의 길을 걷는 것임을 알려 줄 필요가 있다.[94]

---

93 揚清, "蒙漢地名文化芻議,"《前沿》第3期, 2003.
94 吳光範, "彝語地名學初探,"《雲南社會科學》第6期, 2000.

2. 혈연과 지연의 복합: 씨족부락 혹은 민족 명칭에서 유래된 지명

　인류 집단의 한 유형으로서 민족은 씨족, 부족, 부족 연맹에서 점차 진화하여 형성되기까지 상당히 긴 역사적 과정을 거쳤다. 민족에 대한 호칭 역시 역사적 발전 과정을 거쳤다. 역사적으로 민족공동체에 대한 호칭은 인류 씨족사회의 초기, 즉 토템 숭배 시대로 거슬러 올라간다. 이후 지속적인 발전과 변화로 복잡한 민족호칭은 점차 자연지리적 환경, 경제문화 생활, 민족습관, 민족의례, 민족심리로 각인되어 매우 흥미로워졌다. 그러나 고대 중국에서는 과학적이고 엄격한 민족식별이 부족하여 거주지가 다르고 상대적으로 폐쇄적인 다양한 민족공동체에 대한 이해가 부족하였다. 서로 단절된 민족에 대한 체계적이고 전문적인 소개와 연구가 필요하다. 복식 등 외부 이미지에서 나타나는 두드러진 특징 외에, 민족 거주 지역의 지명은 종종 한 민족을 명명하는 방식이 되었다. 따라서 고대 민족의 명칭과 고대 지명이 혼용되고, 많은 고대 민족이나 부족이 민족 언어로 본 민족의 명칭을 정함과 동시에 본 민족이 활동한 지역 범위나 부족 지역을 대표하는데, 이는 고대 민족의 명칭과 지명이 연관된 현상임을 알 수 있다.

　씨족 종법제氏族宗法制 하에 처한 민족사회, 특히 단일 혈연 씨족이 모여 살던 초기에 지명은 종종 상징적 부호로 이곳에 살던 부족이나 민족의 이름을 나타낸다. 다민족 국가인 중국의 민족언어 지명 중에는 족명이나 부족명에서 유래한 지명 유형이 매우 보편적이라고 할 수 있다. 예를 들어, 티베트고원에서는 일부 지명이 민족 이름을 가지고 있거나 민족 이름을 직접 따서 지명을 짓기도 한다. 이 지역이 몽골과 같은 민족 위주의 거주지였음을 말해주는 것일 수 있다. mr-nyag 즉 "미네이해米乃海"는 화륭化隆 거주민을 가리킨다. 티베트어로 서하西夏를 mr-nyag라고 한다. 나머지는 hor-gzhung 즉 "허얼영合爾營"은 네나카涅中 촌의 이름이다. 티베트어 hor 즉 "훌霍爾"은 서로 다른 역사시기에 다른 민족을 지칭하였다. 당송 시대는 회흘回紇, 원나라 대는 몽골인, 원명 교체기에는 토욕혼인吐谷渾人, 그리고 현대에는 티베트 북쪽의 유목민과 칭하이성의 투족을 가리킨다.[95] 또 다른 예로 칭하이성에서 유명한 "위수玉樹"는 부족명으로 낭첸천호囊谦千户 소속의 40족四十族 중 하나이며, 옥수 현이라는 명칭은 부족 때문에 붙여진 것이다. 1985년판《위수티베트족자치주 개황玉樹藏族自治州概況》에 따르면 옥수는 티베트어로 유적지를 의미한다. 황중湟中의 루샤르魯沙尔는 티베트어로 "새로운 부족'"을 의미한다. 지우즈현久治縣의 소호일마索乎日麻는 티베트어로 "몽골인의 부족"을 의미한다. 티베트어로 "숨겨진 부족"을 의미하는 다르더상이마达日的桑日麻, 티베트어 부족명 "터허투特合土"의 "터허"는 호랑이를, "투"는 위쪽을 의미한다.[96]

티베트고원과 유사하게 윈난은 다민족이 거주하는 중요한 지역이며, 지명 시스템에 씨족, 부족 또는 민족 이름에서 파생된 많은 지명이 있다. 한진汉晋 시대 윈난의 민족어 지명에 중, 구팅(句町, 오늘날 광난廣南, 푸닝富寧), 러우워(漏臥, 오늘날 뤄핑현羅平縣, 진쌍進桑, 오늘날 핑밴屏邊, 허커우현河口縣), 아이라오(哀牢, 오늘날 바오산保山, 더훙德宏에서 시솽반나西雙版納까지), 라오진(勞浸, 오늘날 루량陸良 근처), 미머(靡莫, 오늘날 쉰뎬尋甸 근처, 시미靡, 오늘날 란창강과 노강 사이), 쿤밍(얼하이洱海 주변), 비쑤(比蘇, 오늘날 윈룽현雲龍縣 부근) 등은 모두 족명을 지명 혹은 행정구역 명칭으로 한 대표적인 곳이다. 당송 시대 윈난에는 난자오南詔 다리大理 왕조가 들어섰는데, 당시 윈난 동부의 우멍부(烏蒙部, 지금의 자오퉁시昭通市, 먼판부閟畔部, 지금의 후이쩌會澤와 둥촨東川 지역), 머미뎬부(磨彌殿部, 지금의 쉔웨이시宣威市), 스중부(師宗部, 지금의 스중현師宗縣), 미러부(彌勒部, 지금의 미러彌勒 현), 뤄즈부(羅婺部, 지금의 우딩현武定縣), 신딩부(新丁部, 지금의 쉰뎬현尋甸縣) 등 "부部"자가 들어간 많은 부족 명칭이 있었고, 점차 현급 행

---

95 華侃, "藏族地名的文化曆史背景及其與語言學有關的問題,"《西北民族研究》第3期, 2001.
96 穀曉恒, "青海民族語地名結構特點及文化意義分析,"《青海民族研究》第3期, 2001.

정구의 명칭으로 되었다.[97] 또 다른 예로, 윈난 쓰마오思茅 현은 고대 부족명인 "스머思摩"에서 유래된다. 송나라-다리宋-大理 시기, 이 부족은 "스머思摩"로, 원명 시대 문헌에는 "스머思麽", "스마思麻" 혹은 "쓰마오思毛"로 기록되었다. 명말 청초에 이르러 "쓰마오思茅"는 마을 명이 되었다. 두룽獨龍 강, 노강 모두 두룽족과 노족의 명칭에서 유래된다. 반대로, 지명이 고대 부족 명칭에서 유래된 경우가 있는데, 윈난성의 "이량현彝良縣"은 고대 부족 "이냥易娘" 명칭에서, 그리고 "숭밍현嵩明縣"은 "숭멍嵩盟"이라는 부족명에서 유래되었다. 룽촨현隴川縣을 다이족어에서 "둥완動碗"이라 부르는데, "태양"의 땅이라는 뜻이며, 고대 다이족이 "완蜿"을 태양의 부족이라고 부른데서 유래된다.[98] 이렇게 고대 족명이나 부족명에서 직접적으로 유래된 지명은 해당 지역 부족의 분포 상황을 반영하고 있다.

지명과 부족명이 하나인 현상은 몽골어로 된 지명에서 잘 나타난다. "몽골"은 원래 한 부족의 명칭이었다. 이 명칭은 최초로 당나라 기록에 나타나며 역사에서는 "몽우스웨이蒙兀室韋"라고 부른다. 당시 몽골 부족은 오늘날의 어얼구나額尔古纳 강 남쪽 기슭의 깊숙한 밀림 속에서 생활하고 있었는데, 서기 9-11세기 경 일부가 점차 서쪽으로 이동하여 어넌鄂嫩강, 커루룬克鲁伦강, 투라土剌강 상류 일대에 이르러 니루온尼鲁温몽골과 디에레진迭儿列斤몽골의 두 갈래로 나뉘었고, 각 갈래는 다시 크고 작은 씨족 부족들로 나뉘었다. 몽골어 지명 중 일부는 부족의 이름을 따서 명명되었다. 예를 들어 우라터전기(乌拉特前旗, 우라터후기后旗), 우라터중기中旗가 있는데, "우라터"는 칭기즈칸의 동생인 하부투하사르哈布图哈萨尔의 15세손인 부얼하이布尔海가 통솔하는 우라터부로, 후룬베이얼呼伦贝尔 대초원의 후부투나이먼 차간呼布图乃门查干 일대에서 유목생활을 하였고, 이후 전·중·후 세 개

---

97 朱惠榮, "雲南民族語地名研究(上)," 載雲南大學曆史系 엮음,《史學論叢(第6輯)》, 雲南大學出版社, 1997, pp.138-139.
98 王文, "中國少數民族地名文化,"《中國地名》第3期, 1997.

부部로 나뉘었다. 후금後金 천총天聰 7년(1633년), 부얼하이 자손이 후금에 귀순하였고, 순치順治 5년(1684년), 청나라 조정은 부얼하이 자손의 공을 치하하여 우라트 중·전·후 기旗를 설치하였으며, 그 손자·증손·현손玄孫을 각각 중·전·후 기의 통솔자로 봉하였다. 이에 앞서 "수니터苏尼特", "아루커얼친阿魯科尔沁", "마오밍안茂明安", "아바가阿巴嘎" 등 비교적 작은 부족들은 몽골어 지명이 되었다.[99]

민족은 자칭과 타칭이 있는데, 중국의 많은 소수민족의 명칭은 바로 그들의 집거지 지명에서 유래한 것이다. 예를 들어, 허저족 "후얼呼爾 부족"의 이름은 "후르하呼爾哈강(즉, 무단장牡丹江)", "사하롄薩哈連 부족"의 이름은 "사하롄강"에서 유래되었다. 티베트 뤄바족의 "미리米裹"와 "어두俄都" 등 부족 씨족 이름도 모두 현지 지명에서 따왔다. 노족의 "더우화쑤鬥華蘇"와 "다화쑤達華蘇"라는 씨족명은 "더우화"와 "다화"라는 지명에서 유래되었다.[100] 대만의 가오산족의 한 갈래는 스스로 "바이완百宛"이라고 부르는데 역시 지명에서 유래되었다. 이 외에 윈난성의 징포족은 스스로 "랑아(浪莪, 윈난성의 지명인 "라오워老窩")"에서 유래, 야오족의 타칭인 "둥산야오東山瑤", "바파이야오八排瑤", "시산야오西山瑤" 등도 마찬가지이다. 또 다른 예로 "마오난毛南족은 주로 광시성 환장현環江縣 소속 샤난下南 구, 수이웬水源 구의 12개 향에 분포하며, 인근 허츠河池, 난단南丹 등 현에도 적은 규모로 거주하고 있다. 역사적으로 이 일대를 마오난茆難/茅難/冒難/毛難이라고 불렀으며, 동시에 이 일대의 주민을 마오난茆難/茅難/冒南이라고 불렀다. 신중국 건국 이후 현지인의 뜻에 따라 마오난족이라는 이름을 붙였다.[101]

---

99 揚淸, "蒙漢地名文化芻議," 《前沿》第3期, 2003.
100 王文, "中國少數民族地名文化," 《中國地名》第3期, 1997.
101 褚亞平 엮음, 《地名學論稿》, 高等敎育出版社, 1986, p.73.

3. 지명에 반영된 국가 및 지역 민족의 역사적 변천

지명은 사람들이 지리적 실체의 방향, 범위 및 모양 특성을 식별하는 데 사용하는 언어 기호로서 인류사회 역사 발전의 산물이며 그 형성은 깊은 역사적, 지리적 및 문화적 배경을 가지고 있다. 한 지역의 지명은 해당 지역의 역사적, 지리적 변천을 반영할 뿐만 아니라, 역사적으로 해당 지역의 민족집단의 활동상을 다양하게 기록하고 있다. 왜냐하면 한 민족이 한 지리적 지역 내에서 비교적 오랫동안 거주하게 되면, 그들이 자연계와 물질과 에너지를 교환하는 과정에서 생산과 생활의 편리함을 위해 자연만물에 대한 이해와 사고 습관에 따라 자연에 일정한 관념과 의식을 부여하고, 일정한 전통 민속에 함축된 지리적 명칭인 지명을 형성할 것이기 때문이다. 민족의 흥망성쇠와 융합 과정에서 민족문화의 지역성과 민족성은 서서히 그 독특함을 잃을 수 있지만, 각 민족의 활동이 남긴 발자취인 지명은 끈질긴 연속성과 안정성을 가지고 있어 자신의 문화적 속성을 쉽게 바꾸지 못한다. 이 지명을 붙인 민족이 여러 가지 자연적, 사회적 이유로 타향으로 이주해 갔다고 해서, 그리고 더 강한 민족이 다시 이 지역을 차지한다고 해서 그 지역의 원래 지명이 빨리 사라지지 않는 것은 물론, 이주한 민족이 거기에 많은 문화정보를 추가하여 오랫동안 보존해 나갈 것이다. 또 몇 가지 가능성은 원래의 언어 지명 시스템이 새로운 거주자들에 의해 수용되어 전승되고 있거나, 새로운 거주자들이 그 위에 민족적 특성을 지닌 언어 지명을 첨가할 가능성이 있다. 이처럼 민족의 변화에 따른 언어 변화와 지명의 겹침에 대해 학계에서는 최초 거주자의 언어를 "하층 언어", 후자의 언어는 "중층 언어", 가장 늦게 정착한 민족의 언어를 가장 강력한 문화인 "표층 언어"로 부르는 것이 일반적이다. 이러한 3차원 민족언어 지명의 배경은 그림 5-3과 같다.

<그림 5-2> 차원이 겹쳐진层次错叠的 3차원 언어 지명 설명도

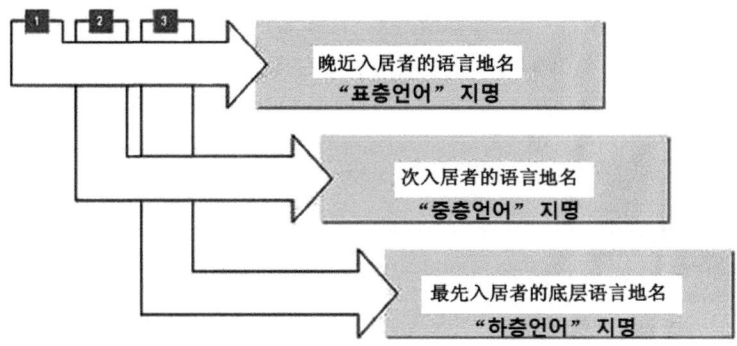

 윗 그림의 3개 차원 언어 지명이 겹쳐지는 현상은 단지 지역 민족의 변천을 반영하는 기본적인 측면일 뿐이다. 물론 여기에서 우리는 민족의 역사와 지리적 지역에서 민족의 흥망성쇠가 단순한 "우승열패"가 아니라는 점을 특별히 강조할 필요가 있다. 이러한 거주 패턴에 대응하여 지역 민족어 지명의 구성은 종종 복잡하고 난해한 모습을 나타낸다. 많은 이중 언어 지명과 혼합 언어 지명의 출현은 실제로 여러 민족이 함께 거주하는 민족 문화 유산이다. 민족어 지명으로 보는 다민족의 잡거, 취거 및 산거에 대해서는 뒷부분에서 중점적으로 밝히도록 하겠다. 여기서는 중국의 대표적인 몇 개 지역을 사례로 선정하여 지명이 농축된 지역의 역사와 문화에 대한 구체적인 정보를 알아보겠다.

사례 I 만주족의 입관入關과 동북지명의 변화
 중국의 동북지역은 독특한 역사지리 단원單元으로서 역사적으로 숙신肅慎, 읍루挹婁, 고구려高句麗, 말갈靺鞨, 발해渤海, 거란契丹, 여진女真 및 근현대 이후 만주滿, 몽골, 허저赫哲, 다우르, 어룬춘, 어웡키 등 많은 민족이 해당 지역에서 번성하고 교류와 융합을 하였으며, 이주 및 농사를 통하여 해당 지역에 깊은 영향을 미쳤다. 간단한 지명만으로도 해당 지역의 민족 역사가 변천한 일부 흔적들을 포착할 수 있다. 어떤 학자들은 넌嫩강이라는 명칭에 대한 고증만으로 고대부터 이곳에 동호東胡-몽골어를 구사하는 민족들이 거주했음을 알 수 있다고 본다. 즉 선진 시대의 동호족, 한나라 때의 선비족, 남북조 때의 실위·무락후烏洛侯, 요·금 시대의 무고烏古·적열敵烈·거란, 명청 시대의 우량하兀良哈, 다후르達呼爾, 어루터額魯特 몽골 등이다. 지금의 라림拉林강은 요나라 때는 "라이류수이來流水", 청나라 때 "라린拉林" 혹은 "란렁蘭棱"으로 불렸는데, 모두 여진-만주어에서 "환희歡喜"나 "기쁨"의 뜻을 나타낸다. 이는 요나라 및 금나라 혹은 그 이전의 남북조, 수당 시대에는 여진족과 그 선대인 물길勿吉-말갈족이 거주했음을 말해준다.[102]

중세 이래 동북역사지리역 내 최대의 민족 변동은 만주족이 입관(산해관 이내로 들어온 것)한 것이라고 할 수 있다. 원래 만주족은 동북의 고대 민족으로서 선조들이 일찍이 동북지역에서 경작, 목축, 어업 및 사냥을 했으며, 동북의 호숫가와 계곡의 산림 지대에 민족 활동의 역사적 흔적을 남겼다. 청나라 문헌만 놓고 보면, 《흠경성경통지欽定盛京通志》와 《지린통지吉林通志》의 산과 하천, 수로水道 부분에는 당시의 성경(랴오닝), 지린, 헤이룽장의 장군將軍, 해당 지역 최고 군정 장관)의 관할구역 내 수체水体 지명 약 1,600개가 수록되어 있고, 한어와 기타 민족어를 제외한 800여 개의 만주어 지명 중 동물 이름을 딴 지명이 170개로 21%를 차지하며, 어렵과 관련된 지명까지 합치면 그 숫자가 어마어마하다.[103] 만주어 지명에 동물 이름 또는 이와 관련된 지명이 많이 나타나고 널리 분포된 것은 만주족 발원지의 어업과 수렵 경제의 생생한 반영일 뿐만 아니라, 이 지역이 만주

---

102 仇偉·範忠澤, "論黑龍江省地名與古代民族的關系,"《黑龍江民族叢刊》第1期, 2004.
103 黃錫惠, "滿語地名與滿族文化,"《滿語研究》第2期, 2000.

족의 활동에 중요한 역사적 지역임을 말해준다. 또 다른 예로, 지린 지역은 청나라 입관 전 만주족의 주요 거주지로서 지명에 반영되어 있으며, 청나라 입관 후 200여 년이 지나 편찬된《가경중수일통지嘉慶重修一統志》권 67《지린1吉林一》에 실린 주요 산 명칭에도 만주어가 여전히 대다수를 차지한다. 쑨둥후孫冬虎의 통계에 따르면, 이 기록에는 산 95개, 봉우리 22개, 고개 11개, 언덕 4개, 절벽 2개, 욕峪 1개, 와집窩集 18개를 포함한 총 153개의 산 관련 명칭이 있다. 권 67 마지막에 첨부된 부록《번역어해翻译语解》와《성경통지盛京通志》,《지린통지吉林通志》등의 문헌과 대조한 결과, 어원이 한어로 판명된 것은 28개로 전체의 1/5 미만을 차지하며, 그 중 9개는 만주어 명칭이 동시에 표기되어 있다. 청나라 초기에는 만주어를 주체로 하는 비한어 산 명칭의 비율이 더 높았다. 이 모든 것은 청나라 초기에 만주족, 만주어, 만주어에서 유래한 지명이 지린과 헤이룽장 일대의 민족지리적 환경과 지명 특성의 주요 측면을 구성했음을 보여준다.[104]

청나라가 입관한 이후, 만주족이 중원으로 대거 이주하는 동안, 적지 않은 내륙의 한족 주민들이 생계를 도모하기 위해 동북으로 이주해 오면서 지역 주민의 주체가 되었다. 이러한 지역 민족 구성의 큰 변화는 지역 언어 환경의 큰 변화를 가져왔고, 이에 따라 지명의 새로운 발전을 불러왔다. 즉 헤이룽장, 지린 등 지역의 지명은 원래 만주족 이름, 만주어 및 만주어에서 유래한 지명을 위주로 하면서, 허저·어룬춘·몽골 등 민족의 지명이 포함되었는데, 한족, 한어 지명 위주로 바뀌었다. 그러한 변화는 다음과 같이 네 가지로 나타난다. 한어 지명의 기초위에 음역 한자의 일부를 취하거나 음역 한자의 해음諧音과 음전音轉을 따서 겉보기에 한어 성분과 비슷한 새로운 명칭을 만든 경우이다.[105] 둘째, 같은 지역에서 한어

---

104 孫冬虎, "清代東北地區民族構成及地名變遷,"《社會科學戰線》第5期, 1998.
105 해음(諧音)은 발음은 같지만 철자가 다른 동음이철어(homophonous)를 말하고, 음전(音轉)은 음성의 전환을 가리킨다.

와 만주어 등 소수민족 언어의 지명이 병존했지만, 한족이 계속 들어오면서 점차 한한어의 지명이 우세해지고 공식적 지위를 얻게 되었다. 셋째, 원래 인가가 희박한 일부 동북 광야에서 산동성, 직예성 및 기타 지역의 많은 한족 유입과 새로운 한족 거주지 증가로 인해 지역 내 많은 한어의 지명이 증가하였다. 넷째, 한어의 지명이 증가한 데 비해 만주어의 지명은 조용히 사라졌는데, 산악 명칭에서 가장 두드러지게 나타났다.[106] 물론 한족이 동북으로 이주하는 과정에서 무질서한 것이 아니라 일정한 법칙을 따랐다. 즉, 남쪽에서 북쪽으로, 동쪽에서 서쪽으로 점차 퍼져나가며, 그에 따라 "동북 지명 중에서 중국어 지명은 북쪽에서 남쪽으로 점점 증가하며, 북쪽과 서쪽에는 비교적 적은 반면, 만주어 지명은 북쪽에, 몽골어 지명은 서쪽에 가장 중요한 위치를 차지하고 있다. 시버·다우르·어룬춘·어웡키·허저 등의 민족은 기본적으로 헤이룽장성에 분포하였기 때문에 이들 민족어의 지명이 있다. ...내몽골은 주로 몽골어와 한어 지명이다. 한어 지명은 내몽골에서 동쪽에서 서쪽으로 점점 증가하는 반면, 동부에는 몽골어 지명이 비교적 많다. 이것은 또한 한족이 서부 농업 지역에 많이 분포하고 있음을 알려준다.[107]

청나라의 입관과 대량의 한족 이주자들이 관외(산해관 외 즉 동북지역)로 이주하면서 많은 인구 이동의 흐름 속에서 동북지역의 민족구성에 큰 변화가 일어났고, 이에 따라 민족언어 지명이 새롭게 발전하였지만, 여전히 많은 만주어 지명이 유지되고 있다. 바옌巴彦, 후란呼蘭, 무란木蘭, 하이룬海倫, 아이훈璦琿, 지린吉林, 푸라얼지富拉爾基, 이란依蘭, 수란舒蘭, 무렁穆棱, 자무스佳木斯, 이통伊通, 옌지延吉, 쑤이펀허綏芬河, 무단장牧丹江, 이춘伊春, 쓰핑四平, 파쿠法庫, 푸란덴普蘭店, 바이취안拜泉, 푸칭富淸 등이다. 만주어 지명이

---

106 孫冬虎, "清代東北地區民族構成及地名變遷," 《社會科學戰線》第5期, 1998.
107 牛汝辰, 《中國地名文化》, 中國華僑出版公司, 1993, pp.137-139.

시대의 흔적으로 많이 남아있는 것은 고대 동북지방에서 만주족 선민들이 가졌던 의심할 여지 없는 역사적 문화적 지위를 방증한다.[108]

사례 II 간칭甘青 지역의 다민족 구성이 반영된 지명

중국의 간칭 지역은 고대 민족의 융합과 교류, 이동의 진화가 매우 빈번한 다민족 지역이다. 역사적으로 강羌·한·선비·토번·드라오唯廉囉·몽골·투·사라撒拉·후이 등 민족이 해당 지역에서 자신의 민족 언어로 많은 지명을 명명하였으며, 지울 수 없는 역사적 흔적을 남겼다. 그 중 고대 강羌족은 해당 지역에서 일찍 활동한 민족으로 분포가 넓고 가장 오래 거주한 민족 중 하나이며, 이 지역의 1차원 언어 지명에는 고대 강족 언어 지명이 많이 남아 있다. 예를 들어 "고장姑藏"이라는 단어의 "고姑"는 강족 부족의 "종種"자이고, "장藏"은 "가족" 또는 "부족"을 뜻하는 말로 고대 강족과 인연이 있는 티베트족으로 지금도 부족과 가족을 "창倉"이라고 부른다. 하서회랑河西走廊 우웨이武威 동쪽의 헤이창탕(黑羌塘, 오늘날 다허역大河驛 시성자좡西盛家庄), 양샤댐羊下壩, 그리고 우웨이 북쪽의 양퉁(羊同, 지금의 융창永昌진), 훙강(紅羌, 오늘날 훙샹洪祥 향)등 지명은 모두 강족어 지명이다.[109] 한나라 이전에 흉노는 월씨月氏와 오손烏孫을 몰아내고 휴도休屠왕과 혼사渾邪왕을 분봉하여 하서회랑 지역을 통치하였기 때문에, 이 지역의 일부 지명에는 흉노어의 지명이 남아 있다. 후일 한무제는 흉노를 몰아내고 허서 지역에 군현郡縣을 많이 설치하였는데, 그 중 확실히 흉노어를 가리키는 것은 시우투현休屠縣, 즈득현鱳得縣, 리첸현驪靬縣 등이다. 위진魏晉 남북조南北朝 때 독발선비獨發先卑가 부상하여 남량南涼 정권을 수립하였고, 한때 수도를 오늘날 칭하이 러두樂都에서 우웨이武威로 옮겼다. 이 때문에 오늘날 무

---

108 沈堅, "地名語源的民族史解讀——以歐洲和中國為例," 《華東師範大學學報》第5期, 2005.
109 張力仁, "地名與河西的民族分布,"《中國曆史地理論叢》第1期, 1998.

위 지역에는 선비어와 관련된 지명이 적지 않게 남아 있다. 예를 들어, 무위성 서쪽의 둬랑朵浪 촌·성, 그리고 투미간촨土彌幹川 등의 지명은 선비어의 지명이다.¹¹⁰ 수당 시대 간칭 지역에는 북부 알타이어계와 선비족계에 속하는 토욕혼이 많이 분포되어 있었는데, 이들은 고대 강족, 토번과 직접 접촉하여 현지 주민들에게 호르霍爾, 호르인霍爾人, 아바호르阿巴霍爾 등으로 불렸다. 따라서 지금의 티베트고원에는 "호르X"나 "하X"의 지명을 흔하게 볼 수 있다. 예를 들어 쉰화현循化縣의 "허룽푸(贺隆堡, 호르인의 성보)", "허좡(贺庄, 호르인의 산장)", 그리고 허난현河南縣, 취마라이현曲瑪萊縣, 쩌쿠현澤庫縣, 퉁런현同仁縣, 다르현达日縣, 지우즈현久治縣, 후주현互助縣, 마둬현玛多縣 등에도 유사한 지명들이 다수 남아있다.¹¹¹ 당송 시대 이후 몽골족의 흥기 및 하서 지역에 대한 백여 년의 통치가 이어지면서, 티베트고원지역에는 몽골어 지명이 다수 나타났는데, 일부는 현재까지 유지되고 있다. 진창金昌시 황후라黄胡拉 산·량梁·골溝 등의 몽골어 지명이 대표적이다.¹¹² 또한 당시 티베트인 선조들은 몽골인을 호르인과 구분해 "쉬부索布" 혹은 "쉬후索乎"로 불렀다. 또한 몽골인이 거주했던 곳에는 이러한 "쉬부"나 "쉬후"와 관련한 지명들이 생겨났다. 예를 들어, 후주互助현의 "쉬버索卜" 및 그 단어에 툰屯·골溝·탄灘이 붙여진 지명, 간더甘德현의 "쉬후索乎" 및 "쉬후러索合勒", 궁허共和현의 "수허라苏合拉" 등이 있다. 이 외에 낭첸현囊谦縣, 지우즈현, 쉰화현 등 지역에도 몽골어 지명들이 남아 있다. 물론 현재 이 지방에 거주하고 있는 주민들 대부분이 티베트족과 투족임에도 그렇다. 원 거주자 몽골족은 투족이나 티베트족 속으로 융합되었거나, 혹은 그들이 이주한 이후 몽골어 지명만 남겼거나 두 가지 경우를 생각해 볼 수 있다. 또한

---

110 張力仁, "地名與河西的民族分布," 《中國曆史地理論叢》第1期, 1998.
111 席元麟, "從青海民族語地名透視民族關系," 《青海民族研究》第1期, 1999.
112 張力仁, "地名與河西的民族分布," 《中國曆史地理論叢》第1期, 1998.

이러한 지명들은 몽골인들이 몽골어로 명명한 것이 아니라, 타칭 즉 기타 민족(예컨대 티베트인)이 명명한 것이기에 이러한 지명이 쉽게 남았을 것으로 보인다.[113]

위에서 언급한 간칭 지역의 다양한 역사적 시기 민족의 변화와 그에 따른 지명의 변화는 해당 지역 고대 민족의 지리적 분포와 지역 내 민족의 흥망성쇠를 연구하는 데 귀중한 단서를 제공한다.

사례III 하이난도 내 민족사적 변천이 반영된 지명

중국 최남단에 위치한 하이난도는 대만 섬에 이어 중국에서 두 번째로 큰 섬이다. 섬에는 현재 37개 민족이 살고 있으며 이 중 한족, 리족, 먀오족, 후이족은 세거世居 민족이고 나머지 33개 민족은 1950년 이후 하이난 개발 건설 과정에서 하이난으로 이주해 섬 전역에 흩어져 있다. 세거 민족 중 한족은 주로 동북부, 북부, 해안지역에 모여 살고 있으며, 리족, 먀오족, 후이족의 대다수는 중부, 남부의 충중瓊中, 바오팅保亭, 바이사白沙, 링수이陵水, 창장昌江 등 현과 싼야三亞시 퉁스通什 시에 모여 살고 있다. 이것은 현재 섬 내의 민족의 기본 분포구조이다. 그러나 역사상의 민족 분포는 달랐다. 하이난도 최초의 개척자로서 리족 선조들은 백월 계통의 한 그룹에 속했으며, 하이난도와 인접한 광둥, 광시, 푸젠 등지에 거주하다가 여러 가지 이유로 섬으로 이주하였다. 그들이 하이난도에 정착한 후에는 당연히 민족 고유의 명명법에 따라 새로운 주거지에 새로운 이름을 붙이는 것을 잊지 않았을 것이다. 지명을 보면 하이난도는 현재 한·좡·리漢壯黎 족의 세 가지 지명이 있는데, 좡족어壯語 지명은 나那·우武·둬多·리黎·뤄羅·광方·따아打 등 섬의 북부와 동북부에 많다. 좡족어가 역사 발전과 지리적 배경에 따라 변천한 리족어 지명, 예를 들어 "판番"과 "스番" 등은

---

113 席元麟, "從青海民族語地名透視民族關系," 《青海民族研究》第1期, 1999.

중남부 지역에 비교적 널리 분포되어 있다. 한어 지명에 관해서는 섬 전체에 가장 많은 수가 분포되어 있다. 북부에는 좡·리족 언어로 구성된 좡·리족어 지명이 많이 있는데, 예를 들어 단儋현 즈나따儋縣治那大, "나'는 좡족어, "따"는 리족어로 경작할 수 있는 땅을 의미한다. 이런 지명들은 종종 같은 지역에 나타나며 복잡하게 얽혀 있다. 그러나 그 층위는 마치 지층의 생물이 겹쳐 있는 현상처럼 선후 관계를 반영한다.《광둥신어廣東新語》는 먼저 이 섬의 수많은 좡족어壯語 지명이 리족어黎語 성분으로 보존되어 있다고 지적하였는데, 단어 구성 방법은 통상적으로 리족어가 앞에 놓이고 좡족어가 뒤에 붙은 형식이다. 이것은 민족의 이주 시기를 설명하는 데 도움이 된다. 고대 백월족의 한 종족인 좡족 중 일부가 먼저 섬에 들어왔다가 나중에 리족으로 발전했기 때문에 원래 좡족어 지명에 리족어 성분이 더해졌고, 나중에 한족이 이주해 온 것이다.[114] 지명 비교 연구 결과 하이난도의 많은 리족어 지명은 광시 및 광둥 가오레이高雷 지역의 많은 지명과 음성과 의미 면에서 매우 가깝거나 유사하며 완전히 좡족·둥족壯侗 언어 시스템에 속한다.[115] 이는 하이난도의 리족이 광시, 광둥 가오레이 지역 주민들과 일정한 관계를 맺고 있음을 보여주며, 그들의 조상들은 광시, 광둥 및 기타 지역에서 바다를 건너 이주한 것으로 간주된다.

지명 자료를 바탕으로 섬 내에 있는 리족 5대 계열의 변천 상황을 더 깊게 조사해 보면, 5개 계열 중 효侾 계열이 처음에는 원창文昌, 충산瓊山, 린가오臨高 등 현 일대에 상륙한 후 점차 하이난도의 여러 곳으로 확산되어 비교적 넓은 분포면을 가지고 있었으나, 후에 한족의 대규모 유입으로 효 계열의 분포범위가 압축되어 점차 섬의 서남부로 집중되어 오늘날과 같은 구조로 발전하였다. 치리杞黎는 충저우瓊州 해협이나 북부 만을 횡단

---

114 司徒尚紀,《海南島曆史上土地開發硏究》, 海南人民出版社, 1987, pp.78-79.
115 杜娜, "海南島的地名與民族遷徙,"《中國地名》第2期, 1996.

한 후 섬의 북쪽 해안에서 거주한 다음, 위의 현들을 거쳐 우지五指산 오지로 들어갔다. 지명에 따르면 그들의 마을은 대부분 번番씨, 스什씨, 마오毛씨의 이름을 따서 지어졌다. 또한 "팡方씨"라는 지명으로 미루어 볼 때 토착本地 계열도 과거 활동 범위가 넓었고 섬의 동쪽과 북쪽에서 오지산으로 축소된 것으로 추정된다.[116]

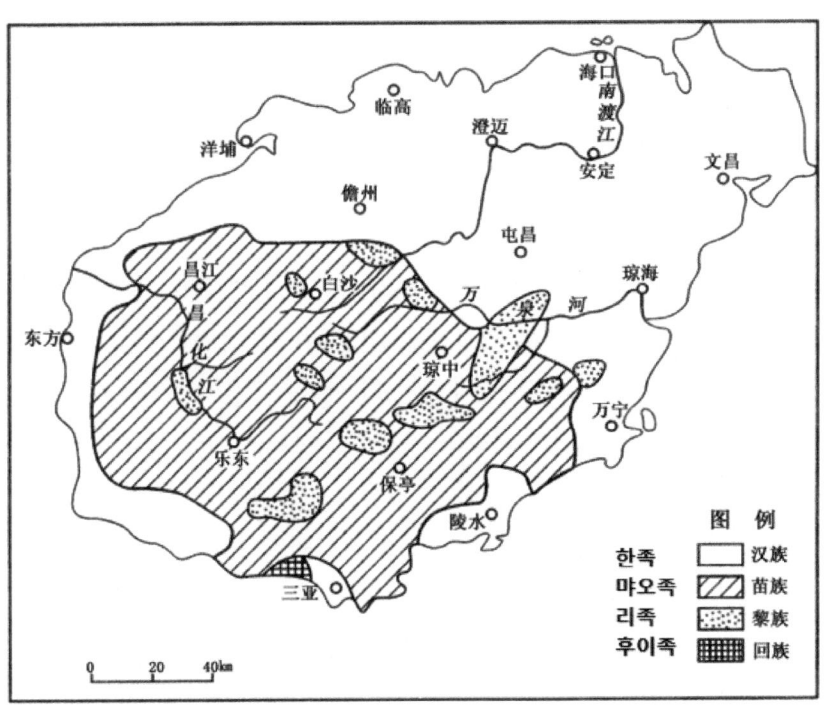

<그림 5-3> 하이난도海南島 민족지리분포도[117]

---

116 杜娜, "海南島的地名與民族遷徙," 《中國地名》第2期, 1996.
117 周尚意 외, 《文化地理學》, 高等教育出版社, 2004, p.254.

4. 지명에 반영된 민족 이동과 과경민족분포

역사적으로 볼 때, 민족공동체는 여러 가지 이유로 세세대대로 살던 곳을 수동적 혹은 능동적으로 떠나 새로운 보금자리를 찾아간다. 이러한 민족 공간의 잦은 이동의 가장 직접적인 결과, 민족이동의 중요한 통로였던 민족회랑 연선뿐만 아니라 민족의 변동이 심한 지리적 지역에서도 과거 그 지역에 살았던 민족이 남긴 지울 수 없는 역사유적, 민족어로 된 지명을 찾을 수 있다. 따라서 민족사학 연구에서는 민족어의 지명을 종합적으로 정리하여 역사의 특정 지역이나 민족의 이동 상황을 밝히는 것이 항상 연구자들의 관심의 초점이었으며 성공적인 사례가 많이 있다. "쿤밍昆明"이라는 단어는 일찍이 진한시대 윈난 서부의 다리大理 지역에 사는 민족의 명칭이었다. 삼국시대에 들어 윈난 동북부에도 "쿤밍"이 나타났고, 수·당·5대 시대에는 구어저우 서부와 쓰촨 남부에 "쿤밍"이라는 지명이 생겨났다. 당나라 때 "쿤밍"은 행정지역의 명칭이 되었는데 지금의 쓰촨성 옌웬鹽源에 쿤밍 현이 설치되었다. 원나라 때 "쿤밍"은 행정구역政區의 명칭으로 오늘날 위치로 이전되었다. 주후이룽朱惠榮은 여러 개의 "쿤밍" 명칭이 생겨난 것은 민족어 지명이 그 민족의 이동에 따라 여러 차례 자리를 옮긴 결과라고 본다.[118] 우광판吳光範은 이족어의 지명을 연구하면서 서남 역사상 각지에 나타난 여러 개의 "쿤밍"이라는 명칭을 조사한 결과, 고대에는 쿤밍 부족이나 쿤밍족이 있었는데, 이들은 이족의 선조로서 "대종강이大種強夷"이자 유목민족으로 운남·쓰촨滇川 일대로 이주하여 가는 곳마다 족명이 지명으로 진화했다고 보았다.[119] "쿤밍" 명칭의 변천 상황은 고대 쿤밍족의 이주 상황을 반영한다. 또 다른 예로 저강족 계통의 라후족

---

118 朱惠榮:, "雲南民族語地名研究(上)," 載雲南大學曆史系 엮음, 《史學論叢(第6輯)》, 雲南大學出版社, 1997, pp.144-146.
119 吳光範, "彝語地名學初探," 《雲南社會科學》第6期, 2000.

은 역사적으로 민족의 문자가 없고, 한문자료에 라후족에 대한 기록도 매우 부족하기 때문에 제한된 문헌자료로 서남 역사지리지역 내 라후족의 공간변동 상황을 얻는 것은 거의 불가능하다. 그러나 일부 학자들은 민간 구전자료인 라후족의 고대 가요古歌 속의 지명에서 찾으려 시도하였고, 고대 가요의 지명을 잘 정리한 결과, 라후족이 간쑤 남부甘南 일대에서 발원하였고, 한수漢水 강변, 장뤄江洛와 우두武都 사이에서 활동하였는데, 사료史籍 속 "우두강武都羌"의 구성원이라는 것이다. 나중에 그들은 점차적으로 감숙과 청해 접경의 허황河湟 지대로 이동하였고, 칭하이호 호숫가 북쪽과 치롄산祁連山 남쪽 기슭의 "토라산托拉山"에서 사냥했다는 것이다. 이때 라후족 선조들은 "허황강河湟羌"의 중요한 구성원이 되었다. 이후 선진先秦 왕조의 강인羌人의 정벌 전쟁에서 라후족의 선조들은 다른 고대 강인들과 함께 남쪽으로 이동해 대략 세 가지 경로를 통해 쓰촨으로 들어갔고, 이후 세 가지 경로를 거쳐 윈난으로 이주한 것으로 보인다.[120]

지명이 민족의 이동을 반영하는 예는 많다. 예를 들어 징포족, 아창족의 역사상의 이주를 예로 들면, 금사강에서 노강까지 일대에는 아직도 아창족, 낭아(浪莪, 징포족의 자칭)라는 마을 이름이 많이 남아 있다. 고대 낭속(浪速, 또는 낭아)은 지금의 윈룽雲龍현 란창강 서안의 뱌오촌表村, 자오양早陽 일대에 있었다고 기록돼 있다. 청나라 이후 낭속은 펜마片馬에서 북쪽으로 누산怒山산맥과 노강, 고리궁산高黎公山산맥을 사이에 두고 동서로 수백 리 떨어져 있었다. 오늘날 아창과 낭아 마을의 지명을 연결하면 아창족과 징포족의 방언 중 일부가 금사강에서 노강 일대를 따라 이동한 경로를 그릴 수 있다. 또 노족의 이주를 예로 들면 윈난성 리장麗江현 지우하九河향의 룽龍읍, 다그라大格拉 등은 모두 노족의 선조들이 살던 마을의 이름이다. 이들 지명은 고대 노족이 리장·젠촨劍川 일대에 살다가 란핑蘭坪의 란

---

120 張蓉蘭, "從古歌謠中的地名探溯拉祜族先民遷徙路線," 《民族語文》第4期, 1994.

창강 양안으로 이주한 뒤 다시 노강 지역으로 들어와 살았다는 것을 말해준다.[121] 또 다른 예로 광둥성, 푸젠성 및 기타 성 및 지역에는 "서畲"자가 들어가는 지명이 많이 분포되어 있다. 1984년 국가문자개혁위원회 한자처가 광둥성의 지명 31만5,000건을 조사했을 때 "서畲"자가 들어간 지명 793곳을 정리하였다. 사도 쇼키司都尚紀도 "사畲와 수미首尾의 지명은 산지·언덕·대지臺地에 많이 분포하며, 특히 내륙 객가客家 지역에 많이 분포한다. 예를 들면 핑웬平遠 지역에는 어후서歐畲, 샤서下畲, 지화서季花畲, 량서良畲……허웬河源 지역의 헝서橫畲 등등."[122] 천룽陈龙의 통계에 따르면, 푸젠성에는 "서"자 들어간 지명이 231개나 있다.[123] "서"자가 들어간 지명들은 분명히 서畲족의 초기 분포와 관련이 있다. "서畲"는 족명이자 그들의 "화전刀耕火种"의 경작 방식이다. 이상하게도 지금의 서족畲族 거주지(푸젠 동부와 저장 남부)에는 '서'자가 붙은 지명이 보이지 않는다. 그들이 푸젠 동부와 저장 남부로 이주했을 때, 현지에 이미 다른 지명들이 있었기 때문이다. 위의 분포에서 초기 푸젠성 서족의 거주지가 주로 우이산武夷山 지역의 북쪽에서 남쪽으로 확장되었음을 알 수 있다. 이는 사학계의 논쟁에 매우 중요한 증거로 작용하고 있는데, 우이산 지역에 사는 민월국閩越国인과 서족이 전혀 관계없는 두 민족은 아닌 것으로 보인다.[124] 서족은 초기에는 푸젠과 광둥의 교차점에 거주하다가, 푸젠에서 서부로 이주해 푸젠 북부를 거쳐 점차 푸젠 동부와 저장 남부로 이주하였다.

위에서는 지명으로 본 개별 민족의 지역 공간 변동 상황을 살펴보았다. 비슷한 문화를 가진 민족집단이 비교적 넓은 지역에 남긴 민족어 지명에서도 그 민족집단의 변천을 알 수 있다. 예를 들어, 저우전허周振鶴와 류루

---

121 褚亞平 엮음,《地名學論稿》, 高等教育出版社, 1986, pp.75-76.
122 司徒尚紀,《嶺南史地論集》, 廣東省地圖出版社, 1994, p.392.
123 《地名與語言學論集·附錄》, 福建省地圖出版社, 1993, pp.237-239.
124 李如龍,《漢語地名學論稿》, 上海教育出版社, 1998, p.159.

제游如傑는《방언과 중국 문화方言與中國文化》에서 진·한 시대 오월吳越과 고영남古嶺南의 지명을 비교한 연구를 통해 이 두 지역에 관수자冠首字가 유사할 뿐만 아니라 머리글자齊頭字에 속하는 지명이 많다는 사실을 밝혀내고,[125] 주나라와 진나라周秦 이전에 장시江·저장浙·푸젠閩·광둥粵 일대에 백월족百越族 집단이 거주하다가 이들 민족이 대규모로 이주해 강남에서 철수하면서 자연히 일부 지명의 명명 습관을 새로운 주거지로 가져온 것으로 추정하였다.[126]

오늘날 세계 각 민족의 주거 패턴을 보면, 역사적 민족 이동, 이주 및 국가 영토의 확대 및 축소와 같은 요인의 영향으로 인해 역사적으로 동일한 민족에 속하는 일부 그룹은 다른 국가에 속하며 국경을 초월한 분포를 나타낸다. 국경을 넘어 거주하는 이러한 민족은 역사나 거주지가 서로 연결되어 있기 때문에 비록 서로 다른 나라에 속하지만 역사적 전통과 문화적 특성 면에서 많은 유사성을 가지고 있다. 민족어 지명에 반영될 때 가장 두드러진 특징은 민족어 지명이 다른 나라에서 반복적으로 나타나거나 민족어 지명이 국경을 넘어 분포하는 특성을 보인다는 점이다. 예를 들어, 중국 남부와 동남아시아의 일부 지역에서 나타나는 지명의 첫 글자가 "나那"자로 시작되는 지명을 가진 지역 분포가 매우 전형적인 예다. 연구자료에 따르면, "나"자는 동쪽으로는 중국 광저우廣州만 동주하이東珠海시의 나저우那洲, 서쪽으로는 미얀마 샨주撣邦의 나룽那龍, 북쪽으로는 중국 윈난성 센웨이宣威시의 나락충那樂沖, 남쪽으로는 태국 쏭카宋卡주의 나타웨이를 경계로 하는 "호형弧形" 지대를 형성하였다. 이 호형 지대는 중

---

[125] 관수자(冠首字)에서 관(冠)는 이름을 짓는다인데 여기에는 넣는다는 의미, 수자(首字)는 첫 머리를 의미함. 따라서 관수자(冠首字)는 지명의 첫 머리에 일반적으로 특정 의미를 갖는 특정 글자 혹은 단어를 넣음으로써 지명의 출처, 역사적 배경 또는 지리적 특성이 반영된 것을 가리킨다.(역자 주)

[126] 周振鶴·遊汝傑,《方言與中國文化》, 上海人民出版社, 1986, pp.153-158.

국의 광둥, 하이난도, 광시, 윈난 남부 및 베트남 북부, 라오스, 태국, 미얀마 샨주 지역을 포함한다. "나"류의 지명은 이들 지리지역에 집중 분포되어 있는데, 토양·빗물·기온·일조 등이 벼 재배에 적합하며, 태국어를 구사하는 민족 집단은 벼를 생업으로 논을 "나"라고 부르며 논 주변에 모여 살았다. 또 벼농사 민족이 이동하면서 논 이름을 뜻하는 "나"자를 포함한 지명이 촌, 향, 진, 현, 지부성知府城으로까지 확대되었다. 이러한 오랜 역사적 변천 과정에서 이니셜 "나"라는 지명은 장태(壯泰, 좡족과 다이족) 등 민족의 벼농사 문화를 두드러지게 나타내는 상징이 될 뿐만 아니라 점차 지역성, 역사성, 민족성을 아우르는 독특한 지명 문화 경관이 되었다.[127]

서로 다른 나라에 같은 지명이 나타나는 것은 사실상 민족의 국경을 넘나드는 것과도 무관치 않다. 동아시아 대륙의 북부 초원 지대에서는 같은 민족이 여러 곳에 흩어져 살지만, 같은 방식으로 집단 거주지의 이름을 붙였기 때문에 나라와 나라 사이, 지역과 지역 사이에 같은 지명이 많이 생겨났다. 몽골국 자브한紮布汗성의 지브하랑투吉布哈朗圖, 남고비南戈壁성의 아오바오투敖包圖, 중앙中央성의 커룬克爾倫, 켄트肯特성의 다르한達爾罕, 코브도科布多성의 아러타이阿勒泰, 동방東方성의 차간아오바오查幹敖包, 바옌우라게巴彥烏拉蓋성의 차간노르查幹諾爾 등지에서 각각 중국 내몽골 신바얼후좌新巴爾虎左기, 헤이룽장성 두얼버트杜爾伯特몽골족자치현, 내몽골 신바얼후우新巴爾虎右기, 지린성 전궈얼로스前郭爾羅斯몽골족자치현, 신장 아러타이阿勒泰 지역, 내몽골 아바가阿巴嘎기 등지에서 여러 차례 같은 지명이 나타난다. 특히 몽골국 동방성의 바옌우라巴彥烏拉 일대 지명이 중국 내몽골 신바얼후우新巴爾虎右기, 신바얼후좌新巴爾虎左기, 바린좌巴林左旗기, 짜라이좌紮賚左기, 시우주무친西烏珠穆沁기 등 다섯 곳에 나타났다. 몽골국 바옌홍거

---

127 潘其旭, "從地名比較看壯族與泰族由同源走向異流──壯族文化語言學研究系列論文之二," 《廣西民族研究》第1期, 2001年.

르巴彥洪戈爾성의 바옌차간巴彥查幹이라는 지명은 중국 내몽골 커슈커텅克什克騰, 시우주무친西烏珠穆沁, 자루트紥魯特, 신바얼후좌新巴爾虎左기, 헤이룽장 두얼버트杜爾伯特 몽골족자치현 등 다섯 곳에서 반복되고 있다.

같은 국내에서도 지역별로 이런 현상이 나타나고 있다. 예를 들어, 바옌타라巴彥塔拉는 자루트扎魯特, 커얼친 좌익科爾沁左翼중, 네이만乃曼, 바레인 우巴林右, 시우주무친西乌珠穆沁 등 다섯 개 현에 나타났다. 바이인허쉬白音和 碩라는 명칭도 둥우주무친东乌珠穆沁, 시우주무친西乌珠穆沁, 바린유巴林右, 커줘유科左右, 어퉈커鄂托克 등 다섯 개 기에서 겹친다. 다우르족의 지명에도 같은 법칙이 있다. 야크사雅克薩성은 러시아 영토 내에서 티웨이提威만, 알바킨阿尔巴金성 동쪽에 있다. 중국에서는 야르스툰雅尔斯屯이라고 부르며 치치하얼齐齐哈尔시의 북쪽, 넌강嫩江 오른쪽 연안에 위치해 있다. 이 역시 다우르족 선조들이 세운 것이다. 다우진툰多金屯은 눈강 상류의 왼쪽 연안에 있는데, 오라敖拉씨에 의해 세워졌다. 보르도博尔多 마을은 옛 강동의 64개 마을 중 하나로, 러시아 영토에 있다. 중국의 보르도는 눈강의 좌쪽 강변에 위치해 있는데, 지금의 헤이룽장 네이허현訥河縣 현성의 옛 이름이 보르도이다. 어룬춘족의 지명에도 비슷한 경우가 있다. 러시아 경내의 부랴布利亞강은 원래 어룬촌족들이 살던 곳이다. 중국 헤이룽장성 순커현遜克縣 어룬춘족 거주지에도 부랴강과 비슷한 음으로 번역된 부리아布利亞강이 있다. 이는 국경을 넘어 거주하는 민족의 지명이 국제적으로 겹치기도 하고, 또 한 나라 안에서 각 지역마다 겹치기도 하는 역사적 지명문화의 보편적인 현상임을 말해준다.[128]

---

128 李永年, "論跨國民族地名的重合性與移動性," 《黑龍江民族叢刊》第2期, 1998.

5. 지명에 반영된 민족 취거聚居·잡거雜居·산거散居적 분포 상황

오늘날 민족의 지리적 분포에서 취거, 잡거 및 산거(분산거주)는 가장 일반적인 세 가지 형태이다. 이 세 가지 민족의 분포 형태는 장기적인 역사적 발전과 진화의 결과이다. 여러 민족공동체의 취락은 혈연관계를 고리로 하는 취락이든, 혈연과 지연을 함께 하는 취락이든, 이들이 오랜 기간 한 곳에 모여 살면 그 민족의 취거 상황을 반영하는 일련의 지명들이 자연스럽게 남게 된다. 일반적으로 한 민족이 한 곳에 오래 거주할수록, 자연 및 인문 환경에 미치는 영향이 길어지고, 더 많은 민족 언어 지명이 남게 된다. 즉, 거주기간과 주거환경을 얼마나 잘 유지하고 부각시키느냐가 남아 있는 민족어 지명에 정비례한다는 것이다. 예를 들어, 오늘날의 광둥과 광시 일부 지명에 나타나는 "나那", "두都", "구古", "류六" 등 글자,[129] 이 글자들은 서송석徐松石의 《월강유역인민사고증粤江流域人民史考證》에 따르면 모두 좡족어壯語의 고대 지명 글자이다. 이를 통해 고대 좡족이 광둥과 광시 지역에 오랫동안 거주했을 가능성이 있음을 유추할 수 있다. 지금도 광시는 좡족의 집중 거주 지역이다.[130] 또 다른 예로 내몽골의 모리다다우르족자치기莫力達瓦達斡爾族自治旗는 다우르족의 전통 집단 거주지로 86개 지명 중 다우르어로 명명된 단일어 고유 지명이 80개로 이 지역 지명 총수의 약 93%를 차지하며, 다우르어와 한어 이중 언어 지명은 6개로 약 7%를 차지하며 외래어로 된 단일어 지명은 없다.[131]

---

129 예를 들어 광둥 신후이(新會)의 나화(那化), 양장(陽江)의 나웨(那嶽), 판위(番禺)의 두나(都那), 난하이(南海)의 구짜오(古糟), 산수이(三水)의 류탕(六塘), 타이산(臺山)의 류허(六合), 광시 우밍(武鳴)의 나바이(那白), 룽현(容縣)의 두제(都結), 구이현(貴縣)의 두류(都六), 류강(柳江)의 구렌(古練), 상쓰(上思)의 구두(古都), 버바이(博白)의 류우(六務), 바이써(百色)의 류나(六那) 등이다.
130 郭錦桴,《漢語與中國傳統文化》, 中國人民大學出版社, 1993, pp.348-351.
131 丁石慶, "達斡爾語地名的文化透視,"《黑龍江民族叢刊》第2期, 1998.

역사지리민족지역에서 여러 민족이 잡거 및 산거하는 것은 종종 두 가지 측면에서 민족어의 지명 표현으로 이어진다. 표현 중 하나는 역사적으로 이 지역에서 살았던 모든 민족이 다소나마 이 지역 내의 민족 언어 지명에 자신들의 민족어 지명을 추가했다는 것인데, 이러한 지명을 통해 우리는 이 지역의 역사 속 민족지리 분포의 일부 변천 상황을 파악할 수 있다. 예를 들어, 중국의 청해성 지역은 티베트족, 몽골족, 후이족, 한족 및 기타 민족이 함께 거주하는 중요한 지리적 지역이다. "1979년 칭하이성 측정국測繪局이 편찬한《칭하이지명록青海地名錄》에 따르면, 칭하이고원의 산수山水와 행정 지명은 모두 8,200여 개에 달하며, 이 중 티베트어 지명이 60% 이상, 몽골어 지명이 20% 정도, 한어 지명이 17% 정도, 투족어·살라르족·카자흐족·위구르어·창족어·선비족어 등으로 불리는 것은 3% 미만이다. 현縣의 명칭만 놓고 보면, 청해성 37개 현 중 민족어 명칭이 22개로 약 60%를 차지한다. 그 중 고대 선비족어인 "치롄현祁連縣" 하나를 제외하고 티베트어는 17개, 몽골어는 4개이다. 현 이하의 향진 명칭과 자연지리적 실체 명칭의 비율은 더 크다."[132] 또 다른 예로 중국 동북부의 창춘長春 지역은 역사적으로 만주족과 몽골족이 많이 거주했기 때문에 현지의 자연지리 지명에는 만주어와 몽골어 지명이 많이 남아 있다. 이러한 지명의 분포는 대체로 "청나라 때 류타오柳條를 경계로, 류조 밖의 서쪽지역인 창춘, 눙안農安, 더후이德惠의 부분지역에는 몽골어 지명이 많다. 류조 밖의 동쪽지역인 지우타이九臺, 쐉양雙陽, 위수榆樹 등에는 만주어 지명이 많다. 더후이는 몽골족과 만주족의 연결지대에 있어 만주어와 몽골어 지명을 동시에 가진 곳도 있다. 민족어와 지명의 분포는 일반적으로 역사적 민족의 원류(源流, 발원지) 및 민족 활동의 범위와 일치한다."[133] 또

---

132 韓建業,《青海民族語地名的語言結構特征,"《青海民族學院學報》第4期, 1999.
133 田志和·馬鴻超 외 엮음,《長春市志·少數民族志·宗教志》, 吉林人民出版社, 1998, p.79.

다른 예로 베이징은 인구 천만 명의 대도시로서 원·명·청 시대 이래 다수의 만주족과 몽골족이 이주했기 때문에 베이징의 지명에서도 민족어의 영향을 받은 지명을 찾을 수 있다. 예를 들면 청나라때 북경의 "앙방장경昂邦章京 골목,"[134] "사라沙剌골목,"[135] 그리고 현재 북경 서쪽 교외의 람기영藍旗營, 서삼기西三旗, 상홍기鑲紅旗 등 팔기八旗의 지명은 모두 만주족의 지명이다. 또 다른 예로 십살해什刹海, 중남해中南海, 서해, 후해後海, 해자교海子橋 등 "해海"가 들어간 지명이 있는데, "해"자가 들어간 지명은 몽골어에서 유래하였다. 몽골어로 "해"는 호수와 담水潭을 모두 의미한다. 몽골족과 한족이 오랫동안 잡거하여 살았기 때문에 몽골어와 중국어를 결합한 이 "海"자를 가진 지명이 생겨났다.[136] 내몽골 자란툰紮蘭屯시 다우르족 집거지는 다우르족과 타민족이 잡거하는 전형적인 지역으로, 해당 지역내 50개 지명 중 다우르어로 명명된 단일어 지명은 15개로 전체 지명의 약 30%를 차지하며, 한어, 몽골어, 어윈크어, 어룬춘어 등 언어 지명의 수 및 비율은 각각 2개(4%), 6개(12%), 16개(32%), 1개(2%)이다.[137]

둘째, 다민족 잡거 지역의 지명체계에서 민족의 지역성과 지역의 다민족성으로 인해 동지이명同地異名 또는 이지동명異地同名 현상이 자주 나타나거나 혼합어 및 이중언어 지명이 많이 등장한다.

"동지이명"은 한 곳에 여러 민족어가 존재해 이름을 붙인 지명, 또는 여러 민족어가 어느 한 지역에 이름을 붙인 명칭으로, 오랜 역사 동안 함께

---

134 주일신(朱一新)은 《경사방항지고(京師坊巷志稿)》에서 "昂邦章京, 國語子爵也"이라고 적고 있는데, 여기서 "국어(國語)"는 만주어를 가리킨다. 또한 만주어 단어 "昂帮章京(amba janggin)"에서 "昂帮"은 크다는 것을 의미하고, "章京"은 장군(將軍)을 의미한다.

135 즉 오늘의 사란(沙攔) 골목이다. 우민중(於敏中)의 《일하구문고(日下舊聞考)》에서는 "수루(舒嚕)는 만주어 산호를 가리킨다. 과거에는 살라(沙剌)였으나, 지금은 다시 번역하였다"고 기록하고 있다.

136 郭錦桴,《漢語地名與多彩文化》, 上海辭書出版社, 2004, pp.175-176.

137 丁石慶, "達斡爾語地名的文化透視," 《黑龍江民族叢刊》第2期, 1998.

보존되어 온 것을 말한다. 청해호, 티베트어로는 "저온포措溫布", 몽골어로는 "고고노이庫庫諾爾", 옛날 한어로는 "선해仙海", "서해西海", "선수鮮水", "선수해鮮水海", "강해羌海", "비하강해卑禾羌海" 등 다양한 언어로 명명된 것은 역사적으로 청해호 지역의 다민족 거주 패턴을 반영한다.

"이지동명"은 같은 이름이 다른 지역에서 반복적으로 나타나는 것을 말하며 같은 장소가 아니다. 한 부족이 원래 거주지에서 다른 곳으로 이주하였을 경우, 원래 거주지의 지명 일부를 이주한 곳으로 직접 옮겨 쓰거나, 민족 고유의 명명 방식에 따라 새로운 주거지를 명명하는 것이 일반적이다. 예를 들어 몽골어로 "차간(查干, 흰색을 의미)"으로 시작하는 지명은 1976년 출간된《내몽골자치구 지명록內蒙古自治區地名錄》에 따르면 204곳에 이른다. 1974년판《중화인민공화국 분성지도집中華人民共和國分省地圖集》에 따르면 지린, 간쑤, 닝샤에도 "차간"으로 시작하는 지명이 적지 않다. 원래 몽골족은 흰구름 아래 살면서 흰 양을 기르고 흰 젖을 마시며 흰색 하다哈達를 바쳤는데, 흰색은 "길함"을 상징하며 따라서 흰색을 뜻하는 "차간"이 지명에 자주 쓰였다. "차간"이라는 지명이 붙은 지역을 연결해 보면 몽골족들이 전통적으로 활동해 온 지역들을 쉽게 알 수 있다.[138]

혼합어 지명은 둘 이상의 민족 언어가 혼합된 지명을 말한다. 쿤룬산 중부 지주인中支 일라보라산(즉 아니마칭산)과 같이 청나라에서는 "아무니마러잔무숭산阿木尼瑪勒占木松山" 혹은 "아무니마찬무숭아림阿木尼麻禪母松阿林"으로 불리는 산의 경우, 산의 명칭은 티베트어, 한어, 알타이어가 혼합되었다. "아무니阿木尼"와 "마러잔瑪勒占"(혹은 마찬麻禪), "아림阿林"은 강장어羌藏語인데, 각각 "선조祖先" 혹은 "성조聖祖[139]", "대공작大孔雀"과 "하천의 발원하는 큰 산 및 땅河源大山及洲"을 의미한다. 산은 한어에서 통용되는 명칭이고,

---

138 李如龍,《漢語地名學論稿》, 上海敎育出版社, 1998, pp.114-115.
139 席元麟, "靑海民族語地名民俗蘊涵二題",《靑海民族學院學報》第2期, 1998.

"무쑹木松"(혹은 무쑹母松)은 알타이어로 얼음을 뜻하는데, 산봉우리가 눈과 얼음에 덮여 있다는 뜻에서 붙여진 이름이다. 헤이룽장 지역의 수이펀허绥芬河시의 명칭의 경우, "하"는 한어이고 "수이펀"은 만주어로 송곳이라는 뜻이다. "진아린金阿林"에서 "진"은 한어, "아린"은 만주어로 "산"을 의미한다. 무란木兰현의 "대무란다하大木兰达河"에서 "대"자와 "하"자는 한어, "무란"은 몽골어로 "강"이라는 뜻이며, "다"은 만주어로 "발원源"을 의미하며 한어로 번역하면 "큰강이 발원하는 하천大江源河"이 된다.[140]

이중 언어 지명은 한 곳에서 두 가지 이상의 서로 다른 언어의 명칭을 병행하여 사용하는 것을 말한다. 이는 현지 소수민족 언어 지명과 한어 지명이 별도로 존재하는 것을 가리키는데, 두 가지 지명 호칭은 의역도 음역도 아니다. 즉 이러한 지명 중 한어와 소수민족의 음성이 다르며, 각기 다른 명칭을 혼합하여 사용한다. 칭하이성의 이름 중 한어 "퉁런同仁현縣"은 티베트어로 "열공熱貢", 한어의 "오십五十향鄉"은 투족 언어로 "토관土觀"이나 "탁홍託紅"으로, 한어의 "동구東溝향鄉"은 투족 언어로 "서길곽러西吉郭勒", 한어의 "계자街子향鄉"은 살라르족 언어로 "아리트·오리阿里特·歐裏", 한어의 "와장장瓦匠莊"은 사라족 언어로 "곽자아거시霍孜阿格西"로 부른다.[141]

민족의 지리적 분포는 매우 복잡한 동태적 변화 과정으로 오늘날 특정 지역 또는 특정 민족의 "취거, 잡거 및 산거(분산 거주)" 상태는 장기적인 역사적 발전 및 변천의 결과일 뿐만 아니라 여전히 지속적인 변화 중에 있다. 중국 내에서 "취거, 잡거 및 산거(분산 거주)"의 전형으로 꼽히는 변방 성급행정구 윈난성을 예로 들면, 윈난지역은 먼 상고시대부터 다민족이 모여 살던 지역으로 역사적으로 저강, 백월, 백복百濮, 삼먀오·구려 계통에 속하는 모든 민족이 모두 이 붉은 땅에 그들의 족적을 남겼다. 오늘

---

140 牛汝辰,《中國地名文化》, 中國華僑出版公司, 1993, p.139.
141 韓建業, "青海民族語地名的語言結構特征," 《青海民族學院學報》第4期, 1999.

날 윈난성의 "대규모 취거, 소규모 집거 및 산거"의 민족 분포는 장기적인 역사적 발전과 진화의 결과이다. 윈난성 지명의 전반적인 발전 추세를 반영하여 명나라 이전에는 윈난 지명이 주로 민족어 지명, 지형지물 지명, 지역성 및 민족성을 반영하는 지명이 주를 이루었으며, 소수의 중국어 지명은 주로 전략적 의의가 있는 도시, 교통로, 군사 주둔으로 인해 개척된 거주지 등의 지역에 집중되었다. 명나라 이후 한족 이주민들이 대거 유입되면서 한족 집거지는 교통 연선, 도시, 댐 지역에서 산간·반산간 지역으로 점차 확산되었고, "한족·이민족잡거구漢夷雜居區"의 면적이 확대됨에 따라 지명 역시 이를 반영하여 거의 모든 지역에서 한어로 명명한 지명을 볼 수 있게 되었으며, 한어 뜻이 내포된 지명과 한족 성씨 지명이 점차 윈난 지명의 주요 명명 형식이 되었다.[142] 그러나 윈난은 결국 다민족이 모여 사는 지역이기 때문에 아무리 한어 지명의 비율이 높아져도 민족어 지명의 분포 비율은 항상 높게 나타났다. "윈난성 전역의 127개 현 및 현급시 중 대다수가 민족어 지명을 가지고 있으며, 모두 한어로 된 지명은 동북 변두리의 수이쟝綏江과 수이푸水富 두 현뿐이다. 서북 변두리의 민족어 지명 비율이 가장 높으며 궁산貢山 두룽족·노족 자치현이 97.23%, 더친德欽현이 96.28%, 웨이시 리수족자치현維西傈僳族自治縣이 76.3%, 중뎬中甸현이 76%를 차지한다. 서부, 남부 변두리의 각 현 역시 민족어 지명 비율이 높다. 루수瀘水현이 51.7%, 루이리瑞麗시가 80%, 완딩畹町시 65%, 겅마 다이족·와족자치현耿馬傣族佤族自治縣이 49%, 창웬滄源 와족자치현이 83%, 멍롄孟連 다이족·라후족·와족자치현이 92%, 시솽반나 다이족자치주의 현 및 시가 80%, 뤼춘綠春현이 90%, 홍허紅河현이 80.9%, 푸닝富寧현이 64%를 차지한다. 내륙쪽으로 더 들어가면 민족어 지명이 30% 이상인 현이 더 있는데, 스쭝師宗, 광난广南, 추베이丘北, 쐉쟝双江, 머쟝墨江, 원모元谋, 란

---

142 陸韌, "雲南漢語地名發展與民族構成變遷," 《雲南民族大學學報》第6期, 2005.

핑쓰坪, 신핑新平, 어산峨山 등의 현이 있다."[143] 윈난의 수많은 민족어 지명 중 이족 언어 지명이 17,074개로 가장 많고, 다이족 언어 지명이 12,774개, 좡족 언어 지명이 4,365개, 바이족 언어 지명이 4,330개, 하니족 언어 3,813개, 티베트어 지명이 2,852개, 리수족 언어 지명이 2,694개, 나시족 언어 지명이 1,829개, 라후족 언어 지명이 862개, 징포족 언어와 와족 언어 지명이 각각 600여 개로 집계된다. 그 중 이족 언어의 지명이 가장 널리 분포되어 있는데, 윈난성 전역에 분포되어 있다. "서북의 닝랑寧蒗, 융성永胜, 중뎬中甸 소속 각 현, 서부 다리大理자치주의 젠촨劍川, 얼웬洱源을 제외한 각 현, 린창臨沧 지역 북부 펑칭凤庆, 윈현云县, 융더永德, 전캉镇康 소속 각 현, 남부 쓰마오思茅 지역의 란창강瀾沧江 이동의 각 현(징구景谷 제외), 그리고 추슝楚雄, 쿤밍, 둥촨东川, 자오퉁昭通, 위시玉溪, 훙하, 원산文山, 취징 등 자치주 및 자치현 모두에 이족 언어 지명이 있다. 그러나 일부 현에는 몇 개의 이족 언어 지명이 있을 뿐이고, 일부 현의 이족 언어 지명은 변두리 특정 범위에만 집중되어 있으며 모두 이족 언어 지명의 변두리 지역이라고 할 수 있다. 이족 언어 지명의 수, 밀도, 중요 지명 비율을 종합적으로 분석하면, 이족 언어 지명이 집중된 범위는 서북쪽에서 금사강 동쪽까지, 서부에는 얼하이洱海 동쪽 및 남쪽의 각 현, 란창강을 경계로 남쪽은 훙하 이남의 창둥景东 현, 동남쪽 원산 자치주의 원산, 옌산硯山, 추베이丘北, 마관馬關, 시처우西疇의 각 현들이 포함된다."[144] 이는 윈난성 이족의 지리적 분포와 대체적으로 비슷하다.

윈난성 소수민족의 지리적 분포에서 드러나듯이, 고도가 변화함에 따라 상이한 민족이 서로 다른 생태학적 위치에 분포한다. 즉, 민족 분포는 3차원 분포의 특성을 보인다. 이 독특한 민족 분포는 또한 민족어 지명의

---

143 朱惠榮, "雲南民族語地名研究(上)," 載雲南大學歷史系 엮음, 《史學論叢(第6輯)》, 雲南大學出版社, 1997, p.134.
144 梁乃英, "雲南地名概況及特點,"《地名知識》第1期, 1989.

입체적 분포를 가져왔다. 일반적으로 다이족 언어 지명은 낮은 고도의 댐이나 강 계곡, 하니족 언어 지명은 수원이 있는 산, 리수족 언어와 먀오족 언어 지명은 높은 산이다. 예를 들어, 위안강元江 하니족·이족·다이족 자치현에는 하니족 언어 지명이 274개, 이족 언어 지명이 223개, 다이족 언어 지명이 100개로 집계되는데, 그 중 다이족 언어 지명 다수는 기온이 낮은 위안강 계곡과 간좡甘莊댐에 집중되었고, 하니족 언어 지명은 난산南山구, 이족 언어 지명은 베이산北山구에 집중되었다.[145]

---

145 梁乃英, "雲南地名槪況及特點," 《地名知識》第1期, 1989.

제6장

중국의 민족지리

중국의 각 민족과 그 선조들은 예로부터 유라시아 대륙의 동부에서 성장하였는데, 이 지역은 서쪽의 파미르고원에서 동쪽의 태평양 서안의 제도, 그리고 북쪽의 광활한 사막에서 서남쪽의 광활한 대륙에 이르렀다. 이 대륙의 사면은 자연장벽으로 둘러싸여 있고, 내부를 관통하는 황하와 장강을 중심으로 하는 거대한 수계는 각 지리적 지역을 밀접하게 연결하여 자체 시스템의 지리적 단위를 형성함으로써 고금의 민족 생존과 발전을 위해 넓은 지리적 공간을 마련해 주었다. 중화민족의 광활한 지리적 공간에는 신석기 시대부터 호胡, 저강氐羌, 복월濮越 등 다양한 민족집단이 거주해 왔으며, 수천 년 동안의 발전, 진화, 집합, 융합의 과정을 거쳐 오늘날 한족을 주체로 하고 55개 소수민족을 포함한 각 민족의 대잡거大雜居, 소취거小聚居, 보편적으로 흩어져 사는 보편산거普遍散居의 기본 분포구조를 형성하였다.

യ

중국 각 민족의 생존 및 발전의 지리적 공간

어느 민족이든 생식과 번식 등은 일정한 지역 공간을 떠날 수 없다. 중화민족이 생존하는 지리적 공간은 세계에서 가장 큰 대륙인 유라시아 대륙의 동쪽에 위치하고 있으며, 그 동남쪽은 세계에서 가장 광활한 바다인 태평양에 인접해 있으며, 북부, 서부, 남서쪽은 유라시아 대륙의 복심 깊숙이 위치하고 있어, 전형적인 "좌고원, 우바다(좌측은 고원, 우측은 바다)", "산을 등지고 바다를 향한負山面海" '대륙-해안형' 국가이다. 이러한 반폐쇄적半封閉인 지리적 공간 내에서 황하와 장강을 기반으로 하는 거대한 수계는 각 지리적 지역을 유기적으로 연결하여 중국 각 민족의 생존과 발전을 위해 여러 가지 편의를 제공해주고 있다.

1. 반폐쇄적인 '대륙-해안형' 지리 환경

　지리적 환경은 인류의 생존과 발전을 위한 물질적 기반이자 공간적 장소로서, 또한 인류 역사 발전의 배경이자 무대로서 구체적으로 인류 사회생활에 영향을 미치는 모든 자연 요인의 총합을 가리킨다. 중화민족이 생존하고 있는 지리적 공간 즉 동아시아 대륙과 태평양 서안은 두드러진 지리적 환경 특징을 갖고 있다. 이 지리적 공간은 사면이 자연 장벽으로 둘러싸여 있고 내부 지역이 연결되어 자체 시스템의 지리적 단위를 형성하고 있다는 점이다. 이러한 자생적 체계로 구성된 지리적 단위는 지형과 지세의 흐름에 따라 볼 때 대체로 서쪽에서 동쪽으로 경사진 큰 삼각형의 형태로 나타나는데, 삼각형의 정점은 파미르고원이고 왼쪽 변은 동북쪽으로의 톈산, 알타이산, 사옌링(薩彥嶺, Sajan 혹은 Saian), 싱안링산맥에서 오호츠크해의 산맥까지 이어지는 일대, 오른쪽 변은 서남쪽의 카라코람산, 히말라야산, 헝돤산맥橫斷山脈에서 남해안의 산맥까지 이어지는 일대, 그리고 태평양 연안이 삼각형의 밑변을 이루고 있다. 큰 삼각형의 바깥쪽 동북쪽과 북쪽에는 시베리아 산지와 평야, 서쪽은 카자흐와 투란 저지대, 서쪽은 이란고원, 남쪽은 인도반도와 인도차이나반도, 동쪽은 쿠릴열도, 일본열도, 류큐 제도, 필리핀 제도 등 태평양에 돌출한 일련의 섬들이 있다.[1]

　동아시아 대륙의 북부는 북쪽의 시베리아, 동쪽의 대흥안령산맥, 남쪽의 인산산맥陰山山脈과 오르도스고원, 서쪽의 알타이산맥의 몽골고원을 포함하는 넓은 지역에 걸쳐 있다. 지형으로 볼 때, 몽골고원은 기복이 심하지 않은데, 대략 해발 1,000-3,000미터의 높이로 이루어져 있고, 지표 구조는 주로 산맥, 초원, 구릉, 사막, 고비이며 그 중 산맥이 전체 면적의 약 30%를 차지한다. 주요 산맥에는 몽골의 알타이산맥, 항가이-헨티산맥

1　寧可, "古代中國曆史發展的地理環境," 《平准學刊》第3期, 1984.

Khangai Kentai belt, 내몽골의 다싱안링大興安嶺-인산산맥陰山山脈 등이 포함된다. 몽골고원은 해양에서 멀리 떨어진 내륙에 위치해 있기 때문에 태평양에서 남쪽으로 불어오는 바람이나 북극해에서 불어오는 수증기가 이곳에 도달하기 어렵기 때문에 장기간 온대 대륙성 건조·반건조 기후의 영향을 받으며 겨울이 길고 추우며, 여름이 짧고 서리가 내리지 않는 기간이 짧으며, 연평균 기온이 낮고 나무의 성장이 어려우며, 대부분 계절성 풀과 낙엽성 정글 식물이 지배적이며 식생 분포는 동쪽에서 서쪽으로 잡초의 수가 점차 감소하고 건조 관목과 반 관목이 점차 증가하는 것으로 나타난다. 또한 광활한 몽골고원에는 동쪽에서 서쪽으로 대고비사막, 훈센다크사막, 텡그리사막, 쿠푸치사막, 울란포와사막, 마우오쑤사막, 바탄지린사막 등 많은 사막이 분포되어 있어 자연경관이 황량하며 "초목이 적고, 모래가 많다少草木, 多大沙"든지,[2] "원래 땅에는 나무가 없고 사방이 흰 구름과 노란 풀로 둘러싸여 있다原隰之地, 無複寸木, 四周惟白雲黃草"든지,[3] "이 풀은 4월에 푸르고 6월에 무성하며 8월에 시드는 잡초이다其產野草, 四月始青, 六月始茂, 八月又枯" 등으로 불리운다.[4] 고대의 교통 조건으로 볼 때, 이러한 가혹한 자연환경 조건이 자연적으로 중국 북부로 통행하기 어려운 자연 장벽으로 작용했음은 틀림없다.

동아시아 대륙의 서북쪽에는 톈산, 알타이산, 쿤룬산 등 높고 험준한 산맥으로 이루어진 천연 장벽들이 존재한다. 그 중 중국 신장 중부를 가로지르는 약 2,500킬로미터 길이의 톈산은 신장을 두 부분으로 나누는데, 각각 남쪽의 타림분지와 북쪽의 준가얼분지이다. 톈산산맥에는 해발 5000미터 이상의 봉우리가 수십 개 있으며 대부분이 중국 경내에 분포되

---

2 《漢書》卷94《匈奴傳》.

3 張星烺 엮음,《中西交通史料匯編(第五冊)》, 中華書局, 1978, p.81.

4 [宋]彭大雅《黑韃事略》.

어 있다. 톈산의 북쪽은 중국, 카자흐스탄, 러시아, 몽골 국경을 가로질러 고비사막에서 시베리아로 2,000킬로미터 이상 이어지는 알타이산이고, 톈산의 남쪽은 동서 방향으로 2,500킬로미터 이상 이어지는 쿤룬산이다. 이 세 가지 주요 산계(山系, mountain system) 사이에는 사막이 가로놓여 있는데, 역사적으로 "위로는 나는 새가 없고 아래로는 짐승이 없다. 극목을 두루 바라보며 도처를 찾으려 하면 알 수 없고, 오직 죽은 사람의 죽은 뼈만을 표식으로 삼는다上無飛鳥, 下無走獸, 遍望極目, 欲求度處, 則莫知所擬, 唯以死人枯骨爲標識"는 이른바 "죽음의 바다"로 기록되고 있다.[5] 세 산계의 서쪽에는 파미르고원이 있고, 눈 덮인 봉우리가 중국을 서아시아로부터 격리시키고 있다. 서기 전후로 이 지역 내에 이른바 "실크로드"가 생겨났지만, 험준한 빙산, 혹한과 더위, 망망한 모래바다, 거센 모래바람까지 등으로 고대 중국과 외부의 교류를 막는 지리적 한계인 것은 분명하다.

　동아시아 대륙의 서남쪽에는 "세계의 지붕"으로 불리는 티베트고원이 우뚝 솟아 있다. 티베트고원은 아시아-유럽 대륙과 남아시아 아대륙이 서로 밀어내어 형성한 거대한 고원으로 총 면적은 250만 평방 킬로미터, 평균 해발은 4,500미터에 달한다. 고원의 가장자리는 높은 산으로 둘러싸여 있고 협곡은 깊으며 내부는 탕구라산唐古拉山, 곤디스산岡底斯山, 코코시리산可可西裏山, 치롄산祁連山, 바얀카라산巴顏喀拉山, 히말라야산 등 다수의 산들로 이루어졌다. 세계적으로 해발이 8,000미터 이상인 산봉우리 중 히말라야산맥이 10개를 차지하며, 또한 해발이 7,000-8,000미터인 산봉우리 중 30개가 칭하이-티베트고원에 있다. 또한 사막, 분지, 초원 및 강 계곡이 이 거대한 산계 사이 사이에 분포되어 있다. 이 지역은 지형이 높고 기후가 낮은데 대부분 지역의 평균 기온이 0℃ 이하로 지구 중·저위도 지역에서 가장 강력한 한랭 중심지와 빙하의 중심이 되며 자연경관이 북

---

5 章巽,《法顯傳校注》, 上海古籍出版社, 1985, pp.6-7.

극이나 남극와 유사하여 "지구의 제3극"이라 불린다. 옛 사람들의 글에서는 종종 "황사막에는 봄이 없다黃沙磧裏本無春"거나 "모래 사막에는 말이 쓸쓸하다暮天沙漠漠, 空磧馬蕭蕭"로 묘사되는데 통행이 매우 어려운 곳으로 소문이 났다. 티베트고원의 이른바 "교통장벽" 효과는 양극(북극과 남극) 및 북아프리카 사하라 사막에 필적할 만하다.《후한서·서강전后汉书·西羌传》에서는 티베트고원을 "빙설과 눈을 덮고 천절의 길을 걸어왔다蒙没冰雪, 经履千折之道"으로 기록하고 있다. 또한 현지에서는 "정이삼, 설봉산; 사오륙, 진흙 부족; 칠팔구, 딱 걷기; 십랍 겨울, 껍질 뜯기正二三, 雪封山; 四五六, 泥没足; 七八九, 正好走; 十腊冬, 皮开拆"이라는 말이 유행할 정도로 산을 넘고 고개를 넘을 수 있는 기간이 짧고 길이 험난함을 말해주는 대목이다.[6] 티베트고원이 고대 인간이 극복하기 어려운 지리적 한계로 작용함으로써 결국 중화문명과 인도문명의 충분한 교류와 융합이 이루어지지 못한 것으로 보인다.

티베트고원과 인접한 윈구이고원雲貴高原의 경우, 울퉁불퉁하고 높은 산과 깊은 골짜기가 해당 지역을 많은 작은 조각으로 분리시켜 놓았다. 이 지역은 다러우산大娄山, 먀오링苗嶺, 우링산五陵山, 우멍산烏蒙山 등 많은 험준한 산맥, 그리고 산맥 사이를 가로지르는 노강, 금사강, 란창강 등 큰 강들로 이루어져 있다. 이러한 지리적 한계로 인해 역사적으로 많은 민족이 협곡을 따라 이동했음에도 불구하고 대규모의 이동은 이루어지지 못했다.

중국 대륙의 동부는 서북 태평양과 마주하고 압록강 하구부터 베이부만(베트남명 통킹만) 일대까지 1만8,000킬로미터의 해안선, 더불어 5,000여 개의 크고 작은 섬이 이루는 1만4,000킬로미터의 해안선까지 합치면 해안선은 총 3만2,000킬로미터에 달한다. 또한 길고 굽이치는 해안선에 맞닿인 오호츠크해, 동해, 황해, 동중국해, 남중국해 등 많은 바다들이 있다. 고대 중

---

6 鄧先瑞·黃建武, "試論長江文化繁衍的區位條件,"《華中師範大學學報(自然科學版)》第4期, 2001.

국처럼 대륙을 중시하고 바다를 경시하는 대륙성 국가에게 있어 "만리바다"는 정복하기 힘든 "대곡"이자 신비로운 영역이다. 따라서 바다는 중국과 기타 문화지역 간의 교류에서 연결의 역할보다는 대개 장매물로 작용하였다. "바다를 보는 자는 물을 얻기 어렵다觀於海者難爲水"라는 말처럼 바다는 고대 중국과 바다 건너편 문명과의 교류에 있어 천연 장벽이 되고 말았다.

위의 분석에서 볼 수 있듯이 중화민족이 생존하고 있는 지리적 공간 즉 동아시아 대륙은 북쪽, 서북쪽과 서남쪽, 동쪽 모두에 외부 문명과의 교류를 가로 막는 장벽이 존재한다. 물론 이러한 지리적 환경을 완전히 폐쇄적인 환경으로 볼 수 없지만, 적어도 반폐쇄적인 환경인 것은 분명하다. 이러한 반폐쇄적인 지리적 환경은 한편으로 중화민족의 역사변천 과정 속에서 역사적인 공시성과 지역분포적 동지역성共域性을 갖게 하였다.[7] 이와 동시에 이는 일종의 "보호적 반응 메커니즘"을 형성함으로써,[8] 중국 정치-문화사의 연속성을 보장해 주었다.

중국은 영토가 넓고 지형과 기후 조건이 복잡하고 다양하다. 전체적으로 볼 때, 지형은 서쪽에서 동쪽으로 천천히 기울어져 있으며 고도가 점차 낮아져 3단 낙차의 특징을 두드러지게 나타낸다. 중국 서남부에 있는 평균 해발 4,000미터 이상의 칭하이-티베트고원은 중국 지형에서 제1단계를 형성하였다. 중국의 칭하이와 티베트를 포함한 이 단계는 동서 너비 약 2,700킬로미터, 남북 길이 약 1,400킬로미터, 면적 250만 제곱 킬로미터인데, 지형은 주로 고원과 산맥이며 거대한 산맥은 넓고 완만하며

---

7 陳雲生,《憲法人類學——基於民族, 種族, 文化集團的理論建構及實證分析》, 北京大學出版社, 2005, pp.593-594.
8 중국 지리적 환경의 "보호적 반응 메커니즘'이라는 것은, 외부문화가 침투했을 때 방어적 보호 효과를 나타냄을 의미할뿐만 아니라, 다른 민족문화를 동화 및 융합시키는 능력 및 본 민족 문화의 파괴를 초래할 수 있는 환경 변화에 대한 적응능력 또는 환경 변화에 대한 도전능력을 가리킨다. 따라서 이 개념은 지리적 환경의 "차단 메커니즘"보다 더 광범위한 의미를 포함한다. 王會昌,《中國文化地理》, 華中師範大學出版社, 1992, p.217.

호수와 분지가 흩어져 있다. 티베트고원에서 동쪽으로 다싱안링, 타이항산, 우산巫山을 거쳐 쉐평산雪峯山 일선의 서쪽 지역에 이르기까지 지형은 해발 1,000-2,000미터로 급격히 떨어지며 중국의 유명한 윈구이고원雲貴高原, 황토고원, 내몽골고원, 타림분지, 쓰촨분지, 준가얼분지가 이 사이에 분포하며 제2단계이다. 동북쪽으로 다시 동쪽으로 다싱안링, 타이항산, 남쪽으로 우산선 동쪽, 윈구이고원雲貴高原의 동쪽 가장자리 동쪽 중국 동부 지역은 해발 1,000미터 이하의 낮은 구릉지대와 해발 200미터 이하의 평야 지역이며 중국의 동북평원, 화북평원, 장화이江淮평원, 주강 삼각주 평원 등이 분포되어 있다. 또한 3단계 사이에는 많은 과도기적 형태의 지대가 있으며 평야, 산악, 고원, 협곡, 구릉, 분지, 사막, 호수, 늪 등 다양한 지형적 자연 환경이 분포하고 있다.

<그림 6-1> 중국 지형의 3단계 사다리[9]

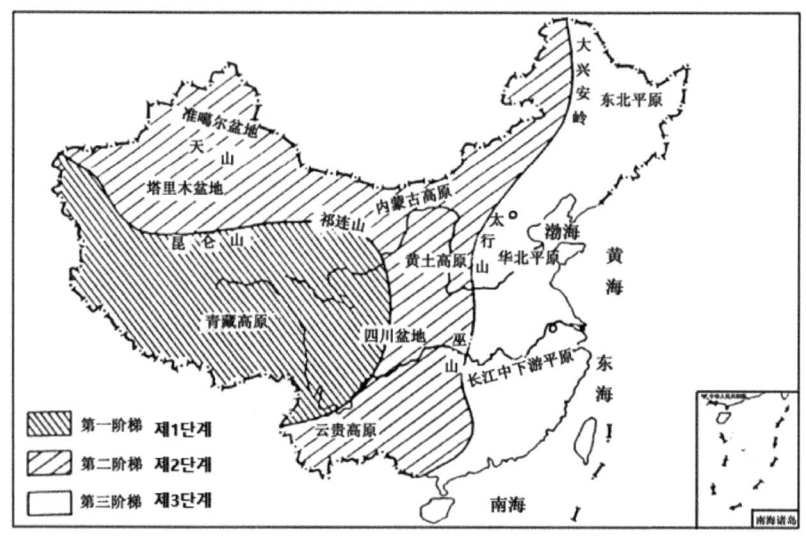

---

9 吳必虎·劉筱娟,《中國景觀史》, 上海人民出版社, 2004, p.12.

중국의 지리적 환경이 기후에서 나타나는 특징은 기후 유형이 다양하다는 것이다. 중국은 동서 62개 경도에 걸쳐 5,200킬로미터에 달하는 광활한 영토를 가지고 있고, 남북은 거의 50개 위도에 걸쳐 5,500킬로미터에 이르며 기후의 동서 및 남북 차이는 매우 크다. 남북 방향으로 헤이룽장성에서 난사군도에 이르기까지 한온대, 냉온대, 난온대, 아열대, 열대 등 5개 기후대 등 거의 모든 기후 유형이 있으며, 대부분의 지역은 북온대, 난온대 및 아열대 기후에 의해 통제된다. 중국 대륙은 전체적으로 거대한 벤치 모양으로, 서북쪽은 유라시아 대륙을 등지고 동남쪽은 태평양을 마주하고 있기 때문에 강우량도 동서 방향의 차이가 크며 동쪽에서 서쪽으로 차례로 습윤, 반건조, 가뭄의 뚜렷한 변화를 형성하여 점차 감소하는 기후 법칙을 보여준다. 동쪽은 해양에 맞닿아 있으며 해양 계절풍 기후의 영향을 받아 습하고 비가 많이 내리며 강수량은 일반적으로 1,500밀리미터 이상인 주요 농업 문화 지역이다. 윈구이고원雲貴高原을 제외한 중부의 제2단계는 내륙성 기후의 영향을 받으며 대부분 건조 및 반건조 지역, 특히 서북 내륙 지역은 바다에서 멀리 떨어져 있고 산에 가로막혀 있어 태평양과 인도양에서 불어오는 따뜻하고 습한 계절풍은 도달하기 어려워 중국에서 유명한 건조 지역으로 분류되며, 연간 강수량은 일반적으로 400밀리미터 미만이며 건조하고 춥다. 서부의 제1단계인 칭하이-티베트고원은 중저위도에 속하며 대규모 고산 환경 지역이다. 다양한 기후 조건과 환경으로 인해 식물과 동물 등 지표 자원이 풍부하고 복잡한 생태계와 기후 시스템을 형성하고 있다.

요약하면, 중국 대륙의 반폐쇄적인 지리적 공간, 3단계의 복잡한 지모와 지형, 동서와 남북의 차이가 두드러진 기후조건은 넓은 지리적 환경을 형성하였다. 내부 구조가 완전한 이러한 지리적 프레임워크 시스템은 풍부한 동식물 자원을 보유하고 있으며 농업, 축산, 어업, 수렵, 임업, 산업 및 광업과 같은 다양한 경제 발전에 적합한 환경 조건을 가지고 있다. 고대부터 중국인들은 정체성과 지역적 특성을 두루 갖춘 이러한 지리적 환경과 생태적 조건에서 번성하여 지리적 및 민족적 특성을 가진 다양한 생산방식과 문화적 형태를 만들어냈고, 중화민족의 다원일체 구조에서의 "다원성"을 구성하였다.

2. 황하·장강 유역: 중국 각 민족 생존 및 발전의 핵심지역

일찍이 플라이스토세 초기부터 쿤룬산을 중심으로 한 중국의 광대한 서부지역에 인류활동의 발자취가 남아 있었다. 지금으로부터 300만 년 전쯤 지각운동으로 인해 동아시아 대륙의 가운데 황하와 장강이라는 두 개의 큰 하천이 형성되었다. 그 결과 고대인들은 생태적 환경이 악화되고 있는 쿤룬지역에서 벗어나 황하와 장강을 따라 강의 중하류 지역에 점진적인 이동과 확장을 했는데, 집거지가 대체로 선형扇散形으로 나타났다. 처음에 그들은 주로 강 양쪽의 높은 동굴과 산지, 구릉과 평원의 만나는 지점에 거주하면서 거친 생활을 해나갔는데, 이들이 바로 지금으로부터 약 300만-200만 년 전의 안후이 즈둥인字洞人, 충칭 우산인巫山人, 허베이 다난거우인大南溝人, 약 200만-100만 년 전의 윈난 원모인元謀人, 산시 란톈인藍田人, 산시 루이청인芮城人, 허베이 양위안人陽原人, 그리고 약 100-50만 년 전의 북경인, 후베이 윈셴인鄖縣人과 윈시인鄖西人, 구이저우 첸시인黔西人 등이다. 이후 자연에 순응하고 개량하는 능력이 향상됨에 따라, 이들은 자원이 풍부하고 관개가 편리한 평야로 나아가기 시작했으며, 비교적 훌륭한 자연지리적 조건을 이용하여 채집-수렵에서 농경과 양식養殖을 통한 정착생활을 하기에 이르렀다. 약 1만 년 전부터 기원전 4,000년경까지 이들은 황하 유역, 장강의 남북에 널리 분포되었는데, 장강을 축으로 하는 평터우산彭頭山 문화, 허무두河姆渡 문화, 마자방馬家浜 문화, 쑹쩌松澤 문화, 량주良渚 문화, 다시大溪 문화, 취자링屈家嶺 문화, 첸산양錢山漾 문화, 청두평원 싼싱두이三星堆 문화, 그리고 동남 연안의 탄스산曇石山 문화와 스샤石峽 문화, 대만의 위안산圓山 문화, 펑비터우鳳鼻頭 문화, 광시 난닝南寧의 딩스산頂獅山·쩡피옌甑皮巖 문화 등을 형성하였다. 또한 황하를 축으로 하는 라오궁타이(老宮臺 혹은 다디완大地灣) 문화, 페이리강裵李崗 문화, 츠산磁山 문화, 허우리後李 문화, 베이신뎬北辛店 문화, 양사오仰韶 문화, 먀오디거우廟底溝 문화, 반퍼半坡 문화, 마쟈야오馬家窯 문화, 다원커우大汶口 문화, 룽산龍山 문화 등을 형성하였다.[10] 문명사회에 진입한 이후 중국역사에 나타났던 많은 민족이 황하와 장강을 따라 서쪽으로 이동하면서 흥망성쇠를 거듭하였고, 문화의 융합을 촉진시켰다. 이러한 의미에서 황하와 장강을 중화민족의 요람, 그리고 황하와 장강 유역을 중화민족의 생존과 발전의 핵심지대라고 일컫는 것이다.

1) 황하 유역의 자연지리적 환경과 고대 문명

이른바 "사독지종四瀆之宗" "백천지수百泉之首"로 불리는 황하는 칭하이성 바얀카라산 북쪽 기슭에서 발원해, 위수渭水, 징수涇水, 펀수汾水, 이수伊水, 뤄수洛水, 환수洹水 등 크고 작은 수백 개의 지류가 모여 지스산積石山, 치롄산祁連山, 류판산六盤山, 허란산賀蘭山, 인산陰山, 뤼량산呂梁山, 타이항산太行山 등 산을 가로질러, 그리고 황토고원과 화북대평원을 지나 바다로 흘러들어간다.[11]

---

10 蔣南華, "黃河, 長江──中華文明的搖籃," 《貴陽師範高等專科學校學報》第3期, 2002.
11 "사독지종(四瀆之宗)"에서 "사독(四瀆)"은 옛날 중국 중원에서 바다로 흘러 들어가는 네 줄기의 큰 강을 이르는데, 《이아·석수(爾雅·釋水)》에는 황하, 장강, 회하(淮河), 제수(濟水)라고 하였다. 더불어 그 중에서 황하가 갖는 특별한 중요성으로 인해 "종(宗)"이 붙여져, 네 줄기의 큰 강 중에서 가장 중요한 강임을 강조하였다. "백천지수(百泉之首)"

황하 유역의 지형은 서쪽이 높고 동남쪽이 낮으며 계단식으로 점차 낮아지는 특징을 보인다. 룽양 협곡 이하에서 구이더까지는 티베트고원에 위치하는데, 평균 해발 4,000미터, 구이더 이하 황토고원을 가로지르며 평균 해발이 1,000미터, 뤄양 북쪽 멍진 이하에서 화베이 평원으로 진입하면서 평균 해발이 약 50미터로 차례로 낮아진다. 내몽골의 허커우진河口鎭과 허난의 멍진孟津을 경계로 황하는 상·중·하류의 세 부분으로 나눌 수 있다. 황하 상류의 대부분은 소수민족 지역에 위치하고 있으며, 하천과 수문의 특성이 중·하류와 매우 다르다. 상류 하천은 일반적으로 수원 구간, 협곡 구간, 충적 평야의 세 부분으로 나뉜다. 수원 구간은 카르춰 卡日曲에서 시작하여 싱쑤하이星宿海, 자링후札陵湖와 어링후鄂陵湖를 거쳐 구이더貴德 룽양협곡龍羊峽에 이르기까지 하천이 구불구불하고 양안에는 호수, 늪, 풀이 많고 물의 흐름이 안정적이고 비교적 맑다. 룽양샤에서 닝샤寧夏 칭퉁협곡青銅峽까지는 협곡 구간으로, 산지와 구릉을 흘러 지나면서 협곡과 넓은 계곡이 차례로 나타난다. 황하는 칭퉁협곡에서 나온 후 동북쪽으로 오르도스고원의 경계를 따라 흐르다가 동쪽으로 허커우진까지 곧게 흐르며, 강이 흘러 지나는 지역은 강바닥이 평평하고 물의 흐름이 완만하며 양안에 넓은 충적평야를 형성하였는데, 그것이 바로 유명한 허타오河套평원이다. 황하 중류의 길이는 1,206킬로미터로 황토 지역을 통과하기 때문에 모래가 많고 물이 적으며 토사가 심하게 축적된다. 황하 하류의 수로는 곧고 지류가 적으나 장기간의 토사와 퇴적물로 인해 강바닥이 지면보다 높아져 "지상의 현하地上懸河"를 형성한다.

황하의 형성은 적어도 수백만 년의 역사를 가지고 있다. 지질학 연구결과에 따르면, 뉴제3기 마이오세 때 히말라야 조산造山운동으로 인해 아시아-유럽 판, 인도양 판, 태평양 판이 서로 밀리면서 타이항산 서쪽의 단

역시 유사한 의미로 황하의 중요성을 강조하면서 사용되는 말이다.(역자 주)

층 지역에서 지각이 격렬하게 승강하고 일부 함몰과 균열을 동반하여 일련의 내륙 분지를 형성하여 나중에 황하 수계로 발전할 수 있는 호수 유역의 윤곽을 갖추게 되었다고 한다.[12] 이후 이러한 내륙에 폐쇄된 호수가 오랜 세월을 거치면서 점차 큰 강, 즉 황하를 관통하게 되었다. 중국 북부 고육지의 부침과 바다의 승·하강으로 형성된 황하는 수계가 발달하여 지류가 많으며, 수면의 면적이 1,000제곱킬로미터 이상이 되는 지류가 150여 개, 5,000제곱킬로미터 이상의 지류가 30여 개, 유역 면적이 100제곱킬로미터 이상의 지류가 219개 있으며, 그 중 위수, 징수, 편수, 이수, 뤄수, 환수, 젠수澗水, 룬수潤水, 지수濟水, 수수洙水, 스수泗水 등이 유명하다. 황하 유역 수계의 특성은 중류 지역이 가장 풍부하다는 점이다. 징하涇河 상류(현재의 간쑤甘肅 칭양慶陽 지역과 핑량平涼 지역 동부)의 주요 지류는 부채형 모양으로 분포되었고 유역은 원형이여 전형적인 부채꼴 수계로 불린다. 뤄하洛河 본류의 지류는 깃털 모양의 수계의 특징을 보인다. 진산晉陝 협곡 속에서 주요 황하 지류는 대략 나뭇가지 모양으로 분포되었고, 오른쪽 연안의 지류는 오르도스고원과 산시陝西 북부 고원에서 발원하는데, 하천이 길고 조밀하며 서북쪽에서 남동쪽으로 평행하게 황하로 흘러들어 평행 수계의 특징을 나타낸다. 북쪽 연안의 천하千河·징하·뤄하 등의 지류를 수용함과 동시에 진령산맥의 북쪽 기슭에서 흘러나오는 많은 지류를 수용하여 양안의 지류가 차례로 위하渭河로 합류하지 않고 위하평원의 물길이 그물을 이루며 간지류는 여전히 나뭇가지 모양의 수계의 특징을 보인다.[13] 선진시대에는 황하 본류와 그 지류가 대부분 맑았고 수량도 지금보다 많았다. 당시 황하 유역은 식생이 양호하고 토양 침식이 거의 없었으며 자연생태환경이 지금보다 훨씬 양호하였다.

---

12 魯樞元, "略論黃河史硏究——關於黃河文化生態的思考,"《黃河科技大學學報》第1期, 2003.

13 侯甬堅,《朝宗——黃河與中華文化》, 陝西人民敎育出版社, 1991, p.124.

황하 유역은 수계가 발달했을 뿐만 아니라 호수도 많다. 역사 기록에 따르면 선진 시대에는 "공공의 왕, 수처자의 10분의 7, 육처자의 10분의 3共工之王, 水處者十之七, 陸處者十之三"이라고 불릴 정도였다.[14] 대우大禹 치수 이전에는 "범홍수 온상에는 3인 이상, 2억 3천 5백 59개가 있었다凡鴻水淵藪, 自三仞以上, 二億三萬三千五百五十九個"는 말이 있었는데,[15] 이 숫자는 과장된 것으로 보임에도 불구하고 당시 황하 유역의 호수들이 얼마나 많았는지를 보여주기에 충분하다. 선진 시대에 황하 중류의 호수로는 자오위치昭餘祁·양콰揚跨·자오휘焦穫·허셴푸和絃蒲·휘쩌瀤澤 등이 있었다.[16] 황하 하류의 화북 평야에는 다싱쩌大滎澤·푸톈쩌圃田澤·멍주쩌孟諸澤·허쩌菏澤·레이샤쩌雷夏澤·다예쩌大野澤·지쩌雞澤·하이쩌海澤·가오쩌皋澤·다루쩌大陸澤가 있다.[17] 여도원酈道元의 《수경주水經注》의 기록에 따르면, 한·위 시대에 들어 호수와 늪이 500개가 넘고, 그 중 190개 이상의 호수와 늪이 황화이黃淮평원에 있는 것으로 되어 있다. 이러한 호수는 하천과 연결되고 농경지에 물을 주어 황하 유역 농업 발전에 훌륭한 조건을 제공하였다.

황토고원 형성의 역사는 황하의 역사만큼이나 유구하다. 황토로 형성되었다는 이른바 "풍성설"에 따르면, 제4기 대빙기 시대 시베리아에서 온 강력한 북서기류가 중국 북서 내륙과 몽골고원의 사막 고비지대를 지날 때 많은 양의 모래와 흙을 휩쓸어 갔고, 마침 산시-간쑤 지역으로 이동하면서 풍속이 낮아져 모래와 흙이 떨어져 산시陝西-간쑤 구릉과 계곡 지대에 쌓였고, 수천만 년 동안 축적되어 계곡을 메우고 구릉을 침수시켜 평

---

14 《管子·揆度》.
15 《淮南子·地形訓》.
16 陳橋驛,《水經注研究》, 天津古籍出版社, 1985, pp.65-67.
17 楊毓鑫, "禹貢等五書所記藪澤表,"《禹貢半月刊》第1卷第2期, 1934; 顧頡剛, "寫在藪澤表 的後面,"《禹貢半月刊》第1卷第2期, 1934.

균 150미터 두께의 황토고원을 형성했다고 한다.[18] 황하 중하류의 광활한 화북 대평원은 원래는 큰 해만海灣으로 완만한 지질 시대에 황하가 충적하여 형성되었다. 황하가 중류에서 끌어온 토사와 황토로 인해 이 대 충적선沖积扇은 황하 중류의 황토고원과 거의 같은 토질을 갖게 되었다. 황토는 구조가 매우 균일하고 느슨하며 통기성이 좋으며, 토양 부식층, 침출층, 퇴적층의 3층의 계층적 특성을 가질 뿐만 아니라, 다른 토양에는 없는 독특한 품질과 다량의 미네랄을 함유하고 있어 품질이 높은 비옥한 토양이다. 이런 토양은 원시 굴착 도구를 사용하는 고대인들이 농작물을 심기 위해 땅을 개간하는 데 도움이 되며 농업 생산에 매우 적합하다.

인간의 활동이 자연 환경에 미치는 영향이 거의 미미했던 몽매하고 야만적인 시대에 기후 변화는 종종 생태적 환경의 변화를 일으킬 수 있었다. 기후의 변화에 따라 식물의 성장이 심각한 영향을 받으며 이는 결국 생태적 환경의 급격한 변화를 일으켰다. 고대 4대문명으로 불리는 양강 유역의 수메르 문명, 나일강 유역의 고대 이집트 문명, 인도와 갠지스강 유역의 할라파 문명, 황하 유역의 화하문명 등은 대체로 기원전 5,000년 경에 흥기하였다. 연구자료에 따르면 지금으로부터 8,000-3,000년 전은 신석기 시대부터 시작된 1만 년 동안 기후의 최적기로, 또한 제4기 빙기가 지난 후 첫 온난기로 인류문명의 탄생에 큰 의미를 갖는다. 황하 유역은 기본적으로 아열대 기후에 속했는데, 이는 오늘날에 비해 아열대 기후대가 북쪽으로 이동한 셈이다. 저우쿤쑤周昆叔 등의 연구에 따르면 지금으로부터 6,000-2,600년 전 아열대 북쪽 경계는 북쪽으로 치우쳐 관중關中 지역은 북위 35도, 화북평원은 북위 37도의 황하 하구에 도달해 1-4개의 위도가 북쪽으로 밀렸고 황토고원의 연평균 기온은 지금보다 0.5-

---

18 王義民·萬年慶, "黃河流域生態環境變遷的主導因素分析,"《信陽師範學院學報(自然科學版)》第4期, 2003.

2℃ 높았으며 연간 강우량은 100-200밀리미터 많았다.[19] 다른 연구에서도 지금으로부터 7,500-3,500년 전 사이에 황토고원의 기온이 지금보다 2-3℃ 정도 높았다고 지적하고 있다.[20] 또한 자란포賈蘭坡 역시 "전세의 고온기에는 당시 화북 지역의 기온이 지금보다 훨씬 높았고, 활엽수림의 식물 군락이 북쪽으로 확장되어 지금의 몽골고원까지 분포하였"음을 지적하였다.[21] 중국의 유명한 기후학자 주커전竺可楨도 중국 5,000년 동안의 기후 변화를 거시적으로 살펴본 뒤 "앙사오 문화 초기부터 서주 초까지 중원 일대는 기후가 따뜻하고 강우량이 풍부하며 동식물이 번성하고 숲과 풀이 도처에 널려 있었다. 이 기간 동안 연평균 기온은 오늘날에 비교해 약 3℃ 정도 높은 것으로 나타나며 1월의 기온은 지금보다 약 4-6℃ 높았다."고 보고 있다.[22] 따뜻하고 습윤한 기후 환경은 생태적 환경의 선순환에 도움이 되며 동식물 및 작물의 성장에 도움이 된다.

위의 분석에서 5,000년 이전의 황하 중하류 지역은 지세가 평평하고 개방적이며 기후가 따뜻하고 습윤하며 많은 강과 호수가 교착되어 토양이 비옥하고 수원이 풍부하여 매우 훌륭한 자연 지리적 조건을 갖추고 있었음을 알 수 있다. 바로 이러한 고대 인류의 생존과 발전에 매우 적합한 환경에서 중화민족의 선조들이 농사를 짓기 시작하여 좁쌀 농업을 위주로 하는 문명을 창조하고 문명사회의 문턱에 진입하였다.

기후와 지질적 변화의 격변 속에서 잉태된 황하와 그 유역은 인류가

---

19 周叔昆 외, "中原古文化與環境,"《中國生存環境歷史演變規律研究》, 海洋出版社, 1993.

20 龔高法, "歷史時期我國氣候帶的變遷及生物分布界的推移," 中國地理學會歷史地理專業委員會《歷史地理》編輯委員會 엮음,《歷史地理(第5輯)》, 上海人民出版社, 1987; 王乃昂, "歷史時期黃土高原的環境變遷," 中國地理學會歷史地理專業委員會《歷史地理》編輯委員會 엮음,《歷史地理(第8輯)》, 上海人民出版社, 1990.

21 賈蘭坡, "桑幹河陽原縣丁家堡全新世中期的動物化石,"《古脊椎動物與古人類》第4期, 1980.

22 竺可楨, "中國近五千年來氣候變遷的初步研究,"《考古學報》第1期, 1972.

가장 오래 활동했고 가장 큰 영향을 미친 지역 중 하나이다. 황하가 내륙의 폐쇄된 호수 유역에서 큰 강으로 막 관통하기 시작했을 때부터 인류의 조상인 유인원들은 이곳의 고원 강가에서부터 긴 진화과정을 거쳐왔다. 고고학적 발견에 따르면 플라이스토세 초기인 지금으로부터 약 180만 년 전에 황하 중류의 산시山西 루이청芮城 서북쪽의 시허우두西侯度에서 석기와 불에 탄 동물의 뼈 등의 유물이 발견되었다. 그 후 인간이 사용한 석기는 허베이河北 양위안陽原 샤오창량小長樑의 표준인 플라이스토세 초기 지층 니허완泥河灣 그룹에서 추가로 발견되었다. 지금으로부터 약 100만 년 전 황하 대지에 이미 인류 활동의 발자취가 남아 있었다는 추론이 가능하다. 황하 유역에서 출토된 속지사屬地史에서 플라이스토세 중기, 구석기 시대 초기의 인류와 그 문화 관련 유적과 유물이 비교적 풍부하며, 대체로 두 가지 유형으로 나뉜다. 하나는 시허우두西侯度-커허匼河 문화로 대표되며, 산시山西 위안취垣曲, 산시陝西 란톈藍田 등 100곳 내외의 지점을 포함하여 대략 산시陝西 동부, 산시山西 남부, 허난河南 서부 지역이 여기에 속한다. 다른 하나는 베이징北京 저우커우뎬周口店 제1지점을 대표로 허베이 양위안 샤오창량 등지로 대표되며, 그 분포 범위는 대략 허베이 북부冀北, 산시山西 북부晋北, 랴오닝遼寧 서남부 지역이다. 구석기 시대 중후반에 이르러 황하 유역에서 출토된 인류의 화석과 문화는 새로운 발전을 이루었다.[23]

신석기 시대에 들어 황하 유역의 선조들은 약 8,000년 전부터 원시적인 농업 생산에 종사하기 시작하였다. 황하 유역의 선사문화 중 양사오 문화보다 앞선 신석기 문화인 옛 양사오 문화 유적은 주로 동경 105-114도, 북위 34-36도 사이에 분포하며, 황하 상류 위수 유역의 바이자白家 문화, 황하 중하류 허난 중부豫中 지역의 페리강 문화, 허베이 북부 지역의

---

23 文圜, "黃河流域的史前文化," 《化石》第4期, 1995.

자산 문화가 대표적이다. 옛 양사오 문화유적에서는 이미 탄화된 속씨품종 식량 작물이 발견되었고, 생산도구의 경우 이미 돌도끼, 돌칼, 낫, 돌삽 등 여러 종류가 발견되었으며, 호두, 헤이즐넛, 소엽박, 매핵, 산대추핵, 호두껍질 등 야생식물의 껍질과 종자가 출토되어 당시 황하 유역 주민들이 야생식물을 길들이고 속씨품종 식량 작물을 육성하여 비교적 안정적인 거주지를 개척하였으며 원시적인 농업생산단계에 진입하여 돼지·개·양 등의 가축사육을 시작하여 영구적 또는 반영구적인 생활정착을 하였음을 알 수 있다. 그러나 원시농업경제가 그리 발달하지 못한 관계로 채집-어렵 혹은 수렵경제가 당시 경제생활에서 비교적 큰 역할을 한 것으로 보인다.[24]

초기 인류활동의 지리적 환경은 대부분 산과 물을 낀, 즉 울창한 산림, 숲과 관목으로 가득 찬 구릉과 언덕이 인간에게 풍부한 야생식물을 제공했으며, 동시에 산림과 초원의 다양한 동물과 강과 호수의 많은 수생어류도 인간의 어렵과 수렵에 훌륭한 장소를 제공했던 것이다. 옛 양사오 문화 유산은 이러한 지리적 환경의 특징을 가지고 있다. 또 츠산磁山유적에서 출토된 너구리, 원숭이 등 몇몇 열대 및 아열대 동물의 뼈로 미루어 볼 때, 당시 기후가 지금보다 따뜻했음을 알 수 있고, 자라와 홍합이 출현한 것은 하천의 수역이 넓고 유량이 많으며 수산물이 풍부했음을 알 수 있다. 이러한 훌륭한 자연지리적 환경은 당시 사람들에게 채집과 사냥을 위한 편의를 제공했을 뿐만 아니라 채집경제에서 농업경제로 나아가기 위한 이상적인 환경이었다.[25]

황하 유역의 신석기 시대 문화 중 매우 중요한 내용의 하나가 농업 경

---

24 吳加安, "略論黃河流域前仰韶文化時期農業", 《農業考古》第2期, 1989; 李振宏·周雁, "黃河文化論綱," 《史學月刊》第6期, 1997.

25 吳加安, "略論黃河流域前仰韶文化時期農業", 《農業考古》第2期, 1989; 周本雄, "河北武安磁山遺址的動物骨骼," 《考古學報》第3期, 1981.

제를 특징으로 하는 양사오 문화이다. 양사오 문화는 1921년 허난성河南省 싼먼샤三門峽시 멘츠현澠池縣 양사오촌에서 처음 발견되었으며, 이후 고고학계에서는 황하 유역에서 발견되는 문화적 특성이 기본적으로 동일한 문화를 "양사오 문화"라고 통칭하였다. 양사오 문화의 지속 기간은 기원전 5,000년-기원전 3,000년까지로 주로 황하 중하류 일대에 분포하며, 허난 서부, 산시陝西 위하 유역, 산시山西 서남부의 좁고 긴 지대를 중심으로 동쪽으로 허베이 중부, 남쪽으로 한수漢水 중상류, 서쪽으로 간쑤 타오하洮河 유역, 북쪽으로 내몽골 허타오 지역에 이른다. 같은 양사오 문화에 속하는 수백 개의 유적지는 대부분 하천 양안의 장기간 침식을 통해 형성된 계단이나 두 강의 합류 지점의 높고 평평한 곳에 분포하며, 토지가 비옥하고 자연 조건이 비교적 우수하여 농업과 축산업의 발전에 적합한 것으로 드러났다. 양사오 문화를 볼 때, 비교적 발달한 농업을 발전시켜 돌도끼, 삽, 맷돌, 뼈, 도자기 등 농업 생산과 생활 기구가 보편적으로 사용되고 있으며, 재배 작물은 주로 좁쌀과 기장이며, 가축 사육도 발전하여 사람들이 비교적 안정적인 정착 생활을 하고 있었다. 촌락은 이미 일정한 규모를 갖추고 있으며, 특징적인 배치 형태를 보이고 있다. 물론 출토 유물에 뼈로 만든 낚시바늘, 작살, 화살촉이 있었던 것으로 보아 속작농사粟作農耕와 함께 당시 사람들이 어렵활동을 했던 것으로 보인다. 양사오 문화는 황하 유역 문화 중 가장 큰 영향력을 갖는 원시문화로서 가로세로 2천 리에 걸쳐 수천 년 동안 지속되어 왔으며, 그 유적지에는 도자기 제조, 직물 제작, 회화 조각, 문자, 역법, 궁실 영건 등이 많이 발견되었으며, 문헌에 기록된 염황시대의 창조 발명과 상당히 일치한다. 한족의 전신은 화하족華夏族이었고, 화하족의 전신은 염황시대와 요순우 때 황하 유역에서 활약한 염제와 황제 두 부족이었다는 것을 우리는 이미 알고 있는 사실이다.

양사오 문화의 뒤를 이어 다원커우 문화, 마자야오 문화, 치자齊家 문화,

룽산 문화 등 주요 문화 유형이 황하 유역에 나타났다. 룽산 문화 말기에 중원 지역은 식재 위주의 종합경제를 형성하였고, 황하 유역은 문명사회의 문턱에 진입하기 시작하여 노예제 국가인 하 왕조가 출현하였다. 이후 중국은 문헌에 기록된 다양한 역사적 시기에 접어들었다. 다양한 역사적 시기에 황하 유역은 중화민족의 생존과 발전의 핵심지역으로서 한족을 주체로 하는 여러 민족들이 이 무대에서 경쟁적으로 발전, 성장, 교류, 확산, 응집 및 융합되었다.

 선진 시대는 화하족이 형성된 중요한 시기이다. 전설傳說과 고고학적 발굴에 따르면 염황시대부터 요순우시대까지 황하 중류에 있던 염·황 두 부족 집단은 끊임없이 충돌하고 융합한 끝에 연합을 결성하였고, 이어 동쪽으로 진출하여 태산을 근거지로 한 태호太昊, 소호少昊 집단을 물리치고 황하 유역의 각 부족을 호령하는 대연합을 만듦으로써 화하족의 선조가 되었다. 하상주 시대에 하족夏族·상족商族·주족周族은 각각 황하 유역에 자기 나라를 세웠는데, 그 중 하나라를 세운 하족은 주로 황하 대곡 이남, 황하 지류의 이수伊水·뤄수洛水 양안, 허난河南 덩펑登封에서 허베이河北, 산시山西 안읍安邑 일대를 주요 활동무대로 삼았으며, 황하 상류에 있는 간닝칭甘寧靑 지역의 저강족과 여러 교류를 진행하였다. 상족은 황하 하류에서 처음 흥기하였는데, 현조玄鳥를 토템으로 하는 동이족의 한 갈래였다. 하나라 말기에 이르러 상족들은 서쪽의 황하 중류로 이주하여 점차 목축에서 농경으로 전환하여 끊임없이 발전하였고, 기원전 1,600년 하나라를 멸망시켜 동쪽의 뤄수, 서쪽의 **강羌족 지역에까지** 이르는 대국을 건설하였다. 한편, 주족은 산시성 웨이수이 유역에서 처음 흥기했으며 상나라가 멸망한 이후 황하 중하류의 넓은 지역을 점령하여 동쪽은 바다, 서쪽은 저강氐羌, 남쪽은 징추荊楚, 북쪽은 귀방鬼方에 이르는 노예제 국가를 설업문명이었고 선사문명을 바탕으로 선진 시대부터 오월吳越 문화라는 지역적 민족문화가 발전되었다.

장강 유역은 광활한 영토를 포함하고 있는데, 서쪽이 높고 동쪽이 낮은 지형으로 중국 지형의 3계단에 걸쳐 있으며 지표의 형태가 다양하여 고원, 산지, 구릉, 분지, 평야 등 다양한 유형을 두루 갖추고 있다. 하천 유역의 지질 및 지형 조건, 기후 및 수문 조건, 토양 식생 조건의 다양성으로 인해 장강 유역의 웅장하고 아름다운 자연 경관이 주도되었다.

생태학적 관점에서 볼 때, 아열대 생태계에 속하는 장강 유역은 열대 생태계와 온대 생태계 사이의 교차 지대로 열대 및 온대 지역의 일부 특성을 두루 갖고 있다. 또한 간류 및 지류가 지나는 장강 유역 전체에는 평원-호수-하천생태 교착지대, 수로망, 호수-육지생태 교착지대, 늪구 습지, 산지-평원생태 교착지대, 고지 구릉구, 언덕과 평원생태 교착지대, 하곡 분지, 해양과 육지생태 교착지대, 해안대와 네리틱 지대Neritic Zone 등 다양한 2차 생태계 교착지대가 포함된다.[31] 수문기후조건의 관점에서 볼 때, 장강은 태평양과 마주하고 유라시아 대륙을 등지고 있으며 전체적으로 아열대 몬순기후의 영향을 받고 있으나, 하천 구간별 지리적 환경이 천차만별이기 때문에 유역내 기후는 다양한 유형을 나타내고 있다. 강원江源 지역은 전형적인 고원기후로 한겨울이 건조하고, 금사강 지역은 건습이 뚜렷하고 산이 높으며 골짜기가 깊어 "입체기후"의 특징을 가지고 있다. 쓰촨 분지는 온화하고 습하며, 겨울에는 혹한이 없고 여름에는 폭염이 없으며, 독특한 "가을비" 현상이 있다. 장강 중하류 지역의 경우, 겨울에는 춥고 여름에는 더우며, 사계절이 뚜렷하고 강수량이 풍부하며 비와 더위가 동반하는 등의 특징을 나타낸다.[32] 또한 장강 유역은 열대 및

---

31 蘆學民,《長江地區生態系統與可持續發展》, 武漢出版社, 1999, pp.249-265.
32 鄧先瑞, "長江流域民族文化生態及其主要特徵,"《中國地質大學學報》第6期, 2007.

온대 경계 지역에 위치하고 있으며 자연 경관, 동물 자원 및 식물상은 남북 과도의 특성을 분명히 나타낸다.[33]

장강 유역은 자연경관의 과도 지역이자 생태계의 교착지대에 위치하기 때문에 가장자리邊緣 효과의 특징을 가지고 있으며, 물류, 에너지, 정보가 합류하는 지역이자 생물 다양성 지역이다. 이곳은 선사시대 고대인류의 생존과 번식을 위한 중요한 지역이자 선사시대부터 선진 시대까지 광활한 유역에서 번성했던 고벼古稻作문명, 파촉 문화, 징추荊楚 문화, 오월 문화, 설역雪域 문화, 고원 산지 문화, 구릉 평원 문화, 호수·하천·해양 문화가 함께 작용해 풍부하고 다양한 장강 문명 및 이른바 "중화민족의 남방유역문화"를 형성하였다.[34]

(2) 장강 상류의 선사 문명과 고대 문화

장강 상류지역은 중국 지형 3차 계단의 1, 2차 계단에 위치한다. 2차 계단에 속하는 뎬중滇中고원과 그 인접 지역은 인류 기원의 핵심 지역으로, 연구자들은 이 지역에서 발견된 초기 유인원과 후기 인류 화석 재료의 연관성을 연구한 결과, 카이웬開遠 라마피테쿠스(Ramapithecus, 약 1,400만년 전)에서부터 루펑祿豐 라마피테쿠스(약 800만년 전), 그리고 원모元謀 루펑피테쿠스(Lufengpithecus hudienensis, 약 400만년 전)까지, 250만 년 전의 이른바 "동방인東方人"에서부터 204만년 전의 우산인巫山人, 그리고 170만년 전의 원모인元謀人 및 이후 각 시기의 고인류까지, 즉 이 지역에서는 유인원에서

---

33 鄧先瑞, "試論長江文化生態的主要特征,"《長江流域資源與環境》第3期, 2002.
34 위위더(餘育德)는 장강문화가 곧 중화민족의 남방지역문화이며, 구체적으로는 장강 유역의 아름다운 자연산수를 배경으로 도가(道家)를 주축으로 하여, 유가·묵가·법가·불교 등의 가족(家)이념이 고도로 융합되어 티베트·촉(蜀)·초(楚)·오(吳) 등 네 지역 문명과 연결되고, 또한 오늘날에는 목축업·농업·공업·상업과 현대과학기술이 융합된 풍부하고 다채로운 입체적 문화가 형성되었다고 보고 있다. 이와 관련해 餘育德, "長江文化初探,"《長江論壇》第3期, 1994 참조.

부터 인간에 이르기까지의 각 주요한 단계의 연구에 필요한 자료를 전부 찾을 수 있는 것으로 나타났다.[35] 구석기 시대 뎬중滇中고원의 자오퉁인昭通人, 시처우인西疇人, 쿤밍인昆明人, 리쟝인麗江人과 쓰촨 분지의 즈양인資陽人, 퉁량인銅梁人, 리위차오鯉魚橋 문화, 푸린富林 문화, 그리고 구이저우 퉁쯔인桐梓人 등 다수의 고인류 유적에 대한 발견은 수 만년 전 장강 상류지역이 이미 인류의 장기적 생식의 중요한 지역으로 자리잡았음을 보여준다.

한편, 윈난과 쓰촨 등 지역에서는 수백 곳의 신석기 시대 선사유적이 발견되었다. 윈난에서 발견된 유적 중 가장 중요한 것은 얼하이洱海 지역의 마룽馬龍 유적, 빈촨賓川 바이양촌白羊村 유적, 창산蒼山 불정佛頂 갑을甲乙 유적, 금사강 중류지역의 윈모元謀 다둔즈大墩子 유적, 뎬츠滇池 지역의 관두官渡·쓰베이촌石碑村·우룽포烏龍鋪·스즈촌石子村·안강安江·탄산촌團山村·스자이산石寨山·허퍼河泊 유적, 윈난 동북지역의 자오퉁 자신창閒心場·샤오궈산小過山 동굴·루뎬魯甸 마창馬廠 유적 등이다. 쓰촨에서 발견된 유적 중 가장 중요한 것은 우산巫山 다시大溪 유적, 몐양綿陽 볜투이산邊堆山 유적, 민강岷江 상류 유적, 다두하大渡河 유적, 칭이강青衣江 유적, 시창西昌 리저우禮州 유적, 청두成都 유적, 광한廣漢 싼싱두이三星堆 유적 등이다. 위에서 언급한 풍부한 문화적 유산은 이 지역의 다채로운 신석기 문화 지도를 함께 구성하고 장강 상류지역 문명의 흥기를 위한 견고한 토대를 마련하였다.

장강 상류지역의 신석기 문화유적 중 가장 유명한 것은 1980년대 초 대규모 발굴이 이뤄진 광한 싼싱두이 유적이다. 싼싱두이 유적에는 청두평원 룽산龍山 시대-하夏대 유적군으로 대표되는 1기 문화, 일명 "바오둔寶墩 문화 혹은 싼싱두이 1기 문화", 상商대 싼싱두이의 규모가 큰 고성과 고도로 발달한 청동기 문명으로 대표되는 2기 문화, 상대 말-서주 초기

---

35 李學勤·徐吉軍 역음, 《長江文化史》, 江西教育出版社, 1995, p.92.

폐허가 된 고대 성곽이 주를 이룬 3기 문화, 즉 성도의 "12교 문화十二橋文化"가 있다. 넓은 의미의 "싼싱두이 문화"는 현지 바오둔 문화를 바탕으로 하, 상대 등 다른 문화 요소를 광범위하게 흡수하여 발전한 고고학 문화이다. 싼싱두이 문화에서는 유적 2, 3기가 대표적인데, 작은 바닥 탱크小平底罐, 고병두高柄豆, 삼수경주머니족기三瘦袋足器, 조두형鳥頭形 용기 등이 대표적인 토기이다. 또한 밀집된 주거지居址와 웅장한 고성을 전개면展開面으로 하여 청두 평원을 중심으로 서쪽의 한웬漢源·야안雅安 일대, 동쪽의 장강 삼협 양안, 북쪽의 산시陜西 한중漢中, 남쪽의 장강 양안에 이른다. 선진 시대 이 지역은 파촉巴蜀의 두 개 민족 활동의 중요한 지역이었기 때문에, 삼성퇴 유적은 실제로 고대 파촉 문명이 성숙해 나아가고 있음을 상징하는 중요한 문화 유적이다. 장강 상류지역의 가장 대표적인 고대 문화를 파촉 문화라고 부르는 것도 이러한 이유에서이다.

선진 시대에 장강 상류에서 활약한 민족 집단에는 파인巴人과 촉인蜀人 외에도 후세에 의해 일반적으로 "서남이西南夷"라고 불리는 많은 민족들이 있었다. 그 중 뎬츠滇池 지역의 뎬인滇人들이 창조한 청동기로 대표되는 구뎬古滇 문명도 고도로 발달한 문명이다. 조사에 따르면 춘추전국시대에는 지금의 쿤밍 진닝晉寧을 중심으로 고원 호수(지금의 전지) 주변에 소수민족 집단이 모여 살았는데 이를 "전(滇, 뎬)"이라고 불렀다. 한족들이 윗 부족의 호칭을 기록할 때 "전(顚, 뎬)"으로 기록하기도 하는데, 대택변大澤邊에 모여 살고 있다는 특성 때문에 "전顚"자의 오른쪽 변을 떼는 대신 왼쪽에 삼수변을 더해 "전(滇, 뎬)"으로, 그리고 부족인들을 "뎬인滇人"으로 기록하였다. "뎬인"이 거주하는 부락에는 집들이 있었고, "뎬인"들은 식물 재배, 어업, 사냥 및 제련에 능숙하였다. 선진 시대에 그들은 이미 능숙한 구리 제련 기술을 획득하였고, 소를 사용한 농사에 익숙하였으며 생산력을 지속적으로 발전시켰다. 전국 시대 말인 기원전 286년 즈음, 초나라楚國 장조庄蹻는 1,000명 이상의 봉기군을 이끌고 윈난 중부 지역으로 진출하였다. 장조는 초나라의 선진적 문화를 가져왔고 "뎬인"의 추앙을 받아 진닝을 중심으로 "뎬국滇國"을 설립하였다. 고대 진국에 대한 문헌 기록이 거의 없기 때문에 진국의 존재 여부는 오랫동안 학술적 논쟁의 대상이 되어왔다. 그러다가 1955-1960년 진닝 석채산에서 진행된 4차례의 대규모 고고학적 발굴에서 출토된 정교하고 비범한 청동 생산 도구, 생활 도구 및 병기로 인해 고대 진국의 존재를 확신할 수 있었다. 중국 고고학자들은 진닝 석채산의 고고학적 발굴에 이어 쿤밍, 청궁呈貢, 진닝, 청장澄江, 장촨江川, 신핑新平, 루량陸良, 안닝安寧, 루핑祿豐, 루난路南 등 12개 현(시) 수십 곳에서 진닝 스자이산에서 발견 및 출토된 것과 유사한 무덤과 청동기를 발견하였다. 총 출토된 청동 유물과 이에 반영된 사회 내용을 분석한 결과, 전지 지역은 이미 청동 문화 유형을 구성할 수 있으며, 이를 "뎬 문화 유형" 혹은 "뎬" 문화라고 약칭해하였다. 이 문화의 분포 범위는 대략 고대 뎬츠를 중심으로 동쪽으로 루량, 서남쪽으로 신핑, 서쪽으로 추슝楚雄, 동북쪽으로 취징曲靖에 이르는 광활한 지역인 것으로 밝혀졌다.[36]

요약하면, 장강 상류 지역은 독특한 지리적 위치와 우월한 자연 지리적 환경으로 인해 고대 인류의 형성과 진화의 중요한 지역일 뿐만 아니라, 장강 문명 및 장강 고대 문화 서열에서도 매우 중요한 위치를 차지한다. 이는 장강 고대 문명, 나아가 중국 고대 문명의 기원과 발전을 파악함에 있어서 이 중요한 지역을 빠뜨려서는 안 되는 이유이기도 하다.

(3) 장강 중류지역의 선사 문명과 고대 문화

후베이성 이창시에서 장시성 포양호 입구에 이르는 장강 중류지역은 벼농사의 발원지 중 하나이며 중국 벼농사 발전의 중요한 지역이자 농경

---

36 管彦波, "古滇文明:涅槃鳳凰──由撫仙湖水下古聚落群所想到的,"《科學中國人》第5期, 2001.

지역이다. 이 지역에서 가장 오래된 벼 관련 유적은 후난 다오현道縣 옥섬암玉蟾巖 동굴 유적으로 거슬러 올라간다. 1993년과 1995년 후난 다오 현에서 지금으로부터 1만 년 전의 옥섬암 유적이 발견되었는데, 유적의 문화 퇴적층은 두께 1.2-1.8미터로 주로 석기와 뼈, 뿔, 치아, 홍합 제품 및 다량의 동물 유해가 출토되어 구석기 문화에서 신석기 문화로 넘어가는 과도기의 모습을 보이고 있다. 두 차례의 발굴에서 총 4개의 왕겨整殘稻穀殼가 발견되었는데, 이 중 2개는 일반 야생벼이고 2개는 야생벼, 인디카, 자포니카벼의 특징을 겸비하고 있으며, 야생벼에서 재배로 진화한 고古재배벼이다. 유적 문화유물에 대한 종합적인 분석을 통해 당시 사회경제적 생활은 발달된 어업, 수렵, 채집경제가 주를 이루었고 벼 재배의 비중이 매우 미약하여 초기 시험 재배 및 길들이기 단계에 있었으며 생산 부문으로서의 농업이 아직 제대로 형성되지 않았음을 알 수 있다.[37]

　옥섬암 유적에서 발견된 몇 개의 왕겨만으로 식물 진화 과정에서 "고재배벼"의 집단적 특징과 위상을 제대로 파악하기에 부족하고, 장강 중류지역이 중국 벼농사의 기원과 발전에서 두드러진 위치를 설명하기에도 부족하였다면, 펑터우산彭頭山 문화, 취자링屈家嶺 문화, 스자허石家河 문화, 다시大溪 문화 등 신석기 문화 유적에서는 선사시대 벼농사 문명의 풍부한 함의를 보여주고 있다.

　펑터우산 문화는 후난 펑현澧縣 펑터우산에서 처음 발견되어 명명되었으며 장강 중류지역에서 가장 오래된 신석기 문화이자 중국에서 가장 오래된 벼 농업 문화로 알려져 있다. 문화적 연대로 볼 때, 지금으로부터 약 8,000여 년전으로 주로 둥팅호 서북쪽과 후베이 서부 장강 본류 연안에 분포되어 있다. 유적에서 발견된 생산도구, 생활도구, 벼의 상황으로 볼 때 당시 주민들의 경제생활은 주로 채집, 어업, 사냥이었고 벼농사는 여

37　任式南, "長江中遊新石器時代的顯著成就和特色文化現象", 《江漢考古》第1期, 2004.

 터메릭(울금)
 팻숀플라워
 페누그리크
 페퍼민트

 펜넬
 폿트마리골드
 호프
 화이트허하운드

 히비스카스(로젤)
 히솝

허브티용 허브 구입할 때 체크 할 것 8

허브티 용 허브는 프래시와 드라이 외에 티팩으로 만들어진 것 등이 있다.

① 그 어느 것이나 주위에서 공해의 영향을 받지 않는 청정지역에서 재배된 것이 안전하다. 생산지 표시가 있어야 한다.
② 농약이나 화학비료를 쓰지 않은 유기농 제품이어야 하며, 반드시 식용을 선택한다.
③ 수확했을 때 건조과정에서 변질이 없어야 한다. 예를 들면 폿트마리골드의 꽃은 선명한 황금색(오렌지 색)인데, 이 빛깔은 카로티노이드라는 색소성분으로 이것이 이 허브의 유효성분이다. 따라서 그늘에서 건조시키지 않고 햇볕에 건조시켜 타고 바래져 희뿌옇게 된 것은 불량품이다. 향이 약한 것도 묵은 것일 가능성이 있다.
④ 라벨에 기록된 것을 반드시 확인한다.
㉠ 학명은 세계 공통의 식물 명이므로 그 허브의 이름을 확인하여 오용을 피한다.
㉡ 수확 년, 월, 일 등을 반드시 확인하여 신선한 것을 선택한다. 허브는 6개월에서 1년을 넘긴 것은 유효성분이 변질되었거나 소멸된 것이 많기 때문이다.
㉢ 구입 선을 라벨에 체크해 두면 다음 해에 도움이 된다.
㉣ 구입요령은 한꺼번에 대량을 구입하는 것보다 소량씩 구입하면 변질을 염려하지 않아도 되고, 한 번 개봉한 것은 빨리 소비해서 변질을 막는다.

허브티 만드는 요령 9

허브티를 선택할 때는 심신의 상태를 살펴서 정확하게 파악한 후에 그에 따라 허브를 선택하는데, 그 허브의 성분이나 효능 및 치료효과, 주의사항까지 확인한 후에 티를 만든다. 앞에서 허브티는 허브와 물만으로 만든다고 했다. 허브에 대해서는 개별적으로 설명해 두었으니 참고로 삼으면 된다.

① 물은 어떤 물이 가장 좋을까?
물은 산소가 풍부한 천연수가 이상적이다. 샘물과 시냇물은 암석과 모래에 의해 자연적

으로 여과되어 맑은 물에 함유된 광물질과 산화물질이 적어 연수(軟水)라 하는데, 강물, 빗물, 수돗물은 끓이면 잡질이 쉽게 분해되어 침전되면서 연수가 되지만, 도시에서 흔히 쓰는 수돗물은 과량의 표백제로 소독하므로 짙은 염소냄새가 난다. 불가피하게 수돗물을 쓸 때는 물을 받아 며칠 동안 두었다가 염소냄새가 없어진 후에 쓰도록 한다. 티에 쓰는 가장 이상적인 물은 음료수로, 정수기를 통과시킨 물이나 시판되는 미네랄 워터가 좋다. 우물물은 광물질과 산화물이 많이 함유되어 있어 가장 부적절한 물이라 할 수 있다.

기준은 1잔으로 하여 설명한다.

물의 양(量)…1컵은 대개 150cc~180cc이다.

물의 온도…열탕이라 하나 96~98℃가 최적 온도다. 100℃가 넘으면 허브 속에 함유된 수용성 성분이 추출되기 어려운 것도 있다. 말로우, 창포 같은 것은 열탕에서는 엣센스가 파괴되기 쉽다. 반대로 80℃이하가 되면 너무 낮아서 추출되지 않는 성분도 있으므로 우려내는 적정온도가 중요하다.

끓는 물에서 허브를 우려내면 비타민c는 고온에서 쉽게 파괴되므로 좋지 않다고 알고 있으나 연구결과에 따르면 허브에 함유된 다른 성분이 비타민의 분해를 크게 억제하므로 우려내는 시간 동안에는 손실을 걱정하지 않아도 된다.

② 허브의 양은 프레쉬 티일 때는 드라이 허브의 양보다 3~10배 정도 더 소요되는데 프레쉬는 보통 70~80%이상이 수분이기 때문이다. 따라서 기준은 드라이 허브로 한다.

티스푼 수북이 1은 1g~2g이다. 세 손가락(엄지, 지지, 중지)으로 가볍게 집은 분량에 해당된다. 이것은 잎이나 꽃일 경우의 양이다. 큰 잎은 3~4장을 티 만들기 직전에 잘게 부수어 우러나는 면적을 넓혀준다. 미리 잘게 부수면 산화되기 쉽다. 씨나 열매는 직전에 분마기로 갈아서 우러나는 표면적을 넓혀준다. 로즈힙은 6개 정도 속의 털을 제거하고 쓴다. 단단하고 굳은 뿌리나 줄기, 수피 등은 적당한 길이로 잘라 건조되어 있으므로 직전에 잘게 부수던가 썰어서 큰 숟갈로 2를 이용한다. 프레쉬 허브는 싱싱한 것을 따서 물에 살짝 씻어 물기를 걷은 후 잘게 찢어서 침출 면적을 넓혀준다.

지금 시판되는 티팩 허브는 표준 양이 1g이므로 1컵 분량이다.

③ 철제 용기(容器)는 허브의 성분을 변질시키므로 피한다. 시판되는 유리 폿트나 도자기는 거름망이 있어 티를 만든 후 깨끗한 티가 되어 좋으며 반드시 뚜껑이 있는 것이 좋다. 유리 제품은 열탕을 붓는 순간부터 티의 빛깔이 우러나므로 묘미가 있다. 우린 후의 허브를 눌러 짜기 위해 유리나 나무, 도자기 등의 티스푼도 필요하다(티팩일 때도 쓴다).

④ 순서는 티폿트에 허브를 넣고 열탕을 부어 뚜껑을 덮고 지정된 시간만큼 기다렸다가

따뜻하게 데워둔 컵에 부어 천천히 향을 들이마시면서 음미하여 마신다. 뚜껑을 덮는 것은 휘발성 정유성분의 유효성분 손실을 막기 위함이다. 뚜껑이 없는 티 컵이면 받침 접시를 덮어주면 된다.

⑤ 허브를 우려내는 시간은 부위에 따라 다르다. 드라이허브 잎의 기준은 3~5분이다.

꽃잎(폿트마리골드 등)···1분간

꽃송이(캐모마일 등)···3~5분간

잎(연한 것)···3분간

큰 잎(유카리 등)···3~5분간

열매나 씨···5~7분간. 갈아서 가루로 만들었을 때는 2~3분간

뿌리, 줄기, 과피···굳은 것에 속하므로 5~10분간

프레쉬 허브···1분간

목질부, 목질화된 뿌리···달이는 쪽이 유효성분 추출에 좋다. 2~3분 끓인 뒤 약한 불에서 1시간 정도 달인다. 대개 1일 분량의 허브와 물을 이용해서 달인 후 마호병에 넣어두고 나누어 마신다.

우리는 시간이 너무 길면 진한 티가 되지만 자극이 강해진다.

기준시간만큼 우려내도 색이 나오지 않는 것은 묵은 것이므로 색이 우러나도 효력은 별로 나오지 않는다.

⑥ 우려내는 횟수는 1~2회로 끝낸다. 여러 번 우리면 유효성분이 없어지고 오히려 함유된 유해성분이 나온다. 허브 속의 유해성분은 제일 마지막에 우러나오기 때문이다.

아이스 허브티 만드는 법 10

여름에는 아이스 허브티를 만들면 별미다. 허브티(hot tea)의 경우와 같은 분량의 허브에 열탕은 1/2~1/3정도 부어 2~3배 진한 티를 만든다. 티 컵은 150~180cc다. 이 컵을 써도 좋고, 아니면 아이스 티 그라스가 200~250cc이므로 이 점을 고려하여 열탕을 준비한다. 아이스 허브티도 허브의 양은 동일하다. 그라스는 열에 강한 것을 택한다. 그라스에 얼음을 가득 넣고 우러난 티폿트를 가볍게 수평으로 흔들어 티의 농도를 균일하게 만든 다음 얼음을 채운 그라스에 천천히 부으면 된다. 이 때 프레쉬 허브(레몬이나 민트) 잎을 띄우면 뛰어난 연출이 된다. 그라스가 급격한 온도의 변화에 견디지 못하고 깨어지는 경우가 있으므로 아이스 전용 그라스를 쓰는 것이 안전하다. 얼음이 녹으면서 시원하고 맛있는 아이스 허브티가 만들어진다.

① 아이스 티에 쓸 수 있는 허브
페퍼민트, 애플민트, 캐모마일, 그란베리, 라스베리, 오렌지 꽃, 로즈힙, 레몬밤 등
② 특별한 아이스 허브티 방법도 있다.

제빙기의 아이스 큐브에 프레쉬의 허브잎을 손바닥에 놓고 탁 치면 향이 퍼지는데 큐브 하나마다 한 잎씩 넣고 물을 부어 얼리면 된다. 레몬밤으로 만든 얼음은 어느 티에도 잘 어울리며 상승효과도 있다.

③ 콜라나 사이다 같은 냉음료 대신 과일을 이용한 아이스 허브티도 있다. 프루츠티는 체내의 당분을 줄여준다. 균은 당분에서 번식되므로 감염증 대책이 된다. 조금씩 당분을 허브의 영양과 치료효과로 바꾸어 간다. 시간의 구애 없이 하루 중의 어느 때라도 에너지 증진을 위해 프루츠 아이스 티를 마셔도 좋다.

프루츠 아이스 티에 쓰일 수 있는 열매는 영양분(비타민 류, 미네랄 류) 뿐만 아니라 각종 성분과 각 기관에 유효작용도 하게 된다. 핑크색 그란베리티, 붉은색 빌베리티, 투명한 누런색(호박색(琥珀色))인 라스베리티, 비적색의 우아한 와일드 스트로베리티, 붉은색의 호손베리티, 적색의 로즈힙티 등이 있다.

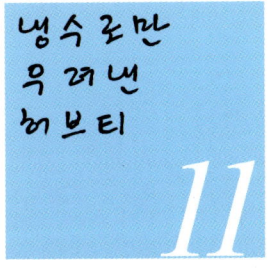

냉수로만 우려낸 허브티 11

허브티는 열탕으로 우려내는 것이 기본이지만 끓이지 않은 물로 우려내는 경우도 있다. 이 방법은 물의 온도에 따라 우러나는 성분만을 목적으로 추출하는 방법이다.

예를 들면, 마태는 카페인과 타닌이 함유되어 있어서 상온의 물로 추출할 경우 이 성분은 추출되지 않는다.

카페인을 과다 섭취하면 소화불량, 두통, 불면증, 불안, 신경과민, 방광염, 요도염, 변비, 감각이상 등의 해가 일어나며, 위산의 분비를 촉진하므로 위궤양을 악화시키는 것으로 알려져 있고 임산부에게 해로 지적되고 있으므로, 커피나 티(茶)사용을 꺼리는 경향이 있다. 이 방법을 이용해 보자.

마태(뿌리)를 거칠게 간 것 15g, 물 500cc를 준비하고 이 물이 들어갈 뚜껑 있는 유리 그릇을 준비하여 마태를 담고 물을 조금 부어 적신 뒤 나머지 물을 부어 스푼으로 잘 저은 다음 뚜껑을 덮고 상온(常溫)에서 하루 밤 두면 유효성분이 우러난다. 티 거름망으로 걸러서 냉장고에 넣으면 아이스 마태티가 된다. 홍차나 커피도 이 방법으로 만들면 카페인과 타닌이 없는 맛있는 티가 된다. 점액질이 있는 말로우도 이렇게 물로 8~12시간 우려서 티로 만드는 경우도 있다.

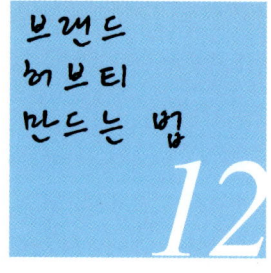
브랜드
허브티
만드는 법
12

브랜드 허브티는 한 종류의 허브로 만든 티보다 첨가한 허브 만큼의 유효성분이 늘어나 치료효과를 높일 수 있어, 그 상승효과는 놀랍다고 할 수 있다. 또 브랜드 티의 장점은 향기롭고 맛이 있을 뿐 아니라 쓴 맛을 꿀을 안치고도 달게 할 수 있고, 진한 맛을 부드럽게 할 수도 있다.

① 브랜드 허브티의 기본은 간단하다. 브랜드 할 각각의 허브를 동량으로 하여 하나의 티로 만드는 것이다.

티 컵 1잔의 허브티 표준량은 1종류이든 여러 종류이든 간에 드라이 허브 티스푼 수북이 1이다. 따라서 각각 1잔 분의 허브를 계량하여 고루 섞은 뒤 이것을 1잔 분량만 티로 만들고 나머지는 밀폐하여 보관했다가 다시 브랜드 티로 만들 때 1잔 분량의 허브(티스푼 수북이 1을 150~180cc의 열탕으로 만들면 된다. 각각의 분량이 줄어들어서 효력이 감소될 것 같지만, 각 허브마다 효능이 다르므로 더 큰 효과의 상승작용을 낼 수 있다.

② 티팩을 브랜드 할 때는 1팩이 1잔 분이므로 2봉이면 물도 2잔 분을 넣고 브랜드 하면 된다. 3가지면 3봉 분의 물이다.

③ 브랜드에서 유의할 것은, 많은 종류를 브랜드하면 허브 양이 줄어 서로간에 효력을 감소시킬 가능성이 있으므로, 2~3종을 브랜드할 것을 권하고 싶다.

④ 어떤 허브와도 비교적 잘 맞는 것은 저맨캐모마일, 시나몬(계피), 하이비스까스(로젤), 민트 류, 레몬그라스, 로즈힙 등이다. 이것들을 넣으면 맛이 부드러워져서 마시기가 쉬워진다.

⑤ 가장 손쉽게 브랜드하는 방법으로는 홍차나 녹차, 주스, 우유, 술(와인)등과 브랜드 하는 방법도 있다.

㉠ 홍차와 브랜드 할 경우에는 티폿트에 홍차 잎 6~8, 허브를 4~2 비율로 하여 열탕을 부어 우려내면 된다. 이때 허브를 레몬그라스를 쓰면 레몬티 같은 향기가 난다. 허브를 시나몬(계피)이나 페퍼민트, 로즈 등을 쓰면 홍차에 향료를 첨가한 것 보다 더 자연스러운 향기를 즐길 수 있다. 또 사과나 오렌지를 슬라이스(얇게 저며서)하여 1쪽 넣어도 좋다.

㉡ 녹차는 로즈와 잘 맞고 향기로운 브랜드티가 된다. 홍차와 다른 허브브랜드도 배

전히 보조적인 위치에 있었음을 알 수 있다.

쓰촨성 우산현巫山縣 다시大溪 유적과 기본적으로 동일한 문화적 함의를 지닌 대계 문화는 동쪽의 후베이 중남부, 서쪽의 쓰촨 동부, 남쪽의 둥팅호 북쪽 연안, 북쪽의 한수漢水 중류 연안의 장강 중류지역 서쪽의 양안 지역에 분포하며, 기원전 4,400-기원전 3,300년 사이의 유적으로 추정한다. 주민들은 주로 벼농사에 종사함과 동시에 축산업과 어업과 사냥을 겸하고 있으며, 재배된 벼의 품종은 자포니카 벼로 확인되었다.

지금으로부터 약 5,000-4,600년 전으로 추정되는 취자링 문화 유적에서는 많은 석제石制 생산 도구와 도제陶制 생활 도구가 출토된 것으로 보아, 당시 이미 호미 농업 단계에 진입하였으며 곡물 재배는 사람들의 안정적인 식량 공급원이 되었음을 추정할 수 있다. 유적지에서 발견된 왕겨와 낟알에 대한 감정을 통해 고고학자들은 당시 사람들이 오늘날 재배되는 쌀 품종에 가까운 더 큰 멥쌀 품종을 재배하였음을 발견하였다.

스자허 문화는 후베이 톈먼시天門市의 스자허 유적에서 처음 발견되어 붙여진 이름으로, 지금으로부터 약 4,600-4,000년 전에 존재한 것으로 추정된다. 해당 문화는 장한江漢 평원 지역에 주로 분포하며 그 분포 범위는 취자링 문화의 분포 범위와 거의 같다. 주민들은 주로 쌀을 재배하는 농업 생산에 종사하며 어업, 사냥 및 축산업을 겸업하고 있었던 것으로 보인다.

상술한 장강 중류지역의 몇몇 대표적인 신석기 문화 유적에서 발견된 시대별 왕겨, 벼, 쌀 및 이에 상응하는 벼 농업 생산 유적은 우리가 원시 농업의 실제 모습과 발전 상황을 이해하고 장강 중류지역의 초기, 중기, 후기 벼농사 농경 문화를 파악하는데 풍부한 고고학적 자료를 제공한다.

장강 중류지역의 우월한 자연지리적 환경은 선사시대 벼농사 문명을 잉태했을 뿐만 아니라 선사 문화를 바탕으로 화하華夏를 재패한 징추荊楚 문화를 탄생시켰다.

징추 문화는 장강 중류지역의 고대 지역문화 중 가장 대표적인 문화로, 장한 문화, 후샹湖湘 문화, 장화이江淮 문화 등 몇 개의 하위 문화를 포함한다. 징추 문화의 기초는 장강 중류지역의 선사 문화이며 징추 문화의 발전과 번영은 초인楚人의 번성, 초나라의 건립 및 번영과 직접적인 관련이 있다.

연구에 따르면 초인은 중원에서 유래하였으며 중원의 화하족 선조들과 일정한 교류를 한 것으로 밝혀졌다. 초인의 선조들이 황하 유역에서 장강 유역으로 이주하는 과정에서 산먀오三苗 집단을 핵심으로 하여 많은 부족을 통합, 수용하였다. 서주 초년에 초나라의 선조 웅역熊繹은 주나라 성왕에 의해 자남子男의 밭으로 봉해져 단양(丹陽, 오늘날 후베이 즈구이秭歸)에 거주하게 되었고, 이때부터 나라를 세웠다. 약 800년 동안 초나라의 영토는 주로 후베이성 서부 산악 지역과 강한 평원 지역에 있었지만 점차 동쪽, 남쪽, 서쪽 및 북쪽으로 확장되었다. 전국시대 중후반에 이르러 초나라의 영토는 회하·한수 유역을 포함해, 서쪽으로는 파촉, 남쪽으로는 백월百越, 동쪽으로는 오월吳越, 북쪽으로는 황하의 광활한 지역에 이르렀다. 초나라의 건립과 번영은 징추 문화를 큰 변화와 발전의 시기로 이끌었다.[38]

고대 장강 중류지역은 다민족 활동의 중요한 무대였고, 따라서 징추 문화는 다민족이 함께 창조한 문화였다. 신화 속의 염황시대, 황제부족과 치우를 우두머리로 하는 동이 부족 사이에는 장기간의 전쟁이 지속되었고 결국 치우가 패전하면서 살아남은 동이 구려九黎 부족의 일부는 황하를 건너 남쪽의 장강 유역의 포양호와 둥팅호 일대로 이주하였다. 선사시대의 취자링 문화는 바로 구려의 후예들이 창조한 문화일 수 있다. 문헌에 따르면 동주시대에는 초인 외에도 장강 중류지역에 한양漢陽 제희諸

---

[38] 葉尙志, "長江文化演進規律初探," 《人才開發》第1期, 1998.

다.⁴⁴

위에서 필자는 각각 황하 유역과 장강 유역의 자연지리적 환경을 배경으로 선사시대와 문명사회 진입한 이래 상당한 기간 동안 이 두 유역의 문명 형태와 인간집단의 활동을 고찰하였다. 비록 속작粟作 문명을 위주로 하는 황하 문명과 벼농사문명을 위주로 하는 장강 문명은 중국의 선사 문명 발전에서 각기 다른 발전 특성과 문명 표현을 가지고 있었지만, 이 두 개의 광범위한 유역성 문명은 두 개의 평행선처럼 서로 무관하고 고립되어 발전한 것이 아니라 선사시대부터 광범위한 융합과 축적을 가지고 있다. 바로 이러한 광범위한 융합과 축적으로 인해 중국 문명은 근원부터 광대한 자원을 취하게 되었고, 황하와 장강 두 유역의 다양한 신석기 문화를 흡수하고 축적하여 이후 문명의 발전과 지속을 위한 견고한 역사적 토대를 마련하였다. 역사시대에 접어들면서 황하 유역과 장강 유역으로 구성된 심복 지대와 장강 이남의 주강 유역, 민난閩南 빈하이濱海 지대, 윈구이고원雲貴高原, 대만, 하이난도 등 광활한 지역이 더해져 중국 각 민족의 생존과 발전의 여지가 매우 넓어졌다.⁴⁵ 한족의 발전 역사를 보면, 막북 유목민족이 대규모로 남하하고 중원 지역이 북방 소수민족의 침해를 받았을 때, 장강 유역은 중화문명의 심복 지대로서, 종종 넓은 아량으로 남으로 이주한 북방 세가世家의 대족大族들을 받아들여, 중원의 병화兵燹에서 탈출한 수천 명의 한족 유민들에게 안주할 수 있는 터전을 마련하였다. 남하한 한족 이주자들은 장강 유역의 안정적 거주, 부흥, 재정비 과정에서 장강 유역과 그 이남 지역에 거주하는 오랑캐, 백월, 백복百濮, 파족, 먀오요苗瑤 등 많은 민족 집단과 끊임없이 교류하고 융합하여 한족을 눈덩이처럼 불어나게 함으로써 오늘날과 같은 세계 최대의 민족으로 발

---

44 董楚平, "'吳越文化'略談", 《社會科學報》, 1991년 5월 30일, 제2면.
45 吳必虎・劉筱娟, 《中國文化通志・景觀志》, 上海人民出版社, 1998, p.104.

전시켰다. 요컨대 황하 문명과 장강 문명을 핵심으로 하는 중화문명은 사실 다민족이 공동으로 창조하고 이어가는 문명이며, 한족을 주체로 하는 중화민족의 발전 역사도 역시 강과 하천이 서로 돕고 남북이 서로 보완하면서 찬란한 역사를 만들었다.[46]

---

46 陳剩勇, "長江文明的曆史意義,"《史林》第4期, 2004.

중화문화의 다원적 기원과 주요 역사지리민족 지역

　중국은 광활한 영토, 많은 민족, 유구한 문명 전통을 가진 국가이다. 신석기 시대 이후 중화민족의 부단한 성장과 민족 간 상호작용이 강화됨으로 인해 중국 문화의 시대적 발전과 지역적 발전은 다원적인 모습을 보여주었고, 공간적으로도 몇 가지 큰 지역 유형으로 발전하였다. 중국 문화의 거시적 진화 과정, 그리고 중국의 광활한 지리적 틀 내에 서로 다른 민족공동체가 거주하고 있으며, 지역적 민족문화 발전 과정에서 지리, 인문, 민족 발전 및 변천과 상호 작용의 여러 요인에 기초하여 동북역사지리민족구, 북방 만리장성대 역사지리민족구, 서북역사지리민족구, 서남역사지리민족구 등 몇 개의 일정한 지리적 경계를 가진 역사지리민족구를 형성하였다.

1. 중화문화의 다원적 기원 및 지역적 경계

중국의 광활한 영토와 복잡하고 다양한 지리적 환경에서 일찍이 신석기 시대에 중화민족과 그 선조인 다양한 민족공동체는 고유한 지역 문화를 창조하여 중국 문화가 다양한 색깔을 나타내도록 하였다. 최근 수십 년 동안 중국 고고학계와 역사 및 지리학계는 중국 신석기 문화 지역의 구분에 대해 많은 토론을 진행하였으며 다음과 같은 대표적인 관점을 형성하였다.

고고학계에서 스싱방石興邦, 쑤빙치蘇秉琦, 퉁주천佟柱臣, 옌원밍嚴文明 등은 중국 신석기 시대의 문화에 대한 지역 구분 연구를 이른 시기에 시작한 학자들이다. 스싱방은 1980년대 초 "중국 신석기시대 문화체계에 관한 문제關於中國新石器時代文化體系的問題"라는 글에서, 당시 발굴된 신석기 시대의 주요 고고학적 문화 유산에 근거하여 중국 신석기 시대 문화를 3대 지역 문화 시스템으로 구분하였다. 첫째는 북방 초원 지역의 세細석기 문화 시스템으로, 주로 만리장성 이북의 광대한 지역을 가리키는 것이고, 둘째는 중원 지역의 양사오仰韶 문화 시스템, 셋째는 장강 중하류와 동남 연해 지역의 칭롄강青蓮崗 문화 시스템이다.[47]

쑤빙치는 1980년대 중반 "고고학 문화의 지역 계통 유형에 관한 문제關於考古學文化的區系類型問題"라는 글에서, 고고학 문화의 지역區, 계통系, 유형 문제에 대한 연구를 강화해야함을 강조하였고, 문화적 연원, 특징, 발전 경로의 유사점과 차이점 등에 기초해 중국 신석기 시대 문화를 6대 문화지역으로 분류하였다. 만리장성 지대를 중심으로 한 북방지역,[48] 산시山西·산시陝西·허난 3성 접경지역을 중심으로 한 중원 지역, 산둥과 그 접경지역을 중심으로 한 황하 하류지역, 후베이와 그 접경지역을 중심으로 한 장강 중류지역(한수漢水

---

47 石興邦, "關於中國新石器時代文化體系的問題,"《南京博物院集刊》第2期, 1980.
48 즉 북방지역은 자오맹(昭盟)을 중심으로 한 지역, 허타오(河套) 지역, 룽둥(隴東)을 중심으로 한 간칭닝(甘青寧) 지역 포함한다.

중류지역, 어시鄂西 지역, 어둥鄂東 지역), 장쑤와 저장 및 접경지역을 중심으로 한 장강 하류지역(타이호太湖 지역, 닝사오寧紹 지역, 닝전寧鎮 지역), 포양호-주강 삼각주 일선을 주축으로 한 남방지역(동남 연해, 영남嶺南, 서남의 몇 개 성) 등이다.[49]

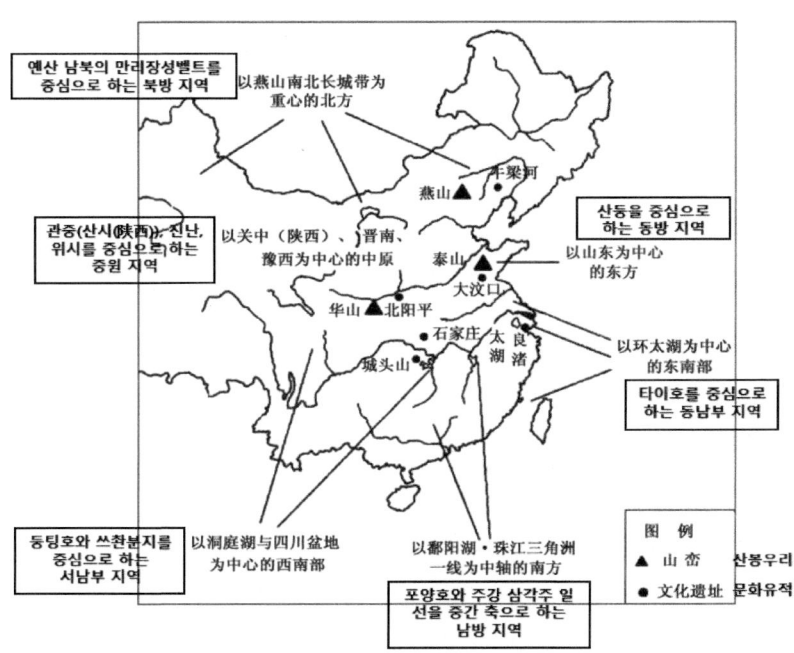

<그림 6-2> 6대 고고학 문화지역 계통 설명도[50]

퉁주천은 중국 신석기 문화를 종합적으로 살펴본 뒤 중국 신석기 문화 관련 "3대 접촉接觸 지대론"과 "7대 계통 중심"이라는 중요한 관점을 제시하였다. 그는 "중국 동부에는 신석기 시대의 문화적 접촉 지대가 세 곳 있는데, 하나는 인산산맥陰山山脈, 다른 하나는 진령산맥, 그리고 마지막 하나

---

49 蘇秉琦,《蘇秉琦考古學論文選集》, 文物出版社, 1984, pp.225-234.
50 蘇秉琦,《中國文明起源新探》, 遼寧人民出版社, 2009, p.29.

는 난링산맥이다. 이 세 산맥은 모두 동서 방향으로 뻗어 있고, 각 산맥의 북쪽과 남쪽에는 서로 다른 문화가 분포하고 있어 접촉지대라는 이름을 붙였다. 이 중 북위 40-42도 사이에 동서로 가로놓인 인산산맥은 음산 이북의 수렵경제유형 각 문화와 음산 이남 황하 유역의 속작농업경제유형 각 문화의 접촉지대이다. 북위 32-34도 사이의 진령산맥 이남과 그 여맥인 둥바이桐柏산맥과 한수 유역, 회하 유역의 동서 일선은 황하 유역의 속작경제 유형을 특징으로 하는 각 문화와 장강유역의 벼농경제유역을 특징으로 하는 각 문화의 접촉지대이다. 북위 25-27도 사이의 난링에서 우이武夷산맥까지는 장강 유역의 각 문화와 주강 유역 각 문화의 접촉지대이다.[51] "3대 접촉지대론"를 발표한 이듬해 통주천은 신석기 시대의 주요 고고문화 유적을 근거로 타오하洮河 유역의 마자야오馬家窯 문화계통 중심, 위하渭河 유역의 반퍼半坡 문화계통 중심, 위시豫西 진난晉南의 먀오디거우廟底溝 문화계통중심, 하이다이海岱 지역 다원커우大汶口 문화계통중심, 닝사오寧紹 평원 허무두河姆渡 문화계통중심, 타이호太湖 지역 마자방馬家浜 문화계통중심, 장한江漢평원 취자링屈家嶺 문화계통중심 등 "7대 계통 중심"을 제시하였다.[52]

1987년 고고학자 옌원밍은 "중국 선사문화의 통일성과 다양성中國史前文化的統一性與多樣性"이라는 글에서, 주요 경제활동을 위주로 중국 신석기시대 문화를 3대 문화지역으로 나누었다: 첫째는 밭농업 경제문화지역으로 중원 문화지역, 산둥 문화지역, 간칭甘青 문화지역, 옌랴오燕遼 문화지역을 포함한다. 둘째는 도작 농업 경제문화지역으로 장강중류 문화지역, 장저江浙 문화지역, 민타이閩臺 문화지역, 웨구이粵桂 문화지역과 윈구이雲貴 문화지역이다. 셋째는 채집-수렵 경제문화지역으로 동북 문화지역과 멍신蒙新 문

---

51 佟柱臣, "中國新石器時代文化三個接觸地帶論,"《史前研究》第2期, 1985.

52 佟柱臣, "中國新石器時代文化的多中心發展論和發展不平衡論──論中國新石器時代文化發展的規律和中國文明的起源,"《文物》第2期, 1986.

화지역 및 티베트 문화지역을 포함한다.[53]

역사학 및 지리학 학계의 저우팅유周廷儒, 차오푸린晁福林, 허우융젠侯甬堅, 천수陳恕, 마오시毛曦 등의 학자도 중국 신석기 시대의 문화에 대한 지역 구분 연구를 수행하였다.

고지리학자 저우팅유는 중국 지리환경의 지역적 특성과 지역문화의 특성에 따라 중국 신석기시대의 문화를 화북지역, 서북지역, 화북해안지역, 동북지역, 멍신지역, 화중지역, 화남지역, 동남해안지역, 서남지역과 티베트지역의 10개 지역으로 나누었다.[54] 차오푸린은 구석기시대 중후반 이래 각 지역에서 생겨난 다양한 풍모와 수준의 문화 발전이 신석기시대에 이르러 화려하고 다양한 지역문화를 형성하였다고 주장하였다. 또한 신석기시대의 주요 문화 지역은 황하 유역, 장강 유역, 동남부 지역, 서남부 지역, 북부 지역과 같은 몇 가지 주요 지역으로 나눌 수 있다.[55] 천수는 "구석기 문화에서 신석기 문화로의 다양한 변증법적 발전, 인접 및 유사한 문화지역 간의 접촉과 교류, 자연 및 사회적 이유 등 세 가지 요인에 따른 부족 이동 속에서 중국 문화는 세 가지 다른 발전 경로를 거쳐 3개의 경제문화지역을 형성하였는데, 그것이 바로 장강 유역과 그 남부의 벼농업 문화지역, 황하 유역의 밭농업 문화지역, 동북, 몽골고원 및 티베트고원의 축산·어업·수렵 문화지역이다. 중국의 광활한 영토와 매우 복잡한 자연 및 지리적 조건으로 인해 이 3대 문화지역의 구분은 절대적이지 않으며, 3대 문화지역의 발전은 불균형하고 지역 문화의 발전도 다양하며 다양한 문화지역 내에서도 불균형하여 상당히 복잡한 문화계보를 형성하였다."[56]

---

53 嚴文明, "中國史前文化的統一性與多樣性,"《文物》第3期, 1987.

54 中國科學院《中國自然地理》編輯委員會 엮음,《中國自然地理·古地理》, 科學出版社, 1984, pp.216-221.

55 晁福林,《夏商西周的社會變遷》, 北京師範大學出版社, 1996, p.1.

56 陳恕,《黑龍江北方民族音樂文化研究》, 中央文獻出版社, 2004, pp.15-16.

역사지리학계의 경우, 허우융젠이 제안한 "중단변잡 구분법中單邊雜分區
法"과 마오시의 분류법이 가장 대표적이다.

허우융젠은 중국 신석기 문화를 9개의 고고학적 문화 지역과 26개의
고고학적 문화 하위지역으로 나누기 위해 "중단변잡 구분법"을 사용하였
으며 자세한 내용은 〈표 6-1〉을 참조하면 된다.

<표 6.1> 중국 신석기 시대 문화 지역 계통文化區系 표[57]

고고문화지역	문화 하위지역亞區	고고문화지역	문화 하위지역亞區
북방 고고문화지역	내몽골 서西 요하遼河 유역 요서·지베이冀北 하위지역	황화 하류 고고문화지역	위둥豫東·루시魯西·루베이 魯北 하위지역
	내몽고 우르기무렌烏爾吉木倫 하 유역 하위지역		루둥魯東 남쪽·쑤베이蘇北 하위지역
	요남遼南 하위지역	장강 중류 고고문화지역	양호兩湖 평원·위시豫西 남 쪽 하위지역
	송화강松花江 두만강 하류 하위지역		간베이贛北 하위지역
	송눈松嫩 평원 하위지역	장강 하류 고고문화지역	무후蕪湖-난징南京 하위지 역
	우수리강 상류 하위지역		쑤난蘇南·저베이浙北 하위 지역
	동부 허타오河套 평원 하위지역		
황화 중류 고고문화지역	관중關中·위시豫西·진난晉南 하 위지역	화남 고고문화지역	민강閩江 하류 하위지역
	위중豫中·위난豫南 하위지역		광둥廣東 3강三江 유역 하위 지역
	위베이豫北·지난冀南 하위지역		광시廣西 하위지역
황하 상류 고구문화지역	룽둥隴東·닝난寧南 하위지역	신장 고고문화지역	둥장東疆 하위지역
	룽중隴中 하위지역	서남 고고문화지역	카스喀什 하위지역
	룽시隴西·칭둥青東 하위지역		윈난雲南 얼하이洱海·뎬츠 滇池 유역 하위지역
			티베트 창두昌都 하위지역

---

57 侯甬堅,《區域歷史地理的空間發展過程》, 陝西人民教育出版社, 1995, pp.30-39.

와 유목경제의 중국 각 지역에서의 발전 및 나타난 문화 하위지역을 각 권의 제목으로 정하였다. 이 시리즈의 총 서언에서 펑톈위는 다음과 같은 문화 하위지역들을 밝히고 있다. 동부 농업문화지역은 한족을 주체로 하는 중원 농업문화 하위지역과 서남부 소수민족을 주체로 하는 농업문화 하위지역으로 구분한다. 중원 농업문화 하위지역은 북쪽에서 남쪽으로 다시 옌자오燕趙·3진三晉·치루齊魯·중저우中州·징추荊楚·오월吳越·파촉巴蜀·안후이安徽·장시江西로 나눌 수 있다. 중원 농업문화 하위지역은 북쪽으로 송요松遼 하위지역으로, 그리고 남쪽으로 민타이閩臺 하위지역과 링난嶺南 하위지역으로 확장된다. 서남부 문화 하위지역은 다시 덴윈滇雲·구이저우 하위지역으로 나눌 수 있다. 서부 유목문화 지역은 멍신蒙新 초원-사막 유목문화 하위지역(다시 만리장성 이북塞北·간닝甘寧·서역 하위지역으로 구분)과 디베트고원 유목문화 하위지역으로 나뉠 수 있다. 이러한 문화 지역 구분을 바탕으로 시리즈는 옌자오 문화, 송요 문화, 3진三晉 문화, 민타이 문화, 3진三秦 문화, 링난 문화, 치루 문화, 덴윈 문화, 중저우 문화, 구이저우 문화, 징추 문화, 만리장성 이북塞北 문화, 오월 문화, 간닝 문화, 파촉 문화, 서역 문화, 안후이 문화, 티베트 문화, 장시 문화 등 19권으로 구성되어 있다.[64]

상술한 시리즈 중 "조기 중국 문명" 시리즈는 주로 석기 시대부터 한나라 때까지 각 지역 문명의 진화와 문화의 지역적 전개 상황을 논하고 있으며, 설정한 13권의 제목은 전체적으로 한나라 이전 중화권 문화 발전의 기본 모습을 반영하고 있다. "중화 지역 문화 대계" 시리즈는 주로 농경경제와 유목경제가 중국이라는 시공간 전개에 나타난 지역유형을 바탕으로 틀과 체계를 설정하였는데, 시공간이 길고 내용이 풍부하며 범위가 넓어 중국 지역문화 연구의 총체적 성과라고 할 수 있다.

---

64 馮天瑜, "中國文化的地域性展開," 《江漢論壇》第1期, 2002.

중화권 문화는 역사적으로 중화 대지에서 거주하였던 많은 민족이 특정한 자연 및 지리적 환경에서 창조한 것으로, 역사적 과정에서 다양한 자연, 사회, 인문 및 기타 요인이 복합적으로 작용한 산물이다. 중국 문화의 지역성을 언급할 때 중국 문화의 공통성을 설명해야 한다. "이러한 공통성은 수천 년의 역사적 과정에서 중화민족의 결합으로 형성되며, 흡수 및 축적된 광활한 기상氣象, 다문화에 대한 포용 정신의 통합 및 종합으로 나타난다."[65] 지역과 민족이 함께 만든 문화의 "다양성"과 "단일성"의 상호작용으로 인해 중국 문화의 다원적 통합 구조가 형성되었다. 따라서 중국 문화의 지역성에 대한 학문적 논의와 함께 현재 학계에서 중국 문화 공간의 전개와 확장에 대한 거시적 사고도 함께 살펴볼 필요가 있다.

가장 먼저 살펴볼 연구는 퉁언정童恩正이 최초 주창했던 "반달형 문화벨트半月形文化帶" 이론이다. 1980년대 고고학자 퉁언정은 중화 판도 내 지리구조에 대한 전반적인 고찰을 바탕으로 티베트고원 동북의 치롄산祁連山, 허란산賀蘭山, 인산陰山, 대싱안링大興安嶺 등의 산맥과 티베트고원 서남 남북향의 헝돤橫斷산맥과 인접한 만리萬裏의 고지로 이루어진 지대가 해발, 기후, 강수, 토양, 식생 등 자연지리적 환경조건에 있어서 상당한 일치성을 보이고 있을 뿐만 아니라, 이 일대를 통해 신석기 시대부터 청동기 시대까지의 세細석기, 석관장石棺葬, 대석묘大石墓인 석붕石棚, 석조 건축 유적 등 문화 유적에 대한 총체적인 연구를 통해 중국 동북에서 서남 변경지역까지 "반달형 문화벨트"가 존재하는데, 문화적으로 독특한 특징을 보여 고대 화하문명의 변연지대를 구성한다는 것이다. 이것이 바로 그 유명한 "반달형 문화벨트" 이론이다(그림 6-4 참조).

---

65 馮天瑜, "中國文化的地域性展開," 《江漢論壇》第1期, 2002.

<그림 6-4> 중국 동북에서 서남 변경지역까지의 반달형 문화 전파 벨트[66]

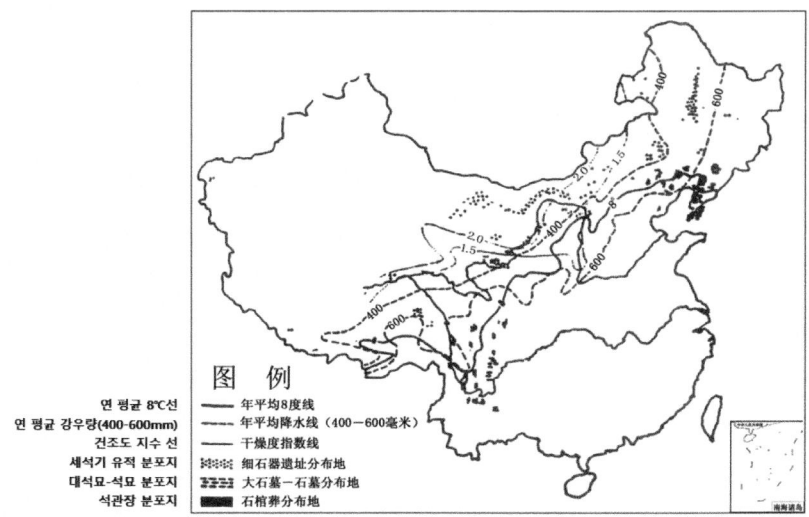

이 지대는 역사적으로 중화와 서융西戎을 경계짓는 중요 지대이자 축산업이나 반농·반유목 민족의 번식을 위한 중요한 장소로서, 이夷·강羌·융戎·호胡 등 유목민족의 생존과 발전에 있어서 "통로" 역할을 할 뿐만 아니라, 전체 농업·유목 집단 대치 구조에서 "과도"와 "완충"적인 의미를 지니는 지대이다.[67]

퉁언정이 주장한 "반달형 문화벨트"는 중국 동·서부의 경계선이며, 그 양옆은 사실상 중국의 전통 농업과 목축업 지역이다. 중국 학계에서는 생태와 문화적 특성의 교차라는 점에 주목해 헤이룽장黑龍江 아이훈瓊琿에서 윈난 텅충騰衝까지의 연결선을 대체로 중국 판도의 동서 구분선으로 인식한다. 동반부는 평원, 구릉, 해발 2,000미터 이하의 고원, 산지가 주를 이루고 계절풍 기후가 만연하여 비교적 발달한 농경지대이다. 서반부는 초원,

---

66 童恩正,《南方文明》, 重慶出版社, 1998年, 第561頁.
67 徐新建:《"族群地理"與"生態史學"》, 載石碩主編:《藏彝走廊──曆史與文化》, 四川人民出版社, 2005年.

사막, 고산, 고한 고원이 주를 이루고 대륙성 기후에 속하며 목축업이 발달한 유목지대이다. 동부 농경지대 내부는 대체로 진령산맥과 회하를 경계로 하며, 북부는 낙엽활엽수림대로 온대의 건조하고 서늘한 기후형에 속하며 연간 강우량은 400밀리미터-700밀리미터로 고온이 집중된 여름과 가을은 작물 성장에 유리하다. 그러나 강우량은 몬순의 진퇴에 심각한 영향을 받아 연간 변화율이 매우 크고 황하가 쉽게 범람하기 때문에 겨울과 봄에 가뭄이 자주 발생하고 여름과 가을에 홍수가 자주 발생한다. 특히 가뭄은 농업 생산의 주요 위협요인이 된다. 황하 유역의 대부분은 황토로 덮여 있고 평야가 넓으며, 토양층이 깊고 느슨할뿐만 아니라 비옥하며, 삼림이 비교적 희박하여 비교적 간단한 도구로도 경작할 수 있는 장점이 있다. 그러나 평야의 경사면이 작고 지하 수위가 높으며 배수가 원활하지 않을뿐만 아니라, 침수의 염분화가 심각하다. 특히 고대부터 염분화가 심각하였던 것으로 보인다. 이런 자연조건은 황하유역이 가장 먼저 대규모로 개발돼 오랫동안 중국 경제와 정치의 중심이 되었고, 동시에 이 지역의 농업이 조·기장 등 내한성 작물을 재배하는 데서 시작되었다는 점에서 흔히 조粟문화지역(또는 밭농사 문화지역)로 불린다.[68] 진령 이남의 장강 중하류 및 남쪽의 변경 지역은 기본적으로 아열대 및 난온대 기후 유형에 속하는데, 강우량이 풍부하고 강과 호수가 빽빽하며 수원이 충분하고 자원이 풍부하지만 강우량도 계절풍 진퇴의 영향을 받아 일부 하천은 쉽게 범람하고 가뭄과 홍수가 수시로 발생한다. 하천 양쪽에 비옥한 충적대가 있는 경우가 많아 이상적인 농경지대이지만, 화북과 같은 광활한 평야가 부족하고 산지와 구릉 대부분이 산성이 강하여 경작성이 좋지 않은데다가 산이 많고 숲이 빽빽하며 수면이 넓고 움푹 들어간 땅이 많아 대규모 개발에 많은 어려

---

68 李根蟠, "中國農史上的'多元交匯'——關於中國傳統農業的再思考,"《中國經濟史研究》第1期, 1993.

움과 문제를 초래한다. 이러한 자연조건으로 이 지역은 오래전부터 벼 등 희온喜溫 작물을 주로 재배해 왔으며,[69] 따라서 사람들은 이 지역을 벼농사 문화지역이라고 부른다.

중국의 1급 문화지리지역의 구분에 있어서, 농경지대와 유목지대는 상대적인 것인데, 지역적으로 농경문화와 유목문화가 서로 교차 분포되어 있으며, 이러한 교차 분포 현상은 하위 문화지역에서 보다 명확하고 정확하게 나타날 수 있다. 따라서 일부 학자들은 민족집단의 분포와 문화적 특성의 차이를 근거로 하여 2급 문화지역, 즉 문화 하위지역의 개념을 제시하였고, 서부 유목문화지역을 멍신 초원 사막유목문화지역과 티베트고원 유목문화지역의 두 하위지역으로 구분하였고, 동부 농경문화지역을 한족을 주체로 하는 전통 농업문화 하위지역과 서남부 소수민족을 주체로 하는 소수민족 농업문화 하위지역으로 구분하였다.[70] 사실, 오늘날 중국의 판도에는 전통적인 목초지대에도 서로 다른 벼 경작지대가 있다(〈그림 6-5〉 참조). 마찬가지로 동부의 농경사회에서도 자연과 문화의 차이가 존재한다. 예를 들어 사사키 다카아키佐佐木高明를 비롯한 일본학자들은 히말라야 남쪽 기슭에서 미얀마, 윈난 남부, 태국, 베트남 북부, 그리고 장강 남쪽 기슭을 따라 일본 서부에 이르는 이 일대를 가리켜 "조엽照葉수림 문화벨트"라고 부르는데,[71] 이는 또한 농경 재배의 특성에 따라 "벼농사 문화 벨트" 또

---

69 李根蟠, "中國農史上的'多元交匯'——關於中國傳統農業的再思考," 《中國經濟史研究》第1期, 1993.

70 王會昌, 《中國文化地理》, 華中師範大學出版社, 1992, pp.229-231.

71 "조엽수림"은 실제로 상록활엽수림으로 청봉속(青鳳屬), 카스타놉시스(栲屬), 돌참나무속(石櫟屬), 남속(楠屬), 녹나무속(樟屬) 및 우리가 흔히 보는 동백나무 등 다양한 속의 나무로 구성되어 있으며 잎 표면이 반사되어 "조엽수림"이라는 이름이 붙여졌다. 서로 다른 종의 나무로 주로 히말라야산맥 중부 1,500~2,000미터에서 시작해 인도 북동부를 지나는 아삼(阿薩姆), 부탄, 중국 윈구이(雲貴) 고원, 태국, 라오스, 베트남 북부, 중국 장강 연안에서 한반도와 일본 열도의 서남부까지 이어지는 5,000제곱킬

는 "동아시아 반달호半月弧 벼농사 문화권"으로 불리기도 한다.

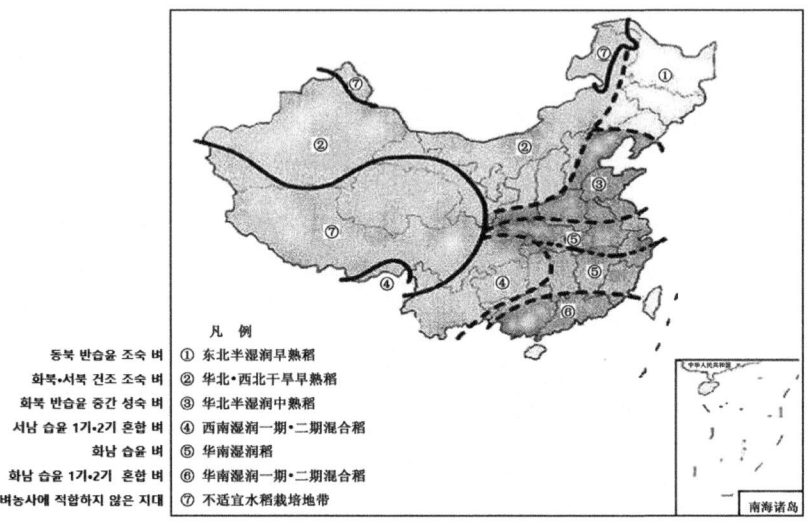

<그림 6-5> 당대 중국의 유형별 벼농사 지대

"반달형 문화벨트"와 "동아시아 반달호 벼농사 문화권"에 대해 이야기할 때, 쉬신젠徐新建의 창의적인 글도 언급할 필요가 있다. 쉬신젠은 2005년 발표한 "'종족지리'와 '생태사학': "장이회랑"에서 인출된 총론과 평론 "族群地理"與"生態史學"——由"藏彛走廊"引出的綜述和評說"이란 글에서, 상술한 "반달형 문화벨트" 두 개와 농경·유목 사회 각각의 "중심"과 "변두리"를 연결시키고, 더불어 동아시아 대륙의 생태구조에 상하 대칭적으로 나란히 배치해놓음으로써, 동아시아 대륙의 지리·민족·역사와 문화를 온전히 인식하는

로미터의 자연지리대에 집중적으로 분포해 "조엽수림지대"로 불린다. 조엽수림대는 아시아 대륙의 난온대에서 가장 특징적인 큰 삼림지대인데, 띠 모양으로 확장되어 동아시아의 중앙부를 동서로 가로지르는 문화 또는 이 광활한 자연지리대 내의 동질문화를 조엽수림문화라고 한다.

전체적인 틀을 제시하였다(〈그림 6-6〉 참조).[72]

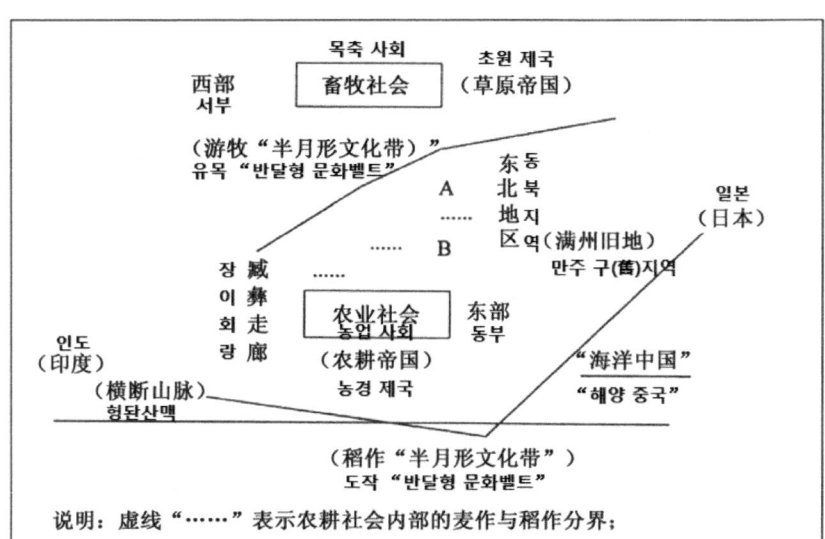

<그림 6-6> 동아시아 대륙 지리·민족·역사와 문화 이해의 전체적 틀

주: 점선은 농경사회 내부의 밀농사와 벼농사의 경계를 가리킨다. A는 북방의 밀농사 지역, B는 남방의 벼농사 지역이다.

중화민족의 역사와 문화에 대한 거시적 사고와 이론 구축에서 잊어서는 안 될 것은 페이샤오퉁費孝通의 탁월한 공헌이다. 1980년대 전후로 페이샤오퉁은 자신의 다년간의 민족연구와 사회조사 실천을 바탕으로 과거 민족연구의 경험과 그 한계를 종합적으로 분석한 결과, 민족연구에서 단지 하나의 민족이나 하나의 성省 만을 고립시켜 연구할 것이 아니라, 거시적이고 전체적인 시야를 확립하고 중화민족이라는 전체로부터 각 민족 간의 왕래와 상호작용을 바라보며 역사적으로 형성된 민족지역에 따라

---

72 石碩 엮음, 《藏彝走廊——曆史與文化》, 四川人民出版社, 2005, p.104.

연구를 진행해야 함을 제안하였다. 페이샤오퉁은 "전국일체全國一盤棋"라는 연구 관점에서 "역사가 형성한 민족지역"에 따라 중화민족이 있는 지역을 크게 중원지역, 북부 초원지역, 동북쪽의 고산삼림지역, 서남쪽의 티베트고원 지역, 윈구이고원雲貴高原 지역, 장이회랑藏彝走廊, 난링회랑, 서북회랑, 연해지역 및 연해의 각 섬 등으로 구분하였다.[73] 이러한 지역의 지리적 구성에는 실제로 "판板塊"과 "회랑"의 두 가지 유형이 포함된다. 이후 페이샤오퉁이 설명한 중화민족의 형성과 발전을 설명하기 위한 중요한 이론인 "중화민족의 다원적 일체구조" 이론은 "전국일체" 관점의 중요한 사상적 기초가 되었다.

요약하면, 신석기 시대 이후 중화민족의 지속적인 성장과 다양한 민족 간의 상호 작용의 강화로, 중국 문화의 지리적 발전은 다원적인 색깔을 띠었고, 공간적 표현에서도 몇 가지 큰 지역 유형으로 발전하였다. 학계에서 제시된 중국 문화에 대한 미시적·거시적 고찰과 관련 다양한 이론과 지역문화 분류 방법은 민족지리와 생태사관의 시각에서, 지역별·유형별 역사문화지리를 제시하는데 많은 참고자료와 시각을 제공하였다고 볼 수 있다.

2. 중국의 주요 역사지리민족 지역

위의 분석을 통해 볼 때, 동아시아 대륙의 지리적 틀 내에서 중화민족 역사발전의 거시적 시각으로 중국문화의 지역 유형을 전면적으로 제시하기 위해서는 전체적인 관점을 가져야 할뿐만 아니라, 환경조건이 기본적으로 유사한 지리적 단위 내에서 많은 민족이 함께 상호작용하는 역사적

---

73 費孝通, "民族社會學調査的嘗試," 費孝通, 《從事社會學五十年》, 天津人民出版社, 1983, pp.90-91; 費孝通, "談深入開展民族調査問題," 《中南民族學院學報》第3期, 1982.

과정을 찾아내야 함을 알 수 있다. 따라서 페이샤오퉁이 제안한 "역사적으로 형성된 민족지역"이라는 개념이 중국의 광활한 지리적 틀 내에서 서로 다른 지역의 민족 및 민족집단의 기원, 발전, 이주, 진화의 역사적 과정 및 지리적 환경과의 관계에 대해 역사적·포괄적으로 정리하는데 일정한 참고적 의의를 지니고 있음을 알 수 있다. 이와 동시에 각 민족의 역사발전의 시간과 공간의 통일적 관계를 고려하여 이를 "역사적 지리민족지역"이라는 개념으로 수정하였다. 필자가 보건대, 상술하였던 중국의 주요 도작稻作문화지역과 속작粟作문화지역은 역사적으로 볼 때 한족의 주요 활동지역이며, 북에서 남으로 중국에는 동북역사지리민족지역, 북방만리장성벨트北方長城帶역사지리민족지역, 서북역사지리민족지역, 서남역사지리민족지역이 있다. 이러한 네 개의 주요 역사지리민족지역은 지리적으로 현재 주로 한족이 거주하는 동부, 동남지방을 포함하지 않는다. 비록 고대 이 두 지역은 동이, 백월 등 민족의 중요한 활동지역이기도 하지만, 오늘날 중국의 행정구역 중 중동남부 혹은 화남지역에도 적지 않은 소수민족이 분포하고 있다. 민족발전의 역사지리 연속성 측면에서 이 지역의 특징은 그다지 뚜렷하지 않다. 그러나 영남의 비교적 성숙한 지리적 단위에 속하는 광시는 예외이므로 광시 민족 발전의 실제 상황을 고려하여 서남부 지역에 넣어 논의할 것이다.

1) 동북역사지리민족지역

비교적 완전한 역사지리민족지역으로서 우리가 일반적으로 말하는 동북지역은 행정구역상 대체로 헤이룽장, 지린, 랴오닝 3성과 내몽골의 동사맹東四盟,[74] 그리고 허베이 동북부 지역이다. 자연 지리적 위치로 볼 때,

---

74 즉 적봉시(赤峯市, 옛칭은 소우달맹(昭烏達盟)), 제리무맹(哲裏木盟), 흥안맹(興安盟)과 후룬베이얼맹을 포함한다.

이 지역은 동쪽으로 한국의 동해, 서쪽으로 후룬베이얼 초원, 북쪽으로 헤이룽장 강변, 남쪽으로 요하 중하류와 만리장성 옌산燕山까지 한반도, 러시아 극동지역과 동시베리아 및 몽골고원과 접한다. 이 지역의 지리적 환경은 전체적으로 대흥안령 서부의 초원 지리환경, 다싱아링·백두산 지역 및 북부 송화강·헤이룽장 유역의 산(임)수(반)山林水畔지리환경, 대흥안령 동쪽·장백산맥 서쪽에 남북을 종단하는 평원(요동, 요서 구릉 포함) 지리환경의 세 가지 유형으로 나눌 수 있다.[75] 지모로 볼 때, 서부·북부·동부·서남부는 대부분 산지 구릉으로 울창한 삼림으로 덮여 있고, 중부에는 평평한 송화강과 눈강 평야가 있으며, 이 평야와 요하 중하류 평야는 낮은 구릉으로 단절되어 있다. 중부지방과 북부지방 및 동부지방 사이에는 지형변화가 완만하여 뚜렷한 경계선이 없으며, 대흥안령 서쪽의 초원과 요하 중하류 평원은 각각 중부지방과 북부지방, 동부지방의 중간지대로 되어 있다.[76]

한 지역의 선사문화 유적은 해당 지역의 고대인들의 활동과 분포의 기본 상황을 가장 잘 반영한다. 동북 지역은 다른 지역에 비해 구석기시대 문화유적이 풍부하지 않을뿐만 아니라,[77] 주로 남부지방에 분포하지만 유적의 문화적 특성으로 볼 때 화북 지역의 구석기시대 문화와 얽혀있는 반

---

75 張國慶·閆振民, "生態環境與古代東北少數民族習俗文化," 《遼寧大學學報》第1期, 2005.
76 寧可, "古代中國曆史發展的地理環境," 《寧可史學論集》, 中國社會科學出版社, 1999.
77 현재 동북지방에서 발견된 구석기시대에 속하는 유적으로 주로 랴오닝성의 잉커우(營口) 진류산(金牛山)유적, 하이청(海城) 사오구산(小孤山)동굴유적, 번시(本溪) 먀오후산(廟後山)유적, 와팡뎬(瓦房店) 구릉산(古龍山)동굴유적, 동거우(東溝) 첸양(前陽)동굴유적, 카좌수천(喀左水泉) 비둘기동굴유적, 진현(錦縣) 선자타이(沈家臺)유적, 링웬(凌源) 바젠방(八間房)유적, 젠핑(建平) 난디거우(南地溝)유적, 웡뉴(翁牛) 터상자오(特上窖)유적, 지린성의 위수(榆樹) 저우자유방(周家油坊)유적, 안투(安圖) 명월구(明月溝)유적, 첸귀얼로스차간포(前郭爾羅斯查幹泡)유적, 나이만치(奈曼旗) 마이허(螞蟻河)유적, 헤이룽장성의 하얼빈 옌자강(閻家崗)유적, 하얼빈 구상툰(顧鄉屯)유적, 하얼빈 황산(黃山)유적, 오상(五常) 쉐뎬(學田)유적과 치치하얼(齊齊哈爾) 다싱툰(大興屯) 유적 등이 있다.

면, 중국의 화북지역의 선사문화는 동아시아, 동북아시아, 나아가 북미 등지에까지 깊은 영향을 미치기에 바로 인접한 동북지역이 가교 역할을 할 수 있다.[78]

신석기 시대에 들어서 동북지역의 각 하천 유역, 초원과 호수 지대, 그리고 연해지방에서의 원시인들의 활동은 우리에게 수천 개의 유적과 무덤을 남겼다. 그 중 중요한 문화유적으로는 싱룽와興隆窪, 차하이査海, 신러新樂, 사오주산小朱山, 허우와後窪, 쥐자산左家山, 신카이류新開流, 훙산紅山, 푸허富河, 싱싱사오星星哨, 다칭쭈이大青嘴, 얼칭쭈이二青嘴 등이 있다. 이러한 문화유적은 분포상으로는 요동반도와 요서遼西 지역에 가장 밀집되어 있다. 유적에서 출토된 생산도구와 생활도구로 미루어 볼 때, 당시 북부 후룬베이얼 초원, 송눈 평원, 3강三江 평원 등 지역의 사람들은 압제壓制 석기와 상당수의 어렵용 골각기骨角器를 사용한 것으로 보아 어렵경제에 주로 종사하였음을 알 수 있다. 동쪽의 무단장牡丹江 쑤이펀허綏芬河 유역, 두만강 좌측 연안, 압록강 우측 연안 등 지역의 사람들은 주로 마제 석기 대신 타제 석기를 사용, 그리고 압제 석기가 없거나 적은 것으로 보아 이 곳이 수렵과 농업을 겸비한 지역임을 알 수 있다. 또한 중부의 지린과 창춘, 선양, 서부의 랴오닝 중부 지역은 마제 석기, 타제 석기와 압제 석기 등이 공존하며 특히 농업이 발달한 것으로 보아, 이 지역 사람들이 농업을 위주로 하면서 어렵을 보조로 하였음을 알 수 있다. 상술한 세 가지 큰 지역적인 신석기 문화의 발전은 고립되지 않았으며 생활 도구와 도자기 무늬에서 볼 때 각 지역의 문화 사이에는 일정한 영향과 연관성이 있었음을 알 수 있다. 신석기 시대 문화의 연대를 살펴보면, 이른 것은 지금으로부터 약 8,000년전, 늦은 것은 지금으로부터 약 3,000년전, 즉 중국 역사상 상주商周의 시기이며, 동북의 일부 지역은 신석기 말기나 청동기 시대에

---

78 匡瑜, "東北地區的舊石器時代考古文化,"《考古與文物》第2期, 1982.

접어들었음을 알 수 있다.[79]

연구자들이 반세기 이상 동북 지역에서 출토된 고대 인종학 자료에 대해 종합적으로 분석한 결과에 따르면, 선진시대 동북지역에는 "고古동북유형"과 "고古화북유형"의 두 가지 고대 인종이 거주하고 있었다.[80] 이 두 고대 인종 유형은 민족 속성상 신석기 시대 이래 동북지역에서 점차 형성된 동남부의 예맥집단, 서부(지금의 내몽골 동부와 지린, 랴오닝 접경 일선)의 동호집단, 헤이룽장 동부와 러시아 극동지역의 숙신肅慎 집단 등 3개 민족집단을 포함한다.[81] 《일주서逸周書》, 《산해경山海經》, 《상서尚書》, 《좌전左傳》과 《사기史記》 등 역사서에 따르면, 선진시대 동북지역의 주요 민족집단은 "조이鳥夷", "숙신", "동호", "예", "맥"이었다. 그 중 숙신은 북부지역에 분포하고 수렵경제에 종사하고 있으며 주로 석기를 사용하였다. 숙신의 남쪽과 연나라의 동북부, 즉 지금의 지린성과 한반도 북부는 일정한 혈연관계를 맺고 있는 예, 맥의 활동지역이었으며, 이후 이 두 민족집단은 점차 하나의 큰 민족공동체로 융합되었다. 진한 이후 동북지역에서 활동한 민족은 주로 오환烏桓, 선비, 숙신, 읍루挹婁, 물길勿吉, 부여, 예맥, 고구려, 옥저, 쿠모시庫莫奚, 거란, 실위室韋, 오락후烏洛侯, 말갈, 발해, 몽골, 만주 등 민족이었으며, 이러한 민족은 동호, 숙신, 예맥 등 3대 족계에 귀속되는데 구

---

79 傅仁義 외, 《東北古文化》, 春風文藝出版社, 1992, pp.78-82.
80 "고동북유형"은 선진시대의 동북지역에 상당히 널리 분포되어 있었는데, 주요 체질적 특징은 비교적 높은 두개골, 넓고 비교적 납작한 얼굴로, 동아시아 몽골인종과의 근접성이 비교적 크다. 다른 점이 있다면 광대 폭의 절대치가 비교적 크고 비교적 평평한 얼굴형이며, 아마도 현대 동아시아 몽골인종의 어떤 조상 유형의 기본 형태(某個祖先類型的基本形態)를 반영할 것이다. "고화북유형"은 주로 하요하(下遼河) 지역과 서요하(西遼河) 유역에 분포하였는데, 주요 신체적 특징은 높은 두개골과 좁은 얼굴, 큰 얼굴 편평도이며, 종종 중간 정도의 길고 좁은 두개형을 동반한다. 현대 동아시아 몽골 인종에 대한 근접성은 "고동북유형"보다 더 분명하다. 이와 관련해 朱泓, "中國東北地區的古代種族," 《文物季刊》제1期, 1998 참조.
81 王文光, 《中國古代的民族識別》, 雲南大學出版社, 1997, p.9.

체적인 진화와 발전과정은 〈그림 6-7〉에서 나타나는 것과 같다.

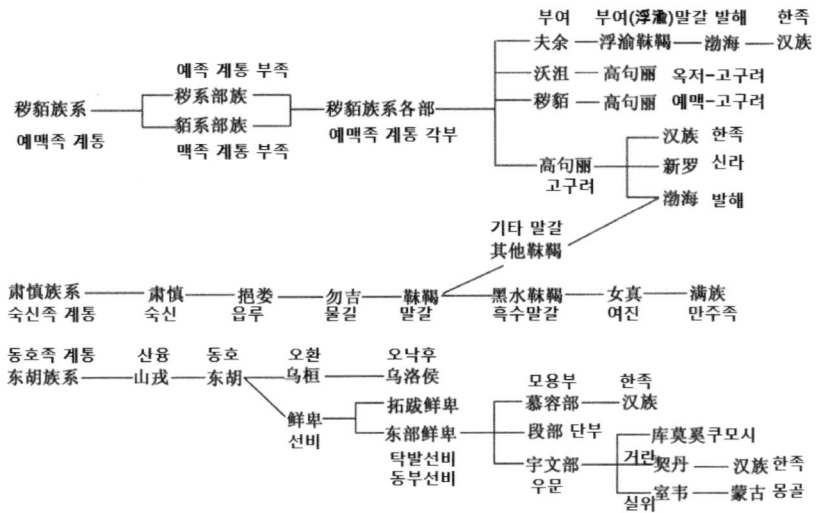

<그림 6-7> 동북 소수민족 계통 설명도[82]

　위에서 언급한 서로 다른 족계에 속하는 민족들은 동북지역에서 이동과 이주를 끊임없이 하였는데, 산간 지역에서 초원 또는 평원으로, 다싱안링에서 링시嶺西의 초원으로, 장백산 지역에서 요하 중하류 평원으로 이주하였다.[83] 이들은 동북의 역사무대에서 상이한 역할을 하였는데, 발해국의 수립, 금나라의 중국 북방지역 통일, 청나라의 중국 전역 통일 등 중국 역사, 나아가 동북아 전체의 역사 발전에 중대한 영향을 끼쳤다. 따라서 동북역사민족지리를 논의할 때 이를 전체 중화민족지리의 틀에 포

---

82 劉德斌 엮음, 《東北亞史》, 吉林人民出版社, 2006, p.46. 〈그림 6-7〉의 마지막에 한족이 나오는데, 이는 앞의 소수민족들이 한족으로 융합되었다는 의미인 것으로 보인다. 이는 현재 중국학계의 일부 학자들의 주장이다.(역자 주)
83 寧可, "古代中國曆史發展的地理環境," 《寧可史學論集》, 中國社會科學出版社, 1999.

함시켜야 하며 동북민족역사의 발전과정, 동북지역과 중화권 전체의 지정학적 연결고리를 보아야 한다. 사실 중원 왕조는 진한秦漢 시대부터 동북지역에 행정조직을 세우고 통일적으로 관리하였다. 진나라 이후의 모든 왕조는 동북 지역에 각기 다른 조직을 세웠다. 그렇다고 필자가 역사적 관점에서 동북의 지정학적 구조를 정리할 생각은 없다. 대신 동북지역의 다양한 민족문화 발전의 지역적 차이와 현대 동북 주요 민족의 지리적 분포에 대한 간략한 설명만 하고자 한다.

고고학과 인류학 연구 결과에 따르면 이미 5만 년 전 인류의 동북군東北群 몽골리아 대종족의 한 축인 북방 몽골리아 종족군은 중국의 화중 및 화북 지역에서 동북, 서북, 알타이, 시베리아 및 퉁구스 강 유역으로 이동하였고, 이어 지금으로부터 1만 년 전쯤에는 동북아시아 곳곳에 그들의 발자취가 퍼져, 몽골 초원에서 중국 동북 평원, 시베리아에서 사할린, 한반도에서 일본 열도로 퍼져 나갔다.[84] 따라서 인류의 이동에서 동북아의 핵심지역인 중국 동북지역은 사실상 가교와 과도기 역할을 하였다. 역사 시대에 들어선 이후 동북 각 민족과 중원 지역은 유명한 "요서회랑"을 통해 밀접한 연락과 교류를 진행하였다.

고대 동북민족은 서로 충돌하고 모이는 과정에서 동북대지를 공동으로 발전시켰고, 중원지역과의 긴밀한 관계 속에서 중국 역사의 과정을 공동으로 추진하였으며, 번영과 쇠퇴, 이주와 융합의 과정에서 오늘날 동북의 민족 분포 구조를 공동으로 구축하였다.

현재 동북지역에 거주하는 민족은 한족 외에 만주·조선·어룬춘·어윙키·다우르· 허저·몽골 등 소수민족이 있다. 백두산 이북, 헤이룽장 중하류, 우수리강 유역의 광활한 지역에서 발원한 만주족은 인구의 절반 이상이 동북지역에 분포하고 있으며, 특히 랴오닝성에 가장 집중되어 있는데,

---

84 劉金明, "東北亞古代民族的出現與分布," 《黑龍江民族叢刊》第4期, 1998.

만주족이 주로 거주하는 지역에는 슈옌岫巖·펑청鳳城·신빈新賓·칭룽靑龍·펑닝豐寧 등 만주족 자치현과 여러 민족향이 있다. 쌀농사에 주로 종사하는 조선족은 대부분 동북지방, 특히 지린 연변조선족자치주에 분포하고 있으며, 인구분포는 남쪽에서 북쪽으로, 동쪽에서 서쪽으로 점차 감소하는 추세를 보이고 있다. 어룬춘족은 17세기 중엽 이전에 주로 바이칼 호수 동쪽, 헤이룽장성 북쪽, 사할린의 넓은 지역에 분포하였다. 이후 제정 러시아의 헤이룽장 유역 침공으로 어룬춘족은 남쪽으로 이주해 다싱안링·샤오싱안링小興安嶺이 수천 리에 걸쳐 있는 삼림지역에서 사냥생활을 하였다. 현재 내몽골의 부트하布特哈·모리다와莫力達瓦, 헤이룽장의 후마呼瑪·아이훈瑷琿·쉰커遜克·자인嘉蔭 등은 어룬춘족의 주요 거주 지역이다. 어웡키족은 역사적으로 다싱안링 일대의 산림에 주로 거주하며 사냥으로 생계를 유지하다가, 대부분의 어웡키족이 산림 밖으로 나와 초원과 계곡 평야지대로 이주해 방목을 위주로 하면서 농사를 겸해 헤이룽장 나허현訥河縣과 내몽골자치구에 어웡키족 인구의 80% 이상이 집중 분포하고 있다. 다우르족은 주로 내몽골자치구 모리다와 다우르족 자치기, 어웡키족 자치기, 부터하기, 아룽阿榮기 및 헤이룽장 치치하얼시, 메이리스梅里斯, 푸라얼지富拉爾基, 룽장현龍江縣, 푸위현富裕縣, 눈강현嫩江縣과 아이훈현瑷琿縣에 분포하며 비교적 흩어져 산다. 허저족은 중국에서 인구가 가장 적은 민족으로 주로 헤이룽장성의 퉁강同江·요하饒河·푸웬撫遠 등 시·현에 거주한다.

　동북지역의 지역문화는 신석기시대부터 농경, 유목, 어업, 사냥 등 다양한 문화유형이 나타나기 시작하였다. 다양한 문화유형이 발전하여 오늘날 민족의 생산방식과 물질문화를 기준으로 하면 크게 농경문화지역, 초원유목문화지역, 북방어렵문화지역, 구릉도작문화지역 등 4개 문화지역으로 나뉜다. 그 중 동북지역의 가장 대표적인 문화인 농경문화는 주로 한족 이주자의 문화가 만주족, 시버족 등의 민족문화를 융합하여 형성되었으며, 분포면적이 넓고 동북지역의 남쪽에서 북쪽의 넓은 지역을 거의 다 포함한다. 초원유목문화는 동북지역의 서부에 위치하는데, 화북·서북 지역 및 국외의 유목문화와 일체화되어 있다. 우리가 흔히 말하는 동아시아 대륙 북부의 초원 유목문화벨트이다. 북방어렵문화지역은 눈강, 대흥안령을 따라 남쪽에서 북쪽으로 뻗어 대흥안령의 최북단에서 동남쪽으로 접혀 헤이룽장성, 샤오싱안링을 따라 헤이룽장, 송화강, 우수리강 세 강이 합류하는 지점까지 이어진다. 중러 국경을 넘어 바이칼 호수에서 오호츠크 해까지 이어지는 이 문화지역은 퉁구스어와 옛 아시아어를 구사하는 민족을 포함해 러시아까지 뻗어 있다. 구릉도작문화는 주로 지린성 동부에 분포하며 이 지역을 중심으로 부채형으로 북, 동, 남으로 퍼진다. 이 문화지역은 근대 조선인들이 양국의 국경인 압록강과 두만강을 건너 중국으로 이주하면서 형성되었다. 이러한 4개 문화지역의 구분은 전체적인 구분일 뿐 문화지역의 일부 중첩과 일부 특정 하위문화지역의 존재를 배제하지 않는데, 예를 들어 북방어렵문화지역에는 수렵 하위문화지역, 수렵 겸 유목 하위문화지역, 대하大河 어획 하위문화지역 등의 문화지역이 존재한다.[85]

2) 북방 만리장성벨트 역사지리민족지역

본격적인 논의에 앞서 먼저 하나의 관점을 언급할 필요가 있다. 20세기 전반 미국 지리학자 오웬 라티모어Owen Lattimore는 Inner Asian Frontiers of China라는 책을 출간했다. 만리장성 지대를 아시아 역사 전반에 걸친 거시적 과정에 두면서 생태환경, 민족, 생산방식, 사회형태, 역사진화 등을 심도 있게 고찰해 "만리장성 중심설"이라는 유명한 관점을 제시하였다. 라티모어에 따르면 만리장성 남북의 농경민족과 유목민족은 각각 만

---

[85] 唐戈, "簡論中國東北地區民族文化區的劃分," 《北方文物》第1期, 2000.

리장성 지대 양쪽을 배후지로 하고 있어 그들에게 만리장성은 변두리일 뿐이나, 만리장성은 아시아 내륙 전체의 중심이라는 것이다. 라티모어의 역사적 통찰력이 돋보이는 것은, 그간 황하문명이나 장강문명을 중심으로 중국 역사를 논의하던 과거의 패러다임을 깨고 아시아 대륙 내부의 전반적인 관계에 주목하여 만리장성벨트를 민족의 상호 작용과 교류의 중요한 지역으로 삼았다는 것이다. 사실 중국 고대민족의 거시적 역사진화 과정에서 만리장성 지대는 거대한 자연적·사회적 차별을 포괄하는 지대로서 "고대사회 특유의 역사적·지리적 형태"라고 할 수 있다.[86]

일반적으로 만리장성 지대의 경우, 북쪽은 인산산맥陰山山脈을 경계로 남쪽은 황토고원, 서쪽은 허란산 기슭, 동쪽은 발해만에 접하며, 내몽골 중남부의 오르도스고원, 우란차부 초원과 시린궈러 초원, 그리고 만리장성을 따라 산시陝西성 북부, 산시山西성 북부, 허난성 북부 및 기타 지역과 옌산燕山 남북에 위치한 내몽골 츠펑赤峰 지역, 요서 지역 및 징진탕京津唐 지역을 포함한다.[87] 실제로 만리장성을 중심으로 한 만리장성 지대는 넓은 의미에서 북쪽으로는 막북지역까지 뻗어 나갈 수 있고, 서쪽으로는 칭하이성과 신장의 일부, 동쪽으로는 랴오닝성, 지린성의 일부까지 뻗어 나갈 수 있는 동서 수천킬로미터, 남북으로 수백킬로미터 내지 수천킬로미터에 이르는 광활한 지대다.[88] 지형상으로 볼 때, 이 지역은 고원, 초원, 사막 고비가 주를 이루며, 구릉과 대지臺地가 섞여 있다. 지표 형태는 관목과 초목이 교차하는 관목 초원이 주를 이루며 기후적으로 동남계절풍과 서남계절풍 작용의 변두리 지대에 있는데, 중국 북부의 반습윤 지역에서

---

86 唐曉峰, "長城內外是故鄕," 《讀書》第4期, 1998.
87 내몽골 만리장성 지대(長城帶) 개념과 관련해 朱泓, "內蒙古長城地帶的古代種族," 《邊疆考古硏究(第1輯)》, 科學出版社, 2002 참조.
88 李鳳山, "長城──中國民族融合的歷史紐帶," 政協河北省秦皇島市委員會·《長城學刊》編輯部 엮음, 《山海關首屆中國長城學術硏討會論文集》, 1992.

건조 지역으로 이행하는 반건조 지역으로, 지리적 환경 변천의 민감한 지대이자 글로벌 환경 위기 지역Global Environ-menttal Critioal Zone의 구성 요소이다.[89]

고고학적 발굴자료에 따르면, 이 역사지리민족지역은 지금으로부터 8,000여 년 전 신석기시대 초기에 비교적 발달한 싱룽興隆 문화가 나타났고, 이후 자오바오거우趙寶溝 문화, 훙산紅山 문화, 소하옌小河沿 문화, 샤자뎬夏家店 문화가 차례로 나타났으며, 역사시대의 동호민족 문화로 이어져 완전한 인류활동 서열을 이루고 있다. 이러한 고대 문화 유적에 반영된 지역 인종을 살펴보면, 주로 "고화북 유형"과 "고동북 유형"이 있으며, 한나라 이후 이 지역에 새로운 인종 유형, 즉 시베리아 유형이 등장한 것으로 나타났다.[90]

역사적으로 북방 만리장성 지대는 흉노, 동호, 오환, 선비, 유연, 돌궐, 회홀, 거란, 여진女眞, 탕쿠트黨項, 몽골 등 많은 유목민족이 번성했던 곳이며, 또한 이들 유목민족이 중원 한족과 상호 작용하는 중요한 지역이기도 했다. 선진 시대에 이 일대에서 활동한 민족을 총칭하여 융적戎狄이라 불렀다. 진한 시대에는 하토와 음산에서 발원한 흉노가 부상하여 동쪽의 요동 평원, 서쪽의 톈산 남북, 북쪽의 바이칼 호수와 예니세이강 유역, 남쪽의 허난, 산시山西, 산시陝西 북부 황하 일대의 광활한 지역을 장악하고 끊임없이 남하하여 진과 한나라의 국경을 괴롭혔다. 진나라 초기에 대장 몽념蒙恬이 30만 대군을 이끌고 흉노를 격파하고 "하남지(河南地, 현재 이맹伊盟 일대에 속함)을 차지함으로써 흉노를 북쪽으로 퇴진시켰다. 흉노가 북퇴한 후, 진나라는 옛날 연燕, 조趙, 진秦 삼국이 북방에 쌓은 만리장성을 연결 및 재보수하고, 동서로 확장하여 서쪽의 린타오臨洮에서 동쪽의 요동에

---

89 田廣金·史培軍, "中國北方長城地帶環境考古學的初步研究,"《內蒙古文物考古》第2期, 1997.
90 朱泓, "內蒙古長城地帶的古代種族,"《邊疆考古研究(第1輯)》, 科學出版社, 2002.

이르는 만여 리의 장성을 쌓아 북방과 중원의 경계로 삼았다. 한나라 때 흉노는 다시 남하하여 "하남지"와 하서 지역을 둘러싸고 한나라와 각축을 벌였고, 진나라 만리장성 연선에서 한나라와 광범위한 군사적 대립과 충돌을 벌였다. 후에 흉노는 패배하자 그 부대 일부는 남쪽과 서쪽 및 북쪽으로 이동하여 강력한 흉노 노예제 정권이 와해되었다. 흉노가 몰락한 후 북방 초원에는 동호 계통의 오환烏桓, 선비鮮卑, 유연柔然이 뒤를 이어 흉노의 옛 터전을 점령하고 한나라와 위나라 시대에 끊임없이 남하하여 중원 한 지역에 강력한 충격을 주었다. 수당 시대에 이르러 북방의 초원 지역을 누볐던 것은 주로 돌궐과 회홀이었다. 돌궐은 원래 알타이산에서 유목하던 민족으로, 유연柔然에 신속해 있다가 꾸준히 성장하여 서기 552년 오르혼강 유역에 돌궐 칸국을 세웠다. 이후 수나라에 의해 격파되어 동서 두 부분으로 나뉘었는데, 서돌궐은 중앙아시아 일대를, 동돌궐은 지금의 몽골 지역을 지배하였다. 당나라 때, 동서 돌궐 칸국은 모두 당나라에 의해 붕괴되었다. 송나라와 요나라 때 북방의 거란, 여진, 탕쿠트 민족이 부상하여 요나라, 금나라, 서하국 등 민족정권을 수립하였고, 만리장성 지대를 가운데 두고 송나라와 서로 대치하며 겨루었다. 원나라 때 사막의 남북에서 흥기한 몽골족은 먼저 몽골고원의 각부를 통일하고, 동쪽의 싱안링산맥, 서쪽의 알타이산, 북쪽의 바이칼호, 남쪽의 인산산맥陰山山脈의 광활한 지역을 지배한 후 중원에 들어가 전국을 통일하였다. 원나라가 멸망한 뒤 몽골 귀족들은 북방 초원으로 퇴각해 정권을 유지하였는데 역사에서는 "북원北元"이라고 부른다. 북원 정권은 동쪽의 요하 유역, 서쪽의 톈산 남북, 북쪽의 다르에르치스강, 남쪽의 명나라 북부 방어선과 인접한 광범위한 지역을 통제하며 여전히 만리장성 초원 지대를 지배하였다.

   위의 간략한 추적을 통해 만리장성 지대는 북방 유목세계와 중원 농경세계의 빈번한 접촉, 충돌, 교류, 대항, 침투, 계승 및 변화의 중요한 지역이며, 고대 북방 민족 통합의 큰 무대임을 알 수 있다. 이 무대에서는 수

많은 유목민족의 흥망성쇠와 융합이 이루어졌고, 중원왕조와 정치·경제·문화적으로 다차원적 상호작용이 이루어져 통일 다민족국가 역사를 함께 써내려 갔다.

만리장성 지대의 핵심개념을 확립한 만리장성은 겉보기에 간단하고 직관적인 군사방어시설이나, 그 이면에는 더 깊은 경제문화적 함의가 숨어있고, 역사적으로 이 군사방어선이라는 것도 유목민족의 남하를 근본적으로 막지는 못하였다. 유목세계와 농경세계로 대표되는 두 정치세력이 만리장성의 양쪽에서 일진일퇴로 공격하고 충돌하면서 서로의 세력권의 진퇴양난은 주로 양측 각자의 힘의 강약強弱으로 바뀌어 왔다. 그래서 만리장성은 아득히 멀리 뻗어있는 지리적 경계선으로서, 실제로 특수한 인문지대의 형성을 이끌었으며, 이러한 지리적 경계선이 갖는 의의는 고대 민족의 융합이라는 의의 외에 가장 중요한 것은 경제적, 문화적 의의로 볼 수 있다.

경제지리적 관점에서 만리장성은 중국 고대 농업지역과 목축지역의 중요한 경계선이다. 이 경제 분계선은 진나라가 만리장성을 축조하기 전에 이미 윤곽이 드러났다. 고고학적으로는 중국의 농경문화를 보여주는 양사오 도자기, 룽산 도자기와 함께 신석기시대 북방 유목과 수렵 민족의 문화를 보여주는 세細석기가 공존하고 있으며, 상나라와 주나라 때 청동기와 청동단검으로 대표되는 오르도스 청동기가 이 지역에서 혼합 출토되었다.[91] 이는 이 지대가 고대 농경경제와 유목경제의 교차와 경계임을 분명히 보여준다. 진한 시대에 만리장성 벨트는 중원의 단일 농경경제와 초원의 단일 유목경제가 상호 보완하여 형성된 경제 공생 지역임이 매우 명확하게 드러났다. 진나라와 한나라 이후 수천 년의 역사 발전 과정에서도 이러한 경제적 공생의 상호보완적 관계는 어느 정도 중원과 초원을 포

---

91 李鳳山, "長城帶民族融合的特點," 《內蒙古社會科學》第6期, 1995.

함한 통일된 다민족 국가의 경제적 뿌리가 되었다.

고대 중국 북부의 농업지대과 유목지대의 경계는 일정하지 않았으며, 2,000년 이상 동안 역동적인 변화 속에 처해 있었다. 환경적 요인의 변화는 이 지역이 반건조 및 반습윤 기후의 통제 하에 있기 때문이다. 자연지리적 환경은 과도적인 특성을 가지고 있으며, 역사적으로 기후의 주기적인 변화(한냉기 및 온난기)는 토지이용의 변화를 일으켜 농업과 축산업의 교착지대를 확장시켰다. 민족경제지리학적 관점에서 볼 때, 이러한 과도기적 자연벨트는 유목민족이 질좋은 목장을 확대하고 유목경제를 강화할 수 있는 좋은 장소일 뿐만 아니라, 농경민족이 농경지를 확장하고 "우양雨養 농업"과 이른바 "하늘에 의지하는" 농업을 발전시키는 주요 목표이다.[92] 따라서 만리장성 양쪽의 경작 가능하고 방목하기 좋은 광활한 토지는 자연히 농경민족과 유목민족의 쟁점이 되었으며, 만리장성 지대는 당연히 중원 정권과 북방 유목민족 성권이 겨루는 "균형지대"가 되었다. 역사적으로 북방민족 정권과 중원 정권 간의 힘겨루기나 이른바 "이민실변移民實邊" 또는 남하하면서 방목하는 등의 이유로 농업과 목축의 교차점은 항상 역동적인 변화 속에 놓여 있었는데, 구체적인 징후는 농업지역이 북진하면 목축지역이 후퇴하고, 반대로 목축지역이 남으로 확장되면 농업지역이 후퇴하는 일진일퇴식 변천을 가져왔다. 그럼에도 장기적으로 볼 때, 농업지역이 북쪽으로 확장되고 목축지역이 줄어드는 특징이 나타난다.

문화지리학적 관점에서 볼 때, 만리장성은 방어자와 공격자 사이의 문화적 차이로 인해 농업과 목축업의 경계일 뿐만 아니라 문화지리학적 경계, 즉 중국 농경문화와 유목문화의 경계이기도 하다.[93] 일반적으로 문화의 차이는 자연환경의 차이에서 비롯되는데, 북방 초원민족은 초원 특유

---

92 馮嘉蘋·程連生·徐振甫, "萬裏長城的地理界線意義," 《人文地理》第1期, 1995.
93 陶玉坤, "長城與中國文化地理," 《陰山學刊》第5期, 2005.

의 생태환경에 적응하여 초원 유목문화를 창조하였으며, 이러한 문화는 유목민족이 중원지역을 약탈하고 확장함에 따라 필연적으로 중원지역의 농경문화와 충돌하게 된다. 문화 간의 호환성으로 인해 두 가지 다른 문화의 직접적인 접촉과 충돌이 항상 문화의 변동이나 파괴로 이어지는 것은 아니며, 많은 경우 이는 서로 다른 문화의 심층 교류를 실현하기 위한 전제 조건이 된다. 만리장성 지대의 경제문화 교류가 그런 경우다. 또 중원왕조의 경우 역대 왕조가 쌓아온 만리장성의 직접적인 목적은 군사 방어를 위한 것이지만, 만리장성 축조 과정에서 만리장성 연선의 개척과 경략이 강화되어 한나라 때부터 청나라에 이르기까지 만리장성 지대의 관시關市, 호시互市, 각장榷場 등 관방 교역장소가 개설된 것은 소수민족에 대한 "회유"와 "기미" 등의 정치적 의미를 지닌 경제 행위라고 할 수 있다. 비록 왕조마다 만리장성 지대의 경제문화 교류에 대한 느슨한 관리와 통제가 있었지만, 그리고 "호시" 장소와 관방 무역은 왕조의 교체와 통일된 다민족 국가의 분열과 통일로 인해 때때로 중단되거나 쇠퇴하기도 했지만, 그럼에도 민간 경제문화 교류는 중단되지 않았다.[94] 바로 그런 의미에서 만리장성 지대는 다민족의 경제문화가 융합된 지대가 되어야 하며, 지역적 공통문화인 북방문화를 형성하는 데 매우 중요한 역할을 한다고 생각한다.

위에서는 자연지리와 민족역사 문화지리의 관점에서 북방 만리장성 지대의 민족 집합과 경제문화의 교류, 변천 상황을 분석하였다. 인간-환경간 관계를 핵심으로 하는 이 지대는 지금도 자연환경적 특징과 현대의 물질문화적 특징 면에서 중국의 농업문화와 목축문화가 집합·융합하는 지대로 남아 있지만, 이 지대의 농림축산경제는 더욱 다양한 색깔을 띠고 있다(그림 6-8 참조).

---

94 程旭光, "北方遊牧民族文化與中原漢文化的交匯融合," 《內蒙古師大學報》第6期, 2001.

류의 중계소中繼站이자 다민족이 거주하는 지역이다. 선사시대 지금의 신장지역에서 활동한 고대인류는 인도유럽인종과 몽골리아인종 등 두 인종, 그리고 두 인종이 혼합된 인종이 있다. 이러한 다인종의 분포와 다른 인종 간의 융합은 신장의 미래 다민족 분포구조의 토대를 마련하였다.

문헌에 따르면 진나라와 한나라 시기 서역에는 "36국"이라고 불리는 일부 원시 부족이 설립한 작은 도시 국가가 분포하였었다. 대체로 "사막 이남의 누란樓蘭에서 쿤룬산 북쪽 기슭을 따라 서쪽의 사처莎車까지의 지역에 있었던 십 여개의 '국가'를 총칭하여 '남도南道의 제 국가'라고 한다. 사막 이북의 쑤러疏勒에서 톈산 남쪽 기슭을 따라 동쪽으로 후후狐胡까지의 지역에 있었던 십 여개의 '국가'를 총칭하여 "북도北道의 제 국가'라고 한다. 사처莎車에서 서남쪽으로 파미르고원 골짜기 사이에도 몇 개의 작은 '국가'가 있는데, 이를 총칭하여 '충링蔥嶺의 제 국가'라고 한다. 톈산 이북으로 시베리아의 극남쪽까지 뻗어 있는 곳은 모두 산악지대인데, 깊은 산골짜기에는 작은 강과 호수가 많다. 한나라 초기에 이 일대에 거주한 사람들은 이 곳에 있었던 많은 작은 '국가'을 총칭하여 '산후山後의 제 국가'라고 불렀다."[98] 서역의 36개 국의 족계族系와 관련해, 현재 학계에서는 문헌기록과 고고학, 언어학 자료를 종합해 "대부분이 인도유럽인종, 그들이 사용한 언어는 인도유럽어계의 이란어족 또는 이에 가까운 언어라고 잠정 결론을 내렸다. 서역 지역과 티베트고원의 인접 및 통로 지역의 유목 부족은 대부분 저강족 계통에 속한다. 월씨와 오손은 원래 기련산과 하서회랑 지역에 분포하는 유목민으로, 인도와 유럽 인종에 속한다. 그 중 월씨는 이미 선진시대에 중국 문헌에 기록되어 있으며, 상나라 및 주나라와 약간의 교류가 있었다. 흉노 마우턴과 노상老上 선우때 월씨와 오손을 차례로 쳐서 왕을 죽이고 서쪽으로 몰아냈다. 월씨는 이주 끝에

---

98 白壽彝 외 엮음,《中國通史(第4冊)》, 上海人民出版社, 1995, pp.149-150.

대하(大夏, 즉 북하北夏)에 정착하여 쿠샨 왕조를 세웠고, 오손烏孫은 이리伊利 강 유역을 중심으로 한 지역에서 유목생활을 하였다. 또한 원래 이 곳에 살던 유럽어계 이란어족 언어를 사용하는 유목인인 스키타이인塞種과 융합하여 톈산 이북에서 가장 세력이 큰 유목민족으로 성장하여 한나라와 동맹을 맺고 흉노 선우單于를 무찌르는 전쟁에서 중요한 역할을 하였다.[99]

전한과 후한 시대 신장의 민족 구성에서의 새로운 변화는, 기원전 101년 한나라 군대가 룬타이輪臺, 취리渠犁 등지에 둔전을 설치해 소수의 한족들이 신장에 들어온 것을 시작으로, 기원전 60년 서역도호부 설립 이후 관리, 종군, 장사 등으로 신장에 들어오는 한족이 계속 증가하였다는 점이다.

한나라의 다민족 분포를 바탕으로 수백 년 동안 민족의 이동과 이주과, 융합을 거쳐 위진 남북조 시대에 이르러 신장에는 선비, 유연, 고차高車, 엽달(嚈噠, 에프탈), 열반悅般, 토욕혼 등 새로운 민족 성분들이 추가되었다. 이 중 새북에서 시작된 엽달족은 5세기 말 동진하여 타림 분지를 남하하여 월씨月氏를 공격해 정권을 수립하였는데, 파미르고원을 넘어 한때 남강 일부 지역을 장악하기도 하였다. 몽골 초원에서 시작되었고 동호족 계통에 속하는 유연은 서기 402년에 강력한 정권을 수립하였으며, 북위와 서역 지역을 놓고 각축전을 벌었다. 또한 유연이 강성할 때 서쪽으로 알타이산을 넘어 준가르 분지를 차지하였고, 톈산 이남의 옌치焉耆와 국경을 맞댔다.[100] 고차(高車, 칙륵, 철륵이라고도 함)는 처음에 바이칼호 및 오르혼하, 투라강 유역에서 유목하다가 서기 487년, 고차 부불라부副伏羅部의 수령 아보지가 소속 십여 만호戶를 이끌고 서진하여 오늘날의 투루판 자오허交河 고성에 고창국을 설립하였다. 또한 남쪽의 서역으로 가는 관문인

---

99 費孝通 엮음:《中華民族多元一體格局》, 中央民族大學出版社, 1999, p.121.
100 《南齊書》卷59《芮芮虜傳》.

있고, 산을 사이에 두고 티베트와 인접하였다. 산들에 의해 둘러싸인 간 닝칭 지역은 황하가 세 성의 정치·경제·문화 중심을 하나로 연결시킨다 (즉 세 성의 행정 중심지가 모두 황허 기슭에 위치해 있다). 반면 주변 기타 성의 정치·경제·문화 중심과는 산이나 하천을 사이에 두어 멀리 떨어져 있다.[110] 그 결과 비교적 독립적인 지리적 단위가 형성되었다. 산으로 둘러싸인 이 지리적 단위는 내부가 평탄하지 않고 고원, 산지, 분지, 계곡이 서로 인접하고 사막 고비가 분포되어 있으며, 삼림초원, 건조초원, 사막초원, 초전草甸초원 등 다양한 식생 형태가 존재한다. 지형 유형 및 자연 기후 조건의 차이에 따라 간쑤성은 룽둥隴東-룽시隴西 황토고원지역, 룽난隴南 산지역, 하서회랑, 북산 산지역, 간난甘南고원 지역, 치롄산 지역 등 6개 자연지역으로 나눌 수 있으며, 닝샤자치구 전역은 남부 황토 구릉지역, 중부 인난銀南 지역, 북부 닝샤 평원지역 및 칭하이호 지역 등 4개 자연지역으로 나눌 수 있다.[111] 또한 각각 작은 자연지역마다 지형과 기후 수문에도 큰 차이와 다양성이 있다.

특수한 지리적 위치와 주변 지리적 환경과의 특정 관계로 인해 간닝칭 지역은 자연 장벽으로 둘러싸여 있고 내부가 통합된 지리적 단위이지만, 그렇다고 이것이 외부 세계와 완전히 격리되어 폐쇄된 지역을 의미하지는 않는다. "사실 수많은 고산 산맥에는 출구가 많은데, 하서회랑 북쪽의 베이산, 허리산, 룽서우산 등 산의 접합부에는 모두 산입구山口가 있어 산 남북 양쪽 지역에 거주하는 민족이 교류하는 통로가 되고 있다. 하서회랑 남쪽에 가로놓인 치롄산맥은 높고 웅장하여 톈산天山이라 불리며, 그 틈도 적지 않아 탕하黨河·수러하疏勒河·베이다하北大河 등 남북향의 하천은 하서회랑과 칭하이青海의 통로가 된다. 남부 탕구라산맥 역시 칭하이와 간

---

110 陳新海, "甘寧青民族關系的基本框架探析,"《青海民族研究》第4期, 1998.
111 李孝聰,《中國區域歷史地理》, 北京大學出版社, 2004, pp.10-28.

닝 지역의 티베트와의 교류를 방해하지 않는다. 탕구라 산지역은 해발 고도가 매우 높고 생명의 금지구역이지만, 세계적으로 유명한 당나라와 토번간 교류하였던 고도古道가 산입구를 지나고 있기에, 고도가 결국 천년 고도인 장안(서안)과 고원 고성古城 라싸 사이의 우정의 다리인 셈이다.[112]

간닝칭 지역은 서쪽의 신장, 북쪽의 내몽골, 남쪽의 티베트, 동쪽의 내륙과 연결되어 있으며, 중원 대지, 설역 고원, 신장 등 여러 지역 사이의 연결 지대에 위치하고 있다. 역사적으로 유명한 동서 교통의 대동맥인 실크로드가 전 지역을 가로지르며 중앙아시아와 유럽으로 이어진다. 서남부 지역과 네팔, 인도 및 기타 국가로 직통하는 당-토번 고도(남부 실크로드)는 간쑤과 칭하이를 관통한다. 이러한 특정한 지리적 위치는 역사적으로 많은 유목민족과 농경민족이 동쪽과 남쪽, 북쪽을 오가는 데 편리한 조건을 제공해 주었다.

역사적으로 간닝칭 지역은 다민족이 모여 교류하고 이동과 이주하는 중요한 지역이다. 선진 시대에 서융과 저강은 이 지역에서 활동한 주요 민족이었다. 정확히 융戎을 족칭族稱으로 한 것은 주나라 때부터 시작되었고, 상나라가 멸망하기 전에는 주로 저우웬周原 인근과 주나라를 적으로 하는 부족을 지칭하는 데 사용되었으며, 주원의 서쪽 룽산隴山 지역에 집중되어 있었기 때문에 서융이라고 불렸다. 당시 융인은 용산의 동서쪽과 징웨이涇渭 유역에서 활동한 강력한 민족으로, 부족인구가 많았으며 원시 농업을 위주로 목축업을 겸업하였다. 서주 초기에는 룽산 동과 서에서 허타오, 둥옌東延 및 지금의 산시山西 경내에 모두 융의 유목 부족이 분포하여 주나라와 "이시입공以時入貢"과 "왕사천자王事天子" 조공-책봉 관계를 유지하였다.[113] 주이왕周夷王 이후 주 왕실이 쇠퇴하고 융인이 동쪽으로 이동

---

112 陳新海, "甘寧靑民族關系的基本框架探析,"《靑海民族硏究》第4期, 1998.
113 "이시입공(以時入貢)"은 일정한 시간마다 공물을 바친다는 의미이고, "왕쓰촨자(王事天子)"는 유목 부족의 왕(王)이 중원 한족의 천자(天子)에게 사대(事大)한다는 의미이

하기 시작하였으며, 춘추시대에는 융인이 이미 황하 유역과 회하 유역에 널리 분포하여 산시陝西성 동북, 산시山西성 서북, 징수와 위수 사이와 전체 징수 유역, 이로평원伊洛平原 사이 및 룽시 등 4개의 큰 분포지역을 형성하였다.[114] 또한 중원에서 주나라 왕 및 제후들과 얽히고 설킨 관계를 맺었다. 중원으로 이주한 융인들은 점차 화하족에 통합되었고, 룽산 지역과 룽산 서쪽의 융인들은 이후 진秦나라에 복속되었다. 저강은 저족과 강족의 총칭으로 서융과 함께 중국 서부의 고대 민족이다. 그 중 강족은 처음에는 감청과 인접한 황하 상류와 위수渭水 상류에서 번성하다가 주변으로 이동하여 다른 민족과 융합하여 새로운 종족을 형성하였다. 저족은 춘추전국시대의 역사기록에서 일찍이 발견되었으며, 당시 주로 간쑤성 동남부, 산시陝西성 서남부, 쓰촨 서북부의 접합지대에서 활동하였다. 일반적으로 강족과 함께 살기 때문에 상고 역사서는 저氐와 강을 저강으로 부르는 경우가 많으며, 진한秦漢 이후 역사서에서 점차 구분된다.

저강족의 각 부족은 일찍이 춘추전국시대부터 화하족과 밀접한 관계가 있었다. 주평왕周平王이 동천東遷한 후, 진양공秦襄公은 서융을 복속시키기 위한 노력을 시작하였고, 진목공秦穆公 때에 이르러 서융을 제패하였다. 이후 여러 대의 진나라 군주의 노력으로 원래 제諸 강융羌戎이 분포했던 룽산隴山 지역과 룽산 이서 지역(지금의 간쑤성 동부, 닝샤자치구 동남부)은 모두 진秦 제국의 영토에 포함되었다. 진나라가 통일된 후, 대장 몽념을 보내 제 융족을 몰아내고 만리장성을 쌓았는데 이를 "중강불복남도衆羌不復南度"라고 한다.[115] 강족은 동남쪽으로의 확장이 막혀 서쪽으로 물러설 수밖에 없었다. 한무제 시대에 한나라는 기본적으로 북방의 흉노 위협

다.(역자 주)

114 楊建新, 《中國西北少數民族史》, 寧夏人民出版社, 1988, p.17.
115 《後漢書》卷87《西羌傳》.

을 제거하고 하서회랑을 통제함으로써 하서 지역을 다스리기 시작했으며, 허황河湟 지역으로 세력을 확장하였다. 하서 지역의 개척과 함께 둔전을 개척하고 군대를 주둔시키기 위해 많은 내륙의 한족 군민이 하서 지역으로 이동하여 점차 현지 민족과 융합하였고, 동시에 대량의 강족이 동쪽으로 이동하도록 촉진하였으며, 후한 말에는 강족도 룽시隴西 각 군 및 산푸三輔 지역에 널리 퍼져 있었다. 이러한 한족과 강족의 동서향 이동은 두 민족 간의 문화 교류와 융합을 촉진하였다.

위진남북조 시대 간닌칭 지역에서 활약한 사람들은 주로 동호족 계통의 흉노, 선비 제 부족 및 저, 강 등 민족이다. 이들은 서부지역에 북량, 대하(大夏, 즉 북하北夏), 서진, 남량, 후량, 토욕혼 등 많은 지방 정권을 수립하였다. 이 중 노수호盧水胡 추장 저거몽손沮渠蒙遜이 장예張掖를 중심으로 세운 북량(401-439년)은 강성기에 오늘날 간쑤 서부 및 칭하이, 닝샤, 신장의 각 부족을 지배하였다. 룽시 선비족 추장 걸복국인乞伏國仁이 웬촨(苑川, 오늘날 간쑤 위중榆中의 동북)을 중심으로 세운 서진西秦 정권(385-431년)은 한 때 오늘날 간쑤 서남부와 칭하이의 일부를 장악하였다. 하서 선비의 수령 독발오고獨發烏孤가 러두(樂都, 오늘날 칭하이)를 중심으로 세운 남량南涼 정권(397-414년)은 오늘날 간쑤 서부, 칭하이 동부, 닝샤 일부를 장악하였다. 저족인 뤼광呂光이 오늘날 간쑤 우웨이武威를 중심으로 세운 후량後涼 정권(296-580년)은 간쑤 룽난隴南의 일부를 장악하였다. 요동 모용 선비 토욕혼이 칭하이로 이주한 후, 강족을 주체로 하는 각 민족과 연합하여 세운 토욕혼 정권(329-663년)은 한 때 간난甘南과 칭하이의 광활한 지역을 장악하였다. 많은 지방정권의 수립과 상호간의 합병, 정벌로 이 지역의 각 민족은 전란 등의 이유로 끊임없는 이동과 이주에 처하게 되었고, 강羌, 한漢 등 민족의 인구가 크게 감소하였는데, 양한兩漢 초기 일정한 규모를 갖추었던 농경경제는 쇠퇴하기 시작하였으며, 농업지대와 유목지대의 경계선은 끊임없이 남쪽으로 이동하였다.

위진남북조 시대의 오랜 전란을 겪은 후, 수당 시대에서 원나라 이르기까지 각 민족은 다시 융합과 통일로 나아갔고, 간닝칭 지역의 현대 민족 분포의 기본구조를 다졌다. 수당 왕조는 중원지역의 통일을 마친 후 서부 내지 서역 지역를 경략하기 위해 티베트고원의 토욕혼 정권과 여러 차례 전쟁을 벌였고, 그 결과 토욕혼이 정복되고 이에 따라 한족 인구가 대거 서쪽으로 이동하면서 간닝 및 칭하이 동부지역은 수당隋唐의 군현郡縣 설치에 포함되었다. 당나라 중후반 무렵부터 토번 왕조의 번영과 동쪽으로의 발전, "안사의 난" 이후 당나라의 서부 통제력이 약화되면서 많은 토번인들이 룽산 서쪽의 광활한 지역으로 이주하였고, 많은 탕구트·강 족들이 룽유도隴右道의 타오洮, 친秦, 린臨, 그리고 관네이도關內道의 칭慶, 링靈, 샤夏, 인銀, 성勝 등 주현州縣으로 계속 이주하였다. 그 이후 강·티베트 족은 점차 간닝칭 지역의 주요 민족이 되었으며 간닝칭의 넓은 지역에 지속적으로 확산되어 분포되어 왔다. 송나라 때 간닝칭 지역에 나타난 서하, 구스로(唃廝囉, Gu-Si-Luo) 정권 및 하서 지역의 일부 할거 정권은 모두 강·티베트 족 계통에 의해 수립된 정권이었다.[116] 13세기 몽골족이 흥기하고 남하하면서 이슬람교를 믿는 많은 민족과 페르시아 등이 이른바 "서역친군西域親軍", "탐마적군探馬赤軍"으로 불리는 군대로 편성되어 몽골군을 따라 여러 곳에 출정하였는데,[117] 이후 간닝칭 지역 후이족의 주요 구성원이 되었다. 또한 몽골군의 정벌과 함께 많은 몽골인, 색목인들이 서북지역으로 진출하면서 많은 새로운 민족공동체를 탄생시켰다.

원나라 때 대규모 민족 이동과 융합을 거치면서, 명나라 때 이르러 간

116　陳新海, "甘寧青民族關系的基本框架探析,"《青海民族研究》第4期, 1998.
117　"서역친군(西域親軍)"은 몽골에 의해 정복당한 민족으로 구성되었는데, 그 중에는 아랍인, 페르리아인 및 중앙아시아 각 민족들이 적지 않았다. "탐마적군(探馬赤軍)"은 원대(元代) 중요한 도시와 주현에 주둔하여 방어를 맡은 군인으로, 주로 몽골인으로 구성되었다.(역자 주)

닝칭 지역은 토번(서번), 몽골, 한, 후이, 사리외올아撒裏畏兀兒 등 민족 외에, 명대 중후반에 형성된 살라르, 둥샹, 투, 위구르, 바오안 등의 민족으로 더욱 복잡해졌다. 청나라 때에 이르러, 변방민족지역에 대한 청나라의 통제가 심화되고 강화됨에 따라 중앙정권과 서북소수민족지방 간의 통제관계가 더욱 공고해졌으며, 간닝칭 지역의 다민족 분포구조도 국지적 변화 속에서 안정되거나 정형화되는 추세를 보였다. 이 기간 동안 한족은 명나라 때 주로 도시, 요새, 교통로에 집중되어 점차 광활한 농촌 지역으로 흩어져 살았다. 티베트족은 주로 간칭甘靑 지역의 목축지에 집중되어 있으며, 일부는 하천, 황湟, 타오洮, 민岷 지역의 하천 계곡 지대에 거주하였다. 몽골족은 주로 칭하이호 이서의 하이시海西 초원, 치롄산 서쪽의 남북 기슭, 황하 남쪽의 허취河曲 초원, 허란산 음지에서 집거하였다. 후이족은 주로 닝샤 남부, 간쑤 중서부 및 칭하이 동부에 집중되어 있다. 만주의 팔기가 간닝칭 지역에 주둔하면서 만주족은 새로운 민족 구성원으로 정착하기 시작하였다. 이리하여 한·만주滿·몽골·후이·티베트·살라르·둥샹·투·유고裕古·바오안 등의 민족이 간닝칭 지역의 주요 민족이 되었다.[118]

요약하면, 화하족, 강·티베트족, 동호·몽골족, 이슬람족 계통의 각 민족은 간닝칭이라는 특수한 지리적 단위에서 번식, 이동 및 변화를 하였으며, 수천 년의 진화와 발전을 거쳐 오늘날 이 지역의 민족 분포의 기본구조를 형성하였다. 현재 간닝칭 지역은 다민족이 거주하는 지역으로 한족, 티베트족, 후이족이 광범위하게 분포되어 있으며 몽골, 살라르, 둥샹, 투, 유고, 바오안 등 민족이 흩어져 살고 있어 민족 분포가 대잡거, 소취거 및 입체 분포의 특성을 나타낸다.[119] 성급 행정단위의 민족구성 중 간쑤성에

---

118 秦永章,《甘寧靑地區多民族格局形成史硏究》, 民族出版社, 2005, pp.128, 187, 228, 134-235.
119 간닝칭 지역 민족의 입체적 분포는 해발 2,500미터 이상의 고산·초원 지역에는 유목업에 종사하는 티베트족·몽골족 등, 해발이 좁더 낮은 산지(半淺山)에는 주로 목

는 45개의 민족성분이 있고 2개의 자치주와 6개의 자치현이 설립되었으며, 칭하이성에는 37개의 민족성분이 있고 6개의 자치주, 14개의 자치현, 34개의 민족향, 그리고 닝샤 후이족 자치구에는 35개의 민족성분이 있다.[120]

4) 서남역사지리민족지역

(1) "서남" 개념의 정의

서남 지역은 독특한 역사적, 지리적 민족 지역으로서 일찍이 중원 역사가들의 시야에 들어왔는데, 《사기史記》, 《한서漢書》와 《후한서後漢書》의 《서남이열전西南夷列傳》 등의 역사서가 기록의 시작점이다.[121]

위의 역사서에 기록된 것은 진한 시대 서남이의 분포 범위이다. 여기서 중원 역사가들은 청두成都 평원을 중심으로 남부, 서남부, 서부의 소수민족 분포를 차례로 서술하고 있으며, 범위는 윈난, 구이저우, 쓰촨의 대부분 지역을 포함한다. 오랫동안 학계에서 주장해 온 좁은 의미의 서남 개념은 기본적으로 《사기》와 《한서》의 "서남관西南觀", 즉 오늘날의 윈난, 구이저우, 쓰촨, 충칭 4개 성·시를 중심으로 대략적인 범위를 그린 것이다. 팡궈위方國瑜는 《중국 서남역사지리 고찰中國西南歷史地理考釋》에서 "서남지역의 범위, 즉 지금의 윈난성 전체, 더불어 쓰촨성 다두하大渡河 이남, 구이저우성 구이양貴陽 이서 지역을 포함한다. 이 범위는 한나라 때부터 원나라 때까지 중국의 중요한 정치구역인데, 전한 때는 '서남이西南夷', 위진 때는 '난중南中', 남조 때는 '닝저우寧州', 당나라 때는 '윈난안무사雲南安撫司' 등으

축업에 종사하는 티베트족·위구르족 등, 해발이 아주 낮은 산지(淺山) 및 하천 지역에는 한·회·둥샹(東鄕) 등 농업을 주로 하는 민족이 거주한다.

120 徐黎麗, "甘寧靑地區民族關系問題的重要性和複雜性," 《西北民族硏究》第1期, 2001.
121 《史記·西南夷列傳》과 《後漢書·南蠻西南夷傳》 참조.

로 불리다가, 원나라 때에 이르러 '윈난행성行省'으로 불렸다. 각 시기 경계에는 비록 약간의 차이가 있지만 대체로 비슷하다."[122]

넓은 의미의 서남부는 전통적인 "행정사관行政史觀"의 한계를 뛰어넘어 역사, 인문, 자연지리적 공통점과 차이점을 결합하여 티베트 자치구도 "중국 서남부"의 논의 범위에 포함시켰다. 예를 들어, 퉁언정은 "중국 서남부의 구석기 문화中國西南的舊石器文化"라는 글에서 중국 서남부에 대해 이렇게 완결적으로 표현을 하였다.

"중국 서남부는 쓰촨四川·윈난雲南·구이저우貴州 3성과 티베트 자치구를 포함한 아시아 대륙의 남쪽에 있다. 서쪽은 티베트고원, 남쪽은 윈구이고원雲貴高原, 북쪽은 쓰촨분지이다. 해발고도 차이가 크고 동식물의 수직 분포가 매우 다르기 때문에 품종이 다양하고 물산이 풍부하여 원시인류의 생존과 번식에 매우 적합하다. 지리적 위치 측면에서 이 지역은 북쪽으로 황하 유역, 남쪽으로 인도, 부탄, 미얀마, 라오스, 베트남 및 기타 국가와 인접해 있으며, 아시아 대륙의 배후 지역과 인도반도 및 중남中南반도를 연결하는 허브이다."[123]

이 표현은 지정학적, 지리 생태환경적 관점에서 서남부의 지역적 위치와 환경적 특성을 강조하고, 서남부와 주변부의 인접관계에 주목하여 보다 완전한 "서남" 개념을 기술하였다고 할 수 있다.

넓은 의미에서 서남 지역은 또 하나의 보다 광범위한 정의가 있다. 즉 티베트와 광시 두 민족 자치구 및 인접한 민족 역사와 문화에 있어서 과도기적·점진적인 변화를 지니고 있는 지역 역시 서남 지역에 포함시킬

---

122 方國瑜,《中國西南歷史地理考釋(上卷)》, 中華書局, 1987, p.1.
123 童恩正, "中國西南的舊石器文化,"《中國西南民族考古論文集》, 文物出版社, 1990, p.16.

수 있다. 예를 들어 《서남과 중원西南與中原》이라는 책의 저자는 "서남"이라는 단어가 포함하는 지역이 대략적으로 오늘날 쓰촨, 구이저우, 윈난, 티베트, 광시 등 5개 성, 후난성 서부, 후베이성의 서남부, 칭하이성의 티베트족 거주지역이 포함된다고 주장한다.[124] 마창馬強은 전통적인 지리 개념에서 서남부 지역은 오늘날의 윈난, 구이저우, 쓰촨, 충칭 등 4개 성·시 외에도, 오늘날의 어시鄂西 산지, 친바秦巴 산지, 쓰촨과 후베이에 걸친 산샤三峽 연선, 후난 서쪽의 원沅·진辰 지역, 링난嶺南 이서 지역을 포함한다.[125] 여기서 논의하는 범위는 넓은 의미의 서남 개념, 즉 윈난성, 구이저우성, 쓰촨성에 중점을 두면서, 티베트 및 광시성의 민족 역사와 지리적 조건도 고려할 것이다. 주요한 원인은 티베트와 광시의 고대 민족이 좁은 서남쪽의 역사적 민족과 강한 역사적, 지리적 상호 작용을 가지고 있기 때문이며, 이 두 지역은 현재 중국의 주요 민족 지역이기도 하다.

(2) 서남지역의 자연지리적 환경 특성

여기서 검토하는 서남지역은 정치적 구획과 자연지리의 내적 연계를 겸비한 지역으로, 이 지역의 주체 부분은 중국의 3단계 계단 중 2단계이자, 동시에 2단계 계단에서 3단계 계단으로 넘어가는 과도기적 지대로, 지형의 기복이 심하고 해발 4,000여 미터의 고원에서 해발 200미터의 동부 해안으로 하강하는 추세를 보이는 지역이다. 이는 이 지역 지형의 다양성을 결정한다. 따라서 서남부 지역은 지형적으로 통합된 지역이 아니라 카르스트 지형이 매우 성숙한 윈구이고원雲貴高原, 큰 강이 절단되어 형성된 깊은 계곡, 강이 충적되어 형성된 평야 댐과 일명 "천부지국天府之國"이라 불리는 쓰촨 분지가 있는 곳이다.

---

124 楊庭碩·羅康隆,《西南與中原》, 雲南教育出版社, 1992, p.5.
125 馬強, "論唐宋西南史志及其西部地理認識價值,"《史學史研究》第3期, 2005.

지형 면에서 서남 지역은 주로 산과 분지이며, 평야, 구릉 및 고원과 같은 여러 지형을 가지고 있다. 산지는 저산, 중산, 고산 모두가 분포되어 있으며, 저산은 주로 서남지역의 북반부에 분포하였다. 예를 들어 쓰촨 분지 주변은 대부분 해발 1,000미터 정도의 저산이고, 상대적 해발고도가 500미터 이하이며, 중산의 분포범위는 비교적 넓고, 해발 1,000미터 이상, 상대적 해발고도도 500-1,000미터 사이이며, 고산은 주로 티베트·윈난 서북과 동북·쓰촨 서남 일대에 분포하며, 그 능선의 높이는 해발 3,500미터 이상이고 상대적 해발고도는 일반적으로 200미터 이하이다. 서남지역은 광활한 산악 지역에 흩어져 있는 분지가 매우 많으며, 윈난성에만 면적 1제곱킬로미터의 분지(일반적으로 댐이라고 함)가 1,442개나 있다. 그러나 쓰촨 분지와 한중漢中 분지의 면적이 크고, 나머지 분지는 모두 면적이 작다. 서남지역의 평야는 서부 쓰촨 평야와 안닝安寧 계곡 평야를 제외하고 대부분 면적이 작으며, 평야의 총 면적 역시 크지 않다.[126]

서남지역은 티베트고원과 윈구이고원雲貴高原의 두 지역에 걸쳐 있기 때문에 전체 지형의 기복이 심하고 가장 높은 곳에서 가장 낮은 곳까지 부채꼴의 수직 분포를 보일 뿐만 아니라, 크고 작은 산맥이 뻗어 있어 지역적인 입체 수직 지형을 형성하고 있다. 이러한 대·소규모 지역에서 지형의 입체적 수직 분포, 종횡 분할의 특징은 다양한 기후 유형 및 생물 자원의 분포에 직접적인 영향을 미쳤다. 기후 관점에서 볼 때, 서남지역은 저위도 고원 몬순 기후에 속하며 남아열대형, 중아열대형, 북아열대형, 난온대형, 온대형, 한온대형, 고산이끼 원형 및 설산 빙막형 등 다양한 기후 유형을 가지고 있다. 다양한 기후는 다양한 자연 생명 시스템에 독특한 성장 및 발달 조건을 제공하여 풍부한 동식물 군집을 형성하였다.

요컨대 서남지역은 중국에서 지형, 기후조건, 물산자원이 가장 풍부한

---

126 李孝聰,《中國區域歷史地理》, 北京大學出版社, 2004, pp.93-94.

지역 중 하나로, 자연생태적 환경과 물산의 다양성은 종종 같은 지역 주민들의 경제문화 유형의 다양성을 초래하고, 동시에 같은 지역에 여러 민족이 흩어져 사는 현상을 쉽게 형성하여 복잡하고 다양한 민족지리적 경관을 형성한다.

(3) 서남지역의 "회랑" 교통

중원왕조 정권에 비해 서남지역은 상당 기간 소수민족의 세력권이었고, 중원왕조와 간접적인 통괄관계를 유지해 상대적으로 폐쇄적이고 독립적이지만, 지정학적 측면에서 보면 사실상 다자간 융합의 거대한 삼각지대에 놓여 있다. 각각 동아시아 동부의 황하 중하류, 동아시아의 장강 중하류, 그리고 동남아시아 반도 및 인도반도 지역과 맞닿아 있는데, 삼각지대의 각 변은 각각 다른 종류의 문화가 존재하고, 서남 삼각지와는 "쌍무 교합雙邊交融"을 이루고 있어 상대적으로 서남지역 전체에 걸쳐 여러 통로를 갖춘 다자관계를 형성하고 있다. 이런 다자관계에 대해 쉬신젠徐新建은 다음과 같이 매우 형상화한 설명도를 작성하여 설명한다(그림 6-9 참조).[127]

---

127 徐新建,《西南硏究論》, 雲南敎育出版社, 1992, p.142.

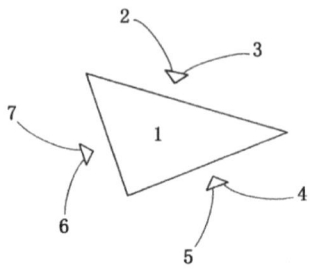

<그림 6-9> 서남과 주변 관계 설명도

설명:
1. 서남 삼각지   2. 황하 상류지역(서북)   3. 황하 중·하류 지역(중원)
4. 장강 중·하류 지역(남방 문화벨트 동부)   5. 주강 유역(남방 문화벨트 중부)
6. 동남아시아 반도   7. 인도반도

〈그림 6-9〉와 같이 역사적으로 서남지역은 많은 문화판文化板塊이 교차·접촉·충돌·융합되는 지역이며, 이러한 다자간 교류의 실현에는 "회랑"이 중요한 역할을 하고 있다. 역사적으로 서남지역의 회랑은 크게 "자연회랑"과 "인문 회랑"의 두 가지 범주로 나뉘지만, 이러한 분류는 일반적일 뿐 실제로는 많은 자연 회랑과 인문 회랑이 중첩되어 있다.[128]

우선, 자연 회랑을 보자. 고대 불편한 교통 조건 하에서 민족공동체는 대부분 하천과 계곡을 따라 이동 및 교류하였으므로 지리적 지역에서 자연적으로 형성된 사통팔달한 하천 시스템은 이 지역의 사람들이 이동 및 교류하는 천연 통로가 된다. 서남지역에는 하천이 많은데, 비교적 유명한 강으로는 금사강金沙江, 란창강瀾滄江, 민강岷江, 노강怒江, 얄룽창포강雅魯藏布江, 위안강元江, 난베이판강南北盤江, 칭수이강淸水江, 얄룽강雅礱江, 두류강都柳江, 쳰강黔江, 자링강嘉陵江, 다두하大渡河, 츠수이하赤水河, 홍수이하紅水河 등이 있다. 이러한 강은 수로가 종종 거칠고 굽은 경사가 급하여 배를 조종하기가 쉽지 않아 전 구간의 통항이 어렵다. 그러나 란융藍勇은 서남 수운

---

128 戴志中·楊宇振,《中國西南地域建築文化》, 湖北教育出版社, 2003, pp.39-41.

水運항로를 자세히 고찰하고 나서 역사시대별로 촨시川西고원 수원계水源系의 민강, 자링강, 퉈강沱江, 푸강涪江, 다두하, 안닝하安寧河, 우멍산烏蒙山 수원계의 푸두하普渡河, 샤오강小江, 바이수이강白水江, 헝강橫江, 난광하南廣河, 창닝하長寧河, 융닝하永寧河, 츠수이하, 다러우산大婁山 수원계의 우강烏江, 치강綦江, 다파산大巴山 수원계의 다닝하大寧河, 저우하州河 및 허우하後河, 파하巴河 및 난강南江 등 서로 다른 강의 일부 구간이 모두 통항할 수 있다고 주장하였다.[129] 통항 가능하였던 이런 항로는 당연히 고대 민족의 왕래에 편리한 조건을 제공하였다. 동시에 많은 강이 산을 자르고 연속 협곡을 형성하였으며, 이러한 협곡은 고대 사람들이 이동하고 교류하는 자연 통로가 되었다. 서남지역의 산과 하천 등 자연 기반으로 하여 형성된 주요 자연 회랑으로 장이藏彝회랑, 우링五陵회랑, 난링南嶺회랑 등이 있다. 이 세 회랑의 구체적인 상황에 대해서는 앞의 관련 부분에서 이미 논의했기에 더 이상 언급하지 않겠다.

역사적으로 서남의 각 민족간 무역거래, 중원왕조 변경 개방, 민족간 이주, 전쟁과 이민을 통한 변경 수위 등 일련의 사회 역사 문화적 이유로 서남이라는 거대한 삼각지 또는 그 중심으로 많은 중요한 고도古道들이 개설되었다.

쓰촨-윈난-구이저우 사이의 고도는 전국시대 리빙李冰이 뚫은 "북도僰道", 진秦나라 때 뚫은 "오척五尺도", 한나라 때 사마상여司馬相如가 뚫은 "서이西夷도", 당몽唐蒙이 뚫은 "남이南夷도", 수당시대의 "석문관石門關도"·"청계관清溪關도" 등이 있다. "오척도"는 오늘날 쓰촨의 이빈宜賓에서 가오현高縣·쥔롄筠連을 지나 윈난의 옌진鹽津·다관大關·자오퉁昭通·슝전鎮雄까지 이어지며, 그 사이에 구이저우의 비제畢節·웨이닝威寧으로 접어 들었다가, 다시 윈난의 셴웨이宣威·취징曲靖에 이르는데, 총 길이는 1,800킬로미터이

---

129 藍勇,《歷史時期西南經濟開發與生態變遷》,雲南教育出版社, 1992, pp.226-228.

다. 이 길은 지세가 험하고 폭이 5척에 불과하며 길에서 북인僰人을 많이 만날 수 있어 "오척도" 혹은 "북도僰道"로 불렸다. "서이도"는 "링관靈官도"와 "버난博南도" 두 단계로 구성되었다. "링관도"는 대체로 청두成都에서 칭이강青衣江을 따라 치웅두(邛都, 오늘날 쓰촨 시창西昌)에 이르고, "버난도"는 치웅두에서 부웨이(不韋, 오늘날 윈난 바오산保山)까지 이어진다. "남이도" 북단北段은 "오척도"와 겹치고, 남단南段의 일부는 계속 남쪽으로 뻗어 "서이도"와 합류한다. "석문도"는 융저우도독부(戎州都督府, 오늘날 쓰촨 이빈)에서 석문(石門, 오늘날 윈난 옌진)·취저우(曲州, 오늘날 윈난 자오퉁·루뎬魯甸)·징저우(靖州, 오늘날 구이저우 비제·웨이닝)·랑저우(郎州, 오늘날 윈난 취징)·쿤저우(昆州, 오늘날 윈난 쿤밍)·윈난(오늘날 샹윈祥雲)을 지나 양쥐羊苴 메청(叶城, 오늘날 윈난 다리大理)에 이른다. "청계관도"는 청두에서 시작해, 솽류(雙流, 오늘날 쓰촨 솽류)·린치웅(臨邛, 오늘날 쓰촨 치웅라이邛崍)·야저우(雅州, 오늘날 쓰촨 야안雅安)을 지나 남쪽의 잉징(榮經, 오늘날 쓰촨 잉징)을 지나 시저우(雟州, 오늘날 쓰촨 시창)에 이르러, 어준링(俄準嶺, 오늘날 후이리會理현 이북)에서 루강(濾江, 즉 금사강)을 가로지나 눙둥(弄棟, 오늘날의 윈난 다야오大姚)에 이르고, 다시 윈난(오늘날 윈난 샹윈)을 지나 양쥐 메청叶城에 이른다."[130]

윈난-쓰촨-티베트 사이의 고도 중 가장 먼저 개척하고 가장 자주 사용하는 길은 당연히 마방馬幫이 찻잎을 운반하는 그 유명한 "차마고도茶馬古道"이다. 반면, 한족-티베트족 사신의 왕래를 위해 관방에서 만든 통로는 대부분 원나라와 명나라 이후에야 이루어졌다. 이른바 "차마고도"는 마방이 찻잎과 식염을 운송하며 "호시茶馬互市"를 위해 형성된 교통로로, 서남 고대 교통 역사에서 매우 중요한 위치를 차지하였다. 많은 고고학 자료와 문헌에 따르면, 윈난과 티베트 사이에 오랫동안 경제 및 문화 교류가 있었지만, 윈난의 차가 티베트에 수입된 시기는 역사가 명확하지 않다. 가

---

130 範建華, "西南古道與漢, 唐王朝開邊,"《思想戰線》第6期, 1991.

장 일찌기 당나라 때 윈난의 유명한 차인 보이차가 티베트에 들어간 것으로 보인다. 당나라 이후 각 왕조에서의 차 판매는 나날이 번성하였는데, 특히 청나라 때 쓰마오思茅, 보이 등지의 보이차 운송 및 판매가 크게 성행하여 당시 "천 명 이상의 티베트 상인들이 이곳에 왔다"거나 "인도 상인들 중 차와 접착제(자교)를 싣고 오는 사람들이 끊이지 않았다"는 말이 유행할 정도였다. 당시 보이차는 윈난 서부의 멍화蒙化, 텅충騰衝, 시저우喜州 등지의 마방들에 의해 샤관下關으로 운송된 후, 쓰촨 루저우瀘州, 쉬푸敘府, 충칭, 청두로 운송되어 다시 티베트, 시캉西康으로 운송되었다.[131] 찻잎 판매로 인해 개통된 이 "차마고도"에 대해 과거에는 사람들이 그다지 관심을 기울이지 않았다. 1990년대에 서남지역의 일부 학자들은 "차마고도" 조사단을 구성하여 2,000킬로미터 이상을 걸어서 쓰촨, 윈난, 티베트 회랑의 고대 상도를 자세히 조사하였으며, 최종적으로 조사단의 천바오야陳保亞가 "차마고도의 역사적 지위茶馬古道的歷史地位"라는 글을 통해 노선도를 제시하였다. 즉 "윈난의 중뎬中甸, 티베트의 창두昌都, 쓰촨성의 캉딩康定으로 삼각지대가 형성되었고, 이는 차마고도 네트워크가 가장 밀집한 곳이며 마방들의 출몰도 가장 빈번하다. 중뎬-창두를 오가는 고도는 (1)중뎬-메이리梅里 설산-가랑加郞──비투碧土──자위扎玉──줘예左貢──방다幇達──창두; (2)중뎬──샹청鄕城──더차德茶──옌징鹽井──망캉芒康──줘예──방다──창두이다. 중뎬-캉딩을 오가는 고도는 중뎬──샹청──상두이桑堆──리탕理塘──야강雅江──캉딩이다, 캉딩-창두를 오가는 주요 고도는 (1)캉딩──야강──리탕──파탕巴塘──망캉──줘예──방다──창두; (2)캉딩──다오푸道孚──루훠爐霍──간쯔甘孜──더거德格──장다江達──창두이다.[132]

---

131 王懿之, "雲南普洱茶及其在世界茶史上的地位," 《思想戰線》第2期, 1992.
132 陳保亞, "茶馬古道的歷史地位," 《思想戰線》第1期, 1992.

윈난-구이저우-광시 사이의 고도는 《사기史記》 "서남이열전西南夷列傳" 및 "남월열전南越列傳"의 기록에 따르면, 늦어도 한나라 때 장커강牂牁江, 오늘날 홍수이허)이 구이저우-광시간 민간무역 왕래의 중요한 통로였다. 또한 《신당서新唐書》와 《당회요唐會要》와 같은 역사적 기록에 따르면, 당나라 때 쿤밍에서 난닝南寧으로 가는 윈난-구이저우 통로가 매우 원활하였다. 다리국大理國 시기에 이르러 주로 말을 이용한 운송으로 형성된 윈난-구이저우 채널에 대한 기록은 더욱 많다. 양중량楊宗亮은 각종 역사서에 대한 자세한 고증을 통해, 송나라 때 융저우邕州에서 다리大理로 가는 길이 융저우의 형산자이橫三寨를 허브로 하여, 형산자이-즈치(自杞, 오늘날 싱이興義시)──산찬푸도善闡府道, 형산자이──뤄뎬羅甸──산찬푸도, 형산자이-터머特磨-산찬푸도의 세 가지 주요 간선을 형성하였다고 밝혔다.¹³³

상술한 윈난-쓰촨-티베트 간, 쓰촨-윈난-구이저우 간, 윈난-구이저우-광시 간 고도는 서남지역의 모든 성, 서남지역과 중원지역을 연결하는 주요 간선 도로이다. 또한 서남지역의 시각에서 출발해 사방을 바라보면 서남지역에는 안팎으로 길게 뻗은 고도들이 더 많이 있다. 예를 들어, 내륙과 연결되는 통로에서 쓰촨과 산시陝西 사이에는 진령秦嶺을 지나는 천창陳倉도道, 바오세褒斜도, 즈우子午도, 대파산大巴山을 지나는 젠거劍閣도, 미창米倉도, 양바洋巴도 등이 있다. 쓰촨-간쑤 간 교류역사에는 처우츠仇池도, 인핑陰平도, 시산西山도 등이 있다.¹³⁴ 광둥-광시 간 교류에는 서강西江 수로, 후난-광시 간 교류에는 흥안령興安靈 경로, 허셴멍賀縣萌 여러 경로 등이 있다. 역외 연결 통로 중에서 가장 유명한 것은 남사고도南絲古道이다.

남사고도는 일명 "촉신독도蜀身毒道" 혹은 "남방 실크로드"로 불린다. 남

---

133 楊宗亮, "試論宋代滇桂通道及其歷史作用," 《中南民族學院學服》第5期, 1993.
134 李孝聰, 《中國區域歷史地理》, 北京大學出版社, 2004, pp.94-100.

사고도는 주로 쓰촨-윈난의 서쪽 도로, 쓰촨-구이저우-윈난의 동쪽 도로와 남쪽 도로 등 3개 노선으로 구성된다. 선진시대 서도는 청두에서 치웅라이(邛崍, 옛 린치웅臨邛)까지, 옛 이름은 "린치웅도臨邛道"였다. 청두에서 꽌커우灌口를 거쳐 바오싱寶興까지 가는 도로를 "서남산도西南山道"라고 불렀다. 동쪽 도로의 경우, 선진 시대 청두에서 민강을 따라 내려가 낙산樂山을 거쳐 이빈宜賓까지를 "수로"로, 진秦나라 때 이빈에서 자오퉁을 거쳐 취징까지를 "오척도'로, 한나라 때는 "주티도朱提道", 당나라 때는 "석문관도"로 불렀다.[135] 남쪽 도로의 경우, 옛 이름은 "버난도博南道" 혹은 "융창도永昌道"이다. 구체적인 경로는 다리大理에서 양비漾鼻·융핑永平을 지나, 서쪽의 난창강瀾滄江을 건너 바오산에 이르고, 다시 서쪽의 누강怒江을 건너 텅충騰衝에 이르며, 다시 잉강盈江을 지나 미얀마의 팔모八莫에 이른다. 이곳에서 이라와디강伊洛瓦底江을 따라 서쪽으로 인도, 벵골만을 거쳐 바다로 나간다. 혹은 텅충에서 살원강을 따라 미얀마로 내려가 남아시아에 이른다. 이 신비한 상도商道는 처음에는 촉나라의 상인들과 연선의 부족만이 알고 있었고, 도로의 방향과 연도沿途 상황은 줄곧 비밀에 부쳐져 있었다. 기원전 122년, 대탐험가 장건이 출사하여 장안으로 돌아온 후, 한무제에게 상소하였는데, 그가 한여름에 촉나라의 포목과 치웅주장邛竹杖을 많이 보고 나서야 비로소 이 신비한 상도의 존재를 알게 되었다고 한다. 이에 한무제는 장건을 박망후博望侯로 봉하고 사로四路 사신을 서남으로 보내 이 도로의 구체적인 방향을 모색하였다. 이로써 "남사도"는 관도官道와 상도가 서로 교체되는 황금기에 접어들었다. 물론 남사고도는 중요한 국제무역의 대大 상도로서 특히 주목해야 할 점은 개통 이후 중국 서남지역의 모우旄牛, 작말筰馬, 모직물, 목면포, 실크, 생사, 벨벳天鵝絨, 약재, 구리철기 및

---

[135] 晏德宗, "西南絲綢之路的形成及路線," 中國人民政治協商會議四川省川西南片區文史資料工作協作會 엮음,《南絲古道話今昔》, 四川辭書出版社, 1994.

금은제품 등이 민간상인의 장거리 밀매를 통해 역외의 아시아와 유럽 각국으로 재판매되고, 역외의 상아·제비집·취옥·홍남보석·코뿔소 뿔·주옥 등 진기한 물건도 끊임없이 서남 및 내륙으로 수입되어 고도를 따라 각 민족의 사회생활을 크게 풍요롭게 하였다는 사실이다.[136]

상술한 민족회랑과 고대 교통로는 서남지역을 금빛 유대紐帶처럼 서융, 중원, 형초, 남베트남(월), 동남아, 인도 등 다양한 방면의 지리, 민족, 문화지역과 연결시켜 오늘날 서남의 다민족, 다문화가 공존하는 현상을 만들어냈다. 따라서 서남지역 민족의 역사적 지리를 탐구할 때 이러한 "회랑"이 고대 서남지역 민족의 이동, 교류, 통합 및 융합에 미치는 영향을 간과해서는 안 된다.

(4) 서남지역 4대 족계族系 민족의 역사 발전

중국의 서남지역은 고대 인류 활동의 중요한 지역이다. 이 지역에서는 유인원에서 인간 진화에 이르기까지 다양한 고인류 화석을 찾을 수 있을 뿐만 아니라, 구석기 시대의 수많은 인류 유적이 발견된 것은 수만 년 전에 이미 많은 인류 집단이 이 지역에서 번성하였음을 보여준다. 신석기 시대에 접어들면서 서남지역의 고유한 특성을 지닌 지역문화가 크게 발전하였다. 란융藍勇은 문화의 지역적 차이에 따라 서남지역을 12개 문화지역으로 나누었다. 즉 촨중川中 분지 문화지역, 칭이강青衣江 유역 문화지역, 촨둥川東 협곡峽谷 문화지역, 첸둥黔東 자링강嘉陵江 문화지역, 촨시베이川西北 고원지역, 다둔즈大墩子 – 리저우禮州 문화지역, 얼하이洱海 – 바이양촌白羊村 문화지역, 뎬츠滇池 문화지역, 뎬둥베이滇東北·첸시베이黔西北 문화지역, 란창강瀾滄江 중상류 문화지역, 뎬난滇南·첸시난黔西南 문화지역, 첸중黔中 문화지역이다. 이 12개 문화지역의 지리적 분포로 볼 때, 고유의 문화

---

136 管彦波, 《中國西南民族社會生活史》, 黑龍江人民出版社, 2005, p.237.

적, 지리적 특성 외에도 동남 연해 문화와 서북 내륙 문화의 영향을 분명히 받은 것으로 나타난다. 지리적 거리 감소의 영향을 받아 윈난 서북, 얼하이, 금사강 다둔즈-리저우, 쓰촨 서북 문화지역은 중국 서북 내륙의 신석기 문화와 더 많은 관련이 있으며, 민족회랑이 산맥의 횡단과 하곡을 따라 북쪽에서 남쪽으로 분포되는 양상을 보인다. 그 문화는 간칭 지역의 쓰와문화(寺窪文化, Siwa Culture)와 카웨문화(卡約文化, Kayue Culture)와 밀접한 관련이 있다.[137] 그러나 윈난 남부, 중부, 서남부, 동남부, 구이저우 서남부, 서부 및 윈난 동북부 문화는 분명히 동남 해안 백월 문화의 특성을 가지고 있다.[138]

신석기시대 서남지역의 고고문화 및 그 족속과 관련하여, 왕원광王文光은 강족계통의 문화가 주로 티베트, 촨시川西고원, 윈난 서북지역에 분포되어 있으며, 그 문화의 주체는 강족 계통의 민족공동체라고 본다. 또한 쓰촨의 신석기 문화는 강족 문화와 토착 문화가 결합하여 생겨났으며, 후에 파촉 문화로 발전하여 그 주체도 후대의 파인巴人과 촉인蜀人이며, 윈난 중부, 동북부, 구이저우 이남 지역의 신석기 문화는 월족 선민先民이 창조한 것이다.[139] 선사문화의 족속에 대한 인정은 매우 복잡한 과제이다. 족속 인정과 관련해, 왕원광은 신석기 시대 말기 이후 서남지역의 저강계와 백월계 민족 위주의 분포구조가 기본적으로 형성되었으며 이러한 민족 분포구조는 선진 시대에도 크게 변하지 않았다고 보았다.

일부 연구자들은 서남지역 고대 민족의 발달이 대략 4단계의 발전단

---

137 쓰와문화(寺窪文化, Siwa Culture)는 기원전 14-기원전 11세기 중국 청동기 시대 문화로, 명칭은 간쑤 린타오(臨洮) 쓰와산(寺窪山)에서 발견된데서 유래한다. 한편, 카웨문화(卡約文化, Kayue Culture)는 기원전 900년-기원전 600년 중국 청동기 시대 문화로, 명칭은 칭하이 황중(湟中) 현 카웨촌(卡約村)에서 발견된데서 유리한다. 카웨는 티베트어 지명인 것으로 알려졌다.(역자 주)
138 藍勇,《西南歷史文化地理》, 西南師範大學出版社, 1997, pp.13-15.
139 王文光,《中國古代的民族識別》, 雲南大學出版社, 1997, pp.237-238.

계를 거쳤다고 주장한다. 첫 번째 단계는 고대 한족과 티베트족의 형성으로, 구석기시대 말경이며 황하, 장강, 주강의 3대 수계에 분포한다. 고대 한족과 티베트족이 형성된 후 중국 본토의 넓은 지역으로 계속 확산되어 분포되었다. 문화가 상이한 지역에서 적응 및 발전함에 따라 고대 화하족, 고대 백월족, 고대 저강족 및 고대 먀오·야오족으로 구분된다. 이러한 고대 민족은 고대 한족과 티베트족에서 분화되었으며 오늘날 서남지역의 저강족, 백월족, 먀오·야오苗瑤족과 직접적인 문화적 연원을 가지고 있다. 이는 서남 고대 민족의 두 번째 단계이다. 세 번째 단계는 고대 쫭족, 고대 이족, 고대 강족, 고대 쫭족·다이족, 고대 동족·수이족, 고대 먀오족, 고대 야오족 등 고대 민족이 舊구 저강계통, 구 백월계통, 구 먀오·야오 계통에서 분화된 단계다. 네 번째 단계는 오늘날 서남지역 각 민족의 형성 시기이다.[140] 이 네 단계의 구분은 대체로 고대 서남지역 민족의 진화 과정을 반영하였다.

역사시대에 접어들면서 서남지역 고금古今의 민족은 크게 저강氐羌계통, 백월百越계통, 백복百濮계통, 먀오·야오 계통의 4대 계통에 속하게 되었고,[141] 언어적으로는 한·티베트어계의 티베트·미얀마어족, 쫭·동어족, 남아시아어계의 몬크메르어족, 한·티베트어계의 먀오·야오 어족에 속한다.

---

140 楊庭碩·羅康隆,《西南與中原》, 雲南教育出版社, 1992, pp.91-92.
141 서남지역의 민족 족계(族系)에 대해서는 여전히 다른 견해가 있다. 예를 들어, 페이샤오퉁(費孝通)은 윈구이고원의 민족 구도에는 실제로 6개의 민족 집단이 존재한다고 주장하였다. 하나는 남부 및 서남쪽 국경에서 다이족으로 대표되는 쫭·동어계의 여러 민족, 다른 하나는 북방에서 이주해 온 이족어계의 민족, 세 번째는 토착민족, 네 번째는 춘추전국 이래 중원 지역에서 이주한 중원인, 다섯 번째는 위의 민족들간의 혼혈인, 여섯 번째는 와족, 더앙족, 부랑족 등 과경민족인 남아시아어계 민족이다. 이와 관련해 費孝通 엮음,《中華民族多元一體格局》, 中央民族大學出版社, 1999, p.30 참조.

저강氐羌**계 민족.**

저강계 민족은 중국 상고시대의 민족 계통으로 저족과 강족은 같은 기원을 갖지만, 다른 흐름을 보였으며, 단일민족이 아닌 여러 민족을 총칭하는 것인데, 포함되는 족속은 매우 복잡하다. 저강계 민족은 서북지역 간칭고원에 처음 거주하였으며 주로 유목민이었다. 약 6,000-7,000년 전의 신석기 시대에 고대 유목 부족은 허황河湟 유역에서 사방으로 발전하여 동쪽으로는 한족 지역으로, 그리고 서남지역으로 이동하였다. 문화적 반영이라는 측면에서 볼 때, 서남지역의 일부 신석기 문화는 간칭 지역의 저강계 민족의 원시 문화와 많은 유사점을 가지고 있다는 데서 알 수 있다. 저강계 민족의 대규모 남하는 기원전 7세기 중엽 이후로, 당시 진나라가 6개국을 정벌하고 합병하였는데, 그 부근의 많은 강족 부족들이 "진나라의 위세를 두려워하여" 서남지역으로 잇달아 이동하였고, 일부는 지금의 칭하이성 서남쪽, 나아가 티베트와 서창 일대로 이동하였으며, 일부는 윈난-구이저우 지역에 들어갔다. 한진漢晉 시기, 서남지역의 각 민족을 통틀어 "서남이"라고 불렀다. 사마천의 《사기·서남이史記·西南夷列傳》에 따르면, 당시 "서남이"의 대부분의 부족이 "저氐류"로 저강계 부족이었다. 이러한 씨족부락 중 더 영향력 있는 것은 강족, 저족, 북인僰人, 수인叟人, 쿤밍, 마사摩沙 등 민족공동체였다. 당송 시대 저강계 민족으로 강족, 토번, 바이만白蠻, 우만烏蠻, 허만和蠻, 스만施蠻, 순만順蠻, 머세만磨些蠻, 귀취만鍋錐蠻, 쉰즈완만尋傳蠻, 뤄싱만裸形蠻, 투자만土家蠻 등이 역사에 많이 기록되어 있다. 원명청 이후 고대 서남지역에 거주하던 저강계 민족들은 비교적 오랜 기간을 거쳐 모여 융합하여 점차 오늘날 티베트·미얀마어족의 핵심으로 발전하였다. 오늘날 서남지역의 이·바이·하니·나시·리수·노·티베트·라후·지눠·두룽·아창·푸미 등 민족이 저강계 민족이다.

백월百越계 민족.

백월은 백월百粵, 제월諸越 혹은 월인越人으로 불리며, 고대 중국 남부의 여러 민족에 대한 총칭이다. 백월의 "백"은 "다수"나 "약수約數"라는 의미이지 확실한 수를 뜻하는 것이 아니다. 백월계 민족 중 역사적으로 비교적 유명한 것은 오월吳越, 민월閩越, 남월南越, 시어우西甌, 뤄월駱越, 위월于越, 양월揚越, 징월荊越, 쥐월句越, 뎬월滇越 등 상이한 민족 계통이며, 주로 중국 동부 및 남부의 광범위한 지역에 분포하였다. 서남지역의 고대 백월족은 영남의 남베트남, 서구, 낙월 등 비교적 큰 갈래를 제외하면, 윈구이고원雲貴高原의 월인들은 대부분 다른 민족과 함께 살았다. 유중尤中의 연구에 따르면, 한진漢晉 시기 "서남이西南夷"지역의 백월계 민족은 분화와 재결합으로 서서히 다른 민족으로 분화하는 과정에 있었고, 일부에서는 월越 외에 "랴오僚"와 "지우랴오鳩僚" 등 별도의 호칭도 등장하였다고 한다. 특히 서기 4세기 중엽의 동진 시대에는 지금의 광시와 구이저우 경내에 살던 일부 야오족 인구가 북상하여 촉에 침입하여 한때 백월계 민족의 분포 범위를 확대하였다. 기본 분포 측면에서 볼 때 광시, 베트남 북부, 서북쪽으로 구이저우 동부와 남부, 서남부, 서남쪽으로 윈난 덕굉 자치주 일대이다.[142] 윈구이고원雲貴高原의 월족 분포는 비교적 흩어져 있지만 여전히 세 개의 집중 분포 지역이 있다. 하나는 융창군永昌郡과 융창 및 변경 외 지역이다. 역사기록에 따르면, 후한 대 이 지역이 "싼撣" 혹은 "싼擅"으로 불리는 백월 부족집단으로 불렸는데, 학계에서는 이를 오늘날 다이족 선조의 할 갈래로 보고 있다. 둘째, 웨쑤이(越巂 군)의 일부 지역이다. 이 지역은 대부분 쓰촨성 서창 지역과 윈난성 서부, 즉 금사강 중부와 그 지류 지역을 포함한다. 셋째, 장커牂牁군의 일부 지역이다. 전한의 장커군 일부 지역은 원래 친샹군秦象郡에 속하였고, 친샹군은 고대 월족의 집중 분포지역이었

---

142 尤中,《中國西南的古代民族》, 雲南人民出版社, 1980, p.51.

다. 위에서 언급한 지역의 백월계 부족집단은 오랜 진화 끝에 고증이 가능한 현대 동·다이족의 선조인 것으로 밝혀졌다.

백복百濮계 민족.

복濮족은 중국 남부의 고대 민족으로 널리 분포됨과 동시에 부족인이 많기 때문에 백복이라고 불린다. 《상서·목서尚書·牧誓》에 처음 등장하며, 주나라 무왕의 "벌주왕伐紂" 회맹에 참여하였다. 서주 초년 서부의 복인들은 동진하여 파巴, 등鄧과 이웃하고 초나라 서남에 위치하여 장한江漢 사이에 분포하였다. 서주 말엽에 초나라는 장한江漢 사이에서 급부상하였고, 복족들은 초나라의 타격을 받아 세력이 점차 쇠퇴해졌으며, 복족이 지배하던 많은 땅이 초나라에 의해 점령되었다. 이에 장한江漢 지역의 복족들이 대거 이주하였다.[143] 복족들의 대규모 이동은 주로 초나라 서남부로 향했기 때문에 춘추전국시대에는 초나라 서남부, 즉 지금의 윈난, 구이저우, 쓰촨에서 장한江漢 유역 서쪽 일대에 복족들이 분포하게 되었다.[144] 사실, 장한江漢의 복족들이 남쪽으로 이주하기 전에 쓰촨과 윈난에는 많은 복족이 거주하였다. 쓰촨 서남부 안닝安寧강 유역의 큰 돌무덤, 즉 문헌에 기록된 "복인총濮人冢"은 복월濮越계의 치웅두이邛都夷가 남긴 것으로, 그 연대는 상나라 시기로 거슬러 올라갈 수 있으며, 쓰촨과 윈난 사이, 지금의 쓰촨 의빈과 윈난 소통 즉 한나라 주티군朱提郡의 북인僰人은 복족의 한 갈래인데 적어도 상나라 때 현지에 정착한 것으로 보인다. 그 후 각 지역의 복족들의 경제, 문화, 언어 등의 다양한 발전과 진화, 다른 민족과의 융합으로 다른 민족 집단이 형성되었다.[145] 한나라 이후 복족과 기타 족계 민

---

143 段渝, "先秦巴蜀地區百濮和氐羌的來源," 《貴州民族研究》第5期, 2006.
144 黃現璠, "試論百越和百濮的異同," 《思想戰線》第1期, 1982.
145 段渝, "先秦巴蜀地區百濮和氐羌的來源," 《貴州民族研究》第5期, 2006.

족의 통합과 진화 과정에서 "복"이라는 이름은 문헌에 거의 기록되지 않았지만, 오늘날 윈난 바오산保山 지역, 더홍德宏 자치주, 린창臨滄 지역, 쓰마오思茅 지역, 시솽반나西雙版納 자치주 등 지역은 오래동안 "바오만苞滿", "민복閩濮"등 백복족 계열 민족의 주요 분포 지역이었다. 오늘날 이 지역에 거주하는 크메르어족의 와족, 부랑족, 덕앙족, 크무족은 고대 백복에서 진화한 것이다.

먀오·야오苗瑤계 민족.

먀오·야오족 계통 민족은 삼먀오三苗와 관련이 있다. 삼먀오는 중원지방의 황하유역에 처음 분포하였다가 황하 중하류의 염황부족에 의해 격파되어, 상주商周 때 장한江漢지방의 징저우荊州로 대거 남파되었고, 삼먀오는 점차 징荊·징만荊蠻·남만南蠻으로 대체되었다. 진한 시대 중앙왕조가 장한江漢 지역에 군현을 설치하기 시작하였고 징양荊襄, 장화이江淮 및 지금의 후난과 후베이, 충칭, 구이저우 인접 지역에 창사군長沙郡, 우링군五陵郡이 설치되면서 이 두 군에 살던 형만, 남만을 창사만長沙蠻, 우링만(五陵蠻, 후한 때는 우시만五溪蠻이라고도 불렀다)이라고 불렀다. 진한秦漢 이후 원래 "우링만"이나 "우시만"에 포함되었던 먀오·야오족 계열의 각 민족은 여러 가지 이유로 끊임없이 동쪽, 서쪽, 남쪽으로 이동하였다. 쓰촨, 충칭, 구이저우, 윈난 및 기타 성으로의 서쪽 이동은 점차 먀오족과 야오족을 형성하고 동쪽으로 푸젠, 장시, 광둥 및 기타 지역으로의 이동은 점차 서족佘族을 형성하였다.[146]

수천 년 동안 상술한 서남지역의 4대 족계族系 민족은 오랜 이주 이동 과정에서 저강 민족은 북쪽에서 남쪽으로, 그리고 서쪽에서 동쪽으로 점차 확산되었고, 백월 민족과 먀오·야오 민족은 동쪽에서 서쪽으로 계속

---

146 胡紹華,《中國南方民族發展史》, 民族出版社, 2004, pp.353-354.

확산되었으며, 한족은 북쪽에서 남쪽으로, 그리고 동쪽에서 서쪽으로 확산되어 서남지역의 광범위한 지역에 거주하였다. 민족의 생태학적 분포의 관점에서 볼 때 "먀오·야오족 계통의 모든 민족은 아열대 몬순 지역의 산악 정글 벨트에 분포하며, 장강 수계와 주강 수계 사이의 분수령에 집중되어 있다. 먀오족의 분포 지역은 서쪽에서 북쪽으로 치우쳐 있으며, 분포 지역의 고도는 대략 500-2,000미터로 분포의 중심은 윈구이고원雲貴高原의 동쪽과 동남쪽 가장자리이다. 야오족의 분포 지역은 동쪽에서 남쪽으로 치우쳐 있으며, 분포 지역은 대부분 해발 200-1,500미터이다. 백월족 계통의 각 민족은 주로 주강 유역의 넓은 하곡 지대와 홍하, 남북 판강盤江, 노강, 란창강 중하류의 하곡 지대에 분포하며 분포 지역은 모두 아열대 몬순 습윤 지역이다. 백월족 계통 각 민족의 분포지는 최저 해발 100미터 이하, 최고 1,000미터를 넘지 않는다. 저강족 계통의 각 민족은 티베트고원과 윈구이고원雲貴高原의 서부와 북부를 주요 분포 지역으로, 주로 고산 초원 또는 초전草甸으로 해발 1,000미터 이상, 최고 분포 지점이 4,000미터 이상이며, 분포지역에는 교목이 드물고 초원이 넓다."[147] 민족의 거주 습관으로 볼 때, 대체로 백월족계 민족은 댐 지역에 거주하는 습관이 있고, 먀오·야오족계와 저강족계 민족은 산간지역이나 반산 지역에 거주하는 습관이 있으며, 상이한 족계 민족은 미시적으로 수직 분포대 속에 서로 다른 층위를 가지고 있어 서로 다른 생산, 생활습관 및 문화적 특성을 형성한다.

(5) 서남 지역 당대 민족 분포의 기본 특징

서남지역에는 저강氐羌 계통, 백월百越 계통, 백복百濮 계통, 먀오·야오苗瑤 계통 등 4대 족계族系에 속하는 여러 민족이 수천 년의 이주, 집합 및 융합

---

147 楊庭碩·羅康隆, 《西南與中原》, 雲南教育出版社, 1992, p.85.

을 거쳐 명청시대에 이르러 점차 안정되어 오늘날 서남지역의 민족 분포의 기본구조를 형성하였다. 현재 중국 서남지역의 민족 분포는 다음과 같은 특징을 보인다.

첫째, 전체 범위 내에서 소규모 취거의 수평적 분포와 일부 지역의 수직적 분포의 구조가 공존하고, 거시적 민족 분포형태에서 일부 지역의 미시적 민족 분포구조가 다르다. 예를 들어, 쓰촨성의 민족은 행정구역에 널리 분포되어 있고 고도로 집중되어 있으며, 수평 분포는 서쪽이 많고 동쪽이 적으며 남쪽이 많고 북쪽이 적으며 서로 다른 분포 구조를 보여준다.[148]

둘째, 민족의 대잡거, 소취거, 상호 교차거주의 특성이 두드러진다. 일반적으로 인구가 많은 민족은 더 큰 거주 지역을 가질 뿐만 아니라 종종 행정구역에 국한되지 않고 넓은 분포 지역을 가지고 있다. 예를 들어, 이족은 주로 쓰촨성의 크고 작은 량산凉山 지역과 윈난성 추슝楚雄 자치주에 집중되어 있으며 다른 지역에도 흩어져 있다. 먀오족은 주로 구이저우 동남부와 후난 서부, 쓰촨, 윈난, 구이저우, 광시, 티베트 및 기타 성에 분포되었다. 티베트족은 주로 티베트, 윈난 서북부, 쓰촨의 간쯔甘孜, 아빠阿壩, 무리木裏 등 지역에 거주하며 다른 지역에도 일부 분포되었다. 인구가 적은 민족은 모두 비교적 뚜렷한 거주지역을 가지고 있는데, 예를 들어 먼바족門巴族과 낙바족珞巴族은 티베트 동남부의 머탈墨脫, 미림米林, 차우察隅 등지에 집중 분포한다. 두룽족獨龍族은 노강 자치주의 공산貢山 현 경내에 모여 산다. 마오난족毛南族은 환강環江 마오난족 자치현에 집중 거주한다. 지눠산基諾山과 징족京族 3도三島는 각각 지눠족基諾族과 징족이 모여 사는 지역이다.

---

[148] 羅正富·李文碧, "四川少數民族的構成, 人口分布特征及形成原因," 《西南師範大學學報》第3期, 1994.

셋째, 민족의 종류가 다양하다. 1990년 제4차 인구선세스 조사에 따르면, 쓰촨성에는 52개의 소수민족이 있는데 전국 55개 소수민족의 94.5%를 차지한다. 구이저우성에는 49개의 소수민족이 있으며, 그 중 먀오·바이·동·수이·투자·이·흘로·마오난 등 17개 민족이 살고 있다. 중국의 55개 소수민족 중 좡·먀오·야오·이·티베트·바이·다이·부이·동·하니·리수·아창·두룽·노·라후·수이·지눠·와·더앙·흘로·창·무라오·마오난·푸미·나시·부랑 등 30여 개 민족의 주체가 이 지역에 분포해 있으며 전국 소수민족 총수의 3/5를 차지한다.

넷째, 민족의 분포 범위가 넓다. 서남지역 면적의 80% 이상이 소수민족 분포 지역이고 민족 분포 범위가 넓어 전국 소수민족 분포의 평균 비율을 크게 넘어선다. 그 중 광시성 소수민족 분포 지역은 전체 면적의 60% 이상을 차지하고, 쓰촨성 민족 지역은 전체 성 면적의 60.14%, 구이저우성 소수민족 자치 지역은 전체 면적의 55.5%를 차지한다.

다섯째, 지형적 분포 면에서 소수민족은 대부분 고원 산간지대에 거주하고 일부는 구릉지대에 거주하고 있으나 평야의 소수민족 인구는 적다. 예를 들어, 윈난의 비교적 우수한 자연 조건을 가진 분지는 성 전체 면적의 4%에 불과하고 나머지는 모두 산악 지역이며 소수민족은 주로 산악지역에 분포되었다.

여섯째, 민족의 입체적 분포가 뚜렷하다. 서남지역의 지형은 대략 3단계로 경사져 있고, 지형의 다른 단계가 존재하여 상이한 단계에서 민족의 수직적 분포구조가 형성되어 있다. 동시에 일부 지역에는 미묘한 민족 입체 분포구조가 형성되었다. 예를 들어, 윈난성에 거주하고 있는 다이·바이·좡·휘·만주·몽골 등 10개 민족이 하천 계곡 평댐平壩에 살고 있고, 이·하니·야오·라후·와·징포·부랑 등 민족은 낮은 산이나 반산지대에 살고 있으며, 먀오·리수·티베트·푸미·노·두룽 등 민족은 대부분 고산지대에 살고 있어 민족 분포가 입체적인 특징을 보이고 있다. 또 다른 예로 구이저우성의 먀오·야오·이 등 민족은 주로 산에 살고, 홀로족은 대부분 계곡에 살며, 바이·동·수이 등 민족은 대부분 물을 끼고 산다.

일곱째, 과경跨境민족이 많다. 중국 서남지역은 인도·네팔·부탄·미얀마·라오스·베트남 등과 국경을 맞대고 있으며 아프가니스탄·파키스탄·방글라데시·태국·캄보디아 등과 국경을 맞대고 있다. 국경선 지대에 분포하는 과경민족은 쫭·다이·부이·먀오·야오·이·하니·징포·리수·라후·노·아창·두룽·와·부랑·더앙·훌로·징·먼바門巴·뤄바珞巴 등 민족과 등僜인·셰르파인·극목인 등 20여 개 집단이나 있다.

상술한 4개의 주요 역사지리민족지역은 비록 각각 다른 민족역사의 형성과정과 특징을 가진 현실적, 민족적 구성을 가지고 있지만, 각 역사지리민족지역은 중국의 통일 다민족 국가의 역사와 현실적 구성의 중요한 구성부분으로서 결코 고립되어 존재하지 않는다. 또한 민족간 인구 이동, 경제문화 교류 등의 면에 있어서 "항상 밀접한 상호작용이 존재하며, 인종 혈통, 경제자원, 종교문화 등 모든 가능한 차원에서의 상호 치환이 지속적이고 반복적으로 이루어지고 있다. 서로 다른 역사지리민족 지역 간의 연결에는 자연 지리와 실제 역사적 과정을 기반으로 형성된 여러 개의 크고 작은 회랑이 존재한다."[149]

---

[149] 馬戎·周星 엮음, 《中華民族凝聚力形成與發展》, 北京大學出版社, 1999, p.145.

중국 민족 분포의 기본적 구조

세계 각 민족의 지리적 분포는 다양한 내부 요인과 외부 요인이 복합적으로 작용하고 오랜 역사적 발전을 거쳐 형성되었다. 당대 중국의 56개 민족의 대다수는 한때 동아시아 대륙이라는 광활한 판도에서 활약했던 고대 민족들의 직·간접 후예이다. 중국 역사에서 상나라는 변방을 개척, 서주는 남하, 진한은 이민으로 변방을 지켰고, 양한은 흉노를 내복內附시켰다. 동진과 오호십육국五胡十六國 시기 소수민족들이 중원을 차지, 남북조 및 수당시대를 걸쳐 민족의 대융합을 이룩하였다. 5대 이후, 거란족과 여진족의 남하, 몽골족과 만주족이 중원에 입주하는 등 중대한 역사적 사건들이 일어났고, 각 왕조의 전쟁·둔간屯墾·주둔 수비駐防·상업과 무역·난민 망명·왕조 교체와 각 민족의 생계·경작지·목장 추구 또는 천재지화를 피하고 안신입명을 위해 민족의 이동이 이루어졌다. 더불어 지리적으로 중국대륙이 연결성과 광활성, 그리고 지형 및 기후조건의 복잡성, 각 지역 사회경제발전의 불균형과 신중국 성립이후 각 민족의 상호적 지원 등으로 민족간 교류와 융합이 진일보 강화되었으며, 현재의 민족분포의 기본적 구조가 형성되었다.[150]

1. 대잡거大雜居, 소취거小聚居와 보편산거普遍散居 상황의 공존

중국은 한족을 주체로 하면서 55개 소수민족을 포함한 다민족 국가인데, 민족 분포의 구조에 있어서 "대잡거"와 "소취거" 및 "보편산거普遍散居"의 특징을 보이고 있으며, 이를 당대 중국 민족지리 분포의 기본구조라고 할 수 있다.

1990년 중국 제4차 인구센서스 조사에 따르면, 중국 31개 성·시·자치구(대만 제외)의 총인구는 11억3,000만 명으로 한족이 91.92%, 나머지 55개 소수민족 및 미확인 민족이 8.08%를 차지하는 것으로 집계되었다. 같은 조사에 따르면, 한족 인구가 10억 명을 넘고, 인구 10만 명 이상 민족이 18개, 인구 100만 명 이하 10만 명 이상 민족이 15개, 인구 10만 명 이하 1만 명 이상 민족이 15개, 인구 1만 명 이하 민족이 7개다.[151] 10억 명을 넘는 중국의 각 민족들은 널리 분포하면서도 상대적으로 집중되는 양상을 보이고 있으며, 주요 민족인 한족은 전국에 흩어져 살고 있지만 주로 송화강, 요하, 황하, 장강, 회하, 주강 유역 등 주요 하천 유역의 농업이 가장 발달한 지역과 각 중소 도시에 밀집되어 있으며, 변방에서는 현

---

150 중국 민족의 지리적 분포 구조와 관련해 필자는 논문《中國民族地理分布及其特點》《民族論壇》第3期, 1996)에서 초보적으로 분석한 바 있다. 제3절은 해당 논문을 기초로 연구한 것임을 밝힌다.
151 國家統計局,《中國統計年鑒》, 中國統計出版社, 1991, p.83.

지 각 민족과 뒤섞여 살고 있다. 인구비례를 볼 때, 신장, 티베트 및 일부 소수민족자치현을 제외한 지역, 그리고 대다수 소수민족의 집거지역에서 한족은 해당지역 인구의 다수 내지 대다수를 차지한다. 예를 들어 내몽골자치구의 경우 한족이 약 85%, 광시좡족자치구의 경우 한족이 60%, 닝샤후이족자치구의 경우 한족이 약 70%를 차지하며 많은 소수민족 자치주, 자치현(기), 자치향에서도 소수민족이 이름 그대로 "소수민족"이고, 한족 인구가 소수민족의 인구를 초과하는 경우가 많다. 소수민족 인구는 주로 동북지역의 내몽골에서 신장, 티베트에서 윈난, 구이저우, 쓰촨, 광둥, 하이난, 대만에 이르기까지 중국 전체 면적의 62.5%를 차지하는 광활한 지역에 'C'자 형태로 분포되었으며, 주요 분포지역은 중국 서부지역이고, 중심은 서남부와 서북부에 있다. 그 중 서남부 지역은 이, 바이, 티베트, 다이, 하니, 나시, 창, 먀오, 야오, 동, 수이, 부이, 라후, 리수, 두룽, 아창, 징포 등 40여 개의 소수민족이 집중 거주하고 있고, 총 인구는 3,000만 명으로 전국 소수민족 인구의 약 1/3을 차지하며 중국에서 소수민족이 가장 많이 분포된 지역이다. 서북지역은 위구르, 몽골, 카자흐, 타지크, 바오안, 둥샹, 살라르, 후이 등 소수민족이 거주하며 중국 민족인구 분포 중 중 두 번째로 인구 분포가 많은 지역이다. 일반적으로 소수민족 지역은 내몽골, 닝샤, 신장, 티베트, 광시 등 5개 민족자치구와 윈난, 구이저우, 칭하이 등 3개 다민족 성, 랴오닝, 지린, 간쑤, 쓰촨, 하이난海南, 충칭, 광둥廣東 등 소수민족이 상대적으로 집중 분포하는 지역을 말한다. 물론 소수민족 지역에 온전히 소수민족만이 거주하는 것은 아니며 내몽골, 광시, 닝샤 등 3개 자치구 중 한족 인구가 현지 소수민족 인구보다 많다. 신장新疆위구르자치구의 한족 인구는 약 40%(위구르족 다음으로 많다) 정도이다.[152]

위의 설명에서 볼 수 있듯이 중국을 한족 집거지와 소수민족 집거지

---

152 黃光學,《中國的民族識別──56個民族的來歷》, 民族出版社, 2005, p.104.

또는 주요 소수민족 집거지로 크게 구분할 수 있지만, 한족과 소수민족, 여러 소수민족들이 서로 얽혀 거주하는 상황이 비교적 두드러지게 나타나는데, 이것이 곧 본 연구에서 말하는 "대잡거"의 기본적 함의이다. 전국적인 다민족의 "대잡거" 구조에서 각 민족은 일반적으로 크고 작은 집거지를 형성하고 있으며, 이러한 작은 집거지들은 또한 소수민족 집거지 및 한족 집거지와 교차하여 분포되어 있는데, 이것이 곧 본 연구에서 말하는 "소집거"이다.[153] 민족지리 분포의 "대잡거, 소집거" 특징에 따라, 중국 각 민족 인구의 공간적 분포형태는 결국 점·선·면이 서로 결합되는 특징으로 나타나고 있다.

중국 각 민족의 형성과 발전 과정에서는 항상 일정 정도의 상호 접촉, 교류 및 융합 현상이 존재하였기 때문에, 상대적으로 단일한 민족집거지의 구성은 시종일관 민족 대잡거라는 총체적인 범주에 종속된다. 민족 대잡거라는 기본적 차원 위에 보편산거普遍散居라는 현상이 존재하며, 이러한 산거 및 잡거의 현상은 나날이 발전하고, 확장되는 경향이 있다. 1990년 중국 인구센서스 조사에 따르면, 중국의 산거 및 잡거 소수민족 인구는 2,900만 명 이상으로 전체 소수민족 인구의 32%를 차지한다. 산거 및 잡거 소수민족 인구 중 700만 명 이상이 소수민족자치 지역 내에 거주하고 있으며, 소수민족자치 지역 이외의 지역에 거주하는 소수민족은 약 2,200만 명으로, 각각 소수민족 인구의 각각 24%와 76%를 차지한다. 직업유형 통계를 기초로 볼 때, 약 900만 명의 소수민족이 중국 1,200개 이상의 민족향(진)에 거주하고 있고, 도시와 산발적으로 흩어져 있는 농촌 지역에 거주하고 있는 소수민족은 각각 약 1,000만 명이다. 민족구성 통계를 기초로 볼 때, 산거 중인 소수민족에는 중국 55개 소수민족 전부가 포함되는데, 이 중 아창, 지눠, 더앙, 먼바, 뤄바, 타타르, 어뤈쓰, 허저, 징

---

153 馬戎·周星 엮음,《中華民族凝聚力形成與發展》, 北京大學出版社, 1999, p.132.

京, 가오산高山 등 11개 소수민족은 소수민족자치 지역이 없어 다른 소수민족집거지에 산거하며, 특별히 중요한 위치를 차지하고 있다. 소수민족자치 지역이 있는 44개 소수민족 중 만주, 후이, 조선, 리수, 서, 둥샹, 투 등 8개 소수민족의 산거 및 잡거 인구는 해당 민족 인구의 50%에 육박하거나 넘어서고, 다른 소수민족들도 일부 인구가 전국 각지에 산거 및 잡거하고 있다.[154] 전국적으로 볼 때, 산거 및 잡거하는 소수민족은 윈난성, 구이저우성 및 동북3성에 상대적으로 집중되어 있으며, 전국 산거 및 잡거 소수민족 인구의 약 40%를 차지한다. 구체적으로 보면, 윈난성에는 약 400만 명, 구이저우성에는 약 300만 명, 동북 3성에는 약 500만 명이 거주하고 있다. 윈난성과 구이저우성의 약 3/5 이상은 다민족이 거주하는 향이다. 이 밖에 몽골, 후이, 티베트, 먀오, 이, 좡 등 20여 개 소수민족이 전국의 각 성, 자치구에 분포되어 있다. 베이징, 쓰촨, 광시, 신장, 구이저우, 톈진 및 기타 성 및 도시 지역 거주자의 민족구성은 모두 30-56개이며, 심지어 중원의 중심지로 불리는 허난성에도 50개 민족이 거주하고 있고, 소수민족 인구는 100만 명 이상에 달한다.[155] 지역 분포의 관점에서 볼 때, 산거 및 잡거 소수민족은 중국 동부, 중부, 서부의 세 지역에 모두 거주하고 있는데, 그중 일부는 기타 소수민족자치 지역에, 그리고 다른 일부는 중국 본토의 한족 집거지와 다민족 잡거 지역에 거주하고 있고, 또 다른 일부는 다양한 형태와 규모로 전국의 다양한 도시 지역에 거주하고 있다.[156] 전체적으로 볼 때, 중국의 산거 및 잡거 소수민족의 분포

---

154 楊侯第, "建國五十年來散雜居民族工作與民族政策," 《中國民族工作五十年》, 民族出版社, 1999.

155 宋立文·郭國志, "淺談雜散居地區民族糾紛的產生及處理問題," 《民族工作研究》第4期, 1996.

156 劉同起, "我國雜散居少數民族人口及社會發展問題初探," 《中國少數民族人口》第1期, 1989.

는 "넓고, 많고, 잡거, 산재" 등의 특징을 나타내고 있다. 여기서 "넓다"는 것은 분포 지역이 넓고 전국의 거의 모든 성, 자치구, 직할시, 현에 소수민족이 분포되어 있음을 의미한다. 또한 "많다"는 것은 민족의 구성과 인구가 많고, 55개 소수민족 모두 산거 및 잡거의 분포적 특징을 나타내며, 더불어 산거 및 잡거하고 있는 소수민족이 2,900만 명 이상으로 중국 전체 소수민족 인구의 약 1/3을 차지한다는 점이다. 또한 "잡거雜居"는 일정한 지역 내에 여러 개 내지 수십 개의 민족이 뒤섞여 거주한 상황을 가리킨다. "산재"는 산거하고 있는 소수민족 대부분이 한족 또는 기타 소수민족이 거주하는 도시와 농촌 지역에 흩어져 있음을 가리킨다.[157]

위에서 언급한 중국 각 민족의 "대잡거, 소집거, 교차거주"의 기본구조는 거시적 관점에서 살펴본 특징으로, 미시적 혹은 민족별 차원에서 볼 때 상이한 지역과 민족은 이와 다른 특징을 나타내고 있다. 예컨대 민족별 차원에서 볼 때, 위구르 인구의 대부분은 신장 톈산 이남 지역에 집거하고 있으며, 신장의 다른 지역과 베이징 등 지역에 일부 산거하고 있다. 역사적 원인으로 후난, 구이저우, 윈난 및 기타 성에는 여전히 위구르 인구의 1% 미만이 거주하고 있으며, 위구르족 인구의 분포특징으로 볼 때 대규모 집거 및 소규모 산거로 나타난다. 한편, 후이족 인구의 약 1/6이 닝샤후이족자치구에 거주하고 있고 인구의 약 1/3이 모든 후이족자치 지역에 거주하고 있으며, 나머지는 전국 1,000개 이상의 현과 도시에 산거하고 있어 분포특징은 위구르족의 분포와 극명한 대조를 이룬다. 만주족 인구의 경우, 약 절반이 랴오닝성에 분포하고 나머지 인구는 대부분 전국 각 성에 흩어져 있으며 전국 2,092개 현에 만주족이 거주하고 있어 분포도가 높고 흩어져 있는 것이 특징이다. 좡족 인구의 경우, 1,600만 명 이상의 인구가 대부분 광시에 거주하고 있고 인접한 성 및 지역에도 소량

---

157 沈林 외,《散雜居民族工作槪論》, 民族出版社, 2001, pp.71-72.

및 광범위하게 흩어져 있으며, 분포특징은 대집중, 소집거 및 부분 산거로 나타나고 있다. 먀오족은 "대분산, 소집중"의 형태로 다른 소수민족과의 공동 자치지역인 자치주 6개, 먀오족자치현 5개, 다른 소수민족과 공동 자치지역인 자치현 16개에 분포되어 있다. 먀오족도 거주 지역 외에 상당한 수의 인구가 흩어져 있으며 관련 지역은 7개 성의 200개 이상의 현에 이른다.[158]

요컨대, 중국의 "대잡거, 소집거, 교차거주"의 기본구조는 상이한 지역과 민족에 따라 큰 차이를 보인다. 따라서 중국 각 민족의 지리적 분포상의 잡거, 집거, 산거, 집중과 분산은 상대적이고 조건부이며, 각 민족의 분포 경계는 뚜렷하거나 획일적이지 않으며, 대분산 속에 집중이 있고, 집거 속에 잡거 및 산거가 있으며, 잡거 및 산거 지역에는 또 상대적으로 작은 집중이 있는 매우 복잡한 양상을 띠고 있음을 알 수 있다. 동시에 이러한 민족 분포의 기본구조의 형성은 역사적이고 역동적인 발전 과정이며 역동적인 분포와 재분포 과정은 현재 진행형이라는 점이다. 중국에서 민족평등 정책이 관철되고 민족지역자치제도가 더욱 개선됨에 따라 소수민족의 사회, 정치, 경제, 문화가 전면적으로 발전하고 있고, 각 민족간의 교류가 빈번하고 다양해짐에 따라 민족분포에서 나타내는 지리적 의미의 "집결거"와 "잡거", "자치"와 "비자치"의 상황은 모두 미시적이고 부분적인 작은 변화를 겪을 것이다. 또한, 각 민족의 경제문화 교류가 전례 없는 규모로 전개됨에 따라 일부 민족의 분포 범위는 점차 중심에서 바깥쪽으로 확대될 것이며, 민족 잡거 추세가 강화되고 소수민족이 거주하는 지역의 민족구성이 증가하고 있으며, 일부 비소수민족이 거주하는 내륙지역의 성, 직할시 및 중소도시의 민족구성과 인구규모도 증가하여 각 민족 간의 잡거 및 산거의 규모가 더욱 커질 것으로 보인다. 민족 간 인구의 이동과

---

158 黃淑娉, "民族識別及理論意義," 《中國社會科學》第1期, 1989.

잡거로 인한 민족 분포의 이러한 새로운 변화는 새로운 민족관계와 민족문제를 처리하는 기본적 배경이 되고 있다.

2. 중국 각 민족의 생태환경적 분포와 지연地緣적 분포

민족은 일정한 환경을 떠나 존재할 수 없는 존재이다. 모든 민족과 그 계열은 특정 지역에 기반을 두고 특정 환경에 적응하며 생존환경의 변화에 따라 변화한다. 민족과 환경요인을 결합하여 인간과 환경으로 구성된 인간-환경 시스템 속에서 한 민족이 어떤 생태환경에 처해 있는지, 그것이 토지를 매개로 해당 지역의 여러 민족과 어떻게 관계를 맺는지, 즉 생태학적 관련성을 구체적으로 분석하는 것은 민족의 지리적 분포를 규명하는 중요한 내용의 하나이다.

중화민족을 구성하는 모든 민족 및 그 선조들은 주로 아시아 동부, 즉 서쪽의 파미르고원, 동쪽의 태평양 서안의 제도, 북쪽의 넓은 사막지대, 동남쪽의 바다, 서남쪽의 산을 아우르는 광활한 대륙을 주요활동 지역으로 삼았다. 이 대륙은 서쪽에서 동쪽으로 완만하게 경사져 고도가 점차 낮아지고 거시적으로 낙차가 큰 세 개의 계단을 형성하고 있다. 서쪽은 해발 4,000미터 이상의 세계의 지붕 티베트고원, 중간쪽은 산맥을 가로지르는 지형이 해발 1,000-2,000미터까지 낮아진 원구이고원雲貴高原, 황토고원, 내몽골고원과 분지와 호수, 동쪽으로 가면 해발 1,000미터 이하의 구릉지대와 해발 200미터 이하의 평야가 펼쳐져 있다. 3대 계단 지형이 이루는 자연지리적 환경은 중국 각 민족의 생존과 발전을 위한 중요한 무대가 되었다.

전통적으로 이른바 "소수민족 지역"은 그 면적의 약 93.5%가 위에서 언급한 3계단 중 1차 및 2차 계단에 위치하고 있으며 중국의 대다수 민족이 집중 분포된 지역이다. 중국의 민족 지역은 거의 하나로 연결되어 있으며 중국 지모 윤곽의 기본적 특성을 비교적 완전하게 유지하고 있다. 첫째, 지모 유형이 복잡하고 다양하다. 내력에 떠밀려 높이 솟아오른 고원과 산지가 있는가 하면, 뒤틀려 내려간 낮은 분지와 평야가 있고, 기복이 완만한 구릉도 있다. 다양한 형태의 지모는 종종 교차 분포되어 있으며 지세의 높이가 크게 다르기 때문에 높은 산과 언덕, 깊은 숲, 고비사막과 같은 복잡한 자연지리적 경관을 형성하였다. 둘째, 산이 널리 분포되어 있다. 중국은 산이 많은 나라로 광활한 산지는 주로 민족지역에 집중되어 있으며, 면적이 넓고 구릉을 포함한 광활한 산지가 민족지역 전체 면적의 약 75%를 차지한다. 산지는 소수민족의 주요 거주지이다. 셋째, 고원과 분지가 널리 분포되어 있다. 중국의 유명한 티베트고원, 내몽골고원, 윈구이고원雲貴高原의 일부와 황토고원은 서부의 소수민족 지역에 위치해 있으며 해발 500미터 이상의 고지가 이 지역에 분포되어 있다. 중국 민족 지역에서 서북 내륙 지역에는 타림분지, 준가얼분지, 차이담분지가 있고, 서남 지역에는 쓰촨분지가 있으며, 이 분지 중 쓰촨분지를 제외하고 모두 중국 소수민족이 집중되어 거주하고 있다. 넷째, 평야가 협소하고 흩어져 있다. 평야는 약 110,000제곱킬로미터로 민족지역 전체 면적의 1.7%를 차지한다. 이 평야 중 내몽골 동부의 넓은 평야를 제외하고 다른 민족 지역은 주로 흩어져 있는 좁은 평야이며, 대부분이 해발 200-500미터의 평야이다. 광시좡족자치구의 많은 작은 평야는 총 면적이 약 31,600제곱킬로미터이고, 가장 큰 평야는 난닝南寧-구이핑桂平의 위강鬱江 계곡 충적 평야로 면적은 6,400제곱킬로미터에 불과하다. 일반 평야의 면적이 300-600제곱킬로미터, 해발이 200-500미터인데, 평야는 산악 구릉에 의해 분리되어 있다. 이는 중국 소수민족 분포의 지연지모적 특징이다.[159]

---

159 合肥教育網(http://jys.hfjy.net.cn/showtopic.jsp?id=3217)에 실린 글 "中國少數民族分布的地貌特征"을 참조.

중국 소수민족의 주요 분포지역은 대부분 고위도 및 저위도의 열대, 아열대 및 고산지대에 위치하며, 분포지역의 동부는 계절풍 기후의 영향을, 그리고 서부의 대부분은 대륙성 기후의 강한 영향을 받은 반건조·건조지역으로, 기후 유형이 복잡하고 가변적으로 작용하는 지역이다. 동부 지역의 경우 북쪽에서 남쪽으로 한온대, 중온대, 아열대 및 열대의 다양한 계절풍 기후의 영향을 받는다. 동서는 건조하고 습하며, 지역마다 기온과 강수량이 크게 다르고 일부 지역의 기후는 "입체적" 수직 변화를 보인다. 이는 수문학적 조건으로 나타나는데, 이 지역의 대부분은 내륙 수계 유역 또는 수로망이 드문드문한 공백 지대이다. 주요 유출하의 상류는 거의 모두 이 지역에 있지만 수계 흐름은 동북의 헤이룽장, 랴오허, 압록강, 두만강, 하이허海河와 시강西江 서북의 얼치스강, 남서쪽의 란창강, 노강, 얄룽창포강 등 중원으로 흘러가지 않는 곳도 있다. 이러한 복잡한 자연 지리적 환경은 중국 소수 민족의 다양한 생태학적 분포를 형성하였다.

민족의 생태적 분포는 민족문화와 가장 적합한 생태환경 유형을 이용하여 분포특성을 표현하는 것을 가리킨다. 민족지리분포 연구에서 물가민족, 고산초원민족, 산악민족, 열대밀림민족 등의 다양한 기술방법을 흔히 볼 수 있는데, 이러한 기술방법은 민족이 처한 자연지리환경의 특성을 부각시킨 것으로 볼 수 있다. 한 민족이 처한 생태적 환경이 일정기간 내에 크게 변하지 않기 때문에, 생태기술방법을 채택하여 생태환경의 차이에 따른 민족의 분포지역을 인위적으로 분리하지 않는 것이 타당하다고 보여지기 때문이다. 예를 들어 하니족은 주로 홍하 중류의 산악지대에 분포하고 있으며, 위치한 지역의 생태적 특징은 아열대 몬순지역이다. 또한 식생이 아열대 완만한 경사 수림의 특징을 나타내기에 하니족을 동남아시아 아열대 몬순 완만한 경사 수림 민족으로 볼 수 있다. 징포족은 주로 윈난성 더훙저우에 분포되어 있는데, 이 지역은 동남아시아 아열대 몬순 기후에 속하며, 그 지형은 완만한 경사가 칭하이-티베트고원으로의 전환

지대이므로 동남아시아 아열대 몬순 고산 정글 민족이라고 할 수 있다.[160] 그러나 중국 각 민족 분포지역의 자연지리적 환경이 복잡하고 다양하고, 널리 분포된 일부 민족 대부분이 다양한 생태유형을 가지고 있기 때문에, 기본적으로 동일한 생태유형에 속하지만 분포가 상대적으로 집중되어 있는 일부 민족을 제외하고는 대다수 민족의 지리적 분포에 대한 생태적 위치를 정하기가 어렵다. 그럼에도 한 가지 쉬운 방법은 각 민족이 모여 사는 지역의 대표적인 자연지리적 특성에 따라 분지, 산지, 하곡, 해양, 호숫가, 댐거, 열대우림, 숲, 평원, 열대 정글로 대표되는 자연지리적 특징을 잘 반영하는 단어인 "분지", "육산육수", "육강六江 유역"을 민족이라는 용어에 앞서 붙여 각 민족의 생태환경을 살펴볼 수 있다.

  민족의 지연적 분포는 민족의 생태환경 분포와 밀접하게 연관될 뿐만 아니라 일부는 내용이 중복되는 개념이 있다. 따라서 민족의 지연적 분포는 구체적으로 가족이나 민족집단이 해당 분포지역에서 갖는 특징적인 경계를 가리킨다. 중국의 각 민족은 보편산거 및 잡거의 특징을 보이기 때문에 어떤 역사적 지리 지역 내에 여러 민족이 분포하는 경우가 많다. 따라서 어떤 민족의 지리적 분포를 기술할 때, 항상 해당 지역 내 민족 간의 족간 분포를 고려해야 하며, 해당 지역의 자연지리적 환경의 특징에서 시작하여 민족을 분류하고 연구할 때, 예를 들어 사람들이 습관적으로 중국의 소수 민족을 '남방 민족'과 '북방 민족'으로 나누는 것과 같이, 항상 더 큰 공간 범위에 놓게된다. 사실 남방과 북방은 상대적인 지리적 위치이고 남방 민족과 북방 민족 역시 상대적 개념이며 양자 사이에 명확한 경계가 없다. 대략적인 분류는 각각의 지리적 환경, 즉 북방 지역은 평탄하고 광활하며 사막, 넓은 분지와 곡지(谷地, 즉 일종의 계곡으로 산과 산 사이의 움푹한 곳), 고원과 평야를 기반으로 한다는 것이다. 이러한 특

---

160 楊庭碩·羅康隆·潘盛之,《民族文化與生境》, 貴州人民出版社, 1992, pp.79-80.

별한 지리적 환경은 중국 북방의 유목민 또는 부족의 집합과 부흥에 편리한 지리적 조건을 제공하며 단일 민족 또는 다민족 간의 생태적 환경 분포의 일관성과 정체성이 비교적 명확하다. 이에 반해 중국 남방의 다양한 민족의 생태환경, 즉 다양한 기후, 지형, 수문은 비정상적인 복잡성을 보여주고 있다. 생태적 환경의 복잡성은 남방 민족 분포의 다양성을 결정한다. 남방 민족 분포의 다양성은 주로 다음과 같은 세 가지로 나타난다. 첫째, 전반적으로 남방의 각 민족은 높은 산, 하천, 계곡, 산 분지 및 댐 지역에 흩어져 있다. 둘째, 급격한 지형 기복, 명백한 수직 변화, 강한 침식 및 중력의 작용으로 인해 남방 민족은 지형 및 지역에 수직적 및 수평적 분포를 모두 가지고 있다. 예를 들어 간쑤성 소수민족 인구의 수직적 분포 측면에서 소수민족 인구의 48.66%가 해발 1,200-2,500미터, 18.46%가 해발 2,000-3,400미터, 그리고 13.17%가 3,000-4,000미터 이상에 분포하고 있으며, 고도가 증가함에 따라 소수민족 인구의 수는 점차 감소하고 있다.[161] 칭하이성의 나우산腦山과 초원지역(일반적으로 해발 2,500미터 이상)에는 유목 티베트족·몽골족·카자크족, 반나우산半腦山·반첸산半淺山 지역에는 농업 티베트족, 톈산·하천지역에는 한족·후이족·사라족 등이 주로 거주한다.[162] 또 다른 예로 윈난 남동부 및 기타 지역에는 "먀오족이 산 꼭대기, 이족이 경사머리, 야오족이 순두, 좡족이 수이터우, 한족이 거리에 산다苗族住山頭, 彝族住坡頭, 瑤族住箐頭, 壯族住水頭, 漢族住街頭"는 말이 있는데, 이는 다민족의 입체적인 분포 상황을 반영하고 있다. 윈난성의 다른 지역에서는 먀오족, 야오족, 와족 등 민족의 대부분이 고산지대에 살고, 라후족, 하니족, 징포족 등 민족의 대부분이 반산지대에 살며, 다이족, 좡족, 부이

---

161 王紅蕾·楊琰, "甘肅少數民族人口分布的特點及其成因," 《西北人口》第2期, 1999.
162 劉東國, "青海少數民族人口概況," 《中國少數民族人口》第2期, 1987.

족 등 민족은 주로 하곡 평댐平壩 구릉지대에 거주한다.¹⁶³ 셋째, 산지 민족이 많은 비율을 차지하며 분포형태에서 구체적으로 세 가지 양상을 보이고 있는데 우선, 주민들은 일반적으로 더 큰 중심지에 모여 있고, 이러한 집합은 대부분 구릉과 댐이 접하는 지대와 "구슬"모양의 하곡지역에서 가장 두드러지게 나타나는데, 예를 들면 대·소 량산涼山지역이다. 다음으로, 일부 하천 계곡 지역의 민족 분포는 선형으로 확장되며, 이러한 분포 유형은 육강六江 유역의 민족 분포와 같이 좁은 하천 양쪽에 일정 수의 하천 계곡 단차에서 가장 두드러지게 나타난다. 마지막으로, 일부 하천 계곡 지역에서는 비교적 널리 흩어져 거주하는 것으로 나타나며, 심지어 "단독 거주"로 나타나기도 한다.

민족의 분포는 일종의 문화지리현상으로 자연지리적 환경과 각 민족 문화와의 관계를 반영하는데, 인간과 환경과의 관계의 중요한 내용을 구성한다. 중화민족의 다원적 기원과 중화문화의 다원적 발전은 이미 선사시대에 초보적인 형태를 갖추기 시작하였다. 거러格勒, 저우싱周星 등의 학자들은 고고학적 문화연구의 시각에서 선사시대의 각 종족을 고찰해, 신석기 시대부터 북방 초원지대를 포함한 중국의 여러 지역에는 비교적 큰 종족집단이 존재하였다고 주장한다. 이러한 종족집단은 북방 초원지대의 호胡 종족, 중원 지역 및 황하 상류의 저강 종족, 장강 중하류 및 동남해안 지역의 복월濮越 종족 등이다.¹⁶⁴ 쉬이팅徐亦亭은 고대 민족의 분포를 문화지역과 밀접하게 연결시켜 분석해, 중국 고대에는 중원 화샤華夏 농업문화 지역, 동남의 백월百越 벼농사문화 지역, 남방의 산지 유경遊耕 문화 지역, 서부와 북방의 유목문화 지역의 4대 문화지역이 존재하였다고 주장

---

163 劉稚·申旭, "論雲南跨境民族研究,"《雲南社會科學》第1期, 1989.

164 格勒, "中華大地上的三大考古文化系統和民族系統,"《中山大學學報》第4期, 1987; 周星,《民族學新論》, 陝西人民出版社, 1992, pp.148-164.

한다.[165] 민족문화지리 시스템의 핵심개념인 문화지역은 민족의 생태적 분포와 지연적 분포가 민족문화의 특성을 직접적으로 반영하고, 민족문화의 형성을 제한하며 민족이 자연을 개조시키는 능력을 보여주고 있음을 강조한다. 따라서 민족집단이 공유하는 문화 및 그 문화적 영향이 미치는 핵심지역은 대략 민족의 지리적 분포와 일치한다는 것이다. 이로 미루어 볼 때, 중국의 고대민족의 지연적 분포는 대체로 네 곳으로 나타난다. 물론 큰 지리적 지역과 지리적 범주 내에 작은 민족그룹 및 그 지연적 분포가 두드러지게 나타나기도 한다. 예를 들어, 진한 시대에는 백월 지역의 여러 민족-위월于越, 쥐우句吳, 어우월甌越, 민월閩越, 시어우西甌, 남월南越, 뤄월駱越, 우쉬만烏滸蠻은 동남 및 해안지역을 특징으로 하고, 장한江漢 지역의 여러 민족-우링만武陵蠻, 창사만長沙蠻, 판둔만板楯蠻, 링링만零陵蠻, 구이양만桂陽蠻, 장샤만江夏蠻, 우만烏蠻, 파만巴蠻, 충인賓人, 린쥔만凜君蠻은 장강 중류 및 한수漢水·회수淮水 유역을 거주지로 하며, 서남이(西南夷, 파촉巴蜀 서남의 여러 소수민족에 대한 통칭)는 장강과 주강 상류에, 그리고 서역의 여러 민족-오손烏孫, 거사車師, 선선鄯善, 우신於闐, 사거莎車, 수러疏勒, 구자龜玆, 옌치焉耆는 충링蔥嶺의 동쪽, 톈산天山의 남과 북 및 둔황의 서쪽을 명확한 경계로 하는 특징을 보여준다.

중국의 각 민족은 오랜 기간 동안 동아시아 대륙의 복잡하고 다양한 자연지리적 환경에서 번성해 왔으며, 천차만별의 생태적 환경은 고대와 현대의 각 민족이 서로 다른 경제생산에 종사하고 각기 다른 특색을 지닌 문화를 창조할 수 있는 다양한 환경의 선택에 조건을 마련해 주었다. 대체로 고금 중국의 각 민족은 상이한 지리적 위치나 생태적 환경에 근거하여 특색을 지닌 서로 다른 세 경제지역을 만들었다. 첫째, 내몽골고원 남쪽 지역이다. 이 지역은 대체로 음산, 만리장성의 남쪽이며, 티베트고원

---

165 徐亦亭, "中國古代文化區域和民族關係," 《中央民族學院學報》第5期, 1992.

경, 사회발전 정도, 언어문화 수준에 따라 설치된 내륙의 주현과 다른 기미부주羈縻府州 역시 소수민족이 소수민족 집거 지역을 관리하는 관습, 즉 현지의 사회조직구조, 정치제도, 전통적인 관리방식을 바꾸지 않고 소수민족의 수령이나 추장을 계속 도독, 자사로 임명하여 그들의 정치 경제적 지위와 권력을 유지시켰으며, 각 기미부주는 입법권을 가지고 있어 각 부족의 수령인 "칸", "추장", "군장", "거수渠帥"는 본 부족의 사무를 처리하고 결정하는 데 상당한 독자적 결정권을 향유하였다. 송나라 말기부터 명청시대까지 일부 변방의 민족지역에서 토사土司제도를 실시하였는데, 구체적으로 민족지역의 토착 수령에게 각종 관작호를 부여하여 현지 주민과 백성을 전통적인 관습에 따라 관리하도록 함으로써 민족지역에 대한 중앙정부의 간접통치를 실현하였다. 이러한 통치체제의 본질은 이른바 '기미' 책에 있으나, 그 궁극적인 목적은 그간 소수민족이 유지해 온 정치 경제적 구조를 영원히 유지하려는 것이 아니었다. 이는 당시 특정 소수민족 지역의 사회, 정치 및 경제 발전이 극도로 불균형했던 객관적인 현실에 따라 설정되었기 때문에, 당시 사회 발전의 추세와 소수민족 지역의 특성에 어느 정도 부합하여 전국 통일의 목적과 각 민족의 요구를 충족시킬 수 있었다. 위에서 언급한 변방민족 지역에서 시행되는 정치제도는 중국 역대 왕조의 변방민족지역 정책 실천의 구체적인 표현으로서 불가피하게 몇 가지 역사적 한계를 지녔지만, 그럼에도 대부분이 변방민족의 정치, 경제, 문화의 발전 실태에 근거하여 제정되었기 때문에 변방민족사회의 발전을 촉진하고 국가의 통일과 지방의 안정을 유지하는 데 일정한 역사적 역할을 하였을 뿐만 아니라 중국의 민족정책 수립과 민족구역자치제도의 시행을 위해 참고할 만한 경험을 제공해 주었다.

중국 고대민족의 정치적 실천을 보면, 역사적으로 일부 민족은 독립적으로 국가 및 정권을 수립하거나, 중앙 정권의 통솔 하에 지방 정권을 수립하거나, 왕조의 이름으로 민족의 실질적인 권리 시스템을 구축하거나,

본 민족의 구성원을 조정 및 지방 관아에 파견하여 정치에 참여하는 방식 등으로 나타났다. 이 과정에서 독립적으로 정치적 실체를 수립한 경험을, 혹은 다른 민족과 공동으로 정치 참여한 경험을 가지게 되었다. 중국 고대민족의 다양한 정치적 실천과 세대에 걸쳐 축적된 정권 경험은 현재의 민주정권하에서 모든 소수민족이 국가와 지방 문제의 관리에 널리 참여할 수 있도록, 그리고 지역자치기구를 설립하는 데 매우 귀중한 역사적 경험을 제공하였다. 이것은 중국이 민족구역자치 제도를 실시하는데 있어 역사적·객관적인 영향요인으로 작용하였다.[173]

중국 민족분포 구조의 역사적 형성과정을 보면, 예로부터 중국은 다민족 국가였으며, 선진 시대에 서로 다른 족계에 속하여 각지에 집거하였던 많은 민족이 진·한 시대의 800여 년간의 민족 대이동을 거치면서 점차 "대잡거, 소집거"의 민족분포 구조를 형성하였다. 이후 수당 및 송원 시대를 거치면서 민족분포 구조가 변화 속에서 끊임없이 재정비되었고, "대잡거, 소집거"의 특징과 추세가 더욱 두드러졌다. 청나라에 이르러 전국 범위 내에서 "대잡거, 소집거"의 분포 구조는 중국 당대의 민족분포 구조와 기본적으로 일치하였다.[174] 이러한 민족분포 구조의 역사적 형성과정은 길고 복잡하며 역동적인 역사적 변천 과정으로, 중국 각 민족분포 상태의 오랜 역사적 지속일 뿐만 아니라, 수천 년 동안 민족 이동과 인구 이동의 역사적 결과이며, 중국 고대 각 민족의 상호 작용과 융합의 자연적인 산물이다.[175] 또한 이는 민족구역자치의 실행에 객관적인 근거를 제공해 주었다.

따라서 민족구역자치 제도는 중국의 통일된 다민족 국가의 역사적 발

---

173 陳雲生,《憲法人類學——基於民族, 種族, 文化集團的理論建構及實證分析》, 北京大學出版社, 2005, pp.611-619.
174 李克建, "中國民族分布格局的形成及曆史演變,"《西南民族大學學報》第9期, 2007.
175 李克建, "中國民族分布格局的形成及曆史演變,"《西南民族大學學報》第9期, 2007.

전의 객관적 현실과 실제적인 다민족 분포 구조에 따라 확립된 것으로 볼 수 있다.

중국의 민족구역자치는 소수민족의 집거지에 실행되었다. "민족구역자치법" 제12조는 "소수민족이 집거하는 곳은 현지 민족관계, 경제발전 등 여건에 따라 역사적 상황을 참작하여 하나 혹은 몇 개의 소수민족자치지역을 설립할 수 있다"고 규정하고 있다. 이 기본원칙은 중국의 소수민족자치 지역이 소수민족 집거지를 기반으로 설립된 행정구역임을 보여준다. 동 원칙은 소수민족자치 지역이 단순히 민족적 기준이나 특정 소수민족 인구의 수에 따라 기계적으로 설립되는 것이 아니라, 소수민족의 거주 및 인구 상황과 관련이 있음을 말해준다. 중국 각 민족의 "대잡거, 소집거, 교차거주"라는 기본적 분포 구조에서 출발하여 민족구역자치는 우선 소수민족 집거지에서의 자치를 강조하며, 자치를 실시하는 기초는 소수민족 인구가 현지 총인구에서 차지하는 비율이 아니라 민족집거지를 기초로 하며, 비록 일부 민족집거지의 소수민족인구 비율이 현지 총인구에서 차지하는 비율이 낮음에도 불구하고 민족평등을 보장하는 차원에서 일정한 여건만 갖추면 자치 지역을 설립할 수 있음을 의미한다. 둘째, 특정 지리적 위치와 특정 민족 역사적 과정의 제약과 영향으로 인해 현재 중국의 다민족 분포 구조에는 "잡거" 및 "산거"와 같은 복잡한 분포 상황이 존재하므로 민족구역차지 지역 내에서 다른 민족의 잡거 및 산거 현상의 존재를 배제하지 않으며, 심지어 한 지역 내에 소수 민족이 비슷하거나 비슷한 수의 소수 민족이 함께 거주할 경우 다민족 연합자치 지역을 설립할 수 있으며, 하나의 소수민족은 집거의 실제 상황에 따라 여러 개의 서로 연결되지 않은 민족 자치 지역을 가질 수 있다. 셋째, 비교적 큰 소수민족 집거지에 다른 소수민족 집거지가 존재하기 때문에 "민족구역자치법" 제12조 2항은 "민족구역자치 지역 내의 기타 소수민족 집거지에 기타 소수민족의 자치 지역 또는 민족향을 설립할 수 있다."고 규정하고 있다. 이 규정은 한 민족의 자치 지역 내에 기타 소수민족의 자치주, 자치현을 설립할 수 있고, 한 민족의 자치주 내에 기타 소수민족의 자치현, 민족향을 설립할 수 있음을 의미한다. 넷째, 소수민족자치 지역을 제외한 각지의 도시와 농촌에는 소수민족이 산거하고 있으며, 이러한 소수민족의 합법적인 권익을 보호하기 위해 소수민족이 내부 업무를 자주적으로 관리하는 향급 행정구역인 민족향을 설립하였다.

다민족 분포의 기본구조에 기초하여 추진된 중국의 민족구역자치는 유연하고 다양한 형태를 취하며 설립된 소수민족자치 지역은 다양한 수준과 유형을 나타난다. 중국의 소수민족자치 지역은 민족구성에 따라 크게 3가지 유형으로 나눌 수 있다. 하나는 단일 소수민족집거지로 설립한 유형이다. 티베트자치구, 쓰촨량산이족자치주, 옌볜조선족자치주, 내몽골어웡키족자치기 등이 대표적이다. 둘째, 하나의 비교적 큰 소수민족집거지를 기반으로 하나 혹은 하나 이상의 인구가 적은 소수민족이 공동으로 설립한 유형이다. 내몽골자치구, 신장위구르자치구, 광시좡족자치구와 등이 대표적이다. 셋째, 2개 혹은 2개 이상의 소수민족집거지를 기반으로 여러 소수민족이 공동으로 설립한 유형이다. 첸둥난 먀오족 둥족 자치주, 샹시 투자족 먀오족 자치주, 칭하이성 하이시 몽골족 카자흐족 자치주, 위안장 하니족 다이족 자치현, 간쑤성 지스산 바오안족 둥샹족 살라르족 자치현 등이 대표적이다.[176]

중국은 1993년 말 현재 5개 자치구(내몽골·닝샤·신장·광시·티베트), 30개 자치주, 120개 자치현(기) 등 다양한 유형의 소수민족자치 지역을 두고 있으며, 실제로는 각각 크고 작은 소수민족 집거지에 해당한다. 행정구역상 소수민족자치 지역의 총면적은 약 611만여 평방킬로미터로 전국 총면

---

176 陳雲生, 《憲法人類學──基於民族, 種族, 文化集團的理論建構及實證分析》, 北京大學出版社, 2005, p.663.

적의 약 64.3%를 차지하고, 민족자치지방 관할 현, 기는 589개로 전국 현县 수의 약 31%를 차지하며, 현지 한족 주민을 포함한 소수민족자치 지역의 인구는 전국 총인구의 약 13%를 차지한다. 소수민족자치 지역에 거주하는 소수민족 인구는 약 6,883만 명으로 소수민족 총인구의 75.5%를 차지하며, 조건을 갖춘 44개 소수민족은 이미 각각 민족자치 지역을 설치하여 민족구역자치를 실현하였다. 또한 소수민족자치향은 중국 지역민족자치제도의 보완형태로 현재 1,200여 개가 설립되어 있으며, 어뤄쓰족, 타타르족, 허저족, 멘바족, 뤄바족, 지눠족, 가오산족, 더앙족, 아창족, 우즈베크족, 징족 등 인구가 적고 집거 지역이 작아 지역자치를 실시하지 않은 11개 소수민족 가운데 9개 민족이 민족지치향을 설립하였다.

 요컨대 중국의 중요한 정치제도로서 민족구역자치는 거의 수십 년간의 실천 및 검증을 통해 중국 소수민족의 자치문제가 유연한 방식으로 해결되었음을 증명하고 있으며, 민족관계를 조절하고 각 민족의 단결을 강화하며 국가의 통일과 독립을 수호하는 데 매우 중요한 역할을 하였다. 또한 이 시스템의 성공적인 실천은 지역적 행정조직을 발전시켰을뿐만 아니라 민족의 지역적 행정 분포를 강화하였다.

참고문헌

1. 주요참고 서적(출판시간 순으로 정리)

1) 지리학 분야

張相文. 1908.《地文學》, 上海文明書局.

[日]小牧実繁·鄭震 역. 1936.《民族地理學》, 商務印書館.

[美]O. D. Von Engeln·林光澂 역. 1939.《民族發展底(的)地理因素》, 商務印書館.

開封師範學院地理系·中國科學院河南省分院地理研究所 엮음. 1959.《中國民族地理資料選輯》, 商務印書館.

中國地理學會歷史地理專業委員會《歷史地理》編輯委員會 엮음. 1981-2008.《歷史地理(第1~23輯)》, 上海人民出版社.

陳正祥. 1983.《中國文化地理》, 三聯書店.

李旭旦 편. 1985.《人文地理學概說》, 科學出版社.

金其銘·董新 엮음. 1987.《人文地理學導論》, 江蘇教育出版社.

靳生禾. 1987.《中國歷史地理文獻概論》, 山西人民出版社.

楊吾揚 엮음. 1989.《地理學思想簡史》, 高等教育出版社.

楊武 엮음. 1989.《中國民族地理學》, 中央民族學院出版社.

《青年地理學家》編委會 엮음. 1990.《理論地理學進展》, 山東地圖出版社.

翟忠義·李樹德 엮음. 1991.《中國人文地理學》, 山東教育出版社.

祝卓 엮음. 1991.《人口地理學》, 中國人民大學出版社.

王恩湧 엮음. 1991.《文化地理學導論──人·地·文化》, 高等教育出版社.

趙世瑜·周尚意. 1991.《中國文化地理概說》, 山西教育出版社.

李潤田 엮음. 1992.《現代人文地理學》, 河南大學出版社.

王會昌. 1992. :《中國文化地理》, 華中師範大學出版社.

陳才 엮음. 1993.《世界經濟地理》, 北京師範大學出版社.

張步天. 1993.《歷史地理學槪論》, 河南大學出版社.

司徒尚紀. 1993.《廣東文化地理》, 廣東人民出版社.

金其銘·張小林·董新 엮음. 1994.《人文地理槪論》, 高等教育出版社.

楊文衡 엮음. 1994.《世界地理學史》, 吉林教育出版社.

李恩軍 엮음. 1995.《中國歷史地理學》, 人民交通出版社.

彭明輝. 1995.《歷史地理學與現代中國史學》, 台灣東大圖書股份有限公司.

侯甬堅. 1995.《區域歷史地理的空間發展過程》, 陝西人民教育出版社.

李志華 엮음. 1997.《中國民族地理》, 上海教育出版社.

[美]Walmsley, D.J. & Lewis, G.J.·王興中 외 역. 1998.《行爲地理學導論》, 陝西人民出版社.

王恩湧 외 엮음. 1998.《政治地理學——時空中的政治格局》, 高等教育出版社.

周振鶴. 1998.《中國歷代行政區劃變遷》, 商務印書館.

趙榮·楊正泰. 1998.《中國地理學史·淸代》, 商務印書館.

曾昭璿 외. 1999.《人類地理學槪論》, 科學出版社.

郭雙林. 2000.《西潮激蕩下的晩淸地理學》, 北京大學出版社.

王恩湧·趙榮·張小林 외 엮음. 2000.《人文地理學》, 高等教育出版社.

魯西奇. 2000.《區域歷史地理硏究:對象與方法——漢水流域的個案考察》, 廣西人民出版社.

鄒逸麟 엮음. 2001.《中國歷史人文地理》, 科學出版社.

陳慧琳 엮음. 2001.《人文地理學》, 科學出版社.

藍勇. 2001.《西南歷史文化地理》, 西南師範大學出版社.

趙榮·劉軍民 엮음. 2001.《文化的地理分布》, 人民教育出版社.

毛曦. 2002.《中國新石器時代文化地理》, 陝西人民出版社.

藍勇 엮음. 2002.《中國歷史地理學》, 高等教育出版社.

趙榮. 2004.《中國古代地理學》, 商務印書館.

侯甬堅. 2004.《歷史地理學探索》, 中國社會科學出版社.

李孝聰. 2004.《中國區域歷史地理》, 北京大學出版社.

李軍 외 엮음. 2004.《中國龍脈》, 中國社會出版社.

周尚意 외 엮음. 2004.《文化地理學》, 高等教育出版社.

翟有龍·李傳永 엮음. 2004.《人文地理學新論》, 西南交通大學出版社.

鄒逸麟 엮음. 2005.《中國歷史地理概述》, 上海教育出版社.

林頫 엮음. 2005.《中國歷史地理學研究》, 福建人民出版社.

陳雄. 2005.《歷史地理學》, 浙江人民出版社.

韓光輝. 2005.《歷史地理學叢稿》, 商務印書館.

胡兆量 외 엮음. 2005.《中國文化地理綱要》, 人民教育出版社.

葉寶明 엮음. 2005.《人文地理學》, 人民教育出版社.

龐乃明. 2006.《明代中國人的歐洲觀》, 天津人民出版社.

張全明. 2006.《中國歷史地理學導論》, 華中師範大學出版社.

胡兆量·阿爾斯朗·瓊達 외 엮음. 2006.《中國文化地理概述》, 北京大學出版社.

安介生. 2007.《歷史民族地理》(上, 下), 山東教育出版社.

黃紹文. 2007.《諾瑪阿美到哀牢山——哈尼族文化地理研究》, 雲南民族出版社.

朱聖鍾. 2007.《歷史時期涼山彝族地區的經濟開發與環境變遷》, 重慶出版社.

顧朝林·於濤方·李平 외 엮음. 2008.《人文地理學流派》, 高等教育出版社.

陳雄 엮음. 2008.《文化地理學》, 科學普及出版社.

楊海廷 엮음. 2008.《世界文化地理》, 長春出版社.

華林甫. 2009.《中國歷史地理學·綜述》, 山東教育出版社.

郭聲波. 2009.《彝族地區歷史地理研究——以唐代烏蠻等族羈縻州爲中心》, 四川大學出版社.

今西錦司·姬岡勤·藤岡謙二郎·馬淵東一 편. 1965.『民族地理』(上, 下), 朝倉

書店.

木內信藏. 1974.『人文地理學』, 至文堂.

藤岡謙二郎. 1975.『社會的地域科學としての地理學』, 大明堂.

藪內芳彦. 1977.『社會地理學論爭:人文地理學の広場』, 古今書院.

藤岡謙二郎. 1980.『人類集団の地理』, 大明堂.

阪本英夫·浜谷正人. 1985. :『最近の地理學』, 大明堂.

池野茂·白井太良·中村泰三 외. 1986.『人類集団の空間構造』, 晃洋書房.

大島襄二·浮田典良·佐々木高明 편저. 1989.『文化地理學』, 古今書院.

Peter Jackson & Susan.J.Smith·浜谷正人 역. 1991.『社會地理學の探檢』, 大明堂.

2) 역사학 분야

王桐齡. 1928.《中國民族史》, 文化學社.

周一良·吳於廑 엮음. 1972-1973.《世界通史》, 人民出版社.

尤中. 1985.《中國西南民族史》, 雲南人民出版社.

楊邦興. 1986.《日耳曼人大遷徙》, 商務印書館.

葛公尚·宋麗梅 엮음. 1987.《中非民族槪況》, 中國社會科學院民族研究所世界民族研究室印.

司徒尚紀. 1987.《海南島歷史上土地開發硏究》, 海南人民出版社.

楊建新. 1988.《中國西北少數民族史》, 寧夏人民出版社.

陳國強 외. 1988.《百越民族史》, 中國社會科學出版社.

孫進己. 1989.《東北民族源流》, 黑龍江人民出版社.

宋瑞芝 외 엮음. 1989.《西方史學史綱要》, 河南大學出版社.

徐傑舜 엮음. 1989.《中國民族史新編》, 廣西敎育出版社.

江應樑 엮음. 1990.《中國民族史》, 民族出版社.

林惠祥. 1990.《中國民族史》, 上海文藝出版社.

吳永章. 1991.《中國南方民族文化源流史》, 廣西教育出版社.

吳繼德·黎家斌 엮음. 1993.《西南亞概論》, 雲南大學出版社, 1993年.

王鍾翰 엮음. 1994.《中國民族史》, 中國社會科學出版社.

陳連開. 1994.《中華民族研究初探》, 知識出版社.

高路加. 1994.《中國北方民族史》, 內蒙古文化出版社.

梁英明 외 엮음. 1994.《近現代東南亞(1511~1992年)》, 北京大學出版社.

司徒尚紀. 1994.《嶺南史地論集》, 廣東省地圖出版社.

呂思勉. 1996.《中國民族史》, 東方出版社.

王正毅. 1997.《邊緣地帶發展論──世界體系與東南亞的發展》, 上海人民出版社.

王文光. 1997.《中國古代的民族識別》, 雲南大學出版社.

穆立立. 1998.《歐洲民族概論》, 中國社會科學出版社.

郭華榕·徐天新. 1999.《歐洲的分與合》, 京華出版社.

李植枬 엮음. 1999.《宏觀世界史》, 武漢大學出版社.

錳馳北. 1999.《草原文化與人類曆史》, 國際文化出版公司.

董啟宏. 1999.《大洋洲宗教與文化》, 中央民族大學出版社.

陳連開 엮음. 1999.《中國民族史綱要》, 中國財政經濟出版社.

費孝通 엮음. 1999.《中華民族多元一體格局》, 中央民族大學出版社.

馬戎·周星 엮음. 1999.《中華民族凝聚力形成與發展》, 北京大學出版社.

王文光 엮음. 1999.《中國南方民族史》, 民族出版社.

寧可. 1999.《寧可史學論集》, 中國社會科學出版社.

黃家城·陳雄章 엮음. 2000.《交通與曆史橫向發展變遷》, 人民交通出版社.

王槐茂, 王雲峰 엮음. 2000.《新編世界上下五千年》, 內蒙古文化出版社.

哈全安. 2000.《阿拉伯封建形態研究》, 天津人民出版社.

白樂天·李鳳飛 엮음. 2001.《世界通史(第1卷)》, 光明日報出版社.

馮克誠·田曉娜 엮음. 2001.《世界通史全編 》, 青海人民出版社.

李明德 엮음. 2001.《簡明拉丁美洲百科全書》, 中國社會科學出版社.

張漢東·張定河. 2001.《世界歷史啟示錄》, 山東人民出版社.

石雲濤. 2003.《早期中西交通與交流史稿》, 學苑出版社.

林幹. 2003.《中國古代北方民族通史》, 鷺江出版社.

馬新·齊濤. 2003.《中國遠古社會史論》, 科學出版社.

陳劍峰. 2004.《文化與東亞, 西歐國際秩序》, 上海大學出版社.

範宏貴. 2004.《華南與東南亞相關民族》, 民族出版社.

彭樹智. 2004.《阿拉伯國家史》, 高等教育出版社.

胡紹華. 2004.《中國南方民族發展史》, 民族出版社.

管彦波. 2005.《中國西南民族社會生活史》, 黑龍江人民出版社.

管彦波. 2005.《雲南稻作源流史》, 民族出版社.

[美]Leften Stavros Stavrianos·董書慧·王旭·徐正源 역. 2005.《全球通史──從史前到21世紀》, 北京大學出版社.

李隆慶. 2005.《哥倫布全傳》, 中國青年出版.

秦永章. 2005.《甘寧青地區多民族格局形成史研究》, 民族出版社.

陳佩雄 엮음. 2006.《亞洲史》, 吉林音像出版社, 吉林文史出版社.

何平. 2006.《中南半島民族的淵源與流變》, 民族出版社.

陳育寧. 2006.《民族史學概論》, 寧夏人民出版社.

陝西師範大學西北歷史環境與經濟社會發展研究中心·中國歷史地理研究所 엮음. 2006.《史念海教授紀念文集》, 三秦出版社.

劉德斌 엮음. 2006.《東北亞史》, 吉林人民出版社.

丁弘編. 2007.《歷史上的大遷徙》, 中國發展出版社.

董媛媛 엮음. 2007.《歷史上的大征服》, 中國發展出版社.

王治來. 2007.《中亞通史·古代卷》, 新疆人民出版社.

盧勳 외. 2007.《中華民族凝聚力的形成與發展》, 社會科學文獻出版社.

林幹. 2007.《中國古代北方民族史新論》, 內蒙古人民出版社.

周偉洲. 2007.《中國中世西北民族關係研究》, 廣西師範大學出版社.
郝名瑋·徐世澄. 2008.《拉丁美洲文明》, 福建教育出版社.
張家唐. 2009.《拉丁美洲簡史》, 人民出版社.

3) 인류학·민족학 분야

王恩慶·李毅夫 편. 1980.《國外民族學概況》, 中國社會科學院民族研究所編印.
楊堃. 1984.《民族學概論》, 中國社會科學出版社.
夏偉生. 1984.《人類生態學初探》, 甘肅人民出版社.
宋恩常. 1986.《雲南少數民族研究文集》, 雲南人民出版社.
熊錫元. 1987.《民族特征論集》, 廣西人民出版社.
李根蟠 외. 1987.《中國原始社會經濟研究》, 中國社會科學出版社.
[美]Y·N·Cohen & A·Ames·李富強 역. 1987.《文化人類學基礎》, 中國民間文藝出版社.
駱世明·陳聿華·嚴斧 엮음. 1987.《農業生態學》, 湖南科學技術出版社.
中國人類學會 엮음. 1987.《人類學研究(續集)》, 中國社會科學出版社.
莊錫昌·孫志民 엮음. 1988.《文化人類學的理論構架》, 浙江人民出版社.
[美]Plog, F. & Bates, G.·愛明·鄧勇 역. 1988.《文化演進與人類行爲》, 遼寧人民出版社.
[日]梅卓忠夫·王子今 역. 1988.《文明的生態史觀》, 上海三聯書店.
[日]富永健一·董興華 역. 1988.《社會結構與社會變遷》, 雲南人民出版社.
張天路 엮음. 1989.《民族人口學》, 中國人口出版社.
周鴻 엮음. 1989.《生態學的歸宿——人類生態學》, 安徽科學技術出版社.
[日]祖父江孝男 외 편·山東大學日本研究中心 외 역. 1989.《文化人類百科辭典》, 青島出版社.
曹占泉. 1990.《人口環境論》, 重慶出版社.
[美]Altman, I. & Chemers, M.·駱林生·王靜 역. 1991.《文化與環境》, 東方

出版社.

尹紹亭. 1991.《一種充滿爭議的文化生態體系——雲南刀耕火種研究》, 雲南人民出版社.

林惠祥. 1991.《文化人類學》, 商務印書館.

彭英明·徐傑舜. 1991.《從原始群到民族——人們共同體通論》, 廣西人民出版社.

楊堃. 1992.《民族學調查方法》, 中國社會科學出版社.

[蘇聯]Ю·В·Арутюняна 외·馬尚霑 역. 1992.《民族社會學——目的, 方法和某些研究成果》, 中央民族學院出版社.

周星. 1992.《民族學新論》, 陝西人民出版社.

施正一 엮음. 1992.《廣義民族學》, 光明日報出版社.

楊庭碩·羅康隆·潘盛之. 1992.《民族文化與生境》, 貴州人民出版社.

藍勇. 1992.《歷史時期西南經濟開發與生態變遷》, 雲南教育出版社.

尹澤生·楊逸疇·王守春. 1992.《西北幹旱地區全新世環境變遷與人類文明興衰》, 地質出版社.

魯齊·傅伯傑 엮음. 1993.《人與環境》, 中國科學技術出版社.

中國科學院生物多樣性委員會·林業部野生動物和森林植物保護司 엮음. 1995.《生物多樣性研究進展》, 中國科學技術出版社.

陳永齡. 1995.《民族學淺論文集》, 台灣財團法人子峰文教基金會, 弘毅出版社.

賈東海·孫振玉 엮음. 1995.《世界民族學史》, 寧夏人民出版社.

林耀華 엮음. 1997.《民族學通論(修訂本)》, 中央民族大學出版社.

王建民. 1997.《中國民族學史》(上卷, 1903~1949年), 雲南教育出版社.

王建民·張海洋·胡鴻保. 1998.《中國民族學史》(下卷, 1950~1997年), 雲南教育出版社.

郝時遠. 1999.《帝國霸權與巴爾幹"火藥桶":從南斯拉夫的歷史解讀科索沃的現實》, 社會科學文獻出版社.

宋蜀華. 1999.《中國民族學理論探索與實踐》, 中央民族大學出版社.

蔡運龍 엮음. 2000.《自然資源學原理》, 科學出版社.

尹紹亭. 2000.《人與森林——生態人類學視野中的刀耕火種》, 雲南教育出版社.

桑玉成·朱勤軍. 2000.《人類政治問題》, 科學出版社.

董欣賓·鄭奇. 2001.《魔語——人類文化生態學導論》, 文化藝術出版社.

馬戎. 2001.《民族與社會發展》, 民族出版社.

王聯 엮음. 2002.《世界民族主義論》, 北京大學出版社, 2002年.

[美]Donald L. Hardesty·郭凡·鄒和 역. 2002.《生態人類學》, 文物出版社.

陳山·哈斯巴根 엮음. 2003.《蒙古高原民族植物學研究(第1卷)》, 內蒙古教育出版社.

張金屯 엮음. 2003.《應用生態學》, 科學出版社.

周大鳴 엮음. 2003.《21世紀人類學》, 民族出版社.

江帆. 2003.《生態民俗學》, 黑龍江人民出版社.

任文偉·鄭師章 엮음. 2004.《人類生態學》, 中國環境科學出版社.

王如松·周鴻. 2004.《人與生態學》, 雲南人民出版社.

劉峰貴 외 엮음. 2004.《人類環境學》, 地質出版社.

楊庭碩·呂永鋒. 2004.《人類的根基——生態人類學視野中的水土資源》, 雲南大學出版社.

何丕坤·何俊·吳訓鋒 엮음. 2004.《鄉土知識的實踐與發掘》, 雲南民族出版社.

宋蜀華·滿都爾圖 엮음. 2004.《中國民族學五十年(1949~1999年)》, 人民出版社.

馬戎 엮음. 2004.《民族社會學——社會學的族群關系研究》, 北京大學出版社.

林超民 엮음. 2005.《民族學評論》, 雲南大學出版社.

孫振玉 엮음. 2005.《人類生存與生態環境——人類學高級論壇2004卷》, 黑龍江人民出版社.

於中濤·周慶華 엮음. 2005.《地理環境的社會作用與科學發展觀》, 天津社會科學院出版社.

鄧輝 외. 2005.《從自然景觀到文化景觀——燕山以北農牧交錯地帶人地關系

演變的曆史地理學透視》, 商務印書館.

陳雲生. 2005.《憲法人類學——基於民族, 種族, 文化集團的理論建構及實證分析》, 北京大學出版社.

羅康隆. 2005.《文化人類學論綱》, 雲南大學出版社.

[日]秋道智彌·市川光雄·大塚柳太郎 외·範廣融·尹紹亭 역. 2005. :《生態人類學的視野》, 雲南大學出版社.

王蘭州·阮紅 엮음. 2006.《人文生態學》, 國防工業出版社.

尹紹亭·[日]秋道智彌 편저. 2006.《人類學生態環境史研究》, 中國社會科學出版社.

方精雲·趙淑清·唐志堯 외. 2006.《長江中遊濕地生物多樣性保護的生態學基礎》, 高等教育出版社.

江帆. 2006.《滿族生態與民俗文化》, 中國社會科學出版社.

莊孔韶 엮음. 2006.《人類學概論》, 中國人民大學出版社.

胡鴻保 엮음. 2006.《中國人類學史》, 中國人民大學出版社.

佟新. 2006.《人口社會學》, 北京大學出版社.

龔田夫·張亞莎 엮음. 2006.《原始藝術》, 中央民族大學出版社.

歐潮泉. 2007.《基礎民族學——理論·人種·文化》, 民族出版社.

尹紹亭. 2007.《文化生態與物質文化·論文篇》, 雲南大學出版社.

[日]秋道智彌·尹紹亭 편. 2007.《生態與曆史——人類學的視角》, 雲南大學出版社.

陳曉毅. 2008.《中國式宗教生態——青岩宗教多樣性個案研究》, 社會科學文獻出版社.滿志敏. 2009.《中國曆史時期氣候變化研究》, 山東教育出版社.

4) 문명사·문화사 분야

淩純聲. 1978.《中國邊疆民族與環太平洋文化》, 台北聯經出版公司.

褚亞平 엮음. 1986.《地名學論稿》, 高等教育出版社.

周振鶴·遊汝傑. 1986.《方言與中國文化》, 上海人民出版社.

許蘇民. 1987.《中華民族文化心理素質簡論》, 雲南人民出版社.

[日]西村真次·李寶瑄 譯. 1989.《文化移動論》, 上海文化出版社.

[英]Smith, G.Elliot., ·周駿章 譯. 1991. :《文化的傳播》, 上海文藝出版社.

侯甬堅. 1991.《朝宗——黃河與中華文化》, 陝西人民教育出版社.

傅仁義 외. 1992.《東北古文化》, 春風文藝出版社.

斯心直. 1992.《西南民族建築研究》, 雲南教育出版社.

牛汝辰. 1993.《中國地名文化》, 中國華僑出版公司.

郭錦桴. 1993.《漢語與中國傳統文化》, 中國人民大學出版社.

納忠·朱凱·史希同. 1993.《傳承與交融——阿拉伯文化》, 浙江人民出版社.

李學勤·徐吉軍 엮음. 1995.《長江文化史》, 江西教育出版社.

王會昌. 1997.《古典文明的搖籃與墓地》, 華中師範大學出版社.

童恩正. 1998.《南方文明》, 重慶出版社.

[日]佐佐木高明·劉愚山 譯. 1998.《照葉樹林文化之路——自不丹, 雲南至日本》, 雲南大學出版社.

吳必虎·劉筱娟. 1998.《中國文化通志·景觀志》, 上海人民出版社.

李如龍. 1998.《漢語地名學論稿》, 上海教育出版社.

華林甫. 1999.《中國地名學源流》, 湖南人民出版社.

劉敏中 엮음. 2000.《文化學學·文化學及文化觀念》, 黑龍江人民出版社.

阮煒. 2001.《文明的表現——對5000年人類文明的評估》, 北京大學出版社.

陳佛松. 2002.《世界文化史》, 華中科技大學出版社.

許序雅. 2002.《世界文明簡史》, 華東師範大學出版社.

姚介厚 외. 2002.《西歐文明》, 中國社會科學出版社.

[美]Samuel P. Huntington·周琪 외 譯. 2002.《文明沖突與世界秩序的重建》, 新華出版社.

楊福泉. 2002.《納西文明——神秘的象形文古國》, 四川人民出版社.

毛剛. 2003.《生態視野──西南高海拔山區聚落與建築》, 東南大學出版社.
戴志中·楊宇振. 2003.《中國西南地域建築文化》, 湖北教育出版社.
趙榮光. 2003.《中國飲食文化概論》, 高等教育出版社.
葉舒憲 외. 2004.《山海經的文化尋蹤》, 湖北人民出版社.
薑若愚·張國傑 엮음. 2004.《中外民族民俗》, 中國物資出版社.
郭錦桴. 2004.《漢語地名與多彩文化》, 上海辭書出版社.
[荷]Peter Rietbergen·趙複三 역. 2004.《歐洲文化史》, 上海社會科學院出版社.
陳序經. 2005.《文化學概觀》, 中國人民大學出版社.
石碩 엮음. 2005.《藏彝走廊──歷史與文化》, 四川出版集團, 四川人民出版社.
陳鋒儀 엮음. 2005.《中國旅遊文化》, 陝西人民出版社.
趙林. 2005.《告別洪荒──人類文明的演進》, 武漢大學出版社.
張躍發. 2005.《近代文明史》, 世界知識出版社.
[美]Peter N. Stearns 외·趙軼峰 외 역. 2006.《全球文明史》, 中華書局.
羅康隆. 2006.《文化適應與文化制衡》, 民族出版社.
何宏 엮음. 2006.《中外飲食文化》, 北京大學出版社.

5) 기타

[德]Ludwig Andreas Feuerbach·王太慶 역. 1953.《宗教的本質》, 人民出版社.
李毅夫·王恩慶 외 엮음. 1986.《世界各國民族概覽》, 世界知識出版社.
童恩正. 1990.《中國西南民族考古論文集》, 文物出版社.
徐新建. 1992.《西南研究論》, 雲南教育出版社.
楊庭碩·羅康隆. 1992.《西南與中原》, 雲南教育出版社.
王祥. 1992.《山之魂──民族精神的哲學思考之三》, 春風文藝出版社.
李毅夫·趙錦元 엮음. 1993.《世界民族概論》, 中央民族學院出版社.
郝時遠·趙錦元 엮음. 1995.《世界民族與文化(上, 中, 下)》, 中央民族大學出版社.
寧騷. 1995.《民族與國家──民族關系與民族政策的國際比較》, 北京大學出版社.

劉從德. 1998.《地緣政治學——曆史, 方法與世界格局》, 華中師範大學出版社.

馬大正·劉逖. 1998.《二十世紀的中國邊疆研究——一門發展中的邊緣學科的演進曆程》, 黑龍江教育出版社.

過竹. 1998.《苗族神話研究》, 廣西人民出版社.

趙錦元·戴佩麗 엮음. 2000.《世界民族通覽》, 中央民族大學出版社.

沈林 외. 2001.《散雜居民族工作概論》, 民族出版社.

潘志平. 2003.《中亞的地緣政治文化》, 新疆人民出版社.

馬曼麗 외. 2003.《中國西北跨國民族文化變異研究》, 民族出版社.

賈英健. 2003.《全球化與民族國家》, 湖南人民出版社.

龍遠蔚 엮음. 2004.《中國少數民族經濟研究導論》, 民族出版社.

史繼忠. 2004.《地中海——世界文化的漩渦》, 當代中國出版社.

牟鍾鑒. 2005.《中國宗教與中國文化》, 中國社會科學出版社.

張植榮. 2005.《中國邊疆與民族問題——當代中國的挑戰及其曆史由來》, 北京大學出版社.

繆家福. 2005.《全球化與民族文化多樣性》, 人民出版社.

[美]Owen Lattimore·唐曉峰 역. 2005.《中國的亞洲內陸邊疆》, 江蘇人民出版社.

羅康隆·黃貽修. 2006.《發展與代價——中國少數民族發展問題研究》, 民族出版社.

F.Kingdon Ward·李金希·龍永弘 역. 2002.《神秘的滇藏河流域》, 中國社會科學出版社·四川民族出版社.

H.H.qe Kca peB 외·趙俊智·金天明 역. 1989.《民族·種族·文化》, 東方出版社.

司和彥. "身體與環境——人類適應的個體研究," 秋道智彌·市川光雄·大塚柳太郎 외·范廣融·尹紹亭 역. 2005.《生態人類學的視野》, 雲南大學出版社.

Sachin Roy·李堅尚·叢曉明 역. 1991.《珞巴族阿迪人的文化》, 西藏人民出版社.

鳥越憲三郎·雲南省民族研究所 역. 1984.《始於雲南的道路──探尋倭族之源》, 雲南省民族研究所.

L. Feuerbach·王太慶 역. 1953.《宗教的本質》, 人民出版社.

Charles Ellioli·李榮熙 역. 1982.《印度教與佛史綱(卷1)》, 商務印書館.

Clande Levi-Strauss·李幼蒸 역. 1987.《野性的思維》, 商務印書館.

2. 주요참고 논문

1) 중국어 논문(발표시간 순으로 정리)

竺可楨. 1972. "中國近五千年氣候變遷的初步研究,"《考古學報》第1期.

梁志忠. 1981. "〈山海經〉早期民族學資料的寶庫," 載中國民族學研究會 엮음. 1981.《民族學研究(第二輯)》, 民族出版社.

方國瑜. 1982. "南北朝時期內地與邊境各族的大遷移及融合,"《民族研究》第4期.

吳於廑. 1983. "世界曆史上的遊牧世界與農耕世界,"《雲南社會科學》第1期.

吳於廑. 1983. "談世界曆史上的遊牧世界與農耕世界,"《世界曆史》第1期.

寧可. 1984. "古代中國曆史發展的地理環境,"《平准學刊》第3期.

佟柱臣. 1985. "中國新石器時代文化三個接觸地帶論,"《史前研究》第2期.

楊英. 1986. "從地理學的角度研究少數民族經濟問題,"《廣東技術師範學院學報》第1期.

佟柱臣. 1986. "中國新石器時代文化的多中心發展論和發展不平衡論──論中國新石器時代文化發展的規律和中國文明的起源,"《文物》第2期.

黃淑娉. 1989. "民族識別及理論意義,"《中國社會科學》第1期.

劉稚·申旭. 1989. "論雲南跨境民族研究,"《雲南社會科學》第1期.

鮑思頓·舒靜. 1989. "中國主要少數民族的地理分布, 社會經濟, 人口結構及其與漢族的差異,"《中國少數民族人口》第2期.

張盟土. 1990. "中國民族的分布及變化,"《西北人口》第1期.

溫軍. 1990. "試論中國少數民族村落的分布特徵,"《西北民族學院學報》第1期.

張壽祺. 1990. "中國西南民族的"蘆笙文化"及其地理分布,"《社會科學戰線》第1期.

尹紹亭. 1990. "雲南的刀耕火種──民族地理學的考察,"《思想戰線》第2期.

楊健吾. 1990. "中國少數民族宗教文化特點的歷史分析,"《社會科學研究》第6期.

伍家平. 1991. "論民族文化地理系統的特點, 結構和功能──以侗文化爲例,"《經濟地理》第1期.

楊銘. 1991. "漢魏時期氐族的分布, 遷徙及其社會狀況,"《民族研究》第2期.

吳昌考. 1991. "關於民族經濟地理學幾個理論問題的探討,"《中南民族大學學報》第6期.

劉美安. 1992. "試論中國文化的地理系統,"《湖北民族學院學報》第1期.

王蘋. 1992. "地理, 民族心理與政治發展,"《安慶師範學院學報》第1期.

王愛民·樊勝嶽 외. 1992. "人地關系的理論透視,"《人文地理》第2期.

星全成. 1992. "論自然環境對印度民族與中國藏族民間創作的影響,"《青海民族研究》第2期.

伍家平. 1992. "論民族聚落地理特徵形成的文化影響與文化聚落類型,"《地理研究》第3期.

徐亦亭. 1992. "中國古代文化區域和民族關系,"《中央民族學院學報》第5期.

李根蟠. 1993. "中國農史上的"多元交彙"──關於中國傳統農業的再思考,"《中國經濟史研究》第1期.

詹義康. 1993. "上古西亞民族遷徙與文明的交彙融合,"《世界歷史》第6期.

葛劍雄. 1994. "論秦漢統一的地理基礎:兼評魏特夫的〈東方專制主義〉,"《中國史研究》第2期.

原華榮·張志良·吳玉平. 1994. "中國少數民族人口文化分布的地域性研究,"《民族研究》第2期.

羅正富·李文碧. 1994. "四川少數民族的構成,人口分布特徵及形成原因," 《西南師範大學學報》第3期.

李學智. 1994. "地理環境與民族性格," 《歷史教學》第3期.

趙軍等. 1994. "關於民族生態學若幹問題的探討," 《西北民族學院學報》第4期.

張蓉蘭. 1994. "從古歌謠中的地名探溯拉祜族先民遷徙路線," 《民族語文》第4期.

於希賢·陳梧桐. 1994. "黃河文化:一個自強不息的偉大生命," 《北京大學學報》第6期.

馮嘉蘋·程連生·徐振甫. 1995. "萬裏長城的地理界線意義," 《人文地理》第1期.

王子今. 1995. "秦漢時期氣候變遷的歷史學考察," 《歷史研究》第2期.

管彥波. 1995. "民族學與地理學的歷史親緣關係," 《雲南社會科學》第2期.

管彥波. 1995. "關於民族地理學的概念及其實用價值," 《黑龍江民族叢刊》第2期.

管彥波. 1995. "略論民族地理學的研究方法," 《貴州民族研究》第3期.

張彥平. 1995. "創世神話原始初民的宇宙觀——柯爾克孜族創世神話探析," 《西域研究》第3期.

李鳳山. 1995. "長城帶民族融合的特點," 《內蒙古社會科學》第6期.

雍際春. 1996. "論中國歷史文化地理學的形成與發展," 《天水師專學報》第1期.

杜娜. 1996. "海南島的地名與民族遷徙," 《中國地名》第2期.

王會昌. 1996. "2000年來中國北方遊牧民族南遷與氣候變化," 《地理科學》第3期.

管彥波. 1996. "中國民族地理分布及其特點," 《民族論壇》第3期.

管彥波. 1996. "民族地理學的研究對象和學科內容," 《雲南社會科學》第3期.

賈晞儒. 1996. "試論青海民族語地名之研究," 《青海民族研究》第3期.

朱普選. 1996. "藏傳佛教及其演變的環境考察," 《西藏民院學報》第3期.

尹紹亭. 1996. "雲南的山地和民族生業," 《思想戰線》第4期.

[日]新田牧雄. 1996. "雲南哈尼族山寨的文化地理學研究," 《思想戰線》第4期.

湯惠生. 1996. "神話中之昆侖山考述——昆侖山神話與薩滿教的宇宙觀," 《中國社會科學》第5期.

魯西奇. 1996. "歷史地理研究中的"區域"問題,"《武漢大學學報》第6期.
管彥波. 1997. "西南民族聚落的形態, 結構與分布規律,"《貴州民族研究》1997年第1期.
李並成. 1997. "西北民族歷史地理研究芻議,"《甘肅民族研究》第1期.
楊銘·柳春鳴. 1997. "西周時期的氣候變化與民族遷徙,"《中原文物》第2期.
張海亮. 1997. "西北民族地區經濟發展的地域結構分析,"《雲南地理環境研究》第2期.
朱普選. 1997. "中國少數民族宗教信仰的地理基礎,"《貴州民族研究》第2期.
周尚意. 1997. "蒙特利爾"民族島"的空間結構,"《人文地理》第3期.
王治來. 1997. "論中亞的突厥化與伊斯蘭化,"《西域研究》第4期.
沈道權. 1997. "民族經濟的地理範圍淺析,"《民族論壇》第4期.
張利. 1997. "氣候變遷與中國古代北方民族的南下,"《許昌師專學報》第4期.
朱泓. 1998. "中國東北地區的古代種族,"《文物季刊》1998年第1期.
陳國生. 1998. "雲南刀耕火種農業分布的歷史地理背景及其在觀光農業旅遊業中的利用,"《民族研究》第1期.
張力仁. 1998. "地名與河西的民族分布,"《中國歷史地理論叢》第1期.
管彥波. 1998. "民族地理學的學科體系及其與相關學科的關系,"《寧夏社會科學》第2期.
丁石慶. 1998. "達斡爾語地名的文化透視,"《黑龍江民族叢刊》第2期.
李永年. 1998. "論跨國民族地名的重合性與移動性,"《黑龍江民族叢刊》第2期.
陳霞. 1998. "宗教與生態關系初探,"《宗教學研究》第4期.
陳新海. 1998. "甘寧青民族關系的基本框架探析,"《青海民族研究》第4期.
侯亞梅·黃慰文. 1998. "東亞和早期人類第一次大遷徙浪潮,"《人類學學報》第4期. 孫冬虎. 1998. "清代東北地區民族構成及地名變遷,"《社會科學戰線》第5期.
席元麟. 1999. "從青海民族語地名透視民族關系,"《青海民族研究》1999年第1期.
翟勝德. 1999. ""民族"譯談,"《世界民族》第2期.

沈堅. 1999. "古凱爾特人初探," 《曆史研究》第6期.

張九辰. 1999. "中國近代對'地理與文化關系'"的討論及影響," 《自然辯證法通訊》第6期.

方遠平·文南薰. 2000. "地域民族文化與區域經濟發展的相關性探討," 《雲南經濟管理幹部學院學報》第1期.

史繼忠. 2000. "'東方文化圈'與東南亞文化," 《貴州民族研究》第3期.

王愛民·繆磊磊. 2000. "地理學人地關系研究的理論評述," 《地球科學進展》第4期.

石培基. 2000. "甘川青交接區域民族經濟地域類型及其分區發展模式研究," 《經濟地理》第4期.

滕海鍵. 2000. "蒙古西征與東方文化的西傳," 《昭烏達蒙族師專學報》第5期.

吳光範. 2000. "彝語地名學初探," 《雲南社會科學》第6期.

鄒逸麟. 2000. "中國多民族統一國家形成的曆史背景和地域特征," 《曆史學》第7期.

石碩. 2000. "川西民族走廊的曆史變遷與特點," 《天府新論》增刊.

陳星燦. 2000. "中國遠古文化研究的幾個關鍵問題的評述," 西安半坡博物館엮음.《史前研究(2000)》, 三秦出版社.

宋瑞芝·宋佳紅. 2001. "論地理環境對俄羅斯民族性格的影響," 《湖北大學學報》第1期.

林豐民. 2001. "略論阿拉伯傳統音樂與沙漠地理環境的關系," 《文藝研究》第1期.

童玉芬·李建新. 2001. "新疆各民族人口的空間分布格局及變動研究," 《西北民族研究》第3期.

穀曉恒. 2001. "青海民族語地名結構特點及文化意義分析," 《青海民族研究》第3期.

鄧先瑞·黃建武. 2001. "試論長江文化繁衍的區位條件," 《華中師範大學學報(自然科學版)》第4期.

吳文祥·劉東生. 2001. "氣候轉型與早期人類遷徙," 《海洋地質與第四紀地質》第4期.

藍勇. 2001. "中國飲食辛辣口味的地理分布及其成因研究," 《人文地理》第5期.

吳國升. 2001. "略說《華陽國志》對西南少數民族的記載," 《四川教育學院學報》第9期.

馮衛民. 2001. "歐洲民族過程與歐洲一體化," 中國社會科學院研究生院博士論文.

馮天瑜. 2002. "中國文化的地域性展開," 《江漢論壇》第1期.

鄧小詠·王啟龍. 2002. "二十世紀上半葉藏區經濟研究評述," 《西藏民族學院學報》1期.

童紹玉. 2002. "雲南稻作民族文化生態," 《經濟地理》第1期.

毛曦. 2002. "中國新石器時代文化區劃述論," 《中國曆史地理論叢》第1輯.

陳新海. 2002. "河湟文化的曆史地理特徵," 《青海民族學院學報》第2期.

陸群. 2002. "宗教倫理視野中的生態大系統," 《宗教學研究》第2期.

賴品超. 2002. "宗教與生態關懷," 《江海學刊》第3期.

朱聖鍾. 2002. "鄂湘渝黔土家族地區曆史經濟地理研究," 陝西師範大學博士研究生學位論文.

鄂義太·烏圖. 2002. "藏族傳統文化對青藏高原地理環境的解說," 《西北民族學院學報》第4期.

羅開玉. 2002. "古代西南民族墓葬與地理關系研究," 《中華文化論壇》第4期.

馬仁忠. 2002. "地理環境對種族, 民族特徵的影響," 《宿州教育學院學報》第4期.趙林. 2002. "農耕世界與遊牧世界的沖突融合及其曆史效應," 《武漢大學學報》第6期.

李映輝. 2003. "略論中國古代寺院與環境保護," 《長沙大學學報》第1期.

張全明. 2003. "《桂海虞衡志》的生態文化史特色與價值," 《華中師範大學學報》第1期.

李吉和. 2003. "鮮卑族在西北地區的遷徙活動," 《黑龍江民族叢刊》第3期.

張懷承·任俊華. 2003. "論中國佛教的生態倫理思想," 《吉首大學學報》第3期.

周偉洲. 2003. "古代西北少數民族多元文化的發展與變異," 《中國歷史地理論叢》第3輯.

趙夏. 2003. "馬鶴天先生對邊疆考察和研究的貢獻," 《中國邊疆史地研究》第4期.

藍琪. 2003. "印歐種人的第一次遷徙對世界歷史的影響," 《貴州師範大學學報》第5期.

吳國升. 2003. "民族地理背景, 傳統地理視角與方位文化詞探析," 《安徽警官職業學院學報》第5期.

唐戈. 2003. "東北地區漁獵文化略論," 《黑龍江民族叢刊》第6期.

車文輝. 2003. "地理環境與文化生成——雲南少數民族生育文化形成與變遷的地理學解釋," 《人口研究》第6期.

李蕾蕾. 2004. "從新文化地理學重構人文地理學的研究框架," 《地理研究》第1期.

周建新·羅柳寧. 2004. "試論多樣性文化互動下的民族認同——以中國西南跨國民族地區爲例," 《廣西民族學院學報》第1期.

李錦. 2004. "聚落生態系統變遷對民族文化的影響——對瀘沽湖周邊聚落的研究," 《思想戰線》第2期.

侯仁德. 2004. "清道鹹年間邊疆史地學研究中的世界意識," 《歷史教學》第2期.

黎小龍. 2004. "周秦兩漢西南區域民族地理觀的形成和嬗變," 《民族研究》第3期.

藍琪. 2004. "印歐種人的第二次遷徙對世界歷史的影響," 《貴州師範大學學報》第3期.

馬海龍. 2005. "論自然地理環境對歷史上河湟多民族文化的影響," 《青海民族研究》第1期.

陳勇·陳國階·劉邵權·王青. 2005. "川西南山地民族聚落生態研究——以米易縣麥地村爲例," 《山地學報》第1期.

馬強. 2005. "論唐宋西南史志及其西部地理認識價值," 《史學史研究》第3期.

李星星. 2005. "論'民族走廊'及'二縱三橫'的格局,"《中華文化論壇》第3期.

馬強. 2005. "地理體驗與唐宋"蠻夷"文化觀念的轉變──以西南與嶺南民族地區爲考察中心,"《西南師範大學學報》第5期.

李傑·孫明明·王紅. 2005. "民族建築與自然環境之交融──以從江增沖侗寨研究爲例,"《貴州民族學院學報》第5期.

鄒本濤. 2005. "遼西走廊文化特質探察,"《遼寧師範大學學報》第5期.

高穎. 2006. "自然地理環境與東北民族民間音樂,"《文化學刊》第1期.

馬大正. 2006. "新疆曆史研究中的幾個問題,"《西域研究》第2期.

王元林. 2006. "費孝通與南嶺民族走廊研究,"《廣西民族研究》第4期.

管彥波. 2006. "徐霞客對西南民族聚落地理的考察,"《貴州師範大學學報》第5期. 李怡淨. 2006. "古代印歐語系各族的起源, 遷徙及其對世界曆史發展的影響,"《銅仁師範高等專科學校學報》第5期.

肖湘東·陳偉志. 2006. "湘西民族建築的生態觀,"《山西建築》第6期.

管彥波. 2006. "論《徐霞客遊記》的民族地理學研究價値,"《遼寧大學學報》第6期.

滕曉華. 2006. "論藏族生態知識的不可替代價値──以昌都地區察雅縣榮周鄉成功造林爲例,"《貴州民族學院學報》第6期.

羅春祥. 2006. "論地理環境對中國民族文化的影響,"《北京教育》第12期.

楊庭碩. 2007. "苗族生態知識在石漠化災變救治中的價値,"《廣西民族大學學報》第3期.

鄧先瑞. 2007. "長江流域民族文化生態及其主要特征,"《中國地質大學學報》第6期.

楊建設·李建國. 2007. "中國民族傳統節日體育文化的地理分布特征及其影響因素,"《上海體育學院學報》第1期.

管彥波. 2007. "地名與民族的地理分布,"《貴州師範大學學報》第3期.

周慧. 2007. "貴州傳統民居建築的環境自然生態觀,"《貴州民族研究》第3期.

李旭東·張善餘. 2007. "貴州高原少數民族傳統生育文化生成的地理背景──

從地理環境與文化生成的角度闡述,"《西北人口》第5期.

陸寧. 2007. "簡論西夏經濟與地理環境的關系,"《西北第二民族學院學報》第6期.

李克建. 2007. "中國民族分布格局的形成及曆史演變,"《西南民族大學學報》第9期.

郭聲波. "飛地行政區的曆史回顧與現實實踐的探討,"中國社會科學院文獻信息中心 엮음. 2007.《堅持科學發展觀, 構建和諧社會──黨政幹部理論學習文選》, 紅旗出版社.

郭聲波. "曆史民族地理的多學科研究──以彜族曆史地理爲例,"郭聲波·吳宏岐 엮음. 2007.《南方開發與中外交通》, 西安地圖出版社.

許桂香. 2008. "曆史地理視野下嶺南服飾文化研究,"中山大學博士學位論文.

盧建林. 2008. "雲南民族文化多樣性與地理環境的關系,"《大眾文藝》第6期.

趙沛曦. 2009. "試論怒族民間文學中的原始宇宙觀,"《雲南民族大學學報》第2期.

梁正海·柏貴喜. 2009. "村落傳統生態知識的多樣性表達及其特點與利用──湘西土家族村落'蘇竹'個案研究,"《吉首大學學報》第3期.

鄭長德. 2009. "新經濟地理學與中國少數民族地區的經濟發展,"《黑龍江民族叢刊》第3期.

2) 중국어로 번역한 외국어 논문(발표시간 순으로 정리)

Held, "四川西部民族區域圖,"《華西邊疆研究學會雜志》第1卷, 1922-1923.

Alexander David-Neel·西庭 역, "藏遊曆險記,"《國聞周報》第3卷第23-29, 1926.

W. Credner·林超 역, "民國十九年雲南地理考察報告,"《自然科學》第1期, 1931.

Stevenson·源泉 역, "西藏人文地理略述,"《清華周刊》第40卷第7·8期, 1933.

Sven Hedin·孫仲寬 역,《我的探險生涯》, 西北科學考察團叢刊 , 1933.

Stevenson·源泉 역, "西藏人文地理略述,"《清華周刊》1第40卷第7·8期(합간본), 1933.

Sven Hedin·李述禮 역,《探險生涯亞洲腹地旅行記》, 開明書店, 1934.

Eric Teichman·高上佑 역, "西藏東部旅行記,"《康藏前鋒》, 1934-1935.

Sven Hedin·絳央尼馬 역, "西藏,"《禹貢》第6卷第12期, 1937.

Francois Gore·楊華明·張鎮國 역, "邊三十年見聞記,"《康導月刊》第5卷第6期, 1943.

Donald L. Hardesty, "生態位概念——用於人類生態學中的一些建議,"《生態人類學》第3期, 1975.

菊地利夫·辛德勇 역, "歷史地理學導論,"《中國歷史地理論叢》第2期, 1987.

lily kong·張劍光·王汝正·詹小國·薛海民, "二十世紀宗教地理學的發展與現狀,"《地理科學進展》第1期, 1992.

부록

부록 1 민족, 종족 관련

1-1 중화인민공화국 56개 민족(일반 명칭/기타 명칭(한자) 순으로 정리)

가오산족/고산족高山族

나시족/납서족納西族

노족/누족怒族

다우르족/다워얼족達斡爾族

다이족/태족傣族

더앙족/덕앙족德昂族

두룽족/독룡족獨龍族

동족/둥족侗族

둥샹족/동향족東鄕族

라후족/납호족拉祜族

리족/여족黎族

리수족/율속족傈僳族

뤄바족/낙파족珞巴族

마오난족/모남족毛南族

만주족/만족滿族

먀오족/묘족苗族

먼바족/문파족門巴族

몽골족/멍구족蒙古族

무라오족/무로족仫佬族

바오안족/보안족保安族

바이족/백족白族

부랑족/포랑족布朗族

부이족/포의족布依族

살라르족/싸라족撒拉族

서족/사족佘族

수이족/수족水族

시버족/시보족錫伯族

아창족阿昌族

야오족/요족瑤族

어룬춘족/오르촌족鄂倫春族

어뤄쓰족/러시아족俄羅斯族

어웡키족/어윈커족鄂溫克族

우즈베크족/우쯔베커족烏孜別克族

유고족/위구족裕固族

이족彝族

와족佤族

위구르족/웨이우얼족維吾爾族

조선족/차오셴족朝鮮族

지눠족/기낙족/키노족基諾族

징족/경족京族

징포족/경파족景頗族

좡족/장족壯族

카자흐족/하싸커족哈薩克族

키르기스족/커얼커쯔족柯爾克孜族

타지크족/타지커족塔吉克族

타타르족/타타얼족塔塔爾族

투자족/토가족土家族

투족/토족土族

티베트족/짱족藏族

푸미족/보미족普米族

창족/강족(羌族, 중화인민공화국 56개 민족 중 소수민족만을 특정함)

하니족/합니족哈尼族

한족漢族

허저족/나나이족赫哲族

흘로족/거라오족仡佬族

후이족/회족回族

1-2 현 중국 경내 거주한 적 있는 고대 종족/민족 명칭(56개 민족 명칭과 같은 것은 제외)

강족(羌族, 고대 강족과 강인을 특정함)

거란契丹

객가인客家族

계(奚, 거란족의 한 갈래)

남만南蠻

남조南詔

돌궐突厥

동이東夷

동호東胡

뎬인滇人

만이융적蠻夷戎狄

말갈(靺鞨, 별칭은 물길勿吉)

부록 537

복족濮族, 백복족百濮族, 복인濮人

북적北狄

백월족百越族

산융山戎

삼먀오족三苗族

서남이西南夷

서융西戎

선비족鮮卑族

숙신肅愼

실위室韋

셈족(Semitic, 閃米特) - 함족(Hamitic, 含米特) 족

여진女真

오손烏孫

오환烏桓

융인戎人

읍루挹婁

이인夷人

월인越人

월씨月氏, 대월씨大月氏

저氐, 저인氐人

저강인氐羌族

탕쿠트黨項

토번吐蕃

토욕혼(吐穀渾, 별칭은 홀霍爾, 홀인霍爾人, 알바홀阿巴霍爾)

파인巴人

초족楚族

촉인蜀人

흉노匈奴

화인華人

화하족華夏族

회홀回鶻

하누노족(哈努諾族, 현재 필리핀 제도의 하누노족과 같음)

부록 2 지리 관련

2-1 중화인민공화국 자연지리

2-1-1 강
4대 강──장강/양쯔강長江, 황하/황허黃河, 헤이룽장黑龍江/흑룡강/아무르강, 주강/주장珠江

2003년 유네스코 자연유산 지정 윈난성의 3대 강──금사강/진사장金沙江, 란창강瀾滄江/란창장, 메이궁허湄公河/노강/누장怒江

백두산에서 발원하는 강──압록강, 두만강豆滿江/투먼장圖們江, 송화강/쑹화장松花江

그 밖의 강──요하/랴오허遼河, 위하/웨이허渭河 혹은 위수/웨이수이渭水, 회하/화이허淮河 혹은 회수/화이수이淮水, 한강/한장漢江 혹은 한수/한수이漢水, 홍하/홍허(紅河, 위안강元江), 펀허강汾河, 호타하/후퉈허滹沱河

2-1-2 산
진령-회하秦嶺-淮河,
다싱안링/대흥안령大興安嶺, 쿤룬산崑崙山, 치롄산祁連山, 톈산天山,
인산陰山, 허란산賀蘭山, 바옌카라산巴顏喀拉山, 형돤산橫斷山, 타이항산太行山,
무산/우산巫山,
우이산武夷山, 난링南嶺, 노산/누산怒山, 다바산/대파산大巴山, 히말라야산喜馬拉雅山

2-1-3 기타 지형

4대 고원──티베트 고원/칭짱고원/청장고원青藏高原, 내몽골고원/네이멍구 고원內蒙古高原, 황토고원/황투고원黃土高原, 윈구이고원/운귀고원雲貴高原

4대 분지──타림 분지/타리무 분지塔里木盆地, 준가얼 분지/중가리아 분지準噶爾盆地, 차이담 분지/차이다무 분지柴達木盆地, 쓰촨 분지四川盆地

사막──고비 사막/거비사막戈壁沙漠, 타클라마칸 사막/타거라마간사막克拉瑪幹沙漠

3대 평야──동북평원/동북평야東北平原, 화북평원/화북평야華北平原, 장강 중하류평원/창장 중하류평원長江中下遊平原

호수──포양호/파양호鄱陽湖, 둥팅호/동정호洞庭湖, 타이호/태호太湖, 칭하이호/청해호青海湖

부록 3 행정구역

3-1 중화인민공화국 행정구역 체계 및 명칭

	행정구역 체계 명칭	개수
1급 행정구	성급행정구省級行政區──직할시直轄市, 성省, 자치구自治區, 특별행정구特別行政區	총 33개
2급 행정구	지급행정구地級行政區──부성급시副省級市, 지급시地級市, 자치주自治州, 지구地區, 맹盟	총 334개
3급 행정구	현급행정구縣級行政區──현급시縣級市, 현縣, 자치현自治縣, 시할구市轄區, 시할민족구市轄民族區, 기旗, 자치기自治旗, 특구特區, 임구林區	총 2,852개
4급 행정구	향급행정구鄉級行政區──가도街道, 진鎮, 민족진民族鎮, 향鄉, 민족향民族鄉, 소목蘇木, 민족소목民族蘇木, 허위진虛擬鎮, 허위향虛擬鄉	총 40,466개
5급 행정구	촌급행정구村級行政區──촌村, 민족촌民族村, 알사嘎查, 사구社區, 허위촌虛擬村	총 704,386개

3-2 중화인민공화국 6대지리구, 성급행정구 및 약칭

	행정구역 체계 명칭	약칭
화베이華北 지역	베이징시北京市	징/경京
	톈진시天津市	진津
	허베이성河北省	지/기冀
	산시성山西省	진晉
	내몽골 자치구內蒙古自治區	네이멍구/내몽골內蒙古
둥베이東北 지역	헤이룽장성黑龍江省	헤이/흑黑
	지린성吉林省	지/길吉
	랴오닝성遼寧省	랴오/요遼

	행정구역 체계 명칭	약칭
화둥華東 지역	상하이시上海市	후/호滬, 선/신申
	안후이성安徽省	완/환皖
	푸젠성福建省	민閩
	장쑤성江蘇省	쑤/소蘇
	장시성江西省	간/감贛
	산둥성山東省	루/노魯
	저장성浙江省	저/절浙
	대만성/타이완성臺灣省	타이/대臺
중난中南 지역	허난성河南省	위/예豫
	후베이성湖北省	어/악鄂
	후난성湖南省	샹/상湘
	광둥성廣東省	웨/월粵
	하이난성海南省	충/경瓊
	광시 좡족 자치구廣西壯族自治區	구이/계桂
	홍콩 특별행정구香港特別行政區	강/항港
	마카오 특별행정구澳門特別行政區	아오/오澳
시베이西北 지역	간쑤성甘肅省	간/감甘, 룽/롱隴
	칭하이성青海省	칭/청青
	산시성陝西省	산/섬陝, 친/진秦
	닝샤 후이족 자치구寧夏回族自治區	닝寧
	신장 위구르 자치구新疆維吾爾自治區	신新
시난西南 지역	충칭시重慶市	위/유渝
	구이저우성貴州省	구이/귀貴, 쳰/검黔
	쓰촨성四川省	촨/천川, 수/촉蜀
	윈난성雲南省	윈/운雲, 뎬/전滇
	티베트 자치구西藏自治區	짱/장藏

부록 4 역사

4-1 중국역사 시대구분

	왕조	비고
선진先秦 시대	하夏, 상商/은殷,	
	서주西周, 동주東周	동주는 춘추春秋, 전국戰國으로 나뉨
진한秦漢 시대	진秦	
	전한前漢/서한西漢, 후한後漢/동한東漢	
위진남북조魏晉南北朝 시대	삼국三國	삼국은 조위曹魏, 촉한蜀漢, 손오孫吳를 가리킴
	서진西晉, 동진東晉/오호십육국五胡十六國	오호五胡는 흉노匈奴, 선비鮮卑, 저氐, 갈羯, 강羌 등 다섯 이상의 소수민족을 가리킴. 십육국十六國은 한족을 포함해서 화북華北 지방에 세운 수많은 나라들 중 주요 16국을 뜻함. 16국 중 전량前涼, 서량西涼, 북연北燕은 한족 왕조에 속하며 나머지 13국이 위의 다섯 소수민족이 세운 국가를 가리킴.
	남북조南北朝 북조北朝와 남조南朝	북조는 북위北魏, 동위東魏, 서위西魏, 북제北齊, 북주北周를, 그리고 남조는 송宋, 제齊, 양梁, 진陳을 포함함.
수당隋唐 시대	수隋, 당唐	
오대십국五代十國 시대	오대五代 십국十國	오대는 후량後梁, 후당後唐, 후진後晉, 후한後漢, 후주後周를, 그리고 십국은 마초馬楚, 오吳, 오월吳越, 전촉前蜀, 민閩, 남평南平, 남한南漢, 후촉後蜀, 남당南唐, 북한北漢를 포함함.
송원宋元 시대	북송北宋, 남송南宋	같은 시대 한족 왕조가 아닌 소수민족 왕조 요遼, 서하西夏, 금金가 존재함
	원元	
명청明淸 시대	명明, 청淸	

*십육국十六國은 각각 전량前涼, 전조前趙, 성한成漢, 후조後趙, 전연前燕, 전진前秦, 후연後燕, 후진後秦, 서진西秦, 후량後涼, 남량南涼, 북량北涼, 남연南燕, 서량西涼, 북하北夏, 북연北燕임.

에필로그

에필로그 1

"민족지리학"이라는 주제에 관심과 심혈을 기울인지 거의 20년이 되었다. 1992년 여름 학우인 우싱왕吳兴旺과 담소를 나누던 중 "민족지리학"이라는 개념을 처음 언급했던 것으로 기억된다. 그와 나는 같은 고향 출신이자 같은 대학교를 졸업하고 같은 날 쿤밍에서 베이징으로 와서 같은 연구소에 취직하였다. 그는 '민족이론연구실', 나는 '민족사연구실'에 들어가 "남방민족사"를 연구하였다. 대학을 졸업하자마자 바로 연구소에 들어갔던 터라, 연구소는 우리들의 실정을 감안하여 "멘토 양성제"를 새로 만들어 학술 멘토를 지정해 주었다. 스승인 루쉰卢勋 선생을 따라 남방민족사를 공부하면서 남방민족에 관한 역사문헌이 흩어져 있고 잡다하여 문헌만의 연구로는 창의적인 결과물을 얻어내기 힘들 것 같다는 생각이 들었다. 나는 멘토 선생과 아이디어를 교환하였는데, 멘토 선생은 나에게 타他학문적 관점에서 더 많이 생각하고 학제간 융합 연구, 특히 민족학과 민족사의 결합 연구에 주목해야 함을 강조하였다. 그래서 필자는 연구에 필요한 다른 학문 영역 저서를 읽고, 한두 가지 주제를 골라 글을 쓰는 훈련을 시작하였다. 집필을 하면서 필자는 남방민족사회의 역사문화의 풍부함과 다양성을 처음 알게 되었고, 남방지역의 민족문화 간의 차이를 깊이 느낌과 동시에, 동일한 지리적 단위 내의 작은 지역문화, 지역의 차이성이 환경의 폐쇄성, 생태적 다양성과 일정한 관계가 있다는 것을 막연하게 느꼈다. 우싱왕에게 민족지리학과 위에서 느꼈던 점들을 이야기하면서 우리는 민족지리학 분야에 함께 관심을 기울이기로 약속했던 것 같다.

그로부터 몇 달 후, 필자는 국제산악학회國際山地学会에서 조직한 필드워크 회의에 참가하였고, 윈난 대리雲南大理에서 저우싱周星을 만났다. 저우싱은 우리와 함께 연구소에 취직하였지만, 우리보다 나이가 많고, 취직 당시 이미 상당한 학문적 축적을 이룬 학자로, 필자의 학문연구의 스승이자 벗이었다. 회의 중에 필자는 저우싱에게 민족지리학에 대한 몇 가지 생각, 그리고 우싱왕과의 약속에 대한 이야기를 나누었다. 마침 그도 이 학문분야에 관심을 가지고 동명의 원고를 만들고 있었던 터라, 우리는 세 사람의 힘을 합쳐 완성할 수 있을지를 논의하였다. 베이징에 돌아온 후, 세 사람은 몇 차례의 진지한 토론을 거쳐, 저우싱이 편찬 요강을 정하기로 결정하고, 편찬 단계에 들어갔다. 필자가 대략 15-16만 자를, 우싱왕이 5-6만 자를, 그리고 저우싱은 당시 출국하였던 관계로 구체적인 편찬 작업은 하지 않았다. 이후 여러 가지 원인으로 인해 우리들의 합작은 출판할 수 있는 성숙한 저서로까지 모아지지 않았고 각자의 원고는 본인에게 반환되었다. 그 후 우리 셋은 각자의 일로 바쁘고 연구 관심사가 많이 바뀌어 민족지리학 주제에 대한 심도 있는 논의를 다시 조직하지 못하였다. 그러나 역사지리, 환경사 등의 측면에서 관련 민족사지에 대한 연구를 수행하는 것은 항상 마음에 걸리는 큰 문제였고, 다른 주제에 대한 연구에서도 항상 고민하고 관련 이론적 준비를 하고 있었다.

2005년 초 필자는 "민족지리학의 이론과 방법"이라는 제목으로 중국국가사회과학기금 프로젝트를 신청하였다. 프로젝트를 신청하고 10년 전에 쓴 원고를 돌아보니 부족함과 천박함이 크게 느껴졌고, 이미 작성했던 원고는 거의 사용하지 못한 것은 물론, 새로운 사고와 글쓰기에 지장을 주는 폐물이 되어 버렸다. 그래서 필자는 다시 시작하기로 결심했고 오래된 원고를 수정하지 않고 새로운 학문적 축적에 대한 새로운 사고를 시작했으며, 그 후 4년여의 끊임없는 노력 끝에 현재의 원고를 만들 수 있었다. 이 원고를 쓰는 과정에서 처음에는 저우싱, 우싱왕과 토론하고 심지어 논쟁까지 하였는데, 필자가 기본 개념을 정리하고 생각을 넓히는 데 좋은 토대를 제공하였다고 할 수 있다. 동시에, 필자는 많은 선배와 학우들의 열렬한 지지를 받았다. 그들은 두룽쿤杜荣坤, 하오스웬郝时远, 페이전위揣振宇, 황싱黃行 뤄셴유罗贤佑, 주룬朱伦, 우란乌兰, 리우정인刘正寅, 저우징홍周竟红 등. 이 자리를 빌어 그들의 도움과 기대에 대해 진심으로 감사를 표한다. 또 이 책의 영문 목록은 리우-훙刘泓 박사가 대신 번역해 주었고, 저우멍周梦 박사와 마리퉁马栎同 학생이 사진 일부를 처리해 주었는데, 그들의 무보수 헌신에 감사를 드린다.

원고가 곧 나온다. 지금 생각해보면, 그 때 친구와의 교류, 그리고 결과를 못 본 세 사람의 협력을 필자의 일종의 "학술적 맹동"으로 간주하고 싶지만, 그러나 그러한 "맹동"으로 결국 필자는 민족지리학 연구 분야에 들어갔고, 그것을 학문적 성장점으로 키웠다. 친구 저우싱과 우싱왕에게 받은 지혜, 경험과 우정은 필자에게 힘겨움을 주었지만 동시에 수확과 깊은 감명도 주었다. 만약 지금 필자에게 수십만 위안의 경비를 지원해 준다고 해도, 과연 축적하지 못한 분야에 감히 뛰어들 수 있을까.

두보의 "문장은 천고에 남을 일, 그 득실은 마음만이 안다文章千古事, 得失寸心知"는 시구처럼, 다년간의 연구가 마침내 결실을 보게 되었지만 조금도 개운한 느낌이 없다. 필자는 민족지리학의 연구가 완전히 새로운 이론성이 매우 강한 분야라는 것을 잘 알고 있다. 수평적인 내용의 전개, 예를 들면 민족정치지리, 민족인구지리, 민족언어지리, 민족종교지리 등의 테마 연구는 연구할 공간이 무한하다. 이 얇은 책으로 많은 문제를 분명하게 말해야 하고, 많은 내용을 모두 주목해야 하는 것은 확실히 무모한 짓일 수 있지만, 만약 학계의 관심을 불러일으키고 새로운 연구 의욕을 불러일으킬 수만 있다면 그보다 큰 만족이 없을 것이다. 동시에 필자는 이 분야와 관련된 연구를 10년 정도 더 지속하여 "사지史志" 계통과 "지지地志" 계통으로 중국 고대 민족지리사상을 전면적으로 정리하고, 중국 고대 민족과정과 지리과정과의 관계를 고찰하여 중국 고대 민족역사지리학 학사學史를 저술할 예정이므로 특히 관련 학문분야의 연구자들과의 더욱 심도 있는 교류와 협력이 이루어질 것을 진심으로 희망하고 있다.

관옌보

2010년 12월 26일

에필로그 2

《민족지리학》은 나의 박사과정 지도교수인 관옌보管彦波 교수님의 역작으로, 저서 속에 교수님께서 지난 20년 동안 진행한 연구의 성과를 담았다. 이 저서는 의심할 여지없이 민족지리학 관련 중국내 최고 연구수준을 대표한다. 2019년 1월 사모님 허루이쥔贺瑞君 여사께서 전화를 걸어와 교수님의 저서《민족지리학》이 2018년 중국 "국가사회과학기금 중국학술 외역" 프로젝트 번역 대상에 입선되었다고 하시면서, 번역의 어려움과 독자의 대부분이 외국 연구자임을 고려하여 원문의 난해하고 번역하기 어려운 문언문과 외국 연구자들의 친숙한 내용을 간추려 줄 것을 부탁하였다. 즉 저서의 독창적이고 사상적인 내용과 중국적 내용을 최대한 보여줄 것을 제안하였다.

이런 부탁을 받고 나서 중국 사회과학문헌출판사 가오징高靖 선생과 논의를 거쳐 원작의 일부 내용을 줄이는 작업을 진행하였다. 제1장의 두 개 장 절인 "고대 역사학 및 지리학에서 서양 민족지리학 자료의 축적"과 "근대 이래 서양 지리학과 민족학의 발전" 관련 내용을 삭제하였다. 제3장의 두 개 장 절인 "고대 인류의 이동"과 "지리적 발견에서 비롯된 대륙간 대이민 및 세계 종족 및 민족 분포 구조의 새로운 변화" 관련 내용을 삭제하고, 원래 제3장 소제목을 "민족 공동체의 지역 분화 및 공간 변동"에서 "유라시아 민족의 대이동: 민족공동체의 지역적 분화 및 공간 변동"으로 교체하였다. 또한 "인도유럽인의 서아시아 이주, 인도유럽인의 그리스 이주, 인도유럽인의 인도 이주, 게르만인의 대이동, 아랍인의 이주 및 확장, 슬라브인의 대이동"에 대한 내용을 삭제 및 요약처리 하였다. 제4장의 인간-환경간 관계 이론의 구체적인 내용, "지리적 환경과 민족적 특성", "민족공동체 생산활동의 지리적 과정 개입" 등 세 부분을 간소화하거나 삭제함과 동시에, 원래 제6장 "세계민족지리"를 삭제하였다. 이러한 처리가 해외 독자들이 이 저서의 핵심내용을 파악하는데 부정적 영향을 미치지 않기를 바란다.

자이후이민翟慧敏

2019년 7월 21일 베이징 건국문建国门에서

| 지은이 소개 |

관옌보(管彦波, 1967-2018)

중국 윈난雲南 쉬안웨이宣威에서 출생, 역사학 박사, 중국사회과학원 민족학·인류학 연구소 연구원(정교수), 박사생 지도교수, 중국국무원 특별 수당 전문가國務院特殊津貼專家, 중국 제3차 '만인계획萬人計劃' 철학·사회과학 분야 선도 인재, 중국 '백만 인재 유치 프로젝트國家百千萬人才工程' 전문가, 중국 중앙민족대학교 "985공정(985工程)"석좌교수, 중국 후베이湖北성 "추톈학자楚天學者" 강좌교수, 중국 싼샤대학三峽大學 강좌교수, 중국 국가출판기금 심의위원. 일본 아시아경제연구소 고문, 일본 국제통상전략연구원 이사, 중국 벼 위원회 주임위원, 중국민족사학회 이사, 중국민족학회 이사를 역임하였다. 주요 연구 방향은 중국민족사, 민족역사지리, 특히 중국 남방민족사회의 역사와 문화에 대한 연구이다.

| 옮긴이 소개 |

이상우李翔宇

중국해양대학교中国海洋大学 한국어학과 교수.
동아시아국제관계(사) 전공, 동아시아 이민 관련 주제에도 관심을 갖고 「신집거지와 중국조선족의 민족교육 실태 분석: 칭다오青島정양正陽학교 사례를 중심으로」, 「초국적 이주, 중국조선족과 경계 설정」, 「칭다오 한인 이주자의 자녀교육 실태 분석」, 「중국 칭다오 조선족 이주자의 민족네트워크 실태 분석」 등 수 편의 논문을 한국 학술 등재지에 게재했다.

| 감수자 소개 |

정영철鄭英喆

한국 서강대학교 공공정책대학원 교수.
정치사회학 전공. 수십 편의 논문과 저서·역서가 있는데, 대표적인 저서로 『평화의 시선으로 분단을 보다』, 역서로 『북한과 미국-대결의 역사』가 있다.

민족지리학의 이해 民族地理學

초판 인쇄 2025년 11월 25일
초판 발행 2025년 12월 5일

지 은 이 | 관옌보管彦波
옮 긴 이 | 이상우李翔宇
펴 낸 이 | 하운근
펴 낸 곳 | 學古房

주　　소 | 경기도 고양시 덕양구 통일로 140 삼송테크노밸리 A동 B224
전　　화 | (02)353-9908 편집부(02)356-9903
팩　　스 | (02)6959-8234
홈페이지 | www.hakgobang.co.kr
전자우편 | www.hakgobang@naver.com
등록번호 | 제311-1994-000001호

ISBN 979-11-6995-702-1　93300

값 40,000원

파본은 교환해 드립니다.